高等学校"十一五"规划教材

无机化学

宋其圣 董 岩 李大枝 张卫民 主编

化学工业出版社

·北京·

内容简介

本书主要包括物质状态、化学热力学初步、化学反应速率和化学平衡、电解质溶液、氧化还原反应、原子结构和元素周期律、化学键和分子结构、配位化合物、常见元素及其化合物、无机物的性质变化规律等内容。全书力求知识全面、语言简练、深入浅出、承前启后，便于读者理解和掌握。书中选编了大量习题，涉及知识面广，难度适中，便于读者复习使用，也为硕士研究生考生提供了大量的练习题。

本书主要用作综合大学、工科院校和师范院校化学、应用化学、化学工程、环境科学、材料科学、生命科学等专业的基础课教材，也可用作理、工、农、医专业普通化学的参考书，还可供从事化学、化工及其相关工作的教师和研究技术人员参考。

图书在版编目（CIP）数据

无机化学/宋其圣等主编．—北京：化学工业出版社，2008.9（2024.9重印）
高等学校“十一五”规划教材
ISBN 978-7-122-03303-1

Ⅰ．无…　Ⅱ．宋…　Ⅲ．无机化学-高等学校-教材
Ⅳ．O61

中国版本图书馆CIP数据核字（2008）第130433号

责任编辑：宋林青　　文字编辑：刘莉珺
责任校对：洪雅姝　　装帧设计：史利平

出版发行：化学工业出版社（北京市东城区青年湖南街13号　邮政编码100011）
印　　装：北京科印技术咨询服务有限公司数码印刷分部
787mm×1092mm　1/16　印张22¾　字数594千字　彩插1　2024年9月北京第1版第7次印刷

购书咨询：010-64518888　　售后服务：010-64518899
网　　址：http://www.cip.com.cn
凡购买本书，如有缺损质量问题，本社销售中心负责调换。

定　　价：58.00元

前 言

21世纪，生命科学、材料科学、信息科学的发展大大加快了无机化学的发展步伐。无机化学的研究对象、研究内容和研究方法都逐渐改变，每年数以万计的新兴功能化合物不断被化学家合成出来，新的研究成果层出不穷，许多化学原理和化学规律也随之得到改进。因此，无机化学教材的内容和结构需要不断更新和完善。

本书由山东省几个高校多年从事无机化学基础课教学的教师，在参考了近几年国内外出版的相关教材和教学科研论文的基础上，联合编写。本书的编写力求体现以下几个特点：

（1）内容符合高等学校理科化学教学指导委员会1998年的《化学专业化学教学基本内容》精神，但更加丰富、新颖、实用。扩展了化学原理的深度与广度，纳入物理化学中与无机化学原理近似的内容；删除了大量与中学化学重复的简单内容，增加了新兴无机物（如新兴功能无机物、稀土元素化合物、稀有气体化合物等）的合成、性能、结构与应用。

（2）将以往无机化学教材的内容结构进行了调整。内容由浅入深，再由深到浅，理论和应用相互渗透交融，便于读者学习、理解和掌握。在化学平衡中突出化学热力学的应用；在配合物中突出原子结构与化学键的关系与应用；在化合物中突出物质组成、结构与性能的关系。

（3）将化学知识和社会生活联系在一起，提高读者的阅读兴趣。在化合物部分增加了一些生动幽默的化学史资料。

（4）选编了一些涉及知识面较广的习题，增加了习题的广度和深度，便于读者复习思考、消化吸收。

本书由宋其圣等主编。参加编写的有：山东大学宋其圣（第1、4、14、15、17、18、19、20章和附录）、印志磊（第2章）、宋新宇（第16章）；德州学院董岩（第7、8章）、王新芳（第3、6章）；滨州学院李大枝（第10、11章）；济南大学张卫民（第5、12章）、朱沛华（第9、13章）。书中部分插图由山东大学的马莹完成。最后由宋其圣进行了统一整理、补充、修改和定稿工作。

本教材可供化学、应用化学、环境工程、生命科学、材料科学等专业的大学生学习使用，也可供从事化学及相关专业教学和研究的教师、研究生、工程技术人员参考使用，还可作为化学专业、应用化学专业、化工专业硕士研究生入学考试的参考书。

本书的编著出版是山东省教育厅重点教学研究项目内容之一，也是山东省精品课程建设计划内容之一。在本书的编写、出版过程中，得到了吉林大学宋天佑教授、山东大学教务处王宪华副处长的关心和支持；化工出版社从本书的策划、编写到出版自始至终给予高度重视和关心。在此，全体参编人员对他们一并表示诚挚的谢意。

限于作者水平，书中疏漏之处在所难免，恳请读者批评指正。

编者

2008年8月

目 录

第1章 绪 论

Preface

1.1 什么是化学（What is Chemistry?）

1.1.1 化学是一门古老的基础学科

所谓古老是指自从有了人类就有了化学知识。例如：钻木取火——温度对化学反应速度的影响；铸剑——冶金化学的初期；炼丹术——药物化学的初期；陶器——陶瓷化学；印染等。早在公元前8000年新石器时代早期，我国已开始制造陶器；在距今五六千年的仰韶文化时期，已有图案美丽的细泥彩陶制品；1962年在江西万年县大源仙人洞发现了有夹砂的红陶残片。而公元前4世纪战国时期关于青铜的制造原则“六齐”是世界上最早对合金规律的认识；春秋末期成书的《考工记》中记述有：“金有六齐，六分其金而锡居一，谓之钟鼎之齐；五分其金而锡居一，谓之斧斤之齐；四分其金而锡居一，谓之戈戟之齐；三分其金而锡居一，谓之大刃之齐；五分其金而锡居二，谓之削杀矢之齐；金锡半，谓之鉴燧之齐。”这是世界上已知关于合金成分规律的最早记载。其中的“金”应理解为青铜或纯铜，与古代青铜器的化学分析结果相对照，虽不尽一致，但从原理上看，表明战国时期人们对合金成分、性能和用途之间的关系已有所认识。

1957年、1959年两次在甘肃武威县距今四千余年的新石器晚期遗址中发现的二十多件铜器，已经充分证明我们祖先掌握的铜的冷锻和熔铸技术比欧洲早几百年。我国汉代（公元前100多年）就已有点金术和炼丹术，用汞制轻粉（氯化亚汞）就是一个很好实例，其化学反应式为：

$$12Hg + 4KAl(SO_4)_2 + 12NaCl + 3O_2 = 2K_2SO_4 + 6Na_2SO_4 + 2Al_2O_3 + 6Hg_2Cl_2$$

公元8世纪后我国的点金术和炼金术才通过商人传入波斯（今伊朗）和欧洲。公元7世纪唐代药王孙思邈所著《伏硫磺法》中记载有类似“一硫二硝三木炭”的黑火药配方：

$$2KNO_3 + 3C + S = N_2 + 3CO_2 + K_2S$$

汉朝开始就有很精致的彩陶生产，所用染料均是无机物。

所谓基础是指很多学科都以化学为基础，如目前发展较快的一些前沿学科——生命科学、材料科学、信息科学、环境科学等，都是以化学作为基础的，与化学密不可分。

1.1.2 化学是一门应用科学

所有生物（包括人）的生存都依赖于物质，而化学正是研究物质的组成、结构、性质、合成、分离方法及其应用的学科。截止到20世纪末，物质的种类已达到2300多万种，其中大多是由化学家合成出来的。正是利用了这些物质，人类的生活才会不断改善，社会才会不断进步。

1.1.3 化学是一门以实验为主、理论和实验相结合的学科

在理论化学飞速发展以前，所有的化学成果都来源于化学实验。随着近些年理论化学特别是量子化学的发展，有些研究已能够只通过理论计算来实现，但其计算结果仍然离不开化学实验的辅助和佐证。因此，一个真正的化学家需要掌握深厚的化学基础理论知识、熟练的化学实验技能、敏锐和广阔的思路、一定的数理和计算机知识。

1.1.4 化学研究的层次

唯物辩证法认为，物质是无限可分的。物质可以分割为分子、原子、电子或其他“基本粒子”，它们都是物质无限分割序列中的各个不同层次，各具不同的特点。化学研究的是由分子分割为原子这个层次的过程中所表现出来的某些规律。恩格斯在《自然辩证法》一书中称化学为“关于原子运动的科学”，又称化学变化为“永恒的分子变化”，极为深刻地阐明了物质化学运动的特殊本质。可以说化学主要是在分子、原子、离子层次上研究物质的组成、结构、性质相互变化及其变化过程中能量变化的科学。

1.1.5 化学研究的对象

化学研究的是物质，包括实物和场（如晶体场理论、配位体场理论等）。具体地说，研究的是物质的组成、结构、性质及其相互关系、化学变化及其变化中的能量变化；研究物质的合成、提纯、分离方法；研究物质的应用。重点研究内容有：①新物质（特别是新型功能材料、新型药物、新兴肥料、新兴农药、催化剂、添加剂、染色剂、保健品等）的制备、分离、应用；②物质的化学变化及其伴随的能量变化；③生命中的化学现象。

1.2 化学变化的特征（The Characteristics of Chemical Change）

物质运动可以分为三种形式：物理运动、化学运动、生命运动。化学运动也称化学变化，是一定量的物质在一定的条件下变成另外完全不同的新物质的过程。

1.2.1 化学变化是质变

过去曾用变化过程中是否有质变或有没有新物质生成来分别化学变化与物理变化。在化学变化中，物质的组成的确发生质变，但也不能绝对地讲物理变化中就不发生物质的质变、没有新物质产生。这实际上是把物质仅仅限于化学中的实物了，而把光子、电子和各种场就不看作是物质了。

在核裂变或核聚变过程中，均有粒子质变和新粒子的产生，例如：

$$^{226}_{88}\mathrm{Ra} \longrightarrow {}^{222}_{86}\mathrm{Rn} + {}^{4}_{2}\mathrm{He}$$

$$^{12}_{6}\mathrm{C} + {}^{1}_{1}\mathrm{H} \longrightarrow {}^{13}_{7}\mathrm{N} + \gamma$$

尽管明显的是一种质变，但人们常常将这种运动形式纳入物理运动（物理变化）的范畴。所以不能只用有没有质变来区分物理变化和化学变化，而应该具体地分析质变的不同内容。化学变化中发生的是分子组成的质变，是组成物质的原子、离子、原子团结合方式的改变，原子核的组成并没有任何变化。核反应是原子核组成的质变，所以不是化学变化。

发光现象常常伴随着分子或原子中电子运动状态的改变（能级跃迁），当它还没有引起分子组成的质变时，它便不是化学变化，而是物理变化。一旦发展到引起分子组成的质变，便属于光化学反应的范围。

1.2.2 遵守质量守恒定律

按照爱因斯坦的相对论，只要有能量的改变就有质量的改变，但由于化学反应中的能量变化相对较小，而且改变的只是组成物质的基本粒子的势能和动能，因此可以认为化学反应前后物质的总质量保持不变，这正是配平化学反应方程式的依据。

$$C + O_2 = CO_2$$

$$2C + O_2 = 2CO$$

1.2.3 化学变化总是伴随有能量变化

化学变化是旧化学键断裂、新化学键形成的过程，而旧化学键的断裂需要能量，新化学键的形成释放能量，由于化学键不同，能量的吸收和释放在绝大多数情况下不等，所以，化学变化总是伴随有能量变化。化学能可以通过不同的方式和渠道转化为电能、热能、光能等，为人们所利用，这正是电池、内燃机、火力发电厂、核电站、核武器、普通炸弹等工作的依据。

1.3 化学实验的重要性（The Importance of Chemical Experiments）

帮助人们认识物质的物理化学性质。所有物质特别是新物质的性质都是化学工作者通过化学实验或者化学仪器测量出来的。特别是一些功能材料的气敏性、热敏性、磁性、电性、光学性质等。

揭示化学变化的规律。绝大多数的化学规律来源于实验，或是通过实验加以修正，例如物质不灭定律、定比定律、倍比定律、当量定律、阿伏伽德罗定律……

检验化学理论的正确性和准确性。随着化学的发展、物质的增多，人们经常在实验中发现一些用以往理论难以解释的结果，因此不得不对这些理论进行修正，甚至推翻旧理论建立新理论。例如原子结构理论的发展、化学键理论的发展、酸碱理论的发展……

合成新物质并对其性能进行研究，寻找新的用途，服务于人类。现在几乎所有新物质都是化学工作者通过实验合成的，通过实验不仅寻找其最佳合成路线，为工业生产提供合理方案，而且要寻找它们的分离、提纯方法，寻找它们的功能和应用价值。

揭示生命中的化学现象，研究影响人类健康的物质因素。人体内含有几百种酶，不同酶的组成、结构和性质均不相同，生物化学家正是通过实验来研究不同元素对酶结构和性质的影响，通过改变人体中酶的活性，消除体内疾病，增强人的体质，延长人的寿命。

1.4 化学的分支（The Divisions of Chemistry）

最初的分支：无机化学，有机化学。

近代分支：无机化学，有机化学，分析化学，物理化学。

现代分支：无机化学，有机化学，分析化学，物理化学，高分子化学。

新兴学科：材料化学，生物化学，环境化学，绿色化学，药物化学，土壤化学，地球化学，食品化学……

1.5 无机化学的重要性(The Importance of Inorganic Chemistry)

1.5.1 历史的简单回顾

无机化学是化学发展史上最早建立的一个分支学科，可以称为化学的鼻祖。人们最初认识和应用的物质几乎全部是无机物，涉及的领域包括铸剑、炼丹、制陶等。无机化学学科形成的标志是19世纪70年代初门捷列夫元素周期表的建立，它揭示了元素性质的周期性变化规律，使化学提到了唯物辩证的高度，充分体现了从量变到质变的客观规律性。19世纪末20世纪初，随着有机化学的形成和发展，化学家把精力主要集中在了有机物的合成与应用上。直到20世纪40年代，原子能工业和半导体工业的兴起才掀起了无机化学的第二次发展浪潮。20世纪70年代，宇航、催化、能源、生物化学的发展促成了无机化学的第三次发展浪潮。20世纪90年代，材料学科的形成和生命科学、信息科学的进一步发展促成了无机化学的第四次发展浪潮。

目前，无机化学正从描述性的科学向推理性的科学过渡，从定性向定量过渡，从宏观向微观深入，从单一向纵向交叉学科深入，一个全面完整的、理论化的、定量化的和微观化的现代无机化学新体系正在迅速地建立起来。

1.5.2 无机化学的分支

随着无机化学的蓬勃发展，无机化学逐渐向其他学科渗透，并与其他学科相互交融，形成了一系列的分支学科。如无机合成、配位化学、丰产元素化学、稀土元素化学、生物无机化学、固体无机化学、无机材料化学、物理无机化学、元素有机化学、金属有机化学、同位素化学、放射化学与核化学等。

1.5.3 目前无机化学的几个前沿领域

1.5.3.1 无机材料化学（固体无机化学）

社会的发展和人类的进步需要各种各样具有特殊功能的材料。从化学角度上讲，这些功能材料可分为无机材料和有机高分子材料。无机材料化学是研究无机材料的制备、组成、结构、性质和应用的科学。其学科形成的标志可以认为是1960年Kingery的《陶瓷导论》(《Introduction to Ceramics》)的问世。之后几十年，无机材料化学家合成了大量具有特殊电导、磁性和光学性质的功能材料，并已被广泛使用。

众所周知，氢是一种资源丰富的无污染燃料，但氢气的储运一直是一个令人十分棘手的难题。化学家经过大量实验发现并合成了一大类具有特殊吸氢功能的化合物。其中性能最好的是$LaNi_5$。稍加压力下，1g $LaNi_5$可以吸收100多毫升氢气，形成特殊的间隙化合物，减压时氢气即可放出。计算机的飞速发展对信息储存材料的要求越来越高，这些磁记录材料或光记录材料是具有特殊结构的氧化铁、氧化铬、铁酸钡或Sm^{2+}/CaF_2、$Eu^{3+}/CaSO_4$等化合物。新型光导纤维（氟化玻璃）材料可以把光信号从亚洲传输到美洲而不需任何中继站，这种材料在近几年已经实现工业化生产和应用。新近合成的一些ⅢA-ⅤA和ⅣA-ⅤA半导体材料具有极其优良的性能，其中Si_3N_4的厚度即使在0.2μm以下，仍然具有极好的绝缘性能。而超导材料和在超高压、超高温、强磁场和低温下合成的材料，都可能有意想不到的功能。

目前，无机材料化学家研究的一些热点材料如下：

- 光导纤维——电信、计算机网络信号的传输。一根细如发丝的光导纤维可同时供2万5千人通话而互不干扰。
- 高容量的磁性材料——计算机芯片、磁盘、磁带等。
- 敏感材料——热敏材料、气敏材料、光敏材料、湿敏材料等。
- 非线性光学材料——生产激光器。
- 高能半导体——液晶显示超薄电视机。
- 超导材料——无损耗输电。
- 新型催化剂——性能稳定、抗衰老、抗中毒、高效。
- 常温固相反应——无污染、无副产品、节能、省料。
- 常温生产金刚石。
- 隐形材料。

1.5.3.2 生物无机化学

人们已经知道生物体内有100多种酶均与微量元素有关。金属元素在生物体中所起的作用正逐渐被认识。生物体绝非过去人们想象中的单纯的有机体，遍及周期表中的很多金属元素特别是一些稀有元素都极其敏感地影响着生物的生存和发展。其中有些金属元素对生命过程有着极为重要的作用。例如，血红素中铁的含量直接影响着氧的传输与消耗；叶绿素中的镁影响着植物对光的吸收与转化；光合体系中的锰和铁对能量的转换有影响；神经系统中的钙离子和钾离子关系着细胞间电信号的传递；人体中钙离子的多少对肌肉的收缩有影响……

生物无机化学属于无机化学、有机化学和生命科学的交叉学科。主要研究元素在生命体内的存在形式、作用和机能。

1.5.3.3 金属有机化学（也称有机金属化学）

人们将含有金属-碳键（—M—C—）的一类化合物称为有机金属化合物（或金属有机化合物）。这类“神奇”化合物的大量涌现，使传统的有机和无机界限趋于消失。在生命体中金属有机化合物的存在和不可替代的作用，使它们逐渐成为化学家研究的热点之一。许多新合成的金属有机化合物常用于一些通常情况下难以实现的有机合成反应，从而取得令人瞩目的成果。例如德国的Ziegler和意大利的Natta成功地用烷基铝和三氯化钛的混合物使乙烯或丙烯聚合得到了等规聚合物，并因此获得1963年的诺贝尔化学奖。英国的Wilkinsen等人于1951年发现了夹心型化合物二茂铁［$(C_5H_5)_2Fe$］，其中Fe原子位于两个平面C_5H_5基之间。这类化合物由于其富电子性而容易发生许多通常情况下难以进行的亲电取代反应，其特殊的成键结构也极大地促进了化学键理论和结构化学的发展。这类化合物还是优良的助燃剂，可以使煤油和柴油充分燃烧，节约能源减少空气污染。1973年的诺贝尔化学奖就授予了这类化合物的研究人员。目前国内外一些著名大学和研究机构正致力于金属有机化合物的合成、性能和应用研究。

1.5.3.4 稀土元素化学

中国是全世界稀土元素储量最大的国家。稀土元素的单质和化合物常具有一些特殊的物理化学性质。目前人们主要研究稀土元素的提取、分离；研究新型稀土金属和稀贵金属功能化合物的合成、性质、结构及其应用。特别在稀散元素化合物的催化性能、导电性、磁性和光学性能方面研究比较深入。

1.6 有效数字（Available Digits）

1.6.1 有效数字的含义

有效数字就是实际测量到的数值，允许最后一位是估计数值。不同的物质、不同的实验对有效数字的要求不同。例如，买黄金制品时，称量的数字要求精确到毫克；而买粮食和蔬菜时，只要求精确到两，有时甚至只需精确到公斤。一般的定性实验要求药品的加入量精确到克（或滴），而定量化学实验常常要求药品的加入量精确到毫克，仪器分析实验则常常需要精确到微克。因此，在不同的情况下，表示的数字也就不同。例如，用100mL的量筒量取55mL盐酸，只能写成55mL，不能写成55.0mL或55.00mL。当用50.00mL的滴定管进行滴定实验时，读取的数字必须精确到0.01mL，如写成15.23mL，不能写成15.2mL，更不能写成15mL。

1.6.2 有效数字的规定

1.6.2.1 有效数字的确定

1.2004　0.0132　21.1000　15000　0.0020　2.50×10^6　pH＝3.45

从左到右，各数值的有效数字位数分别是：五位、三位、六位、不定（二、三、四、五都可能）、两位、三位、两位。

1.6.2.2 有效数字在计算中的确定

加减法：以小数点后面位数最少的为标准。例如：

$$0.38275+25.113+13.2=0.38+25.11+13.2=38.69=38.7$$

乘除法：以有效数字位数最少的为标准。例如：

$$0.1545\times3.1\div0.112=0.15\times3.1\div0.11=4.227272727=4.3$$

对数的运算：整数部分不算有效数字。例如：

$$\lg 567=2.753583059=2.754$$

具体运算时，对有效数字位数多的数值，先进行取舍，多取一位进行运算，最后结果再四舍五入处理。

在乘除法运算中，对于第一位有效数字是8或9的数字，其有效数字可多算一位。例如：

$$1.5432\times981=1.543\times981=1513.683=1514$$

主要原因是相对误差差别不大。$1\div985=0.101\%$，$1\div1010=0.099\%$。

第2章 物质的状态

States of Materials

物质的分类：
- 实物
  - 气体：性质最简单，研究较透彻
  - 液体：性质最复杂，研究不深入
  - 固体：性质较固定，研究最前沿
  - 等离子体：性质复杂、存在条件苛刻，研究不成熟
- 场

虽然物质状态的变化属于物理变化，但在化学变化中经常伴随着物质状态的变化，反言之，物质的存在状态往往对物质的化学性质产生巨大的影响。

2.1 气体（Gas）

气体最基本的性质表现为无限膨胀性和无限掺混性。气体的体积（V）受温度（T）、压力❶（p）及本身物质的量（n）的影响。人们经过多年的研究发现，对于一气态体系，在p、V、n、T之间存在一固定的关系，这就是理想气体定律。

2.1.1 理想气体定律和理想气体

2.1.1.1 理想气体状态方程

17世纪中叶，英国科学家波义耳（Boyle R.）通过研究气体体积随压力的变化提出了波义耳定律：**恒温时，一定量的气体的体积与压力成反比**，即$V=K\frac{1}{p}$，其中K是一常数。

18世纪初法国科学家查理（Charles）和盖吕萨克（Gay-Lussac）通过研究气体体积随温度的变化提出了查理-盖吕萨克定律：**恒压时，一定量的气体的体积与热力学温度成正比**，即$V=CT$，其中C也是一常数。

19世纪初，意大利科学家阿伏伽德罗（Avogadro）提出了阿伏伽德罗定律：**同温同压下，相同体积的气体含有相同的分子数。**

19世纪中叶，法国科学家克拉佩龙（Claperon）将波义耳定律、查理-盖吕萨克定律和阿伏伽德罗定律综合在一起提出：**一定量的气体，其体积和压力的乘积与热力学温度成正比。**后经许多科学家的支持和提议才归结成如下的理想气体状态方程（简称理想气态方程）：

$$pV=nRT \tag{2-1}$$

式中，p表示气体的压力；V表示气体占有容器的体积；n表示气体分子的物质的量；T表示体系的温度；R是一常数，称为气体常数，其数值和单位决定于p、V的单位，常用

---

❶ 在物理学中压强是指单位面积上所承受的压力，但在化学上压力就是指压强。在国际单位制中压力和压强含义相同，本书统一使用“压力”的概念。

的几种数值和单位见表 2.1。

表 2.1 气体常数的几种常用数值和单位

p	V	R	p	V	R
atm	dm^3	$0.08206 atm \cdot dm^3 \cdot mol^{-1} \cdot K^{-1}$	kPa	dm^3	$8.314 kPa \cdot dm^3 \cdot mol^{-1} \cdot K^{-1}$
Pa	m^3	$8.314 Pa \cdot m^3 \cdot mol^{-1} \cdot K^{-1} (J \cdot mol^{-1} \cdot K^{-1})$	mmHg	cm^3	$6.236 \times 10^4 mmHg \cdot cm^3 \cdot mol^{-1} \cdot K^{-1}$

2.1.1.2 理想气体的概念

在任何温度和压力下都能满足理想气态方程的气体称为理想气体。这就要求理想气体必须满足三个条件：分子本身只有质量而没有体积；分子之间没有相互作用力；气体分子与器壁之间的碰撞属于弹性碰撞。值得注意的是，理想气体只是一种理想模型，实际并不存在。它的制定仅仅是为了处理问题的方便，使一些理论有所依据。实际气体只有在某些特定条件下才接近于理想气体，这就要求分子之间的距离足够远，以保证分子本身占有的体积与气体所处容器的体积相比可以忽略不计；分子的运动速度足够快，以减少分子之间相互靠近和相互接触，从而减小气体分子之间的相互作用力。满足这些情况的条件是：高温、低压。因此，通常说，实际气体只有在高温、低压下才接近于理想气体，才能按理想气体处理。

2.1.1.3 理想气态方程的应用

利用理想气态方程可以求算某种未知气体的分子量。根据式(2-1)，可以导出：

$$pV=nRT=\frac{m}{M}RT$$

$$M=\frac{mRT}{pV}=\frac{\rho}{p}RT \tag{2-2}$$

式中，m 表示气体的质量；M 表示气体的摩尔质量；ρ 表示气体的密度。

【例题 2.1】 一般条件下，惰性气体与大多数物质不发生反应，但氙可以与氟形成多种氟化物 XeF_n。353K、15.6kPa 时，实验测得某气态氟化氙的密度为 $1.10 g \cdot dm^{-3}$。试确定该氟化氙的分子式。

解：氟化氙的分子量在数值上应该等于氟化氙的摩尔质量。

在式(2-2) 中，如果密度的单位用 $g \cdot dm^{-3}$，则压力的单位用 kPa，R 的数值和单位取 $8.31 kPa \cdot dm^3 \cdot mol^{-1} \cdot K^{-1}$，代入式(2-2) 得到

$$M=\frac{\rho}{p}RT=\frac{1.10}{15.6}\times 8.31\times 353=207$$

已知 Xe 的相对原子质量为 131，F 的相对原子质量为 19，则 $131+19n=207$，$n=4$。

该氟化氙的分子式为 XeF_4。

由此可见，只要在一定的温度和压力下测量出某种气体的密度，就可以求算出该气体的摩尔质量（即分子量）。但在实际实验中发现，对大多数气体来讲，在不同的温度和压力下测量的分子量不同。根本原因在于，通常实验条件下实际气体与理想气体差别较大。只有在高温、低压下，实际气体接近于理想气体时，结果才比较满意。但在实际操作中，温度的控制是没有上限的，因此，总是通过降低压力进行实验，当 p 趋近于 0 时，$\frac{\rho}{p}$的值才近似等于理想气体的数值。通过计算机数据模拟求出$\frac{\rho}{p}$随压力 p 的变化关系，进而求出 $p=0$ 时的$\frac{\rho}{p}$值，再代入式(2-2) 就可以得到较为真实的气体分子量数值。

2.1.2 道尔顿（Dalton）分压定律

在一定温度下，将 1molO_2 放入 1dm^3 容器中其压力为 p_{O_2}，将 1molN_2 放入 1dm^3 容器中其压力为 p_{N_2}，如果将 1molO_2 与 1molN_2 同时放入 1dm^3 容器，体系的总压力 $p_{总}$ 为多少呢？

1801 年英国化学家道尔顿（Dalton）指出，**在一定温度下，混合气体的总压力等于各组分气体的分压之和。**

$$p_{总}=\sum p_i=p_1+p_2+p_3\cdots \tag{2-3}$$

式中，p_i 代表第 i 种组分的分压。某一组分气体的分压是指，在同样温度下，当该组分气体单独占有同一容器时所具有的压力。

根据理想气态方程，不难得到：

$$p_i=p_{总}\ x_i \tag{2-4}$$

【例题 2.2】 273K、101.3kPa 时将 1.00dm^3 干燥的空气慢慢通过二甲醚液体，测得二甲醚失重为 0.0335g。求 273K 时二甲醚的饱和蒸气压。

解：二甲醚（CH_3OCH_3）的摩尔质量为 46g · mol^{-1}，0.0335g 二甲醚的物质的量为

$$n_1=\frac{0.0335}{46}=7.28\times10^{-4}\,mol$$

通过二甲醚的干燥空气的物质的量为

$$n_2=\frac{pV}{RT}=\frac{101.3\times1.00}{8.31\times273}=4.46\times10^{-2}\,mol$$

由于实验是在恒压条件下完成的，体系总压力保持 101.3kPa。根据气体分压定律，二甲醚的饱和蒸气压应等于混合气体中二甲醚的分压，即

$$p_{二甲醚}=p_{总}\ x_{二甲醚}=p_{总}\frac{n_1}{n_1+n_2}=101.3\times\frac{7.28\times10^{-4}}{7.28\times10^{-4}+4.46\times10^{-2}}=1.63kPa$$

为了方便起见，人们还提出了分体积的概念：某一组分气体的分体积是指，在同样温度下，当该组分气体具有与总压力相同的压力时占有的体积。同样可以得出：

$$V_{总}=\sum V_i=V_1+V_2+V_3+\cdots \tag{2-5}$$

$$V_i=V_{总}\ x_i \tag{2-6}$$

需要注意的是，分体积只是一种假想的概念，实际并不存在，原因是气体总是充满所处的整个容器。在有些情况下用分体积来处理某些混合气体体系，比用分压更方便。

2.1.3 格拉罕姆（Graham）气体扩散定律

19 世纪初，英国物理学家格拉罕姆（Graham）通过实验发现，恒温恒压下气体的扩散速度与其密度的平方根成反比：

$$\frac{u_a}{u_b}=\frac{\sqrt{\rho_b}}{\sqrt{\rho_a}} \tag{2-7}$$

前已述及，由理想气态方程可知，在恒温恒压下某气体的密度与摩尔质量（分子量）成正比，故

$$\frac{u_a}{u_b}=\frac{\sqrt{M_b}}{\sqrt{M_a}} \tag{2-8}$$

例如氨气和氯化氢气体的扩散实验（如图 2.1 所示）。在一玻璃管的左端放有浸过浓氨

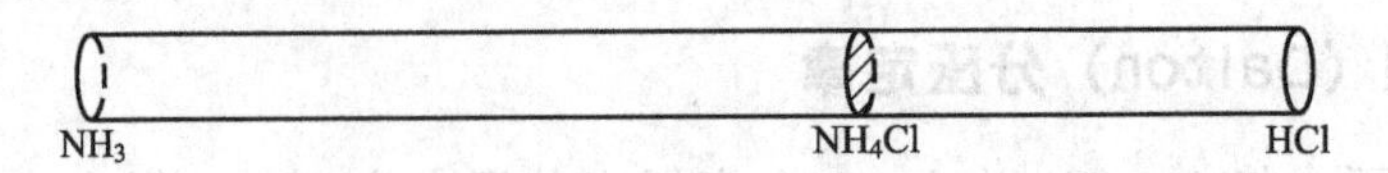

图 2.1　氨气和氯化氢气体的扩散实验

水的棉花，在玻璃管的右端放有浸过浓盐酸的棉花，同时打开玻璃管两端的塞子，NH_3 沿玻璃管向右扩散，HCl 沿玻璃管向左扩散，两者相遇时生成氯化铵固体而现出白色雾环。测量发现白色雾环出现在玻璃管中间偏右部位，左右距离约为 3 ∶ 2，与 $\frac{\sqrt{M_{HCl}}}{\sqrt{M_{NH_3}}}=1.47$ 相近。

根据气体扩散定律，可以对某些元素进行非常规分离。例如铀在地壳中的分布为 ^{235}U0.72%、^{238}U99.28%，由于同位素的物理化学性质几乎完全相同，通过普通的化学分离很难将 ^{235}U 与 ^{238}U 分开，只能先将铀与氟反应生成气态的 UF_6，然后利用 $^{235}UF_6$ 与 $^{238}UF_6$ 分子量的不同，进行几千次的扩散分离，最终富集 $^{235}UF_6$，再分解得到 ^{235}U 用作核原料。

2.1.4　理想气体分子运动论

18 世纪中叶，波诺里（BerNoulli）提出：气体的压力来源于气体分子的运动。直到 19 世纪，经过许多科学家的研究发展才形成了气体分子的运动理论。其基本假设为：

① 气体分子被看作是刚性小球；

② 气体分子本身的体积和分子之间的相互作用力忽略不计；

③ 气体分子作无规则的布朗运动，分子间相互碰撞，气体分子也不断碰撞器壁，碰撞属于弹性碰撞；体系的压力是由气体分子碰撞器壁产生的；

④ 根据动量定理，物体动量的改变等于它所受合外力的冲量。由于气体分子与器壁的碰撞以及分子间的碰撞属于弹性碰撞，分子碰撞前后总动量和能量不变。

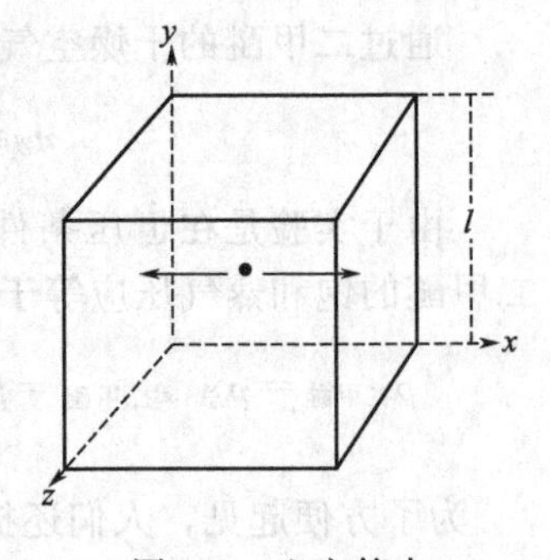

图 2.2　立方箱中气体分子的运动

设某立方箱中有 N 个质量为 m 的气体分子，平均运动速度为 u（用均方根速度 $\sqrt{u^2}$ 代表）。如图 2.2 所示，当某分子沿 x 轴运动时，其动量为 mu，分子碰撞器壁后立即沿相反的方向运动，其动量变为 $-mu$，碰撞前后动量的改变值为 $-mu-mu=-2mu$。分子两次碰撞间的运动距离为 l，则每秒分子碰撞器壁的次数为 $\frac{u}{l}$，每个分子每秒动量的总改变值为 $-\frac{2mu^2}{l}$。

容器内共有 N 个分子，容器共受力 $\frac{2Nmu^2}{l}$，容器的总面积为 $6l^2$，则单位面积受力（即体系的压力）为：

$$p=\frac{2Nmu^2}{l\cdot 6l^2}=\frac{Nmu^2}{3V} \tag{2-9}$$

则

$$pV=\frac{1}{3}Nmu^2 \tag{2-10}$$

根据牛顿力学知道，气体分子的平均动能为：

$$E=\frac{1}{2}mu^2 \tag{2-11}$$

而根据统计力学得出，单原子分子的平均动能与热力学温度成正比：

$$E=\frac{3}{2}kT \tag{2-12}$$

式中，k 为玻耳兹曼（Boltzman）常数，其数值为 $1.38\times10^{-23}\mathrm{J\cdot K^{-1}}$。

将式(2-11)与式(2-12)代入式(2-10)，即可得到

$$pV=\frac{1}{3}Nmu^2=\frac{2}{3}N\cdot\frac{1}{2}mu^2=\frac{2}{3}NE=\frac{2}{3}N\cdot\frac{3}{2}kT=NkT=nN_0kT=nRT$$

同样，由气体分子运动论也可以推导出气体扩散定律。但要注意，虽然气体分子的扩散速率与运动速度成正比，但并不相等，气体扩散速率要比运动速度慢得多。一百多年前，英国著名物理学家麦克斯韦尔（J. C. Maxwell）用概率论和统计力学方法推导出了计算气体分子运动速度的分布公式，发现其分布曲线与温度有关，如图 2.3 所示。

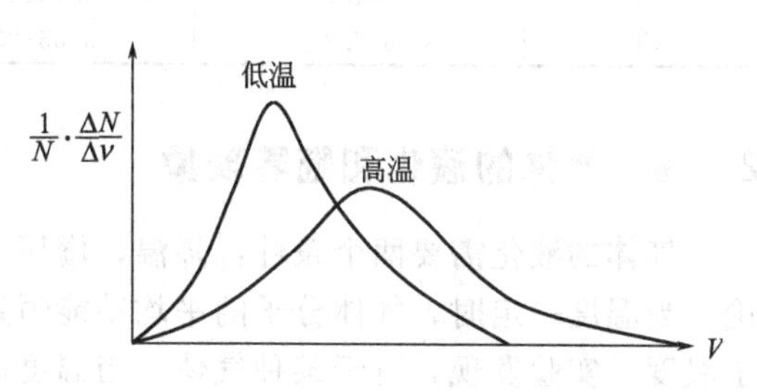

图 2.3　气体分子运动速度分布曲线

2.1.5　实际气体状态方程

前已述及，在任何温度和压力下都符合理想气态方程的气体才是理想气体。但由于实际气体分子本身总占有一定的体积，分子间也总存在相互作用力，因此，只有在某些极端条件下，实际气体才符合理想气态方程，而在一般条件下，都存在一定的偏差。例如恒温 293K 时，测量 1mol 乙炔在不同压力下的体积，得到下列实验结果：

$p_1=1.01\times10^2\mathrm{kPa}$，$V_1=24.1\mathrm{dm^3}$，$p_1V_1=1.01\times10^2\times24.1=2.43\times10^3\mathrm{kPa\cdot dm^3}$；

$p_2=8.42\times10^3\mathrm{kPa}$，$V_2=0.114\mathrm{dm^3}$，$p_2V_2=8.42\times10^3\times0.114=9.60\times10^2\mathrm{kPa\cdot dm^3}$。

实验结果表明，随着压力的改变，pV 并非像理想气体一样恒定为常数。

1873 年，荷兰物理学家范德华（van der Waals）在研究了许多气体的行为之后，提出了第一个实际气体状态方程：

$$\left(p+\frac{n^2a}{V^2}\right)(V-nb)=nRT \tag{2-13}$$

这就是著名的范德华方程（van der Waals' equation of real gas）。式(2-13)是一个半经验公式，式中 a、b 为常数，称为范德华常数；a 为对气体压力的校正系数；b 为对气体体积的校正系数。

在实际气体中总是存在分子间的相互吸引力，当一个分子撞向器壁对器壁施加压力时，会受到周围其他分子反方向的吸引力，这种吸引力的存在相当于削弱了分子向器壁施加的压力，因此在校正实际气体压力时应"加"上一定的数值。由于靠近器壁的分子与周围内部分子的吸引力既正比于内部分子数又正比于器壁附近的分子数，而这两种分子数又都与气体密度成正比，所以，压力校正项为 $a\left(\frac{n}{V}\right)^2$，在实际气态方程中压力就变成了 $p+\frac{n^2a}{V^2}$。在实际气体中，分子本身占有的体积应等于每摩尔分子的体积乘以气体的物质的量 nb。当某一位置在某一瞬间被某个气体分子占据时，其他分子就不能再运动到此位置，也就是说，在实际气体中气体分子自由运动的空间应等于容器的体积"减"去气体分子本身占有的体积 $V-nb$，这也是气体能够被压缩的体积。

由上述可见，实际气体的范德华常数 a、b 只决定于气体分子本身的质量、极性、大小等，与外界因素无关，不同的气体数值不同。表 2.2 列出了几种常见气体的范德华常数。

表 2.2　几种常见气体的范德华常数

气体	a/dm^6 · kPa · mol^{-2}	b/dm^3 · mol^{-1}	沸点/K	液态的摩尔体积/dm^3 · mol^{-1}
He	3.456	0.02370	4	0.027
H_2	24.76	0.02661	20	0.029
O_2	137.8	0.03183	90	0.028
N_2	140.8	0.03913	77	0.035
CO_2	363.9	0.04267	95	0.040
C_2H_2	444.7	0.05136	169	—
Cl_2	657.7	0.05622	239	0.054

2.1.6　气体的液化和临界现象

气体的液化需要两个条件：降温，增压。那么，何者起主导作用呢？根据气体分子运动论，当温度一定时，气体分子的平均动能恒定，即对一固定气体来讲，其平均运动速度决定于温度。实验发现，对于某种气体，当温度高于某值时，无论施加多大的压力都不能使其液化。在化学中规定，通过加压使某气体液化所允许的最高温度称为该气体的临界温度 T_c；在临界温度时，使气体液化需要施加的最小压力称为该气体的临界压力 p_c；在临界温度和临界压力 1mol 气体具有的体积称为该气体的临界体积 V_c。

安德纽斯（Andrews）在 1869 年首先发现了临界现象，当气体处于临界温度和临界压力时即为气体的"临界状态"（critical state）。物质在临界状态时气液同性，状态不分。临界状态是物质极其特殊的一种存在形式，在临界状态下物质往往具有非常规的性能。目前人们可以在临界状态下合成一些通常情况下难于制备的物质，利用物质的临界性质进行分离、提取一些常规情况下难以提取的特殊物质。

2.1.7　超临界流体及其应用

临界温度 T_c 和临界压力 p_c 在 T-p 图上对应的点称为物质的"临界点"，高于临界温度和临界压力而接近临界点的状态称为"超临界状态"，处于超临界状态时，气液两相性质非常接近，以至无法分辨，故称为"超临界流体（SCF）"。表 2.3 是气体、液体和超临界流体的物理特性比较。超临界流体不同于一般气体，亦有别于一般液体，其本身具有许多特性：

① 扩散系数比气体小，但较液体高一个数量级；

② 黏度与气体接近；

③ 密度类似液体，压力的细微变化可导致其密度的显著变动；

④ 压力或温度的改变均可导致相变。

表 2.3　气体、液体和超临界流体的物理特性比较

物质状态	密度/(g · cm^{-3})	黏度/(g · s^{-1} · cm^{-1})	扩散系数/(cm^2 · s^{-1})
气态	$(0.6\sim2)\times10^{-3}$	$(1\sim3)\times10^{-4}$	$0.1\sim0.4$
液态	$0.6\sim1.6$	$(0.2\sim3)\times10^{-2}$	$(0.2\sim2)\times10^{-5}$
SCF	$0.2\sim0.9$	$(1\sim9)\times10^{-4}$	$(2\sim7)\times10^{-4}$

由此可见，超临界流体兼具液体和气体的双重特性，扩散系数大，黏度小，渗透性好，与液体溶剂萃取相比，可更快地完成传质，达到平衡，以便实现高效分离。

很多物质可作为超临界流体，实际中应用最多的当属二氧化碳，因为其临界温度接近室温（T_c＝31.2℃），临界压力不高（p_c＝7.29MPa），并且无色、无味、无毒、不燃烧、化学惰性、价廉，并且易于制成高纯气体。超临界流体技术的应用非常广泛，下面仅就其在萃

取分离、纳米材料的制备以及环境保护方面的应用进行简单介绍。

(1) **超临界流体萃取技术** 超临界流体萃取（supercritical fluid extraction，简称 SFE）是最早研究和应用的超临界技术之一，它是利用超临界条件下的气体作为萃取剂，从液体或固体中萃取出某些成分并进行分离的技术，具有低温提取、无溶剂残留和可选择性分离等特点。

最常用的超临界流体萃取剂是二氧化碳，由于被萃物的极性、沸点、相对分子量等不同，通过改变温度和压力就可将不同的物质溶解在超临界二氧化碳中进行分步提取，提取完成后，通过改变压力和温度使携带溶质的超临界二氧化碳在分离器中变成普通气体逸散，从而将溶质完全或基本完全析出，实现对不同被萃物的选择性萃取，然后二氧化碳又重新进入萃取体系中进行萃取。因整个萃取分离过程在一高压密闭容器中进行，既不可能有任何细菌存活，也不可能有任何外来杂质，并且系统中各段温度一般不会很高，所以 SFE 技术适用于食品和医药工业。年生产能力上万吨的茶叶处理和脱咖啡因工厂早已在欧美投入生产；啤酒花有效成分、香料的萃取在不少国家已达产业化规模；美国科学家已经开始用超临界 CO_2 从植物中提取抗癌药物、从油菜籽中提取保健品等。

此外，SFE 技术在其他方面也有着广泛的应用前景。如利用某些金属配合物能溶解在超临界 CO_2 的性质，可将金属直接从固体和液体中提取出来而无需任何前处理，从而开辟了一条提取和分离金属的新途径。借助 SFE 技术，人们还能对混合聚合物进行分离，有效降解如聚乙烯、聚氯乙烯、聚丙烯、尼龙-66 等高分子材料，从而为人类彻底解决白色污染带来了希望。

(2) **纳米材料的制备** 超临界流体在纳米材料的制备中主要有快速膨胀法和超临界抗溶剂法等。快速膨胀法是将含有溶质的超临界流体通过一微孔喷嘴实现快速膨胀降压，使该溶液在极短的时间内达到高度过饱和状态，从而使溶质以颗粒的形态析出，通过调控溶液的膨胀条件和喷嘴的几何尺寸，析出的固体微粒尺寸可控制在微米到纳米数量级之间。超临界抗溶剂法主要利用高压 CO_2 在许多有机溶剂中的溶解度很大，溶解的 CO_2 使有机溶剂发生膨胀，其内聚能显著降低，降低了该有机溶剂的溶解能力，使其他溶质形成结晶或无定形沉淀，该方法主要适用于在有机溶剂中溶解度很高而不溶于超临界流体的溶质。Chattopadhyaya 等采用此方法制备出粒径为 29nm 的富勒烯（C_{60}）。

(3) **环境保护** 在超临界水中，有机废料的氧化反应进行得非常快，可在几分钟内将有机物完全转化成二氧化碳和水。在处理难转换的酚类、氯烃类、含氮类化合物、有机氧化物、军事材料等的废弃物污染，尤其是二噁英的清理方面，超临界流体技术显示出其独特的优越性。实验表明，二噁英在超临界水中几乎可以 100%分解。

2.2 液体 (Liquid)

液体的基本性质：**无固定的外形，无显著的膨胀性；有一定的体积，一定的流动性、掺混性；在一定的温度下有一定的蒸气压，一定的表面张力；在一定的压力下有一定的沸点和凝固点**。在气体、液体和固体中，液体的结构和性质最为复杂，迄今为止，化学家也没有将液体的全部性质研究透彻。在这一节中我们只介绍液体的蒸发和凝聚。

2.2.1 液体蒸发

2.2.1.1 蒸发过程

液体的气化：蒸发——气化发生在液体表面。

沸腾——气化既发生在液体表面也发生在液体内部。

蒸发的两个条件：运动速度（动能）足够大；运动方向指向液体表面。

根据液体分子的能量分布曲线可知，温度越高，气体分子的动能越大，运动速度越快，气化越剧烈。

2.2.1.2 蒸气压和蒸发热

在一定温度下，将某液体放入一密闭容器，由于液体分子的热运动，当某些分子的动能足够大且运动方向冲向液面时，就会脱离开液相变成气态分子，见图 2.4。随着液体上方气体分子数的增加，某些气体分子如果运动方向冲向液面的话，将在液面液化，当气化与液化速度相等时，体系处于一种平衡状态，此时气体具有的蒸气压称为该液体的饱和蒸气压 $p^{\ominus}_{vap}$。

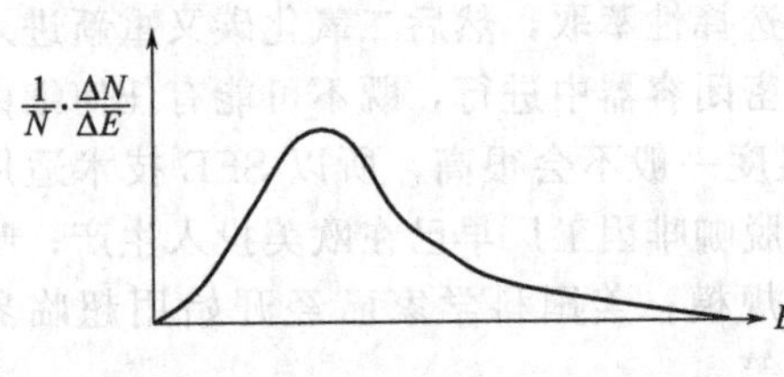

图 2.4 液体分子的能量分布曲线

很明显，液体的蒸气压随温度的升高而增大，两者的关系可用克劳修斯-克拉佩龙（Clausius-Clapeyron）方程表示：

$$\lg p=-\frac{\Delta H^{\ominus}_{vap}}{2.303RT}+B \tag{2-14}$$

式中，p 代表液体在 T 温度下的饱和蒸气压；$\Delta H^{\ominus}_{vap}$ 代表液体的摩尔蒸发热（$J\cdot mol^{-1}$）；R 为气体常数（$8.314J\cdot mol^{-1}\cdot K^{-1}$）；$B$ 为一常数，大小决定于液体本身。

根据式(2-14)，如果知道某液体的蒸发热，就可以求算任意温度时该液体的蒸气压。但实际上常数 B 往往是未知的，因此实验中常用下列推导公式代替式(2-14)。

$$\lg\frac{p_2}{p_1}=\frac{\Delta H^{\ominus}_{vap}}{2.303R}\left(\frac{T_2-T_1}{T_1T_2}\right) \tag{2-15}$$

根据上式，如果测得某液体在两个温度下的饱和蒸气压，就可求算该液体的蒸发热，反之，如果知道某液体的蒸发热并测得某温度下的蒸气压，就可求算另一温度下的蒸气压。

2.2.1.3 液体的沸点

当液体的蒸气压与外界压力相等时，液体开始沸腾的温度称为液体的沸点 T_b。液体的沸点与外压有关，外压越大，沸点越高，我们通常说的沸点是指外压为 1 大气压时的沸点，称为正常沸点。

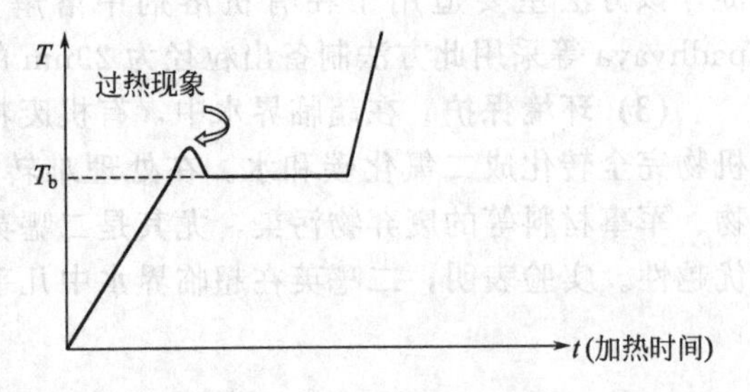

图 2.5 液体的加热曲线

当用一内壁非常光滑的容器加热一种非常纯净的液体时，人们发现当温度达到甚至超过液体的沸点时，液体并没有沸腾，这种现象称为过热现象，见图 2.5。过热现象的存在经常使液体产生爆沸而发生危险，所以，在进行蒸发或蒸馏时需要在蒸馏瓶中加入少量沸石。

2.2.2 液体的凝固

当对一种液体降温时，液体分子的运动速度逐渐降低，到一定程度后，液体分子将采取定向排列变成固体，这一过程称为液体的凝固。在一定外压下当液体凝固时，体系的温度保持不变，此时的温度称为液体在该压力下的凝固点 T_f。外压不同，凝固点数值不同，有的液体的凝固点随外压的增大而升高，有的液体则相反，其凝固点随外压的增大而降低。在外压为 101325Pa 时，液体的凝固点称为正常凝固点。

与过热现象类似，在某些条件下液体也存在过冷现象。在一定外压下，如果一种纯液体的温度达到甚至低于其凝固点而不发生凝固的现象称为过冷现象，见图2.6。过冷状态也是液体的一种不稳定状态，过冷状态一旦被破坏，凝固将迅速进行，由于凝固速度太快，形成晶体的质点将有一部分来不及进行完全有序的定向排列，此时形成的晶体往往会有缺陷。在多数情况下人们总是避免过冷现象的发生，但在一些特殊情况下人们又要利用过冷现象。

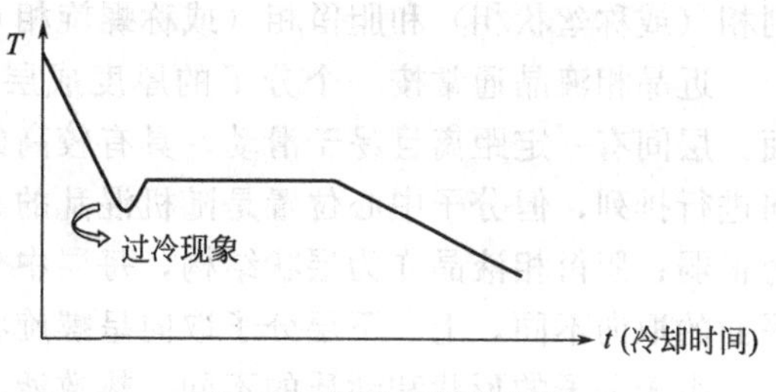

图 2.6　液体的冷却曲线

2.2.3　液晶简介

1881年奥地利植物学家F. Reinitzer在测定胆甾醇苯甲酸晶体的熔点时发现，该晶体融化时并非由固体直接转变为液体，而是经过一系列的中介相（mesophase），中介相既具有像液体一样的流动性和连续性，又具有像晶体一样的各向异性，这样的有序流体便是液晶（liquid crystal），其中分子的排列取向为短程有序长程无序。根据形成条件和组成的不同，液晶可分为两大类——热致液晶（thermotropic liquid crystal）和溶致液晶（lyotropic liquid crystal）。前者是由温度的变化引起，常为单一组分，并只能在一定温度范围内存在；后者则是由符合一定结构要求的化合物与溶剂组成的液晶体系，由至少两种以上的化合物组成，亦受到温度的影响。

2.2.3.1　热致液晶

能够形成热致液晶的分子多是棒状的有机化合物，在一定温度范围内棒状分子可以沿某一特定方向进行有序排列，但并不具有晶体那样严格的点阵结构，在宏观上表现出各向异性。这种有序排列对光、电、磁、热极为敏感，只要输入少许能量便可引起有序排列的变化，出现热-光、电-光等物理效应。表2.4是几种常见的典型液晶化合物。

表 2.4　几种常见的典型液晶化合物

化合物	分子结构式	液晶温度范围
对位氧化偶氮基苯甲酸乙酯	C_2H_5OOC—⟨苯环⟩—$\overset{+}{N}$(—O^-)=N—⟨苯环⟩—$COOC_2H_5$	114～120℃
对位氧化偶氮甲氧苯	CH_3O—⟨苯环⟩—$\overset{+}{N}$(—O^-)=N—⟨苯环⟩—OCH_3	116～133℃
胆甾烯基乙酯	（甾环结构，含 H_3C、H_3C、H_3C、CH_3、CH_3 基团，CH_3COO— 取代）	114～116℃

人们应用现代物理、化学的方法（如X射线衍射、核磁共振谱、穆斯堡尔谱、偏光显微镜以及差示扫描量热仪等）研究液晶的结构，将热致液晶分为近晶相（或称层状相）、向

列相（或称丝状相）和胆甾相（或称螺旋相），其结构示意如图 2.7 所示。

近晶相液晶通常按一个分子的厚度成层状排列，在每层上分子平行排列且垂直于层平面，层间有一定距离且易于滑动，具有较高的有序性；向列相液晶是棒状分子的长轴沿某方向进行排列，但分子中心位置是随机混乱的，流动方向即为长轴排列方向，横向分子之间的力很弱；胆甾相液晶亦为层状结构，每层中分子长轴平行层平面排列，但同一层内分子在层平面的取向不同，上、下层分子取向呈螺旋状，因此整个液晶中形成螺旋模式。

由于分子的形状和性质的不同，热致液晶分子的堆积排列具有多种形态，出现多种特殊的性质和应用，在日常生活、工业和国防领域中应用广泛。例如，胆甾相结构对温度变化很敏感，温度变化可引起有序排列结构的变化，从而使其吸收光的波长发生变化，导致液晶的颜色发生变化。人们利用液晶的这种热-光效应制出专门试剂用于金属探伤、漏热检查、检测皮肤的温度变化、皮下斑疫和肿块等。向列相液晶分子的有序排列使光在某方向上很容易通过（液晶片透明），如图 2.8(a) 所示；当有电场存在时，液晶分子的有序排列遭到破坏而变混乱，光不能通过（液晶片不透明），如图 2.8(b) 所示。人们利用这种电-光效应制出各种液晶显示材料。

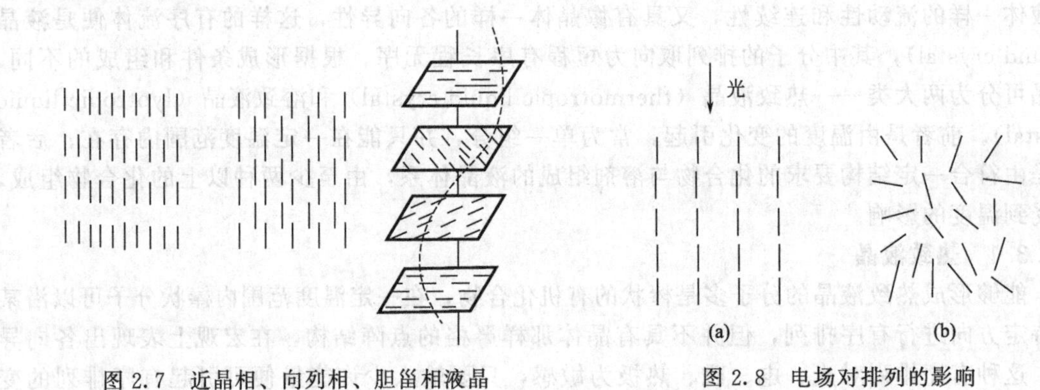

图 2.7　近晶相、向列相、胆甾相液晶　　　图 2.8　电场对排列的影响

2.2.3.2　溶致液晶

早在 1850 年人们就发现了溶致液晶。最常见的溶致液晶是由水和“双亲”（amphiphilic）性分子所组成。所谓双亲性分子是指分子结构中既含有亲水的极性基团，也含有不溶于水的非极性基团即疏水基团，例如磷脂分子。双亲分子缔合使体系自由能减小，极性基团靠电性的相互作用彼此缔合形成层状结构的亲水层，非极性基团因 van der Waals 引力缔合形成非极性碳氢层，这样便构成层状液晶结构。随着溶致液晶组成的变化，分子进一步组成聚集体（胶束，micelle），周围的溶剂（水、有机物）插入缔合，可以构成各种溶致液晶相。常见的溶致液晶有层状（layer）、六方（hexagonal）、立方（cubic）三种结构，体系中水含量的变化可引起液晶相的转变。

溶致液晶的应用在于四个重要的领域：洗涤剂、食品乳化剂、原油重采和医药技术。最近发现细胞膜癌变的物理机制与生物膜从液晶态转变为液态密切相关。正常细胞膜处于液晶态，通过使癌变细胞的生物膜恢复液晶相以治疗癌症是当前液晶医学中一个很有意义的研究课题。用溶致液晶作囊壁材料包裹的药物，既避免在消化过程中受到酶的破坏，又可将药物控制传输到生物体的特定部位，在那里液晶的外壳溶解释放出药物，从而达到靶相给药的目的。此外，通过控制溶致液晶的挤压速度来调节药物的释放速度和在体内的溶解能力，使生物体内药物的浓度保持相对恒定，以减少生物体在用药后由于药物浓度的急剧增加而产生的有害影响。

2.3 固体（Solid）

固体的基本性质：**组成固体的质点位置固定，不能自由运动，只能在极小的范围内振动；在一定的温度和压力下有一定的密度和形状；可压缩性和扩散性都很小。**

按性质和内部结构的区别可以将固体分成两种类型：晶体和非晶体（也称为无定形固体，amorphous solids）。下面简单介绍一下晶体与非晶体的区别和晶体的内部结构。

2.3.1 晶体与非晶体的区别

(1) 晶体内部质点排列有序，外形规则；非晶体内部质点排列杂乱无章，外形不规则
例如在氯化钠晶体内部无论任何方向上 Cl^- 和 Na^+ 都是相间排列的，其外形是非常规则的立方形，从盐场生产的粗大盐粒到实验室用的基准氯化钠微粒，无论大小都是立方形的。而玻璃内部各种粒子杂乱无章地堆积在一起，外形没有一定之规，人们可以在生产中任意改变其外部形貌。众多外形复杂精美的玻璃艺术品，正是利用玻璃外形可以任意改变而加工制备的。一些蜡像艺术品也是因为石蜡属于非晶体而得来。

(2) 晶体具有固定熔点；非晶体则没有熔点的概念 例如在常压下，当冰的温度达到熔点（273.15K）时，冰必定开始熔化，同样当氯化钠的温度达到熔点（1074K）时，也必定开始熔化。而当加热石蜡、沥青、玻璃、塑料等无定形固体时，只能观察到它们逐渐软化，最后变成了易流动的液体，但永远无法知道它们是在哪一确切温度开始熔化的，也就是说它们根本就没有固定的熔点。

(3) 晶体往往显各向异性（anisotropy）；非晶体则显各向同性（isotropy） 由于晶体内部质点排列有序，在不同的方向上质点的排列密度往往不同，因此在不同的方向上晶体对光、电、磁、热的传导速率和强度往往具有较大差异，这种差异被称为各向异性。对于非晶体而言，组成质点的排列杂乱无序，从宏观统计的角度看，在所有方向上质点的排列密度均相同，对光、电、磁、热的传导速率和强度也都相同，所以是各向同性的。例如在一块石英晶体表面和一块玻璃表面均涂上一层石蜡，然后用热的针尖接触石蜡，发现石英晶体表面的石蜡熔化成椭圆形，而玻璃表面的石蜡熔化成圆形。证明在不同方向上石英晶体对热的传导速率不同，而玻璃对热的传导在所有方向上都是相等的。需要注意的是，并非所有晶体都具备各向异性，当晶体内部的质点在各个方向上排列相同时，它就是各向同性的，如氯化钠、氯化钾、氯化铯等晶体都是各向同性的。

由上述可见，晶体外部性质的区别来源于晶体内部结构的区别。17 世纪中叶，丹麦矿物学家斯迪诺（Steno）在研究石英晶体断面时发现，**石英晶面的大小和形状尽管千变万化，但相应晶面间的夹角却是相等的。**如图 2.9 所示，无论哪种形状的石英晶体，其晶面 a、b、c 相互间的夹角均保持相等。随后人们又研究了大量不同形状的晶体，发现每种晶体不同晶面间的夹角都保持相等，从而就诞生了结晶学上的第一个定律——**晶面夹角守恒定律**。正因

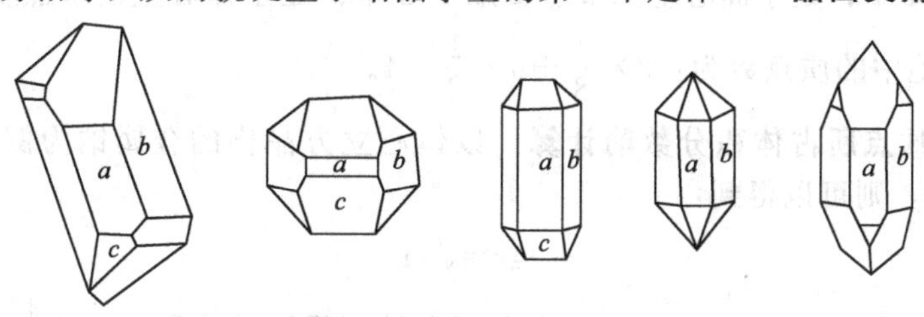

图 2.9 不同石英晶体的外形和晶面结构

为晶体的生长必须遵循晶面夹角守恒定律，所以晶体由一个微小的结构单元生长成宏观晶体时永远保持有规则的外形。

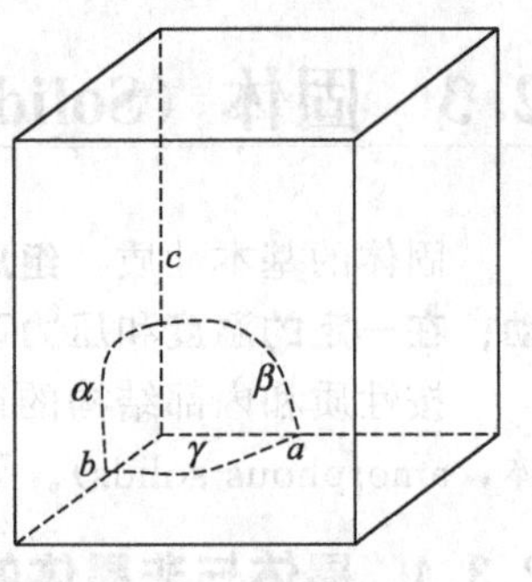

图 2.10　晶胞示意图

2.3.2　晶体的内部结构

2.3.2.1　七大晶系

晶体的外形决定于晶体的内部结构。能代表晶体的全部结构和性质的最小重复单位称为晶胞（crystal cell）。晶胞可以用六面体的 3 个棱边的边长 a、b、c 和构成同一顶点的 3 个面之间的夹角 α、β、γ 来描述，如图 2.10 所示。根据晶胞的棱边边长和晶面夹角，将晶体分成七大类型，通常称为七大晶系。表 2.5 列出了七大晶系的晶胞参数，图 2.11 绘出了其相应结构。

表 2.5　七大晶系的晶胞参数

晶系	边　长	轴间夹角	实　例	晶系	边　长	轴间夹角	实　例
立方	$a=b=c$	$\alpha=\beta=\gamma=90°$	NaCl	六方	$a=b\neq c$	$\alpha=\beta=90°,\gamma=120°$	AgI
四方	$a=b\neq c$	$\alpha=\beta=\gamma=90°$	SnO_2	单斜	$a\neq b\neq c$	$\alpha=\gamma=90°,\beta\neq 90°$	$KClO_3$
正交	$a\neq b\neq c$	$\alpha=\beta=\gamma=90°$	$HgCl_2$	三斜	$a\neq b\neq c$	$\alpha\neq\beta\neq\gamma\neq 90°$	$CuSO_4\cdot 5H_2O$
三方	$a=b=c$	$\alpha=\beta=\gamma\neq 90°$	Al_2O_3				

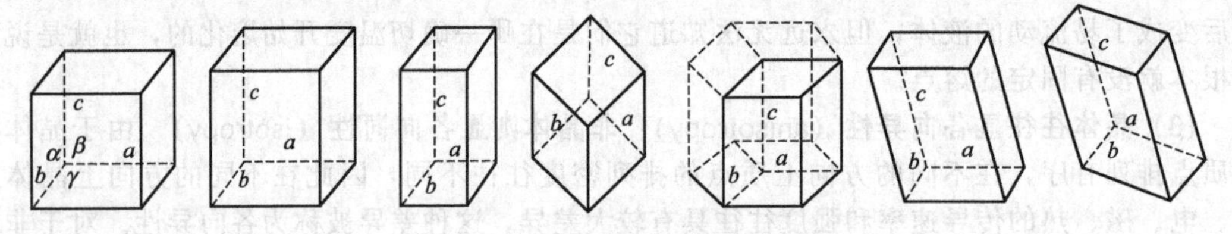

图 2.11　七大晶系的结构示意图

2.3.2.2　十四种晶格

在各种晶系中，根据质点排列方式的区别又分成不同的晶格。晶格是一种几何概念，是组成晶体的质点在空间的排列方式。有的书中也将晶格称为布拉卫（Bravias）格子或布拉卫点阵。从几何学的角度讲，空间点阵有三种方式：线状、层状、三维立体构型。在晶体学中常见的十四种晶格如图 2.12 所示。在基础无机化学中要熟练掌握立方晶系的三种晶格：简单立方、体心立方、面心立方。

2.3.2.3　晶胞的有关计算

由于晶胞是体现晶体的结构特征和性质特点的最小重复单位，因此晶胞的大小、形状和组成完全决定了整个晶体的结构和性质，晶体就是晶胞在空间按一定规律重复堆砌而成的。

(1) 晶胞中质点数的计算　以立方晶系为例，处于顶点上的节点贡献 1/8 个；处于棱边上的节点贡献 1/4 个；处于面心上的节点贡献 1/2 个；处于体心上的节点贡献 1 个。例如，1 个面心立方晶胞中的质点数为：$8\times\frac{1}{8}+6\times\frac{1}{2}=4$。

(2) 晶胞中质点所占体积分数的计算　以体心立方晶格的金属钠为例。设晶胞边长为 a、质点半径为 r，则可以得到：

$$4r=\sqrt{3}a$$

一个晶胞的体积为 a^3，一个晶胞中含有两个钠原子，其体积为 $2\times\frac{4}{3}\pi r^3$，则晶胞中钠

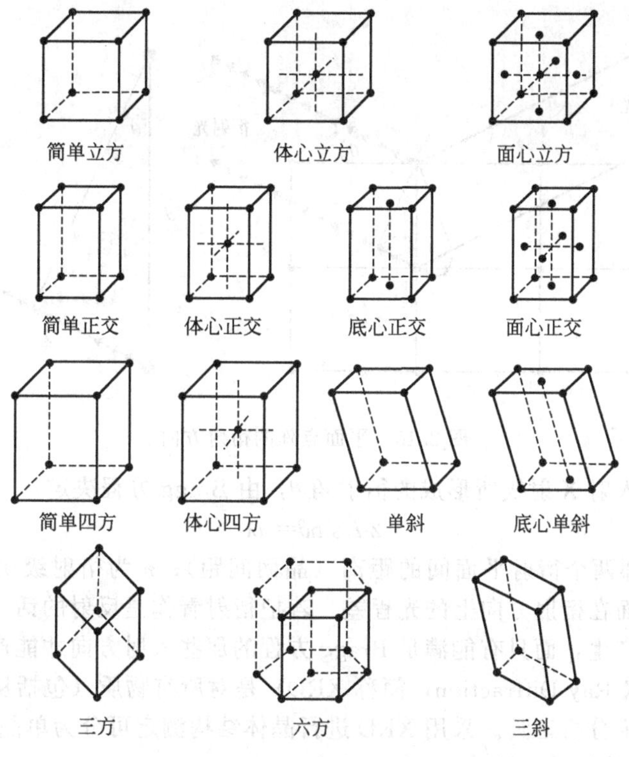

图 2.12 十四种晶格结构

原子占有的体积分数为：

$$\frac{8\pi r^3}{3a^3}\times 100\% = \frac{8\pi r^3}{3\times\left(\frac{4}{\sqrt{3}}r\right)^3}\times 100\% = \frac{8(\sqrt{3})^3\pi}{3\times 4^3}\times 100\% = 68.0\%$$

相应的晶胞中空隙所占百分数为 32.0%。如果测量到金属钠的晶胞边长，还可以求算金属钠的原子半径和密度。

2.3.3 晶体的 X 射线衍射

2.3.3.1 晶体的 X 射线衍射及布拉格方程

X 射线（X-ray）是一种很短的电磁波，波长范围约为 0.01～100Å（Angstrom，埃，$1Å=10^{-10}m$），这与晶体内部原子和分子的距离属于同一数量级。用于衍射分析的 X 射线是一束单色平行的 X 射线，是在高真空的 X 射线管内由高压电子束轰击阳极金属靶面而产生的，波长与靶材料和电子束的能量有关，一般约为 0.05～0.25nm。

当 X 射线射到晶体上时，晶体内原子中的电子在其电磁场的作用下被迫发生振动，振动频率与入射 X 射线的频率相同。这些原子可近似看作新的电磁波源，其散射以球面波的方式向四面八方传播，频率为电子的振动频率，即入射 X 射线的频率。晶体中各原子散射的球面波在某些方向上干涉减弱，而在另一些方向上干涉加强，这些散射波加强的方向称为晶体的衍射方向。将各个衍射方向的强度记录下来便得到晶体的衍射图形（即谱线的分布与强度），它与晶体的结构有关，因此可用于测定晶体的结构。

英国科学家布拉格父子（William Bragg and Lawrence Bragg）把晶体的 X 射线衍射当作反射来处理，即一部分入射 X 射线被晶体中连续的原子层平面（晶面）所反射，反射角等于入射角，其余 X 射线则透过平面，并被后面的各个平面相继反射，如图 2.13 所示。

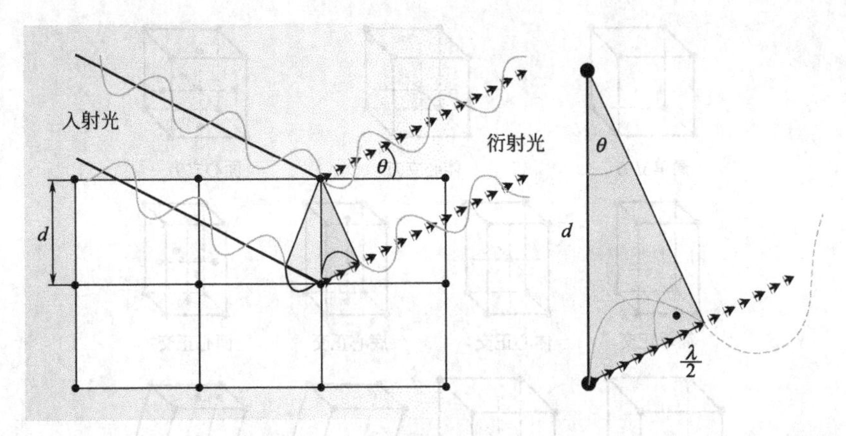

图 2.13　平面点阵的衍射方向

衍射线相对于入射 X 射线所形成的衍射角 θ，由 Bragg 方程决定：

$$2d\ \sin\theta = n\lambda \tag{2-16}$$

式中，d 是相邻两个衍射平面间的距离（晶面间距）；n 为衍射级次，它给出相邻两个原子层（平面）晶面在衍射方向上的光程差。若把衍射看作是反射的话，并不是任意的入射方向都可有反射线产生，而只有能满足 Bragg 方程的那些入射方向才能产生反射。

X 射线衍射（X-Ray-Diffraction，简称 XRD）是对所有物质（包括从流体、粉末到完整晶体）的重要的无损分析工具。采用 XRD 进行晶体结构测定可分为单晶法和多晶法。

2.3.3.2　多晶衍射法及其应用

多晶法又称 X 射线粉末衍射分析法（powder XRD analysis），是利用单色 X 射线投射到晶体粉末上的衍射方法。Bragg 方程是这一方法的基础。多晶样品是由无数小晶粒杂乱无章、取向随机地聚集在一起而组成的，当单色 X 射线照射到多晶样品上时，若某一晶粒的一组平行晶面的取向和入射 X 射线的夹角为 θ，满足衍射条件，则在衍射角 2θ 处产生衍射，因晶粒的取向随机，同一组晶面产生的衍射线分布在张角为 4θ 的圆锥面方向上，该衍射线是由无数个符合同样衍射条件的晶粒产生的衍射点形成的。晶粒中有许多组晶面，相应地形成许多张角不同的衍射圆锥线，这些圆锥线皆以入射 X 射线为中心轴。

记录多晶衍射线的位置和强度通常有照相法和衍射仪法，目前多使用衍射仪法。多晶衍射仪法利用计数管和一套放大测量系统，把接收到的衍射光转换成一个大小与衍射强度成正比的信号并记录下来，图中样品放在衍射仪圆的中心，计数器始终对准中心，并绕中心旋转。样品每转 θ，计数管转 2θ，记录仪同步转动，逐一把各衍射线的强度记录下来。

根据多晶衍射实验结果得到的一系列 θ 值和所用 X 射线的波长 λ，就可由式(2-16) 算出一晶体所特有的一套 d 值，而且与所用的 X 射线的波长无关，因此这套 d 值可作为一晶体的特征。同时，每条衍射线又具有一定的相对强度 I。所以，除所有这些衍射线对应的 d 值外，再考虑到这些衍射线的相对强度，其特性就更强了。总之，每种晶体都有自己独特的一套"d-I"数据。利用这套数据可以进行物相分析，可以求晶胞参数，可以确定晶体的点阵形式。

对简单的金属化合物还可以用多晶衍射法测定晶体结构，即物相的定性分析。方法是将未知样品的"d-I"值与标准样品的"d-I"值相对照，从而确定未知样品属于何种晶体。人们已将标准样品粉末衍射的数据资料汇集在一起，将每一晶相的"d-I"值及有关数据记录在一张卡片上，这些卡片以一定的顺序排列，并编了索引，以便查找。这套卡片成为 ASTM 卡片或 JCPDS 卡片。目前，这套卡片包括了已知的几万种物质的 X 射线粉末衍射资料。

但利用ASTM卡片进行物相分析还要受到一定的限制，尽管新的晶体卡片数目逐年增加，但总有新物质被不断发现或合成出来，这就需要自己设法制备标准样品，收集衍射数据后进行分析。

2.3.3.3 单晶衍射和电子密度简介

适合单晶衍射用的晶体一般为直径0.1～1mm的完整晶粒。选好晶体后，调整晶体坐标轴和入射X射线的相对取向，使每一衍射符合衍射条件，收集衍射强度数据。现在最通用的单晶衍射仪为四圆衍射仪，这4个圆分别称为中圆、X圆、W圆和2θ圆，每个圆都有一个独立的电动机带动运转，通常由计算机控制，调节晶体定位取向，使各个衍射满足条件产生衍射，并记录它们的强度。

晶体X射线衍射的实质是晶体原子中电子对X射线的衍射。测定晶体各个衍射强度数据后，理论上可计算晶胞中坐标为x、y、z点上的电子密度$\rho(x, y, z)$，得到的图叫电子密度图。电子密度图中各个极大值点即和原子的坐标位置对应，电子多的原子ρ值大。一般可以在电子密度图上区分出各种原子，求得它们在晶胞中的分数坐标，从而测定出晶体的结构。

2.3.4 晶体的熔化

2.3.4.1 晶体的受热曲线

当加热晶体时，随着加热时间的延长，晶体的温度逐渐升高。当达到晶体的熔点时，晶体开始溶化，此时体系的温度恒定不变，随着加热时间的进行改变的只是固体和液体的相对质量，直到晶体全部溶化后，体系温度才进一步升高。图2.14绘出了一普通晶体的受热曲线。

2.3.4.2 晶体的熔点

在一定外压下，晶体熔化时的温度称为该晶体的熔点。当外压是101.3kPa时，晶体的熔点称为正常熔点，一般化学手册中给出的数据都是正常熔点。熔点是晶体自身固有的特征数据。在化学分析中，常常通过熔点的测定进行物质的鉴别，或判定一种物质的纯度高低。当一种晶体中含有杂志时，其熔点会有所降低。

晶体的熔点随外压的变化与液体的凝固点随外压的变化相同。由于一般物质固体的密度往往大于液体的密度，所以随着外压的增大，晶体的熔点会逐渐升高。但对于水来讲，液态水的密度反而比固态冰的密度还大，所以水的冰点随外压的增大而降低，如图2.15所示。

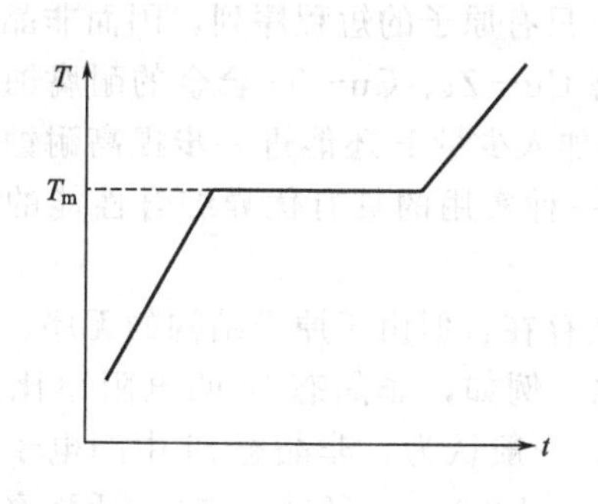

图2.14 普通晶体的受热曲线

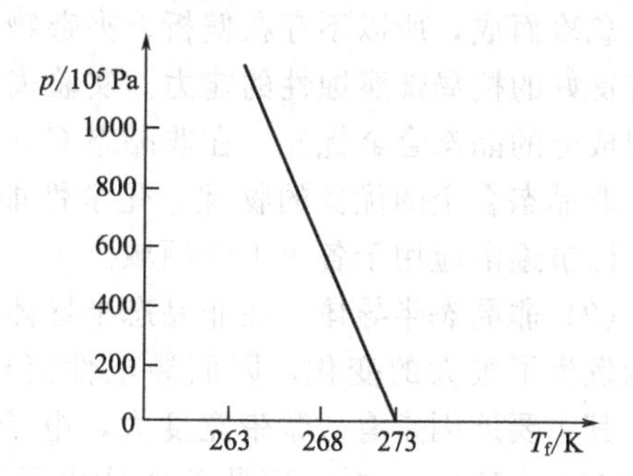

图2.15 水的冰点随外压的变化

2.3.5 非晶态材料简介

非晶态（即非晶体）材料是发展迅速的一种重要新型材料，也是目前材料科学中广泛研究的一个新领域。它不像晶态（晶体）那样是原子的有序结构，而是一种长程无序、短程有序的结构。因此，非晶态材料的许多物理、化学性能常比相应的晶态材料更优异。非晶态材料包括非晶态金属及合金、非晶态半导体、非晶态超导体、非晶态电解质、非晶态离子导体、非晶态高聚物及传统的氧化物玻璃等。

2.3.5.1 非晶态材料结构的主要特征

非晶态材料许多优异的物理、化学性能大都是由它的微观结构决定的，研究非晶态材料的结构，对分析这些特殊性质有着重要的实际意义。与晶态比较，非晶态材料的结构具有以下几方面的主要特征。

(1) 长程无序性 在非晶体结构中，原子的排列从总体上是无规则的，但近邻原子的排列是有规则的。例如，晶态硅是金刚石结构，其中每个硅原子为四价，与最邻近硅原子构成四面体，所有硅原子在空间的排列具有周期性的规律。而非晶硅中每个原子仍为四价，与最邻近原子构成四面体结构，这是有规律的，但其总体原子排列却没有周期性的规律。需要注意的是，非晶态材料与无序的晶态材料的结构不同。例如，晶态合金的无序态，是由于异类原子随机地占据有规则的晶格位置，仅仅是成分无序（即化学无序）。非晶态材料则是原子排列的无序，在多元系中还常常存在成分无序。

一般来说，非晶态结构的短程有序区的线度约为（1500±100）pm。非晶态依然能够保持其相应的晶态材料的宏观特性，这是由于非晶态与相应的晶态都具有类似的短程有序性的缘故。基于非晶态结构的长程无序性，可以把非晶态材料看作是均匀的和各向同性的结构。

(2) 亚稳态性 晶态材料在熔点以下一般是处在稳定平衡态。非晶态则是一种亚稳态，它有向稳定平衡态转变的趋势。但是，从亚稳态转变到稳定平衡态必须克服一定的势垒。因此，非晶态及其结构具有相对的稳定性。这种稳定性直接关系着非晶体材料的使用寿命和应用，所以深入探讨非晶态材料的亚稳态性，在理论和实际应用上都具有十分重要的意义。

2.3.5.2 非晶态材料的性质及应用实例

(1) 非晶态合金 由于非晶态合金具有非常强的金属-类金属化学键，所以具有较好的力学性能。例如，非晶态 Fe 基合金（$Fe_{80}P_{15}C_{15}$，$Fe_{72}Ni_{8}P_{15}C_{7}$）具有极高的抗断裂强度，可用于制造飞机起落架，又如，Fe—B—C 和 Fe—B—Si 是两种典型的高磁性感应、低功率损耗的非晶态合金，可用于制备各种磁性元件，以提高效率、节约能源。另外还有不少非晶态合金具有优异的耐蚀性。因为非晶态结构是长程无序、没有晶界，所以非晶态合金的化学性能和电化学性能的均匀性很高。此外，非晶态合金是由液态合金以每秒 10^{6}℃以上的冷却速度急冷而成，所以不存在偏析、夹杂物和第二相，只有原子的短程序列，因而非晶态合金具有良好的抗局部腐蚀性的能力。实验表明，非晶态 Cu—Zr、Cu—Ti 合金的耐腐蚀性能远比同成分的晶态合金优异。在非晶态 Cu—Ti 合金中加入少量 P 还能进一步提高耐蚀性。总之，非晶态合金的优良的物理、化学性能使之成为一种实用的具有优异综合性能的工程材料，已被逐渐应用于各个工业领域。

(2) 非晶态半导体 在非晶态半导体中能带仍然存在，但由于原子结构的无序，其能带结构发生了很大的变化，因而导电性能也发生变化。例如，非晶态 Si 的电阻率比晶态 Si 高，其主要原因是有效禁带宽度大，电子迁移率低。一般认为，非晶态 Si 中的电子迁移率约为 $5cm \cdot V^{-1} \cdot s^{-1}$，而晶态 Si 中电子迁移率可大于 $1000cm \cdot V^{-1} \cdot s^{-1}$，迁移率大小是非晶态半导体电性能大小的主要原因之一。利用硅烷直流或射频辉光放电分解沉积法可制备非晶态硅薄膜。由于在该膜中含有大量的氢，而且氢与硅原子形成了 Si—H 化学键，因此也称为非晶态硅-氢合金。这种方法制备的非晶态硅膜和采用真空蒸发法和溅射法制备的非晶态硅膜相比，具有十分引人注目的电学和光学性能。研究发现，非晶态硅-氢合金具有很强的光电导和较大的光吸收系数。不仅可以通过控制沉积条件连续地调整其光电性能，而且可通过掺入杂质改变非晶态硅-氢合金的导电类型。其他种类非晶态硅-氢合金便于大面积的大规模沉积，成本也大为降低，从而为广泛利用太阳能创造了条件。

非晶态硅薄膜作为一种新的能源材料，具有广阔的应用前景。太阳能电池是直接将太阳能转换为电能的器件，以往太阳能电池主要是用单晶硅材料进行研制，这种太阳能电池的制造工序比较复杂，材料损耗很多，因而价格比较昂贵。最有可能解决这些问题的就是非晶态硅太阳能电池。

(3) 非晶态超导体 超导性是物质在低温下广泛存在的一种物理现象。例如水银在4.2K的温度下具有电阻几乎为零的超导性。现已发现多种金属元素具有超导性而晶态超导合金与化合物已有一千多种，若某物质在超导转变温度 T_s 时其电阻突然完全消失，则称该物质已过渡到超导态。当导体的温度 T 大于临界温度 T_s 时，导体处于正常状态。

非晶态结构的长程无序性对其超导性的影响很大，大多数非晶态超导体（例如Bi、Ga、$Sm_{0.9}Cu_{0.1}$ 等）的超导转变温度 T_s 比相应的晶态超导体高约5K。由于非晶态金属具有类似的短程有序性，因而各种非晶态超导体的 T_s 值差别不是很大。

超导体有许多重要的奇妙应用。但是，现有的晶态超导体的超导电性都是在接近绝对零度时才发生的，应用时需要复杂的、昂贵的低温技术。人们正在寻求超导转变温度接近室温的高温超导电性的材料，如有机超导体、金属氢等。目前发现的非晶态超导体数目还太少，有许多实验和理论上的问题尚未解决，例如是否能进一步提高超导转变温度，非晶态超导体形成机理等问题都需要继续探索。

2.4 水和溶液（Water and Solution）

常言道，水是生命之源，是目前已知的所有生物赖以生存的物质保证。因此，人类对水的研究也最为悠久、最为透彻。在常见物质当中，只有水的三态（气、液、固）最为人类所熟知。许多常用的物理量也是以水为基准的，如相对密度、摄氏温度等。

溶液是物质存在的另外一种形式，它既不同于化合物也不同于混合物，在溶液中物质常会表现出一些特殊的物理化学性质。下面就简单介绍一下水的相图和溶液。

2.4.1 水的相图

将水的蒸气压随温度的变化曲线、冰的蒸气压随温度的变化曲线、水的冰点随温度的变化曲线融合在一个图中就得到了水的相图，如图2.16所示。

图中 T_t 代表水的三相点的温度，p_t 代表水的三相点的蒸气压，T_b 代表常压下水的沸点，T_c、p_c 分别代表水的临界温度和临界压力；g区为水的气相区，l区为水的液相区，s区为水的固相区，曲线 a 为水的气液共存的区域，曲线 b 为水的固液共存的区域，曲线 c 为水的固气共存的区域，o 为水的三相点。例如当水所处的温度和压力数值落在曲线 a 上时，就意味着此时水是气液共存的，换言之曲线 a 上的任意一

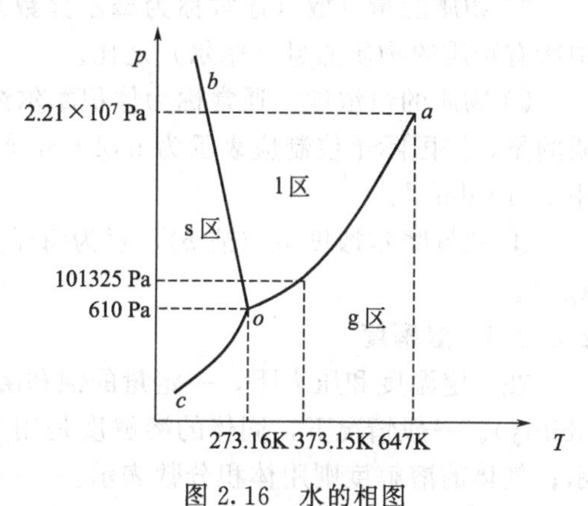

图2.16 水的相图

三相点：T_t=273.16K（0.01℃），$p_t=6.10\times10^2$ Pa

沸点：T_b=373.15K（100℃），$p_b=1.01\times10^5$ Pa

临界点：T_c=647K（374℃），$p_c=2.21\times10^7$ Pa

点都是水在不同压力下的沸点。同样曲线 b 上的任意一点是水在不同压力下的凝固点（也称为冰的熔点），曲线 c 上的任意一点是冰的升华温度，而在 o 点时水的气、液、固三相共存。

三相点是一种物质的气、液、固三相共存的状态，其标志是固定的温度和压力。物质的三相点与凝固点不同，三相点是物质本身固有的性质，不可改变，而凝固点是在一定外压下，某物质含有空气的液体（溶液）与固体共存的温度，凝固点随外界压力的变化而改变。例如水的三相点温度 T_t 为 273.16K（0.01℃），是一恒定值，而水的凝固点 T_f 则随外压的变化而改变，在外压等于 101.3kPa 时的数值为 273.15K（0℃），称为水的正常凝固点，比水的三相点温度低 0.01K。

2.4.2 溶液

一种物质以分子、原子或离子的形式分散在另一种物质中，形成的均匀稳定的分散体系称为溶液。按照这一概念，溶液可存在三种状态，即气态溶液、液态溶液和固态溶液。空气就是一标准的气态溶液，而常用的合金则是固态溶液。但从狭义上讲，一般溶液都是指液态溶液。

需要注意的是，溶液既不是化合物，也不是简单的混合物，其微观结构和性质极其复杂。当溶质溶解后，其结构和性质均发生改变，同样当接受溶质后，溶剂的结构和性质也发生相应变化。在人们研究的体系中，溶液可谓是最复杂的体系。

2.4.2.1 溶液的组成

溶液均由溶质和溶剂两部分组成。由固体和液体、气体和液体组成的溶液，液体就是溶剂，固体和气体则是溶质；由液体和液体组成的溶液，往往量多的是溶剂，量少的是溶质，但水可看作是恒溶剂，如在 95% 的乙醇、浓硫酸、浓盐酸中，溶剂就是水。在有机化学中也有一些恒溶剂，如乙醇、乙醚、丙酮、煤油等。

2.4.2.2 溶液的浓度

溶液的浓度是指一定量的溶液或溶剂中含有的溶质的量。最常用的浓度表示方法有以下几种。

① 质量分数 w。如市售浓硫酸的质量分数为 98%，市售浓盐酸的质量分数为 37%。当溶质的质量分数很低时，可表示为 ppm（parts per million），意为百万分之几，如某废矿井卤水中含碘 10ppm，意思就是碘的质量分数为百万分之十；当溶质的质量分数再低时，可用 ppb（parts per billion）表示，意为十亿分之几。但 ppm、ppb 现已不赞成使用。

② 物质的量分数（通常称为摩尔分数）x_i，等于溶质的物质的量（摩尔）与整个溶液中所有物质的物质的量（摩尔）之比。

③ 物质的量浓度（通常称为体积摩尔浓度）c，意为单位体积的溶液中溶解的溶质的物质的量，按国际单位制应表示为 $mol \cdot m^{-3}$，但因数值通常太大，使用不方便，所以普遍采用 $mol \cdot dm^{-3}$。

④ 质量摩尔浓度 m（或 b），意为每千克溶剂中溶解的溶质的物质的量，单位为 $mol \cdot kg^{-1}$。

2.4.2.3 溶解度

在一定温度和压力下，一定量的饱和溶液中溶解的溶质的量称为该溶质的溶解度（solubility）。一般情况下，固体的溶解度是用 100g 溶剂中能溶解的溶质的最大质量（g）数表示；气体的溶解度则用体积分数表示。

影响溶解度的因素主要有温度和压力。温度升高，固体的溶解度往往增大，而气体的溶解度则普遍减小；压力增大，气体的溶解度均直线增大，而固体的溶解度变化很小。

当气体溶质与溶溶剂发生化学作用时，气体的溶解度与所受压力成正比，这一规律称为亨利（Henry）定律：

$$c_i = k p_i \tag{2-17}$$

2.4.2.4 萃取和分配定律

萃取是指一种物质在两种相互接触而又互不相溶的液体之间的传递过程。当同一种物质在两种溶剂中的分配达到平衡时，存在如下的关系：

$$K = \frac{c_A}{c_B} \tag{2-18}$$

式中，K 表示分配系数，当溶剂和溶质固定后，其数值只与温度有关；c_A、c_B 分别代表溶质在溶剂 A 和溶剂 B 中的平衡浓度。

式(2-18) 也称为萃取分配定律。例如碘在 H_2O 和 CCl_4 之间的分配比为 1∶85。实际生产中可以用 CCl_4 从含碘的水溶液中萃取出碘，再蒸发掉 CCl_4 就得到单质碘。萃取主要用于湿法冶金工业，先将含有稀贵金属的矿石粉碎、溶解，再用含有机萃取剂的有机相从矿石浸取液中萃取稀贵金属。

2.4.3 非电解质稀溶液的依数性

不同的溶液有不同的性质，电解质溶液的性质与非电解质溶液的性质往往差别较大。对非电解质稀溶液研究发现，不同溶质溶解于同一溶剂中形成的不同溶液却有几种完全相同的性质，这些性质的特点是只决定于溶质在溶液中的质点数，与溶质的组成、结构和性质均无关，而且只要测定出其中的一种性质就可以推算其余的几种性质。奥斯特瓦尔（Ostwald）将这类性质命名为依数性（colligative properties）。非电解质稀溶液的依数性包括蒸气压下降、沸点升高、凝固点下降、渗透压。

2.4.3.1 蒸气压下降

1887 年法国物理学家拉乌尔（Raoult）在研究了几十种溶液蒸气压与溶质浓度的关系后，得出结论：在一定温度下，难挥发非电解质稀溶液的蒸气压等于纯溶剂的饱和蒸气压乘以该溶剂在溶液中的摩尔分数。即

$$p_B = p_B^{\ominus} x_B \tag{2-19}$$

式中，p_B 代表溶液的饱和蒸气压；$p_B^{\ominus}$ 代表纯溶剂的饱和蒸气压；x_B 代表溶液中溶剂的摩尔分数。

由于 $x_B + x_A = 1$，所以 $p_B = p_B^{\ominus}(1 - x_A) = p_B^{\ominus} - p_B^{\ominus} x_A$，由此可导出：

$$\Delta p = p_B^{\ominus} - p_B = p_B^{\ominus} x_A \tag{2-20}$$

式中，x_A 代表溶质的摩尔分数。

后来范特霍夫（van't Hoff）从热力学上论证了这一经验公式，并将式(2-19) 命名为拉乌尔定律。

对拉乌尔定律可以这样理解，与纯溶剂的蒸发相比，在稀溶液的相内和溶液表面都有一定数目难挥发的溶质分子，这些溶质分子的存在会阻碍溶剂分子穿过溶液表面进入空间变为气态分子，这样当溶剂的蒸发和凝聚达到平衡时，气态分子的数目就要比与纯溶剂相平衡的气态分子数少，因此稀溶液的饱和蒸气压 p_B 低于纯溶剂的饱和蒸气压 $p_B^{\ominus}$，如图 2.17 所示。而且从分子运动论的观点考虑，p_B 与 $p_B^{\ominus}$ 的差值正比于溶液中溶质质点的比例（即摩尔分数）。表 2.6 列出了

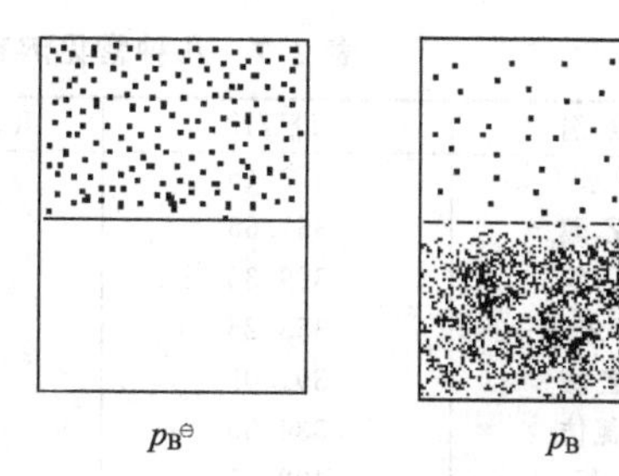

图 2.17 非电解质稀溶液蒸气压下降示意图

293K 时不同浓度的葡萄糖水溶液的蒸气压下降值。

表 2.6　293K 时不同浓度的葡萄糖水溶液的蒸气压下降值

m/mol·kg^{-1}	Δp(理论计算值)/Pa	Δp(实验测量值)/Pa	m/mol·kg^{-1}	Δp(理论计算值)/Pa	Δp(实验测量值)/Pa
0.0984	4.1	4.1	0.5858	24.8	24.9
0.3945	16.5	16.4	0.9968	41.0	41.2

【例题 2.3】 已知苯在 293K 时的饱和蒸气压为 9.99kPa，现将 1.00g 某未知有机物溶于 10.0g 苯中，测得溶液的饱和蒸气压为 9.50kPa。试求该未知物的分子量。

解：设该未知物的分子量为 M，根据拉乌尔定律 $\Delta p = p_B^\ominus - p_B = p_B^\ominus x_A$ 有

$$9.99-9.50=9.99\left(\frac{1.00\div M}{1.00\div M+10.0\div 78.0}\right)$$

解得：$M=151$。

需要指出的是，从理论上严格地讲只有理想溶液才在任何浓度时都遵守拉乌尔定律。所谓理想溶液，从宏观热力学的角度讲，是指溶解过程不产生任何热效应的溶液，从微观力学的观点看，在理想溶液中溶质分子与溶剂分子间的作用力等于溶剂分子与溶剂分子间的作用力。但这样的溶液实际上是不存在的，只能将一些稀溶液近似看作是理想溶液。

一般情况下拉乌尔定律的适用条件是，溶质为难挥发的非电解质，溶液为稀溶液（稀溶液并没有严格界限，通常浓度小于 5mol·kg^{-1}的溶液都可看作稀溶液）。如果溶质是易挥发的，则溶液的饱和蒸气压就包括溶质的饱和蒸气压和溶剂的饱和蒸气压两部分，其数值常常大于同温度下纯溶剂的饱和蒸气压。例如乙醇、醋酸、丙酮等水溶液的饱和蒸气压就大于纯水的饱和蒸气压。

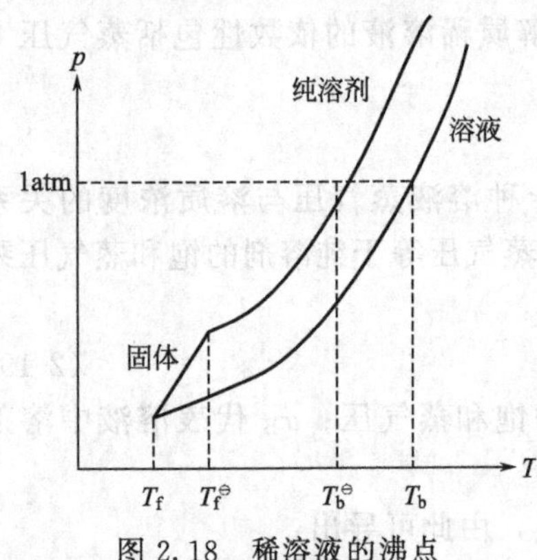

图 2.18　稀溶液的沸点上升和凝固点下降

2.4.3.2　沸点上升

由液体的蒸气压与沸点的关系可知，在一定外压下，溶液的蒸气压下降必然导致其沸点上升，如图 2.18 所示。人们经过大量实验得出，非电解质稀溶液的沸点上升值与溶液的质量摩尔浓度有如下关系：

$$\Delta T_b = K_b m \tag{2-21}$$

式中，ΔT_b 代表溶液的沸点上升值；K_b 代表溶剂的沸点上升常数；m 代表溶质的质量摩尔浓度。

K_b 的数值大小只决定于溶剂本身，不同的溶剂数值不同，其中水的 K_b 等于 0.512。常见溶剂的沸点上升常数列于表 2.7 中。

表 2.7　几种常见溶剂的沸点上升常数 K_b 和凝固点下降常数 K_f

溶剂	$T_b^\ominus$/K	K_b/(K·kg·mol^{-1})	$T_f^\ominus$/K	K_f/(K·kg·mol^{-1})
水	373.15	0.512	273.15	1.855
乙醇	351.65	1.22	155.85	
丙酮	329.35	1.71	177.8	
苯	353.25	2.53	278.65	4.9
乙酸	391.05	3.07	289.75	3.9
氯仿	334.85	3.63	209.65	
萘	492.05	5.80	353.65	6.87
硝基苯	483.95	5.24	278.85	7.00
苯酚	454.85	3.56	316.15	7.40

稀溶液沸点上升的适用条件是，溶质是难挥发的非电解质。

【例题 2.4】 将 50g 糖溶于 100g 水中，测得溶液的沸点为 374.57K，求糖的分子量。

解：设糖的分子量为 M，糖在水溶液中的质量摩尔浓度为 m，根据 $\Delta T_b = K_b m$ 有

$$374.57 - 373.15 = 0.512 \times m$$

解得 $m = 2.77 mol \cdot kg^{-1}$

$$M = \frac{50}{m} \times \frac{1000}{100} = \frac{50}{2.77} \times \frac{1000}{100} = 180$$

2.4.3.3 **凝固点下降**

由图 2.18 可见，非电解质稀溶液的凝固点 T_f 要比纯溶剂的凝固点 $T_f^\ominus$ 低。原因在于溶液的蒸气压低于纯溶剂的蒸气压，在温度降到 $T_f^\ominus$ 时，液体溶剂的蒸气压等于固体溶剂的蒸气压，此时溶剂开始凝固；而由于稀溶液的蒸气压低于纯溶剂的蒸气压，只有温度降到 T_f 时，溶液的蒸气压才与固体溶剂的蒸气压相等，此时才有固体溶剂结晶出来。T_f 与 $T_f^\ominus$ 的差值就是非电解质稀溶液的凝固点降低值 ΔT_f。ΔT_f 与溶液浓度的关系类似于 ΔT_b 与溶液浓度的关系：

$$\Delta T_f = K_f m \tag{2-22}$$

式中，K_f 为溶剂的凝固点下降常数，只决定于溶剂本身。常见溶剂的 K_f 值列在表 2.7 中。其中水的 $K_f \approx 1.86$。

稀溶液凝固点的下降不要求溶质一定是难挥发的非电解质。

【例题 2.5】 将 15.0g 谷氨酸溶于 100g 水中，测得溶液的凝固点为 271.25K，求谷氨酸的分子量。

解：设谷氨酸的分子量为 M，谷氨酸的质量摩尔浓度为 m，根据 $\Delta T_f = K_f m$ 有

$$273.15 - 271.25 = 1.86 \times m$$

解得 $m = 1.02 mol \cdot kg^{-1}$

$$M = \frac{15.0}{m} \times \frac{1000}{100} = \frac{15.0}{1.02} \times \frac{1000}{100} = 147$$

谷氨酸［$HOOC(CH_2)_2CHNH_2COOH$］的实际分子量就是 147，可见实验测定结果相当精确。

2.4.3.4 **渗透压**

在现实生活中，一些水果和蔬菜如苹果、梨、桃子、萝卜、芹菜、黄瓜等，放置时间长了，会失去水分发蔫。如果将这些发蔫的水果及蔬菜放在水中浸泡一会，就会发现它们将重新变得生机盎然。产生这种现象的原因就在于大多数水果和蔬菜的表皮是一层半透膜，它只允许水分子通过，而不允许其他分子通过。在干燥的空气中水果和蔬菜中的水分子会通过表皮散发掉，变得发蔫；当把水果和蔬菜再放入水中时，水分子又会穿过表皮进入到内部，所以水果和蔬菜又变得生机勃勃。

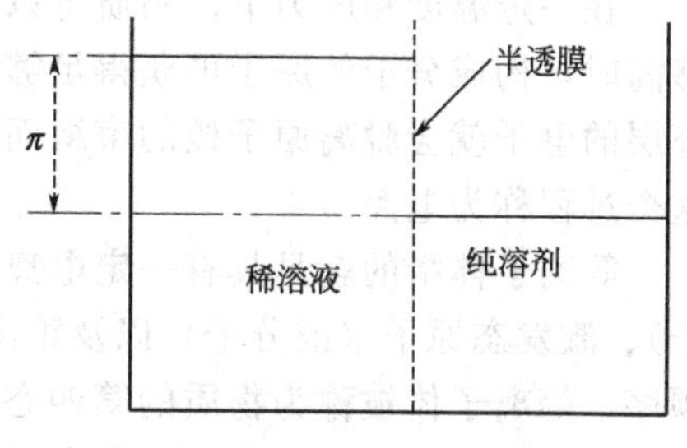

图 2.19 渗透压产生示意图

如果在一个容器中间放置一张半透膜，容器一边放入纯溶剂，另一边放入一非电解质稀溶液，并使半透膜两边的液面平行。放置一段时间后，发现纯溶剂的液面逐渐下降，而稀溶液的液面逐渐升高，最后达到一平衡状态，如图 2.19 所示。这样就在溶液与纯

溶剂之间产生了一压力差 π，由于 π 的产生是由于溶剂的渗透造成的，所以将其称为渗透压(osmotic pressure)。

1886 年荷兰物理学家范特霍夫（Van't Hoff）指出“稀溶液的渗透压与温度、溶质浓度的关系同理想气态方程一致”，即

$$\pi = cRT \tag{2-23}$$

式中，c 为溶液的物质的量浓度；R 为气体常数（其取值决定于 π 和 c 的量纲）；T 为热力学温度。

【例题 2.6】 已知 310K 时人血的渗透压大约为 7.66atm，如果用葡萄糖溶液给病人输液的话，在 1000mL 水中应溶解多少克葡萄糖?

解：根据 $\pi = cRT$，得

$$c = \pi/(RT) = 7.66 \times 101.3/(8.314 \times 310) = 0.301\text{mol} \cdot \text{dm}^{-3}$$

假设溶解葡萄糖后水的体积不变，则在 1000cm^3 水中溶解的葡萄糖的物质的量就是 0.301，葡萄糖的摩尔质量为 $180\text{g} \cdot \text{mol}^{-1}$，那么所需葡萄糖的质量为：

$$180 \times 0.301 = 54.2\text{g}$$

半透膜（semipermeable）指只允许某些分子、离子、原子通过而不允许其他分子、离子、原子通过的薄膜。如水果皮、蔬菜皮、动物的皮肤、血管等。

渗透现象在现实生活中随处可见，例如俗话说“山有多高，水有多高”，实际上树有多高，水也有多高，这些水绝大多数是通过自然界中的半透膜渗透达到山顶或树顶的。

2.4.3.5 稀溶液依数性的应用

(1) 测量未知样品的分子量 虽然用测量渗透压的方法得到的测量值最大（如例题 2.6 所示），产生的相对误差最小，但由于渗透压的测量比较繁琐，而且需要寻找合适的半透膜，因此一般只用于测量一些高分子化合物的分子量。对分子量较小的物质，最常用的方法是凝固点下降法，原因是凝固点下降常数比沸点上升常数大得多，而且凝固点的测量不需要加热，没有危险，易于控制和测量。

(2) 医用等渗液的配制 由于人体血液的渗透压基本恒定，因此，给病人输液时，要求输液的渗透压必须与病人血液的渗透压相等，不然会造成血管内外压差过大，使血管要么胀裂，要么被压扁堵塞，给病人造成生命危险。在医药生产中等渗液的配制要求非常严格。

2.5 等离子体（Plasma）

在一定温度和压力下，物质可以在气、液、固三态之间相互转化。实验表明，当温度足够高时，构成分子的原子可获得足够大的动能，开始彼此分离；当温度进一步提高时，原子外层的电子就会脱离原子核的束缚而成为自由电子，而失去电子的原子变成带正电的离子，这个过程称为电离。

等离子体指的就是具有一定电离度的电离气体，通常是由光子、电子、基态原子（或分子）、激发态原子（或分子）以及正离子和负离子六种基本粒子构成的集合体。按聚集态的顺序，等离子体被称为物质的第四态。和“三态”相比，等离子体无论在组成上还是在性质上均有着本质的差别。首先，等离子体是一种宏观上呈现电中性的导电流体，而普通气体是

不导电的。其二，组成粒子间的相互作用由带电粒子间的库仑作用力所支配，并由此导致等离子体空间的种种集体运动，中性粒子间的相互作用退居次要地位。其三，作为一个带电粒子系统，其运动行为明显受到电磁场的影响和支配。

产生等离子体的方法是多种多样的，只要使气体达到一定电离度就可以。等离子体化学领域的绝大多数工作是通过气体放电等离子体进行的，即通过外加电场使气体电离形成传导电流。由于气体放电简单易行、形式多样且各具特点，因而演化出一系列丰富多彩的新科技。

2.5.1 等离子体的产生

产生等离子体的方法是多种多样的，涉及不同的微观过程及物理机理。其中宇宙星球、星际空间及地球高空的电离层等均属于自然界产生的等离子体，燃烧、激光、冲击波、放射性等人工方法也可产生等离子体，其中以各种形式的气体放电等离子体应用最为广泛。实验室中产生等离子体的方法主要有以下几种。

(1) 气体放电法 通常把在外电场作用下气体被击穿而导电的物理现象称为气体放电，这样产生的电离气体叫做气体放电等离子体。其基本过程是，加电场时，气体中存在的少量自由电子由于受电场加速而获得动能，随之与气体分子碰撞并产生激发、解离、电离等能量转移过程，最终导致气体被击穿而生成等离子体。由于气体放电形式多样，调节方便，因而应用最为广泛。

(2) 热致电离法 原则上，热致电离是产生等离子体的一种最简单的方法。任何物质加热到足够高的温度都能产生电离。实验表明，只有碱金属利用热致电离的方法才能产生一定密度的等离子体，如用以磁流体发电的低温等离子体。由于其他元素的电离电位较大，产生电离需要更高的温度，因而用什么材料来制成不产生电离而又耐高温容器就成为了问题。

(3) 激光电离法 激光具有能量集中和可以控制的特点，利用激光产生的高温而获得的等离子体引起了人们的广泛注意。当用多个激光束同时聚焦就称为激光瀑聚。如激光器在2ns内发出1～10J的能量，这样的高能强激光脉冲，通过透镜聚焦到气体或金属靶上极小的范围内（一般在$10^{-6}cm^3$），便可获得极高的能量密度，由于气体或金属靶是在极短的时间内从激光束吸收了大量的能量，这样可得到粒子密度大的强电离的等离子体，特别适用于实现热核聚变反应。

(4) 射线辐照法 利用各种射线或粒子束辐照使气体电离也能产生等离子体。可利用的射线通常有放射性同位素发出的α、β、γ射线，紫外线和X射线，以及经加速器加速的电子束或离子束等。

2.5.2 等离子体的基本性质

2.5.2.1 等离子体的密度和温度

粒子的密度和温度是描述等离子体的两个最基本参量，其他参量大多与密度和温度有关。由于组成粒子的多样性，等离子体存在多个密度和温度。

(1) 等离子体密度 一般情况下，简单的单一元素的等离子体是电子、离子和中性原子这三类粒子的混合物，它们的密度分别用n_e、n_i和n_a表示。其中的带电粒子为电子和离子，通常有$n_e=n_i$，意味着在宏观上等离子体呈电中性。由等离子体密度可得知等离子体的电离度a，估算带电粒子的平均间距，进而可知电子在离子静电势场中的平均势能。

根据电离度 a 的大小，通常把等离子体分成两大类：电离度很小的等离子体称为弱电离等离子体；当电离度 a 约大于 0.1 时，称为强电离等离子体；其中 $a=1$ 时，称为完全电离等离子体。

(2) 等离子体温度 等离子体温度是个比较容易混淆的概念。对于等离子体中的电子、离子、中性粒子而言，不一定有合适的形成条件和足够的持续时间来使各种粒子都达到统一的热平衡态，也就是说不能用一个统一的温度来描述。从微观角度看，等离子体中各类粒子之间的碰撞频率及所传递的能量是不相等的。各类粒子各自先行达到自身的热平衡，具有一定的温度，而异类粒子之间，或者说整个系统可能处于热力学非平衡态。这时必须用各粒子温度，即电子温度 T_e，离子温度 T_i，中性粒子温度 T_a 等来表示，笼统地说等离子体温度是没有意义的。

为了方便研究，在等离子体化学中，通常用能量 eV（电子伏特）来表示温度 T，等离子体温度为 1eV 相当于热力学温度 $T=11600\text{K}$。各种等离子体的电子密度和温度（n_e 和 T_{eV}）值的变化范围很大。

根据等离子体中各类粒子温度间的相互关系，通常把等离子体分为热平衡等离子体和非平衡等离子体两大类。当 $T_e=T_i$ 时，称为热平衡等离子体。由于等离子体辐射损失能量，而又不易以相同的机制补充，要达到严格意义上的热平衡状态，需要的条件非常苛刻，通常难以获得，只有在星球内部或核反应等情况下存在。实验上比较容易达到的是局域热力学平衡态（local thermal equilibrium），简称 LTE 等离子体，这时各种粒子温度近似相等（$T_e \approx T_i \approx T_a$），组成也接近平衡组成。在等离子体化学反应工艺中，实际所使用的 LTE 等离子体温度约为 $5\times10^3\sim2\times10^4\text{K}$，一般是在较高压力条件下形成的。当 $T_e \gg T_i \approx T_a$ 时，称为非平衡等离子体（nonthermal equilibrium plasma），其 T_e 高达 10^4K 以上，而 T_i 和 T_a 却低到 300～500K，一般是在低于 10^4Pa 的低气压条件下形成的。在非平衡等离子体中，气体的数量一般远小于标准大气压时的数量，且电离度也较小，尽管电子温度 T_{eV} 很高（可达 10eV）但数量非常少，即热容很小，撞击反应管壁的热量也非常小。另一方面，其中的离子温度 T_i 和大量的中性粒子的温度 T_a 远低于电子温度 T_e，比室温高不了多少，从而整体的宏观温度就很低，反应器可处于低温。因而，非平衡等离子体通常也被称为低温等离子体。这对等离子体化学反应与工艺来说十分有价值。因为，一方面电子的能量很高，足以使反应物分子激发、解离和电离，成为活泼的反应物种，可激活高能量水平的化学反应；另一方面，整个反应体系又可以保持低温，乃至接近室温。这样，设备投资少，节省能源，在普通的化学实验室里易于实现。非平衡态的意义还在于可以克服热力学与动力学因素的相互制约。因此，非平衡等离子体化学反应得到了非常广泛而有效的应用。

2.5.2.2 等离子体辐射

自然界和实验室中的等离子体都是发光的，包括可见光及看不见的紫外光甚至 X 射线。所有这些“光”本质上都是电磁波，只是频率和波长不同而已。等离子体发出电磁波的过程称为等离子体辐射。

等离子体辐射在等离子体化学与工艺的研究中很重要。一方面，辐射释放的能量可有效地激活某些反应体系，这已被用于等离子体引发聚合等研究。另一方面，由于等离子体辐射携带着大量等离子体内部的信息，通过对辐射频率、强度、偏振状态等参量的研究，可以对等离子体内的物种、密度、温度及电磁状态等进行诊断，获取有关等离子体化学反应过程及机理的重要信息，还可用于对反应过程的实时监测等。

等离子体辐射主要来源于等离子体中带电粒子运动状态的变化。等离子体化学中感兴趣的是在电子运动状态的变化时伴随能量状态的变化而发生的辐射跃迁。按照发射机制的不同，等离子体辐射主要有以下几种。

(1) 激发辐射 在激发态的原子中，电子从较高能级跃迁到较低能级时要辐射出光子。由于辐射跃迁前后电子均处于束缚态，故也称束缚－束缚辐射。激发辐射具有特定的能量。一般来说，非平衡（低温）等离子体中存在着相当部分没有完全电离的原子、分子甚至离子，它们都处于激发态，故激发辐射是低温等离子体中主要的辐射形式之一。

(2) 复合辐射 电子与离子碰撞时，电子可能被离子捕获而复合成为中性粒子，并将多余能量以光子形式释放出来。在此过程中，电子由自由态变成束缚态，故也称自由-束缚辐射。由于自由电子有一个速度分布，因此复合辐射的光谱是连续光谱。低温等离子体中电子温度较低，电子容易被捕获、复合，故复合辐射是低温等离子体中又一主要的辐射形式。

此外还有轫致辐射和回旋辐射。前者是指自由带电粒子的运动速度发生变化时伴随产生电磁辐射的过程；后者是指带电粒子沿圆形轨道作回旋运动时产生的电磁辐射。此处不再详述。

总之，在等离子体化学研究中广泛采用的非平衡（低温）等离子体中起主要作用的是激发辐射和复合辐射。

2.5.3 等离子体的应用

在相当长的一段历史时期内，等离子体主要是作为一种新的能源、热源、光源被人们加以研究和应用的。等离子体的高温特性已用于对难熔金属进行切割、焊接和喷涂，而作为气体放电光源的日光灯、霓虹灯等更是屡见不鲜了。等离子体与化学领域的广泛结合是与当代高科技的蓬勃发展同步进行的。特别是近一二十年来，等离子体在微电子技术、薄膜制备、新材料合成、表面改性和精细化学品加工等方面的应用与日俱增。以下仅简要介绍等离子体在当代高科技中的几个典型应用。

2.5.3.1 受控热核聚变反应

两个较轻的原子核聚合成一个较重的原子核，同时释放出大量的能量，这种核反应称为核聚变。在聚变反应中，可用来释放能量的反应很多，具有较大潜在实用价值的反应主要有：

$$ {}_{1}^{2}\mathrm{D} + {}_{1}^{2}\mathrm{D} \longrightarrow {}_{2}^{3}\mathrm{He} + {}_{0}^{1}\mathrm{n} + 3.27\mathrm{MeV} \quad (1)$$

$$ {}_{1}^{2}\mathrm{D} + {}_{1}^{2}\mathrm{D} \longrightarrow {}_{1}^{3}\mathrm{T} + {}_{1}^{1}\mathrm{H} + 4.04\mathrm{MeV} \quad (2)$$

$$ {}_{1}^{2}\mathrm{D} + {}_{1}^{3}\mathrm{T} \longrightarrow {}_{2}^{4}\mathrm{He} + {}_{0}^{1}\mathrm{n} + 17.58\mathrm{MeV} \quad (3)$$

$$ {}_{1}^{2}\mathrm{D} + {}_{2}^{3}\mathrm{He} \longrightarrow {}_{2}^{4}\mathrm{He} + {}_{1}^{1}\mathrm{H} + 18.34\mathrm{MeV} \quad (4)$$

反应式中氘（${}_{1}^{2}\mathrm{D}$）和氚（${}_{1}^{3}\mathrm{T}$）是氢（${}_{1}^{1}\mathrm{H}$）的同位素。上述反应均有大量的能量释放，是人类未来最理想的新能源。核聚变反应的最主要燃料是氘，它跟氧结合成重水存在于海水中，估计每升海水中大约含有0.03g氘，而且也可大量提取。反应式(3)和反应式(4)放出的能量比反应式(1)和反应式(2)大3～4倍。虽然自然界中不存在氚，但是可利用反应式(1)和反应式(2)的产物作燃料。

如将上述四个反应相加，可以只用氘作燃料，构成所谓D－D完全燃烧的燃料循环：

$$ 6\,{}_{1}^{2}\mathrm{D} \longrightarrow 2\,{}_{2}^{4}\mathrm{He} + 2\,{}_{1}^{1}\mathrm{H} + 2\,{}_{0}^{1}\mathrm{n} + 43.2\mathrm{MeV}$$

由此可得每个核子释放的能量为：

$$\frac{43.2}{12}\text{MeV}=3.6\text{MeV}(\approx 3.46\times 10^{11}\text{J}\cdot\text{g}^{-1})$$

显然，这个能量相对于化学燃料燃烧时释放的能量（石油 $4\sim 5\times 10^{4}\text{J}\cdot\text{g}^{-1}$，煤 $3\sim 10^{4}\text{J}\cdot\text{g}^{-1}$）要多得多。如果将 1L 海水中所含的氘进行聚变反应，释放的能量相当于完全燃烧 200kg 石油或 300kg 煤释放的能量。可见，核聚变能源一旦实现，浩瀚的海洋将成为人类能源的原料仓库，取之不尽，用之不竭。人类将有可能最终解决能源问题。

为了使两个原子核发生聚变反应，必须使它们获得足够的能量以克服静电排斥而相互足够接近。一种可能的途径是把反应物加热到上千万度或更高的温度，这时物质已处于完全电离的等离子体状态。由于反应粒子具有极大的热运动动能，足以克服原子核间的静电排斥，从而使原子核发生剧烈的碰撞，实现聚变反应。这种在高温下进行的轻核聚变反应叫做热核反应。氢弹就是在没有控制下进行的爆炸式热核聚变反应。为了更好地利用原子能，需要在人工控制下进行热核聚变，这样的聚变反应，就称为受控热核聚变反应，它是高温等离子体最重要的应用。

2.5.3.2 等离子体切割与喷涂

等离子体的高温特性可以用于对难熔金属进行切割、喷涂和焊接。所用的等离子体是用电弧放电形成的，通常称为等离子体弧或等离子体炬。其最显著的特点之一是温度非常高，典型的等离子体弧温度为 10000～20000℃，而普通的电焊、气焊温度只有5000～6000℃。等离子体弧的另一个特点是它从喷嘴中喷出的速度很快，接近声速，特别适宜对高温材料进行切割和喷涂。等离子体切割是以高温高速的等离子体弧为热源，将被切割的金属局部熔化，并同时用高速气流将已熔化的金属吹走，形成狭窄的切口。由于等离子体弧温非常高，它可以切割各种高熔点金属，也可以切割混凝土、花岗岩等硬质非金属材料。等离子体喷涂是采用适当的方法将所要喷涂的难熔金属粉末或非金属粉末输送到喷嘴中，迅速被温度很高的等离子体熔化，并以很高的速度将其喷涂在待涂的工件上，牢固地黏附在工件表面。它们以液体状态存在几微秒的时间，然后迅速固化，形成一个具有特殊性能的薄层。

2.5.3.3 等离子体化学与工艺

等离子体条件下进行化学反应的过程大致如下，通过气体放电产生等离子体，自由电子从外加电场中获得能量后与气体中的原子和分子碰撞，由此引起原子、分子产生激发、解离和电离。等离子体空间富集的电子、离子、激发态的原子、分子及自由基等正是极为活泼的反应物种，具有很高的化学活性，因而很容易发生在一般条件下无法产生的各种化学反应，生成新的化合物。

等离子体化学反应通常采用低气压非平衡等离子体化学反应工艺，它具有“活性高”和“温度低”的重要特点。“活性高”可用以激活高能量水平的化学反应，“温度低”则可使整个反应体系保持在低温，甚至接近室温，生成的化合物不会产生热分解，且设备投资少、省能源，在普通的化学实验室里易于实现。等离子体参与的化学反应可基本归纳为以下几种类型。

(1) 等离子体化学气相沉积

$$A(g)+B(g)\longrightarrow C(s)+D(g)$$

两种或两种以上气体在等离子体状态下发生反应，生成新的物种，通过碰撞成核生长，沉积于基片或器壁表面，这个过程就是气相沉积，它已被广泛应用于薄膜或新材料的制备。例如，将一定比例的甲烷和氢气混合，在适当的气压（一般$<10^{4}$Pa）、基片温度（约800℃）条件下，通过微波放电可以较快的速率（$>1\mu\text{m}\cdot\text{h}^{-1}$）人工合成金刚石薄膜。该方法在纳米新材料的合成中也发挥着重要作用。

(2) 等离子体表面改性

$$A(s) + B(g) \longrightarrow C(s)$$

B气体放电等离子体与固体A表面反应并在表面生成新的化合物，可使表面性质发生显著变化，广泛应用于高分子材料、金属等固体表面改性。

(3) 等离子体刻蚀

$$A(s) + B(g) \longrightarrow C(g)$$

选择合适的气体（如CF_4、O_2等），其等离子体与固体（如Si、聚合物等）表面物质发生反应，生成挥发性物质（如SiF_4、CO_2、H_2O等）除去，可用于材料表面刻蚀。该方法已在微电子工业发挥了重要作用，如半导体集成电路工艺中的等离子体刻蚀和除去光刻胶的等离子体灰化。

(4) 等离子体催化反应

$$A(g) + B(g) + M(s) \longrightarrow AB(g) + M(s)$$

气态物质A、B经等离子体活化，在固体催化剂M表面催化合成新的物种。可根据实验需要采取不同的操作方式，如A、B可分别从等离子体上游引入或在余辉区引入，M也可置于等离子体区或余辉区，从而演化出丰富多彩的研究内容。等离子体与催化剂的协同作用的研究亦刚起步。

(5) 新型样品处理手段

$$A(s) + B(g) \longrightarrow C(s) + D(g)$$

固态物质A与B气体放电等离子体反应生成固态目标产物C，其余部分生成挥发性物质D除去。这在某些反应体系中取代焙烧热分解有很好的效果。

总之，等离子体化学反应为化学合成、表面处理、多相催化及精细化学加工等提供了崭新的实验技术手段，为新方法、新工艺、新思路的实现奠定了良好的基础。

等离子体科学技术是一门处在蓬勃发展之中的前沿交叉学科。新的现象正在不断涌现，新的规律正在不断被揭示、新的应用正在不断被开拓。我们完全有理由相信等离子体科学技术前景广阔、潜力巨大，必将在新的世纪里发挥越来越重要的作用。

习　题

2.1 什么是理想气体？理想气体状态方程的应用条件是什么？实际气体方程（van der Walls equation）是怎样推导出来的？实际气体在什么条件下可用理想气体模型处理？

2.2 为什么家用加湿器都是在冬天使用，而不在夏天使用？

2.3 常温常压下，以气体形式存在的单质、以液体形式存在的金属和以液体形式存在的非金属单质各有哪些？

2.4 平均动能相同而密度不同的两种气体，温度是否相同？压力是否相同？为什么？

2.5 同温同压下，N_2和O_2分子的平均速度是否相同？平均动能是否相同？

2.6 试验测得683K、100kPa时气态单质磷的密度是$2.64g \cdot dm^{-3}$。求单质磷的分子量。

2.7 1868年Soret用气体扩散法测定了臭氧的分子式。测定结果显示，臭氧对氯气的扩散速度之比为1.193。试推算臭氧的分子量和分子式。

2.8 常压298K时，一敞口烧瓶盛满某种气体，若通过加热使其中的气体逸出二分之一，则所需温度为多少？

2.9 氟化氙的通式为XeF_x($x=2,4,6,\cdots$)，在353K、1.56×10^4Pa时，实验测得某气态氟化氙的密度为$0.899g \cdot dm^{-3}$。试确定该氟化氙的分子式。

2.10 温度为300K、压力为$3.0\times1.01\times10^5$Pa时，某容器含有640g氧气，当此容器被加热至400K恒定后，打开容器出口，问当容器内氧气的压力降到 1.01×10^5 Pa 时，共放出多少克氧气？

2.11 为什么饱和蒸气压与温度有关而与液体上方空间的大小无关？相对湿度是指在一定温度下空气中水蒸气的分压与同温下水的饱和蒸气压之比。试计算：

(1) 303K、空气的相对湿度为100%时，每升空气中水汽的质量。

(2) 323K、空气的相对湿度为80%时，每升空气中水汽的质量。

已知 303K 时，水的饱和蒸气压为 4.23×10^3 Pa；323K 时，水的饱和蒸气压为 1.23×10^4 Pa。

2.12 在 303K，1.01×10^5 Pa 时由排水集气法收集到氧气 $1.00dm^3$。问有多少克氯酸钾按下式分解？

$$2KClO_3 \xlongequal{} 2KCl + 3O_2$$

已知 303K 时水的饱和蒸气压为 4.23×10^3 Pa。

2.13 298K，1.23×10^5 Pa 气压下，在体积为 $0.50dm^3$ 的烧瓶中充满 NO 和 O_2 气。下列反应进行一段时间后，瓶内总压变为 8.3×10^4 Pa，求生成 NO_2 的质量。

$$2NO + O_2 \xlongequal{} 2NO_2$$

2.14 一高压氧气钢瓶，容积为 $45.0dm^3$，能承受压力为 3×10^7 Pa，问在 298K 时最多可装入多少千克氧气而不致发生危险？

2.15 将总压力为 101.3kPa 的氮气和水蒸气的混合物通入盛有足量 P_2O_5 干燥剂的玻璃瓶中，放置一段时间后，瓶内压力恒定为 99.3kPa。

(1) 求原气体混合物中各组分的摩尔分数；

(2) 若温度为 298K，实验后干燥剂增重 1.50g，求瓶的体积（假设干燥剂的体积可忽略且不吸附氮气）。

2.16 水的“三相点”温度和压力各是多少？它与水的正常凝固点有何不同？

2.17 国际单位制的热力学温标是以水的三相点为标准，而不用水的冰点或沸点，为什么？

2.18 已知苯的临界点为289℃、4.86MPa，沸点为80℃；三相点为5℃，2.84kPa。在三相点时液态苯的密度为 $0.894g\cdot cm^{-3}$，固态苯的密度为 $1.005g\cdot cm^{-3}$。根据上述数据试画出 0～300℃范围内苯的相图（参照水的相图，坐标可不按比例制作）。

2.19 在下列各组物质中，哪一种最易溶于苯中？

①H_2，N_2，CO_2　　②CH_4，C_5H_{12}，$C_{31}H_{64}$　　③NaCl，C_2H_5Cl，CCl_4

2.20 由 C_2H_4 和过量 H_2 组成的混合气体的总压为 6930Pa。使混合气体通过铂催化剂进行下列反应：

$$C_2H_4(g) + H_2(g) \xlongequal{} C_2H_6(g)$$

待完全反应后，在相同温度和体积下，压力降为 4530Pa。求原混合气体中 C_2H_4 的摩尔分数。

2.21 某反应要求缓慢加入乙醇（C_2H_5OH），现采用将空气通过液体乙醇带入乙醇气体的方法进行。在 293K，1.01×10^5 Pa 时，为引入 2.3g 乙醇，求所需空气的体积。已知 293K 时乙醇的饱和蒸气压为 5866.2Pa。

2.22 已知金（Au）的晶胞属面心立方，晶胞边长为 0.409nm，试求：

(1) 金的原子半径；

(2) 晶胞体积；

(3) 一个晶胞中金的原子个数；

(4) 金的密度。

2.23 下面说法是否正确，为什么？

(1) 凡有规则外形的固体都是晶体；

(2) 晶体一定具有各向异性；

(3) 晶胞就是晶格；

(4) 每个面心立方晶胞中有 14 个质点。

2.24 已知石墨为层状结构，每个碳原子与同一个平面的三个碳原子相连，相互间的键角均为 120°。试画出石墨的一个晶胞结构图，每个石墨晶胞中含有几个碳原子？

2.25 计算下列几种市售试剂的物质的量浓度

(1) 浓盐酸，HCl 的质量分数为 37%，密度为 $1.18g\cdot cm^{-3}$；

(2) 浓硫酸，H_2SO_4 的质量分数为 98%，密度为 $1.84g\cdot cm^{-3}$；

(3) 浓硝酸，HNO_3 的质量分数为 69%，密度为 1.42g·cm^{-3}；

(4) 浓氨水，NH_3 的质量分数为 28%，密度为 0.90g·cm^{-3}。

2.26 303K 时，丙酮（C_3H_6O）的饱和蒸气压是 37330Pa，当 6g 某非挥发性有机物溶于 120g 丙酮时，丙酮的饱和蒸气压下降至 35570Pa。试求此有机物的分子量。

2.27 尿素（CON_2H_4）溶液可用作防冻液，欲使水的冰点下降 10K，问应在 5kg 水中溶解多少千克尿素？已知水的凝固点下降常数 K_f=1.86K·mol^{-1}·kg。

2.28 298K 时，含 5.0g 聚苯乙烯的 1dm^3 苯溶液的渗透压为 1013Pa。求该聚苯乙烯的分子量。

2.29 人体血液的凝固点为 −0.56℃，求 36.5℃时人体血液的渗透压。已知水的凝固点下降常数 K_f=1.86K·mol^{-1}·kg。

2.30 一密闭容器放有一杯纯水和一杯蔗糖水溶液，问经过足够长的时间会有什么现象发生？

第3章 化学热力学初步

Chemico-Thermodynamics

无论是在工作中还是在日常生活中，人们在处理一些事情时通常关心的问题有两个，一是事情进行的可能性和结果，二是事情进行的快慢。同样，化学工作者在研究化学反应时，也最关心两方面的问题：其一是反应进行的可能性（即反应进行的方向）、反应进行的条件以及反应伴随的能量变化；其二是反应进行的快慢（即反应进行的速度）和反应进行的历程。前者属于化学平衡和热力学的研究范畴，而后者则是化学反应动力学的主要研究内容。

本章对化学热力学作初步的介绍。化学热力学主要研究体系能量变化与化学变化之间的关系，具体的研究内容是反应进行的方向和可能性、反应进行的程度及伴随的能量变化。其研究特点是，只研究体系的宏观性质，不涉及物质的微观结构；只研究体系的始终态，不涉及物质变化的具体机理，不涉及时间。

化学热力学的重要性不仅在于可以解释许多化学现象和事实，而且可以用它的基本原理预测一些反应进行的可能性，推测反应进行所需要的条件。例如，碳和许多有机物燃烧生成大量的 CO_2，造成一定的空气污染和温室效应，那么人们能不能在高温下重新将 CO_2 分解成氧气和碳呢？再如，NO 和 CO 都是汽车尾气中的有害气体，它们能否相互作用生成无毒的 N_2 和 CO_2 呢？人们能不能找到一种方法或实验条件，使廉价的石墨转化成价格昂贵的金刚石呢？如此等等。所有这些问题都可以通过化学热力学来解决。但是化学热力学还是比较抽象的，没有具体的宏观模型可以类比，因此先介绍一些它涉及到的基本概念。

3.1 基本概念（Basic Concepts）

对一化学过程来讲，人们首先关心的是这一过程中包含的物质，其次是与这些物质相关的其他物质，在化学热力学中将前者称为体系（system），将后者称为环境（surrounding）。

3.1.1 体系和环境

具体的讲，体系就是作为我们研究对象的物质部分，而环境，从广义上讲则是体系之外的所有物质总和。即：体系＋环境＝宇宙。这从哲学上讲是完全合理的，但从化学角度看，体系并非与体系之外的所有物质都密切相关。例如，你在中国某个大学的实验室进行某项化学研究，美国总统在白宫的行动是否会影响到你的实验结果呢？答案肯定是否定的。所以，从狭义上讲，环境是指与体系有相互影响、密切联系的有限部分的物质。

以氢气和氯气合成氯化氢的反应 $H_2+Cl_2 = 2HCl$ 为例。

体系：H_2+Cl_2+HCl

环境：反应器、周围的空气等。

根据体系与环境之间的关系将体系分成三种类型。

敞开体系（opened system）：体系与环境之间有物质交换也有能量交换。

封闭体系（closed system）：体系与环境之间只有能量交换而没有物质交换。

孤立体系（isolated system）：体系与环境之间既无物质交换也无能量交换。

例如反应 $Zn+2HCl = H_2+ZnCl_2$，如果反应在一敞口烧杯中进行，那就是一敞开体系；如果反应是在一简单的密闭容器中进行，那就是一封闭体系；假设反应是在一不吸收热量的密闭容器中进行，并将该容器放入真空中，则可看作是孤立体系。实际上孤立体系是不存在的，只是为了处理一些极端问题而建立的一种理想模型，类似于理想气体的建立。

3.1.2 状态与状态函数

从化学热力学讲，一个具体体系不仅包含确切的物质，还包含这些物质所处的状态。状态由一系列的物理量来表示。例如，气体可由压力 p、体积 V、温度 T 和物质的量 n 四个物理量表示。用来确定体系状态（准确地讲应称为热力学性质）的物理量叫状态函数（state function）。状态函数是体系本身固有的性质，只有当体系的状态函数具有确定的数值时，我们才说体系处于一确定的状态，反之亦然。

需要注意的是，热力学状态与通常说的物质的存在状态（气、液、固）不是一个概念，具有完全不同的含义。

状态函数具有以下特征：

① 体系的状态固定时，状态函数具有确定值。体系状态变化时，状态函数的变化只与始终态有关，与具体经过无关。

例如，1kg 283K 的 H_2O 变成 1kg 303K 的 H_2O，无论过程如何，温度的改变值 ΔT 均为 20K。

② 体系的各个状态函数之间存在一定的制约关系。

譬如对于理想气体，$pV=nRT$，有四个变量 p、V、n、T，当其中的三个变量固定时，第四个变量也必然有固定的数值，而当其中的任意一个变量变化时，则至少有另外一个变量随之而变。

3.1.3 过程

体系发生的变化往往受到外部条件的影响，当体系在一些具体条件下发生某一变化时，就称之为经历了某一过程（process）。常见的过程有：

① 等温过程（constant temperature process）　$\Delta T=0$，表示为 $(\ )_T$；

② 恒压过程（constant pressure process）　$\Delta p=0$，表示为 $(\ )_p$；

③ 恒容过程（constant volume process）　$\Delta V=0$，表示为 $(\ )_V$；

④ 绝热过程（isothermal process）　$\Delta Q=0$，表示为 $(\ )_Q$。

3.1.4 热、功、内能

3.1.4.1 热

体系与环境之间因温度不同而交换或传递的能量称为热（heat）Q。以下三点需要注意：

① 热是一种因温度不同而交换或传递的能量。对一体系而言不能说它具有多少热，只能讲它从环境吸收了多少热或释放给环境多少热，与我们通常说的冷热不同。例对一孤立体系而言，如因发生化学变化，温度升高，但因是孤立体系，与环境之间无热交换。

② 热不是状态函数。热是体系与环境之间交换的能量，不是体系自身的性质，受过程的制约。

③ 体系从环境吸收热量为正值，$Q>0$；反之环境从体系吸收热量，$Q<0$。此乃化学热力学之规定。

3.1.4.2 功

在热力学中，把除热以外所有其他方式所传递或交换的能量统称为功（work）W。常见的功有膨胀功、表面功、电功、机械功等。

膨胀功可以表示为：$W=Fl=pSl=p\Delta V$

式中，F 代表力；l 代表运动距离；S 代表受力面积；p 代表压强；ΔV 代表体积变化。

与热相同，功是体系状态变化过程中与环境之间传递或交换的能量，不是体系自身的性质，受过程制约，因此功也不是状态函数。

化学热力学规定：对环境做功为正，对体系做功为负。

3.1.4.3 内能

体系内部能量的总和称为内能 U（internal energy），有以下三点需要注意。

① 体系的能量交换包括三方面：

a. 体系整体运动的动能；

b. 体系在外势能场中的势能；

c. 内能。

我们研究的体系往往在宏观上是相对静止的，因此一般只考虑内能的变化 ΔU。

② 体系的内能包括体系内各物质分子的动能、分子间的位能、分子转动能、振动能、原子之间的作用能、电子运动能、电子与原子核之间的作用能、核能等。内能的绝对值无法测知，只能测量其相对改变量 ΔU。

③ 内能是体系内部能量的总和，是体系自身的性质。在一定状态下 U 数值固定，因此，内能是状态函数。$\Delta U=U_{终}-U_{始}$。

3.1.4.4 容量性质与强度性质

热力学中，把与物质的量有关的性质称为容量性质（extensive properties）；把与物质的量无关的性质称为强度性质（intensive properties）。

例如：20g 20℃的 H_2O+20g 20℃的 H_2O，答案是得到 40g 20℃的 H_2O。为什么我们不说得到 20g 40℃的 H_2O 呢？原因在于质量是容量性质，具有加和性，而温度则为强度性质，不具有加和性。

3.2 热力学第一定律（The First Law of Thermodynamics）

热力学第一定律的准确描述是：孤立体系的能量保持不变。简而言之就是能量守恒定律：

$$\Delta U=Q-W \tag{3-1}$$

体系内能的变化等于体系从环境吸收的热量减去体系对环境做的功。当体系只做体积功（膨胀功 expansion work）时

$$\Delta U=Q-W=Q-p\Delta V \tag{3-2}$$

证明功不是状态函数：

【例题 3.1】 1atm 10.0dm³ 气体，膨胀为 0.5atm 20.0dm³ 气体，途径不同时做功如何？

① 一次膨胀，p 由 1atm 一次减为 0.5atm，则

$$W_1=p_{外}\ \Delta V=p_{外}(V_2-V_1)=0.5\times(20-10)=5.0\text{atm}\cdot\text{dm}^3$$

② 两次膨胀，p 先由 1atm 降为 0.8atm 后再降为 0.5atm，体积则由 10.0dm³ 变为 12.5dm³ 再变为 20.0dm³，则

$$W_2=0.8\times(12.5-10.0)+0.5\times(20.0-12.5)=5.75\text{atm}\cdot\text{dm}^3$$

③ 无限多次膨胀

$$p_{外}=p_{内}-\text{d}p$$

$$W_3=\int_{V_1}^{V_2}p_{外}\ \text{d}V=\int_{V_1}^{V_2}(p_{内}-\text{d}p)\text{d}V=\int_{V_1}^{V_2}p_{内}\ \text{d}V=\int_{V_1}^{V_2}\frac{nRT}{V}\text{d}V$$

$$=nRT\int_{V_1}^{V_2}\frac{\text{d}V}{V}=nRT\ln\frac{V_2}{V_1}=p_1V_1\ln\frac{V_2}{V_1}=1\times10.0\ln\frac{20.0}{10.0}$$

$$=6.93\text{atm}\cdot\text{dm}^3$$

结果证明，途径不同（过程不同），做功 W 不同，其中第③步称为可逆过程（reversible process），体系在可逆过程中做功最多。

由于功 W 不是状态函数，而 $\Delta U=Q-W$，ΔU 是状态函数，所以热 Q 也不是状态函数。

3.3 热化学（Thermochemistry）

研究化学反应热效应的分支学科称为热化学。

3.3.1 化学反应的热效应

在恒温下，体系只做膨胀功时，化学反应中的热量变化称为化学反应的热效应。简称反应热（heat of reaction）。

恒温是指反应后体系的温度重新回到反应前的温度。并非说反应过程中体系温度保持恒定。

根据热力学第一定律，体系只做膨胀功时，$\Delta U=Q-W=Q-p\Delta V$，则

$$Q=\Delta U+p\Delta V$$

在恒容时，$p\Delta V=0$，则

$$Q_V=\Delta U \tag{3-3}$$

体系只做膨胀功时，恒容反应热等于体系内能的变化。

在恒压时：

$$Q=\Delta U+p\Delta V=(U_2-U_1)+(pV_2-pV_1)=(U_2+pV_2)-(U_1+pV_1)$$

由于式中 U、p、V 均为状态函数，只决定于体系的始终态，因此，U_2+pV_2 与 U_1+pV_1 无关。在热力学中定义：$U+pV\equiv H$，其中 H 称为焓（enthalpy）。

在体系只做膨胀功时，恒压反应热等于体系的热焓变化。

$$Q_p=\Delta U+p\Delta V=\Delta H \tag{3-4}$$

焓也无法测量，只能求其变化值，属于容量性质，是状态函数。

值得注意的是，无论是 ΔU 还是 ΔH 都随温度的变化而改变，但在实际运用时，在温度变化不太大的情况下，常作常数处理。

对有气体参加的反应 $p\Delta V \approx \Delta nRT$，$\Delta n$ 是反应方程式中产物气体分子数与反应物气体分子数之差。

对于液相反应和固相反应来说，$\Delta n=0$，$\Delta pV \approx 0$，$\Delta U \approx \Delta H$。

3.3.2 反应热的（求得和）计算

3.3.2.1 盖斯定律

1936 年，俄国科学家盖斯（Hess，G. H.）在多年从事热化学研究和反应热的测量实验基础上总结出：在（ $)_{T,p}$ 或（ $)_{T,V}$ 条件下，一个化学反应，不管是一步还是多步完成，其反应总的热效应相同。例如下列反应

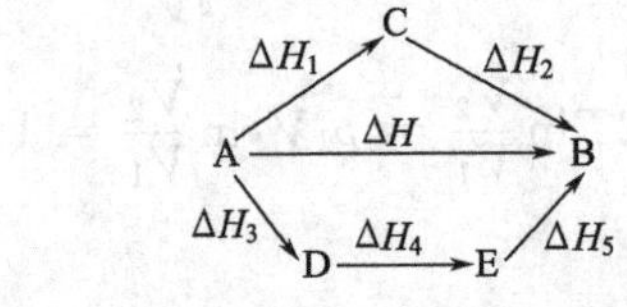

$$\Delta H=\Delta H_1+\Delta H_2=\Delta H_3+\Delta H_4+\Delta H_5 \tag{3-5}$$

实际上盖斯定律适用于所有的状态函数。用该定律可求一些难以测量的反应的热效应。例如，碳在氧气中燃烧可以生成两种主要产物 CO 和 CO_2，对于生成 CO 的反应，由于无法保证产物为纯 CO，所以无法测量其反应热，但可以通过盖斯定律由另外两个已知反应的热效应计算得到：

$$C(s)+0.5\,O_2(g) \longrightarrow CO(g) \qquad \Delta_r H_{m1}^{\ominus}$$

$$C(s)+O_2(g) \longrightarrow CO_2(g) \qquad \Delta_r H_{m2}^{\ominus}=-393.5\text{kJ}\cdot\text{mol}^{-1}$$

$$CO(g)+0.5\,O_2(g) \longrightarrow CO_2(g) \qquad \Delta_r H_{m3}^{\ominus}=-283.0\text{kJ}\cdot\text{mol}^{-1}$$

由盖斯定律不难得到：

$$\Delta_r H_{m1}^{\ominus}=\Delta_r H_{m2}^{\ominus}-\Delta_r H_{m3}^{\ominus}=-393.5-(-283.0)=-110.5\text{kJ}\cdot\text{mol}^{-1}$$

注意：$\Delta_r H_m^{\ominus}$ 的单位是 $\text{kJ}\cdot\text{mol}^{-1}$，下标 r 代表反应（reaction）、m 代表摩尔反应，上标⊖表示标准状态（standard state），mol^{-1} 表示每摩尔反应，与 $\Delta_r H_m^{\ominus}$ 中的下标 m 含义相同，对同一反应，当反应方程式不同时，$\Delta_r H_m^{\ominus}$ 数值不同，mol^{-1} 含义也不同。

3.3.2.2 由标准生成焓计算反应热

在标准状态下和指定温度下由指定单质生成 1mol 化合物或其他单质的焓变称为该化合物的标准摩尔生成焓，简称标准生成焓 $\Delta_f H_m^{\ominus}$（enthalpy of formation）。有的书上也称为标准生成热。

标准状态：对于纯液体和纯固体是指其摩尔分数为 $x_i=1$，对于溶液组分是指其质量摩尔浓度为 $m=1\text{mol}\cdot\text{kg}^{-1}$（但通常情况下常用体积摩尔浓度 $\text{mol}\cdot\text{dm}^{-3}$ 代替），对于气体组分是指其分压 $p_i=1\text{atm}$；对于温度没有限制，通常手册上的温度为 298.15K。

稳定单质：在标准状态和指定温度下元素最稳定的单质。例如在常温下碳最稳定的单质是石墨而非金刚石。

温度对 $\Delta_f H_m^{\ominus}$ 有一定的影响，用时须注明，因为：

$$\Delta H=\Delta U+p\Delta V=\Delta U+\Delta nRT$$

同一物质不同状态时 $\Delta_f H_m^{\ominus}$ 值不同，因为 ΔU 和 $p\Delta V$ 均受温度 T 的影响。

$\Delta_f H_m^{\ominus}$ 的数值，代表了该化合物在相应温度下稳定性的大小，负值越大越稳定。

由标准生成焓计算反应热的公式：

$$\Delta_r H_m^\ominus = \sum n_i \Delta_f H_{m(生成物)}^\ominus - \sum n_i \Delta_f H_{m(反应物)}^\ominus \tag{3-6}$$

例如计算氢气还原氧化铜的反应热：

$$H_2(g) + 0.5O_2(g) = H_2O(g) \qquad \Delta_r H_{m1}^\ominus$$

$$-)\quad Cu(g) + 0.5O_2(g) = CuO(s) \qquad \Delta_r H_{m2}^\ominus$$

$$CuO(s) + H_2(g) = Cu(g) + H_2O(g) \qquad \Delta_r H_m^\ominus$$

根据盖斯定律可知

$$\Delta_r H_m^\ominus = \Delta_r H_{m1}^\ominus - \Delta_r H_{m2}^\ominus = \Delta_f H_{m(H_2O,g)}^\ominus - \Delta_f H_{m(CuO,s)}^\ominus$$

3.3.2.3 由燃烧焓（热）来计算反应的热效应

燃烧焓（热）：在标准状态 1 大气压下，1mol 物质完全燃烧生成指定产物的焓变，称为该物质的摩尔燃烧焓（或摩尔燃烧热）$\Delta_c H_m^\ominus$（enthalpy or heat of combustion）。简称燃烧焓（或燃烧热）。

$$\Delta_r H_m^\ominus = \sum n_i \Delta_c H_{m(反应物)}^\ominus - \sum n_i \Delta_c H_{m(生成物)}^\ominus \tag{3-7}$$

例如对于反应：

$$CH_3COOH + C_2H_5OH = CH_3COOC_2H_5 + H_2O \qquad \Delta_r H_m^\ominus$$

$$CH_3COOH + 2O_2 = 2CO_2 + 2H_2O \qquad \Delta_r H_{m1}^\ominus$$

$$C_2H_5OH + 3O_2 = 2CO_2 + 3H_2O \qquad \Delta_r H_{m2}^\ominus$$

$$CH_3COOC_2H_5 + 5O_2 = 4CO_2 + 4H_2O \qquad \Delta_r H_{m3}^\ominus$$

由盖斯定律不难得到：

$$\begin{aligned}\Delta_r H_m^\ominus &= \Delta_r H_{m1}^\ominus + \Delta_r H_{m2}^\ominus - \Delta_r H_{m3}^\ominus \\ &= \Delta_c H_{m(CH_3COOH)}^\ominus + \Delta_c H_{m(C_2H_5OH)}^\ominus - \Delta_c H_{m(CH_3COOC_2H_5)}^\ominus\end{aligned}$$

3.3.2.4 由键焓估算反应热

由上所述可知，不同物质具有不同的生成焓、燃烧焓。因此，不同的化学反应热效应不同。那么具体原因何在？

在化学反应中，各原子的原子核和内层电子并无变化，可变的只是各原子通过外层电子的结合方式，或者说是化学键发生了改组，而反应热正是源于化学键改组时键焓的变化。

键焓：在标准状态、298K 时，断开气态物质的 1mol 化学键并使之成为气态原子或原子团的焓变称为该化学键的键焓 $\Delta_b H_m^\ominus$（Bond Enthalpy），有的书上也称键能（bond energy）。

注意：

① 反应前后物种的状态均是气态；

② 由于同一种化学键在不同的物质中实际上是有区别的，键焓只是同一种化学键在不同物质中键焓的平均值，因此，用键焓的数值只能估算反应热；

③ 断开化学键吸收能量，所以键焓一般为正值。键焓的值越大表示该化学键越稳定。

用键焓估算反应热

$$\Delta_r H_m^\ominus = \sum n_i \Delta_b H_{m(反应物)}^\ominus - \sum n_i \Delta_b H_{m(生成物)}^\ominus \tag{3-8}$$

3.3.3 热化学（反应）方程式

在标准状态和指定温度下，注明各组分存在状态和反应热的化学反应方程式。例如：

$$H_2(g) + 0.5O_2(g) = H_2O(l) \qquad \Delta_r H_{m298}^\ominus = -286.0\text{kJ}\cdot\text{mol}^{-1}$$

$$H_2(g) + 0.5O_2(g) = H_2O(g) \qquad \Delta_r H_{m298}^\ominus = -242.0\text{kJ}\cdot\text{mol}^{-1}$$

$$2H_2(g) + O_2(g) = 2H_2O(g) \qquad \Delta_r H_{m298}^\ominus = -484.0\text{kJ}\cdot\text{mol}^{-1}$$

3.4 化学反应进行的方向(Direction of The Chemical Reaction)

所谓化学反应进行的方向是指化学反应实际进行的方式。例如，在一定温度和压力下将 NO、O_2、NO_2 放入同一容器，问反应进行的方向如何？实际上是问反应以哪种方式进行。在这一体系中可能存在两种反应方式：

$$2NO + O_2 = 2NO_2$$

$$2NO_2 = 2NO + O_2$$

实际按哪种方式进行，要看体系存在的压力、温度和各物种的浓度大小。

3.4.1 自发过程和可逆反应

3.4.1.1 自发过程

在一定温度和压力下，不需要任何外力做功就能自动进行的过程称为自发过程（spontaneous process）。常见的自发过程如水往低处流，热向低温走。自发过程的特点：

① 自发过程，不需要外力做功，而且可以对环境做功，如水力发电、原电池产生电能等。

② 自发过程具有不可逆性。只能单向进行，例如，水不能自动流向高处。

③ 自发过程有一定的限度，经一定程度后达到平衡，如热交换。

3.4.1.2 可逆过程

某体系经某一过程，由状态Ⅰ变到状态Ⅱ之后，如果能使体系恢复到原来状态，而在环境中又不留下任何影响，则这一过程称为热力学可逆过程（reversible process）。

例如在 3.2 节热力学第一定律中讲的理想气体恒温膨胀和恒温压缩过程，只有无限多次膨胀和无限多次压缩才是可逆的，此时，环境对体系做功正好等于原先体系对环境做的功，环境中未留下任何痕迹。

可逆过程的特点：

① 有无限多的微步骤，经无限长的时间完成。

② 在恒温可逆过程中，体系对环境做功最多，而环境对体系做功最少。

3.4.2 化学反应方向的判据

一百年前人们就注意到这个问题，当时，贝特罗（P. M. Berthelot）和汤姆生（Juliu Thomson）提出，所有放热反应都是自发的，即放热——降低体系的能量是反应进行的动力。这对许多过程和反应来讲的确是正确的。但硝酸铵及硝酸钾的溶解是吸热过程。碳酸钙、碳酸铵的分解同样是吸热过程，在温度高到某一值时也可以自发进行。因此，放热并非反应进行的唯一动力（或者说不是反应进行的所有动力）。那么，吸热反应与放热反应最明显的区别是什么呢？经过许多实验后，人们发现在自发吸热过程中，体系的混乱度都是增大的。

混乱度指体系混乱的程度，在热力学中用一个新的物理量——熵 S 来表示。

3.4.2.1 熵和熵变

熵（entropy）代表了一个体系内各质点的混乱程度，混乱度越大则熵值越高。

对熵有这样一个规定：在绝对零度（0K）时，任何理想晶体的熵值为零——热力学第三定律。所谓理想晶体是指纯净完美的晶体。实际上是不能达到的。

以此为标准可以算出任何物质在 1atm、指定温度 TK 时的熵值。相当于该物质从 0K→ TK 的熵变 $\Delta S^{\ominus}$。该熵变就是该物质在标准状态下的绝对熵 $S_{m}^{\ominus}$。

几点注意事项：

① 物质的状态不同，熵值差别较大。

a. 物质分子量差别不大时，气体的熵>液体的熵>固体的熵。

b. 状态相同时，化合物的熵>单质的熵；复杂化合物的熵>简单化合物的熵；分子量大、硬度小、熔沸点低的单质的熵>分子量小、硬度大、熔沸点高的单质的熵。

② 熵是状态函数，容量性质。

③ 温度升高，物质的熵值增大；压力增大，物质的熵值减小（尤其对气体影响较大）。

④ 熵变的计算：$\Delta S^{\ominus}=\dfrac{Q_{r}}{T}$，$Q_{r}$ 表示恒温可逆过程的热效应。所以，$\Delta S^{\ominus}$ 也称"热温熵"。该方程非常适合于计算相变过程的熵变，因为，相变过程可以看作是由无数个微步骤组成的恒温可逆过程。对化学反应来讲，有：

$$\Delta_{r}S_{m}^{\ominus}=\sum S_{m(产物)}^{\ominus}-\sum S_{m(反应物)}^{\ominus}$$

3.4.2.2 熵增加原理

在孤立体系中，任何自发过程的结果都将导致体系熵值的增加。

$$\Delta S_{孤立}^{\ominus}>0，可以自发进行$$

$$\Delta S_{孤立}^{\ominus}<0，不能自发进行$$

$$\Delta S_{孤立}^{\ominus}=0，体系处于平衡态$$

注意：如在基本概念中所述，孤立体系是一种理想体系，实际上难以实现，因此，只有将体系与环境联系起来考虑：

$$\Delta S_{体系}+\Delta S_{环境}=\Delta S_{孤立体系}$$

但这样一来，用熵增加原理判断一个过程的自发形式就要既考虑体系的熵变 $\Delta S_{体系}$ 还要考虑环境的熵变 $\Delta S_{环境}$，极不方便，需要寻找一种只用体系的性质来判别的方法。

3.4.2.3 自由焓和自由焓变

假设恒温恒压下有一放热体系，体系放的热全都为环境所吸收，如将环境看成是一个无限大的恒温槽，则它的吸热（和放热）过程就可以看作是（缓慢进行的）恒温可逆过程，即：

$$-\Delta H_{体系}=Q_{r环境}$$

$$-\frac{\Delta H_{体系}}{T}=\frac{Q_{r环境}}{T}$$

而 $\Delta S_{孤立体系}=\Delta S_{体系}+\Delta S_{环境}=\Delta S_{体系}-\dfrac{\Delta H_{体系}}{T}$，整理得：

$$-T\Delta S_{孤立体系}=\Delta H_{体系}-T\Delta S_{体系} \tag{3-9}$$

不难看出，式(3-9) 等号两边的物理量均为状态函数，而且右边的状态函数只决定于体系本身，故定义：

$$\Delta G=\Delta H-T\Delta S$$

$$G\equiv H-TS$$

ΔG 和 G 分别称为自由焓变和自由焓（free enthalpy），也有人称之为自由能变化和自由能（free energy）。

注意：

① ΔG 和 G 均为状态函数，且是容量性质。

② 反应的自由焓变：

$$\Delta_r G_m^{\ominus} = \sum n_i \Delta_f G_{m(产物)}^{\ominus} - \sum n_j \Delta_f G_{m(反应物)}^{\ominus} \tag{3-10}$$

③ $\Delta_f G_m^{\ominus}$称为标准生成自由焓：在标准状态和指定温度下，由稳定单质生成1mol化合物或其他单质时的自由焓变，称为该物质的标准生成自由焓（standard free enthalpy of formation)。同样，稳定单质的 $\Delta_f G_m^{\ominus}=0$。

④ 自由焓变的物理意义：

根据热力学第一定律，当体系既做膨胀功也做有用功时，有

$$\Delta U = Q - W = Q - (W_{膨胀功} + W_{有用功}) \tag{3-11}$$

对恒温恒压可逆过程，$Q=T\Delta S$，$W_{膨胀功}=p\Delta V$，代入式(3-11)，得

$$\Delta U = T\Delta S - (p\Delta V + W_{有用功max})$$

$$W_{有用功max} = T\Delta S - \Delta U - p\Delta V = T\Delta S - \Delta H = -\Delta G \tag{3-12}$$

式(6-11) 说明，体系自由焓的减少等于体系在恒温可逆过程中做的最大有用功。意味着，在恒温可逆过程中，体系自由焓的减少等于体系做的最大非体积（有用）功。

3.4.2.4 化学反应方向的判据—吉布斯（Gibbs)-海姆赫兹（Helmholtz）方程

$$\Delta_r G_m^{\ominus} = \Delta_r H_m^{\ominus} - T\Delta_r S_m^{\ominus} (= -T\Delta S_{孤立体系}^{\ominus}) \tag{3-13}$$

$\Delta S_{孤立体系} > 0$，$\Delta_r G_{m体系} < 0$，反应自发向右进行

$\Delta S_{孤立体系} < 0$，$\Delta_r G_{m体系} > 0$，反应自发向左进行

$\Delta S_{孤立体系} = 0$，$\Delta_r G_{m体系} = 0$，反应处于平衡态

具体到 $\Delta_r H_m$ 和 $\Delta_r S_m$ 对化学反应进行的方向的影响，情况如下：

$\Delta_r H_m < 0$，$\Delta_r S_m > 0$，$\Delta_r G_m < 0$，正反应恒定自发进行

$\Delta_r H_m > 0$，$\Delta_r S_m < 0$，$\Delta_r G_m > 0$，正反应永远不能自发进行

$\Delta_r H_m < 0$，$\Delta_r S_m < 0$，低温时 $\Delta_r G_m < 0$，正反应可以自发进行

$\Delta_r H_m > 0$，$\Delta_r S_m > 0$，高温时 $\Delta_r G_m < 0$，正反应可以自发进行

3.4.2.5 应用举例

【例题 3.2】 $C(s) + O_2(g) \longequal CO_2(g)$

$\Delta_r H_m^{\ominus} = -393.5 kJ \cdot mol^{-1}$，$\Delta_r S_m^{\ominus} = 0.0029 kJ \cdot mol^{-1} \cdot K^{-1}$，问在298K和1273K时反应进行的方向如何？

答：由于 $\Delta_r H_m^{\ominus} < 0$，$\Delta_r S_m^{\ominus} > 0$，因此，$\Delta_r G_m^{\ominus}$ 恒小于0，反应在任何温度下都应该自发向右进行。但在常温下看不到炭的燃烧，原因是反应速率太慢，在高温时，分子动能增加，反应速率加快，出现发光发热的燃烧现象。

【例题 3.3】 $CO(g) \longequal C(s) + 0.5O_2(g)$

$\Delta_r H_m^{\ominus} = 110.5 kJ \cdot mol^{-1}$，$\Delta_r S_m^{\ominus} = -0.0897 kJ \cdot mol^{-1} \cdot K^{-1}$，问在298K和1273K时反应进行的方向如何？

答：由于 $\Delta_r H_m^{\ominus} > 0$，$\Delta_r S_m^{\ominus} < 0$，因此，$\Delta_r G_m^{\ominus}$ 恒大于0，反应在任何温度下都不能自发向右进行，反之逆反应恒定自发进行。

【例题 3.4】 $CaCO_3(s) \longequal CO_2(g) + CaO(s)$

$\Delta_r H_m^{\ominus} = 177.8 kJ \cdot mol^{-1}$，$\Delta_r S_m^{\ominus} = 0.161 kJ \cdot mol^{-1} \cdot K^{-1}$，问在标准状态下反应自发向右进行的温度为多少？

解：欲使反应自发向右进行，必须保证

$$\Delta_r G_m^{\ominus} = \Delta_r H_m^{\ominus} - T\Delta_r S_m^{\ominus} \leqslant 0$$

即：$\Delta_r H_m^{\ominus} \leqslant T\Delta_r S_m^{\ominus}$，得

$$T \geqslant \frac{\Delta_r H_m^{\ominus}}{\Delta_r S_m^{\ominus}} = \frac{177.8}{0.1610} = 1104\text{K}$$

【例题 3.5】 $N_2(g) + 3H_2(g) \longrightarrow 2NH_3(g)$

$\Delta_r H_m^{\ominus} = -92.38\text{kJ} \cdot \text{mol}^{-1}$，$\Delta_r S_m^{\ominus} = -0.1980\text{kJ} \cdot \text{mol}^{-1} \cdot \text{K}^{-1}$，问在标准状态下反应自发向右进行的温度为多少？

解：由于 $\Delta_r H_m^{\ominus}$ 和 $\Delta_r S_m^{\ominus}$ 均小于 0，反应只有在较低的温度下才有可能自发向右进行：

$$\Delta_r G_m^{\ominus} = \Delta_r H_m^{\ominus} - T\Delta_r S_m^{\ominus} = \Delta_r H_m^{\ominus} + T(-\Delta_r S_m^{\ominus}) \leqslant 0$$

$$T(-\Delta_r S_m^{\ominus}) \leqslant -\Delta_r H_m^{\ominus}$$

$$T \leqslant \frac{-\Delta_r H_m^{\ominus}}{-\Delta_r S_m^{\ominus}} = \frac{92.38}{0.198} = 467\text{K}$$

但在合成氨的实际生产中，温度往往控制在 500℃（773K）左右，为什么？

高温是为了加快反应速率，同时还需要加入催化剂进一步增大反应速率。在增温的同时需要加大反应器内的压力，来提高氨的转化率。反应的自发性只是一种可能性，是必要条件，但不是充分条件。只有两种条件同时具备时反应才能进行，但如果热力学计算结果说明反应不能进行，则无论采取何种措施都将徒劳无益。

另外，合成氨实际生产中，体系并非处于标准状态，上面的计算结果只是一种参考。具体应用时应当用非标准状态下的吉布斯-海姆赫兹方程计算：

$$\Delta_r G_m = \Delta_r H_m - T\Delta_r S_m$$

习　题

3.1　举例并加以说明：体系、环境、界面、宇宙、敞开体系、封闭体系、孤立体系，状态、状态函数、量度性质、强度性质，过程、途径、恒温过程、恒压过程、恒容过程。

3.2　什么类型的化学反应 Q_p 等于 Q_V？什么类型的化学反应 Q_p 大于 Q_V？什么类型的化学反应 Q_p 小于 Q_V？

3.3　在 373K 时，水的蒸发热为 $40.58\text{kJ} \cdot \text{mol}^{-1}$。计算在 373K、$1.013 \times 10^5$ Pa 下，1mol 水气化过程的 ΔU 和 ΔS（假定水蒸气为理想气体，液态水的体积可忽略不计）。

3.4　反应 $H_2(g) + I_2(g) \longrightarrow 2HI(g)$ 的 $\Delta_r H_m^{\ominus}$ 是否等于 HI(g) 的标准生成焓 $\Delta_f H_m^{\ominus}$？为什么？

3.5　乙烯加氢反应和丙烯加氢反应的热效应几乎相等，为什么？

3.6　金刚石和石墨的燃烧热是否相等？为什么？

3.7　已知下列数据

(1) $2Zn(s) + O_2(g) \longrightarrow 2ZnO(s)$　　$\Delta_r H_{m1}^{\ominus} = -696.0\text{kJ} \cdot \text{mol}^{-1}$

(2) S(斜方) $+ O_2(g) \longrightarrow SO_2(g)$　　$\Delta_r H_{m2}^{\ominus} = -296.9\text{kJ} \cdot \text{mol}^{-1}$

(3) $2SO_2(g) + O_2(g) \longrightarrow 2SO_3(g)$　　$\Delta_r H_{m3}^{\ominus} = -196.6\text{kJ} \cdot \text{mol}^{-1}$

(4) $ZnSO_4(s) \longrightarrow ZnO(s) + SO_3(g)$　　$\Delta_r H_{m4}^{\ominus} = 235.4\text{kJ} \cdot \text{mol}^{-1}$

求 $ZnSO_4(s)$ 的标准生成热。

3.8　已知 $CS_2(l)$ 在 101.3kPa 和沸点温度（319.3K）时气化吸热 $352\text{J} \cdot \text{g}^{-1}$。求 1mol$CS_2(l)$ 在沸点温度时气化过程的 ΔU、ΔH、ΔS。

3.9　水煤气是将水蒸气通过红热的炭发生下列反应而制得

$$C(s) + H_2O(g) \longrightarrow CO(g) + H_2(g)$$

$$CO(g)+H_2O(g) = CO_2(g)+H_2(g)$$

将反应后的混合气体冷至室温即得水煤气，其中含有CO、H_2及少量CO_2（水汽可忽略不计）。若C有95%转化为CO，5%转化为CO_2，则1dm³ 此种水煤气燃烧产生的热量是多少（假设燃烧产物都是气体）？

已知	CO(g)	CO_2(g)	H_2O(g)
$\Delta_f H_m^{\ominus}$/kJ·mol^{-1}	−110.5	−393.5	−241.8

3.10　计算下列反应的中和热

$$HCl(aq)+NH_3(aq) = NH_4Cl(aq)$$

3.11　阿波罗登月火箭用联氨N_2H_4(l)作燃料，用N_2O_4(g)作氧化剂，燃烧产物为N_2(g)和H_2O(l)。若反应在300K、101.3kPa下进行，试计算燃烧1.0kg联氨所需N_2O_4(g)的体积，反应共放出多少热？

已知	N_2H_4(l)	N_2O_4(g)	H_2O(g)
$\Delta_f H_m^{\ominus}$/kJ·mol^{-1}	50.6	9.16	−285.8

3.12　已知下列键能数据

键	N≡N	N—Cl	N—H	Cl—Cl	Cl—H	H—H
$\Delta_b H_m^{\ominus}$/kJ·mol^{-1}	945	201	389	243	431	436

(1) 求反应　　$2NH_3(g)+3Cl_2(g) = N_2(g)+6HCl(g)$的$\Delta_r H_m^{\ominus}$；

(2) 由标准生成热判断NCl_3(g)和NH_3(g)相对稳定性高低。

3.13　假设空气中含有百万分之一的H_2S和百万分之一的H_2，根据下列反应判断，通常条件下纯银能否和H_2S作用生成Ag_2S?

$$2Ag(s)+H_2S(g) = Ag_2S(s)+H_2(g)$$

$$4Ag(s)+O_2(g) = 2Ag_2O(s)$$

$$4Ag(s)+2H_2S(g)+O_2(g) = 2Ag_2S(s)+2H_2O(g)$$

3.14　通过计算说明，常温常压下固体Na_2O和固体HgO的热稳定性高低。

3.15　反应A(g)+B(s)=C(g)的$\Delta_r H_m^{\ominus}=-42.98$kJ·mol^{-1}，设A、C均为理想气体。298K、标准状况下，反应经过某一过程做了最大非体积功，并放热2.98kJ·mol^{-1}。试求体系在此过程中的Q、W、$\Delta_r U_m^{\ominus}$、$\Delta_r H_m^{\ominus}$、$\Delta_r S_m^{\ominus}$、$\Delta_r G_m^{\ominus}$。

3.16　炼铁高炉尾气中含有大量的SO_3，对环境造成极大污染。人们设想用生石灰CaO吸收SO_3生成$CaSO_4$的方法消除其污染。已知下列数据

	$CaSO_4$(s)	CaO(s)	SO_3(g)
$\Delta_f H_m^{\ominus}$/kJ·mol^{-1}	−1433	−635.1	−395.7
$S_m^{\ominus}$/J·mol^{-1}·K^{-1}	107.0	39.7	256.6

通过计算说明这一设想能否实现。

3.17　由键焓能否直接求算HF (g)、HCl (g)、H_2O (l) 和CH_4 (g) 的标准生成焓？如能计算，请与附录中的数据进行比较。

3.18　高炉炼铁是用焦炭将Fe_2O_3还原为单质铁。试通过热力学计算说明还原剂主要是CO而非焦炭。相关反应为

$$2Fe_2O_3(s)+3C(s) = 4Fe(s)+3CO_2(g)$$

$$Fe_2O_3(s)+3CO(g) = 2Fe(s)+3CO_2(g)$$

3.19　通过热力学计算说明为什么人们用氟化氢气体刻蚀玻璃，而不选用氯化氢气体。相关反应如下：

$$SiO_2(\text{石英})+4HF(g) = SiF_4(g)+2H_2O(l)$$

$$SiO_2(\text{石英})+4HCl(g) = SiCl_4(g)+2H_2O(l)$$

3.20　根据热力学计算说明常温下石墨和金刚石相对有序程度的高低？已知$S_m^{\ominus}$(石墨)=5.740J·mol^{-1}·K^{-1}，$\Delta_f H_m^{\ominus}$(金刚石)=1.897kJ·mol^{-1}，$\Delta_f G_m^{\ominus}$(金刚石)=2.900kJ·mol^{-1}。

3.21　NO和CO是汽车尾气的主要污染物，人们设想利用下列反应消除其污染：

$$2CO(g)+2NO(g) = 2CO_2(g)+N_2(g)$$

试通过热力学计算说明这种设想的可能性。

3.22 白云石的主要成分是 $CaCO_3 \cdot MgCO_3$，欲使 $MgCO_3$ 分解而 $CaCO_3$ 不分解，加热温度应控制在什么范围？

3.23 如 3.18 题所示，高炉炼铁是用焦炭将 Fe_2O_3 还原为单质铁。试通过热力学计算说明，采用同样的方法能否用焦炭将铝土矿还原为金属铝？相关反应为

$$2Al_2O_3(s)+3C(s) = 4Al(s)+3CO_2(g)$$

$$Al_2O_3(s)+3CO(g) = 2Al(s)+3CO_2(g)$$

3.24 热力学上是怎样定义物质的标准状态的？物质的标准摩尔生成热、标准摩尔生成自由能、标准熵是怎样定义的？其单位分别是什么？

3.25 比较下列各组物质熵值的大小

(1) 1mol O_2(298K，1×10^5Pa)　　1mol O_2(303K，1×10^5Pa)

(2) 1mol H_2O(s，273K，10×10^5Pa)　　1mol H_2O(l，273K，10×10^5Pa)

(3) 1g H_2(298K，1×10^5Pa)　　1mol H_2(298K，1×10^5Pa)

(4) n mol C_2H_4(298K，1×10^5Pa)　　2mol $\text{-}\!(CH_2)_n\!\text{-}$ (298K，1×10^5Pa)

(5) 1mol Na(s，298K，1×10^5Pa)　　1mol Mg(s，298K，1×10^5Pa)

3.26 试判断下列过程熵变的正负号

(1) 溶解少量食盐于水中；

(2) 水蒸气和炽热的炭反应生成 CO 和 H_2；

(3) 冰融化变为水；

(4) 石灰水吸收 CO_2；

(5) 石灰石高温分解。

第4章 化学反应速率和化学平衡

The Rates of Chemical Reactions and Chemical Equilibrium

前一章已经述及研究化学反应关心的两个问题：①反应进行的方向和程度及伴随的能量变化；②反应进行的快慢。前者属于化学热力学和化学平衡的研究范畴，后者属于化学动力学即化学反应速率的研究范畴。化学热力学研究的是化学反应进行的必要条件，而化学动力学研究的是化学反应进行的充分条件。

4.1 化学反应速率（The Rates of Chemical Reactions）

4.1.1 化学反应速率的表示方法

化学反应速率指一定条件下反应物转化为产物的速率。通常用单位时间内反应物浓度的减少或产物浓度的增加表示化学反应速率。

对于反应 $2A+B = 3C$，反应速率可以表示为：

$$r_A=-\frac{d[A]}{dt}, r_B=-\frac{d[B]}{dt}, r_C=\frac{d[C]}{dt}$$

单位为 $mol\cdot dm^{-3}\cdot s^{-1}$、$mol\cdot dm^{-3}\cdot min^{-1}$或 $mol\cdot dm^{-3}\cdot h^{-1}$。

4.1.1.1 平均速率

【例题 4.1】 反应 $2N_2O_5(g) = 4NO_2(g)+O_2(g)$ 在某温度时各组分浓度随时间的变化见表 4.1。

表 4.1 N_2O_5 分解反应中各组分浓度随时间的变化

t/s	0	100	200	500
$[N_2O_5]/mol\cdot dm^{-3}$	5.00	2.80	1.56	0.27
$[NO_2]/mol\cdot dm^{-3}$	0	4.39	6.87	9.45
$[O_2]/mol\cdot dm^{-3}$	0	1.09	1.72	2.37

试计算前 200s 内的平均速率。

解： $\bar{r}_{N_2O_5}=-\frac{\Delta[N_2O_5]}{\Delta t}=-\frac{1.56-5.00}{200-0}=1.72\times10^{-2}mol\cdot dm^{-3}\cdot s^{-1}$

$$\bar{r}_{NO_2}=+\frac{\Delta[NO_2]}{\Delta t}=+\frac{6.78-0}{200-0}=3.44\times10^{-2}mol\cdot dm^{-3}\cdot s^{-1}$$

$$\bar{r}_{O_2}=+\frac{\Delta[O_2]}{\Delta t}=+\frac{1.72-0}{200-0}=8.60\times10^{-3}mol\cdot dm^{-3}\cdot s^{-1}$$

很显然，用不同的组分表示，反应速率的数值不同，但相互之间存在固定关系：

$$\bar{r}_{N_2O_5} : \bar{r}_{NO_2} : \bar{r}_{O_2} = 2 : 4 : 1$$

与它们在反应方程式中的计量系数之比相同。

上面计算的是反应在前200s内的平均速率，但若要问第200秒时的瞬时速率是多少呢，如何计算？

4.1.1.2 瞬时速率

例题4.1计算的是反应在前200s的平均反应速率，其中前100s的平均速率为：$\bar{r}_{N_2O_5} = 2.20\times10^{-2}\text{mol}\cdot\text{dm}^{-3}\cdot\text{s}^{-1}$，后100s的平均速率为：$\bar{r}_{N_2O_5} = 1.24\times10^{-2}\text{mol}\cdot\text{dm}^{-3}\cdot\text{s}^{-1}$，可见两者相差很大。同样，如果时间间隔缩短到1s，则前半秒的反应速率和后半秒的反应速率也不相同，只有当间隔趋近于0时，平均速率才接近瞬时速率，即

$$r = \lim_{\Delta t\to 0}\frac{-\Delta[N_2O_5]}{\Delta t} = \frac{-d[N_2O_5]}{dt} \tag{4-1}$$

4.1.2 影响化学反应速率的因素

4.1.2.1 浓度对化学反应速率的影响

(1) 质量作用定律 对于反应 $aA + bB \longrightarrow cC + dD$

$$r = k[A]^x[B]^y \tag{4-2}$$

对于基元反应来讲，$x=a$、$y=b$；

对非基元反应来讲，x不一定等于a、y不一定等于b。

质量作用定律：基元反应的化学反应速率与反应物浓度以其反应系数为幂次方的乘积成正比。式(4-2)中k为反应速率常数，或称比速常数，它是反应物浓度为1时的反应速率，对一指定反应来讲k只是温度的函数，其量纲决定于$x+y$。

(2) 基元反应 反应物分子不经中间步骤一步直接变成产物的简单反应称为基元反应(elementary reaction)。实际上多数反应并不是基元反应，而是由多步反应组合而成，其中每一步都是一个基元反应，由多个基元反应组成的多步反应叫非基元反应。例如下列反应：

$$5H_2SO_3(aq) + 2HIO_3(aq) \longrightarrow 5H_2SO_4(aq) + I_2(s) + H_2(g)$$

$$r = k[H_2SO_3][HIO_3]$$

实验研究表明实际反应可分为三步：

$$H_2SO_3 + HIO_3 \longrightarrow H_2SO_4 + HIO_2 \quad \text{慢反应}$$

$$2H_2SO_3 + HIO_2 \longrightarrow 2H_2SO_4 + HI \quad \text{快反应}$$

$$5HI + HIO_3 \longrightarrow 3I_2 + 3H_2O \quad \text{快反应}$$

其中第一步最慢，是反应速率的决定步骤，称为速率控制步骤，简称速控步或r.d.s（rate determination step)。三个步骤合称反应历程。

不同的化学反应，反应速率方程表达式不同。根据不同的速率方程表达式将反应分成不同的级别，如一级反应、二级反应……

(3) 反应级数 化学反应速率方程中，各反应物浓度的幂次方之和称为该反应的反应级数（creaction order)。在式(4-2)中，反应总级数为$x+y$，对反应物A来讲是x级反应，对反应物B来讲是y级反应，对总反应来讲为$x+y$级反应。常见的反应级数见表4.2。

零级反应常常是那些催化反应，由于催化剂的活性表面有限，当被活化的物质浓度足够大时，催化剂表面的吸附总是处于饱和状态，此时，反应的速率将不再随着反应物浓度的变化而变。只有在基元反应中，反应级数才与反应方程式中反应物的计量系数相同，但反之则不然。

表 4.2 常见的反应级数

反应级数	实 例	反应级数	实 例
1	$2H_2O_2(l) = 2H_2O(l) + O_2(g)$	3	$2NO(g) + O_2(g) = 2NO_2(g)$
	$SO_2Cl_2(g) = SO_2(g) + Cl_2(g)$	0	$NH_3(g) = 0.5N_2(g) + 1.5H_2(g)$
2	$NO_2(g) + CO(g) = NO(g) + CO_2(g)$	1.5	$H_2(g) + Cl_2(g) = 2HCl(g)$
	$H_2(g) + I_2(g) = 2HI(g)$		

例如反应 $H_2(g) + I_2(g) = 2HI(g)$，反应速率表达式为 $r = k[H_2][I_2]$，但实际反应历程为：

$I_2(g) = 2I(g)$ 快反应

$H_2(g) + 2I(g) = 2HI(g)$ 慢反应(速控步)

(4) 反应分子数 反应分子数就是基元反应中实际参加反应的分子数。反应分子数是一微观真实量，只有正整数，而反应级数是宏观统计量，可以有分数、小数、零。一般来讲，反应分子数不超过 3，分子数大于 3 的反应速率极慢。

(5) 反应速率常数 k 与反应级数的关系 根据反应速率方程 $r = k[A]^x[B]^y$ 可知，反应速率常数 k 的单位决定于反应级数 $x + y$：

$$k = \frac{r}{[A]^x[B]^y} = \frac{mol \cdot dm^{-3} \cdot s^{-1}}{[mol \cdot dm^{-3}]^{x+y}} = [mol \cdot dm^{-3}]^{1-(x+y)} \cdot s^{-1} \tag{4-3}$$

k 数值大小决定于反应的本身和温度，与反应物浓度无关。化学反应速率常数的单位与反应级数的关系见表 4.3。

表 4.3 化学反应速率常数的单位与反应级数的关系

反应级数	k 的单位	反应级数	k 的单位
$x + y = 0$	$mol \cdot dm^{-3} \cdot s^{-1}$	$x + y = 2$	$mol^{-1} \cdot dm^3 \cdot s^{-1}$
$x + y = 1$	s^{-1}	$x + y = 3$	$mol^{-2} \cdot dm^6 \cdot s^{-1}$

4.1.2.2 温度对化学反应速率的影响

根据分子运动论可知，物质分子的运动速度随温度的升高而增大，因此，无论是吸热反应还是放热反应，其速率都随温度的升高而加快。一般来讲，温度升高 10K，化学反应速率大约增大 2～3 倍。

1889 年阿伦尼乌斯（Arrhenius）在总结了大量实验事实之后，提出了反应速率常数与温度的关系公式：

$$k = Ae^{\frac{-E_a}{RT}} \tag{4-4}$$

式中，k 为反应速率常数；E_a 为反应的活化能；R 为气体常数；T 为热力学温度；A 为一常数，称为指前因子；e 为自然对数的底。如果对式(4-4) 取对数，将变为如下形式：

$$\ln k = -\frac{E_a}{RT} + \ln A \tag{4-5}$$

如果知道不同温度时的 k 值，就可求算反应的活化能 E_a。同样知道反应的活化能 E_a 和指前因子 A，也可求不同温度下的反应速率常数 k。但由于在多数情况下没有指前因子 A 的数值，所以式(4-5) 可演变成下式：

$$\ln\frac{k_2}{k_1} = \frac{E_a}{R}\left(\frac{T_2 - T_1}{T_1 T_2}\right) \tag{4-6}$$

反应速率常数随温度的变化曲线如图 4.1 所示。

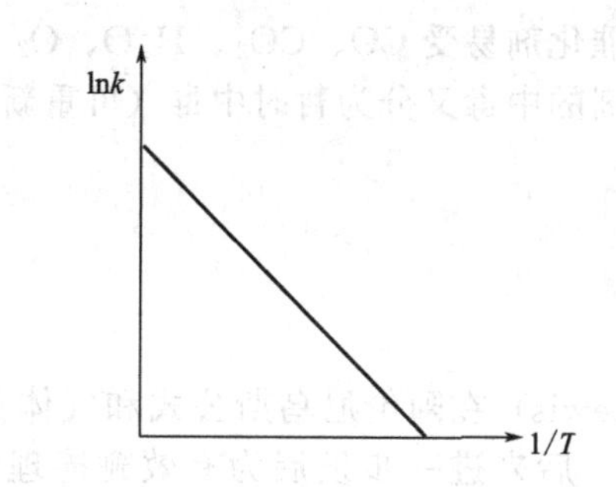

图 4.1 反应速率常数随温度的变化

【例题 4.2】 已知下列两反应的活化能，试求温度从 293K 变到 303K 时，反应速率各增加多少？

(1) $H_2O_2 = 0.5O_2 + H_2O$ $E_a = 75.2kJ \cdot mol^{-1}$

(2) $N_2 + 3H_2 = 2NH_3$ $E_a = 335kJ \cdot mol^{-1}$

解：
$$\ln\frac{r_2}{r_1} = \ln\frac{k_2}{k_1} = \frac{E_a}{R}\left(\frac{T_2 - T_1}{T_1 T_2}\right)$$

对反应 (1) 来讲：
$$\ln\frac{r_2}{r_1} = \frac{75.2\times1000}{8.314}\left(\frac{303-293}{293\times303}\right) = 1.019$$
$$\frac{r_2}{r_1} = 2.77$$

温度提高 10K，反应速率增大了 1.77 倍。

对反应 (2) 来讲，同样可求得
$$\ln\frac{r_2}{r_1} = \frac{335\times1000}{8.314}\left(\frac{303-293}{293\times303}\right) = 4.54$$
$$\frac{r_2}{r_1} = 93.6$$

温度同样升高 10K，但反应速率增大了 92.6 倍。

结论：反应的活化能 E_a 越大，温度对反应速率的影响越明显。

4.1.2.3 催化剂对化学反应速率的影响

催化剂：能改变反应的反应速率，但其本身的质量和性质在反应前后保持相同的物质。

正催化剂：能加速反应的催化剂，如合成氨工业中的铁催化剂、氯酸钾加热分解制氧气中的二氧化锰等。

负催化剂：能减慢反应的催化剂，如橡胶中的防老化剂。

注意：催化剂同时改变正逆反应的速率。

催化剂有如下特征：

(1) 催化剂具有选择性 例如，乙醇在不同的催化剂作用下生成不同的产物。

$$C_2H_5OH \xrightarrow[350\sim360℃]{Al_2O_3} C_2H_4 + H_2O$$

$$C_2H_5OH \xrightarrow[200\sim250℃]{Cu} CH_3CHO + H_2$$

利用催化剂的选择性可以促进所需反应的进行，阻止不利副反应的发生。

(2) 稳定性和寿命不长 常加入助催化剂，如铁催化剂中的 K_2O(1%～2%)、Al_2O_3(4%～5%)。

催化剂很容易中毒，如铁催化剂易受CO、CO_2、H_2O、O_2中毒，一些As、P、S的化合物常导致催化剂中毒。催化剂的中毒又分为暂时中毒（可重新活化）和永久中毒（反应生成其他物质）。

4.1.3 反应速率理论简介

4.1.3.1 有效碰撞理论

1918年，路易斯（G. N. Lewis）在阿伦尼乌斯公式和气体分子运动论的基础上首先提出气相双分子反应的碰撞理论，后来进一步发展为有效碰撞理论（effective collision theory）。其基本论点如下：

① 化学反应发生的先决条件是反应物分子之间必须相互碰撞，碰撞频率的大小决定反应速率的大小。但根据气体分子运动论，常温时，若气体的浓度为$1mol \cdot dm^{-3}$，其体系中分子的碰撞频率为$Z \approx 10^{30}\,cm^{-3} \cdot s^{-1}$，则任何气相反应都可在瞬间完成（约$10^{-9}s$左右），但事实并非如此，因此并非所有的碰撞都能发生反应。

② 分子间只有有效碰撞才能发生反应。有效碰撞的两个条件：首先，分子必须有足够大的动能克服分子相互接近时电子云之间和原子核之间的排斥力。能发生有效碰撞的反应物分子称为活化分子，活化分子只占全部分子的很少比例。其次，分子的碰撞选择一定的方向才能发生反应。如：

$$NO_2 + CO = CO_2 + NO$$

③ 反应速率可表示为：

$$r = ZPf = ZPe^{\frac{-E_a}{RT}} \tag{4-7}$$

式中，Z为单位时间单位体积内的碰撞数；P为方位因子（或称取向因子）；f为能量因子；E_a为活化能（activation energy，活化分子的平均能量与体系分子总平均能量之差）；R为气体常数。

对于反应：

$$aA + bB = cC + dD$$

$$Z = Z^{\circ}[A]^x[B]^y \tag{4-8}$$

$$r = Z^{\circ}Pe^{\frac{-E_a}{RT}}[A]^x[B]^y \tag{4-9}$$

$$Z^{\circ}Pe^{\frac{-E_a}{RT}} = k = Ae^{\frac{-E_a}{RT}} \tag{4-10}$$

温度升高，活化分子数增多，反应速率增大，浓度增大，单位时间有效碰撞增多，速率增大。

4.1.3.2 过渡态理论

碰撞理论对于气相反应的解释相当成功，但对于液相反应和多相复杂反应的解释不够完美。1930年，爱林（Henry Eying）、佩尔采（H. Pelzer）等人在统计力学和量子力学的基础上提出了过渡态理论（transition state theory）。

基本观点：化学反应不只是通过分子之间的简单碰撞就能完成，当相互接近时要进行化学键的重排，形成一个高势能垒的中间过渡状态——活化络合物（activated complex），然后再转化为产物。

例如反应：

$$CO + NO_2 = O\cdots C\cdots O\cdots N\overset{\diagup O}{} = NO + CO_2$$

其中$O\cdots C\cdots O\cdots N\overset{\diagup O}{}$就是中间过渡态络合物，它势能高、稳定性低，易分解成产物，也能重新分解成反应物。

影响反应速率的因素有两个：一是反应物生成活化络合物的速率；二是活化络合物分解成产物的速率。

对于一般反应：

$$AB + C \Longrightarrow A + BC$$

反应历程如图 4.2 所示。

不难看出，反应的热效应正好等于正、逆向反应的活化能之差。从这个意义上讲，任何反应都是可逆反应。

过渡态理论中活化能的含义与碰撞理论中活化能的含义不同，是指活化络合物的平均能量与反应物平均能量之差。

过渡态理论最大的成功之处是很好地解释了催化剂对化学反应速率的影响。

由图 4.3 可见，催化剂的加入改变了活化络合物的组成、改变了反应的历程和反应的活化能（E_{a+}、E_{a-}），从而（同等地）改变正逆向反应的速率，但不能改变反应的热效应（ΔH），或者说不能改变净反应进行的方向。

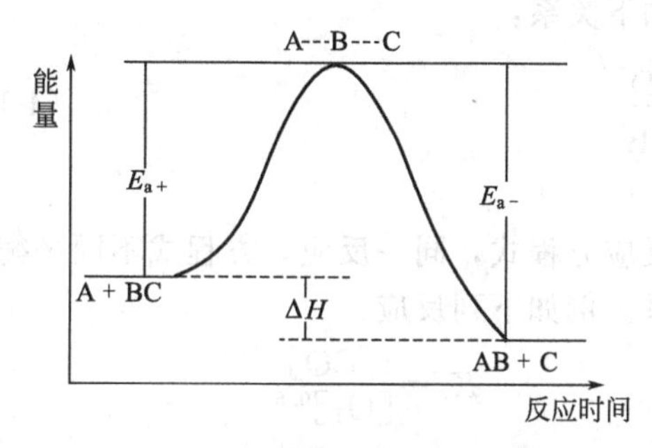

图 4.2　过渡态理论的反应示意图

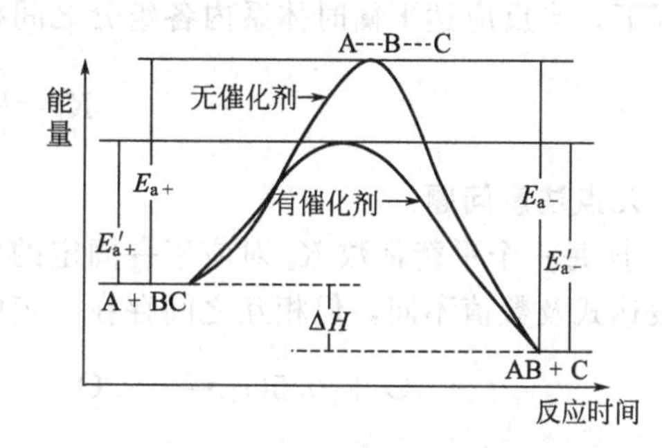

图 4.3　催化剂对反应历程和活化能的影响

4.2　化学平衡（Chemical Equilibrium）

4.2.1　可逆反应和化学平衡

19 世纪，英国钢铁厂的技术人员发现高炉尾气中有大量的 CO，当时认为是反应时间不够，便增加高炉的高度，结果发现尾气中 CO 的量并没有减少，后来人们才认识到是一氧化碳还原氧化铁的反应是一可逆反应：

$$Fe_2O_3 + CO \rightleftharpoons 2Fe + 3CO_2$$

4.2.1.1　可逆反应与平衡态

可逆反应：在同一条件下，既可自右也可向左进行的反应称为可逆反应（reversible reaction）。

从理论上讲，任何化学反应都具有可逆性，只是有些反应的可逆程度很小，难以观察。在一定条件下只能按一个方向进行到底的反应，称为不可逆反应，例如氯酸钾加热分解的反应就可认为是不可逆反应：

$$2KClO_3 \xrightarrow[\triangle]{MnO_2} 2KCl + 3O_2$$

化学平衡正是可逆反应的特点。例如高温下单质碘与氢气合成碘化氢的反应

$$I_2(g) + H_2(g) \rightleftharpoons 2HI(g)$$

就是一典型的可逆反应。正因如此，用该方法合成 HI 时，产率不高。

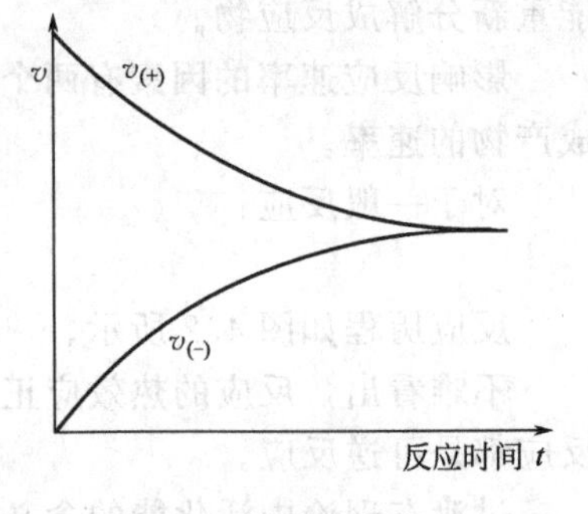

图 4.4 可逆反应中正、逆向反应速率的变化

化学平衡：在一定条件下，对可逆反应来讲，当正逆向反应速率相等、体系内各组分浓度不再随时间发生变化时的状态，也称平衡态，如图 4.4 所示。

化学平衡的特点：

① 动态平衡，[反应物]、[生成物] 恒定但并非反应处于静止状态，只不过正反应速率等于逆反应速率，表观上看似乎反应已经停止；

② 化学平衡是一种相对平衡，当外界条件（浓度、压力、温度）改变时，化学平衡将发生移动，经过一定时间后建立起新的平衡。

4.2.1.2 平衡常数

对于反应：$aA + bB \rightleftharpoons cC + dD$

恒温下，当反应达平衡时体系内各组分之间存在如下关系：

$$K_c = \frac{[C]^c[D]^d}{[A]^a[B]^b} \tag{4-11}$$

几点注意问题：

① 每一个平衡常数 K_c 对应于一固定的化学反应方程式，同一反应，方程式不同平衡常数表达式及数值不同，但相互之间存在一定的关系。例如下列反应：

$$C + 0.5O_2 = CO \qquad K_c = \frac{[CO]}{[O_2]^{0.5}}$$

$$2C + O_2 = 2CO \qquad K'_c = \frac{[CO]^2}{[O_2]}$$

$$K'_c = K_c^2$$

② 当有纯固体、纯液体和稀溶液中的溶剂参加反应时，不列入平衡常数表达式中。例如下列反应：

$$CaCO_3(s) + 2H^+(aq) = Ca^{2+}(aq) + CO_2(g) + H_2O(l) \qquad K_c = \frac{[Ca^{2+}][CO_2]}{[H^+]^2}$$

③ 对一特定反应来讲，平衡常数的大小只与温度有关，与物质起始浓度无关。

④ 平衡常数的物理意义：平衡常数的大小代表了可逆反应进行的程度高低，数值越大表示反应越完全。

⑤ K_c 与 K_p 的关系。

对于反应：$aA(g) + bB(g) \rightleftharpoons cC(g) + dD(g)$

$$pV = nRT, \quad p = cRT$$

$$K_p = \frac{p_C^c p_D^d}{p_A^a p_B^b} = \frac{(c_CRT)^c(c_DRT)^d}{(c_ART)^a(c_BRT)^b} = K_c \cdot (RT)^{(c+d)-(a+b)} = K_c(RT)^{\Delta n} \tag{4-12}$$

式中，Δn 表示产物气体分子数与反应物气体分子数之差，如果 p 的单位用 atm，浓度 c 的单位用 $mol \cdot dm^{-3}$，则 $R = 0.08206 dm^3 \cdot atm \cdot mol^{-1} \cdot K^{-1}$。

⑥ 标准平衡常数。

如果平衡常数有量纲的话，对于有气体参加的反应，当反应前后气体分子数不同时，浓度平衡常数 K_c 的数值将与压力平衡常数 K_p 不同，而且当气体压力的单位不同时，K_p 的数值也不同。但平衡常数既然是一种常数，对同一反应来讲其数值在恒温时应该固定不变，因此化学上定义了标准平衡常数 $K^{\ominus}$。

对于反应：
$$aA+bB \rightleftharpoons cC+dD$$

$$K_c^{\ominus}=\frac{\left(\frac{[C]}{[C]^{\ominus}}\right)^c\left(\frac{[D]}{[D]^{\ominus}}\right)^d}{\left(\frac{[A]}{[A]^{\ominus}}\right)^a\left(\frac{[B]}{[B]^{\ominus}}\right)^b} \tag{4-13}$$

对于气相反应则用标准气体平衡常数：

$$K_p^{\ominus}=\frac{\left(\frac{p_C}{p_C^{\ominus}}\right)^c\left(\frac{p_D}{p_D^{\ominus}}\right)^d}{\left(\frac{p_A}{p_A^{\ominus}}\right)^a\left(\frac{p_B}{p_B^{\ominus}}\right)^b} \tag{4-14}$$

式中，$[\ \ ]^{\ominus}$表示物质在标准状态下的浓度（$1mol\cdot dm^{-3}$）；$p^{\ominus}$表示物质在标准状态下的压力（101325Pa 或 1atm）。对于既有气体也有溶液参加的反应，则用混合标准平衡常数，其中溶液组分用浓度表示，气相组分用分压表示。实际上更加合理的表述应该是，任何化学反应的标准平衡常数都只有一个，就是 $K^{\ominus}$。

可见，当组分浓度用体积摩尔浓度、气体压力的单位用大气压时，普通平衡常数与标准平衡常数的数值相同。而用其他单位时，则必须进行换算。

4.2.1.3 多重平衡原理

在热力学一章中我们曾注意到，可以用已知反应的热效应求算某些难以测量的反应的热效应，同样用已知反应的平衡常数也可以求算其他反应的平衡常数。例如：

$$C(s)+O_2(g) = CO_2(g) \qquad K_1$$
$$(-)\qquad CO(g)+0.5O_2(g) = CO_2(g) \qquad K_2$$
$$\overline{\qquad\qquad\qquad\qquad\qquad\qquad\qquad}$$
$$C(s)+0.5O_2(g) = CO(g) \qquad K_3$$
$$K_3=K_1/K_2 \neq K_1-K_2$$

多重平衡原理：两个反应相加（或减）得到第三个反应时，第三个反应的平衡常数等于前两个反应平衡常数的乘积（或商）。

4.2.2 有关平衡常数的计算

4.2.2.1 平衡转化率 α 与平衡常数 $K^{\ominus}$ 的相互换算介绍如下。

(1) 由 α 求 $K^{\ominus}$

【例题 4.3】 373K 时，等物质的量的乙醇和醋酸反应，平衡转化率为 66.7%，求反应的平衡常数。

解： $C_2H_5OH(g)+CH_3COOH(g) = CH_3COOC_2H_5(g)+H_2O(g)$

$t=0$： $\frac{n}{V}$ $\qquad \frac{n}{V}$ $\qquad 0$ $\qquad 0$

平衡： $\frac{n(1-\alpha)}{V}$ $\qquad \frac{n(1-\alpha)}{V}$ $\qquad \frac{n\alpha}{V}$ $\qquad \frac{n\alpha}{V}$

$$K_c=\frac{\left(\frac{n\alpha}{V}\right)^2}{\left[\frac{n(1-\alpha)}{V}\right]^2}=\left(\frac{0.667}{1-0.667}\right)^2=4$$

$$K_p^{\ominus}=K_c(RT)^{\Delta n}=K_c(RT)^0=K_c=4$$

(2) 由 $K^{\ominus}$ 求 α

【例题 4.4】 523K 时，将等物质的量的三氯化磷与氯气装入 5.00dm³ 容器中，平衡时五氯化磷的分压为 1.00atm，平衡常数 $K_p^{\ominus}=0.540$，求三氯化磷的平衡转化率。

解： $PCl_3(g) + Cl_2(g) \rightleftharpoons PCl_5(g)$

设平衡时 $p_{Cl_2}=p_{PCl_3}=x$，则：

$$K_p^{\ominus}=\frac{p_{PCl_5}}{x^2}=\frac{1.00}{x^2}=0.540,\quad x=1.36\text{atm}$$

平衡时 $$n_{PCl_3}=n_{Cl_2}=\frac{pV}{RT}=\frac{1.36\times5.00}{0.08206\times523}=0.158(\text{mol})$$

$$n_{PCl_5}=\frac{pV}{RT}=\frac{1.00\times5.00}{0.08206\times523}=0.115(\text{mol})$$

开始时 $$n_{PCl_3}^0=0.158+0.115=0.273(\text{mol})$$

则 $$\alpha_{PCl_3}=\frac{0.115}{0.273}\times100\%=42.4\%$$

通过实验可以测量某些化学反应的平衡常数，但需要的工作量很大，能否从理论上计算平衡常数呢？在热力学一章曾一再提到热力学量与平衡常数联系密切，那么能否从热力学数据上计算平衡常数呢？

4.2.2.2 平衡常数与标准自由焓变

平衡常数可以表示一反应进行的程度，而由 $\Delta_rG_m^{\ominus}$ 可以判别反应的自发性，因此，两者之间存在一定的关系，这一关系称为 Van't Hoff 等温式：

$$\Delta_rG_m=\Delta_rG_m^{\ominus}+RT\ln Q_p \tag{4-15}$$

对于反应 $aA+bB \rightleftharpoons cC+dD$

$$Q_p=\frac{p_C^c p_D^d}{p_A^a p_B^b} \tag{4-16}$$

若是溶液反应，则用 Q_c

$$Q_c=\frac{[C]^c[D]^d}{[A]^a[B]^b} \tag{4-17}$$

平衡时，$\Delta_rG_m=0$，$Q=K^{\ominus}$，则有

$$\Delta_rG_m^{\ominus}=-RT\ln K_p^{\ominus} \tag{4-18}$$

对气相反应来讲，一定用 $K_p^{\ominus}$；对溶液反应来讲用 $K_c^{\ominus}$，当既有气体也有溶液组分参加反应时，要用混合平衡常数。

几点注意的问题：

① $\Delta_rG_m^{\ominus}$ 是指体系中各组分处于标准状态时的自由焓变，标准状态的严格定义是：纯液体、纯固体、溶液组分的活度为 $1\text{mol}\cdot\text{kg}^{-1}$，气体组分的分压为 101325Pa。而 $K_p^{\ominus}$ 则是指平衡态的数值，式(4-18) 的两边状态不同，含义也不同，但是数值上存在固定的关系。也说明从标准态到平衡态体系能做的最大有用功为 $\Delta_rG_m^{\ominus}$。

② $$\Delta_rG_m=-RT\ln K_p^{\ominus}+RT\ln Q_p=RT\ln\frac{Q_p}{K_p^{\ominus}} \tag{4-19}$$

【例题 4.5】 通过查表求算下列反应在 973K 时的浓度平衡常数。

$$NO(g) + 0.5O_2(g) \longrightarrow NO_2(g)$$

解：$\Delta_r H_m^\ominus = \Delta_f H_{m(NO_2)}^\ominus - \Delta_f H_{m(NO)}^\ominus = 33.18 - 90.25 = -57.07(kJ \cdot mol^{-1})$

$\Delta_r S_m^\ominus = S_{(NO_2)}^\ominus - S_{(NO)}^\ominus - 0.5S_{(O_2)}^\ominus = 239.95 - 210.65 - 0.5 \times 205.03$

$= -73.22(J \cdot mol^{-1} \cdot K^{-1})$

假设在 298～973K 间，反应的焓变和熵变保持恒定，则

$\Delta_r G_m^\ominus = \Delta_r H_m^\ominus - T\Delta_r S_m^\ominus = -57.07 - 973 \times (-73.22) \times 10^{-3} = 14.17kJ \cdot mol^{-1}$

$\ln K_p^\ominus = \dfrac{-\Delta_r G_m^\ominus}{RT} = \dfrac{-14.17 \times 1000}{8.314 \times 973} = -1.7516$

$K_p^\ominus = 0.1735$

$K_c^\ominus = K_p^\ominus (RT)^{-\Delta n} = 0.1735 \times (0.08206 \times 973)^{-(-0.5)} = 1.550$

4.2.3 化学平衡的移动

化学平衡的移动是指因外界条件的改变，体系由一个平衡态变到另一个平衡态的过程。

4.2.3.1 浓度对化学平衡移动的影响

对于反应 $aA + bB \longrightarrow cC + dD$

$$\Delta_r G_m = RT\ln \frac{Q_c}{K_c^\ominus}$$

平衡时 $Q_c = K_c^\ominus$，$\Delta_r G_m = 0$，此时若不改变产物浓度而增大反应物浓度，则 $Q_c < K_c^\ominus$，$\Delta_r G_m < 0$，平衡将向正反应方向移动。反之亦然。

结论：在一定温度下，增大反应物浓度或减小产物浓度，平衡向正反应方向移动，反之则移向逆反应方向。

实际生产中，常常不断将产物取走使平衡右移来增大反应物的转化率。

4.2.3.2 压力对化学平衡移动的影响

例如合成氨反应：$N_2 + 3H_2 \longrightarrow 2NH_3$

$\Delta_r G_m = RT\ln \dfrac{Q_p}{K_p^\ominus}$，平衡时 $K_p^\ominus = \dfrac{p_{NH_3}^2}{p_{N_2} p_{H_2}^3}$。

若将体系的体积减小一半，在平衡尚未移动之前，各组分的分压应该增大一倍，此时

$$Q_p = \frac{(2p_{NH_3})^2}{2p_{N_2}(2p_{H_2})^3} = \frac{1}{4}\frac{p_{NH_3}^2}{p_{N_2} p_{H_2}^3} = \frac{1}{4}K_p^\ominus$$

$Q_p < K_p^\ominus$，$\Delta_r G_m < 0$，平衡向正反应方向移动，正方向是气体分子数减少的方向。

结论：恒温下，增大体系的压力平衡向气体分子减少的方向移动，减小压力，平衡向气体分子数增加的方向移动。

如向体系中加入惰性气体增大压力，则总平衡不变。

4.2.3.3 温度对化学平衡移动的影响

根据 Gibbs 公式和 Van't Hoff 等温式可以导出下列关系式：

$$\ln K_p^\ominus = \frac{-\Delta_r H_m^\ominus}{RT} + \frac{\Delta_r S_m^\ominus}{R}$$

同样当温度改变时，有

$$\ln \frac{K_{p1}^\ominus}{K_{p2}^\ominus} = \frac{\Delta_r H_m^\ominus}{R}\left(\frac{T_1 - T_2}{T_1 T_2}\right)$$

对放热反应来讲，$\Delta_r H_m^\ominus<0$，若 $T_2>T_1$，则 $K_{p2}^\ominus<K_{p1}^\ominus$，升高温度，化学平衡向逆反应方向移动，即向吸热反应方向移动。对吸热反应来讲，$\Delta_r H_m^\ominus>0$，若 $T_2>T_1$，则 $K_{p2}^\ominus>K_{p1}^\ominus$，升高温度，化学平衡向正反应方向移动，即向吸热方向移动。

结论：升高温度，化学平衡向吸热反应方向移动；降低温度，化学平衡向放热反应方向移动。

勒沙特列（Le Chatelier）**原理**：向一平衡体施加外力时，平衡将沿着减少此外力的方向移动。

4.2.3.4 催化剂对化学平衡的影响

因为催化剂只改变反应的活化能 E_a，不改变反应的热效应，因此不影响平衡常数的数值。即催化剂只能改变平衡到达的时间而不能改变化学平衡的移动。

习 题

4.1 化学反应速率是如何定义的？反应速率的常用单位是什么？化学反应的平均速率和瞬时速率有何区别与联系？

4.2 实际反应中有没有 0 级反应和 1 级反应？如果有，怎样用碰撞理论给予解释？

4.3 当温度相同而反应物起始浓度不同时，同一个反应的起始速率是否相同？速率常数是否相同？反应级数是否相同？活化能是否相同？

4.4 什么是基元反应？什么是非基元反应？两者之间有何区别与联系？

4.5 如何正确理解反应级数、反应分子数、反应速率常数等概念？

4.6 反应的活化能怎样影响化学反应速率？为什么有些反应的活化能很接近，反应速率却相差很大；但有些反应的活化能相差较大，反应速率却很接近？

4.7 已知 600K 时，一级反应 $SO_2Cl_2(g) \longrightarrow SO_2(g)+Cl_2(g)$ 的速率常数为 $2.0\times10^{-5}\,s^{-1}$。问：

(1) 10.0g $SO_2Cl_2(g)$ 分解一半需要多少时间？

(2) 10.0g $SO_2Cl_2(g)$ 反应 2.0h 之后还剩多少？

4.8 实验测得反应 $S_2O_8^{2-}+3I^- \longrightarrow 2SO_4^{2-}+I_3^-$ 在不同温度下的速率常数如下：

T/K	273	283	293	303
$k/mol^{-1}\cdot dm^3\cdot s^{-1}$	8.2×10^{-4}	2.0×10^{-3}	4.1×10^{-3}	8.3×10^{-3}

(1) 试用作图法求此反应的活化能；

(2) 求 300K 时反应的速率常数。

4.9 反应 $H_2PO_2^-+OH^- \longrightarrow HPO_3^{2-}+H_2$ 在 373K 时的有关实验数据如下：

初始浓度		$\frac{d[H_2PO_2^-]}{dt}/mol\cdot dm^{-3}\cdot min^{-1}$
$[H_2PO_2^-]/mol\cdot dm^{-3}$	$[OH^-]/mol\cdot dm^{-3}$	
0.10	1.0	3.2×10^{-5}
0.50	1.0	1.6×10^{-4}
0.50	4.0	2.56×10^{-3}

(1) 计算该反应的级数，写出速率方程；

(2) 计算反应温度下的速率常数。

4.10 假设基元反应 $A \longrightarrow 2B$ 正反应的活化能为 E_{a+}，逆反应的活化能为 E_{a-}。问

(1) 加入催化剂后正、逆反应的活化能如何变化？

(2) 如果加入的催化剂不同，活化能的变化是否相同？

(3) 改变反应物的初始浓度，正、逆反应的活化能如何变化？

(4) 升高反应温度，正、逆反应的活化能如何变化？

4.11 已知反应 $CH_3CHO(g) \longrightarrow CH_4(g)+CO(g)$ 的活化能 $E_a=188.3kJ\cdot mol^{-1}$，当以碘蒸气为催化剂时，反应的活化能变为 $E_a'=138.1kJ\cdot mol^{-1}$。试计算 800K 时，加碘蒸气作催化剂后，反应速率增

大为原来的多少倍。

4.12 判断下列叙述正确与否：

(1) 反应级数就是反应分子数；

(2) 含有多步基元反应的复杂反应，实际进行时各基元反应的表观速率相等；

(3) 活化能大的反应一定比活化能小的反应速率慢；

(4) 速率常数大的反应一定比速率常数小的反应快；

(5) 催化剂只是改变了反应的活化能，本身并不参加反应，因此其质量和性质在反应前后保持不变。

4.13 回答下列问题：

(1) 一反应体系中各组分的平衡浓度是否随时间变化？是否随反应物起始浓度变化？是否随温度变化？

(2) 有气相和固相参加的反应，平衡常数是否与固相的存在量有关？

(3) 有气相和溶液参加的反应，平衡常数是否与溶液中各组分的量有关？

(4) 有气、液、固三相参加的反应，平衡常数是否与气相的压力有关？

(5) 经验平衡常数与标准平衡常数有何区别和联系？

(6) 在 $K_p = K_c(RT)^{\Delta n}$ 中 R 的取值和量纲如何？

(7) 在 $\Delta_r G_m^{\ominus} = RT\ln K^{\ominus}$ 中 R 的取值和量纲如何？

(8) 平衡常数改变后，平衡位置是否移动？平衡位置移动后，平衡常数是否改变？

(9) 对 $\Delta_r G_m^{\ominus} > 0$ 的反应，是否在任何条件下正反应都不能自发进行？

(10) $\Delta_r G_m^{\ominus} = 0$，是否意味着反应一定处于平衡态？

4.14 写出下列反应的平衡常数表达式：

(1) $Zn(s) + 2H^+(aq) = Zn^{2+}(aq) + H_2(g)$

(2) $AgCl(s) + 2NH_3(aq) = Ag(NH_3)_2^+(aq) + Cl^-(aq)$

(3) $CH_4(g) + 2O_2(g) = CO_2(g) + 2H_2O(l)$

(4) $HgI_2(s) + 2I^-(aq) = HgI_4^{2-}(aq)$

(5) $H_2S(aq) + 4H_2O_2(aq) = 2H^+(aq) + SO_4^{2-}(aq) + 4H_2O(l)$

4.15 已知 $Ag_2O(s)$ 的标准生成自由能 $\Delta_f G_m^{\ominus} = -11.2kJ \cdot mol^{-1}$，标准生成焓 $\Delta_f H_m^{\ominus} = -31.1kJ \cdot mol^{-1}$。问

(1) 标准状况下，$Ag_2O(s)$ 的分解温度是多少？

(2) 常温（298K）常压（101.1kPa）下，在空气中 $Ag_2O(s)$ 能否分解？(设空气中氧气的体积分数为 20%)。

4.16 373K 时，光气分解反应 $COCl_2(g) = CO(g) + Cl_2(g)$ 的平衡常数 $K^{\ominus} = 8.0 \times 10^{-9}$，$\Delta_f H_m^{\ominus} = 104.6kJ \cdot mol^{-1}$，试求

(1) 373K 下反应达平衡后，总压为 202.6kPa 时 $COCl_2$ 的解离度；

(2) 反应的 $\Delta_r S_m^{\ominus}$。

4.17 根据下列数据计算，373K 时 CO 与 CH_3OH 合成醋酸的标准平衡常数。

	CO(g)	$CH_3OH(g)$	$CH_3COOH(g)$
$\Delta_f H_m^{\ominus}/kJ \cdot mol^{-1}$	−110	−200.8	−435
$S_m^{\ominus}/J \cdot mol^{-1} \cdot K^{-1}$	+198	+238	+298

4.18 反应 $CaCO_3(s) = CaO(s) + CO_2(g)$ 在 1037K 时平衡常数 $K^{\ominus} = 1.16$，若将 1.0mol $CaCO_3$ 置于 10.0dm³ 容器中加热至 1037K。问达平衡时 $CaCO_3$ 的分解分数是多少？

4.19 根据热力学数据计算 BCl_3 在常温 298K 时的饱和蒸气压及正常沸点。在 298K、100kPa 条件下 BCl_3 呈液态还是呈气态？

4.20 在恒温 523K、恒压 101.3kPa 条件下，PCl_5 发生下列分解反应：

$$PCl_5(g) = PCl_3(g) + Cl_2(g)$$

平衡时，测得混合气体的密度为 $2.695g \cdot dm^{-3}$。求反应的 $\Delta_r G_m^{\ominus}$ 和 $PCl_5(g)$ 的解离度。

4.21 $CuSO_4 \cdot 5H_2O$的风化若用反应式$CuSO_4 \cdot 5H_2O(s) \longrightarrow CuSO_4(s) + 5H_2O(g)$表示。

(1) 试求298K时反应的$\Delta_r G_m^\ominus$及$K^\ominus$

(2) 298K时，若空气的相对湿度为60%，$CuSO_4 \cdot 5H_2O$能否风化？

4.22 已知292K时，血红蛋白（Hb）在空气中氧化反应$Hb(aq) + O_2(g) \longrightarrow HbO_2(aq)$的平衡常数$K^\ominus$为85.5，试求当氧气溶解于血液中时氧化反应$Hb(aq) + O_2(aq) \longrightarrow HbO_2(aq)$的标准自由能变化$\Delta_r G_m^\ominus$。假设292K时，空气中氧气的分压为20.2kPa，氧气在血液中的溶解度为$2.3 \times 10^{-4} mol \cdot dm^{-3}$。

4.23 在323K、101.3kPa时，$N_2O_4(g)$的分解率为50.0%。问当温度保持不变，压力变为1013kPa时，$N_2O_4(g)$的分解率为多少？

4.24 以合成氨为例，定量说明温度、浓度、压力以及催化剂对化学平衡移动的影响。

4.25 已知下列物质在298K时的标准生成自由能分别为：

	$NiSO_4 \cdot 6H_2O(s)$	$NiSO_4(s)$	$H_2O(g)$
$\Delta_f G_m^\ominus / kJ \cdot mol^{-1}$	−2221.7	−773.6	−228.4

(1) 计算反应$NiSO_4 \cdot 6H_2O(s) \longrightarrow NiSO_4(s) + 6H_2O(g)$在298K时的标准平衡常数$K^\ominus$。

(2) 求算298K时与固体$NiSO_4 \cdot 6H_2O$平衡的水的饱和蒸气压。

4.26 在一定温度和压力下，$1dm^3$容器中$PCl_5(g)$的分解率为50%。若改变下列条件，$PCl_5(g)$的分解率如何变化？

(1) 减小压力使容器的体积增大1倍；

(2) 保持容器体积不变，加入氮气使体系总压力增大1倍；

(3) 保持体系总压力不变，加入氮气使容器体积增大1倍；

(4) 保持体系总压力不变，逐渐加入氯气使体系体积增大1倍；

(5) 保持体积不变，逐渐加入氯气使体系总压力增大1倍。

4.27 联碱法生产纯碱流程的最后一步是加热分解小苏打：

$$2NaHCO_3(s) \longrightarrow Na_2CO_3(s) + CO_2(g) + H_2O(g)$$

实验测得不同温度下反应的平衡常数如下表：

T/K	303	323	353	373
$K^\ominus$	1.66×10^{-5}	3.90×10^{-4}	6.27×10^{-3}	2.31×10^{-1}

(1) 试用作图法求算在实验温度范围内反应的热效应；

(2) 当平衡体系的总压达到200kPa时，反应温度为多少？

第 5 章　电解质溶液

Electrolyte Solution

在熔融状态或水溶液中能电离出正(阳)离子和负(阴)离子的化合物称为电解质，反之则称为非电解质。在熔融状态或水溶液中能完全电离的电解质称为强电解质，只发生部分电离的电解质称为弱电解质。实际上强电解质与弱电解质之间并无严格的界限。

5.1　电解质溶液理论（The Theory of Electrolyte Solution）

在第 2 章中曾介绍了非电解质稀溶液的依数性，它们都呈现出良好的规律性变化，那么对于电解质溶液是否也存在这样的规律呢？有人用几种氯化物和硝酸盐进行了实验，结果列于表 5.1。

表 5.1　几种（0.20mol·kg^{-1}）盐溶液的依数性

物　种	ΔT_f(理论)/℃	$\Delta T_f'$(实验)/℃	$i=\Delta T_f/\Delta T_f'$
KCl	0.372	0.673	1.81
KNO_3	0.372	0.664	1.78
$MgCl_2$	0.372	1.038	2.79
$Ca(NO_3)_2$	0.372	0.922	2.48

从表 5.1 不难看出，如果将所列的几种盐看作分子质点的话，凝固点下降的理论值和实验值差别非常大，这说明在水溶液中电解质的行为与非电解质有着本质的差异。为了解释这种差异，人们提出并发展了不同的电解质溶液理论。

5.1.1　阿伦尼乌斯电离理论

1887 年，瑞典化学家阿伦尼乌斯（S. A. Arrhenius）提出了电解质的电离理论：电解质溶于水时，将部分地离解成正、负离子，溶液浓度越大电离度越小，只有无限稀释时，分子才全部电离。有人用凝固点下降对氢氧化钠溶液进行了实验，结果列于表 5.2 中。发现随着氢氧化钠浓度的减小，其凝固点下降的理论值与实验值的比值逐渐趋近于 2，根据阿伦尼乌斯电离理论，说明一个氢氧化钠“分子”电离出两个离子：

$$NaOH = Na^+ + OH^-$$

表 5.2　NaOH 溶液凝固点下降理论值与实验值的比值随浓度的变化

[NaOH]/mol·dm^{-3}	0.50	0.20	0.10	0.05	0.01	0.005
$i=\Delta T_f/\Delta T_f'$	1.81	1.84	1.87	1.89	1.94	1.96

既然电解质在水中存在电离平衡，根据化学平衡原理，必然存在一平衡常数。对任一电解质 AB 来讲，应有下列关系：

$$AB \rightleftharpoons A^+ + B^-$$

$t=0$ 时： c 　 0 　 0

$t_{平衡}$： $c(1-\alpha)$ 　 $c\alpha$ 　 $c\alpha$

$$K^\ominus = \frac{(c\alpha)^2}{c(1-\alpha)} \tag{5-1}$$

人们对大量的电解质进行了类似实验，结果发现，弱电解质在稀溶液中的电离的确符合式(5-1)，表 5.3 列出了 298K 时醋酸在水中的电离情况。

表 5.3　298K 时醋酸电离度 α 及电离常数 K 随浓度的变化

$c_{HAc}/mol \cdot kg^{-1}$	0.010	0.050	0.10	1.0
α	4.20%	1.88%	1.33%	0.42%
$K^\ominus \times 10^5$	1.84	1.80	1.79	1.77

但对于强电解质来讲，并不存在这样的平衡常数，表 5.4 列出了根据依数性实验测量出的 298K 时氯化钠在水中的电离度和电离常数。不难看出强电解质不存在理论上的电离平衡。这说明阿伦尼乌斯电离理论只适用于弱电解质。而对于强电解质来讲，在溶液中离子的浓度远大于弱电解质溶液，在正负离子之间以及离子与极性溶剂分子之间存在较强的电性引力，这种相互作用阻碍了离子的自由运动，所以，离子的表观质点数要比实际存在的质点数少。为此，1923 年荷兰物理学家德拜（P. Debye）和他的同事休克尔（E. Hückel）提出了离子互吸理论（theory of interionic attraction）。

表 5.4　298K 时氯化钠电离度 α 及电离常数 $K^\ominus$ 随浓度的变化

$c_{NaCl}/mol \cdot kg^{-1}$	0.010	0.10	0.50	1.0
α	94.2	86.2	78.8	75.6
$K^\ominus$	0.152	0.536	1.46	2.34

5.1.2　德拜-休克尔离子互吸理论

5.1.2.1　基本论点

① 无论在熔融状态还是在水溶液中强电解质的电离度都是100%。

② 由于正负离子间的相互作用，在 1 个离子周围总是聚集着一些带相反电荷的离子形成了所谓的“离子氛”（ionic atmosphere），由于“离子氛”的存在，某一个离子的运动受到周围其他离子和溶剂分子的阻碍，因此，整个溶液表现出的离子的数目要比理论值低，即表观电离度 $\alpha' < 100\%$。

德拜和休克尔借用路易斯活度的概念，提出了计算强电解质溶液中离子活度的公式。

5.1.2.2　活度和活度系数

1907 年，路易斯（Lewis）指出了活度的概念：电解质溶液中能有效地自由运动的离子的浓度称为有效浓度，也称为活度 a（activity）。

$$a = c \cdot f \tag{5-2}$$

式中，c 为离子的实际浓度；f 为活度系数（coefficient of activity）。f 受两个因素的影响：离子的浓度和离子所带的电荷，将这两个因素综合考虑，人们引入了一个新的物理量：离子强度 I（ionic strength）。

$$I = \frac{1}{2}\sum_{i=1}^{n}(c_i Z_i^2) \tag{5-3}$$

式中，c_i 表示第 i 种离子的浓度；Z_i 表示第 i 种离子的电荷。德拜和休克尔根据电磁学理论和分子运动论提出了用离子强度来计算水溶液中正负离子平均活度系数的公式：

$$-\lg f_{\pm}=0.509\,|Z^{+}\cdot Z^{-}|\,\frac{\sqrt{I}}{1+\sqrt{I}} \tag{5-4}$$

【例题 5.1】 求 0.010mol·dm^{-3} K_2SO_4 溶液中 K^+ 和 SO_4^{2-} 的平均活度。

解：$I=\frac{1}{2}\times(0.020\times1^2+0.010\times2^2)=0.030$

$$-\lg f_{\pm}=0.509\times1\times2\times\frac{\sqrt{0.030}}{1+\sqrt{0.030}}=0.150$$

$f_{\pm}=0.71$

$a(K^+)=0.020\times0.71=0.0142\text{mol}\cdot\text{dm}^{-3}$

$a(SO_4^{2-})=0.010\times0.71=0.071\text{mol}\cdot\text{dm}^{-3}$

当溶液很稀时，离子强度很低，$1+\sqrt{I}\approx1$，式(5-3) 变为：

$$-\lg f_{\pm}=0.509\,|Z^{+}\cdot Z^{-}|\sqrt{I} \tag{5-5}$$

式(5-5) 称为德拜-休克尔极限公式。

5.2 酸碱电离平衡（Acid-Base Dissociation Equilibrium）

5.2.1 水的电离和溶液的酸碱度

5.2.1.1 水的电离

$$H_2O + H_2O \rightleftharpoons H_3O^+ + OH^-$$

平衡时 $c(1-\alpha)$ $c(1-\alpha)$ $c\alpha$ $c\alpha$

平衡常数

$$K^{\ominus}=\left[\frac{c\alpha}{c(1-\alpha)}\right]^2 \tag{5-6}$$

298K 时，1dm^3 水的质量为 998g，水的初始浓度为：

$$[H_2O]=998/18=55.4\text{mol}\cdot\text{dm}^{-3}$$

水在 298K 时的电离度为：

$$\alpha_{H_2O}=1.81\times10^{-9}$$

则：$c\alpha=55.4\times1.81\times10^{-9}=1.00\times10^{-7}\text{mol}\cdot\text{dm}^{-3}$

$c(1-\alpha)\approx55.4\text{mol}\cdot\text{dm}^{-3}$

将 $c\alpha$ 与 $c(1-\alpha)$ 的值代入式(5-5)，得到：

$$K^{\ominus}[H_2O]^2=[H_3O^+][OH^-]=(1.00\times10^{-7})^2=1.00\times10^{-14}=K_w^{\ominus}$$

注意：

① 只有温度在 293～298K 之间，$K_w^{\ominus}=1.00\times10^{-14}$，随温度升高，$K_w^{\ominus}$ 值增大（见表 5.5）。

② 只有在纯水或中性水溶液中，$[H_3O^+]=[OH^-]=1.00\times10^{-7}\text{mol}\cdot\text{dm}^{-3}$。

③ 一般情况下用 $[H^+]$ 代替 $[H_3O^+]$，但水溶液中绝不存在裸露的质子。

表 5.5 水的离子积随温度的变化

T/K	273	283	291	295	298	313	333
$K_w^{\ominus}\times 10^{14}$	0.13	0.36	0.74	1.00	1.27	3.80	12.6

5.2.1.2 溶液的酸碱度标度

溶液的酸碱度用 pH 来标度：

$$pH=-\lg a_{H^+} \tag{5-7}$$

pH＝3～11 范围内，$a_{H^+}\approx[H^+]$。

293～298K 时对溶液酸碱性的具体判别如下：

$[H^+]=[OH^-]$，pH＝pOH，pH＝7，溶液为中性

$[H^+]>[OH^-]$，pH＜pOH，pH＜7，溶液为酸性

$[H^+]<[OH^-]$，pH＞pOH，pH＞7，溶液为碱性

其中 $pOH=-\lg a_{OH^-}$。

5.2.1.3 酸碱指示剂

酸碱指示剂本身也是弱酸或弱碱，在酸碱性不同的水溶液中其主要存在形式不同，从而显示出不同的颜色。例如一酸性指示剂在水溶液中存在如下平衡：

$$HIn \rightleftharpoons H^+ + In^-$$

$$K^{\ominus}=\frac{[In^-][H^+]}{[HIn]},\quad \frac{K^{\ominus}}{[H^+]}=\frac{[In^-]}{[HIn]}$$

其中，指示剂分子 HIn 和酸根阴离子 In^- 的颜色截然不同，随着溶液酸碱度（pH）的改变，两者浓度比值随之改变，溶液的颜色也随之改变。一般情况为：

$[In^-]:[HIn]\geqslant 10$ 时，溶液呈现 In^- 的颜色

$[HIn]:[In^-]\geqslant 10$ 时，溶液呈现 HIn 的颜色

由此定义了指示剂的有效变色范围：$pH=pK_a^{\ominus}\pm 1$。但由于人的眼睛对不同颜色的敏感度不同，因此，不同的指示剂的实际有效指示范围略有不同。例如甲基橙的 $pK_a=3.4$，理论变色范围为 pH＝2.4～4.4，但甲基橙的实际变色范围为 pH＝3.1～4.4，原因是低 pH 时，甲基橙显红色，高 pH 时，甲基橙显黄色，而人的眼睛对红色比对黄色更敏感。常见的指示剂列于表 5.6 中。

表 5.6 常见指示剂的变色范围

指示剂	颜色			$pK_{HIn}^{\ominus}$	pH 变色范围 (291K)
	酸形色	过渡	碱形色		
甲基橙(弱碱)	红	橙	黄	3.4	3.1～4.4
甲基红(弱酸)	红	橙	黄	5.0	4.4～6.2
溴百里酚蓝(弱酸)	黄	绿	蓝	7.3	6.0～7.6
百里酚蓝(二元弱酸)	红(H_2In)	橙	黄(HIn^-)	1.65($pK_{H_2In}^{\ominus}$)	1.2～2.8
	黄(HIn^-)	绿	蓝(In^{2-})	9.20($pK_{HIn^-}^{\ominus}$)	8.0～9.6
酚酞(弱酸)	无	粉红	红	9.1	8.2～10.0

5.2.2 弱酸弱碱的电离平衡

5.2.2.1 一元弱酸弱碱的电离平衡

以醋酸和氨水的电离为例：

$$HAc \rightleftharpoons H^+ + Ac^- \qquad K_a^\ominus = \frac{[H^+][Ac^-]}{[HAc]} \tag{5-8}$$

$$NH_3 \cdot H_2O \rightleftharpoons NH_4^+ + OH^- \qquad K_b^\ominus = \frac{[OH^-][NH_4^+]}{[NH_3 \cdot H_2O]} \tag{5-9}$$

① $K_a^\ominus$、$K_b^\ominus$ 的数值只决定于弱酸、弱碱的本性和体系的温度，与酸、碱在水中的浓度无关，一般来讲，温度升高，电离常数增大。

② 人们习惯上根据常温下 $K_a^\ominus$（$K_b^\ominus$）的数值大小将酸（碱）分成三种情况：

$K_a^\ominus(K_b^\ominus) \approx 10^{-2}$	中强酸(碱)
$K_a^\ominus(K_b^\ominus) = 10^{-3} \sim 10^{-7}$	弱酸(碱)
$K_a^\ominus(K_b^\ominus) < 10^{-7}$	极弱酸(碱)

③ 稀释定律

$$\begin{matrix} HA & \rightleftharpoons & H^+ & + & A^- \\ c(1-\alpha) & & c\alpha & & c\alpha \end{matrix}$$

$$K^\ominus = \frac{(c\alpha)^2}{c(1-\alpha)} = \frac{c\alpha^2}{1-\alpha}$$

当 $\alpha < 5\%$时，$K^\ominus = c\alpha^2$，即

$$\alpha = \sqrt{\frac{K^\ominus}{c}} \tag{5-10}$$

不难看出，弱酸弱碱的浓度越大，电离度越小。

④ 有关计算

无机化学中规定：当 $\alpha \leqslant 5\%$时，可以用近似计算公式。如何判断 $\alpha \leqslant 5\%$呢？

$$\frac{c}{K^\ominus} = \frac{1-\alpha}{\alpha^2} = \frac{1-0.05}{0.05^2} = 385$$

近似处理：$\frac{c}{K^\ominus} \geqslant 400$ 时，$[H^+] = \sqrt{K_a^\ominus c}$；$[OH^-] = \sqrt{K_b^\ominus c}$。

当酸、碱极弱（$K^\ominus < 10^{-10}$）时，如果酸的浓度低于 $1.0 \times 10^{-3} mol \cdot dm^{-3}$，还要考虑水的电离。

【例题 5.2】 常温下测得 $0.020 mol \cdot dm^{-3}$ 某一元弱酸溶液的 pH 为 3.23，求该酸的电离度和电离常数。

解：根据 pH=3.23，得出溶液中 $[H^+] = 5.89 \times 10^{-4} mol \cdot dm^{-3}$，与原始酸浓度相比很小，因此可以用近似计算：

$$\alpha \approx \frac{[H^+]}{c} = 5.89 \times 10^{-4} \div 0.020 = 0.029 = 2.9\%;$$

$$K_a^\ominus \approx c\alpha^2 = 0.020 \times 0.029^2 = 1.7 \times 10^{-5}。$$

【例题 5.3】 计算 $0.010 mol \cdot dm^{-3}$ $CHCl_2COOH$ 溶液的 pH，已知 $K_a^\ominus = 5.0 \times 10^{-2}$。

解：由于酸浓度与电离常数的比值 $0.010/5.0 \times 10^{-2} \ll 400$，因此，不能用近似计算。假设电离平衡时，溶液中 $[H^+]$ 为 x，则

$$\frac{x^2}{0.010 - x} = K_a^\ominus = 5.0 \times 10^{-2}$$

解得：$x = 8.54 \times 10^{-3} mol \cdot dm^{-3}$

溶液的　$pH = -\lg[H^+] = -\lg 8.54 \times 10^{-3} = 2.07$

5.2.2.2 多元弱酸弱碱的电离平衡

【例题 5.4】 计算 298K 时，饱和 H_2S 水溶液中的 $[H^+]$、$[S^{2-}]$、$[HS^-]$ 以及 H_2S 的电离度。已知 H_2S 的电离常数分别为：$K_{a1}^{\ominus}=1.3\times10^{-7}$，$K_{a2}^{\ominus}=7.1\times10^{-15}$。

解：H_2S 的电离平衡为：

$$H_2S \rightleftharpoons H^+ + HS^- \qquad K_{a1}^{\ominus}=1.3\times10^{-7}$$

$$HS^- \rightleftharpoons H^+ + S^{2-} \qquad K_{a2}^{\ominus}=7.1\times10^{-15}$$

因为 $K_{a1}^{\ominus}\gg K_{a2}^{\ominus}$，与第一步电离相比，第二步电离出的 H^+ 可以忽略不计。常温时饱和 H_2S 溶液的浓度约为 $0.10\text{mol}\cdot\text{dm}^{-3}$，设平衡时 $[H^+]$ 和 $[HS^-]$ 均为 x，则有

$$\begin{array}{ccc} H_2S & \rightleftharpoons H^+ & + HS^- \\ 0.10-x & x & x \end{array}$$

$$[H^+]\approx[HS^-]=x=\sqrt{K_{a1}^{\ominus}\times0.10}=\sqrt{1.3\times10^{-7}\times0.10}=1.1\times10^{-4}\text{mol}\cdot\text{dm}^{-3}$$

根据 $HS^- \rightleftharpoons H^+ + S^{2-}$，有

$$K_{a2}^{\ominus}=\frac{[S^{2-}][H^+]}{[HS^-]}\approx[S^{2-}]=7.1\times10^{-15}\text{mol}\cdot\text{dm}^{-3}$$

$$\alpha=\frac{[HS^-]+[S^{2-}]}{0.10}\times100\%\approx\frac{[HS^-]}{0.10}\times100\%=\frac{1.1\times10^{-4}}{0.10}\times100\%=0.11\%$$

通过上面的计算结果可以得到如下结论：

① 多元弱酸因为 $K_{a1}^{\ominus}\gg K_{a2}^{\ominus}\gg K_{a3}^{\ominus}$，因此 H^+ 浓度主要决定于第一步电离。计算多元弱酸溶液的 $[H^+]$ 时，可以当作一元弱酸处理。当 $\frac{c}{K_{a1}^{\ominus}}>400$ 或 $\alpha<5\%$ 时，亦可作近似计算，$[H^+]=\sqrt{K_{a1}^{\ominus}c}$。

② 多元弱酸酸根浓度很小，生产上或实验室里如果需要浓度较高的多元弱酸根离子时，应该用它们的盐而不要用多元弱酸。二元弱酸酸根浓度近似等于二级电离常数。

当有其他酸共存时，可用总平衡计算：

$$H_2S \rightleftharpoons 2H^+ + S^{2-}$$

$$K_{a1}^{\ominus}K_{a2}^{\ominus}=\frac{[H^+]^2[S^{2-}]}{[H_2S]}$$

$$[H^+]^2[S^{2-}]=K_{a1}^{\ominus}K_{a2}^{\ominus}[H_2S]=1.3\times10^{-7}\times7.1\times10^{-15}\times0.10=9.2\times10^{-23}$$

该方程式并不表示 H_2S 按照该方式电离，它只说明平衡时，在氢硫酸溶液中，$[H^+]$、$[S^{2-}]$ 和 $[H_2S]$ 三者之间的关系：在一定浓度的 H_2S 溶液中，S^{2-} 的浓度与 H^+ 的浓度的平方成反比。因此，调节溶液的 H^+ 浓度，可以控制溶液中 S^{2-} 的浓度。

5.2.2.3 影响酸碱电离平衡的因素

(1) 温度的影响 随着温度的升高，质点的运动速率加快，酸碱分子更易解离成离子，因此，温度升高，酸(碱)的电离常数增大。

(2) 同离子效应 将醋酸钠晶体放入含甲基橙的醋酸溶液中，实验发现溶液颜色由橙红色向黄色转变，说明溶液中 H^+ 浓度减小，pH 增大。如何从化学平衡移动的角度来解释这种变化呢？

将醋酸钠加入醋酸溶液后，溶液中存在如下的电离：

$$HAc \rightleftharpoons H^+ + Ac^-$$

$$NaAc = Na^+ + Ac^-$$

由于醋酸钠是强电解质，在水中完全电离，根据化学平衡移动原理，醋酸根浓度的增大使醋酸的电离平衡向逆反应方向移动，醋酸的电离度显著降低，溶液的 pH 明显增大。

向某弱电解质溶液中加入与该弱电解质含有相同离子的强电解质，使弱电解质的电离平衡发生移动从而降低其电离度的现象称为同离子效应（common ion effect）。

(3) 盐效应

向弱电解质溶液中加入其他强电解质使弱电解质的电离度增大的现象称为盐效应（salt effect）。

【例题 5.5】 计算 298K 时 $0.10\mathrm{mol \cdot dm^{-3}}$ $NH_3 \cdot H_2O$ 的电离度。当向溶液中加入 KCl 时，若溶液体积不变，氨水的电离度如何变化？

解：

$$NH_3 \cdot H_2O \rightleftharpoons NH_4^+ + OH^-$$

由于 $\dfrac{c}{K_b^{\ominus}} = \dfrac{0.10}{1.74 \times 10^{-5}} > 400$，可以用近似计算公式：

$$\alpha = \sqrt{\frac{K_b^{\ominus}}{c}} = \sqrt{\frac{1.74 \times 10^{-5}}{0.10}} = 0.013$$

加入 KCl 后，溶液离子强度显著增大，各组分的活度与浓度差别明显，电离度的计算应该用各组分的活度而不是浓度：

$$K_b^{\ominus} = \frac{a_{OH^-} a_{NH_4^+}}{a_{NH_3 \cdot H_2O}} = \frac{[OH^-]f_{\pm}[NH_4^+]f_{\pm}}{[NH_3 \cdot H_2O]} \approx \frac{([OH^-]f_{\pm})^2}{c}$$

$$[OH^-] = \sqrt{\frac{K_b^{\ominus} c}{f_{\pm}^2}}$$

$$\alpha' = \frac{[OH^-]}{c} = \sqrt{\frac{K_b^{\ominus}}{c \cdot f_{\pm}^2}} = \sqrt{\frac{K_b^{\ominus}}{c}} \cdot \frac{1}{f_{\pm}^2}$$

由于 $f_{\pm} < 1$，所以 $\alpha' > \alpha$。

5.2.3 缓冲溶液

有三只烧杯，分别乘有 $500\mathrm{cm^3}$ 浓硫酸、饱和氢氧化钠溶液和醋酸钠＋醋酸溶液，向三只烧杯中各加入 $10\mathrm{cm^3}$ $1.0\mathrm{mol \cdot dm^{-3}}$ 盐酸溶液，发现溶液的 pH 基本不变。同样，如果向这三只烧杯中加入少量氢氧化钠溶液或加入少量水，溶液的 pH 也基本保持不变。

能抵抗外来少量强酸、强碱的加入或稀释的影响而保持自身的 pH 不发生显著变化的溶液称为缓冲溶液（buffer solution）。

5.2.3.1 缓冲溶液的组成

从狭义上讲，缓冲溶液都是由弱酸及其强碱盐或弱碱及其强酸盐溶液组成的，或者是某些多元弱酸的酸式盐溶液。例如：醋酸＋醋酸钠，氨水＋氯化铵，硼砂，磷酸二氢钠，磷酸氢二钠等。

5.2.3.2 缓冲溶液的缓冲机理

以醋酸＋醋酸钠缓冲溶液为例。

$$HAc \rightleftharpoons H^+ + Ac^- \qquad K_a^{\ominus} = \frac{[H^+][Ac^-]}{[HAc]}$$

向溶液中加入少量强酸时，上式平衡将左移，削弱 H^+ 浓度的增大；而向溶液中加入少量强碱时，H^+ 将与 OH^- 结合生成水，促使上式平衡右移，削弱溶液中 H^+ 的减少；同样稀释时，尽管溶液中醋酸的电离度增大，但随着溶液体积的增大，H^+浓度基本保持不变。问题是，醋酸和醋酸钠的浓度比值是多少时，溶液的缓冲效果最好呢？

5.2.3.3 缓冲溶液的缓冲能力和有效缓冲范围

【例题 5.6】 298K 时，$1dm^3$ HAc-NaAc 缓冲溶液中若 $[HAc]+[Ac^-]$ 恒定为 $0.20mol \cdot dm^{-3}$，问当$\frac{[HAc]}{[Ac^-]}=1$或$\frac{[HAc]}{[Ac^-]}=\frac{1}{9}$时，向溶液中加入 0.010mol HCl 后，溶液的 pH 如何变化？

解：(1) 当$\frac{[HAc]}{[Ac^-]}=1$时，原溶液的 pH 为：

$$pH=pK_a^\ominus=-\lg(1.74\times10^{-5})=4.74$$

设加入 HCl 后，溶液体积不变，则

$$pH'=pK_a^\ominus+\lg\frac{[Ac^-]}{[HAc]}=4.74+\lg\frac{0.10-0.010}{0.10+0.010}=4.65$$

$$\Delta pH_1=4.74-4.65=0.09$$

(2) 当$\frac{[HAc]}{[Ac^-]}=\frac{1}{9}$时，原溶液的 pH 为：

$$pH=pK_a^\ominus+\lg\frac{[Ac^-]}{[HAc]}=-\lg(1.74\times10^{-5})+\lg9=5.69$$

设加入 HCl 后，溶液体积仍然不变，则

$$pH''=pK_a^\ominus+\lg\frac{[Ac^-]}{[HAc]}=4.74+\lg\frac{0.18-0.010}{0.020+0.010}=5.49$$

$$\Delta pH_2=5.69-5.49=0.20$$

同样可以算出，当$\frac{[HAc]}{[Ac^-]}=\frac{9}{1}$时，向溶液中加入 0.010molHCl 后，溶液的 pH 变化为 0.32。

通过以上计算可见，只有当醋酸和醋酸钠的浓度比值为 1∶1 时，缓冲溶液的缓冲能力最强。

化学上规定，缓冲溶液的有效缓冲范围（effectire buffer range）为：缓冲对的浓度比值从 1∶10～10∶1。

由弱酸及其盐组成的缓冲溶液，有效缓冲范围为：$pH=pK_a^\ominus\pm1$；

由弱碱及其盐组成的缓冲溶液，有效缓冲范围为：$pOH=pK_b^\ominus\pm1$。

表 5.7 列出了一些常用缓冲溶液及有效缓冲范围。

表 5.7 常用缓冲溶液及有效缓冲范围

缓冲溶液组成	共轭酸碱对形式	$pK_a^\ominus$	有效缓冲范围
HCOOH-HCOONa	$HCOOH-HCOO^-$	3.75	2.75～4.75
$CH_3COOH-CH_3COONa$	$HAc-Ac^-$	4.75	3.75～5.75
$NaH_2PO_4-Na_2HPO_4$	$H_2PO_4^--HPO_4^{2-}$	7.21	6.21～8.21
$Na_2B_4O_7$	$H_3BO_3-H_4BO_4^-$	9.24	7.24～10.24
$NH_3\cdot H_2O-NH_4Cl$	$NH_4^+-NH_3$	9.25	8.25～10.25
$NaHCO_3-Na_2CO_3$	$HCO_3^--CO_3^{2-}$	10.25	9.25～11.25
$Na_2HPO_4-Na_3PO_4$	$HPO_4^{2-}-PO_4^{3-}$	12.66	11.66～13.66

5.2.4 盐类水解

在农村，很多人常用碱面作去污剂洗碗，碱面实际上就是碳酸钠（Na_2CO_3），为什么碳

酸钠有去污能力呢？将碳酸钠溶于水时，溶液中存在下列电离：

$$Na_2CO_3 \longrightarrow 2Na^+ + CO_3^{2-}$$

$$H_2O \rightleftharpoons OH^- + H^+$$

$$CO_3^{2-} + H^+ \rightleftharpoons HCO_3^-$$

在碳酸钠溶液中，由于 CO_3^{2-} 与 H^+ 结合生成 HCO_3^-，使溶液中 OH^- 浓度远远大于 H^+ 浓度，溶液显碱性，而 OH^- 易与油脂结合生成具有亲水性的物质，所以碳酸钠有去污能力。

盐电离出的离子与水电离出的 H^+ 或 OH^- 结合生成弱酸或弱碱而使溶液的酸碱性发生改变的反应称为盐类水解（hydrolysis of salts）。

5.2.4.1 一元弱酸强碱盐的水解

以醋酸钠的水解为例。

$$NaAc \longrightarrow Na^+ + Ac^-$$

$$H_2O \rightleftharpoons OH^- + H^+$$

$$Ac^- + H^+ \rightleftharpoons HAc$$

总反应为：$Ac^- + H_2O \rightleftharpoons HAc + OH^-$

$$K_h^{\ominus} = \frac{[HAc][OH^-]}{[Ac^-]} \cdot \frac{[H^+]}{[H^+]} = \frac{K_w^{\ominus}}{K_a^{\ominus}} \tag{5-11}$$

【例题 5.7】 计算 298K 时，$0.10mol \cdot dm^{-3}$ NaAc 水溶液的 pH 和醋酸钠的水解度 h。已知醋酸的电离常数为 $K_a^{\ominus} = 1.74 \times 10^{-5}$。

解：$Ac^- + H_2O \rightleftharpoons HAc + OH^-$

$$K_h^{\ominus} = \frac{K_w^{\ominus}}{K_a^{\ominus}} = \frac{1.0 \times 10^{-14}}{1.74 \times 10^{-5}} = 5.7 \times 10^{-10}$$

由于$\frac{c_{NaAc}}{K_h^{\ominus}} > 400$，可以用近似公式计算：

$$[OH^-] = \sqrt{K_h^{\ominus} \cdot c} = \sqrt{5.7 \times 10^{-10} \times 0.10} = 7.6 \times 10^{-6} (mol \cdot dm^{-3})$$

$$pOH = -\lg 7.6 \times 10^{-6} = 5.22，pH = 14 - 5.22 = 8.78$$

水解度为：$h = \frac{[OH^-]}{c_{NaAc}} = \frac{\sqrt{K_h^{\ominus} c}}{c} = \sqrt{\frac{K_h^{\ominus}}{c}} \approx 7.6 \times 10^{-3}\%$。

5.2.4.2 一元弱碱强酸盐的水解

以氯化铵的水解为例。

$$NH_4Cl \longrightarrow NH_4^+ + Cl^-$$

$$H_2O \rightleftharpoons OH^- + H^+$$

$$NH_4^+ + OH^- \rightleftharpoons NH_3 \cdot H_2O$$

总反应为：$NH_4{}^+ + H_2O \rightleftharpoons NH_3 \cdot H_2O + H^+$

$$K_h^{\ominus} = \frac{[NH_3 \cdot H_2O][H^+]}{[NH_4^+]} \cdot \frac{[OH^-]}{[OH^-]} = \frac{K_w^{\ominus}}{K_b^{\ominus}} \tag{5-12}$$

同样当$\frac{c}{K_h^{\ominus}} \geqslant 400$ 时，$[H^+] = \sqrt{K_h^{\ominus} \cdot c}$，$h = \sqrt{\frac{K_h^{\ominus}}{c}}$。

5.2.4.3 一元弱酸弱碱盐的水解

以醋酸铵溶液为例。

$$NH_4Ac \rightleftharpoons NH_4^+ + Ac^-$$

$$H_2O \rightleftharpoons OH^- + H^+$$

$$NH_4^+ + Ac^- + OH^- + H^+ \rightleftharpoons NH_3 \cdot H_2O + HAc$$

总反应为：$NH_4^+ + Ac^- + H_2O \rightleftharpoons NH_3 \cdot H_2O + HAc$

$$K_h^\ominus = \frac{[NH_3 \cdot H_2O][HAc]}{[NH_4^+][Ac^-]} \cdot \frac{[H^+][OH^-]}{[H^+][OH^-]} = \frac{K_w^\ominus}{K_a^\ominus \cdot K_b^\ominus} \tag{5-13}$$

但如何判断溶液的酸碱性呢？

在醋酸铵溶液中存在如下平衡：

$$NH_4^+ + OH^- \rightleftharpoons NH_3 \cdot H_2O$$

$$Ac^- + H^+ \rightleftharpoons HAc$$

$$H_2O \rightleftharpoons OH^- + H^+$$

在这些反应平衡中，有的物种得到了质子，有的物种失去了质子，得到质子的产物有 H^+ 和 HAc，失去质子的产物有 OH^- 和 $NH_3 \cdot H_2O$，质子的得失应该相等，即在溶液中应存在一质子（得失）平衡：

$$[H^+] + [HAc] = [OH^-] + [NH_3 \cdot H_2O] \tag{5-14}$$

其中

$$[HAc] = \frac{[Ac^-][H^+]}{K_a^\ominus}$$

$$[NH_3 \cdot H_2O] = \frac{K_w^\ominus [NH_4^+]}{K_b^\ominus [H^+]}$$

$$[OH^-] = \frac{K_w^\ominus}{[H^+]}$$

将其代入式(5-14)，得：

$$[H^+] + \frac{[Ac^-][H^+]}{K_a^\ominus} = \frac{K_w^\ominus [NH_4^+]}{K_b^\ominus [H^+]} + \frac{K_w^\ominus}{[H^+]}$$

整理得：

$$[H^+] = \sqrt{\frac{\frac{K_w^\ominus}{K_b^\ominus}[NH_4^+] + K_w^\ominus}{1 + \frac{[Ac^-]}{K_a^\ominus}}} \tag{5-15}$$

式(5-15) 是一元弱酸弱碱盐水溶液的 $[H^+]$ 精确计算公式。当 $[NH_4^+]$ 不太小时，$\frac{K_w^\ominus}{K_b^\ominus}[NH_4^+] \gg K_w^\ominus$；当 $[Ac^-]$ 不太小时，$\frac{[Ac^-]}{K_a^\ominus} \gg 1$，则

$$[H^+] \approx \sqrt{\frac{K_w^\ominus \cdot [NH_4^+] \cdot K_a^\ominus}{K_b^\ominus \cdot [Ac^-]}}$$

水解前，溶液中 $[Ac^-]^\circ = [NH_4^+]^\circ$，若水解后 $[Ac^-] \approx [NH_4^+]$，则

$$[H^+] \approx \sqrt{K_w^\ominus \frac{K_a^\ominus}{K_b^\ominus}} \tag{5-16}$$

式(5-16) 是一元弱酸弱碱盐水溶液的 $[H^+]$ 浓度近似计算公式。由此式可得到一元弱酸弱碱盐水溶液的 pH 计算公式：

$$pH = -\lg \sqrt{K_w^\ominus \frac{K_a^\ominus}{K_b^\ominus}} = 7 - \frac{1}{2}\lg \frac{K_a^\ominus}{K_b^\ominus} \tag{5-17}$$

当 $K_a^\ominus > K_b^\ominus$ 时，溶液呈酸性；当 $K_a^\ominus < K_b^\ominus$ 时，溶液呈碱性；当 $K_a^\ominus = K_b^\ominus$ 时，溶液呈中性。

【例题 5.8】 计算 0.10mol·dm^{-3} NH_4CN 溶液的 pH、各组分浓度及水解度。已知 $K_a^\ominus=4.9\times10^{-10}$，$K_b^\ominus=1.8\times10^{-5}$。

解：利用一元弱酸弱碱盐水溶液的 [H^+] 浓度近似计算公式得到：

$$[H^+]=\sqrt{K_w^\ominus\frac{K_a^\ominus}{K_b^\ominus}}=\sqrt{1.0\times10^{-14}\times\frac{4.9\times10^{-10}}{1.8\times10^{-5}}}=5.2\times10^{-10}(mol\cdot dm^{-3})$$

$$pH=-\lg5.2\times10^{-10}=9.28$$

$$[OH^-]=\frac{K_w^\ominus}{[H^+]}=1.9\times10^{-5}(mol\cdot dm^{-3})$$

设平衡时，$NH_3\cdot H_2O$ 浓度为 x、HCN 浓度为 y，则：

$$NH_4^+ + H_2O \rightleftharpoons NH_3\cdot H_2O + H^+$$

$$0.10-x \qquad\qquad x \qquad 5.2\times10^{-10}$$

$$\frac{[NH_3\cdot H_2O][H^+]}{[NH_4^+]}=\frac{5.2\times10^{-10}x}{0.10-x}=\frac{K_w^\ominus}{K_b^\ominus}=\frac{1.0\times10^{-14}}{1.8\times10^{-5}}$$

$$x=0.0515mol\cdot dm^{-3}$$

$$CN^- + H_2O \rightleftharpoons HCN + OH^-$$

$$0.10-y \qquad\qquad y \qquad 1.90\times10^{-5}$$

$$\frac{[HCN][OH^-]}{[CN^-]}=\frac{1.90\times10^{-5}y}{0.10-y}=\frac{K_w^\ominus}{K_a^\ominus}=\frac{1.0\times10^{-14}}{4.9\times10^{-10}}$$

$$y=0.517mol\cdot dm^{-3}$$

结果表明，近似计算的假设（[$NH_3\cdot H_2O$]=[HCN]）完全合理，相对误差只有 0.4%。盐的水解度应以水解程度小的离子为准进行计算：

$$h=\frac{0.0515}{0.10}\times100\%=51.5\%$$

5.2.4.4 多元弱酸盐的水解

以 Na_2S 的水解为例。

$$S^{2-}+H_2O \rightleftharpoons HS^- + OH^-$$

$$K_{h1}^\ominus=\frac{[HS^-][OH^-]}{[S^{2-}]}\cdot\frac{[H^+]}{[H^+]}=\frac{K_w^\ominus}{K_{a2}^\ominus}$$

$$HS^- + H_2O \rightleftharpoons H_2S + OH^-$$

$$K_{h2}^\ominus=\frac{[H_2S][OH^-]}{[HS^-]}\cdot\frac{[H^+]}{[H^+]}=\frac{K_w^\ominus}{K_{a1}^\ominus}$$

当 $K_{a1}^\ominus\gg K_{a2}^\ominus$ 时，$K_{h1}^\ominus\gg K_{h2}^\ominus$，计算溶液 pH 及水解度时，可以只考虑第一步水解。

【例题 5.9】 计算 0.10mol·dm^{-3} Na_2S 溶液的 S^{2-} 浓度、pH、各组分浓度及水解度。已知 298K 时氢硫酸的 $K_{a1}^\ominus=1.3\times10^{-7}$，$K_{a2}^\ominus=7.1\times10^{-15}$。

解：Na_2S 水解常数分别为：

$$K_{h1}^\ominus=\frac{K_w^\ominus}{K_{a2}^\ominus}=\frac{1\times10^{-14}}{7.1\times10^{-15}}=1.41,\quad K_{h2}^\ominus=\frac{K_w^\ominus}{K_{a1}^\ominus}=\frac{1\times10^{-14}}{1.3\times10^{-7}}=7.69\times10^{-8}$$

由于 $K_{h1}^\ominus\gg K_{h2}^\ominus$，因此，在计算溶液 pH 时，可以只考虑第一级水解，又因为 $c/K_{h1}^\ominus\ll$ 400，所以，不能用近似计算公式。

$$S^{2-}+H_2O \rightleftharpoons HS^-+OH^-$$

$$0.10-x \qquad\qquad x \qquad x$$

$$K_{h1}^{\ominus}=\frac{x^2}{0.10-x}=1.41$$

解得 $x=0.0938\text{mol}\cdot\text{dm}^{-3}$，即 $[HS^-]=[OH^-]=0.0938\text{mol}\cdot\text{dm}^{-3}$；

溶液 $\text{pH}=14.0-\text{pOH}=14.0+\lg[OH^-]=14.0+\lg 0.0938=13.0$

考虑第二步水解：

$$HS^-+H_2O \rightleftharpoons H_2S+OH^-$$

$$K_{h2}^{\ominus}=\frac{[H_2S][OH^-]}{[HS^-]}$$

由于 $[HS^-]=[OH^-]=0.0938\text{mol}\cdot\text{dm}^{-3}$，所以 $[H_2S]\approx K_{h2}^{\ominus}=7.69\times10^{-8}\text{mol}\cdot\text{dm}^{-3}$。

溶液中其他组分的浓度分别为：

$[Na^+]=0.20\text{mol}\cdot\text{dm}^{-3}$，$[H^+]=1.0\times10^{-13}\text{mol}\cdot\text{dm}^{-3}$，$[S^{2-}]=0.0062\text{mol}\cdot\text{dm}^{-3}$

Na_2S 的水解度为 $h=94\%$。

5.2.4.5 多元弱酸酸式盐的水解

以 $NaHCO_3$ 水溶液为例。在溶液中存在下列平衡：

$$NaHCO_3 = Na^+ + HCO_3^-$$

$$HCO_3^- \rightleftharpoons H^+ + CO_3^{2-} \qquad K_{a2}^{\ominus}=5.6\times10^{-11}$$

$$HCO_3^- + H_2O \rightleftharpoons OH^- + H_2CO_3 \qquad K_{h1}^{\ominus}=\frac{K_w^{\ominus}}{K_{a1}^{\ominus}}=2.3\times10^{-8}$$

$$H_2O \rightleftharpoons H^+ + OH^- \qquad K_w^{\ominus}=1.0\times10^{-14}$$

根据质子平衡可得：

$$[H^+]+[H_2CO_3]=[CO_3^{2-}]+[OH^-] \tag{5-18}$$

其中

$$[H_2CO_3]=\frac{[H^+][HCO_3^-]}{K_{a1}^{\ominus}}$$

$$[CO_3^{2-}]=\frac{K_{a2}^{\ominus}[HCO_3^-]}{[H^+]}$$

$$[OH^-]=\frac{K_w}{[H^+]}$$

将其代入式(5-18)，得到：

$$[H^+]+\frac{[H^+][HCO_3^-]}{K_{a1}}=\frac{K_{a2}^{\ominus}[HCO_3^-]}{[H^+]}+\frac{K_w}{[H^+]}$$

整理得：

$$[H^+]=\sqrt{\frac{K_{a2}^{\ominus}[HCO_3^-]+K_w^{\ominus}}{1+\frac{[HCO_3^-]}{K_{a1}^{\ominus}}}} \tag{5-19}$$

同样，当 $K_{a2}^{\ominus}[HCO_3^-]\gg K_w^{\ominus}$，$\frac{[HCO_3^-]}{K_{a1}^{\ominus}}\gg1$（20 倍以上）时，溶液中 H^+ 浓度的近似计算公式为：

$$[H^+]=\sqrt{K_{a1}^{\ominus}\cdot K_{a2}^{\ominus}} \tag{5-20}$$

【例题 5.10】 计算 0.050mol·dm^{-3} $NaHCO_3$ 溶液的 pH。已知 $K_{a1}^{\ominus}=4.3\times10^{-7}$，$K_{a2}^{\ominus}=5.6\times10^{-11}$。

解：0.050mol·dm^{-3} $NaHCO_3$ 溶液的浓度不算小，可以用近似计算公式：

$$[H^+]=\sqrt{K_{a1}^{\ominus}K_{a2}^{\ominus}}=\sqrt{4.3\times10^{-7}\times5.6\times10^{-11}}=4.9\times10^{-9}mol\cdot dm^{-3}$$

$$pH=-lg[H^+]=-lg4.9\times10^{-9}=8.31$$

试通过计算说明 0.10mol·dm^{-3} Na_2HPO_4、NaH_2PO_4 及 Na_3PO_4 溶液的酸碱性。

5.2.4.6 影响盐类水解的因素

主要是外界因素对盐类水解的影响。

(1) 盐浓度的影响 从盐浓度与水解度的关系 $h=\sqrt{\frac{K_h^{\ominus}}{c}}$ 可知，盐溶液浓度越大，水解越强。例如 $SbCl_3$ 和 $SnCl_2$ 水溶液稀释时均有白色沉淀生成。

(2) 温度的影响 盐类水解是酸碱中和反应的逆反应，酸碱中和反应放热，因此盐类水解反应吸热。温度升高，盐类水解加强。

(3) 溶液酸碱度的影响 由于盐类水解会改变溶液的酸碱性，因此，溶液的酸碱度反过来会直接影响盐类水解的程度。但不同的盐水解结果不同，所以溶液酸碱度对其影响也不同。例如：

$$NH_4^+ + H_2O \rightleftharpoons NH_3\cdot H_2O + H^+$$

$$Ac^- + H_2O \rightleftharpoons HAc + OH^-$$

对于前一反应，溶液酸度增大，水解减弱；而对于后一反应，溶液酸度增大，水解加强。

5.2.5 酸碱理论的发展

18 世纪人们就认识到，酸是有酸味的物质，碱是有涩味并带有滑腻感的物质。随后，人们发现，酸可以使蓝色石蕊变红；碱可以使红色石蕊变蓝，而且酸碱可以相互中和。但直到 19 世纪末，人们才提出并发展了有关酸碱的理论。

5.2.5.1 阿伦尼乌斯酸碱电离理论

1887 年，阿伦尼乌斯（S. Arrhenius）提出了如下的酸、碱概念：

酸：在水中电离出的正离子全部是 H^+ 的物质；

碱：在水中电离出的负离子全部是 OH^- 的物质。

根据阿伦尼乌斯的酸碱概念，酸碱中和反应的本质是：

$$H^+ + OH^- \rightleftharpoons H_2O$$

阿伦尼乌斯酸碱电离理论从化学组成上揭示了酸和碱的本质，简明扼要，使用方便。至今仍然为广大化学工作者所使用。

阿伦尼乌斯酸碱理论的缺陷有两点：其一是难以解释为什么有些物质虽然不能完全电离出 H^+ 或 OH^- 但却具有明显的酸碱性。例如 NH_4Cl、$NaHSO_4$ 显酸性；Na_2CO_3、$NaNH_2$、Na_2S 显碱性。其二是将酸碱限制在水溶液中，不能用于非水体系。

5.2.5.2 富兰克林酸碱溶剂理论

1905 年，富兰克林（E. C. Franklin）在阿伦尼乌斯酸碱电离理论的基础上提出了酸碱溶剂理论。将酸、碱的概念定义如下：

酸：凡是能电离出溶剂正离子的物质；

碱：凡是能电离出溶剂负离子的物质。

例如在液氨中存在如下的电离平衡：

$$NH_4Cl \rightleftharpoons NH_4^+ + Cl^-$$

$$NaNH_2 \rightleftharpoons Na^+ + NH_2^-$$

根据富兰克林酸碱溶剂理论，在液氨中 NH_4Cl 就是酸，而 $NaNH_2$ 就是碱。酸碱中和反应的本质就是溶剂正离子和溶剂负离子结合生成溶剂分子。例如

$$NH_4^+ + NH_2^- \rightleftharpoons 2NH_3$$

富兰克林酸碱溶剂理论将酸碱概念从水扩展到任意溶剂，明显提高了酸碱的适用性。缺陷是仍然将酸碱的概念限制在了溶剂中，这与阿伦尼乌斯酸碱理论相比，并没有本质上的飞跃。

5.2.5.3 布朗斯特-劳瑞酸碱质子理论

1923 年，丹麦化学家布朗斯特（J. N. Brønsted）和英国化学家劳瑞（T. M. Lowry）分别提出了酸碱质子理论。将酸、碱的概念定义如下：

酸：凡是能提供质子的分子或离子（proton donor）；

碱：凡是能接收质子的分子或离子（proton acceptor）。

例如：

$$酸 \rightleftharpoons H^+ + 碱$$

$$HCl = H^+ + Cl^-$$

$$HAc \rightleftharpoons H^+ + Ac^-$$

$$NH_4^+ \rightleftharpoons H^+ + NH_3$$

$$H_2PO_4^- \rightleftharpoons H^+ + HPO_4^{2-}$$

可见，按照布朗斯特-劳瑞酸碱质子理论，每一个酸都与一个碱相互对应，这种对应关系称之为共轭关系，相应的酸、碱称之为共轭酸碱对（conjugate acid-base pair）。需要注意的是：共轭酸碱之间仅相差 1 个质子。譬如，CO_3^{2-} 的共轭酸是 HCO_3^-，而非 H_2CO_3；H_3PO_4 的共轭碱是 $H_2PO_4^-$，而非 HPO_4^{2-} 或 PO_4^{3-}。

在布朗斯特-劳瑞酸碱质子理论中，酸碱反应的本质是酸碱之间质子的传递。例如：

$$HCl + NH_3 \rightleftharpoons NH_4^+ + Cl^-$$

$$强酸 + 强碱 \rightleftharpoons 弱酸 + 弱碱$$

酸碱的强弱决定于它们提供质子或接收质子的能力高低。

常见的酸由强到弱的排列次序为：$HClO_4 > H_2SO_4 \sim HCl \sim HNO_3 > H_3O^+ > H_3PO_4 > HNO_2 \sim H_2SO_3 > HF > HAc > H_2S > NH_4^+ > HCN > H_2O > HS^-$

常见的碱由强到弱的排列次序为：$S^{2-} > PO_4^{3-} > OH^- > CN^- \sim CO_3^{2-} > NH_3 > Ac^- > F^- > H_2O > SO_4^{2-} > NO_3^- \sim Cl^- > ClO_4^-$。

利用布朗斯特-劳瑞酸碱质子理论，既可以解释非水溶剂中无溶剂离子参与的酸碱反应，也可以解释溶液之外的酸碱反应，使酸碱理论的应用范围进一步扩展。

布朗斯特-劳瑞酸碱质子理论的缺陷是不能说明那些既不能提供质子也不能接收质子的物质的酸碱性。例如 Al^{3+}、BF_3 具有明显的酸性，但并不提供质子。

5.2.5.4 路易斯酸碱电子理论

1923 年，美国化学家路易斯（G. N. Lewis）提出了酸碱电子理论，酸、碱的概念如下：

酸：凡是能接收电子对的分子或离子。如 BF_3、Al^{3+}、Cu^{2+}、H_3BO_3 等。

碱：凡是能提供电子对的分子或离子。如 NH_3、Cl^-、OH^-、N_2H_4 等。

根据酸碱电子理论，所有的正离子都是酸；所有的负离子都是碱；而盐则是酸碱加合物。例如

$$酸+碱 \longrightarrow 酸碱加合物$$

$$H^+ + OH^- \longrightarrow H_2O$$

$$Ag^+ + I^- \longrightarrow AgI$$

$$BF_3 + NH_3 \longrightarrow H_3N \rightarrow BF_3$$

路易斯酸碱电子理论将酸碱的概念扩展到了极大的范围。而且对化合物特别是配合物的形成和稳定性也给予一定的说明，应用范围很广。

路易斯酸碱电子理论的缺陷是酸、碱的概念过于笼统，特征不够明确；目前还难以定量处理。

5.3 沉淀溶解平衡（Precipitation and Dissolution Equilibrium）

根据物质在水中的溶解度大小，将其分为四个级别：易溶（$S>1g/100gH_2O$）；可溶（$S=0.1\sim1g/100gH_2O$）；微溶（$S=0.01\sim0.1g/100gH_2O$）；难溶（$S<0.01g/100gH_2O$）。

本节只介绍难溶强电解质的沉淀溶解平衡。

5.3.1 溶度积（Solubility Product）

5.3.1.1 溶度积常数

对于一般难溶强电解质 B_mA_n 来讲，在水中存在如下电离平衡（或称为沉淀-溶解平衡）：

$$B_mA_n \rightleftharpoons mB^{n+} + nA^{m-}$$

$$K_{sp}^{\ominus} = [B^{n+}]^m[A^{m-}]^n \tag{5-21}$$

几点注意的问题：

① 由于是难溶强电解质，溶液浓度很小，因此，溶液的离子强度很小，离子的平均活度系数 $f_{\pm}\approx1$，可用体积摩尔浓度浓度来代替活度。

② 只有体系处于沉淀-溶解平衡态时，才有此关系式。对于不饱和溶液和过饱和溶液均不成立。

③ 只适用于离子型的固体强电解质。

④ $K_{sp}^{\ominus}$的数值大小只决定于电解质本身和体系的温度。一般来讲，温度越高，$K_{sp}^{\ominus}$数值越大。

5.3.1.2 溶度积规则

对于一般难溶强电解质 B_mA_n来讲：

$[B^{n+}]^m[A^{m-}]^n>K_{sp}^{\ominus}$，溶液中有 B_mA_n沉淀生成

$[B^{n+}]^m[A^{m-}]^n<K_{sp}^{\ominus}$，溶液中有 B_mA_n固体溶解

$[B^{n+}]^m[A^{m-}]^n=K_{sp}^{\ominus}$，体系处于沉淀-溶解平衡态

5.3.1.3 溶度积与（摩尔）溶解度之间的关系

对于不同形式的电解质，溶度积与溶解度之间的关系不同。

(1) BA 型电解质

$$BA \rightleftharpoons B^{n+} + A^{n-}$$

$$K_{sp}^{\ominus} = [B^{n+}][A^{n-}] = S^2$$

例如：$BaSO_4$、AgCl、CuS、HgS、$PbCrO_4$ 等。

(2) B_2A（或 BA_2）型电解质

$$B_2A \rightleftharpoons 2B^{n+} + A^{2n-}$$

$$K_{sp}^{\ominus} = [B^{n+}]^2[A^{2n-}] = 4S^3$$

例如：PbI_2、Ag_2S、Ag_2CrO_4 等。

(3) B_3A（或 BA_3）型电解质

$$B_3A \rightleftharpoons 3B^{n+} + A^{3n-}$$

$$K_{sp}^{\ominus} = [B^{n+}]^3[A^{3n-}] = 27S^4$$

例如：Ag_3PO_4、$Al(OH)_3$ 等。

(4) B_3A_2（或 B_2A_3）型电解质

$$B_3A_2 \rightleftharpoons 3B^{2+} + 2A^{3-}$$

$$K_{sp}^{\ominus} = [B^{2+}]^3[A^{3-}]^2 = 108S^5$$

例如：$Ca_3(PO_4)_3$、Sb_2S_3、Bi_2S_3 等。

不难看出，不同类型的电解质，溶度积与摩尔溶解度的关系不同。虽然溶度积和摩尔溶解度都能反映难溶强电解质溶解性大小，但对于不同类型的电解质，当 $K_{sp}^{\ominus}$ 数值差别不太大时，仅靠 $K_{sp}^{\ominus}$ 的数值不能准确判断实际溶解度的相对大小。

【例题 5.11】 298K 时 Ag_2CrO_4 的溶度积 $K_{sp}^{\ominus} = 2.0 \times 10^{-12}$，求其摩尔溶解度 S。

解：$S = \sqrt[3]{K_{sp}^{\ominus}/4} = \sqrt[3]{2.0 \times 10^{-12}/4} = 7.9 \times 10^{-5}\,mol \cdot dm^{-3}$。

【例题 5.12】 298K 时，$BaSO_4$ 的溶解度为 $S = 2.4 \times 10^{-4}\,g/100gH_2O$，求 $BaSO_4$ 的溶度积 $K_{sp}^{\ominus}$。已知 $BaSO_4$ 的摩尔质量为 $233g \cdot mol^{-1}$。

解：由于 $BaSO_4$ 的溶解度很小，因此将溶液的密度近似看作 $1g \cdot cm^{-3}$。$BaSO_4$ 的摩尔溶解度可用质量摩尔浓度代替，近似为 $2.4 \times 10^{-4} \times 10/233 = 1.03 \times 10^{-5}\,mol \cdot dm^{-3}$。

$$K_{sp}^{\ominus} = (1.03 \times 10^{-5})^2 \approx 1.1 \times 10^{-10}$$

从以上两个例题可以看出，虽然 Ag_2CrO_4 的摩尔溶解度比 $BaSO_4$ 的大，但 Ag_2CrO_4 的溶度积却比 $BaSO_4$ 的小。原因就是两者的正负离子组合形式不同。

另外，在进行 $K_{sp}^{\ominus}$ 与 S 之间的相互换算时，应保证电解质电离出的离子仅仅以水合离子的形式存在，不能发生水解或其他反应。

5.3.2 沉淀-溶解平衡的移动

只介绍外界因素的影响，不讨论电解质本身影响因素。

5.3.2.1 盐效应

【例题 5.13】 向 $20cm^3$ $0.020mol \cdot dm^{-3}$ Na_2SO_4 溶液中加入同体积等浓度的 $CaCl_2$ 溶液，问有无沉淀生成？已知 $CaSO_4$ 的溶度积为 $K_{sp(CaSO_4)}^{\ominus} = 2.45 \times 10^{-5}$。

解：混合后，溶液中：

$$[Ca^{2+}] = [SO_4^{2-}] = 0.010mol \cdot dm^{-3}$$

$$[Na^+] = [Cl^-] = 0.020mol \cdot dm^{-3}$$

不考虑离子强度的影响时，

$[Ca^{2+}] \times [SO_4^{2-}] = 1.0 \times 10^{-4} > K_{sp(CaSO_4)}^{\ominus}$，根据溶度积规则，有 $CaSO_4$ 沉淀生成。

考虑离子强度的影响时，

$$I=0.5(2\times 2^2\times 0.010+2\times 1^2\times 0.020)=0.060$$

$$-\lg f_{\pm}=0.509\,|2\times 2|\,\frac{\sqrt{0.060}}{1+\sqrt{0.060}}$$

$$f_{\pm}=0.42$$

$$a_{Ca^{2+}}=a_{SO_4^{2-}}=0.42\times 0.010$$

$$a_{Ca^{2+}}\cdot a_{SO_4^{2-}}=(0.42\times 0.010)^2=1.8\times 10^{-5}<K^{\ominus}_{sp(CaSO_4)}$$

根据溶度积规则，应无沉淀生成。

结论：盐效应使难溶强电解质的溶解度增大。

5.3.2.2 同离子效应

【例题 5.14】 计算 $BaSO_4$ 在纯水和 0.010mol·dm^{-3} Na_2SO_4 溶液中的摩尔溶解度。已知 $BaSO_4$ 的溶度积为：$K^{\ominus}_{sp(BaSO_4)}=1.08\times 10^{-10}$。

解：$BaSO_4$ 在纯水中的摩尔溶解度为

$$S=\sqrt{K^{\ominus}_{sp(BaSO_4)}}=\sqrt{1.08\times 10^{-10}}=1.04\times 10^{-5}\,\text{mol}\cdot\text{dm}^{-3}$$

$BaSO_4$ 在 0.1mol·dm^{-3} Na_2SO_4 溶液中的溶解度为

$$S=\frac{K^{\ominus}_{sp(BaSO_4)}}{[SO_4^{2-}]}=\frac{1.08\times 10^{-10}}{0.010}=1.08\times 10^{-8}\,\text{mol}\cdot\text{dm}^{-3}$$

结论：同离子效应使难溶强电解质的溶解度减小。

值得注意的是，由于同离子效应比盐效应的影响大，因此，在考虑同离子效应时，可以忽略盐效应的影响。

5.3.2.3 温度的影响

一般来讲，温度升高，溶液中离子的运动速度加快，难溶强电解质的溶解度增大。

5.3.2.4 酸度的影响

由于多数难溶强电解质是由弱酸或弱碱生成的，其电离出的离子在水中往往会发生不同程度的水解，因此，改变溶液的酸碱度会直接影响到难溶强电解质的溶解度。

【例题 5.15】 在 0.30mol·dm^{-3} HCl 溶液中含有少量的 Cd^{2+}，当向溶液中通入 H_2S 达饱和时，问 Cd^{2+} 能否沉淀完全？若将 Cd^{2+} 改为 Zn^{2+}，则 Zn^{2+} 能否沉淀完全？

已知 $K^{\ominus}_{sp(CdS)}=8.0\times 10^{-27}$，$K^{\ominus}_{sp(ZnS)}=2.0\times 10^{-22}$，$H_2S$ 的酸电离常数为：$K^{\ominus}_{a1}=1.3\times 10^{-7}$，$K^{\ominus}_{a2}=7.1\times 10^{-15}$。

解：在 0.30mol·dm^{-3} HCl 溶液中，H_2S 的电离平衡为：

$$H_2S \rightleftharpoons 2H^+ + S^{2-}$$

$$[H^+]^2[S^{2-}]=K^{\ominus}_{a1}\cdot K^{\ominus}_{a2}\cdot[H_2S]=1.3\times 10^{-7}\times 7.1\times 10^{-15}\times 0.10=9.2\times 10^{-22}$$

$$[H^+]=0.30\,\text{mol}\cdot\text{dm}^{-3}$$

$$[S^{2-}]=9.2\times 10^{-22}\div 0.30^2=1.0\times 10^{-20}\,\text{mol}\cdot\text{dm}^{-3}$$

根据溶度积规则，平衡时：

$$[Cd^{2+}][S^{2-}]=K^{\ominus}_{sp(CdS)}$$

$$[Cd^{2+}]=\frac{K^{\ominus}_{sp(CdS)}}{[S^{2-}]}=\frac{8.0\times 10^{-27}}{1.0\times 10^{-20}}=8.0\times 10^{-7}\,\text{mol}\cdot\text{dm}^{-3}$$

结果说明溶液中 Cd^{2+} 已沉淀完全。

如将 Cd^{2+} 改为 Zn^{2+}，则：

$$[Zn^{2+}]=\frac{K^{\ominus}_{sp(ZnS)}}{[S^{2-}]}=\frac{2.0\times10^{-22}}{1.0\times10^{-20}}>1.0\times10^{-5}\,mol\cdot dm^{-3}$$

Zn^{2+} 不能沉淀完全。

注意：无机化学中规定，通过沉淀的方法使溶液中某种离子的浓度小于 $1.0\times10^{-5}\,mol\cdot dm^{-3}$ 时，可以认为该离子已沉淀完全。

5.3.3 沉淀的生成和溶解

5.3.3.1 分步沉淀

【例题 5.16】 某溶液中含有 Cl^- 和 CrO_4^{2-}，其浓度均为 $0.10mol\cdot dm^{-3}$，问当向溶液中逐滴加入 $AgNO_3$ 溶液时，哪种离子先沉淀？当第二种离子开始沉淀时，第一种离子是否已经沉淀完全？忽略加入 $AgNO_3$ 引起的溶液体积变化。已知 $K^{\ominus}_{sp(AgCl)}=1.8\times10^{-10}$，$K^{\ominus}_{sp(Ag_2CrO_4)}=2.0\times10^{-12}$。

解：Cl^- 开始沉淀为 AgCl 时所需 $[Ag^+]$ 为：

$$[Ag^+]_1=K^{\ominus}_{sp(AgCl)}/[Cl^-]=1.8\times10^{-10}/0.10=1.8\times10^{-9}\,mol\cdot dm^{-3};$$

CrO_4^{2-} 开始沉淀为 Ag_2CrO_4 时所需 $[Ag^+]$ 为：

$$[Ag^+]_2=\sqrt{\frac{K^{\ominus}_{sp(Ag_2CrO_4)}}{[CrO_4^{2-}]}}=\sqrt{\frac{2.0\times10^{-12}}{0.10}}=4.5\times10^{-6}\,mol\cdot dm^{-3};$$

由此可见 AgCl 先开始沉淀。当 Ag_2CrO_4 开始沉淀时，溶液中剩余 Cl^- 的浓度为：

$$[Cl^-]=K^{\ominus}_{sp(AgCl)}/[Ag^+]_2=1.8\times10^{-10}/4.5\times10^{-6}=4.0\times10^{-5}\,mol\cdot dm^{-3}$$

说明当 Ag_2CrO_4 开始沉淀时，溶液中的 Cl^- 还未沉淀完全。因此，用本方法不能将 Cl^- 和 CrO_4^{2-} 完全分离。

完全分离：一种离子已经沉淀完全而另一种离子还未沉淀时，称这两种离子可以通过沉淀的方法达到完全分离。

试通过查表、计算说明，如果某溶液中含有相同浓度的 Cd^{2+}、Cu^{2+}、Zn^{2+}、Pb^{2+}、Mn^{2+}、Ag^+，能否通过逐渐通入 H_2S 气体达饱和的方法使其完全分离？

5.3.3.2 沉淀的转化

【例题 5.17】 通过计算说明，用 $1dm^3$ 多大浓度的 Na_2CO_3 溶液才能将 0.10mol 的 $CaSO_4$ 沉淀转化为 $CaCO_3$ 沉淀？已知 $K^{\ominus}_{sp(CaSO_4)}=9.1\times10^{-6}$，$K^{\ominus}_{sp(CaCO_3)}=2.5\times10^{-9}$。

解：$CaSO_4+CO_3^{2-}\rightleftharpoons CaCO_3+SO_4^{2-}$

$$K^{\ominus}=\frac{[SO_4^{2-}]}{[CO_3^{2-}]}=\frac{K^{\ominus}_{sp(CaSO_4)}}{K^{\ominus}_{sp(CaCO_3)}}=\frac{9.1\times10^{-6}}{2.5\times10^{-9}}=3.6\times10^{3}$$

反应的平衡常数很大，可见沉淀转化的相当完全。欲使 0.10mol 的 $CaSO_4$ 沉淀完全转化为 $CaCO_3$ 沉淀，所需 Na_2CO_3 的初始浓度也就是 $0.10mol\cdot dm^{-3}$。

5.3.3.3 沉淀的溶解

根据溶度积规则，对于一般电解质 B_mA_n 来讲，只有当 $[B^{n+}]^m[A^{m-}]^n<K^{\ominus}_{sp}$ 时，沉淀才有可能溶解。因此，使沉淀溶解的途径只有两条：要么降低阳离子的浓度，要么降低阴

离子的浓度。

(1) 生成弱电解质

① 生成弱酸。如$CaCO_3$、ZnS、FeS等都可以溶解于稀盐酸中，原因就是难溶盐的阴离子生成了弱酸。

$$FeS + 2HCl \longrightarrow FeCl_2 + H_2S\uparrow$$

② 生成弱碱。如氢氧化镁可以溶解于氯化铵中，原因就是生成了弱碱氨水：

$$Mg(OH)_2 + NH_4Cl \longrightarrow MgCl_2 + 2NH_3 \cdot H_2O$$

③ 生成水。所有难溶的金属氢氧化物在强酸性溶液中都有不同程度的溶解，原因是弱电解质水的生成：

$$Cu(OH)_2 + 2H^+ \longrightarrow Cu^{2+} + 2H_2O$$

$$CaCO_3 + 2H^+ \longrightarrow Ca^{2+} + H_2O + CO_2$$

(2) 发生氧化还原反应 例如，金属硫化物的溶解。MnS、ZnS、FeS可以溶于稀盐酸；SnS、PbS可以溶于浓盐酸；CuS、Ag_2S不溶于盐酸，但可以溶于硝酸中；而HgS虽不溶于硝酸却能溶于王水中。

$$PbS + 4HCl(浓) \longrightarrow H_2[PbCl_4] + H_2S$$

$$3CuS + 8HNO_3 \longrightarrow 3Cu(NO_3)_2 + 2NO + 3S + 4H_2O$$

$$3HgS + 2HNO_3 + 12HCl \longrightarrow 3H_2[HgCl_4] + 2NO + 3S + 4H_2O$$

(3) 生成配位化合物 例如AgCl、$Cu(OH)_2$可以溶于氨水；HgI_2可以溶于KI溶液；HgS可以溶于Na_2S溶液。

$$Cu(OH)_2 + 4NH_3 \longrightarrow [Cu(NH_3)_4](OH)_2$$

$$AgCl + 2NH_3 \longrightarrow [Ag(NH_3)_2]Cl$$

$$HgI_2 + 2KI \longrightarrow K_2[HgI_4]$$

$$HgS + Na_2S \longrightarrow Na_2[HgS_2]$$

习 题

5.1 常压下，$0.10mol \cdot kg^{-1}$萘的苯溶液、尿素的水溶液、氯化钙的水溶液，凝固点下降值是否相同？常压下，$0.10mol \cdot kg^{-1}$的酒精、糖水和盐水的沸点是否相同？

5.2 解离平衡常数和解离度有何区别与联系？水解平衡常数和水解度有何区别与联系？解离平衡常数和水解平衡常数有何区别与联系？

5.3 什么是同离子效应？什么是盐效应？

5.4 缓冲溶液的作用机理与哪种效应有关？酸碱指示剂的作用机理是什么？

5.5 常温下水的离子积$K_w^\ominus = 1.0\times10^{-14}$，是否意味着水的电离平衡常数$K^\ominus = 1.0\times10^{-14}$？

5.6 判断下列过程溶液pH的变化（假设溶液体积不变），说明原因。

(1) 将$NaNO_2$加入到HNO_2溶液中；

(2) 将$NaNO_3$加入到HNO_3溶液中；

(3) 将NH_4Cl加入到氨水中；

(4) 将NaCl加入到HAc溶液中；

5.7 相同浓度的盐酸溶液和醋酸溶液pH是否相同？pH相同的盐酸溶液和醋酸溶液浓度是否相同？若用烧碱中和pH相同的盐酸和醋酸，烧碱用量是否相同？

5.8 已知$0.010mol \cdot dm^{-3}$ H_2SO_4溶液的pH=1.84，求HSO_4^-的电离常数$K_{a2}^\ominus$。

5.9 已知$0.10mol \cdot dm^{-3}$ HCN溶液的解离度0.0063%，求溶液的pH和HCN的电离常数。

5.10 某三元弱酸电离平衡如下：

$$H_3A \rightleftharpoons H^+ + H_2A^- \qquad K_{a1}^\ominus$$

$$H_2A^- \rightleftharpoons H^+ + HA^{2-} \qquad K_{a2}^\ominus$$

$$HA^{2-} \rightleftharpoons H^+ + A^{3-} \qquad K_{a3}^{\ominus}$$

(1) 预测各步电离常数的大小；

(2) 在什么条件下，$[HA^{2-}] = K_{a2}^{\ominus}$；

(3) $[A^{3-}] = K_{a3}^{\ominus}$是否成立？说明理由。

(4) 根据三个电离平衡，推导出包含 $[A^{3-}]$、$[H^+]$ 和 $[H_3A]$ 的平衡常数表达式。

5.11 已知 273K 时，醋酸的电离常数 $K_a^{\ominus}=1.66\times10^{-5}$，试预测 $0.10mol\cdot dm^{-3}$醋酸溶液的凝固点。

5.12 将 $0.20mol\cdot dm^{-3}$ HCOOH（$K_a^{\ominus}=1.8\times10^{-4}$）溶液和 $0.40mol\cdot dm^{-3}$ HOCN（$K_a^{\ominus}=3.3\times10^{-4}$）溶液等体积混合，求混合溶液的 pH。

5.13 已知 $0.10mol\cdot dm^{-3}$ H_3BO_3 溶液的 pH=5.11，试求的电离常数 $K_a^{\ominus}$。

5.14 在 291K、101kPa 时，硫化氢在水中的溶解度是 2.61 体积/1 体积水。

(1) 求饱和 H_2S 水溶液的物质的量浓度；

(2) 求饱和 H_2S 水溶液中 H^+、HS^-、S^{2-} 的浓度和 pH；

(3) 当用盐酸将饱和 H_2S 水溶液的 pH 调至 2.00 时，溶液中 HS^- 和 S^{2-} 的浓度又为多少？

已知 291K 时，氢硫酸的电离常数为 $K_{a1}^{\ominus}=9.1\times10^{-8}$，$K_{a2}^{\ominus}=1.1\times10^{-12}$。

5.15 将 10g P_2O_5 溶于热水生成磷酸，再将溶液稀释至 $1.00dm^3$，求溶液中各组分的浓度。

已知 298K 时，H_3PO_4 的电离常数为 $K_{a1}^{\ominus}=7.52\times10^{-3}$，$K_{a2}^{\ominus}=6.23\times10^{-8}$，$K_{a3}^{\ominus}=2.2\times10^{-13}$。

5.16 欲用 $H_2C_2O_2$ 和 NaOH 配制 pH=4.19 的缓冲溶液，问需 $0.100mol\cdot dm^{-3}$ $H_2C_2O_4$ 溶液与 $0.100mol\cdot dm^{-3}$ NaOH 溶液的体积比。

已知 298K 时，$H_2C_2O_4$ 的电离常数为 $K_{a1}^{\ominus}=5.9\times10^{-2}$，$K_{a2}^{\ominus}=6.4\times10^{-5}$。

5.17 在人体血液中，H_2CO_3-$NaHCO_3$ 缓冲对的作用之一是从细胞组织中迅速除去由于激烈运动产生的乳酸（表示为 HL)。

(1) 求 $HL+HCO_3^- \rightleftharpoons H_2CO_3+L^-$ 的平衡常数 $K^{\ominus}$；

(2) 若血液中 $[H_2CO_3]=1.4\times10^{-3}mol\cdot dm^{-3}$，$[HCO_3^-]=2.7\times10^{-2}mol\cdot dm^{-3}$，求血液的 pH。

(3) 若运动时 $1.0dm^3$ 血液中产生的乳酸为 $5.0\times10^{-3}mol$，则血液的 pH 变为多少？

已知 298K 时，H_2CO_3 的电离常数为 $K_{a1}^{\ominus}=4.3\times10^{-7}$，$K_{a2}^{\ominus}=5.6\times10^{-11}$；乳酸 HL 的电离常数为 $K_a^{\ominus}=1.4\times10^{-4}$。

5.18 $1.0dm^3$ $0.20mol\cdot dm^{-3}$盐酸和 $1.0dm^3$ $0.40mol\cdot dm^{-3}$的醋酸钠溶液混合，试计算

(1) 溶液的 pH；

(2) 向混合溶液中加入 $10cm^3$ $0.50mol\cdot dm^{-3}$的 NaOH 溶液后的 pH；

(3) 向混合溶液中加入 $10cm^3$ $0.50mol\cdot dm^{-3}$的 HCl 溶液后的 pH；

(4) 混合溶液稀释 1 倍后溶液的 pH。

5.19 计算 298K 时，下列溶液的 pH。

(1) $0.20mol\cdot dm^{-3}$氨水和 $0.20mol\cdot dm^{-3}$盐酸等体积混合；

(2) $0.20mol\cdot dm^{-3}$硫酸和 $0.40mol\cdot dm^{-3}$硫酸钠溶液等体积混合；

(3) $0.20mol\cdot dm^{-3}$磷酸和 $0.20mol\cdot dm^{-3}$磷酸钠溶液等体积混合；

(4) $0.20mol\cdot dm^{-3}$草酸和 $0.40mol\cdot dm^{-3}$草酸钾溶液等体积混合。

5.20 通过计算说明当两种溶液等体积混合时，下列哪组溶液可以用作缓冲溶液？

(1) $0.200mol\cdot dm^{-3}$ NaOH-$0.100mol\cdot dm^{-3}$ H_2SO_4；

(2) $0.100mol\cdot dm^{-3}$ HCl-$0.200mol\cdot dm^{-3}$ NaAc；

(3) $0.100mol\cdot dm^{-3}$ NaOH-$0.200mol\cdot dm^{-3}$ HNO_2；

(4) $0.200mol\cdot dm^{-3}$ HCl-$0.100mol\cdot dm^{-3}$ $NaNO_2$；

(5) $0.200mol\cdot dm^{-3}$ NH_4Cl-$0.200mol\cdot dm^{-3}$ NaOH；

5.21 在 $20cm^3$ $0.30mol\cdot dm^{-3}$ $NaHCO_3$ 溶液中加入 $0.20mol\cdot dm^{-3}$ Na_2CO_3 溶液后，溶液的 pH 变为 10.00。求加入 Na_2CO_3 溶液的体积。

已知 298K 时，H_2CO_3 的电离常数为 $K_{a1}^{\ominus}=4.3\times10^{-7}$，$K_{a2}^{\ominus}=5.6\times10^{-11}$。

5.22 百里酚蓝（设为 H_2In）是二元弱酸指示剂（$K_{a1}^{\ominus}=2.24\times10^{-2}$，$K_{a2}^{\ominus}=6.31\times10^{-10}$），其中 H_2In 显红色，HIn^- 显黄色，In^{2-} 显蓝色。问

(1) 百里酚蓝的 pH 变色范围为多少？

(2) 在 pH 分别为 1、4、12 的溶液中百里酚蓝各显什么颜色？

5.23 根据质子得失平衡，推导 NaH_2PO_4 溶液 pH 值近似计算公式。

5.24 写出下列物质的共轭酸。

S^{2-}、SO_4^{2-}、$H_2PO_4^-$、HSO_4^-、NH_3、NH_2OH、N_2H_4。

5.25 写出下列物质的共轭碱。

H_2S、HSO_4^-、$H_2PO_4^-$、H_2SO_4、NH_3、NH_2OH、HN_3。

5.26 根据酸碱质子理论，按由强到弱的顺序排列下列各碱。

NO_2^-、SO_4^{2-}、$HCOO^-$、HSO_4^-、Ac^-、CO_3^{2-}、S^{2-}、ClO_4^-。

5.27 根据酸碱电子理论，按由强到弱的顺序排列下列各酸。

Li^+、Na^+、K^+、Be^{2+}、Mg^{2+}、Al^{3+}、B^{3+}、Fe^{2+}。

5.28 写出下列各溶解平衡的 $K_{sp}^{\ominus}$ 表达式。

(1) $Hg_2C_2O_4 \rightleftharpoons Hg_2^{2+} + C_2O_4^{2-}$

(2) $Ag_2SO_4 \rightleftharpoons 2Ag^+ + SO_4^{2-}$

(3) $Ca_3(PO_4)_2 \rightleftharpoons 3Ca^{2+} + 2PO_4^{3-}$

(4) $Fe(OH)_3 \rightleftharpoons Fe^{3+} + 3OH^-$

(5) $CaHPO_4 \rightleftharpoons Ca^{2+} + H^+ + PO_4^{3-}$

5.29 根据粗略估计，按 $[Ag^+]$ 逐渐增大的次序排列下列饱和溶液。

Ag_2SO_4 ($K_{sp}^{\ominus}=6.3\times10^{-5}$)　　AgCl ($K_{sp}^{\ominus}=1.8\times10^{-10}$)

Ag_2CrO_4 ($K_{sp}^{\ominus}=2.0\times10^{-12}$)　　AgI ($K_{sp}^{\ominus}=8.9\times10^{-17}$)

Ag_2S ($K_{sp}^{\ominus}=2\times10^{-49}$)　　$AgNO_3$（易溶盐）。

5.30 解释下列事实。

(1) AgCl 在纯水中的溶解度比在盐酸中的溶解度大；

(2) $BaSO_4$ 在硝酸中的溶解度比在纯水中的溶解度大；

(3) Ag_3PO_4 在磷酸中的溶解度比在纯水中的大；

(4) PbS 在盐酸中的溶解度比在纯水中的大；

(5) Ag_2S 易溶于硝酸但难溶于硫酸；

(6) HgS 难溶于硝酸但易溶于王水。

5.31 回答下列两个问题：

(1)“沉淀完全”的含义是什么？沉淀完全是否意味着溶液中该离子的浓度为零？

(2) 两种离子完全分离的含义是什么？欲实现两种离子的完全分离通常采取的方法有哪些？

5.32 根据下列给定条件求溶度积常数。

(1) $FeC_2O_4\cdot 2H_2O$ 在 $1dm^3$ 水中能溶解 0.10g；

(2) $Ni(OH)_2$ 在 pH=9.00 的溶液中的溶解度为 $1.6\times10^{-6}mol\cdot dm^{-3}$。

5.33 向浓度为 $0.10mol\cdot dm^{-3}$ 的 $MnSO_4$ 溶液中逐滴加入 Na_2S 溶液，通过计算说明 MnS 和 $Mn(OH)_2$ 何者先沉淀？

已知 $K_{sp(MnS)}^{\ominus}=2.0\times10^{-15}$，$K_{sp[Mn(OH)_2]}^{\ominus}=4.0\times10^{-14}$。

5.34 试求 $Mg(OH)_2$ 在 $1.0dm^3$ $1.0mol\cdot dm^{-3}$ NH_4Cl 溶液中的溶解度。

已知 $K_{b(NH_3)}^{\ominus}=1.8\times10^{-5}$，$K_{sp[Mg(OH)_2]}^{\ominus}=1.8\times10^{-11}$。

5.35 向含有 Cd^{2+} 和 Fe^{2+} 浓度均为 $0.020mol\cdot dm^{-3}$ 的溶液中通入 H_2S 达饱和，欲使两种离子完全分离，则溶液的 pH 应控制在什么范围？

已知 $K_{sp(CdS)}^{\ominus}=8.0\times10^{-27}$，$K_{sp(FeS)}^{\ominus}=4.0\times10^{-19}$，常温常压下，饱和 H_2S 溶液的浓度为 $0.1mol\cdot dm^{-3}$，H_2S 的电离常数为 $K_{a1}^{\ominus}=1.3\times10^{-7}$，$K_{a2}^{\ominus}=7.1\times10^{-15}$。

5.36 某混合溶液中含有阳离子的浓度及其氢氧化物的溶度积如下表所示：

阳离子	Mg^{2+}	Ca^{2+}	Cd^{2+}	Fe^{3+}
浓度/$mol\cdot dm^{-3}$	0.06	0.01	2×10^{-3}	2×10^{-5}
$K_{sp}^{\ominus}$	1.8×10^{-11}	1.3×10^{-6}	2.5×10^{-14}	4×10^{-38}

向混合溶液中加入 NaOH 溶液使溶液的体积增大 1 倍时，恰好使 50% 的 Mg^{2+} 沉淀。

(1) 计算此时溶液的 pH；

(2) 计算其他阳离子被沉淀的物质的量分数。

5.37 通过计算说明分别用 Na_2CO_3 溶液和 Na_2S 溶液处理 AgI 沉淀，能否实现沉淀的转化？

已知 $K^{\ominus}_{sp(Ag_2CO_3)}=7.9\times10^{-12}$，$K^{\ominus}_{sp(AgI)}=8.9\times10^{-17}$，$K^{\ominus}_{sp(Ag_2S)}=2\times10^{-49}$。

5.38 在 $1dm^3$ $0.10mol\cdot dm^{-3}$ $ZnSO_4$ 溶液中含有 0.010mol 的 Fe^{2+} 杂质，加入过氧化氢将 Fe^{2+} 氧化为 Fe^{3+} 后，调节溶液 pH 使 Fe^{3+} 生成 $Fe(OH)_3$ 沉淀而除去，问如何控制溶液的 pH？

已知 $K^{\ominus}_{sp[Zn(OH)_2]}=1.2\times10^{-17}$，$K^{\ominus}_{sp[Fe(OH)_3]}=4\times10^{-38}$。

5.39 常温下，欲在 $1dm^3$ 醋酸溶液中溶解 0.10mol MnS，则醋酸的初始浓度至少为多少 $mol\cdot dm^{-3}$？

已知 $K^{\ominus}_{sp(MnS)}=2\times10^{-15}$，HAc 的电离常数 $K^{\ominus}_{a}=1.8\times10^{-5}$，$H_2S$ 的电离常数为 $K^{\ominus}_{a1}=1.3\times10^{-7}$，$K^{\ominus}_{a2}=7.1\times10^{-15}$。

5.40 在 $100cm^3$ $0.20mol\cdot dm^{-3}$ $MnCl_2$ 溶液中，加入 $100cm^3$ 含有 NH_4Cl 的 $0.10mol\cdot dm^{-3}$ 的氨水溶液，若不使 $Mn(OH)_2$ 沉淀，则氨水中 NH_4Cl 的含量是多少克？

第6章 氧化还原反应

Oxidation-Reduction Reaction

6.1 基本概念（Basic Concepts）

6.1.1 氧化还原反应

在反应中元素的氧化数有所改变的反应称为氧化还原反应（redox reaction）。氧化数的改变有两种情况：

一是不同元素的原子之间电子的得失，如 $2Na+Cl_2 = 2NaCl$

二是不同元素的原子之间共用电子对的偏移，如 $H_2+Cl_2 = 2HCl$

在氧化还原反应中，还原剂中的原子失去电子（或共用电子对偏离），本身发生氧化反应，氧化数升高，其产物称为氧化产物；氧化剂中的原子得到电子（或共用电子对靠近），本身发生还原反应，氧化数降低，其产物称为还原产物。氧化剂与其还原产物、还原剂与其氧化产物均称为氧化还原电对，表示方法为氧化态在前、还原态在后、中间用“/”隔开，如 Zn^{2+}/Zn、ClO^-/Cl_2、Fe^{3+}/Fe^{2+} 等。

6.1.2 歧化反应

在反应中同一物质中同一元素处于同一氧化态的原子既有氧化数升高也有氧化数降低的反应称为歧化反应。在下列反应中，前两个是歧化反应，后两个则不是。

$$Cl_2 + 2NaOH = NaCl + NaClO + H_2O$$

$$4KClO_3 \xlongequal{\triangle} KCl + 3KClO_4$$

$$2AgNO_3 \xlongequal{\triangle} 2Ag + 2NO_2 + O_2$$

$$2KClO_3 \xlongequal[\triangle]{MnO_2} 2KCl + 3O_2$$

因为在后两个反应中，并非仅一种元素的氧化态在发生变化，而是两种甚至三种元素的氧化态同时变化。

6.1.3 氧化数

在离子型化合物中，离子所带的电荷数即为其氧化数；在共价化合物中将共用电子全部归电负性大的原子所具有时各元素的原子所带的电荷数称为该元素的氧化数（Oxidation number）。例如：

$$\overset{+1}{Na}\overset{-1}{Cl} \qquad (\overset{-3}{N}\overset{+1}{H_4})_3\overset{+5}{P}\overset{-2}{O_4} \qquad \overset{+1}{K}\overset{+7}{Mn}\overset{-2}{O_4}$$

对于氧化数有如下规定：

① 单质中元素的氧化数为零。

② 一般物质中氧的氧化数为-2。但在 H_2O_2、Na_2O_2 等过氧化物中为-1，在超氧化物（如 KO_2）中为$-\frac{1}{2}$，在臭氧化物（如 KO_3）中为$-\frac{1}{3}$，在 OF_2 中为$+2$。

③ 一般物质中 H 的氧化数为+1，但在 NaH、KH 等金属氢化物中为−1。

④ 中性分子中各元素原子的氧化数之和为零；多原子离子中各元素原子的氧化数之和等于离子的电荷数。

氧化数与化合价有一定的区别和联系。氧化数是人为规定的一种宏观统计数值，有整数也有分数，有正数也有负数；化合价则代表一种元素的原子形成的化学键的数目，是一种微观真实值，只有正整数。多数情况下，一种元素的氧化数的绝对值等于其化合价。

6.1.4 氧化还原方程式的配平

无论是分子反应方程式还是离子反应方程式都必须遵从三条原则：质量作用定律，还原剂中元素氧化数的升高值和氧化剂中元素氧化数的降低值相等，反应前后电荷平衡。按照这三条原则，配平化学反应方程式时应注意以下几点：

① 首先要写出参与氧化还原反应的主要反应物和产物。

② 通过调整反应系数使还原剂的氧化数升高值和氧化剂的氧化数降低值相等。

③ 反应前后离子所带的电荷数总数必须相等。

④ 对于离子反应方程式，酸性介质中只能用 H^+ 和 H_2O 分子来配平 H 原子、O 原子及电荷的数目，反应方程式中不能出现 HO^-；碱性介质中只能用 HO^- 和 H_2O 分子来配平 H 原子、O 原子及电荷的数目，反应方程式中不能出现 H^+；中性介质中，反应物中用 H_2O 分子调整 H 原子和 O 原子的数目，产物中既可出现酸也可出现碱。

⑤ 数目最多的一种原子可以不考虑。

6.2 电极电势（Electrode Potential）

6.2.1 原电池和电极电势

(1) 原电池 通过氧化还原反应将化学能转化成电能的装置称为原电池（voltaic cell）。以铜锌原电池为例（见图 6.1）：

负极反应为氧化反应： $Zn \longrightarrow Zn^{2+} + 2e^-$

正极反应为还原反应： $Cu^{2+} + 2e^- \longrightarrow Cu$

总反应为： $Cu^{2+} + Zn \longrightarrow Zn^{2+} + Cu$

两个烧杯之间用盐桥连接，一般盐桥中装的是氯化钾溶液和琼脂，电路接通后，K^+ 向正极区移动、Cl^- 向负极区移动以保证盐桥两侧的溶液为电中性，同时也维持电路的回路。

原电池产生电流的原因在于两个电极的电极电势不同，即在两个电极间存在电势差。

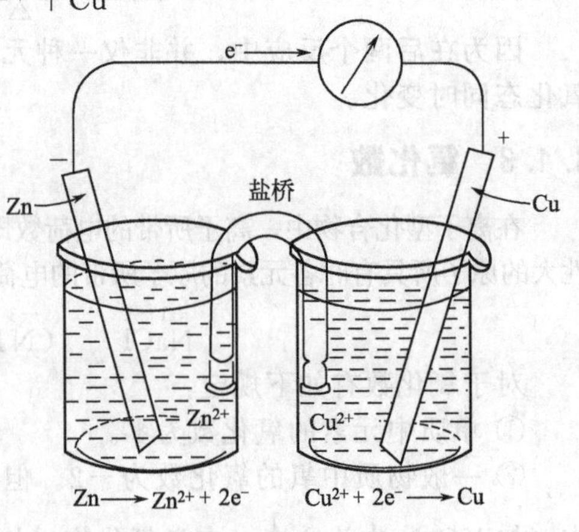

图 6.1 铜锌原电池

(2) 电极电势

① 电极电势产生的原因。

电极电势（electrode potential）的产生可以用双电层理论来解释。该理论由德国化学家能斯特（H. W. Nernst）于 1887 年提出。把某金属薄片插入含有该金属离子的溶液中，将有两种情况发生，一种情况是金属中的离子进入到溶液中，在金属表面留下多余的电子，如图 6.2(a) 所示，在金属与溶液之间形成双电层；另一种情况是溶液中的金属离子在金属表面得到电子而沉积，这样金属表面就带有多余的正电荷，溶液则带有多余的负电荷，如图 6.2(b) 所示，在金属与溶液之间也形成了双电层。双电层间的电位差就是电极电势。不同的金属电极电势不同，将两种电极连接后，加上盐桥，必然会有电子从低电位向高电位流动，也就产生了电流，这也就是普通原电池的工作原理。

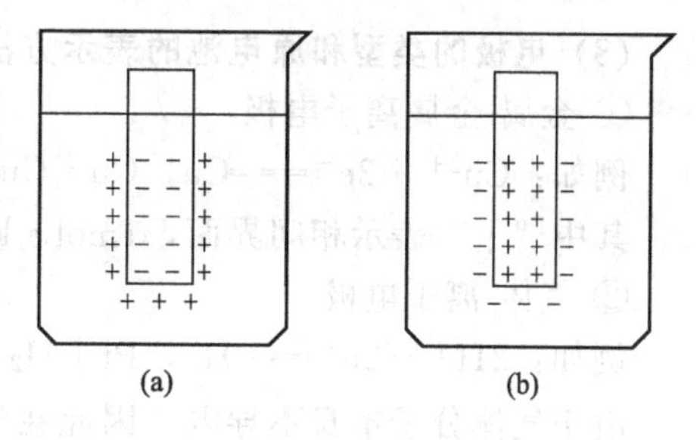

图 6.2　金属与金属离子溶液之间双电层的产生

② 电极电势的测量。

不同的金属与其离子溶液之间的电势差不同，但这种电势差的绝对值却无法测量。因为通过电压表只能测量两个电极之间的电势差，即测量得到的只是电池的电动势，是组成原电池的两个电极之间的相对电势差。为了系统地比较不同电极的电极电势高低，人们规定了一种参比电极——标准氢电极（如图 6.3 所示），在标准状态下氢电极的电极电势 $E^{\ominus}_{H^+/H_2}=0V$。

电化学中的标准状态与化学平衡中的标准状态一样，即气体组分的分压为 101325Pa、溶液组分的活度为 $1mol\cdot kg^{-1}$。

对于一未知电极，将其与标准氢电极组成原电池，通过测量原电池的电动势即可求得该电极的电极电势。当然有些电极的电极电势是无法测量的，可以通过热力学量求算。值得注意的几个问题是：

• 溶液组分的标准态严格地讲是指溶液组分的活度为 $1mol\cdot kg^{-1}$，但实际应用时常用质量摩尔浓度来代替，对于稀的水溶液则可以用体积摩尔浓度代替。

• 电极电势数值的大小标志着组成该电极的氧化态的氧化能力和还原态的还原能力的强弱，数值越大，氧化态的氧化能力越强，还原态的还原能力越弱，反之亦然。

• 电极电势数值的大小与得失电子数无关，与电极反应方程式中各组分的系数无关，是一强度性质。如：

$$Cl_2 + 2e^- \longrightarrow 2Cl^- \quad E^{\ominus}=1.36V$$
$$0.5Cl_2 + e^- \longrightarrow Cl^- \quad E^{\ominus}=1.36V$$

• 标准电极电势受温度的影响，但影响程度很小，一般手册中的数值是指常温 298K 时的数值。

• 由于标准氢电极难于控制，使用不方便，因此，实际常用的参比电极为饱和甘汞电极（如图 6.4 所示）。

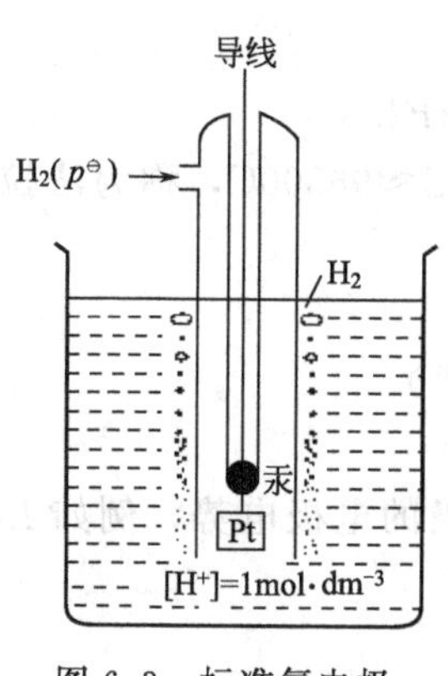

图 6.3　标准氢电极

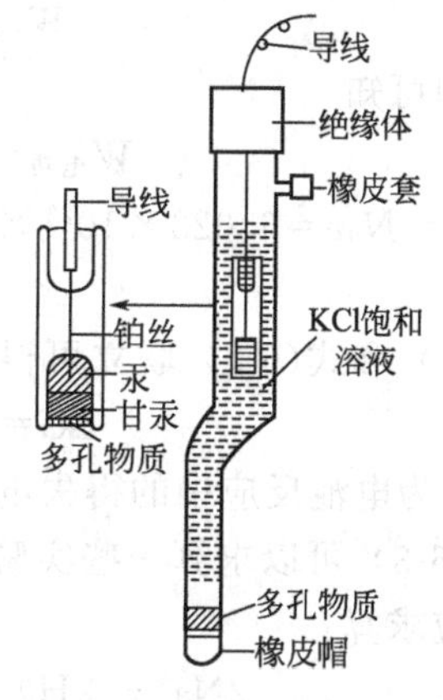

图 6.4　饱和甘汞电极

(3) **电极的类型和原电池的表示方法** 根据组成，一般将电极分成如下五种：

① 金属-金属离子电极

例如：$Cu^{2+}+2e^{-}$ ══ Cu，Cu | Cu^{2+}(1mol·kg^{-1})，$E^{\ominus}_{Cu^{2+}/Cu}=0.337V$。

其中"|"表示相间界面，1mol·kg^{-1}表示Cu^{2+}处于标准状态。

② 气体-离子电极

例如：$2H^{+}+2e^{-}$ ══ H_2，Pt | H_2(100kPa) | H^{+}(1mol·kg^{-1})，$E^{\ominus}_{H^{+}/H_2}=0.000V$。

由于气体分子本身不导电，因此在气体-离子电极中需加入一惰性电极，一般用的是铂电极，100kPa同样表示H_2处于标准状态。

③ 金属-金属难溶盐（或金属氢氧化物）-阴离子电极

例如：Ag I$+e^{-}$ ══ Ag$+I^{-}$，Ag-AgI | I^{-}(1mol·kg^{-1})，$E^{\ominus}_{AgI/Ag}=0.1518V$。

$Ni(OH)_2+2e^{-}$ ══ $Ni+2OH^{-}$，Ni-$Ni(OH)_2$ | OH^{-}(1mol·kg^{-1})，$E^{\ominus}_{Ni(OH)_2/Ni}=-0.72V$。

实验室中用的甘汞电极就属于金属-难溶盐-阴离子电极，市售甘汞电极多为饱和甘汞电极，如下：

$$Hg\text{-}Hg_2Cl_2|Cl^{-}(\text{饱和 KCl 溶液})$$

④ 金属-配合物-配体电极

例如：$PtCl_4^{2-}+2e^{-}$ ══ $Pt+4Cl^{-}$，Pt | $PtCl_4^{2-}$(1mol·kg^{-1})，Cl^{-}(1mol·kg^{-1})，$E^{\ominus}_{PtCl_4^{2-}/Pt}=0.73V$。

⑤ 氧化还原电极

例如：$Fe^{3+}+e^{-}$ ══ Fe^{2+}，Pt|Fe^{3+}(1mol·kg^{-1})，Fe^{2+}(1mol·kg^{-1})，$E^{\ominus}_{Fe^{3+}/Fe^{2+}}=0.771V$。

与气体-离子电极一样，在氧化还原电极中必须加入一惰性电极，常用的仍然是铂电极。

将两个电极用盐桥连接在一起就组成一原电池，一般将负极放在左边，正极放在右边，表示如下：

$$(-)Zn|ZnCl_2(m_1)||(\text{饱和 KCl})|Hg_2Cl_2-Hg(+)$$

对应电池反应为：

$$Hg_2Cl_2+Zn = 2Hg+ZnCl_2$$

6.2.2 电动势与自由焓变的关系

根据热力学我们知道，在恒温恒压可逆过程中，体系做的最大非体积功等于体系自由焓变的减少，即$W_{max非体积功}=-\Delta G$。在原电池中，体系做的最大非体积功就是电功，即：

$$W_{max非体积功}=W_{电功}=-\Delta G \tag{6-1}$$

根据电学原理可知

$$W_{电功}=EQ=ENe=nN_0eE=nFE \tag{6-2}$$

式中，$F=N_0e=6.023\times10^{23}\times1.602\times10^{-19}=96480C\approx96500C$，称为法拉第（Faraday）常数。

将式(6-1)和式(6-2)联立可得：

$$\Delta G=-nFE\ (\Delta G^{\ominus}=-nFE^{\ominus}) \tag{6-3}$$

式中，n为电池反应中的得失电子数。

利用式(6-3)可以求算一些实验上难以直接测量的电极的电极电势，例如$E^{\ominus}_{Na^{+}/Na}$可以通过下列反应求算：

$$2Na+2H^{+} = 2Na^{+}+H_2$$

$$E^{\ominus}=E^{\ominus}_{H^{+}/H_2}-E^{\ominus}_{Na^{+}/Na}=0-E^{\ominus}_{Na^{+}/Na}=-E^{\ominus}_{Na^{+}/Na}$$

$$\Delta_r G_m^{\ominus} = -nFE^{\ominus}$$

所以
$$E^{\ominus}_{Na^+/Na} = \frac{\Delta_r G_m^{\ominus}}{nF}$$

6.2.3 影响电极电势的因素

(1) 能斯特方程式(Nernst Equation) 对任一氧化还原反应

$$aO_1 + bR_2 \longrightarrow cR_1 + dO_2$$

$$\Delta_r G_m = \Delta_r G_m^{\ominus} + 2.303RT\lg Q$$

$$= \Delta_r G_m^{\ominus} + 2.303RT\lg \frac{[R_1]^c[O_2]^d}{[O_1]^a[R_2]^b} \quad (6\text{-}4)$$

结合式(6-3)，不难得出：

$$-nFE = -nFE^{\ominus} + 2.303RT\lg Q$$

$$E = E^{\ominus} - 2.303\frac{RT}{nF}\lg Q \quad (6\text{-}5)$$

在 298K 时，$\frac{2.303RT}{F} = \frac{2.303\times 8.314\times 298}{96500} = 0.0591$，代入式(6-5)，得

$$E = E^{\ominus} - \frac{0.0591}{n}\lg \frac{[R_1]^c[O_2]^d}{[O_1]^a[R_2]^b} \quad (6\text{-}6)$$

原电池的电动势等于正极的电极电势减去负极的电极电势：

$$E = E_{O_1/R_1} - E_{O_2/R_2} = E^{\ominus}_{O_1/R_1} - E^{\ominus}_{O_2/R_2} - \frac{0.0591}{n}\lg \frac{[R_1]^c[O_2]^d}{[O_1]^a[R_2]^b}$$

$$= \left(E^{\ominus}_{O_1/R_1} + \frac{0.0591}{n}\lg \frac{[O_1]^a}{[R_1]^c}\right) - \left(E^{\ominus}_{O_2/R_2} + \frac{0.0591}{n}\lg \frac{[O_2]^d}{[R_2]^b}\right)$$

由此可知，对任一电极反应：

$$aO + ne^- \longrightarrow bR$$

其能斯特方程为：

$$E_{O/R} = E^{\ominus}_{O/R} + \frac{0.0591}{n}\lg \frac{[O]^a}{[R]^b} \quad (6\text{-}7)$$

需要说明的是：

• 公式中的＋、－号对应 lg 式中物种的上下关系不同；

• 电极反应和电池反应中各物种前系数可能不同，方程中也不同；

• 与平衡常数相同，纯液体、纯固体、稀溶液中的溶剂不出现在公式中，有 H^+ 和 OH^- 参加的反应，要包含 $[H^+]$ 和 $[OH^-]$；

• 有气体参加的反应，气体以分压表示，溶液中的组分以活度（$mol\cdot kg^{-1}$）表示，但常用质量摩尔浓度代替，对于较稀的水溶液则经常用物质的量浓度 c 代替。

【例题 6.1】 写出下列电极反应或电池反应在 298K 时的能斯特方程。

$$MnO_4^- + 5e^- + 8H^+ \longrightarrow Mn^{2+} + 4H_2O$$

$$Cl_2 + 2e^- \longrightarrow 2Cl^-$$

$$2MnO_4^- + 10Cl^- + 16H^+ \longrightarrow 2Mn^{2+} + 5Cl_2 + 8H_2O$$

解：三个反应的能斯特方程分别为：

$$E_{MnO_4^-/Mn^{2+}}=E^{\ominus}_{MnO_4^-/Mn^{2+}}+\frac{0.0591}{5}\lg\frac{[MnO_4^-][H^+]^8}{[Mn^{2+}]}$$

$$E_{Cl_2/Cl^-}=E^{\ominus}_{Cl_2/Cl^-}+\frac{0.0591}{2}\lg\frac{p_{Cl_2}}{[Cl^-]^2}$$

$$E=E^{\ominus}-\frac{0.0591}{10}\lg\frac{[Mn^{2+}]^2\cdot p^5_{Cl_2}}{[MnO_4^-]^2\cdot[Cl^-]^{10}\cdot[H^+]^{16}}$$

(2) 温度的影响

【例题 6.2】 求 273K、298K 和 323K 时，下列电极反应的电极电势

$$Fe^{3+}+e^-=\!=\!=Fe^{2+}$$

已知：①$[Fe^{3+}]=1.0mol\cdot kg^{-1}$，$[Fe^{2+}]=0.10mol\cdot kg^{-1}$；②$[Fe^{3+}]=0.10mol\cdot kg^{-1}$，$[Fe^{2+}]=1.0\ mol\cdot kg^{-1}$；$E^{\ominus}_{Fe^{3+}/Fe^{2+}}=0.771V$。

解：电极反应的能斯特方程为：

$$E_{Fe^{3+}/Fe^{2+}}=E^{\ominus}_{Fe^{3+}/Fe^{2+}}+\frac{2.303RT}{F}\lg\frac{[Fe^{3+}]}{[Fe^{2+}]}$$

$$=0.771+\frac{2.303\times8.314\times T}{96500}\lg\frac{[Fe^{3+}]}{[Fe^{2+}]}$$

将已知数据带入上式就可求出不同条件下的 $E_{Fe^{3+}/Fe^{2+}}$：

T/K	273	298	323
$E_{Fe^{3+}/Fe^{2+}}([Fe^{3+}]/[Fe^{2+}]=10)/V$	0.825	0.830	0.835
$E_{Fe^{3+}/Fe^{2+}}([Fe^{3+}]/[Fe^{2+}]=0.1)/V$	0.717	0.712	0.707

结论：温度对电极电势的影响较小，特别是当氧化态和还原态浓度相近时，可以不考虑温度的影响。

(3) 浓度的影响 根据式(6-7)，$E_{O/R}=E^{\ominus}_{O/R}+\frac{0.0591}{n}\lg\frac{[O]^a}{[R]^b}$，很容易得出，氧化态浓度增大，电极电势数值增大，氧化态的氧化能力增强，还原态的还原能力减弱；反之，还原态的浓度增大，电极电势数值减小，氧化态的氧化能力减弱，而还原态的还原能力增强。

(4) 酸度的影响

【例题 6.3】 计算 298K，$[H^+]$ 分别为 $2.0mol\cdot kg^{-1}$、$1.0mol\cdot kg^{-1}$、1.0×10^{-3} $mol\cdot kg^{-1}$、$1.0\times10^{-6}\ mol\cdot kg^{-1}$ 时，电极反应 $Cr_2O_7^{2-}+6e^-+14H^+=\!=\!=2Cr^{3+}+7H_2O$ 的电极电势。已知 $E^{\ominus}_{Cr_2O_7^{2-}/Cr^{3+}}=1.33V$。

解：假设除 H^+ 外其他组分均处在标准态，则反应的能斯特方程为：

$$E_{Cr_2O_7^{2-}/Cr^{3+}}=1.33+\frac{0.0591}{6}\lg[H^+]^{14}$$

将 $[H^+]$ 的数据带入上式就可求出不同 $[H^+]$ 时的 $E_{Cr_2O_7^{2-}/Cr^{3+}}$ 如下：

$[H^+]/mol\cdot kg^{-1}$	1.0	2.0	1.0×10^{-3}	1.0×10^{-6}
$E_{Cr_2O_7^{2-}/Cr^{3+}}/V$	1.33	1.37	0.916	0.503

结论：对于有 H^+ 或 OH^- 参加的反应，溶液的酸碱度对电极电势的影响非常明显，绝大多数含氧酸根的氧化能力随介质酸度的增大而增强。

(5) 沉淀生成对电极电势的影响

【例题 6.4】 通过计算说明，298K 标准状态下，单质银能否从氢碘酸中置换出氢气。已知：$E^{\ominus}_{Ag^+/Ag}=0.7996V$，$K^{\ominus}_{sp(AgI)}=1.5\times10^{-16}$。

解：反应方程式为：$2Ag+2HI═══2AgI+H_2$

如果将其设计成原电池，正极就是标准氢电极，$E_{(+)}=0$

负极反应为：$Ag+I^-═══AgI+e^-$

负极的电极电势就是电极 Ag-AgI|I^- 的标准电极电势，实际上就是电极 Ag|Ag^+ 的非标准电极电势，即

$$
\begin{aligned}
E_{(-)}=E^{\ominus}_{AgI/Ag}=E_{Ag^+/Ag}&=E^{\ominus}_{Ag^+/Ag}+0.0591\lg[Ag^+]\\
&=0.7996+0.0591\lg\frac{K^{\ominus}_{sp(AgI)}}{[I^-]}\\
&=0.7996+0.0591\lg1.5\times10^{-16}\\
&=-0.136V
\end{aligned}
$$

由于 $E_{(+)}$ 大于 $E_{(-)}$，因此，反应可以向右进行，即在标准状态下，金属银可以从氢碘酸中置换出氢气。

结论：氧化还原电对中，氧化态物质生成沉淀则电极电势减小，氧化态的氧化性增强，还原态的还原能力减弱；反之，还原态物质生成沉淀则电极电势增大，还原态的还原性降低，而氧化态的氧化能力增强。

(6) 配合物生成对电极电势的影响（在配合物一章中介绍）。

6.2.4 电极电势的应用

(1) 元素电势图及其应用

① 元素电势图

表明元素各种氧化态之间电极电势变化的关系图称为元素电势图。下面是卤素的部分电势图。

酸性介质，$E^{\ominus}_A$（V）：

$ClO_4^- \xrightarrow{1.19} ClO_3^- \xrightarrow{1.21} HClO_2 \xrightarrow{1.64} HOCl \xrightarrow{1.63} Cl_2 \xrightarrow{1.36} Cl^-$

$BrO_4^- \xrightarrow{1.76} BrO_3^- \xrightarrow{1.49} HOBr \xrightarrow{1.59} Br_2 \xrightarrow{1.08} Br^-$

$H_5IO_6 \xrightarrow{1.70} HIO_3 \xrightarrow{1.14} HOI \xrightarrow{1.45} I_2 \xrightarrow{0.54} I^-$

碱性介质，$E^{\ominus}_B$（V）：

$ClO_4^- \xrightarrow{0.40} ClO_3^- \xrightarrow{0.33} ClO_2^- \xrightarrow{0.66} OCl \xrightarrow{0.40} Cl_2 \xrightarrow{1.36} Cl^-$

$BrO_4^- \xrightarrow{0.93} BrO_3^- \xrightarrow{0.54} OBr^- \xrightarrow{0.45} Br_2 \xrightarrow{1.08} Br^-$

$H_3IO_6^{2-} \xrightarrow{0.70} IO_3^- \xrightarrow{0.14} OI^- \xrightarrow{0.45} I_2 \xrightarrow{0.54} I^-$

几点注意事项：

• 根据元素氧化态的排列次序，电势图可分为两种，一种是氧化态由高到低排列，另一种是氧化态由低到高排列，一般前者为主；

• $E^{\ominus}_A$ 表示酸性溶液（$[H^+]=1mol\cdot dm^{-3}$）中的电极电势；$E^{\ominus}_B$ 表示碱性溶液（$[OH^-]=1mol\cdot dm^{-3}$）中的电极电势；

• 有时根据需要，只列出有用的部分，如 $E^{\ominus}_B$：$ClO_3^- \xrightarrow{0.50} ClO^- \xrightarrow{0.40} Cl_2$；

• $E^\ominus$值的大小与氧化数无关，同一元素各氧化态氧化能力的大小受多种因素影响。

② 应用

a. 判断歧化反应能否发生

$$Cu^{2+}\frac{0.158}{\quad}Cu^{+}\frac{0.522}{\quad}Cu$$

$$Fe^{3+}\frac{0.771}{\quad}Fe^{2+}\frac{-0.440}{\quad}Fe$$

在前一电势图中，右边的电极电势大于左边的电极电势，因此，Cu^+在水溶液中会发生下列反应：

$$2Cu^{+} \xlongequal{} Cu^{2+} + Cu$$

反应的标准电动势为：

$$E^\ominus = E^\ominus_{Cu^+/Cu} - E^\ominus_{Cu^{2+}/Cu^+} = E^\ominus_{右} - E^\ominus_{左} = 0.522 - 0.158 = 0.364V > 0$$

由此可见，对氧化数从高到低排列的元素电势图，如果某一氧化态右边的电极电势大于左边的电极电势，则此物种在水溶液中会发生歧化反应。

在后一电势图中，由于$E^\ominus_{右} < E^\ominus_{左}$，因此，在水溶液中$Fe^{2+}$不能发生歧化反应，相反$Fe^{3+}$会将Fe氧化成$Fe^{2+}$：

$$2Fe^{3+} + Fe \xlongequal{} 3Fe^{2+}$$

结论：对于氧化态由高向低排列的元素电势图，标准状态下某一氧化态发生歧化反应的条件是$E^\ominus_{右} > E^\ominus_{左}$。

b. 求未知电对的标准电极电势

对于下列反应

$$A \xrightarrow{\Delta G_1^\ominus,\ E_1^\ominus} B \xrightarrow{\Delta G_2^\ominus,\ E_2^\ominus} C \qquad (A \xrightarrow{\Delta G^\ominus,\ E^\ominus} C)$$

根据盖斯定律，有

$$\Delta G^\ominus = \Delta G_1^\ominus + \Delta G_2^\ominus$$

再根据式(6-3)，有

$$-nFE^\ominus = -n_1FE_1^\ominus + (-n_2FE_2^\ominus)$$

故
$$E^\ominus = \frac{n_1E_1^\ominus + n_2E_2^\ominus}{n_1 + n_2} = \frac{\sum_i n_iE_i^\ominus}{\sum_i n_i} \qquad (6\text{-}8)$$

(2) 求反应的平衡常数和难溶强电解质的溶度积常数 根据式(6-3)及标准自由焓变与标准平衡常数的关系$\Delta G^\ominus = -nFE^\ominus$，$\Delta G^\ominus = -2.303RT\lg K^\ominus$，可推出

$$E^\ominus = \frac{2.303RT}{nF}\lg K^\ominus \qquad (6\text{-}9)$$

在298K时

$$E^\ominus = \frac{0.0591}{n}\lg K^\ominus \qquad (6\text{-}10)$$

【例题 6.5】 试求下列反应在298K时的平衡常数

$$2Ag + 2HI \xlongequal{} 2AgI + H_2$$

已知反应的标准电动势为$E^\ominus = 0.137V$。

解：根据式(6-10)，有

$$\lg K^\ominus = \frac{nE^\ominus}{0.0591} = 2\times0.137\div0.0591 = 4.636$$

则 $K^\ominus = 4.33\times10^4$。

【例题 6.6】 实验测得电池(－)Pb-$PbSO_4$ | SO_4^{2-}(1mol·kg^{-1})||Sn^{2+}(1mol·kg^{-1})| Sn(＋)在 298K 时的电动势 $E^{\ominus}=0.22V$，求 $PbSO_4$ 的溶度积常数。

已知 $E^{\ominus}_{Sn^{2+}/Sn}=-0.14V$，$E_{Pb^{2+}/Pb}=-0.13V$。

解：电池反应为：$Sn^{2+} + Pb + SO_4^{2-} = Sn + PbSO_4$

电池电动势为：

$$E=E_{(+)}-E_{(-)}=E^{\ominus}_{Sn^{2+}/Sn}-E_{Pb^{2+}/Pb}$$

$$=-0.14-\left(E^{\ominus}_{Pb^{2+}/Pb}+\frac{0.0591}{2}\lg[Pb^{2+}]\right)$$

$$=-0.14-\left(-0.13+\frac{0.0591}{2}\lg\frac{K^{\ominus}_{sp}}{[SO_4^{2-}]}\right)$$

$$=0.22V$$

解得 $PbSO_4$ 溶度积 $K^{\ominus}_{sp}=1.6\times10^{-8}$。

(3) 判断氧化还原反应进行的方向 由于可以将所有的氧化还原反应都设计成原电池，根据化学反应方向的判据可知，当 $\Delta G<0$($E>0$)时，反应可以向右自发进行。

① 在标准状态时，化学反应自发进行的判据为：$E^{\ominus}_{(+)}>E^{\ominus}_{(-)}$；

② 在非标准状态时，化学反应自发进行的判据为：$E_{(+)}>E_{(-)}$。

严格地讲，应该用非标准状态下的电动势判断，但为了方便起见，当标准电动势 $E^{\ominus}>0.5V$ 时，认为反应在通常条件下都可以自发进行。值得注意的是，$E>0$ 只是反应进行的必要条件，并非充分条件，一个反应实际能不能进行还要取决于动力学因素。一般来讲，由于氧化还原反应中有电子的转移或偏离，反应速度普遍较慢。许多金属还存在钝化作用。

(4) 电势-pH 图 例如 $MnO_4^- + 5e^- + 8H^+ = Mn^{2+} + 4H_2O$，若固定 $[MnO_4^-]=[Mn^{2+}]=1.0mol\cdot kg^{-1}$，则

$$E_{MnO_4^-/Mn^{2+}}=E^{\ominus}_{MnO_4^-/Mn^{2+}}+\frac{0.0591}{5}\lg\frac{[MnO_4^-][H^+]^8}{[Mn^{2+}]}$$

$$=1.51-\frac{0.0591\times8}{5}pH$$

图 6.5 H_3AsO_4-H_3AsO_3 和 I_2-I^- 体系的电势-pH 图

将 $E_{MnO_4^-/Mn^{2+}}$ 对 pH 作图，得一斜率为－0.0591×8÷5 的直线。E-pH 关系图简明直观，但实际用处不大，具体问题还应具体分析。

溶液酸碱性对氧化还原反应方向影响最突出的例子是

酸性介质中，$H_3AsO_4 + 2HI \longrightarrow H_3AsO_3 + I_2 + H_2O$

碱性介质中，$NaH_2AsO_3 + I_2 + 4NaOH \longrightarrow Na_3AsO_4 + 2NaI + 3H_2O$

图 6.5 绘出了 H_3AsO_4-H_3AsO_3 和 I_2-I^- 体系的电势-pH 图。

6.3 电解（Electrolysis）

借助外界电能引起氧化还原反应发生的过程称为电解，电解反应是非自发反应，必须环境对体系做功才能进行。

6.3.1 电解池与电解反应

电解池与原电池的区别：

① 电极名称不同，原电池中称为正负极，电解池中称为阴阳极。

② 电极反应不同，原电池中正极发生还原反应，负极发生氧化反应；电解池中阳极发生氧化反应，阴极发生还原反应。

③ 反应的自发性不同，原电池中反应是自发进行的，体系对环境做功；电解池中，反应是非自发进行的，只有当环境对体系做功时反应才能进行。

图 6.6 为镍氢原电池的示意图，图 6.7 为电解氯化镍电解池的示意图。

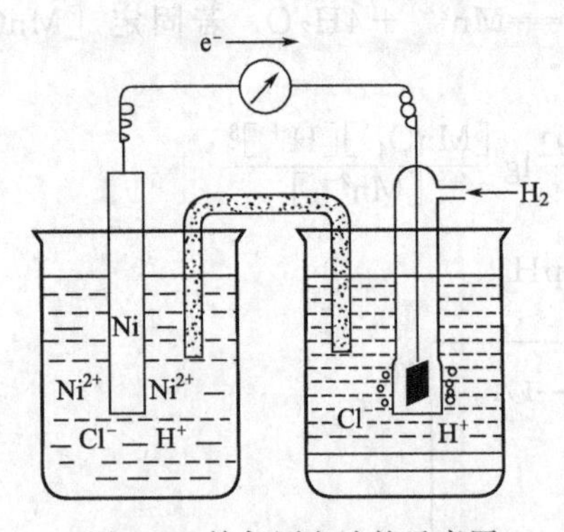

图 6.6 镍氢原电池的示意图

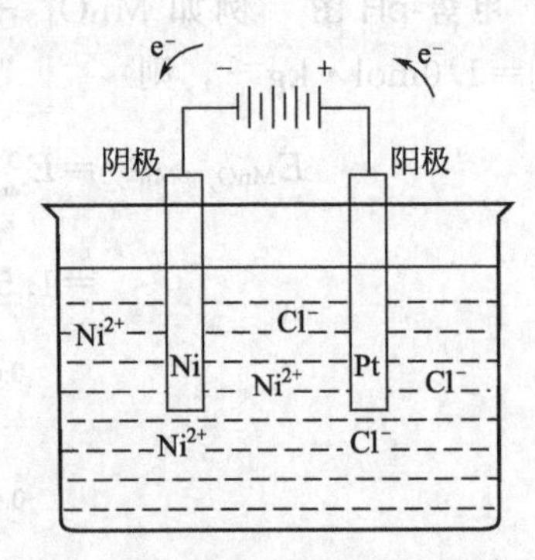

图 6.7 电解氯化镍电解池的示意图

6.3.2 分解电压

反应 $Cu + Cl_2 \longrightarrow CuCl_2$ 的标准电动势为 $E^{\ominus} = 1.03V$，因此一般条件下反应可以自发进行。但其逆反应进行的条件如何呢？

$$Cu^{2+} + 2Cl^- \xlongequal{电解} Cu + Cl_2$$

在标准状态下，电解反应要向右进行，外加电压最小应等于 1.03V，此乃该电解反应的理论分解电压。实际上，阳极上 Cl_2 的生成相当于在电极表面形成了一层气体膜，阻碍 Cl^- 在电极上进一步放电，对电解反应形成了阻碍，因此，实际外加电压要远远大于理论分解电压。实际分解电压与理论分解电压之差称为超电压。如电解饱和食盐水，理论分解电压为

2.16V，实际分解电压为3.5V，超电压为1.34V。电解反应中生成的气体在水中溶解度越小，超电压越大。同样如果有其他难溶于电解质溶液的物质生成，超电压也会较大。

6.3.3 化学电源

化学电源有很多种，如铅蓄电池、干电池、镍氢电池、锂电池、太阳能电池、燃料电池等。其中最常用的是一次性干电池和可充电蓄电池。

6.3.3.1 干电池

干电池按其组成的不同也分成若干种，例如锌锰干电池、镍铬干电池、银锌干电池等。其中生产历史最长、价格最低、应用最广的当属锌锰干电池。

锌锰干电池的结构和组成如图6.8所示。外壳为金属锌皮，作电池的负极；中心为包有MnO_2、炭黑的石墨棒，作电池的正极；两个电极之间填充满由NH_4Cl、$ZnCl_2$、淀粉和水调制均匀的黏稠胶状物；电池上端用沥青或塑料密封隔离。

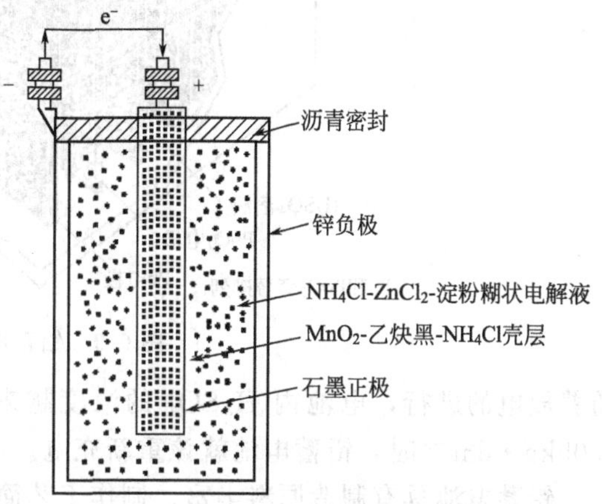

图6.8 锌锰干电池的组成和结构

锌锰干电池放电时的反应如下：

正极反应：$2NH_4^+ + 2MnO_2 + 2e^- \longrightarrow 2NH_3 + 2MnO(OH)$

负极反应：$Zn + 2NH_3 + 2Cl^- \longrightarrow [Zn(NH_3)_2Cl_2] + 2e^-$

总反应：$2MnO_2 + Zn + 2NH_4^+ + 2Cl^- \longrightarrow [Zn(NH_3)_2Cl_2] + 2MnO(OH)$

随着使用时间的延长，负极锌皮逐渐消耗（有时甚至穿漏），正极的MnO_2活性逐渐降低，电池的放电电压也越来越低，最后失效废弃。锌锰干电池的最大缺陷是寿命较短，不能长时间放置。目前已逐渐被性能更加优良的碱性电池代替。

6.3.3.1 蓄电池

与一次性干电池不同的是，蓄电池（storage battery）可以利用外界电源充电，反复使用，充电次数可达几百次，有的甚至可循环使用上千次。目前使用较多的可充电电池有镍-铬电池、镍-氢电池、锂电池、铅蓄电池等。

(1) 铅蓄电池 铅蓄电池电极的制作是将铅粉填充在铅锑合金的栅隔板上，然后在硫酸溶液中电解，阳极被氧化成PbO_2，阴极上的铅变为海绵状铅，取出晾干后，前者作为原电池的正极，后者作为原电池的负极。将这些电极板交替地排列在蓄电池中，充入30%（密度为$1.20kg \cdot dm^{-3}$）的硫酸，就做成了铅蓄电池，如图6.9所示。

铅蓄电池的充放电原理如下：

放电 正极反应：$Pb(s) + SO_4^{2-} \longrightarrow PbSO_4(s) + 2e^-$

负极反应：$PbO_2(s) + 4H^+ + SO_4^{2-} + 2e^- \longrightarrow PbSO_4(s) + 2H_2O$

总反应：$PbO_2(s) + 4H^+ + 2SO_4^{2-} + Pb(s) \longrightarrow 2PbSO_4(s) + 2H_2O$

充电 阴极反应：$PbSO_4(s) + 2e^- \longrightarrow Pb(s) + SO_4^{2-}$

阳极反应：$PbSO_4(s) + 2H_2O \longrightarrow PbO_2(s) + 4H^+ + SO_4^{2-} + 2e^-$

总反应：$2PbSO_4(s) + 2H_2O \longrightarrow PbO_2(s) + 4H^+ + 2SO_4^{2-} + Pb(s)$

在放电过程中，每反应掉1mol的Pb，就消耗掉2mol H_2SO_4，同时生成2mol的H_2O。

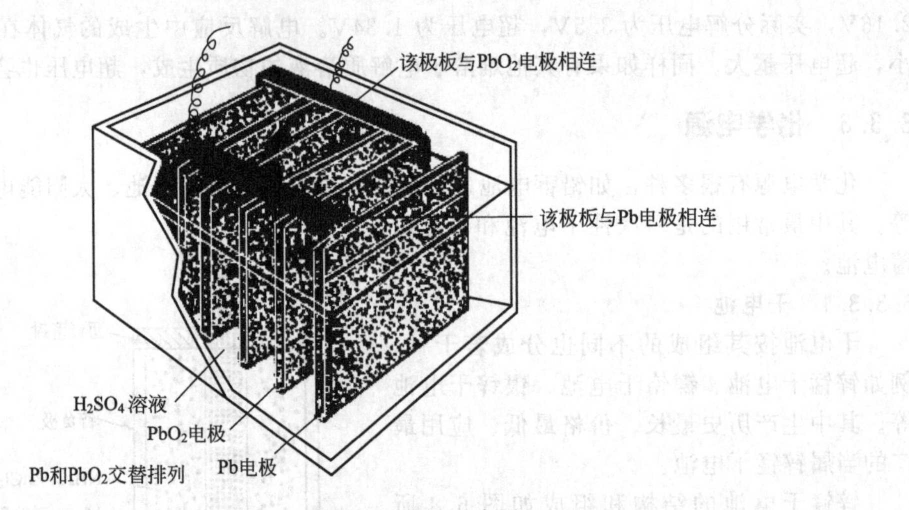

图 6.9 铅蓄电池构造示意图

随着放电的进行，电池内 H_2SO_4 的浓度越来越稀，溶液密度越来越低，当溶液密度低于 $1.05kg \cdot dm^{-3}$时，铅蓄电池就该重新充电。

铅蓄电池具有制造原料丰富、制作工艺简单、工作电压稳定、供电量大、价格便宜等优点，主要缺点是体积大、重量大，过于笨重。主要使用于大型的运输、机电设备，如汽车、轮船、飞机等。另外，一些不能使用内燃机的动力装置如矿山坑道车、潜艇等，也都用铅蓄电池作牵引动力。

随着科学技术的进步，许多科技产品都向小而精发展，人们迫切要求研制体积小、重量轻、容量大、使用寿命长的新型电池。下面介绍几种目前已经生产使用和研究开发中的高能电池。

(2) 碱性镍-铁、镍-镉、镍-锌蓄电池 电池反应分别为：

$$Fe + 2NiO(OH) + 2H_2O \longrightarrow 2Ni(OH)_2 + Fe(OH)_2$$

$$Cd + 2NiO(OH) + 2H_2O \longrightarrow 2Ni(OH)_2 + Cd(OH)_2$$

$$Zn + 2NiO(OH) + 2H_2O \longrightarrow 2Ni(OH)_2 + Zn(OH)_2$$

与铅蓄电池相比，这两种电池具有体积小、重量轻、使用寿命长、可大电流充放电等优点，缺点是造价较高。由于锌易与碱性电解质反应，镍-锌电池的使用寿命不长。

(3) 银-锌电池 电池反应为：

负极反应：$2Zn + 4OH^- \longrightarrow 2Zn(OH)_2 + 4e^-$

正极反应：$Ag_2O_2 + 2H_2O + 4e^- \longrightarrow 2Ag + 4OH^-$

银-锌电池比镍-镉电池更精小，但放电电流很大，属于高能电池。主要用于宇宙飞船、人造卫星、火箭、潜艇等方面。另外，一些民用产品如电子手表、助听器、液晶显示的计算器、掌上电脑等，使用的"钮扣"电池多数也是银-锌电池。

(4) 燃料电池 燃料电池是一种将燃烧过程放出的化学能转化成电能的装置，常用的燃料是价格低廉、无毒无污染的物质，如 H_2、CH_4、CH_3OH、N_2H_4 等，氧化剂为空气或氧气。燃料电池的优越性在于两点：其一是无污染，无论所用原料还是反应产物均无毒；其二是能量利用率高，一般柴油机发电或火力发电的能量利用率不超过 50%，而燃料电池的能量利用率可达 80%以上。

以 H_2-O_2 燃料电池为例，电池反应如下：

正极反应：$O_2(g) + 2H_2O(l) + 4e^- \longrightarrow 4OH^-$

负极反应：$2H_2(g)+4OH^- \longrightarrow 4H_2O(l)+4e^-$

总反应：$O_2(g)+2H_2(g) \longrightarrow 4H_2O(l)$

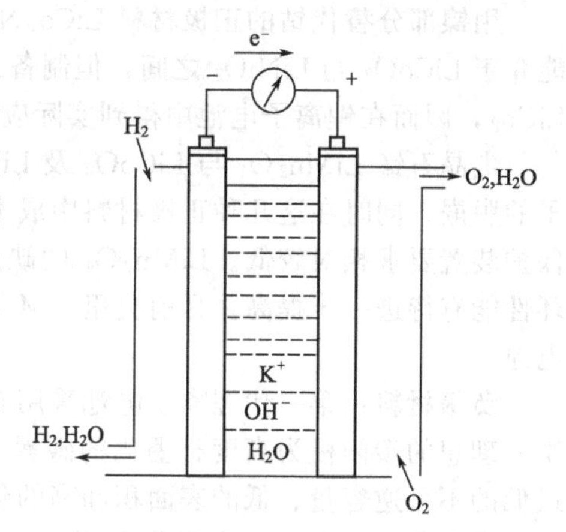

图 6.10　氢氧燃料电池构造示意图

如图 6.10 所示，两个电极之间充满 75% 的 KOH 溶液，H_2 和 O_2 分别从负极和正极外侧通过电极向 KOH 溶液渗透，在 KOH 溶液中反应释放电流。由于化学能几乎全部转化为了电能，因此能量利用率极高。实际上，燃料电池自 20 世纪 60 年代起就在航空航天中使用，阿波罗登月飞船使用的也是燃料电池。但由于燃料电池的电极材料必须具有良好的半渗透性能及对 H_2 和 O_2 分子的活化性能，制造工艺复杂、成本高，因此，燃料电池还难以推广使用。寻找性能稳定、价格低廉的活性材料是目前的热点课题。

(5) 锂电池　1990 年，日本索尼能源技术公司选用碳（非石墨）阳极和 $LiCoO_2$ 阴极，首次实现了锂离子二次电池的商品化生产。目前，锂离子电池正以惊人的速度向规模化生产发展，2000 年锂离子电池年产量已达到 5 亿多只。国内锂离子电池的发展由于受到资金短缺、国内工业化基础较为薄弱以及与电池配套的电器市场自我开发能力不足等因素的限制，其产业化速度与国外发达国家特别是日本相比，较为缓慢。但目前的研制开发及产业化进程正在加速，许多高等院校和科研院所开展了锂离子电池的中试工作，并有几家已形成规模化生产。阻碍锂离子电池工业化生产的最大原因是电极活性材料的制备，目前使用的正极材料主要有三种：$LiCoO_2$、$LiNiO_2$、$LiMn_2O_4$；负极材料主要为高度石墨化的碳素。

① 锂离子电池的组成。

锂离子电池的正、负电极采用拉浆涂布法制备。

正极：按质量分数为 88% 的正极活性材料和 8% 的乙炔黑导电剂及 4%PVDF 黏结剂（溶于 NMP 等有机溶剂中）的比例均匀混合后，在铝箔等集流体上涂布而成。

负极：按质量分数为 88% 的负极活性材料和 5% 的乙炔黑导电剂及 7%PVDF 黏结剂的比例均匀混合后，在铜箔等集流体上涂布而成。

电解液：$1mol \cdot dm^{-3}$ $LiPF_6$ 溶于碳酸乙烯酯（EC）和碳酸二乙酯（DEC）的混合溶剂中制成。

隔膜：Celglard2400 聚丙烯微孔膜。

② 锂离子电池电极材料。

正极材料：锂离子电池正极材料主要有 $LiCoO_2$、$LiCo_xNi_{1-x}O_2$、$LiNiO_2$、$LiMn_2O_4$ 等，它们的工作电压在 4V(vs. Li) 左右。这些锂金属复合氧化物正极材料可以可逆地脱出/插入锂离子，称为锂的插入化合物，同时作为锂离子电池所需锂源。在充放电过程中，在正负极中往返进行锂离子的脱出/插入可逆过程。

$LiCoO_2$ 具有二维层状结构，适宜锂离子的脱嵌。由于其制备工艺较为简便、性能稳定、比容量高、循环性好，目前商品化锂离子电池基本采用 $LiCoO_2$ 作正极材料。但是 $LiCoO_2$ 价格较高，影响了锂离子电池成本的降低。于是，人们在不断寻找和研究高比能、低成本、稳定性好的新型正极材料。

用镍替代钴可使原材料成本显著降低。制备的 $LiNiO_2$ 与 $LiCoO_2$ 有相近的结构，比能量也较高。但是 $LiNiO_2$ 制备困难，要求在氧气气氛下合成，工艺条件控制要求高，同时对于 $LiNiO_2$ 的安全性也有异议。这些都影响了 $LiNiO_2$ 在理离子电池中的实际应用。

用镍部分替代钴的正极材料 $LiCo_xNi_{1-x}O_2$（$x \leqslant 0.5$）已研究成功。这种正极材料的性能介于 $LiCoO_2$ 与 $LiNiO_2$ 之间，但制备工艺较为简单，与 $LiCoO_2$ 的制备类似，成本则低于 $LiCo_2$，因而在锂离子电池中得到实际应用。

尖晶石锰 $LiMn_2O_4$ 与 $LiCoO_2$ 及 $LiNiO_2$ 的结构不同，具有三维隧道结构。更适宜锂离子的脱嵌，同时在这几种正极材料中成本最低，其耐过充性及安全性也更好，对电池的安全保护装置要求相对较低。$LiMn_2O_4$ 的缺点是制备难度较大，比能量较低，其高温性能及循环性能有待进一步提高。目前莫里（Moli）公司已实际应用 $LiMn_2O_4$ 正极材料生产锂离子电池。

负极材料：第一代锂离子电池采用石油焦作碳阳极，其有效容量不足石墨电极容量的一半。理想的碳阳极为高度石墨化的碳素，当锂嵌入后形成 LiC_6。这种石墨化碳阳极因具有最低的不可逆容量、低的表面积和高的包封密度，成为最理想的负极材料。

锂离子二次电池具有工作电压高、重量轻、体积小、比能量大、自放电小、循环寿命长、无记忆效应、无环境污染等优良品质，是摄像机、移动电话、笔记本电脑以及便携式测量仪器等小型轻量化电子装置的理想电源，也是未来电动汽车用轻型高能动力电池的首选电源。

锂电池提供的能量约为镍-镉电池的 3 倍，充电 1000 次仍能维持其能力的 90%左右。心脏起搏器是现代医学的奇迹，所用电池的电极是金属锂，固体电解质是碘化锂。最好的锂-碘电池寿命超过 10 年，这对患有弱搏的心脏病患者来说堪称无价之宝。

习　题

6.1　解释下列概念：

氧化、还原、氧化剂、还原剂、氧化产物、还原产物、氧化还原电对。

6.2　什么是氧化数？它与化合价有何异同点？举例说明什么是歧化反应？

6.3　指出下列化合物中各元素的氧化数：

Fe_3O_4　PbO_2　Na_2O_2　$Na_2S_2O_3$　NCl_3　NaH　KO_2　KO_3　N_2O_4

6.4　举例说明常见电极的类型和符号。写出 5 种由不同类型电极组成的原电池的符号和对应的氧化还原反应方程式。

6.5　一个化学反应可以设计成几种不同的原电池，这几种原电池的电动势是否相同？由它们的电动势分别求得的电池反应的自由能变化是否相同？

6.6　配平下列反应方程式

(1) $Zn + HNO_3$(极稀)$\longrightarrow Zn(NO_3)_2 + NH_4NO_3 + H_2O$

(2) $I_2 + HNO_3 \xrightarrow{\triangle} HIO_3 + NO_2 + H_2O$

(3) $Cu + HNO_3$(稀)$\xrightarrow{\triangle} Cu(NO_3)_2 + NO + H_2O$

(4) $P_4 + HNO_3 + H_2O \longrightarrow H_3PO_4 + NO$

(5) $Mg + HNO_3$(稀)$\longrightarrow Mg(NO_3)_2 + N_2O + H_2O$

(6) $CuS + HNO_3$(浓)$\longrightarrow CuSO_4 + NO_2 + H_2O$

(7) $As_2S_3 + HNO_3$(浓)$+ H_2O \longrightarrow H_3AsO_4 + H_2SO_4$

(8) $P_4 + NaOH + H_2O \xrightarrow{\triangle} NaH_2PO_2 + PH_3$

(9) $K_2Cr_2O_7 + KI + H_2SO_4 \longrightarrow Cr_2(SO_4)_3 + K_2SO_4 + I_2 + H_2O$

(10) $Na_2C_2O_4 + KMnO_4 + H_2SO_4 \longrightarrow MnSO_4 + K_2SO_4 + Na_2SO_4 + CO_2 + H_2O$

(11) $H_2O_2 + KMnO_4 + H_2SO_4 \longrightarrow MnSO_4 + K_2SO_4 + O_2 + H_2O$

(12) $H_2O_2 + Cr_2(SO_4)_3 + KOH \longrightarrow K_2CrO_4 + K_2SO_4 + H_2O$

(13) $Na_2S_2O_3 + I_2 \longrightarrow Na_2S_4O_6 + NaI$

(14) $Na_2S_2O_3 + Cl_2 + NaOH \longrightarrow NaCl + Na_2SO_4 + H_2O$

(15) $K_2S_2O_8 + MnSO_4 + H_2O \xrightarrow{Ag^+} H_2SO_4 + KMnO_4$

6.7 配平下列离子反应式(酸性介质)：

(1) $IO_3^- + I^- \longrightarrow I_2$

(2) $Mn^{2+} + NaBiO_3 \longrightarrow MnO_4^- + Bi^{3+}$

(3) $Cr^{3+} + PbO_2 \longrightarrow CrO_7^{2-} + Pb^{2+}$

(4) $C_3H_8O + MnO_4^- \longrightarrow C_3H_6O_2 + Mn^{2+}$

(5) $HClO + P_4 \longrightarrow Cl^- + H_3PO_4$

6.8 配平下列离子反应式(碱性介质)：

(1) $CrO_4^{2-} + HSnO_2^- \longrightarrow CrO_2^- + HSnO_3^-$

(2) $H_2O_2 + CrO_2^- \longrightarrow CrO_4^{2-}$

(3) $I_2 + H_2AsO_3^- \longrightarrow AsO_4^{3-} + I^-$

(4) $Si + OH^- \longrightarrow SiO_3^{2-} + H_2$

(5) $Br_2 + OH^- \longrightarrow BrO_3^- + Br^-$

6.9 根据电极电势判断在水溶液中下列各反应的产物，并配平反应方程式。

(1) $Fe + Cl_2 \longrightarrow$

(2) $Fe + Br_2 \longrightarrow$

(3) $Fe + I_2 \longrightarrow$

(4) $Fe + HCl \longrightarrow$

(5) $FeCl_3 + Cu \longrightarrow$

(6) $FeCl_3 + KI \longrightarrow$

6.10 已知电极电势的绝对值是无法测量的，人们只能通过定义某些参比电极的电极电势来测量被测电极的相对电极电势。若假设 $Hg_2Cl_2 + 2e^- \Longrightarrow 2Hg + 2Cl^-$ 电极反应的标准电极电势为 0，则 $E^{\ominus}_{Cu^{2+}/Cu}$、$E^{\ominus}_{Zn^{2+}/Zn}$变为多少？

6.11 已知 $NO_3^- + 3H^+ + 2e^- \Longrightarrow HNO_2 + H_2O$ 反应的标准电极电势为 0.94V，水的离子积为 $K_w = 10^{-14}$，HNO_2 的电离常数为 $K_a^{\ominus} = 5.1 \times 10^{-4}$。试求下列反应在 298K 时的标准电极电势。

$$NO_3^- + H_2O + 2e^- \Longrightarrow NO_2^- + 2OH^-$$

6.12 已知盐酸、氢溴酸、氢碘酸都是强酸，通过计算说明，在 298K 标准状态下 Ag 能从哪种酸中置换出氢气？

已知 $E^{\ominus}_{Ag^+/Ag} = 0.799V$，$K_{sp}^{\ominus}$ [AgCl] $= 1.8 \times 10^{-10}$，$K_{sp}^{\ominus}$ [AgBr] $= 5.0 \times 10^{-13}$，$K_{sp}^{\ominus}$ [AgI] $= 8.9 \times 10^{-17}$。

6.13 某酸性溶液含有 Cl^-、Br^-、I^-，欲选择一种氧化剂能将其中的 I^- 氧化而不氧化 Cl^- 和 Br^-。试根据标准电极电势判断应选择 H_2O_2、$Cr_2O_7^{2-}$、Fe^{3+} 中的哪一种？

6.14 已知 $E^{\ominus}_{Cu^{2+}/Cu} = 0.34V$，$E^{\ominus}_{Cu^{2+}/Cu^+} = 0.16V$，$K_{sp}^{\ominus}$ [CuCl] $= 2.0 \times 10^{-6}$。通过计算判断反应 $Cu^{2+} + Cu + 2Cl^- \Longrightarrow 2CuCl$ 在 298K、标准状态下能否自发进行，并计算反应的平衡常数 $K^{\ominus}$ 和标准自由能变化 $\Delta_r G_m^{\ominus}$。

6.15 通过计算说明，能否用已知浓度的草酸（$H_2C_2O_4$）标定酸性溶液中 $KMnO_4$ 的浓度？

6.16 为了测定 CuS 的溶度积常数，设计原电池如下：正极为铜片浸泡在 $0.1mol \cdot dm^{-3}$ Cu^{2+} 的溶液中，再通入 H_2S 气体使之达饱和；负极为标准锌电极。测得电池电动势为 0.67V。

已知 $E^{\ominus}_{Cu^{2+}/Cu} = 0.34V$，$E^{\ominus}_{Zn^{2+}/Zn} = -0.76V$，$H_2S$ 的电离常数为 $K_{a1}^{\ominus} = 1.3 \times 10^{-7}$，$K_{a2}^{\ominus} = 7.1 \times 10^{-15}$。求 CuS 的溶度积常数。

6.17 298K 时，向 $1mol \cdot dm^{-3}$的 Ag^+ 溶液中滴加过量的液态汞，充分反应后测得溶液中 Hg_2^{2+} 浓度为 $0.311mol \cdot dm^{-3}$，反应式为 $2Ag^+ + 2Hg \Longrightarrow 2Ag + Hg_2^{2+}$

(1) 已知 $E^{\ominus}_{Ag^+/Ag} = 0.799V$，求 $E^{\ominus}_{Hg_2^{2+}/Hg}$。

(2) 将反应剩余的 Ag^+ 和生成的 Ag 全部除去，再向溶液中加入 KCl 固体使 Hg_2^{2+} 生成 Hg_2Cl_2 沉淀，并使溶液中 Cl^- 浓度达到 $1mol \cdot dm^{-3}$。将此溶液（正极）与标准氢电极（负极）组成原电池，测得电动势为 0.280V，试求 Hg_2Cl_2 的溶度积常数并写出该电池的符号。

(3) 若在 (2) 的溶液中加入过量 KCl 达饱和，再与标准氢电极组成原电池，测得电池的电动势为 0.241V，求饱和溶液中 Cl^- 的浓度。

6.18 实验室一般用 MnO_2 与浓盐酸反应制备氯气，试计算 298K 时反应进行所需盐酸的最低浓度。假设 Cl_2 的分压为 100kPa、$[Mn^{2+}]=1mol \cdot dm^{-3}$。

已知 $E^{\ominus}_{MnO_2/Mn^{2+}}=1.23V$，$E^{\ominus}_{Cl_2/Cl^-}=1.36V$。

6.19 已知 $MnO_4^- + 8H^+ + 5e^- \longrightarrow Mn^{2+} + 4H_2O$ $\quad E^{\ominus}=1.51V$

$MnO_2 + 4H^+ + 2e^- \longrightarrow Mn^{2+} + 2H_2O$ $\quad E^{\ominus}=1.23V$

求反应 $MnO_4^- + 4H^+ + 3e^- \longrightarrow MnO_2 + 2H_2O$ 的标准电极电势。

6.20 已知 $E^{\ominus}_{Tl^{3+}/Tl^+}=1.25V$，$E^{\ominus}_{Tl^{3+}/Tl}=0.72V$。设计下列三个标准电池：

(a) (－) $Tl|Tl^+||Tl^{3+}|Tl$(＋)

(b) (－) $Tl | Tl^+ \| Tl^{3+}, Tl^+ | Pt$(＋)

(c) (－) $Tl | Tl^{3+} \| Tl^{3+}, Tl^+ | Pt$(＋)

(1) 写出每一个电池对应的电池反应式；

(2) 计算每个电池的标准电动势 $E^{\ominus}$ 和标准自由能变化 $\Delta_r G^{\ominus}_m$。

6.21 根据溴的元素电势图说明，将 Cl_2 通入到 $1mol \cdot dm^{-3}$ 的 KBr 溶液中，在标准酸溶液中 Br^- 的氧化产物是什么？在标准碱溶液中 Br^- 的氧化产物是什么？

$E^{\ominus}_A$ (V)：$BrO_4^- \xrightarrow{1.76} BrO_3^- \xrightarrow{1.49} HBrO \xrightarrow{1.59} Br_2 \xrightarrow{1.07} Br^-$

$E^{\ominus}_B$ (V)：$BrO_4^- \xrightarrow{0.93} BrO_3^- \xrightarrow{0.54} BrO^- \xrightarrow{0.45} Br_2 \xrightarrow{1.07} Br^-$

6.22 MnO_2 可以催化分解 H_2O_2，试从相应的电极电势加以说明。

已知：$MnO_2 + 4H^+ + 2e^- \longrightarrow Mn^{2+} + 2H_2O$ $\quad E^{\ominus}=1.23V$

$H_2O_2 + 2H^+ + 2e^- \longrightarrow 2H_2O$ $\quad E^{\ominus}=1.77V$

$O_2(g) + 2H^+ + 2e^- \longrightarrow H_2O_2$ $\quad E^{\ominus}=0.68V$

6.23 工业上可以用电解硫酸或氢氧化钠溶液的方法制备氢气。试计算 298K、标准状态下两种电解反应的理论分解电压。

已知：$2H^+ + 2e^- \longrightarrow 2H_2$ $\quad E^{\ominus}=0.00V$

$2H_2O + O_2(g) + 4e^- \longrightarrow 4OH^-$ $\quad E^{\ominus}=1.23V$

6.24 在下列四种条件下电解 $CuSO_4$ 溶液，写出阴极和阳极上发生的电极反应，并指出溶液组成如何变化。

(1) 阴极、阳极均为铜电极；

(2) 阴极为铜电极，阳极为铂电极；

(3) 阴极为铂电极，阳极为铜电极；

(4) 阴极、阳极均为铂电极。

6.25 试将电对 IO_3^-/I_2 和电对 I_2/I^- 的电势-pH 图画在同一直角坐标系中。指出体系中涉及到的歧化反应和逆歧化反应发生的具体 pH 范围。若在 298K，pH=11 时将所发生的反应设计成原电池，试计算原电池的电动势和电池反应的标准自由能变化。

第7章 原子结构

Atomic Structure

7.1 氢原子光谱和玻尔氢原子理论（Hydrogen Atomic Structure and Bohr Hydrogen Atomic Theory）

7.1.1 卢瑟福原子模型

7.1.1.1 卢瑟福模型的基本论点

① 原子由原子核和电子构成。

② 原子核体积很小，带正电荷，但几乎集中了原子的全部质量。

③ 电子绕核作圆周运动，并有不同的运动轨道，就像行星绕太阳运动一样。

卢瑟福（E. Rutherford）原子模型的建立，解释了许多道尔顿原子模型无法解释的现象，也为以后原子结构的发展奠定了坚实的基础。为此，卢瑟福获得了诺贝尔化学奖。后来，英国的莫斯莱（H. Mosele）证明，原子核的正电荷等于核外电子数。后来又发现原子核由中子和质子组成，从而形成了经典的原子模型。

7.1.1.2 卢瑟福原子模型的缺陷

① 与经典的电磁学理论相违背，根据麦克斯韦（J. C. Maxwell）电磁学理论推测，电子绕核作圆周运动时，会不断地释放电磁波，能量逐渐降低，运动轨道半径逐渐减小，最后电子与原子核相撞而毁灭。这与事实完全不符。

② 无法解释氢原子光谱的不连续性。按照卢瑟福原子模型，当氢原子随着电子运动能量的降低而发射电磁波时，电磁波的波长（wavelength）和频率（frequency）会连续变化，但实际氢原子光谱却是不连续的分立谱线，如图 7.1 所示。

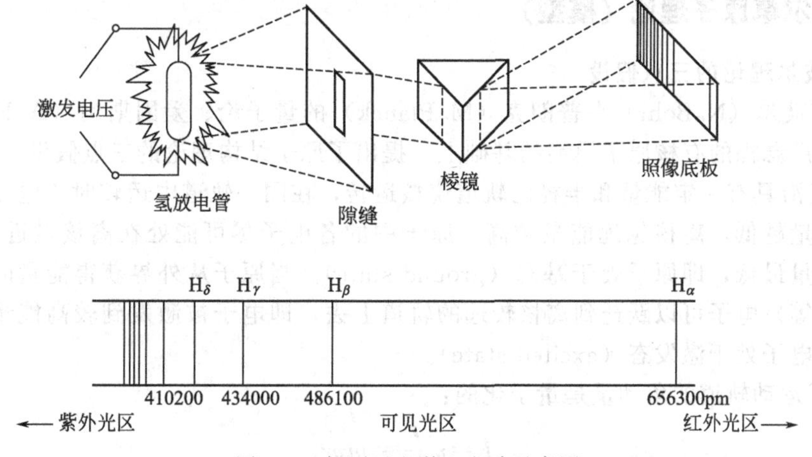

图 7.1 氢原子光谱和实验示意图

7.1.2 氢原子光谱

太阳光或白炽灯发出的白光，是一种混合光，它通过三棱镜折射后，便分成红、橙、黄、绿、青、蓝、紫等不同波长的光。这样得到的光谱是连续光谱。一般白炽的固体、液体、高压下的气体都能给出连续光谱。

任何原子被火花、电弧或用其他方法激发处理后，都可以给出自己的特征光谱，而且这些光谱都是由不连续的谱线组成，我们又叫做线状光谱或原子光谱，氢原子光谱是最简单的一种原子光谱。

1890 年，瑞典物理学家里德堡（J. R. Rydberg）将氢原子光谱各谱线的变化规律归纳成一通式——里德堡公式：

$$\tilde{\nu}=R_{\mathrm{H}}\left(\frac{1}{n_1^2}-\frac{1}{n_2^2}\right) \tag{7-1}$$

式中，$\tilde{\nu}$ 为波数（wave number，即波长的倒数）；R_{H} 称为里德堡常数，数值为 $1.097\times10^5\mathrm{cm}^{-1}$；$n_1$、$n_2$ 为正整数。

1913 年，为了解释氢原子光谱的变化规律，丹麦年轻的物理学家玻尔（N. Bohr）借助卢瑟福的原子模型和普朗克的量子论和爱因斯坦的光子学说，提出了玻尔氢原子模型。

7.1.3 量子论

1900 年，德国物理学家普朗克（M. Planck）为了解释黑体辐射，提出了量子论。1905 年，美国物理学家爱因斯坦（A. Einstein）为了解释光电效应，提出了光子学说，从而建立了量子理论。其基本论点如下：

① 微观粒子的能量是量子化、不连续的，是某一最小值的整数倍，这一最小值为光子的能量。表示为：

$$E=h\nu \tag{7-2}$$

式中，h 为普朗克常数（$6.626\times10^{-34}\mathrm{J\cdot s}$）；$\nu$ 为电磁波的频率；E 为光子的能量，就像电量的最小单位为一个电子的电量一样。

② 微观粒子的状态发生变化时，吸收或发射电磁波，其频率为：

$$\nu=\frac{E_2-E_1}{h} \tag{7-3}$$

7.1.4 玻尔氢原子理论（模型）

7.1.4.1 玻尔理论的三点假设

1913 年玻尔（N. Bohr）在普朗克（M. Planck）的量子论、爱因斯坦（A. Einstein）的光子学说和卢瑟福的有核原子模型的基础上，提出了原子结构理论的三点假设：

① 电子沿具有一定能量和半径的轨道绕核运转，在同一轨道中运转时，电子能量固定，离核越近能量越低，离核越远能量越高。原子中的各电子尽可能处在离核最近的轨道上运动，这时能量最低，即原子处于基态（ground state）。当原子从外界获得能量时（如灼热、放电、辐射等）电子可以跃迁到离核较远的轨道上去，即电子被激发到较高能量的轨道上，这时原子和电子处于激发态（excited state）。

② 电子运动轨道的角动量是量子化的：

$$L=n\frac{h}{2\pi}=mvr \tag{7-4}$$

式中，L 代表电子运动轨道的角动量（$L=Pr=mvr$）；n 为正整数；h 为普朗克常数。

③ 电子吸收能量时，可从低能轨道跃迁至高能轨道，而从高能轨道跃迁至低能轨道时，则放出能量，其能量是量子化的：

$$\Delta E=13.6\left(\frac{1}{n_1^2}-\frac{1}{n_2^2}\right)\ \text{eV} \tag{7-5}$$

7.1.4.2 玻尔理论的成功之处

(1) 求算出了电子能量 E 和轨道半径 r 玻尔根据经典力学原理和量子化条件，计算了电子的能量 E 和电子运动的轨道半径 r：

$$E=-\frac{13.6}{n^2}\ \text{eV} \tag{7-6}$$

$$\Delta E=13.6\left(\frac{1}{n_1^2}-\frac{1}{n_2^2}\right)\ \text{eV}$$

$$r=5.29\times10^{-11}n^2\ \text{m}(=52.9n^2\,\text{pm})$$

(2) 解释了氢原子光谱 根据式(7-2) 和式(7-5)，有

$$\Delta E=13.6\left(\frac{1}{n_1^2}-\frac{1}{n_2^2}\right)\text{eV}=h\nu=hc\tilde{\nu}$$

则每条谱线的波数为：

$$\tilde{\nu}=1.096\times10^5\left(\frac{1}{n_1^2}-\frac{1}{n_2^2}\right)\text{cm}^{-1} \tag{7-7}$$

其中常数项与里德堡常数几乎相同。式(7-7) 与式(7-1) 完全一致，这就从理论上解释了氢光谱的规律性。

(3) 计算了氢原子的电离能

$$I=\Delta E=E_\infty-E_1=0-(-13.6)\text{eV}=13.6\text{eV}=1311.6\text{kJ}\cdot\text{mol}^{-1}$$

氢原子电离能的实验值就是 $1312.\ \text{kJ}\cdot\text{mol}^{-1}$。

7.1.4.3 玻尔理论的缺陷

① 难以解释氢原子光谱的精细结构。玻尔理论虽然成功地解释了氢原子光谱的规律性，但对氢原子光谱进行更细微的观察，发现每条谱线均分裂为两条极为相近的谱线，玻尔理论对此现象无法解释。

② 难以解释多电子原子、分子或固体的光谱和能量。即便是只含有 2 个电子的 He 原子，其光谱的理论计算值和实验测量值偏差也非常大。

③ 电子在同一轨道中运动时不放出电磁波与电磁学理论相违背，其原因是玻尔理论仍沿用经典力学的概念，只是引入了量子化的概念，因此也称其为旧的量子论模型，实际上电子的运动并非玻尔假设的那样，微观粒子有其独特的运动规律。

7.2 微观粒子的运动规律（The Kinetic Rule of Microscopic Particles）

7.2.1 微观粒子的波粒二象性

7.2.1.1 光的波粒二象性

1680 年，牛顿（I. Newton）提出了光的粒子说，1690 年，惠更斯（C. Huygens）提出

了光的波动说，都能解释光的折射、反射。19 世纪发现了光的干涉和衍射，对此粒子说不能解释。1886 年，麦克斯韦尔（J. C. Maxwell）提出了电磁波理论。19 世纪末 20 世纪初，相继发现了黑体辐射、光电效应和氢原子光谱，对此波动说无法解释。最终人们根据上述实验现象认识到光既具有波的性质，又具有粒子的性质，即光具有波粒二象性。

普朗克的量子论和爱因斯坦的光子说中提出 $E=h\nu$，结合相对论中的质能联系定律 $E=mc^2$，可以推出光子的波长 λ 和动量 P 之间的关系 $P=mc=E/c=h\nu/c=h/\lambda$，该式将描述粒子性的物理量能量 E、动量 P 和描述波动性的物理量频率 ν、波长 λ 通过普朗克常数联系起来，从而揭示了光的本质。

7.2.1.2 电子的波粒二象性

1924 年，法国物理学家德布罗意（L. De. Broglie）在光的波粒二象性的启发下，大胆地提出微观粒子也具有波粒二象性，其波长为：

$$\lambda=\frac{h}{P}=\frac{h}{mv} \tag{7-8}$$

式中，P 代表粒子运动的动量；m 代表粒子的质量；v 代表粒子的运动速度；h 代表普朗克常数，这种波通常叫做物质波，也称德布罗意波，上式称为德布罗意关系式。

1927 年，戴维逊（C. J. Davison）和革末（L. H. Germer）在观察镍单晶表面对能量为 100 电子伏的电子束进行散射时，发现了散射束强度随空间分布的不连续性，即晶体对电子的衍射现象。几乎与此同时，汤姆逊（G. P. Thomson）和里德（A. Lide）用能量为 2 万电子伏的电子束透过多晶薄膜做实验时，也观察到衍射图样。电子衍射的发现证实了德布罗意提出的电子具有波动性的设想，构成了量子力学的实验基础。之后，人们又发现质子、中子、α 粒子、原子、分子均具有衍射现象，且符合德布罗意波分布，说明这些微观粒子也都有波动性，因此波粒二象性是微观粒子的运动特性。

但要注意的是，物质波与一般物理意义上的波不同，是一种概率分布统计波，也就是说电子的运动并非是有一定轨道的波动，只是电子在空间的出现概率呈现一种波动的分布规律。

利用德布罗意关系式，由一些实物粒子的质量和速度，计算其波长列于表 7.1。

表 7.1 实物颗粒的质量、速度与波长的关系

实　　物	质量 m/kg	速度 v/(m·s^{-1})	波长 λ/pm
1V 电压加速的电子	9.1×10^{-31}	5.9×10^{5}	1200
100V 电压加速的电子	9.1×10^{-31}	5.9×10^{6}	120
1000V 电压加速的电子	9.1×10^{-31}	1.9×10^{7}	37
10000V 电压加速的电子	9.1×10^{-31}	5.9×10^{7}	12
He 原子(300K)	6.6×10^{-27}	1.4×10^{3}	72
Xe 原子(300K)	2.3×10^{-25}	2.4×10^{2}	12
垒球	2.0×10^{-1}	30	1.1×10^{-22}
枪弹	1.0×10^{-2}	1.0×10^{3}	6.6×10^{-23}

计算表明，宏观物体的波长太短，根本无法测量，也无法觉察，因此我们对宏观物体不必考察其波动性，而对高速运动着的质量很小的微观物体，如核外电子，就必须考察其波动性。

7.2.2 海森堡测不准关系

根据经典力学，对于运动中的宏观物体，可以准确测量其运动速度和位置，但量子力学认为，对于微观粒子人们不可能同时准确地测定它的空间位置和动量，这可以从海森堡测不准关系说明。1927 年，德国的物理学家海森堡（W. Heisenberg）提出微观粒子的运动符合测不准关系：

$$\Delta x \cdot \Delta P \geqslant \frac{h}{2\pi} \tag{7-9}$$

式中，Δx 为微观粒子的位置测定误差；ΔP 为其动量测定误差。测不准关系式的含义是：用位置和动量来描述微观粒子的运动时，只能达到一定的近似程度，即粒子在某一方向上位置的不准确量和在此方向上动量的不准量的乘积一定大于或等于常数$\frac{h}{2\pi}$。

原子半径大约为 10^{-10}m，假设原子中电子的位置测量误差就是 1×10^{-10}m，那么电子运动速度的测量误差为：

$$\Delta v \geqslant \frac{h}{2\pi m \Delta x} = \frac{6.63\times10^{-34}}{2\times3.14\times9.11\times10^{-31}\times10^{-10}} = 1.16\times10^{6}\,\mathrm{m\cdot s^{-1}}$$

原子中电子的运动速度大约在 10^6m，由此可知，电子的运动位置和运动速度是难以准确测量的，即电子的运动不具有确定的轨道。

对于宏观物体的运动来讲，是可以同时准确测定其位置和速度的，例如高速飞行的子弹，假设其位置测量误差小到 1×10^{-4}m，则其速度测量误差为：

$$\Delta \nu \geqslant \frac{h}{2\pi m \Delta x} = \frac{6.63\times10^{-34}}{2\times3.14\times1\times10^{-2}\times10^{-4}} = 1.06\times10^{-28}\,\mathrm{m\cdot s^{-1}}$$

显然，对于高速运动的子弹，可以同时精确测定其运动速度和位置，即宏观物体的运动具有确定的轨道，服从经典力学。而微观物体的运动不具有确定的轨道，只有一定的空间概率分布，服从量子力学。所以测不准关系式很好地反映了微观粒子的运动特征，但对于宏观物体来说，实际上是不起作用的，我们可以用测不准关系式来区别微观粒子和宏观物体的运动行为。

7.3 原子的量子力学模型（Atomic Quantum Mechanical Model）

7.3.1 波函数与薛定谔（Schrödinger）方程

1926 年，奥地利物理学家薛定谔提出了描述原子核外电子运动的波动方程，这就是著名的薛定谔方程：

$$\frac{\partial^2 \psi}{\partial x^2} + \frac{\partial^2 \psi}{\partial y^2} + \frac{\partial^2 \psi}{\partial z^2} + \frac{8\pi^2 m}{h^2}(E-V)\psi = 0 \tag{7-10}$$

式中，x、y、z 是三维空间坐标；h 是普朗克常数；E 是电子的总能量；V 是电子在原子中的势能；ψ 是描述电子运动的波函数（读作颇赛），也称为原子轨道、原子轨迹或原子轨函。

薛定谔方程的意义为，对于一个质量为 m，在势能等于 V 的势场中运动的微粒来说，有一个与微粒运动状态相联系的波函数 ψ，该波函数服从上述薛定谔方程。此方程的每一个合理的解 ψ 表示微粒运动的某一定态，与此相对应的常数 E 就是微粒在这一定态的能量。能量 E 与波函数 ψ 呈一一对应状态。

波函数 ψ 可用直角坐标表示为 $\psi(x, y, z)$，也常变换为球坐标表示为 $\psi(r, \theta, \phi)$。如在直角坐标系空间中的任一点可以用坐标（x，y，z）来描述那样，在球坐标中任一点 M 可以用（r，θ，ϕ）来描述，如图 7.2 所示。

虽然薛定谔建立了描述电子运动的波动方程，但在这个方程中同时包含了 2 个需要求解

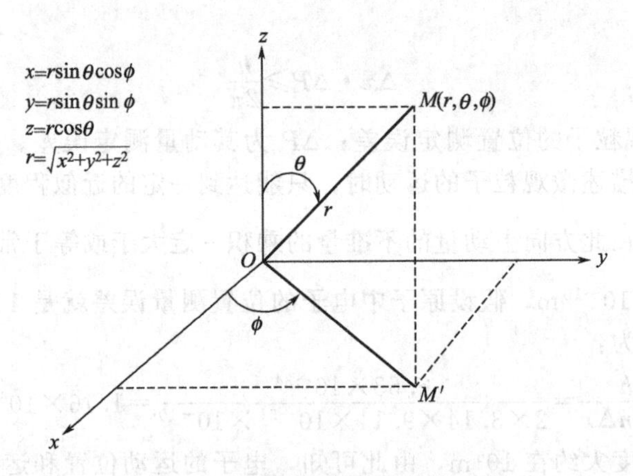

图 7.2　三维坐标与球坐标的变换

的未知量：波函数 ψ 和能量 E，这在三维直角坐标中是无法求解的。后来人们发现，球坐标波函数可以通过分离变量变为两个函数的乘积：$\psi_{n,l,m}=R_{n,l}(r)Y_{l,m}(\theta,\phi)$，式中 $R_{n,l}(r)$ 只随半径 r 变化，称之为径向波函数；$Y_{l,m}(\theta,\phi)$ 只随角度 θ、ϕ 变化，称之为角度波函数。几点注意的事项：

① 波函数 ψ 是包含 n、l、m 三个量子数的空间三维坐标 x、y、z 的函数；

② 每一 ψ 对应一固定的能量 E，对氢原子和类氢离子来讲，$E=-13.6\dfrac{Z^2}{n^2}\text{eV}$，其中 Z 代表原子核所带的正电荷。类氢原子是指原子核外只有 1 个电子的离子，如 He^+、Li^{2+}……

③ 波函数 ψ 虽然代表了电子的运动状态，但只是一种数学函数形式，从其本身无法确定具体的物理含义。但 $|\psi|^2$ 表示原子核外空间某处单位体积内电子出现的概率，称为概率密度，其空间图像称为电子云。

7.3.2　电子云和概率分布

7.3.2.1　电子云的概念

具有波粒二象性的电子并不像宏观物体那样，沿着固定的轨道运动。人们不可能同时准确地测定一个核外电子在某一瞬间所处的位置和运动速度，但是能用统计的方法判断电子在核外空间某一区域出现机会的多少。为了形象描述电子在原子核外空间概率分布的情况，化学上习惯用小黑点表示电子出现在核外空间的一次概率（不表示一个电子），电子出现概率密度大的地方，电子云浓密一些，电子出现概率密度小的地方，电子云稀薄一些。用这种方法来描述电子在核外出现的概率密度分布所得的空间图像称为电子云。因此，电子云的正确意义并不是电子真的像云那样分散，不再是一个粒子，而只是电子行为统计结果的一种形象。

7.3.2.2　电子云和概率分布

电子在原子核外某空间出现的概率应等于电子在这一区域出现的概率密度乘以空间的体积：$|\psi|^2\mathrm{d}v$ 表示原子核外某处 $\mathrm{d}v$ 空间内电子出现的概率。原子核外电子的概率分布可以用统计的方法得到，也可以通过理论计算得到。用统计的方法得到的图像就称为电子云。

假设用一台超高速摄像机对原子中的电子照相的话，用统计的方法将获得的图像叠加在一起就得到了原子核外电子概率密度的分布图像，也就是电子云图，如图 7.3 所示。图中黑点的密度代表了概率密度的大小，不代表电子的数目。

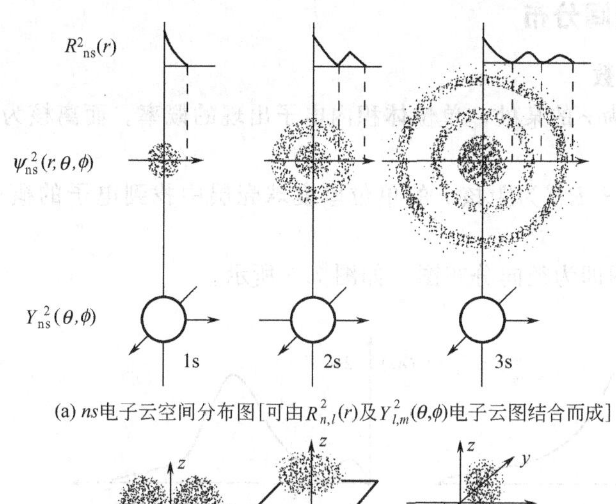

(a) ns电子云空间分布图[可由$R^2_{n,l}(r)$及$Y^2_{l,m}(\theta,\phi)$电子云图结合而成]

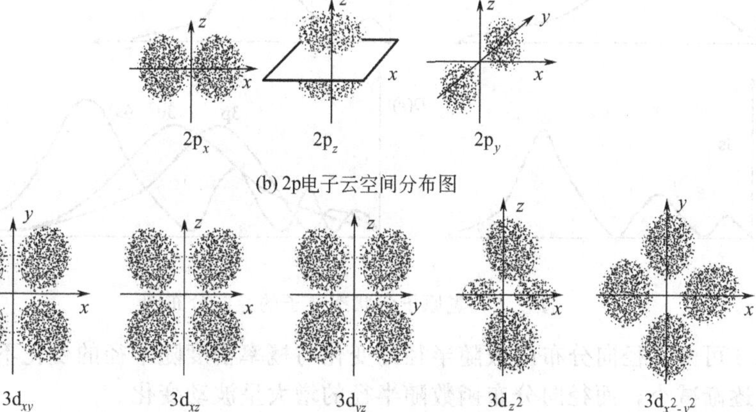

(b) 2p电子云空间分布图

(c) 3d电子云空间分布图

图 7.3　几种电子的电子云图

但要注意：电子云是概率密度的形象化描述，只能统计得到，概率密度$|\psi|^2$则可计算求得；电子的运动状态不同，概率密度$|\psi|^2$分布不同，电子云也不同。

7.3.2.3　概率分布的几种表示方法

① $|\psi|^2 \sim r$ 图　概率密度随半径的变化如图 7.4 所示。由图 7.4 明显可见，1s 电子的概率密度随原子半径的增大而逐渐减少，离原子核越近，概率密度越大；离原子核无穷远处，概率出现的机会几乎为零。

② 概率界面图　界面图是指电子出现概率为一定值的球形区域图，概率可以为 90%、95%等。如图 7.5 所示。

③ 电子云图　如图 7.3 所示。

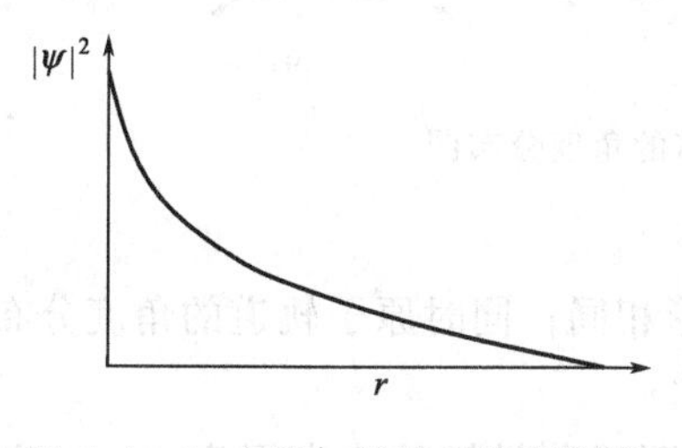

图 7.4　1s 电子$|\psi|^2$随 r 的变化图

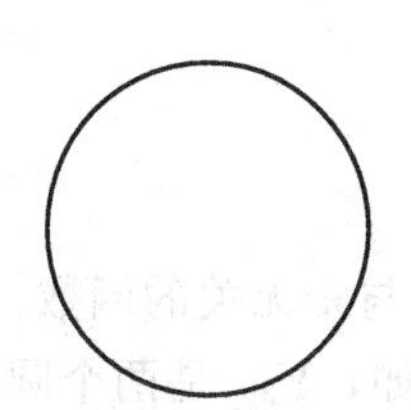

图 7.5　1s 电子云的界面图（95%）

7.3.3 波函数的空间分布

7.3.3.1 径向分布函数

$|R|^2$为离核距离为 r 的某处，单位体积内电子出现的概率。而离核为 r 的薄层球壳内的概率为 $4\pi r^2|R|^2\mathrm{d}r$。

定义：$D(r)=4\pi r^2|R|^2$为距核 r 的单位厚度球壳层中找到电子的概率，称为径向分布函数。

将 $D(r)$ 对 r 作图即为径向分布图。如图 7.6 所示。

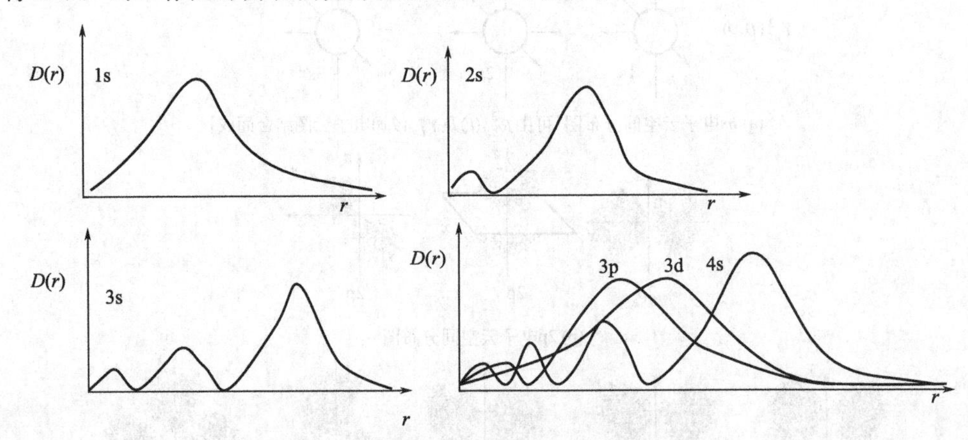

图 7.6 氢原子各状态电子的径向分布图

由图 7.6 可知，径向分布函数随半径的变化与概率密度随半径的变化不同，概率密度随半径的增大逐渐减小，而径向分布函数随半径的增大呈波动变化。

7.3.3.2 角度分布函数

将 $Y(\theta,\ \phi)$ 对 θ、ϕ 作图，即为原子轨道的角度分布图（见图 7.7），而将$|Y(\theta,\phi)|^2$ 对 θ、ϕ 作图，则得电子云的角度分布图（见图 7.8）。

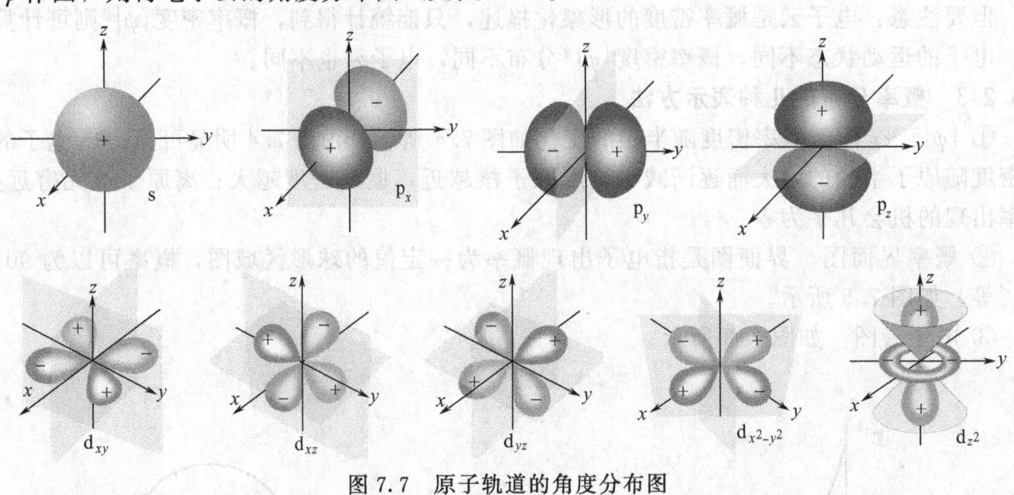

图 7.7 原子轨道的角度分布图

注意：

① Y 是与 n 无关的函数，n 不同时，Y 图形相同；同时原子轨道的角度分布图都是立体的图形；例如，Y_{2p_y} 是两个圆球，而不是平面图；

② 原子轨道的角度分布有正负号之分，是形成化学键的决定因素之一，电子云的角度

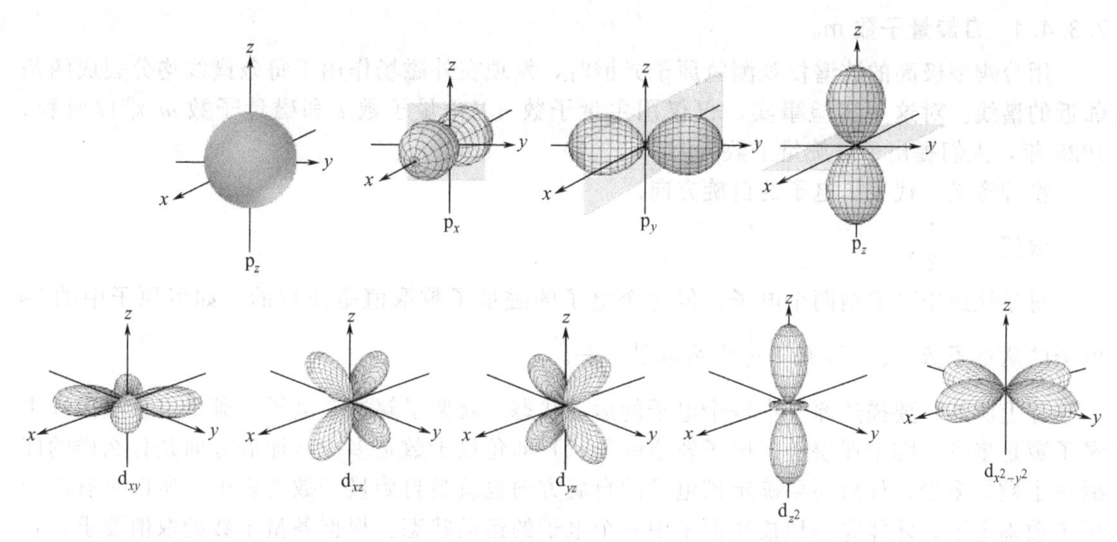

图 7.8　电子云的角度分布图

分布则无正负号；这是因为 Y 值虽然有正有负，但 $|Y|^2$ 却都是正值。

③ $|Y|^2 \leqslant |Y|$。所以，电子云的角度分布比原子轨道的角度分布从形状上要瘦一些。

④ 两种角度分布图都只是反映波函数和原子轨道的角度分布，并不代表原子轨迹和电子云的实际形状。

7.3.4　四个量子数

7.3.4.1　主量子数 n

物理意义：主要决定电子的能量，决定电子出现最大概率的区域离核的远近，主量子数相同的电子，近乎在同样的空间范围内运动，我们称为一个电子层或能层，在光谱学上常用大写字母 K，L，M，N，O，P 代表电子层数。

取值：1、2、3 等正整数。

7.3.4.2　角量子数（副量子数）l

物理意义：决定电子运动的角动量 $|L|=\dfrac{h}{2\pi}\sqrt{l(l+1)}$；决定原子轨道和电子云角度分布的情况或空间图像；同时和主量子数一起决定多电子原子中电子运动的能量。

l 值越大，E 越高。但对氢和类氢原子来讲，E 只与 n 有关。$E=-13.6\dfrac{Z^2}{n^2}\text{eV}$；随 l，n 的同时变化可能出现能级交错现象。一般来说，不同轨道的能量与（$n+0.7l$）成正比。

l 的取值：对于给定的 n 值，l 只能取小于 n 的正整数；0、1、2…、($n-1$)，分别对应的光谱学符号为 s、p、d、f……

7.3.4.3　磁量子数 m

物理意义：决定原子轨道在空间的伸展方向；决定在外磁场作用下电子绕核运动时角动量在外磁场方向上的分量大小（据光谱在磁场中分裂情况而得到）。

m 的取值：0，±1，±2，…，± l

磁量子数 m 与能量无关，每一个 m 值代表 1 个原子轨道或波函数，n、l 相同时，各原子轨道能量相同，称为等价轨道或简并轨道。

但对氢原子或类氢原子来讲，主量子数相同时，各轨道能量相同，即 ns、np、nd 均为简并轨道。

7.3.4.4 自旋量子数 m_s

用分辨率极高的波谱仪观测氢原子光谱时，发现在外磁场作用下每条谱线均分裂成两条邻近的谱线。对这一实验事实，仅仅用主量子数 n、角量子数 l 和磁量子数 m 难以解释。1925 年，人们提出了自旋量子数 m_s。

物理意义：代表了电子的自旋方向。

取值：$\pm\frac{1}{2}$。

每条轨道中可容纳两个电子，但每个电子的磁量子数取值是任意的，如氢原子中的 1s 电子的磁量子数 m_s 可以是$+\frac{1}{2}$也可以是$-\frac{1}{2}$。

综上所述，要描述原子中每个电子的运动状态，就要了解这个电子在哪个电子层上即主量子数是多少，哪个亚层上（原子轨道的形状）即角量子数是多少，伸展方向是什么样的即磁量子数是多少，最后还要确定该电子的自旋方向也就是自旋量子数的多少。所以只有四个量子数确定了，才能完整地描述原子中一个电子的运动状态。根据各量子数的取值要求，各电子层可能有的原子轨道数为 n^2，各电子层可能有的电子运动状态数为 $2n^2$。表 7.2 列出了四个量子数之间的关系及电子运动的可能状态。

表 7.2 量子数、原子轨道及各电子层中电子数的相互关系

n	l	亚层符号	m	轨道数	m_s	电子最大容量
1	0	1s	0	1	±1/2	2
2	0	2s	0	1 }4	±1/2	2 }8
	1	2p	0,±1	3	±1/2	6
3	0	3s	0	1	±1/2	2
	1	3p	0,±1	3 }9	±1/2	6 }18
	2	3d	0,±1,±2	5	±1/2	10
4	0	4s	0	1	±1/2	2
	1	4p	0,±1	3 }16	±1/2	6 }32
	2	4d	0,±1,±2	5	±1/2	10
	3	4f	0,±1,±2,±3	7	±1/2	14

7.4 原子核外电子的排布与元素周期律（Arrangement of Electrons Outer of Atomic Nucleus and Element Periodicity）

7.4.1 多电子原子的能级

7.4.1.1 屏蔽效应和钻穿效应

(1) 屏蔽效应 多电子原子中，除原子核对电子的吸引外，还有电子间的排斥，内层电子对外层电子的排斥相当于抵消了部分的核电荷，削弱了原子核对外层电子的吸引。这种作用称为屏蔽效应（shielding effect）。由于屏蔽效应的影响，外层电子感受到的有效核电荷降低，能量相应升高，即：

$$E=\frac{-13.6(Z-\sigma)^2}{n^2}\text{eV}=\frac{-13.6Z^{*2}}{n^2}\text{eV}$$

式中，σ 表示屏蔽常数；Z^* 表示有效核电荷（effective nuclear charge）。

根据斯莱特（Slater）规则求算不同电子的屏蔽常数。斯莱特将同一原子中的电子进行了分组：

(1s)，(2s，2p)，(3s，3p)，(3d)，(4s，4p)，(4d)，(4f)，(5s，5p)，(5d)，(5f)……依次类推

① 右边各组对左边各组的屏蔽效应为 0（外层对内层无屏蔽）；

② 1s 中 2 个电子之间屏蔽系数为 0.30，其他各组内电子之间的屏蔽系数为 0.35。

③ 对（ns，np）组中的电子来讲，(n−1) 各组中的电子对其屏蔽系数为 0.85；(n−2) 内的各组中的电子对其屏蔽系数为 1。

④ 对（nd）、(nf) 组来讲，左边各组电子对其屏蔽系数均为 1.00。

在计算某原子中某个电子的 σ 值时，可将有关屏蔽电子对该电子的 σ 值相加而得。

【例题 7.1】 求基态钪原子中 $3d^1$、$4s^2$ 电子的能量。

解：① 3d 电子的能量：

$$\sigma=1.00\times18=18$$

$$E=\frac{-13.6(21-18)^2}{3^2}=-13.6\text{eV}$$

② $4s^2$ 电子的能量：

$$\sigma=0.35+0.85\times9+8=16$$

$$E=\frac{-13.6(21-16)^2}{4^2}=-\frac{25}{16}\times13.6\text{eV}$$

从 Slater 规则可知，同一主层中，不同分层中的电子受到的屏蔽作用不同，其原因何在呢？

(2) 钻穿效应 根据电子的径向分布图可知，主量子数相同而角量子数不同的电子在原子核附近出现的概率不同：其规律是 $ns>np>nd$，从图 7-5 可以看出，同一个电子层不同亚层的电子，电子密度出现的最大概率峰离核的平均距离相近，但角量子数越小的轨道上的电子，小概率峰钻到原子核附近的机会越多，受到原子核的吸引力越大，该轨道上的电子本身的能量越小，所以主量子数相同的各轨道能量次序为 $E_{ns}<E_{np}<E_{nd}$。

这种外层电子钻到原子内层空间靠近原子核的现象称为钻穿作用（penetration effect），由于钻穿作用而引起电子能量降低的现象称为钻穿效应。

由于钻穿效应的存在，对于多电子原子来说，当 n 和 l 都不相同时，有可能发生能级交错现象。如 $E_{4s}<E_{3d}$ 的能级交错现象可以用钻穿效应来解释。由 4s 和 3d 的电子云的径向分布图可知，虽然 4s 电子的最大概率峰比 3d 的离核远得多，但由于 4s 电子的内层的小概率峰出现在离核较近处，对降低能量起着很大的作用，因而实际现象是 $E_{4s}<E_{3d}$（从例题 7.1 的计算结果也可以说明）。

7.4.1.2 鲍林的原子轨道近似能级图

鲍林（L. Pauling）根据光谱实验数据和量子力学计算得出，氢原子和类氢离子各个轨道的能量只与主量子数 n 有关；而多电子原子各轨道的能量既与主量子数 n 相关，也与角量子数 l 相关。鲍林将多电子原子中所有原子轨道按能量由低到高的次序排列成图 7.9 的形式，人们习惯上称之为“鲍林原子轨道近似能级图”。

几点解释：

① 每一“○”代表一原子轨迹，每一虚线方框代表一能级组，同时在周期表中代表一周期，能级组的划分是周期产生的根源；

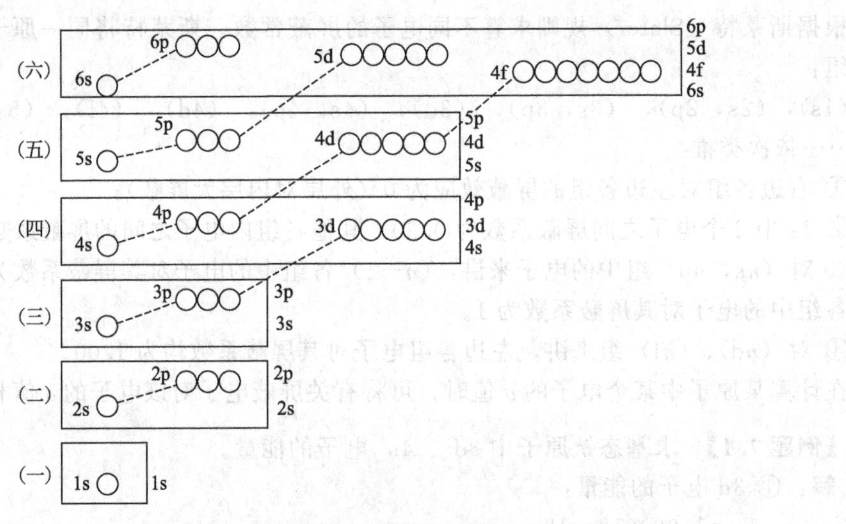

图 7.9 鲍林原子轨道近似能级图

② 各原子轨道是按能级由低到高的顺序排列的，而不是按各轨道离原子核的远近排列，这与玻尔理论不同；

③ 同能量的"○"处于简并态，从第四能级组开始往后，出现了能级交错现象，原因是 E 同时决定于主量子数 n 和角量子数 l（氢原子和类氢原子除外），将（$n+0.7l$）取整数值相同的划为同一个能级组。例如：通过计算 4s、3p 与 3d 轨道可划为同一个能级组，而且 4s 的能量低于 3d 的能量：

$$4s:\ (n+0.7l)=4$$

$$3p:\ (n+0.7l)=3+0.7=3.7$$

$$3d:\ (n+0.7l)=3+1.4=4.4$$

④ 该图是光谱实验结合量子化学理论计算得到，为一近似图示。一般来讲，空轨道的能量排列符合此图，但真实原子中填充电子以后，原子轨道的能量高低与此图相差较大。此图往往只是在填充电子时有用。真实原子的原子轨道能量符合科顿（F. A. Cotton）的原子轨道能级图。

7.4.1.3 科顿的原子轨道能级图

真实原子的轨道能量更符合美国无机化学家科顿于 1962 年提出的原子轨道能级图（见图 7.10）。它较清楚地反映了轨道能量与元素原子序数的关系，由图可以清晰地看出：

① 原子序数为 1 的氢元素，其原子轨道的能量只和主量子数 n 有关。

② 原子轨道的能量随原子序数的增大而降低。由于增加的内层电子对外层各轨道的屏蔽作用不同，故 l 不同的轨道能量降低的程度不一致。于是引起了能级分裂和能级交错，同时也使得不同元素的原子轨道能级

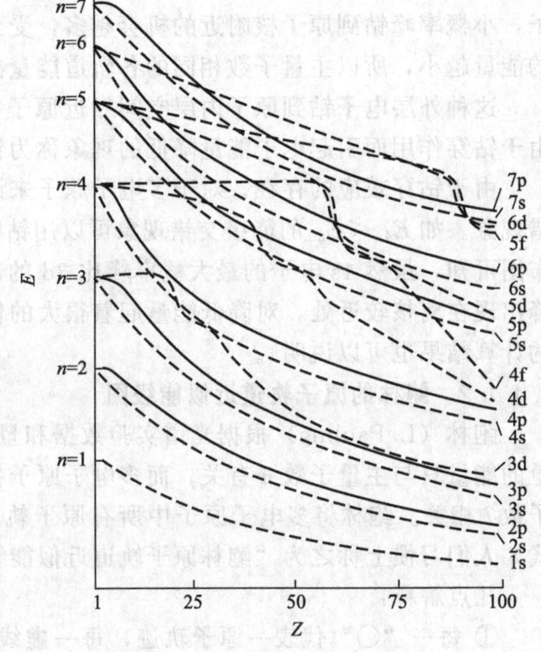

图 7.10 科顿原子轨道能级图

可能具有互不完全一致的排列顺序。

例如，4s 轨道与 3d 轨道，4s 轨道可高于 3d 轨道也可以低于 3d 轨道。当 3d 为空轨道时，由于 4s 轨道的钻穿效应大于 3d 轨道的屏蔽效应，4s 轨道低于 3d 轨道的能量，所以电子先填充 4s 轨道；而当 3d 轨道上有电子时，由于核电荷对电子的吸引，导致 3d 轨道能量降低，从而出现了 3d 轨道低于 4s 轨道能量的现象。这就是副族元素的单质参加化学反应时，先失去 ns 电子而不是先失去 $(n-1)$d 电子的原因。

7.4.2 原子核外电子的排布规律

根据光谱实验结果，人们总结出了核外电子排布应遵从三条基本原则：

① 能量最低原理。依据鲍林的原子轨道能级图，电子首先填充在能量最低的轨道中，低能态轨道填满后，再填充能量高一级的轨道，基态原子总是处于能量最低的稳定状态。多电子原子在基态时，核外电子总是尽可能分布到能量最低的轨道，这称为能量最低原理。

② 泡利（W. E. Pauli）不相容原理。同一原子中不能含有四个量子数完全相同的电子，或者说在同一个原子中没有运动状态完全相同的电子，即同一轨道中最多可容纳 2 个电子，但自旋方向必须相反。

③ 洪特（F. Hund）规则及其特例。电子在简并轨道中填充时，首先以自旋相同的方式单独占居每一个轨道；当轨道处于全空、半充满、全充满时能量较低，这是洪特规则特例。

全空：ns^0、np^0、nd^0、nf^0

半充满：ns^1、np^3、nd^5、nf^7

全充满：ns^2、np^6、nd^{10}、nf^{14}

例如，2p 能级有 3 个简并轨道，如果 2p 能级上有 3 个电子，它们将分别处于 $2p_x$、$2p_y$ 和 $2p_z$ 轨道，而且自旋平行，如氮原子的电子结构。如果 2p 能级有 4 个电子，其中一个轨道将有 1 对自旋相反的电子，这对电子处于哪一个 2p 轨道可认为没有差别。又如：24 号、29 号元素的电子排布式分别为：$1s^2 2s^2 2p^6 3s^2 3p^6 4s^1 3d^5$ 和 $1s^2 2s^2 2p^6 3s^2 3p^6 4s^1 3d^{10}$，而非 $1s^2 2s^2 2p^6 3s^2 3p^6 4s^2 3d^4$ 和 $1s^2 2s^2 2p^6 3s^2 3p^6 4s^2 3d^9$，相对于后者，前者的这两种排布方式使 3d 轨道处于半充满状态和全充满状态。

根据以上三条原则，参照鲍林原子轨道能级图和科顿原子轨道能级图，可以得到元素周期表中各元素原子核外电子的排布式。

下面根据电子排布三原则，由具体的实例讨论原子核外电子的排布方式，如氮原子核外有 7 个电子，根据能量最低原理和保里不相容原理，首先有 2 个电子排布到第一电子层的 1s 轨道中；又有 2 个电子排布到第二层的 2s 轨道中。按照洪特规则，余下的 3 个电子将以相同的自旋方式分别排布到 3 个方向不同但能量相同的 2p 轨道中，则氮原子的电子结构式为 $1s^2 2s^2 2p^3$。

氖原子核外有 10 个电子，根据电子排布三原则，第一电子层中有 2 个电子排布到 1s 轨道上，第二层中有 8 个电子，其中 2 个排布到 2s 轨道上，6 个排布到 2p 轨道上。因此氖的原子结构可用电子结构式表示为 $1s^2 2s^2 2p^4$。这种最外电子层为 8 电子的结构，通常是一种比较稳定的结构，称为稀有气体结构。

钠原子核外有 11 个电子，第一层 1s 轨道上有 2 个电子，第二层 2s、2p 轨道上有 8 个电子，余下的一个电子将填在第三层。在 $n=3$ 的 3 种不同类型的轨道中，3s 的能量最低，电子必然分布到 3s 轨道上中。因此钠原子的电子结构式为 $1s^2 2s^2 2p^6 3s^1$。

钾原子核外有 19 个电子，最后一个电子填充到 4s 轨道。其电子结构式为 $1s^2 2s^2 2p^6 3s^2 3p^6 4s^1$。

为了避免电子结构式书写过长，通常把内层电子已达到稀有气体结构的部分写成“原子实”，并以稀有气体的元素符号外加方括号来表示。例如，钾原子的电子结构式可表示为［Ar］$4s^1$。

随着核电荷数的递增，大多数元素的电中性基态原子的电子填入能级的顺序是由第一层的1s→第二能层的2s→2p→第三能层的3s→3p，接着空着第三能层的3d能级不填而填入第四能层的4s，待4s能级充满后才回过头来填入次外层的3d能级，3d能级填满电子后又填入最外层的4p能级，即4s→3d→4p，接着重复前面的填充方式，5s→4d→5p，随后在电子填完6s后填入倒数第三层的4f能级，再到次外层的5d能级、最外层的6p能级，即：6s→4f→5d→6p，…依次类推，形成周期表的所有元素原子的电子结构式，周期表中价电子结构特殊的元素有：

^{23}V:[Ar]$3d^3 4s^2$	^{24}Cr:[Ar]$3d^5 4s^1$	^{29}Cu:[Ar]$3d^{10} 4s^1$
^{41}Nb:[Kr]$4d^4 5s^1$	^{44}Ru:[Kr]$4d^7 5s^1$	^{45}Rh:[Kr]$4d^8 5s^1$
^{46}Pd:[Kr]$4d^{10} 5s^0$	^{42}Mo:[Kr]$(4d^5 5s^1)$	^{73}Ta:[Xe]$4f^{14} 5d^3 6s^2$
^{74}W:[Xe]$4f^{14} 5d^4 6s^2$	^{78}Pt:[Xe]$4f^{14} 5d^9 6s^1$	

7.4.3 原子的电子层结构与元素周期系

7.4.3.1 原子的电子层结构与周期的关系

周期的划分依据是鲍林（Pauling）原子轨道能级图中的每一能级组。即（$n+0.7l$）整数部分相同的轨道组。目前共有7个能级组，对应7个周期：第一周期（1s组），第二周期（2s2p组），第三周期（3s3p组）；第四周期（4s3d4p组）；第五周期（5s4d5p组）；第六周期（6s4f5d6p组）；第七周期（7s5f6d7p组）……

第一周期只有2个元素，称为超短周期；第二、第三周期各含有8个元素，称为短周期；第四、第五周期各含有18个元素，称为长周期；第六周期含有32个元素，称为超长周期；第七周期还未排满，称为未完成周期。从周期表元素原子的性质可以看出，每一周期都是从碱金属开始，以稀有气体结束。由于元素的性质主要决定原子的电子层结构尤其是最外层电子数，故周期表很明确地体现了元素的性质随原子序数递增呈周期性变化的客观规律。

7.4.3.2 原子的电子层结构与族的关系

周期表中的元素共有18列，划分为16个族：8个主族，8个副族，族的序号使用大写的罗马数字，主族用A表示，副族用B表示。

如果最后一个电子填入ns或np轨道的元素称为主族元素。主族元素的价层电子构型为$ns^{1\text{-}2}np^{0\text{-}6}$，族数与价层电子总数相对应，即主族元素最外层的电子都是价层电子。但是稀有气体元素因其化学惰性不易成键，曾将其称为0族，现改为ⅧA族。

如果最后一个电子填入（$n-1$）d或（$n-2$）f轨道的元素称为副族元素。副族元素的价层电子构型为$(n-1)d^{0\sim10}ns^{0\sim2}$，ⅢB～ⅦB族的族数与价层电子数对应；ⅠB族的价层电子构型为$d^{10}ns^1$，ⅡB族的价层电子构型为$d^{10}ns^2$；周期表中的第8、9、10列，由于同周期的元素性质相近，因此将其归纳为一族，称为第ⅧB族。

7.4.3.3 原子的电子层结构与区的关系

区域的划分依据是原子的价层电子构型。

区域	价层电子构型	包含的元素
s	$ns^{1\sim2}$	ⅠA、ⅡA
p	$ns^2np^{1\sim6}$	ⅢA～ⅧA
d	$(n-1)\ d^{1\sim10}ns^{0\sim2}$	ⅢB～Ⅷ
ds	$(n-1)\ d^{10}ns^{1\sim2}$	ⅠB、ⅡB
f	$(n-2)\ f^{0\sim14}\ (n-1)\ d^{0\sim2}ns^2$	镧系、锕系

应掌握的内容：

① 除锕系外，其余所有元素的符号、名称、位置、电子构型。

② 给出原子序数，推出其电子构型、位置、名称、符号。

③ 给出位置，写出相应的电子构型、符号、名称。

④ 预测未来发现的元素的电子构型、位置。

7.4.4 元素基本性质的周期性

7.4.4.1 原子半径

根据电子云的概念，原子在空间占据的范围并没有明确的界限，所以原子半径（atomic radius）随原子所处的环境不同而有不同定义的半径。

① 原子轨道半径。它是指自由原子最外层轨道径向分布函数的主峰位置到原子核的距离。它只适用于比较自由原子的大小。

② 共价半径。若同种元素的两个原子以共价单键连接时，它们核间距离的一半称为原子的共价半径。它用于比较非金属原子的大小。

③ 金属半径。在金属晶格中相邻金属原子核间距离的一半称原子的金属半径。它用于比较金属原子的大小。原子的金属半径通常比单键共价半径大 10%～15%。

④ 范德华半径（van der Waals）。稀有气体在凝聚态时，原子之间不是靠化学键结合而是靠微弱的分子间作用力（范德华力）结合在一起，取固相中相邻原子核间距的一半作为原子半径称为范德华半径。非金属的原子范德华半径约等于它们的负离子半径。

对同一种元素来说，范德华半径＞金属半径＞共价半径

(1) 原子半径在族中的变化 同族元素，自上而下，半径增大。自上而下，虽然核电荷逐渐增大，但电子层也逐渐增加，内层电子对外层电子的屏蔽作用使得外层电子感受到的有效核电荷增加不明显，电子层增加的影响占主导作用，因此，原子半径逐渐增大。第六周期镧系之后的副族元素的原子半径与同族第五周期的元素几乎相同，这是由于镧系收缩的存在造成的。

(2) 镧系收缩及其对元素性质的影响 随着原子序数的增加，镧系元素原子半径的减小（约 11pm）称为镧系收缩（lanthanide contraction）。镧系收缩使第六周期镧系后面的副族元素的半径相当于减少了 11pm，从而与第五周期同族元素的原子半径几乎相等，又因为同族元素的价层电子构型相同，因此，它们的性质十分接近，在自然界中常共生在一起而难以分离，如 Zr 与 Hf，Nb 与 Ta，Mo 与 W，Tc 与 Re 等。

(3) 原子半径在周期中的变化 同周期自左到右，原子半径逐渐减少。但稀有气体元素（其半径为范氏半径）除外。同周期元素的电子层相同，自左至右，随着原子序数的增加，外层电子感受到的有效核电荷逐渐增加，因此，半径逐渐减少。但过渡元素由于最后的电子主要填充在内层轨道中，原子半径变化不如主族元素明显。对于镧系和锕系两个内过渡元素来说，由于电子最后主要填充在 $(n-2)$ f 轨道中，原子半径的变化更小（详见表 7.3）。

按统计规律，同一周期中两个相邻元素的半径差值平均为：主族元素约 10pm；过渡元素约 5pm；内过渡元素＜1pm。

7.4.4.2 电离能

元素的基态气体原子失去最外层第一个电子成为气态＋1 价阳离子所需的能量称为该元素的第一电离能（$I_1^\ominus$），再相继失去电子所需的能量依次称为第二、第三……电离能（$I_2^\ominus$、$I_3^\ominus$……）。第一电离能最小，因为从正离子电离出电子远比从中性原子电离出电子困难，离子电荷越高越困难，所以 $I_1^\ominus < I_2^\ominus < I_3^\ominus$……电离能的单位以电子伏特（eV）或 $kJ \cdot mol^{-1}$ 表示（$1eV = 96.48 kJ \cdot mol^{-1}$）。

表 7.3　元素的共价半径（稀有气体为范德华半径）

ⅠA	ⅡA	ⅢB	ⅣB	ⅤB	ⅥB	ⅦB	Ⅷ			ⅠB	ⅡB	ⅢA	ⅣA	ⅤA	ⅥA	ⅦA	ⅧA
H																	He
32																	93
Li	Be											B	C	N	O	F	Ne
123	89											82	77	70	66	64	112
Na	Mg											Al	Si	P	S	Cl	Ar
154	136											118	117	110	104	99	154
K	Ca	Sc	Ti	V	Cr	Mn	Fe	Co	Ni	Cu	Zn	Ga	Ge	As	Se	Br	Kr
203	174	144	132	122	118	117	117	116	115	117	125	126	122	121	117	114	169
Rb	Sr	Y	Zr	Nb	Mo	Tc	Ru	Rb	Pd	Ag	Cd	In	Sn	Sb	Te	I	Xe
216	191	162	145	134	130	127	125	125	128	134	148	144	140	141	137	133	190
Cs	Ba		Hf	Ta	W	Re	Os	Ir	Pt	Au	Hg	Tl	Pb	Bi	Po	At	Rn
235	198		144	134	130	128	126	127	130	134	144	148	147	146	146	145	220

镧系元素：														
La	Ce	Pr	Nd	Pm	Sm	Eu	Gd	Tb	Dy	Ho	Er	Tm	Yb	Lu
169	165	164	164	163	162	185	162	161	160	158	158	158	170	158

（1）电离能在同族中的变化　在同一主族元素中，由上而下随着原子半径增大，电离能减小，元素的金属性依次增强，如表 7.4 所示。第ⅠA 族最下方的铯（Cs）第一电离能最小，它是最活泼的金属，而稀有气体氦（He）的第一电离能最大。副族元素的电离能变化幅度较小，而且不规则，这是由于它们新增电子填入 $(n-1)$d 轨道，以及 ns 与 $(n-1)$d 轨道能量相近的缘故。副族元素除ⅢB 族外，其他副族元素从上到下金属性有逐渐减小的趋向。第六周期由于增加镧系 14 个核电荷而使第三过渡系元素的电离能比相应同副族增大。

表 7.4　元素的第一电离能/$kJ \cdot mol^{-1}$

ⅠA	ⅡA	ⅢB	ⅣB	ⅤB	ⅥB	ⅦB	Ⅷ			ⅠB	ⅡB	ⅢA	ⅣA	ⅤA	ⅥA	ⅦA	ⅧA
H																	He
1312																	2372
Li	Be											B	C	N	O	F	Ne
520	900											801	1086	1402	1314	1681	2081
Na	Mg											Al	Si	P	S	Cl	Ar
496	738											578	787	1012	1000	1251	1521
K	Ca	Sc	Ti	V	Cr	Mn	Fe	Co	Ni	Cu	Zn	Ga	Ge	As	Se	Br	Kr
419	590	631	658	650	653	717	759	758	737	746	906	579	762	944	941	1140	1351
Rb	Sr	Y	Zr	Nb	Mo	Tc	Ru	Rb	Pd	Ag	Cd	In	Sn	Sb	Te	I	Xe
403	550	616	660	664	685	702	711	720	805	731	868	558	709	832	869	1008	1170
Cs	Ba	La	Hf	Ta	W	Re	Os	Ir	Pt	Au	Hg	Tl	Pb	Bi	Po	At	Rn
376	503	538	654	761	770	760	840	880	870	890	1007	589	716	703	812	912	1037

La	Ce	Pr	Nd	Pm	Eu	Gd	Tb	Dy	Ho	Er	Tm	Yb	Lu
538	528	523	530	536	547	592	564	572	581	589	597	603	524

（数据录自：James E，Hubeey，Inorganic Chemjstry；Principles of Structure and Reactjvjty，Second edjtjon）

（2）电离能在周期中的变化　同一周期元素由左向右电离能一般是增大的，增大的幅度随周期数的增大而减小。第二、三周期元素从左到右电离能变化有两个转折。B 和 Al 最后一个电子是填在钻穿能力较小的 p 轨道上，轨道能量升高，所以它们的电离能低于 Be 和 Mg；O 和 S 最后一个电子是加在已有一个 p 电子的 p 轨道上，由于 p 轨道成对电子间的排斥作用使它们的电离能减小。一般来说，具有 p^3、d^5、f^7 等半满电子构型的元素电离能较大，即比前、后元素的电离能都要大。这可用洪特规则加以解释。稀有气体原子外层电子构型 ns^2np^6 和碱金属外层电子型 ns^2 以及具有 $(n-1)d^{10}ns^2$ 构型的ⅡB 族元素，都属于轨道全充满构型，它们的电离能较大。同一周期过渡元素，由左向右电离能增大的幅度不大，且变化没有规律。

过渡元素电子填充顺序为 $ns \rightarrow (n-1)d$，似乎应先电离 $(n-1)d$ 后电离 ns，但实际情况正好相反。例如 Fe 的外层电子是 $4s^2 3d^6$，电离后 Fe^{2+} 外层电子不是 $4s^2 3d^4$ 而是 $3d^6 4s^0$。

周期表中，Cs 的第一电离能最小，He 的第一电离能最大。

7.4.4.3 电子亲合能

元素的基态气态原子得到一个电子成为－1 氧化态的气体阴离子所放出的能量称为该元素的电子亲合能（Electron Affinity）。常以符号 $E_A^{\ominus}$ 表示，电子亲合能等于电子亲合反应焓变的负值（$-\Delta H^{\ominus}$）。例如：

$$Cl(g) + e^- \rightleftharpoons Cl^-(g) \qquad \Delta H^{\ominus} = -349kJ \cdot mol^{-1}, \ E_A^{\ominus} = \Delta H^{\ominus} = -349kJ \cdot mol^{-1}$$

像电离能一样，电子亲合能也有第一、第二……之分，表 7.5 给出主族元素的第一电子亲合能，正值表示放出能量，负值表示吸收能量。

（1）电子亲合能在族中的变化　同族元素，自上而下电子亲合能逐渐减小。原因是自上而下原子半径逐渐增大，原子核对外来电子的吸引力逐渐减弱。

（2）电子亲合能在周期中的变化　同周期元素，自左而右电子亲合能逐渐增大。原因是自左而右原子半径逐渐减少，原子核对外来电子的吸引力逐渐增强。

由于很多元素的原子极难获得电子成为－1 氧化态的阴离子，因此电子亲合能的数据不完整。表 7.5 列出了部分元素的电子亲合能数值。

表 7.5　部分元素的电子亲合能/$kJ \cdot mol^{-1}$

H															He
72.9															(−21)
Li	Be									B	C	N	O	F	Ne
59.8	(−240)									23	122	−58 −800* −1290**	141 −780*	322	(−29)
Na	Mg									Al	Si	P	S	Cl	Ar
52.9	(−230)									44	120	74	200.4 −590*	348.7	(−35)
K	Ca	Ti	V	Cr	Fe	Co	Ni	Cu	Zn	Ga	Ge	As	Se	Br	Kr
48.4	(−156)	(37.7)	(90.4)	63	(56.2)	(90.3)	(123.1)	123	(−87)	36	116	77	195 −420*	324.5	(−39)
Rb				Mo					Cd	In	Sn	Sb	Te	I	Xe
46.9				96					(−58)	34	121	101	190.1	295	(−40)
Cs	Ba	La		W	Re	Pt	Au			Tl	Pb	Bi	Po	At	Rn
45.5	(−52)	80		50	15	205.3	222.7			50	100	100	(180)	(270)	(−40)
Fr															
44.0															

注：未加括号的数据为实验值，加括号的数据为理论值，未带 * 的数据为第一电子亲合能，带 *、** 者分别为第二、第三电子亲合能（数据录自 James E. Hubeey，Inorgamic Chemistry：Principles of Structure and Reactivity，Second edition）。

从表 7.5 可见，有些元素的电子亲合能数值与上述变化规律不符。例如

$$Cl > Br > F > I \qquad S > Se > Te > Po > O \qquad P > N$$

特别是第三周期非金属元素的电子亲合能均高于第二周期的同族元素。目前认为原因是第二周期元素的原子半径太小，外层电子云密度较大，对外来一个电子的排斥作用反而比同族的第三周期元素大，因而得到一个电子放出的能量（E_A）相对较小。

7.4.4.4 **电负性**

由 I、E_A 均可在一定程度上说明元素的金属性和非金属性大小。但对于 H、C 则难以解释，因为两者的 $I^{\ominus}$、$E_A^{\ominus}$ 均大。为了解决这一问题，人们引入电负性的概念。

电负性是指分子中原子对成键电子的吸引力。迄今为止，关于电负性的计算方法和规定有一百多种。但常用的有三种：

1932 年，鲍林：$X_F=4.0$；$X_{Li}=1.0$

1934 年，密立根：$X=\frac{1}{2}(I+E_A)$

1957 年，阿莱-罗周：$X=\frac{0.359Z^*}{r^2}+0.744$

在同一族中由上到下元素的电负性减小，金属性增大；同一周期中由左到右元素的电负性增大，非金属性增强。因为电负性是原子在分子中吸引电子能力大小的相对值，所以它可以用来衡量金属和非金属性的强弱。从表 7.6 数据可见，非金属的电负性大致在 2.0 以上，电负性最大的氟(F)是非金属性最强的元素。金属的电负性一般较低，在 2.0 以下，周期表中左下方铯(Cs)的电负性最低，是金属性最强的元素。周期表中有一些元素与其右下角紧邻的元素有相近的原子半径，例如：Li 和 Mg、Be 和 A、Si 和 As 等，其原子半径大小都很接近，因此它们的电离能、电负性以及一些化学性质十分相似，这就是所谓的对角线规则。

表 7.6 部分元素的电负性数值

H																
2.20																
Li	Be											B	C	N	O	F
0.98	1.57											2.04	2.55	3.04	3.44	3.98
Na	Mg											Al	Si	P	S	Cl
0.93	1.33											1.61	1.90	2.19	2.58	3.16
K	Ca	Sc	Ti	V	Cr	Mn	Fe	Co	Ni	Cu	Zn	Ga	Ge	As	Se	Br
0.82	1.00	1.36	1.54	1.63	1.66	1.55	1.83	1.88	1.91	1.90	1.65	1.81	2.01	2.18	2.55	2.96
Rb	Sr	Y	Zr	Nb	Mo	Tc	Ru	Rh	Pd	Ag	Cd	In	Sn	Sb	Te	I
0.82	0.95	1.22	1.33	1.6	2.16	1.9	2.2	2.28	2.20	1.93	1.69	1.78	1.96	2.05	2.1	2.66
Cs	Ba	La	Hf	Ta	W	Re	Os	Ir	Pt	Au	Hg	Tl	Pd	Bi	Po	
0.79	0.89	1.10	1.3	1.5	2.36	1.9	2.2	2.20	2.28	2.54	2.00	2.04	2.33	2.02	2.0	
					U	Np	Pu									
					1.38	1.36	1.28									

Ce	Pr	Nd	Pm	Sm	Eu	Gd	Tb	Dy	Ho	Er	Tm	Yb	Lu
1.12	1.13	1.14	—	1.17	—	1.20	—	1.22	1.23	1.24	1.25	—	1.27

注：鲍林标度 X_p，录自 Allred，A. L. J.，Inorg Nucl. Chem，1961，17，215；Lagowski，J. J.，Mordern Inorganic Chemistry，Marcel Dekker，New York (1973)。

7.4.4.5 **金属性和非金属性**

金属性（metallicity)：失去电子成为正离子的能力。周期表中，自上而下，金属性逐渐增强，自左向右，金属性逐渐减弱。

非金属性（nonmetallicity)：得到电子成为负离子的能力。周期表中，自上而下，非金属性逐渐减弱，自左向右，非金属性逐渐增强。

习　题

7.1　简要说明卢瑟福原子模型。

7.2　玻尔氢原子模型的理论基础是什么？简要说明玻尔理论的基本论点。

7.3　简要说明玻尔理论的成功之处和不足。

7.4　光和电子都具有波粒二象性，其实验基础是什么？

7.5　微观粒子具有哪些运动特性？

7.6　简要说明波函数和原子轨道的含义、联系和区别；简要说明电子云和概率密度的意义、联系和区别。

7.7　常用的电子云图像有哪几种？各代表什么物理意义？

7.8　原子的量子力学模型中的原子轨道与玻尔模型中的原子轨道有何区别？

7.9　在原子的量子力学模型中，电子的运动状态要用几个量子数来描述？简要说明各量子数的物理含义、取值范围和相互间的关系。

7.10　判断下列说法正确与否。简要说明原因。

(1) s电子轨道是绕核运转的一个圆圈，而p电子是走“8”字形。

(2) 电子云图中黑点越密表示此处电子越多。

(3) $n=4$时，表示有4s、4p、4d和4f四条轨道。

(4) 只有基态氢原子中，原子轨道的能量才由主量子数n单独决定。

(5) 氢原子的有效核电荷数与核电荷数相等。

7.11　根据Bohr理论计算第六个Bohr轨道的半径（nm）和对应的能量（eV）。

7.12　当氢原子的电子从第二能级跃迁至第一能级时发射出光子的波长是121.3nm；当电子从第三能级跃迁至第二能级时，发射出光子的波长是656.3nm。问哪一种光子的能量大？

7.13　写出$n=4$的电子层中各电子的量子数组合和对应波函数的符号，指出各亚层中的轨道数和最多能容纳的电子数。

7.14　试判断满足下列条件的元素有哪些？写出它们的电子排布式、元素符号和中、英文名称。

(1) 有6个量子数为$n=3$、$l=2$的电子，有2个量子数为$n=4$、$l=0$的电子；

(2) 第五周期的稀有气体元素；

(3) 第四周期的第六个过渡元素；

(4) 电负性最大的元素；

(5) 基态4p轨道半充满的元素；

(6) 基态4s只有1个电子的元素。

7.15　硫原子的3p电子可用下面任意一套量子数描述：

① 3，1，0，+1/2；　　② 3，1，0，−1/2；

③ 3，1，1，+1/2；　　④ 3，1，1，−1/2；

⑤ 3，1，−1，+1/2；　　⑥ 3，1，−1，−1/2。

若同时描述硫原子的4个3p电子，可以采用哪四套量子数？

7.16　由下列元素在周期表中的位置，给出相应的元素名称、元素符号及其价层电子构型。

(1) 第五周期第ⅥB族；(2) 第六周期第ⅠB族；(3) 第七周期第ⅠA族；(4) 第五周期第Ⅷ族；(5) 第六周期第ⅠB族。

7.17　解释下列现象：

(1) Na的第一电离能小于Mg，而Na的第二电离能却远远大于Mg；

(2) Na^{+}、Mg^{2+}、Al^{3+}为等电子体，且属于同一周期，但离子半径逐渐减小，分别为98pm、74pm、57pm；

(3) 基态Be原子的第一、二、三、四级电离能分别为：$I_1^{\ominus}=899$，$I_2^{\ominus}=1757$，$I_3^{\ominus}=1.484\times10^4$，$I_4^{\ominus}=2.100\times10^4\,kJ\cdot mol^{-1}$，其数值逐渐增大并有突跃；

(4) 第ⅤA、ⅥA、ⅦA族第三周期元素的电子亲合能高于同族的第二周期元素。

7.18　19号元素K和29号元素Cu是同一周期的元素，最外层中都只有一个4s电子，两者原子半径也相近，但两者的化学活泼性相差很大。试用相关的原子结构理论知识说明之。

7.19　A、B、C、D四种元素，其中A属第五周期，与D可形成原子个数比为1∶1或1∶2的化合物。B为第四周期d区元素，最高氧化数为7。C和B是同周期的元素，具有相同的最高氧化数。D的电负性仅小于F。给出A、B、C、D四种元素的元素符号，并按电负性由大到小的顺序排列之。

7.20 什么是镧系收缩？镧系收缩对元素性质有哪些影响？

7.21 A、B、C三种元素的原子最后一个电子填充在同一能级组中，B的核电荷比A多11个，C的质子比B多5个；1mol的A单质同水反应生成1g H_2，同时转化为具有Ar原子电子层结构的离子。试判断A、B、C各为何种元素？写出A、B分别与C反应时生成物的化学式。

7.22 如果发现117号元素，请给出

(1) 与钾反应生成物的化学式；

(2) 与氢反应生成物的化学式；

(3) 最高氧化态氧化物的化学式；

(4) 该元素的单质是金属还是非金属；

(5) 最高氧化态含氧酸可能的化学式。

第 8 章　化学键和分子结构

Chemical Bond and Molecular Structure

分子是保持物质化学性质的最小微粒。

分子的性质决定于组成分子的原子的种类、数目、原子间的强相互作用力和原子的空间排列方式。其中原子间的强相互作用力称为化学键（chemical bond），而原子在空间的排列方式就是分子结构（molecular structure）。化学键与分子结构紧密地联系在一起，化学键是本质，分子结构则是表现形式。随着科学技术的发展，人们对物质中原子（或离子）之间的强相互作用力的认识逐渐加深，从而发展了不同的化学键理论。

8.1　离子键理论（Ionic Bond Theory）

19 世纪末、20 世纪初，人们发现稀有气体具有特殊的稳定性，从而认识到 8 电子构型是一种稳定的外层电子构型。德国化学家柯塞尔（W. Kossel）解释了 NaCl、$CaCl_2$、CaO 等化合物的形成，并建立了离子键理论。

8.1.1　离子键的形成

$$Na(s) + \frac{1}{2}Cl_2(g) = Na^+ Cl^-(s)$$

活泼的金属原子和活泼的非金属原子靠近时，金属原子易失去电子变成带正电荷的阳离子（cation），非金属原子得到电子变成带负电荷的阴离子（anion），阴阳离子通过静电引力结合在一起形成离子型化合物。

离子键（ionic bond）：离子型（固体）化合物中正负离子间的静电吸引力。

离子键的本质就是正负离子间的静电作用力。

8.1.2　离子键的特点

（1）离子键没有方向性　一个离子可以在任何方位上与带相反电荷的离子产生静电引力，因此离子键没有（固定）方向。

（2）离子键没有饱和性　从经典力学的观点看，一个离子可以和无数个带相反电荷的离子相互吸引，所以说离子键没有饱和性。当然在实际的离子晶体中，由于空间位阻的作用，每一个离子周围紧邻排列的带相反电荷的离子是有限的。例如，在 NaCl 晶体中，每一个 Na^+ 周围有 6 个 Cl^- 紧邻，而在 CsCl 晶体中，每一个 Cs^+ 周围有 8 个 Cl^- 靠的最近。

8.1.3　离子键的强度、晶格能 U

离子键的强度有两种直观的表示方法。

其一是用离子键的键能（bond energy）$E_b^{\ominus}$ 来表示。在 298K 和标准状态下，将气态离子化合物 1mol 离子键断开使其分解成气态中性原子（或原子团）时所需要的能量，称为该离子键的键能。例如：

$$NaCl(g) = Na(g) + Cl(g) \qquad E_b^\ominus = 398kJ \cdot mol^{-1}$$

离子键的键能越大，键的稳定性越高。

其二是用晶格能（lattice energy）$U^\ominus$ 来表示。相互远离的气态正离子和气态负离子逐渐靠近并结合形成 1mol 离子晶体时放出的能量称为该离子晶体的晶格能。对任一离子型化合物有

$$mM^{n+}(g) + nX^{m-}(g) = M_mX_n(s)$$

$$U^\ominus = -\Delta H_m^\ominus$$

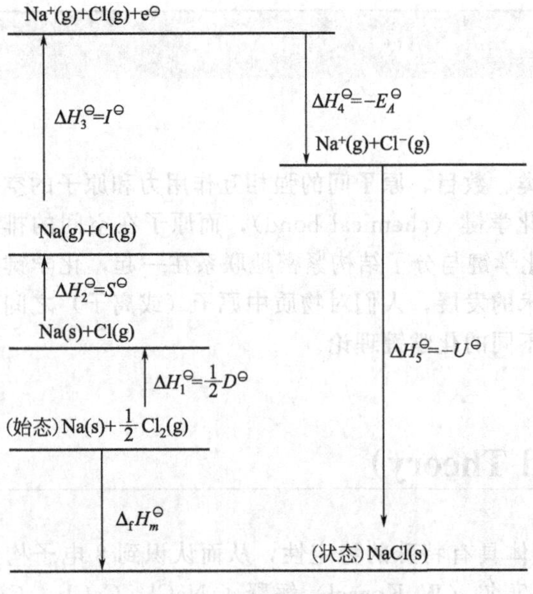

晶格能 $U^\ominus$ 值越大，离子键强度越高，晶体稳定性越高，熔沸点越高，硬度越大。晶格能 $U^\ominus$ 本身的数值是难以用实验直接测量的，一般都是用热力学的方法通过盖斯定律来求算。其中最为著名的是玻恩-哈伯（Born-Haber）循环。

图 8.1　玻恩-哈伯循环示意图

现以 NaCl 为例说明玻恩-哈伯循环的应用。如图 8.1 所示，图中 $D^\ominus$ 代表 Cl_2 的离解能（239.6kJ·mol^{-1}）；$S^\ominus$ 代表金属 Na 的升华热（108.4kJ·mol^{-1}）；$I^\ominus$ 代表 Na 的电离能（495.8kJ·mol^{-1}）；$E_A^\ominus$ 代表 Cl 的电子亲合能（348.7kJ·mol^{-1}）；$\Delta_f H_m^\ominus$ 代表 NaCl 的标准生成焓（－411.2kJ·mol^{-1}）；$U^\ominus$ 代表 NaCl 的晶格能。

根据盖斯定律

$$\Delta_f H_m^\ominus = \Delta H_1^\ominus + \Delta H_2^\ominus + \Delta H_3^\ominus + \Delta H_4^\ominus + \Delta H_5^\ominus$$

$$= 1/2D^\ominus + S^\ominus + I^\ominus + (-E_A^\ominus) + (-U^\ominus)$$

得到

$$U^\ominus = 1/2D^\ominus + S^\ominus + I^\ominus - E_A^\ominus - \Delta_f H_m^\ominus$$

$$= 239.6 \div 2 + 108.4 + 495.8 - 348.7 + 411.2$$

$$= 786.5kJ \cdot mol^{-1}$$

8.1.4　离子的特性及对离子键强度的影响

8.1.4.1　离子的电荷

元素的原子失去或得到电子后所带的电荷称为离子的电荷。形成离子键的离子电荷越高，离子键的强度越大，晶格能越大。例如 MgO 的离子键强度远大于 NaF 的离子键强度。因此 MgO 的熔沸点和硬度均高于 NaF。表 8.1 列出了几种离子型化合物的晶格能及物理常数。

表 8.1　几种离子晶体的晶格能及物理常数

NaCl 型晶体	NaI	NaBr	NaCl	NaF	BaO	SrO	CaO	MgO	BeO
离子电荷	1	1	1	1	2	2	2	2	2
核间距/pm	318	294	279	231	277	257	240	210	165
晶格能/kJ·mol^{-1}	686	732	786	891	3041	3204	3476	3916	
熔点/K	933	1013	1074	1261	2196	2703	2843	3073	2833
硬度(莫氏标准)					3.3	3.5	4.5	6.5	9.0

8.1.4.2 离子的半径

从理论上讲，离子与原子一样，没有绝对的半径，因为核外电子的运动是无边界的。因此，离子半径也是相对概念。与原子的共价半径不同的是，离子半径难以确立一准确的参比数值。共价半径可以通过测量同核双原子分子的核间距确立（等于核间距的一半），而离子晶体中相邻的是带相反电荷的离子，尽管可以测量相邻离子的核间距，但只能得到正负离子的半径之和，却无法确立各自的准确半径。

1927 年，高德史密特（Goldschmidt）通过大量实验最后确定了两个参比半径：

$$r(F^-)=133pm，r(O^{2-})=132pm；$$

1960 年，鲍林通过理论计算得出：

$$r(O^{2-})=140pm。$$

目前人们使用的离子半径数值多数是以 $r(F^-)=133pm$、$r(O^{2-})=140pm$ 为参比通过理论计算结合实验得到的。

离子半径的变化与原子半径的变化类似。同族元素，当电荷相同时，自上而下半径逐渐增大；同周期元素，自左至右随着正电荷的增加，半径逐渐减小；同一元素的离子，所带正电荷越多，半径越小。例如

$$r(Li^+)<r(Na^+)<r(K^+)<r(Rb^+)<r(Cs^+)；$$
$$r(Na^+)>r(Mg^{2+})>r(Al^{3+})；$$
$$r(Fe^{2+})>r(Fe^{3+})。$$

一般阳离子的半径在 10～170pm，阴离子的半径在 130～250pm。

根据静电力学可知，形成离子晶体的离子半径越小，正负离子间的距离越近，离子键的强度越高，晶格能越大（见表 8.1）。

8.1.4.3 离子的外层电子构型

根据离子外层轨道中电子的数目将离子分成以下 5 种构型。

2 电子构型：Li^+、Be^{2+}、H^-；

8 电子构型：Na^+、Mg^{2+}、Al^{3+}、X^-、S^{2-}、O^{2-}、N^{3-}、P^{3-}；

18 电子构型：Cu^+、Ag^+、Au^+、Zn^{2+}、Cd^{2+}、Hg^{2+}、In^{3+}、Ga^{3+}、Sn^{4+}；

18+2 电子构型：Tl^+、Pb^{2+}、Sn^{2+}、Bi^{3+}、Sb^{3+}；

9～17 电子构型：Fe^{2+}、Co^{2+}、Ni^{2+}、Mn^{2+}、Cu^{2+}、V^{2+}、Pd^{2+}、Pt^{4+}……

其中 2 电子构型和 8 电子构型是稳定的电子构型（与稀有气体的电子构型相同），具有这两种构型的离子形成的离子键较强，晶格能较大。

8.1.4.4 元素的电负性对离子键离子性的影响

离子键往往是由金属原子和非金属原子通过电子的得失而形成的。两种原子的电负性差越大，电子得失越容易，形成的离子键的离子性越强。但现代实验表明，即便是电负性最小的 Cs 和电负性最大的 F 形成的 CsF 离子晶体，键的离子性也只有 92%。也就是说，在 CsF 晶体中，Cs 原子“失去”的 1 个电子并没有 100%的贡献给了 F 原子，这个电子在 Cs 原子核的周围仍然有一定的出现概率，这与原子的量子力学模型完全相符。或者说，在 CsF 晶体中存在着 Cs、F 原子价层轨道的部分重叠，形成的化学键仍然有 8%的共价性。人们经过大量的实验得出，AB 型化合物形成的单键的离子性与成键原子的电负性差密切相关，具体情况列入表 8.2 中。

表 8.2　AB 型化合物单键的离子性与元素电负性差的关系

$X_A \quad X_B$	离子性百分比/%	$X_A \quad X_B$	离子性百分比/%
0.2	1	1.8	55
0.4	4	2.0	63
0.6	9	2.2	70
0.8	15	2.4	76
1.0	22	2.6	82
1.2	30	2.8	86
1.4	39	3.0	89
1.6	47	3.2	92

数据引自：L. Pauling & P. Pauling，Chemistry. Freeman Company，San Francisco，(1975)

8.2　共价键理论（Covalent Bond Theory）

离子键理论解释了许多离子型化合物的形成和性质特点，但对于如何阐释同种元素的原子或电负性相近的元素的原子也能形成稳定的分子却无能为力。1916 年，美国化学家路易斯（G. N. Lewis）提出了共价键理论。

8.2.1　路易斯理论

8.2.1.1　基本内容

① 分子中每个原子均应具有稳定的稀有气体原子的外层电子构型；

② 分子中原子间不是通过电子的得失而是通过共用一对或多对电子形成化学键，这种化学键称为共价键（covalent bond），形成的分子为共价分子。

③ 每一个共价分子都有一稳定的 Lewis 结构式。在 Lewis 结构式中除氢原子为 2 电子构型外，其他原子均为 8 电子构型。人们习惯上将这一规则称为“八隅体规则”。例如

H_2O	C_2H_4	C_2H_2	F_2	O_2	N_2	CH_4
H:Ö:H	H:C::C:H (各 C 下连 H)	H:C⋮⋮C:H	:F:F:	:O::O:	:N⋮⋮N:	H:C:H (上下各连 H)

8.2.1.2　路易斯理论的缺陷

① 未能揭示共价键的本质和特点。

② 八隅体规则不适合某些分子。例如在 BF_3 中 B 原子周围只有 6 个电子；在 SF_6 中 S 原子周围有 12 个电子；在 PCl_5 中 P 原子周围有 10 个电子……

③ 难以解释某些分子的特性。例如，根据八隅体规则，SO_2 的成键构型为：其中一个 S—O 键是双键，而另一个 S—O 键必然是单键，但实际发现两个 S—O 键完全等同。再如 NO、NO_2 中存在成单电子，N 原子肯定未达到稳定的 8 电子构型，但这两个化合物均可稳定存在。

8.2.2　价键理论

1927 年，德国化学家黑特勒（W. Heitler）和伦敦（F. London）将量子化学理论应用到化学键与分子结构中，后来又经鲍林（Pauling）等人的发展才建立了现代价键理论（Valence Bond Theory)，简称 VB 法。

8.2.2.1 成键原理

① 成键原子相互靠近时，各自提供自旋相反的成单电子耦合配对形成共价键。共价键可以是单键、双键或叁键。

② 只有含成单电子的原子轨道相互重叠，才能形成共价键。

原子轨道重叠成键须满足三条原则：

a. 能量近似，只有能量相近的原子轨道才有可能相互重叠。

b. 对称性匹配，原子轨道同号叠加，异号叠减。其根源在于波函数的叠加与叠减，就如同波的叠加和叠减。

c. 满足最大重叠，原子轨道重叠越多，两个原子核间的电子云密度越大，对两核的吸引越强，体系越稳定。

例如 HF 分子的形成，假设基态 F 原子的 1 个成单电子处于 $2p_x$ 轨道中，则只有当 H 原子含成单电子的 1s 轨道沿着 x 轴正方向与 F 原子的 $2p_x$ 轨道重叠时才能满足最大程度地重叠，才能形成稳定的 HF 分子，如图 8.2(a) 所示，而 (b) 和 (c) 均为无效重叠。

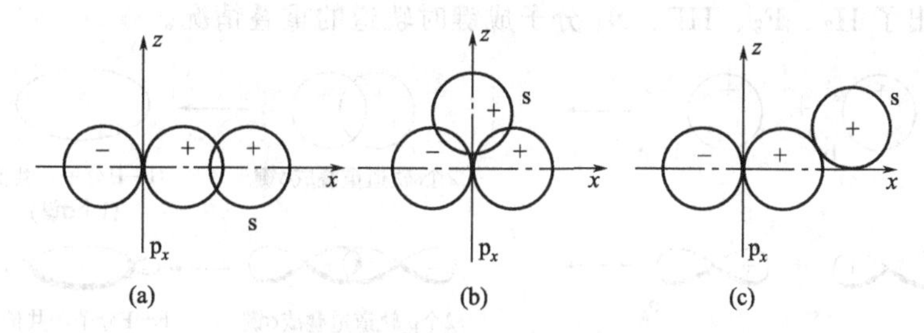

图 8.2 HF 分子形成过程中轨道的重叠情况

8.2.2.2 共价键的本质

以 H_2 的形成为例。两个 H 原子含成单电子的 1s 轨道必须相互重叠才能成键，在轨道重叠区域两个电子共同存在，相当于在同一空间轨道运动。按照保里不相容原理，这两个电子必须自旋方向相反，才能稳定共存。图 8.3 显示了当两个氢原子相互靠近时体系能量的变化。

由图 8.3 可见，当两个氢原子的成单电子自旋方向相反时，随着氢原子的相互靠近，体系能量逐渐降低，在核间距达到 R_0 时体系能量最低，如果核间距继续缩短，随着两个原子核排斥力的增大，体系能量又逐渐升高。因此，两个 H 原子在核间距达到 R_0 的平衡距离时形成了稳定的 H_2 分子，此种状态称为 H_2 分子的基态。如果两个 H 原子的成单电子自旋方向相同，则随着原子的逐渐靠近，体系的能量不断升高，并不出现低能量的稳定状态，这种情况称为 H_2 分子的排斥态。图 8.3 中 D_e 为基态 H_2 分子的结合能，与 H_2 分子的键能相近，0K 时 H_2 的键能 $E_b^\ominus = 432\text{kJ}\cdot\text{mol}^{-1}$，298K 时 H_2 的键焓 $\Delta_b H_m^\ominus = 436\text{kJ}\cdot\text{mol}^{-1}$。

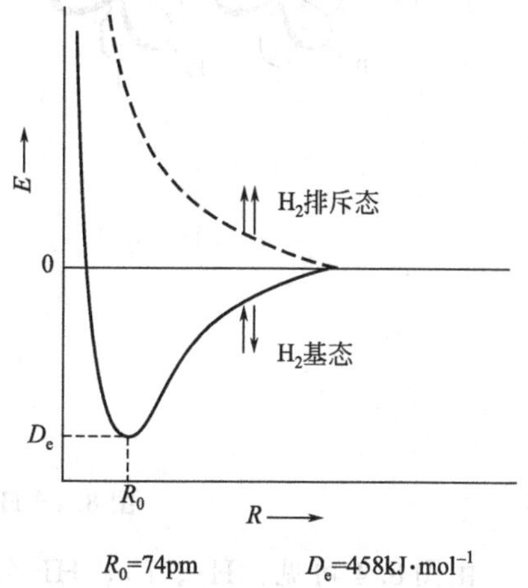

图 8.3 H_2 分子形成过程中体系能量随核间距的变化

由此可见，共价键仍然属于电性引力，只不过是成键原子的原子核对电子云重叠部分的吸引，与离子键有明显的区别。

8.2.2.3　共价键的特点

(1) 共价键具有饱和性　由于共价键的形成基于成键原子价层轨道的有效重叠，每一个成键原子提供的成键轨道是有限的，因此，每一个成键原子形成的共价（单）键也必然是有限的，即共价键具有“饱和”性。例如 H 原子只有 1 个 1s 价层轨道，所以只能形成 1 个共价键；B、C、N 等第二周期的元素有 2s2p 4 个价层轨道，故最多可形成 4 个共价键，如 BF_4^-、CH_4、NH_4^+ 等；而第三周期的元素 Si、P、S 等，因有 3s3p3d 9 个价层轨道，则可以形成多于 4 个的共价键，如 SiF_6^{2-}、PCl_5、SF_6 等均可稳定存在（但不存在 CF_6^{2-}、NCl_5、OF_6）。

(2) 共价键具有方向性　由于原子轨道在空间都有一定的伸展方向，因此，当核间距一定时，成键轨道只有选择固定的重叠方位才能满足最大重叠原理，使体系处于最低的能量状态（如图 8.2 所示）。所以，当一个（中心）原子与几个（配位）原子形成共价分子时，配位原子在中心原子周围的成键方位是一定的，这就称之为共价键具有方向性。共价键的方向性决定了共价分子具有一定的空间构型。

8.2.2.4　共价键的类型

图 8.4 绘出了 H_2、F_2、HF、N_2 分子成键时轨道的重叠情况。

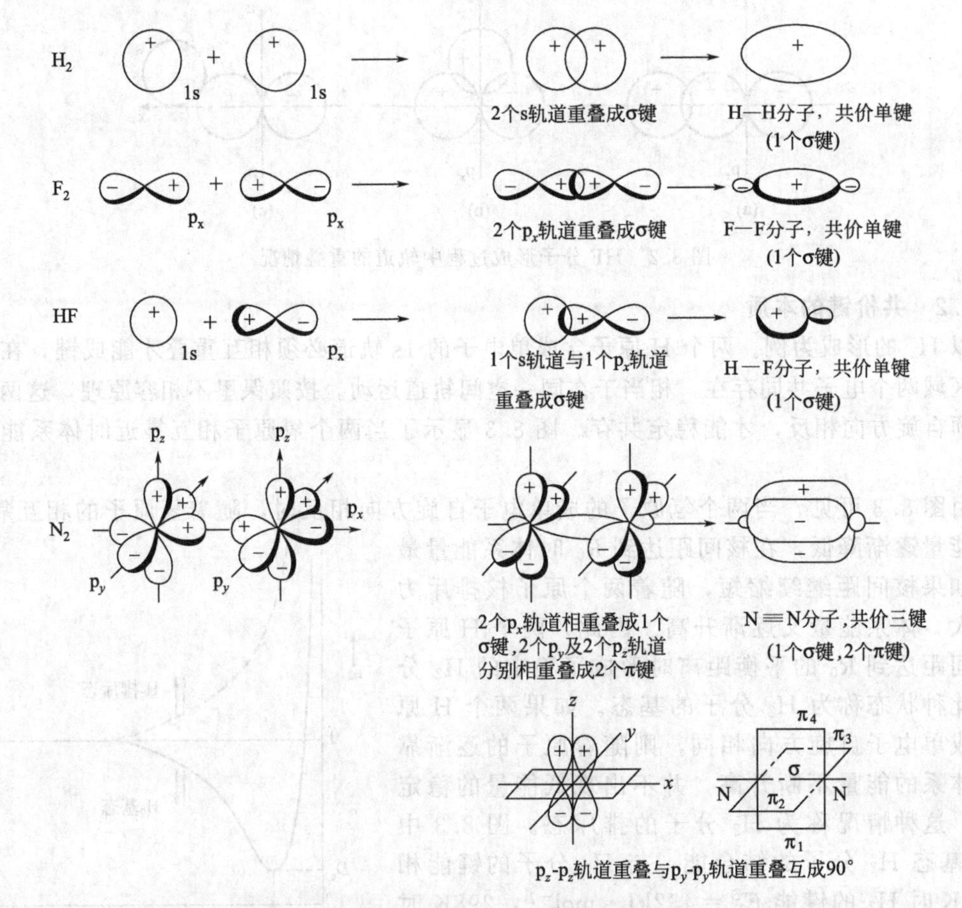

图 8.4　H_2、F_2、HF、N_2 分子成键示意图

由图 8.4 可见，H_2、F_2、HF 分子的成键有一个共同的特点，即 2 个含成单电子的原子轨道都是以“头碰头”的方式重叠，这样形成的共价键称为 σ 键。在 N_2 分子的成键过程中，假设 2 个 N 原子沿着 x 轴相互靠近，则 2 个 N 原子的 $2p_x$ 轨道以“头碰头”的方式重

叠形成1个σ键；同时2个N原子的$2p_y$和$2p_z$轨道则只能以“肩并肩”的方式重叠成键，这样形成的共价键称为π键。

σ键和π键的区别如下。

σ键：原子轨道（atomic orbital 以下简写为AO）以“头碰头”的形式重叠，重叠部分沿键轴成圆柱形对称；轨道重叠程度大，稳定性高。

π键：AO以“肩并肩”的形式重叠，重叠部分对于通过键轴的一个平面呈镜面反对称性；轨道重叠程度相对较小，稳定性较低，是化学反应的积极参与者。

8.2.2.5 价键法的缺陷

价键理论虽然可解释许多共价分子（特别是双原子分子）的形成，但对于一些多原子分子的空间结构和性能却难以说明。例如按照价键理论，CH_4分子的形成是通过中心C原子的1个2s轨道和3个2p轨道与4个H原子的1s轨道重叠形成4个σ键而成，由于C原子的2s轨道和2p轨道能量不同，因此，4个σ键的键能应该有所区别；另外C原子的3个2p轨道之间的夹角为90°，它们与H原子的1s轨道重叠成键的夹角也应该是90°，但实际发现CH_4分子的4个C—H键的键能是完全等同的，相互间的键角也相同，均为109°28′，CH_4分子的空间构型为正四面体形。价键理论对此无法解释。

1931年，鲍林在价键法的基础上提出了杂化轨道理论（hybridization theory）。

8.2.3 杂化轨道理论

8.2.3.1 杂化轨道理论的基本论点

在形成分子时，同一原子中不同类型、能量相近的原子轨道混合起来，重新分配能量和空间伸展方向，组成一组新的轨道的过程称为杂化，新形成的轨道称为杂化轨道。杂化的概念就像是生物中的杂交。其基本论点为：

① 孤立原子的轨道不发生杂化，只有在形成分子时轨道的杂化才是可能的；

② 原子中不同类型的原子轨道只有能量相近的才能杂化；

③ 杂化前后轨道的数目不变；

④ 杂化后轨道在空间的分布使电子云更加集中（如图8.5所示），在与其他原子成键时重叠程度更大、成键能力更强，形成的分子更加稳定；

⑤ 杂化轨道在空间的伸展满足相互间的排斥力最小，使形成的分子能量最低。

8.2.3.2 杂化轨道的类型及对分子空间构型的解释

(1) sp杂化 中心原子的1个*n*s轨道和1个*n*p轨道杂化形成2个sp杂化轨道，其夹角为180°，成直线形，每个sp杂化轨道含有1/2s轨道成分和1/2p轨道成分，所成分子的空间构型为直线形（linear)。图8.5绘出了$BeCl_2$分子形成时中心Be原子的轨道杂化情况和分子的空间构型。

(2) sp^2杂化 中心原子的1个*n*s轨道和2个*n*p轨道杂化形成3个sp^2杂化轨道，相互间的夹角为120°，成平面三角形分布，每个sp^2杂化轨道含有1/3s轨道成分和2/3p轨道成分，所成分子的空间构型为平面三角形（trigonal planar)。图8.6绘出了BF_3分子形成时中心硼原子的轨道杂化情况和分子的空间构型。

(3) sp^3杂化 中心原子的1个*n*s轨道和3个*n*p轨道杂化形成4个sp^3杂化轨道，相互间的夹角为109°28′，成正四面体分布，每个sp^3杂化轨道含有1/4s轨道成分和3/4p轨道成分，分子的空间构型为正四面体形（tetra hedral)。图8.7给出了CH_4分子形成时中心C原子的轨道杂化情况和分子的空间构型。

(4) sp^3d杂化 1个*n*s轨道、3个*n*p轨道和1个*n*d轨道杂化形成5个sp^3d杂化轨道，

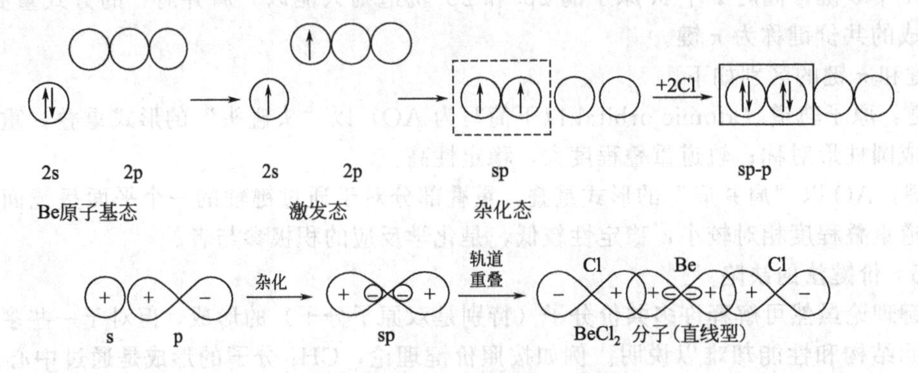

图 8.5 $BeCl_2$ 分子形成示意图

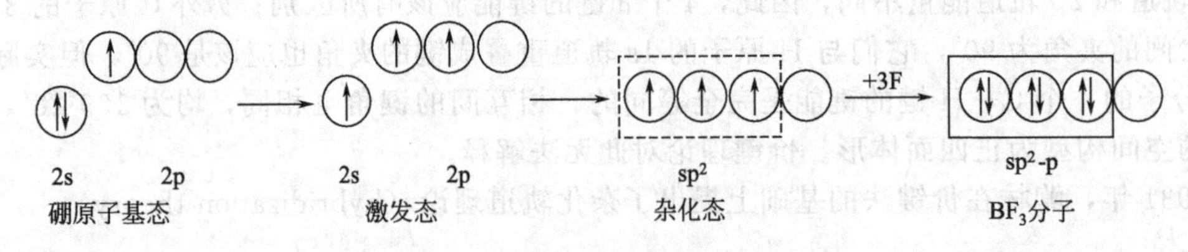

图 8.6 BF_3 分子形成示意图

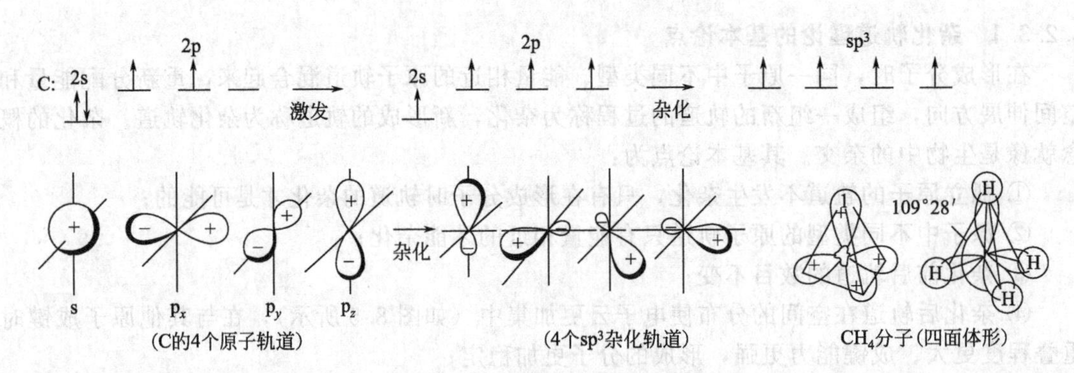

图 8.7 CH_4 分子形成示意图

成三角双锥（trigonal bipyramidal）构型，相邻轨道间的夹角为 90°和 120°两种，每个 sp^3d 杂化轨道含有 1/5s 轨道成分、3/5p 轨道成分和 1/5d 轨道成分，所成分子的空间构型为三角双锥。图 8.8 给出了 PCl_5 分子中 P 原子的轨道杂化情况和分子的空间构型。

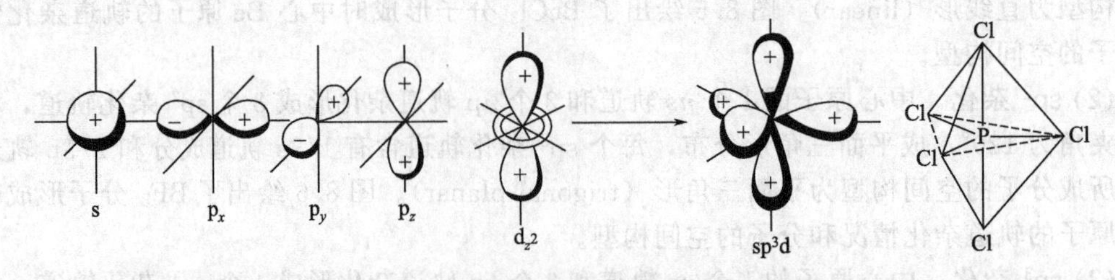

图 8.8 PCl_5 分子中 P 原子的轨道杂化情况和分子的空间构型

(5) sp^3d^2 杂化 中心原子的 1 个 ns 轨道、3 个 np 轨道和 2 个 nd 轨道杂化形成 6 个 sp^3d^2 杂化轨道，相邻轨道间的夹角为 90°，6 个杂化轨道伸向正八面体的 6 个顶点，每个 sp^3d^2 杂化轨道含有 1/6s 轨道成分、3/6p 轨道成分和 2/6d 轨道成分，所成分子的空间构型

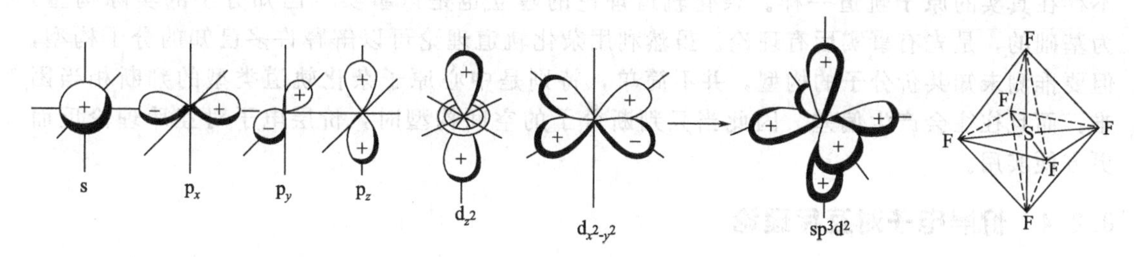

图 8.9　SF_6 分子中 S 原子的轨道杂化情况和分子的空间构型

为正八面体（octahedral）。

图 8.9 给出了 SF_6 分子中 S 原子的轨道杂化情况和分子的空间构型。

(6) 等性杂化和不等性杂化　前面介绍的几种杂化轨道都是能量和空间占有体积完全相同的杂化轨道，这样的杂化称为等性杂化。但在 H_2O 分子中，虽然中心 O 原子也采取 sp^3 杂化，但有 2 个杂化轨道各含有 1 个成单电子，另外 2 个杂化轨道则各含有 1 对电子，因此，它们在能量和空间占有体积上有所不同，这样的杂化称为不等性杂化；O 原子的 2 个含成单电子的杂化轨道分别与 2 个 H 原子的 1s 轨道重叠形成 2 个 σ 键，由于成键电子对受到 O 原子核和 H 原子核的共同吸引，而 O 原子上的 2 对孤对电子则只受到 O 原子核的吸引，因此，相对于成键电子对来讲，孤对电子靠 O 原子核更近、相互间的排斥力更大，从而使得 2 对孤对电子对 2 对成键电子对产生了额外的"压迫"作用，2 个 O—H 键之间的夹角从正四面体中的 109°28′减小到 104.5°；H_2O 的空间构型为"V"形。

同样在 NH_3 分子中，中心 N 原子也采取 sp^3 不等性杂化，其中 3 个杂化轨道各含有 1 个成单电子，1 个杂化轨道含有 1 对电子，含成单电子的杂化轨道分别与 3 个 H 原子的 1s 轨道重叠形成 3 个 σ 键。由于 NH_3 分子中只有 1 对孤对电子，它对 3 对成键电子的"压迫"作用相对于 H_2O 分子中的压迫作用要弱，因此 NH_3 分子中 3 个 N—H 键相互间的夹角介于 109°28′和 104.5°之间，为 107°左右，NH_3 分子的空间构型为三角锥形。图 8.10 给出了 CH_4、NH_3 和 H_2O 分子的中心原子杂化情况和分子的空间构型。

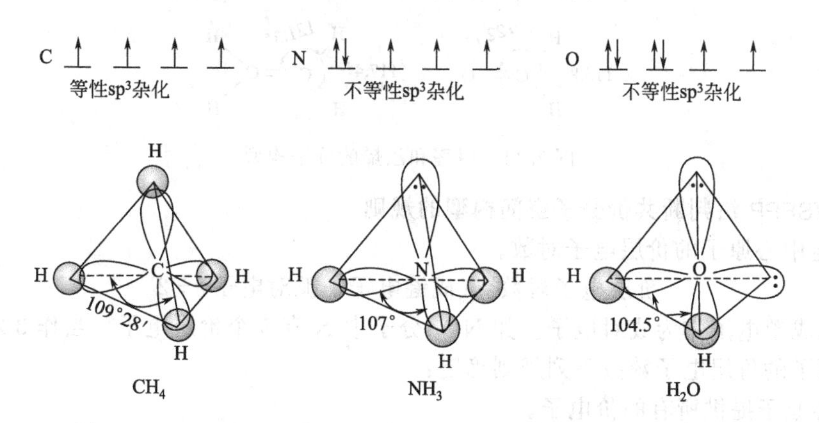

图 8.10　CH_4、NH_3、H_2O 中心原子杂化情况和分子的空间构型

8.2.3.3　杂化轨道理论的缺陷

杂化轨道理论虽然成功地解释了一些共价分子的形成和结构，但缺陷是使用起来比较烦琐，特别是对一个未知构型的分子，首先要判断中心原子采取的杂化轨道类型，这实际上是非常困难的，因为杂化轨道只是一种理论模型，并不真实存在，就像原子中并

不存在真实的原子轨道一样。杂化轨道理论的建立也是以事实（已知分子的实际构型）为基础的，是先有事实后有理论。虽然利用杂化轨道理论可以解释许多已知的分子构型，但要推测未知共价分子的构型，并不简单，特别是中心原子杂化轨道类型的判断相当困难，而且往往会产生偏差。因此当只判断分子的空间构型时，价层电子对互斥理论反而更方便实用。

8.2.4 价层电子对互斥理论

1940 年，斯治维克（Sidgwick）在总结了大量已知共价分子构型的基础上，提出了价层电子对互斥理论（valence-shell electron-pair repulsion theory，简称 VSEPR 法），中心思想是“共价分子中各价层电子对尽可能采取一种完全对称的空间排布，使相互间的距离保持最远、排斥力最小”。

8.2.4.1 价层电子对互斥理论的基本要点

① 共价分子的空间构型决定于中心原子价层轨道中的电子对数，分子总是采取中心原子各价层各电子对之间斥力最小的一种构型。

例如：$BeCl_2$ 分子中 Be 原子的价层电子对数为 2，分子的空间构型为直线形；BF_3 分子中 B 原子的价层电子对数为 3，分子的空间构型为平面三角形；CCl_4 分子中 C 原子的价层电子对数为 4，分子的空间构型为正四面体形。

② 角度相同时，孤对电子的排斥力大于成键电子对。

例如：H_2O 分子中 O 原子周围有 4 对价层电子对，2 对孤对电子的排斥力大于 2 对成键电子对，成键电子对之间的夹角小于正四面体中的 109°28′，只有 104.5°，H_2O 的空间构型为“V”形。

③ 分子中的双键和叁键仍看为一对电子，只是排斥力：叁键＞双键＞单键。

例如：甲醛 HCHO 分子中 C 原子周围有 8 个电子（2 个单键 1 个双键），双键看作是 1 对电子，则 C 原子周围有 3 对价层电子，分子为平面三角形，但由于双键的排斥力大于单键，因此，∠HCO 键角（122.1°）大于∠HCH 键角（115.8°），如图 8.11 所示。同样乙烯 C_2H_4 分子中∠HCC 键角大于∠HCH 键角（见图 8.11）。

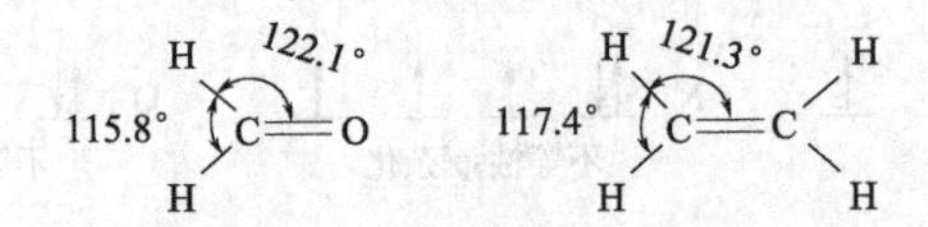

图 8.11 甲醛和乙烯的分子构型

8.2.4.2 VSEPR 法判断共价分子空间构型的规则

① 确定中心原子的价层电子对数。

$$价层电子对数=(成键电子+孤对电子)\div 2$$

剩余的成单电子作为成对电子。如 NO_2 分子中 N 有 5 个价层电子，当作 3 对处理。

中心原子的价层电子数按下列规则确定：

a. 中心原子提供所有的价电子。

例如 H_2O 分子中 O 原子提供 6 个价电子。

b. 配位原子提供成单电子（但 O、S 作为配位原子时不提供电子）。

例如 SiF_4 中 4 个配位原子 F 各提供 1 个成单电子，中心 Si 原子提供 4 个价电子，Si 原子共有 8 个价层电子；SO_4^{2-}、ClO_4^- 中 O 原子不提供电子，中心原子的价电子都只有 8 个。

c. 对于多原子离子，要算入其所带电荷数（负电荷加入，正电荷减去）。

例如 NH_4^+、NH_2^-、PO_4^{3-} 中，中心原子的价电子数均为 8。

② 根据中心原子的价层电子对数找出其相应的空间排布方式。

③ 据电子对之间的斥力大小，找出排斥力最小的分子空间构型。

图 8.12 列出了常见分子的空间构型。

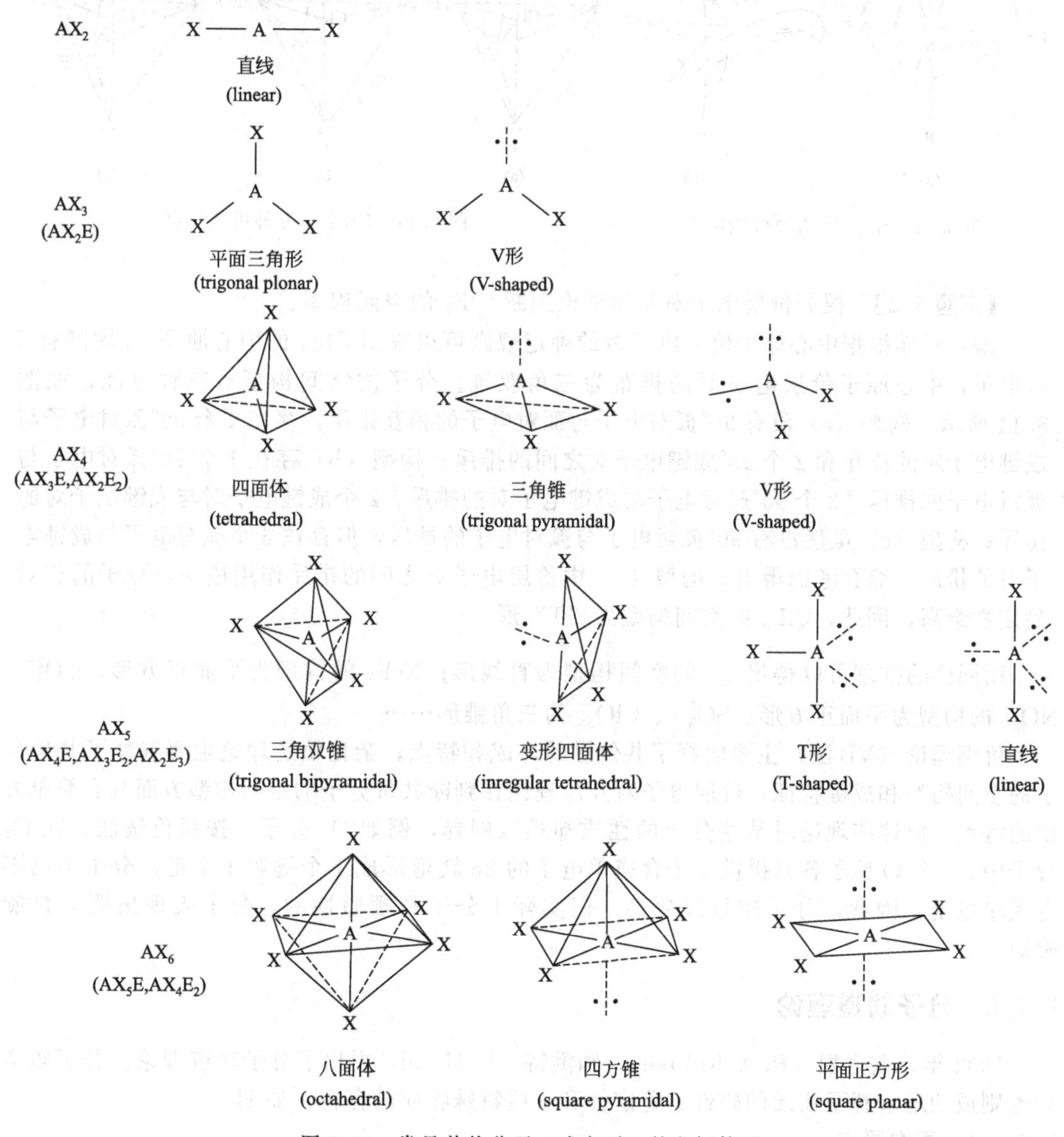

图 8.12 常见共价分子（或离子）的空间构型

【例题 8.1】 根据价层电子对互斥理论判断 SF_4^- 的空间构型。

解：根据中心原子价层电子数的确定规则可以算出，SF_4^- 的中心原子 S 周围有 10 个（5 对）电子，由图 8.12 可知，中心原子价层电子对的排布为三角双锥。分子的空间构型有两种可能，如图 8.13 所示。构型（a）存在 3 个 90°的孤对电子与成键电子对的排斥力，构型（b）则只存在 2 个 90°的孤对电子与成键电子对的排斥力，因此，构型（b）相对稳定性较高，SF_4^- 的空间构型为变形四面体。

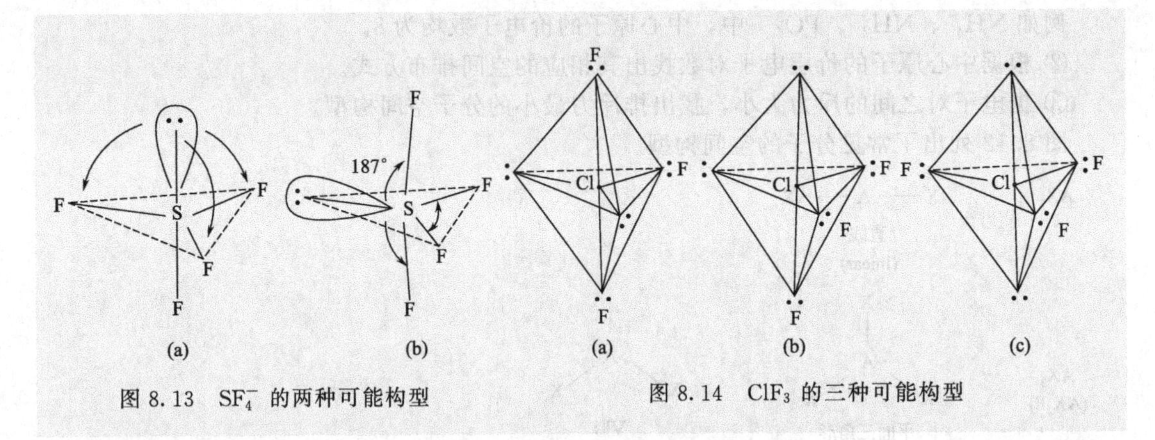

图 8.13　SF_4^- 的两种可能构型

图 8.14　ClF_3 的三种可能构型

【例题 8.2】 根据价层电子对互斥理论判断 ClF_3 的空间构型。

解：同样根据中心原子价层电子数的确定规则可以算出 ClF_3 的中心原子 Cl 周围有 5 对电子，中心原子价层电子对的排布为三角双锥。分子的空间构型有三种可能，如图 8.14 所示。构型（a）没有 90°孤对电子与孤对电子的相互排斥，存在 4 个 90°孤对电子与成键电子对的排斥和 2 个 90°成键电子对之间的排斥；构型（b）存在 1 个 90°孤对电子与孤对电子的排斥、3 个 90°孤对电子与成键电子对的排斥、2 个成键电子对与成键电子对的排斥；构型（c）虽然没有 90°孤对电子与孤对电子的排斥，但存在 6 个孤对电子与成键电子对的排斥。综合考虑得出，构型（a）中价层电子对之间的排斥作用最弱，分子的相对稳定性最高，因此，ClF_3 的空间构型为“T”形。

用同样的推理可以得出 I_3^- 的空间构型为直线形；XeF_4 的构型为平面正方形；CO_3^{2-}、NO_3^- 的构型为平面正方形；SO_3^{2-}、ClO_3^- 为三角锥形……

价键理论（VB 法）主要解释了共价键的形成和特点；杂化轨道理论主要解释了共价分子的空间构型和成键特征；价层电子对互斥理论在判断共价分子的空间构型方面具有简单方便的特点。但这些理论对某些分子的性质却难以阐释，例如 O_2 分子，按照价键法，在 O_2 分子中，2 个 O 原子各自提供 1 个含成单电子的 2p 轨道形成 1 个键和 1 个键，分子中已不含成单电子，因此，分子应显反磁性。但实际上分子是顺磁性的，分子表现出明显自旋磁矩。

8.2.5　分子轨道理论

1932 年，密立根（R. A. Milliken）和洪特（F. Hund）提出了分子轨道理论。分子轨道理论则成功地解释了物质的磁性、稳定性和一些特殊物质的存在，如 H_2^+。

8.2.5.1　基本要点

① 分子中电子不再从属于某一个原子，而在整个分子势场范围内运动。每个电子运动的状态用分子轨道波函数描述。

② 分子轨道由原子轨道线性组合而成，组合前后轨道数目相等，一半为成键轨道（低能态轨道），一半为反键轨道（高能态轨道）。

$$\mu=\sqrt{n(n+2)}$$

③ 每个波函数（原子轨道）ψ_i 对应一能量 E_i，根据 E_i 的不同得到分子轨道能级图。整个分子的能量即每个电子能量之和。

④ 电子排在 MO 之上时，也遵从 AO 中电子排布的三原则。

8.2.5.2 分子轨道（MO）的形成

原子轨道线性组合形成分子轨道遵守的三个原则如下。

① 对称性匹配。原子轨道同号组合相叠加、异号组合相叠减，叠加形成低能态的成键分子轨道，叠减形成高能态的反键分子轨道。

② 能量近似。只有能量相近的原子轨道才能线性组合。例如 O_2 分子中，一个 O 原子的 1s 轨道只能与另一个 O 原子中能量相近的 1s 轨道组合，而不能与能量差较大的 2s 轨道或 2p 轨道组合。

③ 最大重叠。原子轨道组合叠加的程度越高，分子轨道的能量越低，形成的分子越稳定。

根据原子轨道组合方式（头碰头或非肩并肩）的不同，分子轨道分成 σ 轨道和 π 轨道。

同核双原子分子的分子轨道形成示意见图 8.15。

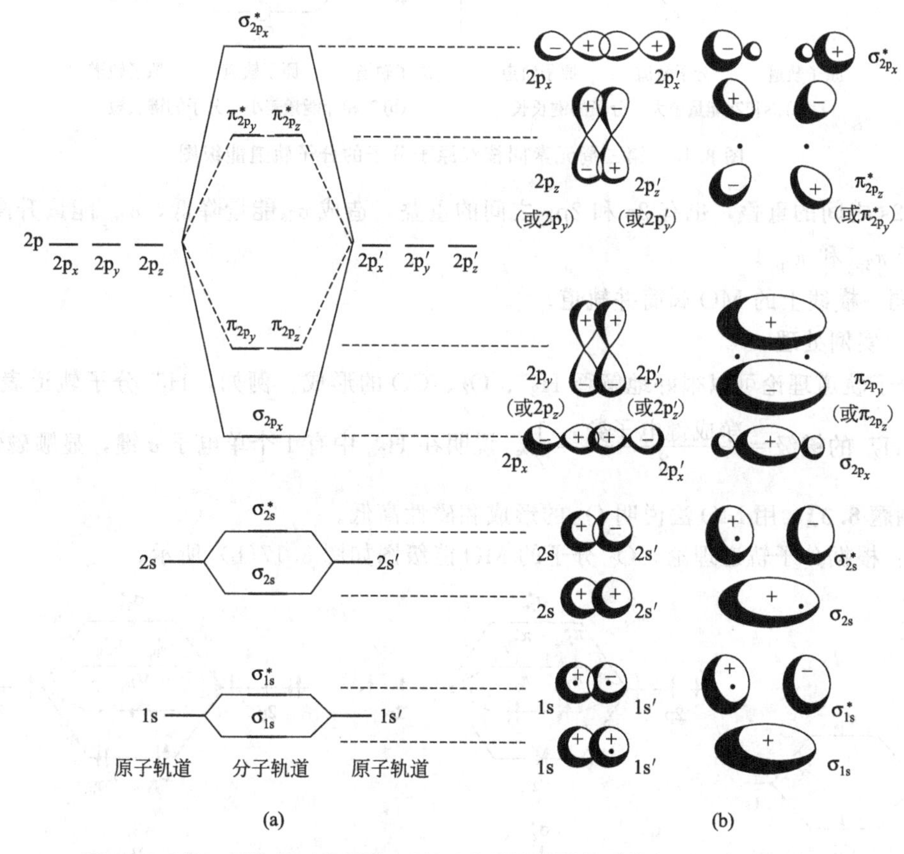

图 8.15 第二周期某元素同核双原子分子的分子轨道能级图和角度分布图

8.2.5.3 同核双原子分子的分子轨道能级图

同核双原子分子的分子轨道能级图如 8.16 所示。

对此图的几点说明：

① 两个 AO 组成一个成键 MO，一个反键 MO。前者能量降低，后者能量升高，能量升高值和能量降低值基本相同。

② 不同分子的能级图不同，但其能级排列次序 F_2 与 O_2 相同，Li_2、Be_2、B_2、C_2、N_2 相同。

③ 对 Li_2、Be_2、B_2、C_2、N_2 来讲，2s 轨道与 2p 轨道能量差较小，形成 MO 时，不仅

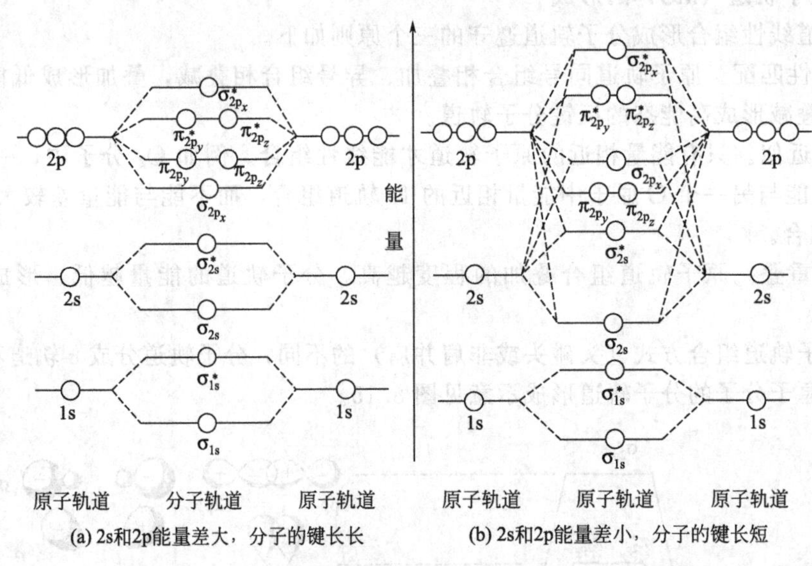

图 8.16 第二周元素同核双原子分子的分子轨道能级图

有 2s 和 2s 之间的重叠，也有 2s 和 $2p_x$ 之间的重叠，造成 σ_{2s} 能量降低，σ_{2p_x} 能量升高，σ_{2p_x} 能量高于 π_{2p_y} 和 π_{2p_z}。

④ 同一横线上的 MO 属简并轨道。

8.2.5.4 实例处理

用分子轨道理论可以很好地解释 H_2^+、O_2、CO 的形成。例如，H_2^+ 分子轨道表达式为 $(\sigma_{1s})^1$，H_2^+ 的键级$=\dfrac{\text{净成键电子数}}{2}=\dfrac{1}{2}$。说明在 H_2^+ 中有 1 个单电子 σ 键，显顺磁性。

【例题 8.3】 用 MO 法说明 O_2 的形成和磁性高低。

答：根据分子轨道理论，O_2 分子的 MO 能级图如图 8.17(b) 所示。

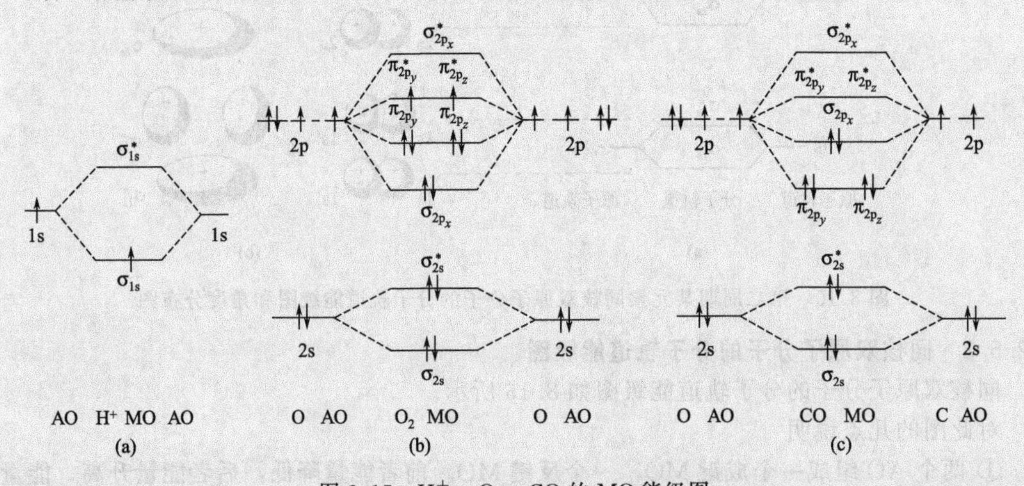

图 8.17 H_2^+，O_2，CO 的 MO 能级图

O_2 的分子轨道表达式为 $(\sigma_{1s})^2(\sigma^*_{1s})^2(\sigma_{2s})^2(\sigma^*_{2s})^2(\sigma_{2p_x})^2(\pi_{2p_y})^2(\pi_{2p_z})^2(\pi^*_{2p_y})^1(\pi^*_{2p_z})^1$。

O_2 的键级为$\dfrac{成键电子数-反键电子数}{2}=\dfrac{10-6}{2}=2$。

从图 8.17(b) 可知，σ_{1s} 与 σ_{1s}^* 的能量相互抵消；σ_{2s} 与 σ_{2s}^* 的能量相互抵消；剩余的 σ_{2p_x} 形成了 O_2 中的 1 个 σ 键；π_{2p_y} 与 $\pi_{2p_y}^*$，π_{2p_z} 与 $\pi_{2p_z}^*$ 形成了 2 个 3 电子 π 键，由于 $(\pi_{2p_y})^2$ 和 $(\pi_{2p_z})^2$ 的一部分能量被 $(\pi_{2p_y}^*)^1$ 和 $(\pi_{2p_z}^*)^1$ 抵消，因此，2 个 3 电子 π 键只相当于 1 个正常 2 电子 π 键，O_2 分子具有双键的键能；在 $(\pi_{2p_y}^*)^1$ 和 $(\pi_{2p_z}^*)^1$ 中各有 1 个成单电子，因此，O_2 显顺磁性，其磁矩为：

$$\mu=\sqrt{n(n+2)}=\sqrt{2(2+2)}=2.83\text{B. M(Bohr magneton,玻尔磁子)}$$

式中，n 为成单电子数。

【例题 8.4】 用 MO 法说明 CO 的形成。

答：CO 分子与 N_2 分子为等电子体，CO 的 MO 能级图与 N_2 的 MO 能级图相似，如图 8.17(c) 所示。

CO 的分子轨道表达式为 $(\sigma_{1s})^2(\sigma_{1s}^*)^2(\sigma_{2s})^2(\sigma_{2s}^*)^2(\pi_{2p_y})^2(\pi_{2p_z})^2(\sigma_{2p_x})^2$。

CO 的键级为$\dfrac{10-4}{2}=3$。

从图 8.17(c) 可知，σ_{1s} 与 σ_{1s}^* 的能量相互抵消；σ_{2s} 与 σ_{2s}^* 的能量相互抵消；剩余的 σ_{2p_x} 形成了 CO 中的 1 个 σ 键；π_{2p_y} 与 π_{2p_z} 形成了 CO 中的 2 个 π 键，CO 的键级为 3。

由于分子中没有成单电子，因此，CO 分子是反磁性的。同样，根据分子轨道理论可以推测，O_2^{2+}、O_2、O_2^{2-} 的键级大小排列顺序为 $O_2^{2+}>O_2>O_2^{2-}$；稳定性高低次序也必然是 $O_2^{2+}>O_2>O_2^{2-}$；由于 O_2^{2+} 和 O_2^{2-} 中没有成单电子，所以是反磁性的。

8.2.5.5 分子轨道理论的应用

① 根据电子的能量高低和键级的大小解释了不同分子的稳定性高低。如 $N_2>O_2$，$O_2>F_2$，$O_2^{2+}>O_2>O_2^{2-}$。

② 根据分子中成单电子数的多少解释了分子的磁性。

$$\mu=\sqrt{n(n+2)}\ \text{B. M}$$

例如 O_2 是顺磁性的，O_2^{2+}、O_2^{2-} 则是反磁性的。

8.2.5.6 键参数

描述化学键性质的物理量称为键参数。

(1) 键级 键级=净成键电子数/2

从键级考虑，$O_2^{2+}>O_2^{+}>O_2>O_2^{-}>O_2^{2-}$

(2) 键能 标准状态下，破坏 1mol 化学键所需的能量。

双原子分子中，$E_b^\ominus=D^\ominus$；多原子分子中，$E_b^\ominus=D_{平均}^\ominus$。

例如 NH_3 分子中 N—H 键的键能：

$$NH_3(g) = NH_2(g) + H(g) \qquad D_1^\ominus=435.1\text{kJ}\cdot\text{mol}^{-1}$$

$$NH_2(g) = NH(g) + H(g) \qquad D_2^\ominus=397.5\text{kJ}\cdot\text{mol}^{-1}$$

$$NH(g) = N + H(g) \qquad D_3^\ominus=338.9\text{kJ}\cdot\text{mol}^{-1}$$

$$E_{N-H}^\ominus = (D_1^\ominus+D_2^\ominus+D_3^\ominus)\div 3=390.5\text{kJ}\cdot\text{mol}^{-1}$$

表 8.3 列出了部分化学键的键能和键焓。

表 8.3　部分化学键的键能和键焓/(kJ · mol^{-1})

(a) 某些键的键能数据

H—H	432.0	B—B	293	N—F	283
F—F	154.8	F—H	565	P—F	490
Cl—Cl	239.7	Cl—H	428.02	As—F	406
Br—Br	190.16	Br—H	362.3	Sb—F	402
I—I	148.95	I—H	294.6	O—Cl	218
O—O	～142	O—H	458.8	S—Cl	255
O═O	493.59	S—H	363.5	N—Cl	313
S—S	268	Se—H	276	P—Cl	326
Se—Se	172	Te—H	238	As—Cl	321.7
Te—Te	126	N—H	386	C—Cl	327.2
N—N	167	P—H	～322	Si—Cl	381
N═N	418	As—H	～247	Ge—Cl	348.9
N≡N	941.69	C—H	411	N—O	201
P—P	201	Si—H	318	N═O	607
As—As	146	Ge—H		C—O	357.7
Sb—Sb	1217	Sn—H		C═O	798.9
Bi—Bi		B—H		Si—O	452
C—C	345.6	C—F	485	C—N	615
C═C	602	Si—F	318	C═N	887
C≡C	835.1	B—F	613.1	C—S	573
Si—Si	222	O—F	189.5		

(b) 某些键的离解能 D 和键焓 $\Delta H_B^\ominus$

	$D^\ominus$/kJ · mol^{-1}	$\Delta_b H_m^\ominus$/kJ · mol^{-1}		$D^\ominus$/kJ · mol^{-1}	$\Delta_b H_m^\ominus$/kJ · mol^{-1}		$D^\ominus$/kJ · mol^{-1}	$\Delta_b H_m^\ominus$/kJ · mol^{-1}
H_2	432	436	HF	562	567	CO	1072	1077
F_2	154	159	HCl	428	431	N_2	942	946
Cl_2	240	242	HBr	363	366	O_2	494	498
Br_2	190	193	HI	295	298	OH	424	428
I_2	149	151	CN	750	754	P_2	483	486

(3) 键长　成键原子的核间之平均距离。

C—C	C═C	C≡C
154pm	134pm	120pm

键长越短，稳定性越高。

(4) 键角　同一原子形成的两个化学键之间的夹角。主要用来表示分子构型。同类型分子，当中心原子含有孤对电子时，中心原子的半径越小、电负性越强，对电子对的吸引力就越大，成键电子对离中心原子越近，相互之间的排斥力也越大，从而使键角就越大。中心原子含有的孤对电子越多，孤对电子对成键电子对的排斥力就越大，从而造成键角变小。表 8.4 的数据证明了这一点。

表 8.4　AH_4、AH_3、AH_2 分子键角的变化

孤对电子数增加 →			
中心原子半径增大，电负性减小 ↓	CH_4(109.5°)	NH_3(106.7°)	H_2O(104.5°)
	SiH_4(109.5°)	PH_3(93.3°)	H_2S(92.2°)
	GeH_4(109.5°)	AsH_3(91.8°)	H_2Se(91.0°)
	S_nH_4(109.5°)	SbH_3(91.3°)	H_2Te(89.5°)

(5) 键的极性 根据形成化学键的原子的元素种类，将化学键分成极性键和非极性键两种：同种元素形成的化学键，正负电荷重心重合，属非极性键；异种元素形成的化学键，正负电荷重心不重合，属极性键。

分子的极性决定于分子中化学键的极性和对称性，极性分子中一定含有极性键，但含有极性键的分子不一定是极性分子。如 CH_4、BF_3、CO_2 等，虽然化学键是极性的，但由于键的对称性使得分子的正负电荷重新重合在一起，整个分子为非极性的。

8.2.6 大π键

8.2.6.1 大π键的成键条件

① 所有原子共面（平面，球面，弧面等）；

② 每一原子提供一个能量相近、对称性匹配的价层轨道；

③ 轨道中的电子总数＜轨道数的两倍。

大π键表示为 π_n^m，其中 n 代表参与成键的原子轨道的数目（或成键原子数，也称为中心数），m 代表大π键中的电子数。大π键的形成与原子轨道线性组合成分子轨道一样，其中一半是低能态的成键轨道，一半是高能态的反键轨道，成键轨道中的电子数越多、反键轨道中的电子数越少，体系能量越低，即 π_n^m 中 n 与 m 值越接近，大π键的键能越大，分子的稳定性越高。

8.2.6.2 大π键的应用实例

(1) C_6H_6 在 C_6H_6 分子中，每个 C 原子均采取 sp^2 杂化，3 个含成单电子的 sp^2 杂化轨道分别与 2 个相邻 C 原子的 sp^2 杂化轨道及 1 个 H 原子的 1s 轨道重叠形成 3 个 σ 键；每个 C 原子上还剩余 1 个含成单电子的 2p 轨道沿垂直于分子平面的方向伸展，6 个 2p 轨道能量相同、对称性匹配，相互重叠形成 1 个 π_6^6 的大π键。C_6H_6 分子的空间构型为平面六角形，C—C 键介于单键与双键之间。

(2) CO_3^{2-} 在 CO_3^{2-} 中，C 原子采取 sp^2 杂化，3 个含成单电子的 sp^2 杂化轨道分别与 3 个 O 原子的含成单电子的 2p 轨道重叠形成 3 个 σ 键；中心 C 原子和 3 个 O 原子上还都剩余 1 个含成单电子的 2p 轨道沿垂直于分子平面的方向伸展，4 个 2p 轨道能量近似、对称性匹配，相互重叠形成 1 个 π_4^6 键（4 个成单电子加上 2 个负电荷共 6 个电子）。CO_3^{2} 的空间构型为平面三角形，C—O 键介于单键与双键之间。

(3) CO_2 在 CO_2 中，C 原子采取 sp 杂化，2 个含成单电子的 sp 杂化轨道分别与 2 个 O 原子的含成单电子的 2p 杂化轨道重叠形成 2 个 σ 键；中心 C 原子上还有 2 个含成单电子的 2p 轨道，垂直于键轴，相互间也垂直；每个 O 原子上还有 1 个含成单电子的 2p 轨道和 1 个含成对电子的 2p 轨道，同样垂直于键轴，相互间也垂直，这样 3 个原子对称性匹配的 3 个 2p 轨道相互重叠形成 1 个 π_3^4 键，另 3 个对称性匹配的 2p 轨道也相互重叠形成另一个 π_3^4 键。CO_2 分子的构型为直线形，分子中含有 2 个 σ 键和 2 个 π_3^4 键。CO_2 分子呈直线形，C—O 键介于单键与双键之间，其键能接近于 C═O 双键（如图 8.18 所示）。

(4) NO_2 在 NO_2 中，N 原子采取 sp^2 杂化，其中 2 个含成单电子的 sp^2 杂化轨道分别与 2 个 O 原子的含成单电子的 2p 杂化轨道重叠形成 2 个 σ 键；中心 N 原子上还有 1 个 sp^2 杂化轨道和 1 个 2p 轨道，其中，2p 轨道垂直于分子平面；每个 O 原子上还有 1 个含成单电子的 2p 轨道，同样垂直于分子平面，这样，3 个原子对称性匹配的 3 个 2p 轨道相互重叠形成 1 个大π键。NO_2 分子的构型为平面三角形，分子中含有 2 个 σ 键和 1 个大π键。

关于 NO_2 分子中的大π键目前有两种观点：其一认为是 π_3^4，即 N 原子中参与大π键形成的 2p 轨道中含有 1 对电子，这样，在 NO_2 分子中 N 原子的 sp^2 杂化轨道中还有 1 个成单电子；其二认为是π_3^3，即N原子中参与大π键形成的2p轨道中含有1个成单电子，而在N原子的未参与成键的sp^2杂化轨道中有1对电子。前一种观点的证据是NO_2分子在低温或加压下易聚合成N_2O_4，说明NO_2分子的N原子上有1个成单电子，2个NO_2分子通过N原子上含成单电子的sp^2杂化轨道重叠形成N_2O_4；后一种观点则认为NO_2分子中的π_3^3要比π_3^4键能大、稳定性高，NO_2分子当然采取稳定性更高的一种成键方式。

比较合理的观点是，NO_2分子中的大π键介于π_3^3与π_3^4之间，NO_2分子采取一种共振模式，如图8.18所示。

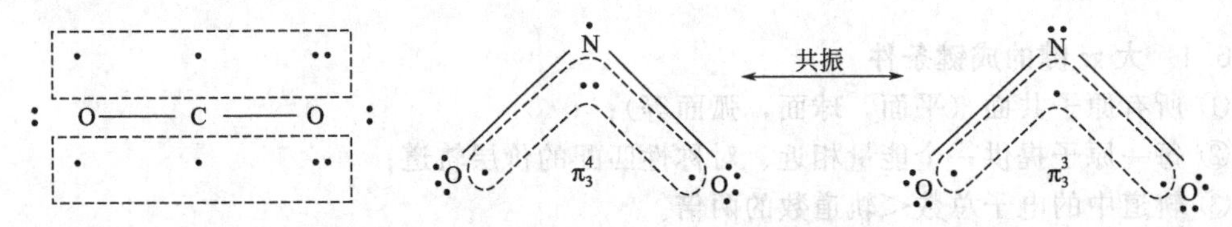

图8.18 CO_2和NO_2分子的成键结构

(5) C_{60} 在C_{60}中，每个C原子均采取sp^2杂化，每个C原子用3个含成单电子的sp^2杂化轨道分别与3个相邻的C原子的sp^2杂化轨道重叠形成3个σ键；60个C原子相互键连形成一个类似于足球的球形分子，球面上有12个正五边形和20个正六边形，因此，C_{60}也被称为“足球烯”（或富勒烯，fullerene）；另外，在C_{60}中每个C原子上还有1个含成单电子的2p轨道，60个2p轨道能量相同，对称性匹配，相互重叠形成1个π_{60}^{60}的大π键。

C_{60}的发现对化学键理论的发展有所贡献。过去的大π键形成条件是成键原子必须共平面，只有这样，每个原子才能提供1个绝对垂直于分子平面的p轨道用于成键，似乎只有当所有原子的p轨道都绝对平行伸展时才能达到有效重叠组合。但在C_{60}分子中却存在1个非平面原子形成的π_{60}^{60}大π键，这说明，成键原子并非一定共平面，在同一个球面（或其他什么面）上同样可以形成大π键，只要满足原子轨道的有效重叠组合即可。因此，本书中大π键的成键条件之一是原子共面（平面、球面、弧面均可），而非一定共平面。

离子键理论解释了离子型化合物的形成和性质；共价键理论（包括路易斯理论、VB法、杂化轨道理论、VSEPR和MO理论）说明了共价化合物的形成、结构和性能。但对于金属单质的成键特征和性质特点，上述理论难以合理阐释，为此，人们又提出了金属键理论。

8.3 金属键理论（Metal Bond Theory）

8.3.1 金属键的改性共价键理论

其基本论点是金属是金属原子、金属离子和（金属离子电离出的）自由电子形成的；整个金属晶体的所有原子和离子共用能够流动的自由电子，就好像共价键中成键原子共用电子对一样，因此称为改性共价键，意为与共价键有相似之处又有所不同。对金属键的改性共价键理论有两种形象的说法：一是在金属原子和离子之间有电子气在流动；二是金属原子和离子浸沉在电子的海洋中。

用金属键的改性共价键理论可以解释金属的许多特性：金属中自由电子可以吸收可见光，之后又把几乎所有的可见光释放出来，所以金属都不透明，具有特殊的金属光泽；金属良好的导电性源于自由电子在外电场作用下可以从负极向正极自由运动；自由电子的运动、自由电子与金属原子及金属离子的高速碰撞可以快速传递热量，因此金属具有良好的导热性；金属原子和金属离子的振动阻碍了电子的自由运动，因此金属均具有一定的电阻，而且随着温度的升高金属的电阻会增大；在金属晶体中自由电子无处不在，一个位置的金属键被破坏，另一个位置的金属键随之生成，因此金属具有良好的延展性。

金属键的改性共价键理论并非完美无缺，它并不能解释半导体和绝缘体的存在。

8.3.2 金属键的能带理论

金属键的能带理论实际上是分子轨道理论在金属键中的应用。

8.3.2.1 基本观点

① 金属原子的所有价电子归属于整个金属晶体。

② 所有原子的原子轨道线性组合成一系列能量不同的分子轨道。但因价电子的能量基本相同，各价层轨道能量差很小，因此能量相近的分子轨道形成一能带。

③ 不同电子层的原子轨道（AO）形成不同的分子轨道（MO）能带，充满电子的能带称为满带，未充满电子的能带称为导带，两者之间的空白区称为“禁带”。

图 8.19 绘出了 Li_2 分子的 MO 能级图和金属 Li 的能带模型。

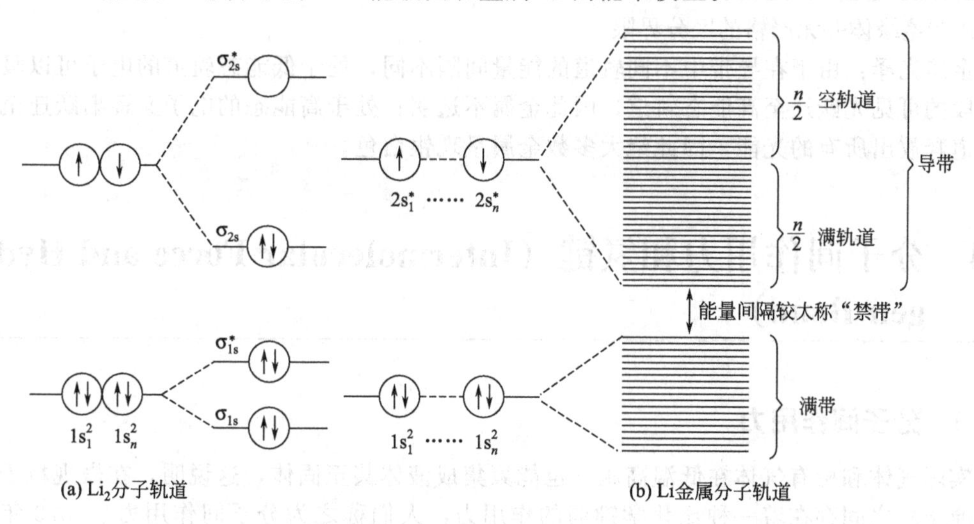

图 8.19 Li_2 分子的分子轨道能级图和金属 Li 的能带模型

8.3.2.2 对金属性质的解释

(1) 金属光泽 由于在导带中不同轨道的能量间隔不同，处于低能态轨道的电子可以吸收任意波段的可见光跃迁至高能态轨道，因此金属不透明；处于高能态的电子又逐渐跃迁至低能态轨道释放出所有的光能，因此绝大多数金属呈银白色。

(2) 导电性和导热性 由于导带中相邻轨道间的能级差很小，导带中的电子只要接受微小的热能或电性引力就会在导带中自由运动，所以，金属都具有优良的导电性和导热性。

(3) 延展性 金属中能带和能带中的电子都是离域的，一处能带被破坏，另一处能带随之形成，故金属具有良好的延展性。

(4) 导体、半导体和绝缘体的区别 导体、半导体和绝缘体的能带结构如图 8.20 所示。

导体 (conductor)：要么由半充满的能带形成导带［图 8.20(a)］，要么由充满电子的满带与未填充电子的空带发生能级交错形成导带［图 8.20(b)］，因此具有优良的导电性。

半导体 (semiconductor)：满带与空带间存在一能量不太大的禁带区［图 8.20(c)］，当外加电压不大时，满带中的电子不能轻易地进入空带而导电；当外加电压足够大时，满带中的电子会越过禁带进入空带而导电。

绝缘体 (insulator)：满带与空带之间的能量差（禁带）太大［图 8.20(d)］，电子难以跨越禁带进入导带，所以正常情况下，绝缘体不导电。当然，在外加电压非常高时，绝缘体也会被击穿发生危险。这也说明，所谓的导体、半导体和绝缘体并无严格的区分界限。

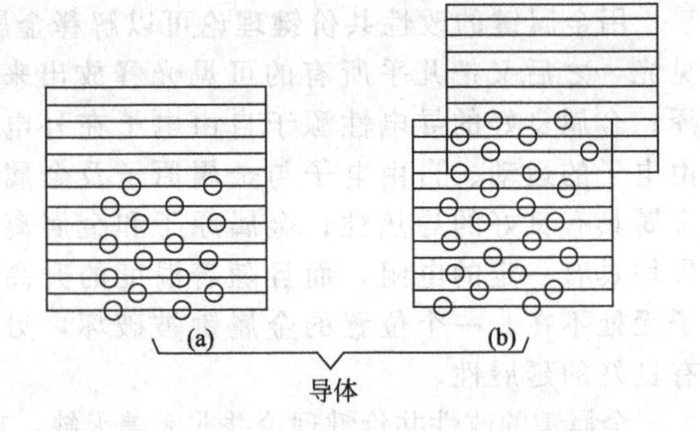

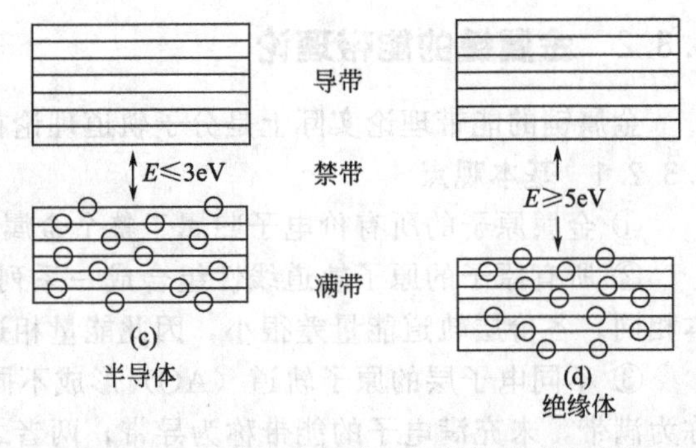

图 8.20 导体、半导体和绝缘体的能带结构

金属光泽：由于在导带中不同轨道的能量间隔不同，处于低能态轨道的电子可以吸收任意波段的可见光跃迁至高能态轨道，因此金属不透明；处于高能态的电子又逐渐跃迁至低能态轨道释放出所有的光能，因此绝大多数金属呈现银白色。

8.4 分子间作用力和氢键（Intermolecular Force and Hydrogen Bond）

8.4.1 分子间作用力

实际气体和稀有气体在低温高压下也能聚集成液体甚至固体，这说明，在微观粒子（分子或原子）之间存在着一种比化学键弱的作用力，人们称之为分子间作用力。1873 年，荷兰物理学家范德华 (van der Waals) 首先提出了实际气体的状态方程，并发现方程中的压力修正项与分子间的作用力相关。因此，人们也常把分子间作用力称为范德华力。按分子间作用力起因的不同，将其分成三种类型：取向力、诱导力、色散力。

8.4.1.1 取向力

极性分子本身具有永久偶极，当极性分子与极性分子相互靠近时，由于永久偶极的作用，同电相斥、异电相吸，极性分子会产生一种定向排列，这样由于极性分子永久偶极的作用而产生的分子间作用力称为取向力 (orientation force)。取向力只存在于极性分子与极性分子之间。如图 8.21 所示。

8.4.1.2 诱导力

在外电场作用下，非极性分子的电子云会发生变形，使得分子的正负电荷重心发生偏离

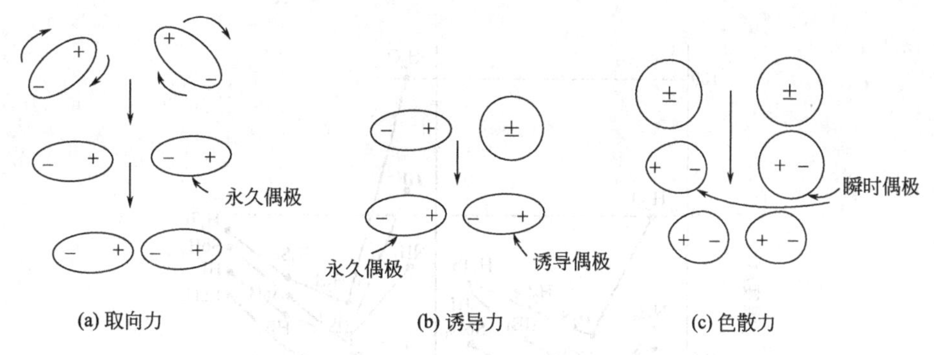

图 8.21　分子间作用力的产生

形成偶极，这种偶极称为诱导偶极。同样，极性分子在外电场作用下也会产生附加的诱导偶极。分子的体积越大，电子越多，变形性越大，越易产生诱导偶极。

分子间由于诱导偶极的作用而产生的作用力称为诱导力（induction force），如图 8.21 所示。诱导力存在于极性分子与极性分子之间，也存在于极性分子与非极性分子之间。

8.4.1.3　色散力

分子中由于电子的运动和核的运动，在某一瞬间也会发生正负电荷重心的偏离而产生偶极，这种偶极称为瞬时偶极（或瞬间偶极），如图 8.21 所示。由于瞬时偶极的寿命极短，目前实验上还难以测量。分子的变形性越大，瞬时偶极越容易产生。

分子间由于瞬时偶极的作用而产生的作用力称为色散力（dispersion force）。色散力存在于所有分子（原子及离子）之间。有文献报道，色散力的大小与分子的变形性及分子间距离的关系式类似于光散射的公式，因而得名“色散”力。

8.4.1.4　分子间作用力的特点

① 分子间作用力属于电性引力，其作用能的大小在 $2\sim20\text{kJ}\cdot\text{mol}^{-1}$，而化学键的键能一般在 $100\sim600\text{kJ}\cdot\text{mol}^{-1}$。

② 分子间作用力无方向性和饱和性。

③ 分子间作用力是一种短程引力，其大小与分子间距离的 6 次方成反比。

④ 一般情况下，在三种分子间作用力中色散力为主。例如 Br_2 是非极性分子，在 Br_2 分子之间只存在色散力，但单质溴在常温常压下却是液体；HI 虽然是极性分子，在 HI 分子之间既存在取向力，也存在诱导力，还存在色散力，但常温常压下 HI 却是气体。原因就在于 Br_2 比 HI 的分子量大、变形性大、色散力大。

8.4.2　氢键

H_2O、H_2S、H_2Se、H_2Te 属于同一主族元素的氢化物，分子量依次增大，分子间作用力也依次增大。由此推测，四种物质的熔沸点应该依次升高，但事实上，四种物质中 H_2O 的熔沸点最高。同样发现 HF 和 NH_3 在同族元素的氢化物中熔沸点也是最高的（如图 8.22 所示）。这说明，在 H_2O、HF、NH_3 各自的分子之间存在着一种超出正常范德华力之外的作用力，其产生的原因在于 O、F、N 均为电负性大、半径小的原子，当 H 原子与这些原子成键时，共用电子对远离 H 原子使其几乎成为一个带足够正电荷的“裸体”质子，这样的 H 原子当与另一个带负电荷的 O、F、N 原子靠近时，就会产生超出范德华力之外的相互作用力，人们就将这种力称为氢键（hydrogen bond）。

8.4.2.1　氢键的形成条件

① 含 H 原子的分子中，与 H 相连的原子必须电负性大、半径小，使 H 原子几乎成为

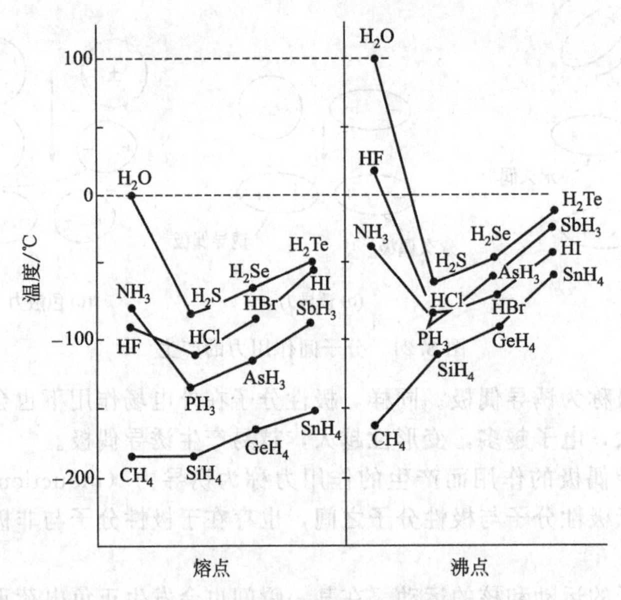

图 8.22 非金属氢化物的熔沸点变化

"裸体"质子。

② 必须有一个含孤对电子、带有较多负电荷、电负性大、半径小的原子。

符合这两个条件的原子主要就是 F、O、N 原子。当 H 原子连接 C 原子，而 C 原子另外连接几个电负性大的其他原子时，也能满足条件①，例如 HCF_3。

8.4.2.2 氢键的特点

① 氢键具有方向性、饱和性。图 8.23 显示了氢键的形成。从中可见，由于与 H 原子键连的原子和与 H 原子形成氢键的原子都是电负性大、带有较多负电荷的原子，两者相距越远，相互间的排斥力越小，体系越稳定，因此，氢键具有方向性；由于空间位阻的存在，与每个 H 形成氢键的其他原子是有限的，所以说氢键具有饱和性。一般情况下每个 H 只能形成 1 个氢键，但也有文献报道，在一些复杂的化合物中，1 个 H 原子可以同时与 2 个甚至 3 个其他原子形成氢键，并将这种氢键称为分叉氢键。

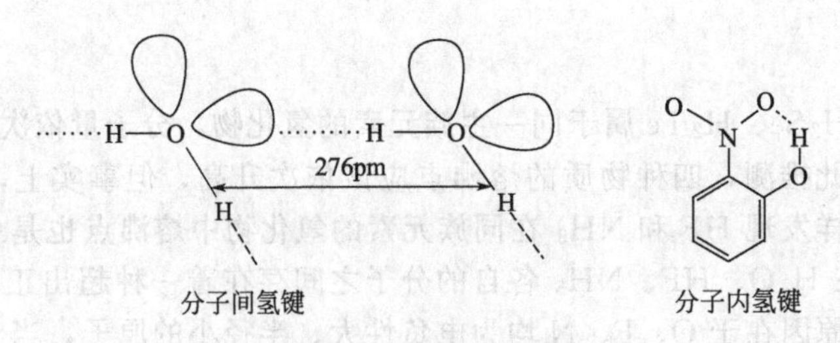

图 8.23 氢键的形成

② 氢键的强弱与形成氢键的非氢原子的电负性、原子半径、所有电荷有关。部分氢键的键能和键长数据列于表 8.5 中。

③ 氢键的大小介于分子间作用力和化学键之间，更接近于分子间作用力，可看作是具有方向性和饱和性的分子间作用力。

表 8.5 常见氢键的键能和键长数据

氢 键	键能/kJ·mol^{-1}	键长/pm	代表性化合物
F—H…F	28.1	255	$(HF)_n$
O—H…O	18.8	276	冰
	25.9	266	甲醇,乙醇
N—H…F	20.9	268	NH_4F
N—H…O	20.9	286	CH_3CONH_2
N—H…N	5.4	338	NH_3

8.4.2.3 氢键的类型

如果条件符合，分子之间可以形成氢键，如 H_2O、HF、NH_3 均可形成分子间氢键。如果在同一个分子中既有带足够正电荷的 H 原子，也有半径小、电负性大、带负电荷的其他原子，而且两者相距足够近的话，在分子之内也可以形成氢键。例如，邻硝基苯酚可以形成分子内氢键（见图 8.23），但对硝基苯酚和间硝基苯酚就难以形成分子内氢键，只能形成分子间氢键。同样，在硝酸、亚硝酸等含氧酸分子中也可以形成分子内氢键。

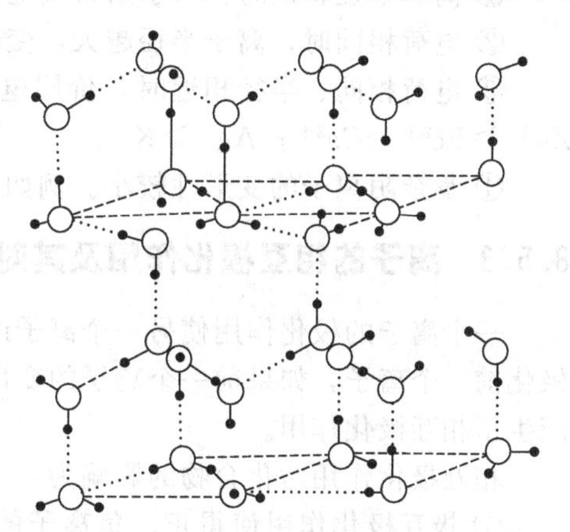

图 8.24 冰分子的空间排列

8.4.2.4 分子间氢键的形成对化合物性质的影响

① 氢键的形成使物质的熔沸点升高（见图 8.22），比热容、汽化热、熔化热相应增大。

② 当溶质与溶剂分子间形成氢键时，溶质的溶解度增大。

③ 氢键的形成可改变物质的密度。比如，常压下水在 4℃时密度最大。当水结成冰后，由于冰分子间氢键的作用，使分子发生定向有序排列，分子间的空隙增大（见图 8.24），因此，冰的密度反而低于 4℃的水。

8.5 离子的极化和变形性（Polarization and Metamorphosis of Ion）

离子键与共价键的本质区别在于，离子键属于离子之间的纯的静电作用力，不含有轨道重叠组合的成分；而共价键则纯粹是由原子轨道的重叠组合形成。由此可知，离子型化合物并不存在“分子”的概念，共价化合物却形成了完整的分子。但事实上，有些化合物原子间的相互作用力很难确定是属于离子键还是共价键，例如 $AlCl_3$，常温常压下表现出许多离子型化合物的性质，但在温度升高时，却能以气态二聚体分子 Al_2Cl_6 的形式存在，这又表现出共价化合物的性质。

任何化学键都是人为建立的原子间作用力模型，事实证明，离子键和共价键并没有严格的区分界限，其主要原因就是离子之间存在着相互极化作用，使离子间的相互作用力（化学键）由离子键向共价键转化。

8.5.1 离子的极化作用

使其他离子产生诱导偶极的作用称为离子的极化作用。

① 当离子半径相近时，离子的正电荷越高，极化作用越强。例如 $Al^{3+}>Mg^{2+}>Na^{+}$。

② 当电荷相同时，离子半径越小，极化作用越强。例如$Mg^{2+}>Ca^{2+}>Ba^{2+}$。

③ 当半径、电荷相同时，价层电子构型的影响为18，18＋2＞9～17＞8。例如$Zn^{2+}>Fe^{2+}>Ca^{2+}$。

2电子构型的离子，由于半径极小，极化作用总是较强。

④ 复杂离子的极化作用较小。例如NH_4^+与Na^+、K^+所带电荷相同、半径相近，但NH_4^+的极化作用却小于Na^+和K^+。

8.5.2 离子的变形性

离子的电子云在外电场的作用下改变形状，产生诱导偶极的性质称为离子的变形性。

① 离子半径相近时，离子所带负电荷越多，变形性越大。例如$N^{3-}>O^{2-}>F^-$。

② 电荷相同时，离子半径越大，变形性越大。例如$I^->Br^->Cl^->F^-$。

③ 电荷相同、半径相近时，价层电子构型的影响为18，9～17＞18＋2＞8，2。例如$Zn^{2+}>Fe^{2+}>Ca^{2+}$；$Ag^+>K^+$。

④ 复杂阴离子的变形性较小。例如$ClO_4^-<NO_3^-<OH^-$。

8.5.3 离子的相互极化作用及其对化合物性质的影响

一个离子的极化作用使另一个离子产生诱导偶极，另一个离子产生的诱导偶极反过来又极化前一个离子，如果前一个离子的变形性也较大的话，则也会产生诱导偶极，即离子之间产生了相互极化作用。

相互极化作用对化合物的影响为：

① 极互极化作用使得正、负离子的电子云有所重叠，从而使得化学键由离子键向共价键转化（见图8.25）。

图8.25　离子极化作用对键型的影响

② 相互极化作用使得正、负离子间的电荷迁移更加容易，物质更容易吸收某一波段的可见光，从而使得物质的颜色加深。

③ 相互极化作用使得化合物的离子性减小，在水中的溶解度降低。

④ 相互极化作用使得负离子的电子云向正离子偏移，自身更容易发生（正离子氧化负离子的）分解反应，因而，物质的热稳定性降低；电子云的偏移使离子键向共价键转化，化合物的类型由离子晶体向共价小分子转化，所以其熔沸点降低。

表8.6列出了第三周期元素氯化物的键型和晶体结构。

表8.6　第三周期元素氯化物的键型和晶体结构

项　目	NaCl	$MgCl_2$	$AlCl_3$	$SiCl_4$	PCl_5	(SF_6)
熔点/℃	801	714	193	68	166	66
化学键型	离子键	离子键	过渡型	共价键	共价键	共价键
晶体结构	离子晶体	离子晶体	过渡型	分子晶体	离子晶体①	分子晶体

① PCl_5固体是离子晶体，组成为[PCl_4^+][PCl_6^-]。

以AgF、AgCl、AgBr、AgI为例，就可说明离子的相互极化作用对物质性质的影响。Ag^+是半径较大的18电子构型的离子，具有较强的极化作用和变形性，在卤化银中，随着卤素阴离子半径的增大、变形性的增强，正负离子之间的相互极化作用逐渐增强，因此，从AgF→AgCl→AgBr→AgI颜色逐渐加深，溶解度逐渐减小，热稳定性逐渐降低。

同样，对于 ZnI_2、CdI_2、HgI_2 来说，也有类似的性质变化（见表 8.7）。

表 8.7　ZnI_2，CdI_2，HgI_2 的颜色和溶解度的变化

性　质	ZnI_2	CdI_2	HgI_2
颜色	无色	黄绿	红色（α 型）
在水中的溶解度/(g/100g 水)	432(298K)	86.2(298K)	难溶

8.6　晶体的基本类型和结构（Basic Types and Structure of Crystal）

8.6.1　离子晶体

正负离子通过离子键结合形成的晶体称为离子晶体。离子晶体的硬度大但比较脆，熔沸点较高，在熔化时或溶于水时可导电。

AB 型离子晶体的晶格结构主要有三种，如图 8.26 所示。

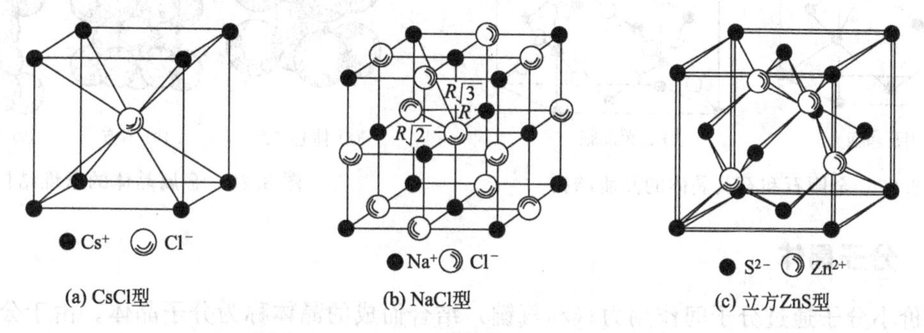

(a) CsCl型　(b) NaCl型　(c) 立方ZnS型

图 8.26　AB 型离子晶体的三种晶格结构

CsCl 型：正负离子构成了体心立方晶胞，每个晶胞中含有 1 个 Cs^+ 和 1 个 Cl^-，正负离子的配位数都是 8，记作 8∶8。

NaCl 型：正、负离子分别构成面心立方晶格，正负离子交叉排布形成 NaCl 晶胞，每个晶胞中含有 4 个 Na^+ 和 4 个 Cl^-，正负离子的配位数均匀 6，记作 6∶6。

ZnS 型：正、负离子分别构成面心立方晶格，假如 S^{2-} 按面心立方排布，则 Zn^{2+} 均匀地填充在 4 个小立方体的体心上，构成 ZnS 晶胞，每个晶胞中含有 4 个 Zn^{2+} 和 4 个 S^{2-}，正负离子的配位数均为 4，记作 4∶4。

AB 型离子晶体的晶格结构主要决定于正、负离子的半径比，其对应关系列于表 8.8 中。

表 8.8　AB 型离子晶体的晶格结构与正、负离子半径比的关系

负离子堆积方式	离子晶体类型	正离子所成构型	正负离子配位数	r_+/r_-	晶体实例
Ⅰ简单立方堆积	CsCl 型	立方体	8∶8	0.732　1	CsCl，CsBr，CsI，TlCl，NH_4Cl，TlCN 等
Ⅱ面心立方密堆积	NaCl 型	八面体	6∶6	0.414　0.732	大多数碱金属卤化物、某些碱土金属氧化物、硫化物，如 CaO、MgO、CaS、BaS 等
	立方 ZnS 型	四面体	4∶4	0.225　0.414	ZnS，ZnO，HgS，MgTe，BeO，BeS，CuCl，CuBr 等

8.6.2 原子晶体

原子相互间通过共价键结合形成的晶体称为原子晶体（或共价晶体）。原子晶体的硬度大、熔沸点高，多数不导电，难溶于一般溶剂。常见的原子晶体有金刚石，石墨，石英 SiO_2，金刚砂 SiC，BN 等。图 8.27 绘出了金刚石和石英晶体的晶胞。

8.6.3 金属晶体

金属原子、金属离子和自由电子通过金属键结合在一起形成的晶体称为金属晶体。金属的特性在金属键一节已有叙述，主要表现为特殊的金属光泽；优良的导电性；优良的导热性；优良的延展性；硬度和熔沸点变化较大。在金属晶体中，金属原子（和离子）均采取紧密堆积结构（简称紧堆结构）。常见的紧堆结构有体心立方、面心立方和六方，如图 8.28 所示。

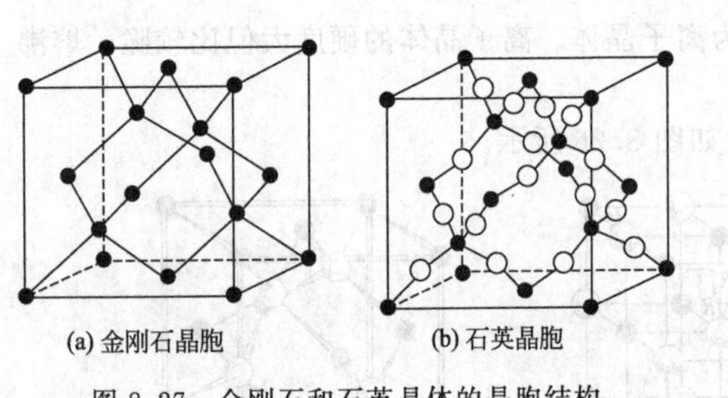

(a) 金刚石晶胞　(b) 石英晶胞

图 8.27　金刚石和石英晶体的晶胞结构

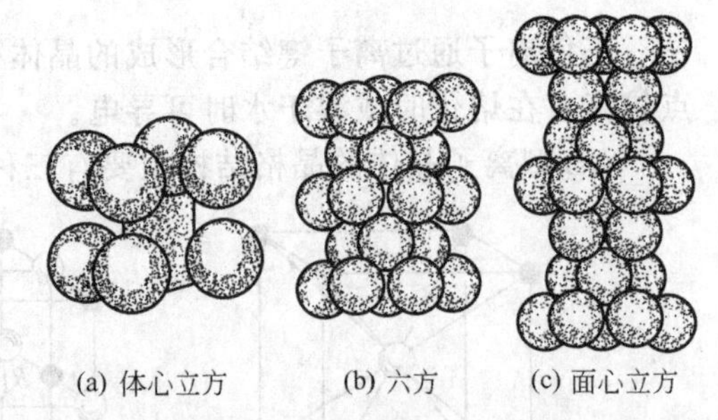

(a) 体心立方　(b) 六方　(c) 面心立方

图 8.28　金属晶体的紧堆结构

8.6.4 分子晶体

共价小分子通过分子间作用力（和氢键）结合而成的晶体称为分子晶体。由于分子晶体中粒子之间的作用力是弱的范德华力（和氢键），因此，分子晶体的硬度小、熔沸点低、不导电、延展性差。

习　题

8.1　试以氯化钠为例，简要说明离子键的形成、本质和特点。

8.2　离子键具有方向性和饱和性，而在离子晶体中离子又有一定的配位数，即每个正负离子周围都有一定数目的带相反电荷的离子，这两种说法有无矛盾？

8.3　简要说明离子的特征及其对离子键强度的影响。

8.4　用 Born-Harber 循环计算氯化钾的晶格能。相关数据如下：

$$K(s) \longrightarrow K(g) \qquad \Delta H_{m1}^{\ominus} = 90.0 kJ \cdot mol^{-1}$$

$$Cl_2(g) \longrightarrow 2Cl(g) \qquad \Delta H_{m2}^{\ominus} = 241.8 kJ \cdot mol^{-1}$$

$$K(g) \longrightarrow K^+(g) + e^- \qquad \Delta H_{m3}^{\ominus} = 425 kJ \cdot mol^{-1}$$

$$Cl(g) + e^- \longrightarrow Cl^-(g) \qquad \Delta H_{m4}^{\ominus} = 349 kJ \cdot mol^{-1}$$

$$K(s) + 0.5Cl_2(g) \longrightarrow KCl(s) \qquad \Delta H_{m5}^{\ominus} = 435.8 kJ \cdot mol^{-1}$$

8.5　已知 NaF 晶体的晶格能为 $894 kJ \cdot mol^{-1}$，Na 原子的电离能为 $494 kJ \cdot mol^{-1}$，金属钠的升华热为 $101 kJ \cdot mol^{-1}$，F_2 分子的离解能为 $160 kJ \cdot mol^{-1}$，NaF 的标准摩尔生成焓为 $-571 kJ \cdot mol^{-1}$，试通过 Born-Harber 循环计算元素 F 的电子亲合能。

8.6　请解释为什么化学键的离子性 LiF 比 KF 小，但晶格能 LiF 却比 KF 的大？

8.7　判断下列离子属于哪一种离子构型：

Mg^{2+} Cl^- Al^{3+} Fe^{2+} Bi^{3+} Cd^{2+} Mn^{2+} Hg^{2+} Sn^{2+} Cu^+ I^- Li^+ S^{2-}

8.8 试以 N_2 分子为例说明共价键的形成、本质和特点。

8.9 原子轨道重叠形成共价键必须满足哪些原则？σ键和π键有何区别？

8.10 试总结 Be、B、C、N、O、F、P、S 生成共价键的规律性，填入下表中。

项　目	Be	B	C	N	O	F	P	S
价层电子结构								
价层轨道数								
最多可生成共价键的数目								
成键后可能具有的最多孤电子对数								
成键后可能的空轨道数								

8.11 画出下列分子或离子的 Lewis 结构式。

NH_4^+、HNO_3、CN^-、CO_2、H_2O_2、HClO、$HClO_3$、CCl_2O、C_2H_2

8.12 试用杂化轨道理论解释下列分子的成键情况。

$BeCl_2$、BF_3、$SiCl_4$、PCl_5、SF_6

8.13 在 BCl_3 和 NCl_3 分子中，中心原子的氧化数和配体数都相同，为什么二者的中心原子采取的杂化类型、分子构型却不同？

8.14 用不等性杂化轨道理论解释下列分子的成键情况和空间构型。

PCl_3、H_2O、NH_3、OF_2、ICl_3、XeF_4

8.15 指出下列分子中各 C 原子采取的杂化轨道类型。

C_2H_2、C_2H_4、C_2H_6、CH_2O、CH_3OH、HCOOH、C_6H_6、C_{60}、金刚石、石墨

8.16 根据价层电子对互斥理论，判断下列分子或离子的空间构型，要求给出中心原子价层电子对的几何排布，并由此推断中心原子可能采取的杂化轨道类型。

NO_2、SO_3^{2-}、SO_4^{2-}、$SnCl_2$、ICl_2^+、BO_3^{3-}、XeO_4、$BrCl_3$、SF_4、ClO_3^-

8.17 简述分子轨道理论的基本论点。

8.18 写出第二周期所有元素同核双原子分子的分子轨道表示式，并判断分子的稳定性和磁性高低。

8.19 画出 NO 的分子轨道能级图，写出 NO 的分子轨道表示式，计算其键级，比较其稳定性和磁性高低（NO 的分子轨道能级与 N_2 分子相似，O 原子的 2s、2p 轨道能量略低于 N 原子 2s、2p 轨道能量）。

8.20 写出 O_2、O_2^-、O_2^{2-}、O_2^+、O_2^{2+} 的分子轨道表示式，比较它们的稳定性和磁性高低。

8.21 画出 HF 的分子轨道能级图，写出分子轨道表示式并计算分子的键级。

8.22 简要说明大π键的成键条件。

8.23 根据杂化轨道理论和大π键的形成解释下列分子或离子的成键情况和几何构型，并说明化学键的种类和数目。

CO_2、NO_2、SO_2、SO_3、NO_3^-、BF_3、CO_3^{2-}、N_2O、C_6H_6、C_{60}

8.24 已知 N 与 H 的电负性差（0.8）小于 N 与 F 的电负性差（0.9），为什么 NH_3 分子的偶极矩却比 NF_3 大？已知 $\mu(NH_3)=1.5D$，$\mu(NF_3)=0.2D$。

8.25 为什么由不同种元素形成的 PCl_5 分子为非极性分子，而由同种元素形成的 O_3 分子却是极性分子？

8.26 根据分子轨道理论说明 CO 分子的成键情况，并说明为什么 C 和 O 的电负性差较大，而 CO 分子的极性却较弱。

8.27 简要说明分子间作用力的类型和存在范围。

8.28 判断下列各组物质间存在什么形式的分子间作用力。

（1）硫化氢气体；（2）甲烷气体；（3）氯仿气体；（4）氨气；（5）溴与四氯化碳

8.29 简要说明氢键的形成条件、类型以及对物质性质的影响。

8.30 判断下列物质哪些存在氢键，如果有氢键形成请说明氢键的类型。

HNO_2、$C_2H_5OC_2H_5$、HF、H_2O、H_3BO_3、HBr、H_2S、CH_3OH、邻硝基苯酚

8.31 HF 分子间氢键比 H_2O 分子间氢键强，为什么 HF 的沸点及汽化热均比 H_2O 的低？

8.32　简要说明离子特征对离子极化作用和变形性的影响。

8.33　以汞的卤化物 HgX_2 为例说明离子的相互极化作用对物质颜色、水溶性、热稳定性的影响。

8.34　用离子极化理论说明下列各组氯化物的熔沸点高低。

(1) $MgCl_2$ 和 $SnCl_4$；(2) $ZnCl_2$ 和 $CaCl_2$；(3) $FeCl_3$ 和 $FeCl_2$；(4) $MnCl_2$ 和 $TiCl_4$

8.35　根据离子相互极化作用的大小，按熔点及溶解度由大到小的顺序排列下列化合物：

(1) BCl_3、$AlCl_3$、$FeCl_3$；(2) BaS、FeS、HgS；(3) $BeCl_2$、$MgCl_2$、$ZnCl_2$

8.36　试用金属键的改性共价键理论解释金属的光泽、导电性、导热性和延展性。

8.37　试用金属键的能带理论解释导体、半导体和绝缘体的存在。

8.38　指出下列物质在晶体中质点间的作用力、晶体类型和熔点高低。

(1) KCl；(2) SiC；(3) CH_3Cl；(4) NH_3；(5) Cu；(6) Xe

8.39　C 和 Si 属同族元素，为什么 CO_2 形成分子晶体而 SiO_2 却形成原子晶体？

8.40　元素 Si 和 Sn 的电负性相差不大，但常温下 SiF_4 为气态而 SnF_4 却为固态，为什么？

8.41　判断下列分子的极性。

SO_2、CH_2Cl_2、PCl_3、SeO_3、$BrCl_3$、$COCl_2$、BI_3

8.42　碳有几种同素异形体？它们的晶体结构和性质各有何特点？

8.43　已知金的晶格形式是面心立方，晶胞边长为 $a=0.409$nm，试求：

(1) 金的原子半径；(2) 晶胞体积；(3) 一个晶胞中金的原子数；(4) 金的密度。

8.44　说明导致下列各组化合物间熔点差别的原因。

(1) NaF(992℃)，MgO(2800℃)；

(2) Mg(2800℃)，BaO(1923℃)；

(3) BeO(2530℃)，MgO(2800℃)，CaO(2570℃)，SrO(2430℃)，BaO(1923℃)；

(4) NaF(992℃)，NaCl(800℃)，AgCl(455℃)；

(5) $CaCl_2$(782℃)，$ZnCl_2$(215℃)；

(6) $FeCl_2$(672℃)，$FeCl_3$(282℃)。

8.45　解释下列事实。

(1) 沸点 HF>HI>HCl，BiH_3>NH_3>PH_3；

(2) 熔点 BeO>LiF；

(3) $SiCl_4$ 比 CCl_4 易水解；

(4) 金刚石比石墨硬度大。

8.46　下列说法正确与否？举例说明其原因。

(1) 非极性分子只含非极性共价键；

(2) 极性分子只含极性共价键；

(3) 离子型化合物中不可能含有共价键；

(4) 全由共价键结合形成的化合物只能形成分子晶体；

(5) 同温同压下，相对分子质量越大，分子间的作用力越大；

(6) 色散力只存在于非极性分子之间；

(7) σ 键比 π 键的键能大；

(8) 阳离子的极化能力越强，其形成的化合物在水中的溶解度越小；

(9) 阴离子的变形性越大，其形成的化合物在水中的溶解度越小；

(10) 共价型的氢化物间可以形成氢键。

第 9 章　配位化合物

Coordination Compounds

9.1　配位化合物的基本概念（Basic Concepts of Coordination Compounds）

9.1.1　配位化合物的定义

通常我们见到和使用的无机化合物是原子间通过离子键或共价键结合而成的简单化合物，如 NaCl、KOH、$CuSO_4$、AgBr、HCl、H_2O、NH_3、CO_2 等。这些简单化合物还可以相互加合形成一些复杂化合物，例如：

$$CuSO_4 + 4NH_3 = [Cu(NH_3)_4]SO_4$$

$$AgCl + 2NH_3 = [Ag(NH_3)_2]Cl$$

在纯的$[Cu(NH_3)_4]SO_4$或$[Ag(NH_3)_2]Cl$溶液中除$[Cu(NH_3)_4]^{2+}$、SO_4^{2-}、$[Ag(NH_3)_2]^+$、Cl^-外几乎检查不出 Cu^{2+}、Ag^+ 和 NH_3 的存在，说明它们与普通的加合物有明显的区别，在 Cu^{2+}、Ag^+ 与 NH_3 间存在特殊的相互作用，而且这种相互作用既不同于分子间作用力也不同于一般的化学键。像$[Cu(NH_3)_4]^{2+}$、$[Ag(NH_3)_2]^+$这样的复杂离子不仅存在于晶体中，也存在于水溶液中，人们将 Cu^{2+}、Ag^+ 与 NH_3 之间的作用力（化学键）称为配位键，因此将$[Cu(NH_3)_4]SO_4$、$[Ag(NH_3)_2]Cl$这一类加合物称为配位化合物（简称为配合物）。但像光卤 $KCl \cdot MgCl_2 \cdot 6H_2O$、石明矾 $KAl(SO_4)_2 \cdot 12H_2O$ 等类似的加合物则只存在于晶体中，一旦溶于水，它们就解离成 K^+、Cl^-、Mg^{2+} 和 K^+、Al^{3+}、SO_4^{2-} 等简单离子。人们将后面这样的加合物则称为复盐。当然在简单化合物、配合物与复盐之间有时并不存在严格的界限，人们经常发现一些处于中间状态的复杂化合物。例如 SF_6 既可以看作是配合物，也可以认为是简单化合物；而 $CsRh(SO_4)_2 \cdot 4H_2O$ 既可看作是复盐，又可认为是配合物，因为在 $CsRh(SO_4)_2 \cdot 4H_2O$ 水溶液中游离 SO_4^{2-} 的量很少，后经实验证明在水溶液中存在$[Rh(H_2O)_4(SO_4)_2]^-$配离子。

由此可见，要想准确地给配合物下一个严格的定义是十分困难的，目前人们一般接受如下的概念：由一个中心元素的原子或离子与一定数目的配体（阴离子或分子）以配位键的形式结合在一起形成的具有一定特性的复杂离子或分子称为配离子或配分子，由配离子或配分子组成的化合物称为配位化合物（简称配合物）。

由于配合物的性质主要决定于配离子的组成、结构和性质，所以，人们也将配离子称为配合物。如$[Ag(NH_3)_2]Cl$、$K_2[PtCl_6]$、$Ni(CO)_4$、$Fe(CO)_5$、$Cu(NH_3)_4^{2+}$ 等。

9.1.2　配合物的组成

9.1.2.1　内界和外界

一般的配合物往往由两部分组成，一部分是复杂的配离子，另一部分是与配离子保持电荷平衡的简单离子。如前所述，配合物的性质主要决定于配离子，为了便于区分配离子和简单离子，就将配离子用“[]”括起来称为内界，与内界保持电荷平衡的其他简单离子以及结晶水分子就称为外界。如：

$$\underset{\text{内界}}{\underset{\uparrow}{[Cu(NH_3)_4]}}\underset{\text{外界}}{\underset{\uparrow}{SO_4}}$$

9.1.2.2　中心离子（或原子）

配合物的内界总是由两部分组成，即中心离子（或原子）和配位体。配合物的中心离子通常为过渡金属离子（或原子）、较高氧化态的主族金属离子、高氧化态的非金属原子。如 $Fe(CO)_5$ 中的 Fe、$Cu(NH_3)_4^{2+}$ 中的 Cu^{2+}、AlF_6^{3-} 中的 Al^{3+}、SiF_6^{2-} 中的 Si(Ⅳ)等。

9.1.2.3　配体和配位原子

配合物中直接与中心原子或离子相键合的阴离子或分子称为配体（或配位体，ligand）。配体中直接与中心原子或离子相键合的原子称为配位原子，如 H_2O 中的 O、NH_3 中的 N、CN^- 中的 C 等。

根据一个配体中能提供的配位原子的数目，将配体分成单齿配体和多齿配体（多齿配体也称为螯合剂 chelator）。

常见的配体中 I^-、Br^-、Cl^-、F^-、OH^-、$HCOO^-$、H_2O、NH_3、NO、NO_2^-、NH_2^-、$RCOO^-$、ROH、C_5H_5N、RNH_2、NR_3、PH_3、PR_3、PR_2^-、R_2S、RSH、SO_3^{2-}、CN^-、CO 等均为单齿配体。草酸根 $C_2O_4^{2-}$、氨基乙酸根 $NH_2CH_2COO^-$、乙二胺 en 属于双齿配体，乙二胺四乙酸根 EDTA 则是六齿配体。常见的多齿配体见表 9.1。

表 9.1　常用的多齿配位体

名　称	化　学　式	缩　写
乙二胺	$\ddot{N}H_2CH_2CH_2\ddot{N}H_2$	en
丙二胺	$\ddot{N}H_2CH_2CH_2CH_2\ddot{N}H_2$	pn
乙酰丙酮	$CH_3C\ddot{O}CH_2C\ddot{O}CH_3$	acac
水杨醛	$\ddot{O}H$ … $CH\ddot{O}$	Hsald
丁二肟	$H_3C—C═\ddot{N}OH$ $H_3C—C═\ddot{N}OH$	H_2dmg
乙二胺四乙酸根	$^-OOCH_2C$, CH_2COO^- $\ddot{N}—\overset{H_2}{C}—\overset{H_2}{C}—\ddot{N}$ $^-OOCH_2C$, CH_2COO^-	EDTA
甘氨酸根	$\ddot{N}H_2CH_2CO\ddot{O}^-$	gly
8-羟基喹啉	N … $\ddot{O}H$	Oxinate

某些配体虽含两个配位原子，但每次只能提供一个，这样的配体称为两可配体。如亚硝酸根 ONO^- 与硝基 NO_2^-，硫氰根 SCN^- 与异硫氰根 NCS^-。

常见的配位原子为半径相对较小的非金属原子，如 F、Cl、Br、I、O、S、N、C、P 等。

9.1.2.4 中心离子的配位数

配合物中直接与中心离子（或原子）相键合的配位原子的数目称为中心离子的配位数。由单齿配体与中心离子配位形成的配合物，中心离子的配位数与配体的数目相等；由多齿配体与中心离子配位形成的配合物，中心离子的配位数大于配体的数目。如 $Ag(NH_3)_2^+$ 中 Ag^+ 的配位数为 2，$Cu(NH_3)_4^{2+}$ 中 Cu^{2+} 的配位数为 4，$Fe(CN)_6^{3-}$ 中 Fe^{3+} 的配位数为 6，$Pt(en)_2^{2+}$ 中 Pt^{2+} 的配位数为 4，CaY^{2-} 中 Ca^{2+} 的配位数为 6。

影响配位数的因素大多都很复杂。通常情况下，主要的影响因素有中心离子的氧化数、半径、价层电子构型及配体的体积大小。

① 中心离子的氧化数越高配位数往往越大，如 $Ag(NH_3)_2^+$、$Au(CN)_2^-$ 中中心离子的配位数是 2，$Cu(NH_3)_4^{2+}$、$Zn(CN)_4^{2-}$ 中中心离子的配位数是 4，$Fe(CN)_6^{3+}$、SiF_6^{2-} 中中心离子的配位数是 6；

② 中心离子的半径越大配位数往往越大，如 BF_4^- 中中心离子的配位数是 4，AlF_6^{3-} 中中心离子的配位数是 6；

③ 中心离子的价层电子构型不同则配位数不同，如 Ag^+、Cu^+、Au^+ 一般为 2，Ni^{2+}、Pd^{2+}、Pt^{2+}、Au^{3+}、Zn^{2+}、Cd^{2+}、Hg^{2+} 一般为 4，Fe^{2+}、Cr^{3+}、Co^{2+}、Pt^{4+} 则一般为 6；

④ 对于中心离子与单齿配体形成的配合物来讲，配体的体积越大，中心离子的配位数越小，如 Al(Ⅲ)、Si(Ⅳ)与 F^- 可以形成 6 配位的 AlF_6^{3-}、SiF_6^{2-}，而与 Cl^- 则只能形成 4 配位的 $AlCl_4^-$、$SiCl_4$。

9.1.3 配合物的命名

(1) 配离子的命名

配体的数目　配体　合　中心离子(氧化数——大写罗马数字标明)

如 SiF_6^{2-} 称为六氟合硅(Ⅳ)；$Fe(CN)_6^{3-}$ 称为六氰合铁(Ⅲ)；$Pt(en)_2^{2+}$ 称为二乙二胺合铂(Ⅱ)。

(2) 含配阴离子的配合物的命名

配离子　酸　外界离子名称

如$(NH_4)_2[PtCl_6]$称为六氯合铂(Ⅳ)酸铵；$K_3[Fe(CN)_6]$称为六氰合铁(Ⅲ)酸钾。如果配合物带有结晶水，要把结晶水的数目说明，如 $K_2[Fe(CN)_6]\cdot 3H_2O$ 称为三水合六氰合铁(Ⅱ)酸钾。

(3) 含配阳离子的配合物的命名

外界阴离子化(或酸)配阳离子

注意：至于用“化”还是用“酸”，要与普通无机物的命名相对应。

如$[Ag(NH_3)_2]Cl$ 称为氯化二氨合银(Ⅰ)；$[Cu(NH_3)_4]SO_4$ 称为硫酸四氨合铜(Ⅱ)。

(4) 配离子中配体的排列次序　在配合物的命名过程中，最难以把握的就是，当配离子中含有多种配体时配体的次序排列。目前一般采用如下规则：

① 先无机配体后有机配体。如 *cis*-$[Pt(en)Cl_2]$的命名，氯离子在乙二胺之前，称为顺式二氯·一乙二胺合铂(Ⅱ)。

② 先阴离子配体后中性分子配体。如 $[PtCl_2(NH_3)_4]Cl_2$ 的命名，氯离子在氨分子之前，称为二氯化二氯·四氨合铂(Ⅳ)。

③ 同类配体，按配位原子元素符号的拉丁字母顺序排列（由于拉丁字母顺序不易掌握，

现在基本上都采用英文字母顺序排列）。如$[Co(NH_3)_4(H_2O)_2]Cl_3$的命名，由于英文字母中N排列在O之前，所以氨排在水之前，称为三氯化四氨·二水合钴(Ⅲ)。

④ 同类配体，若配位原子相同，则原子数少的在前，原子数多的在后。如$[Pt(NO_2)_2NH_3(NH_2OH)]$的命名，硝基在氨之前，氨在羟胺之前，称为二硝基·一氨·一羟胺合铂(Ⅱ)。

⑤ 同类配体，若配位原子相同，所含原子数也相同，则按与配位原子相连的其他原子的字母排列次序排列。如$K[Pt(NH_3)(NO_2)(NH_2)OH]$的命名，由于英文字母中H排在O之前，所以氨基排在硝基之前，称为一氨基·一硝基·一羟基·一氨合铂(Ⅱ)酸钾。

⑥ 当配合物中含有两可配体时，配体组成相同配位原子不同，此时按配位原子的字母排列次序排列。如$Na_3[Co(SCN)_3(NCS)_3]$的命名，硫氰根SCN^-的配位原子是S，异硫氰根NCS^-的配位原子是N，由于在英文字母中N排在S之前，所以异硫氰根排在硫氰根之前，称为三异硫氰·三硫氰合钴(Ⅲ)酸钠。

注意：配体与配体用“·”分开，以防一些复杂配体相混淆。

(5) 无外界配合物的命名 此时，中心离子（或原子）的氧化数可不标明。如$[Pt(NO_2)_2NH_3(NH_2OH)]$称为二硝基·一氨·一羟胺合铂；$Fe(CO)_5$称为五羰基合铁。

(6) 常见配合物的俗名 有些配合物应用比较广泛，为了叫起来方便，常用俗名代替正规名称。应用比较多的俗名有：

$K_3[Fe(CN)_6]$：铁氰化钾、赤血盐　　$K_4[Fe(CN)_6]\cdot 3H_2O$：亚铁氰化钾、黄血盐

$HAuCl_4$：氯金酸　　H_2PtCl_6：氯铂酸

H_2PtCl_4：氯亚铂酸　　H_2SiF_6：氟硅酸

$(NH_4)_2PtCl_6$：氯铂酸铵　　K_2PtCl_6：氯铂酸钾

Na_3AlF_6：氟铝酸钠、冰晶石　　$Ag(NH_3)_2^+$：银氨配离子　　$Cu(NH_3)_4^{2+}$：铜氨配离子

9.1.4 配合物的类型

根据一个配离子（或配分子）中中心原子的数目分成单核配合物与多核配合物。如$Ni(CO)_4$，$Co_2(CO)_8$。

根据形成配合物的配体的种类（单齿与多齿）分成简单配合物与螯合物。如$H_2[PbCl_4]$，$Na_2[CaY]$，见图9.1。

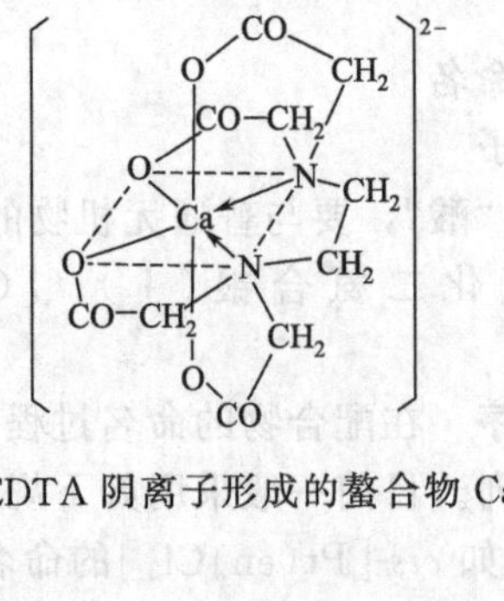

图9.1 Ca^{2+}与EDTA阴离子形成的螯合物CaY^{2-}的立体构型

9.1.5 配合物的异构现象

化学式相同但结构、性质不同的一系列化合物，称为同分异构体。配合物的同分异构现象很多，如电离异构、水合异构、键合异构、配位异构、几何异构等。这一部分主要介绍配合物的几何异构现象，对其他异构现象仅列表说明。

9.1.5.1 顺-反异构

如$[Pt(NH_3)_2Cl_2]$有两种同分异构体：

反式（*trans*-） H_3N Cl / Pt / Cl NH_3　　　　顺式（*cis*-） Cl NH_3 / Pt / Cl NH_3

$\mu=0$　　淡黄　　$S=0.0366g$（25℃）　　　　$\mu>0$　　棕黄　　$S=0.2523g$（25℃）

难溶于极性溶剂　　　　易溶于极性溶剂

同分异构体的存在同时证明这两种配合物的空间构型均为平面四边形，因为如果是四面体构型，它们将不存在同分异构现象。同分异构体不仅物理性质不同，某些化学性质也差别很大，如*cis*-$[Pt(NH_3)_2Cl_2]$具有如下反应，而*trans*-$[Pt(NH_3)_2Cl_2]$则不能发生最后一步反应。

cis-$[Pt(NH_3)_2Cl_2]$ $\xrightarrow{H_2O}$ *cis*-$[Pt(NH_3)_2(OH)_2]$ $\xrightarrow{草酸}$ $[Pt(NH_3)_2(C_2O_4)]$

trans-$[Pt(NH_3)_2Cl_2]$ $\xrightarrow{H_2O}$ *trans*-$[Pt(NH_3)_2(OH)_2]$ $\xrightarrow{草酸}$ 不能反应

另外，顺式和反式$[Pt(NH_3)_2Cl_2]$的生物活性不同。*cis*-$[Pt(NH_3)_2Cl_2]$具有很好的抗癌活性，称为顺铂（cisplatin）。当它进入人体后，能迅速而又牢固地与DNA（去氧核糖核酸）结合在一起形成一种隐蔽的*cis*-DNA加合物，干扰DNA的复制，阻止癌细胞的再生扩散。但反式（*trans*-）加合物由于结构联结方式简单"笨拙"，生成后很快便为细胞识别而被排除掉，因此不具抗癌功效。*cis*-$[Pt(NH_3)_2Cl_2]$的缺陷是副作用较大，目前药物化学家正寻找新的、无副作用的配体代替NH_3和Cl^-，以便合成出类似于顺铂的高效无毒的新型抗癌药物。

对六配位的八面体配合物来讲，异构现象比较复杂，决定于配体的种类和数目，见表9.2。

表9.2　八面体形配合物的顺反异构情况

类　型	顺反异构体数目	实　例
MX_4Y_2	2	$[Pt(NH_3)_4Cl_2]^{2+}$
MX_3Y_3	2	$[Pt(NH_3)_3Cl_3]^+$
MX_4YZ	2	$[Pt(NH_3)_4(OH)Cl]^{2+}$
MX_3Y_2Z	3	$[Pt(NH_3)_2(OH)_3Cl]$
$MX_2Y_2Z_2$	5	$[Pt(NH_3)_2(OH)_2Cl_2]$

以$[Pt(NH_3)_2(OH)_2Cl_2]$为例，五种顺反异构体的空间构型如下（图9.2）：

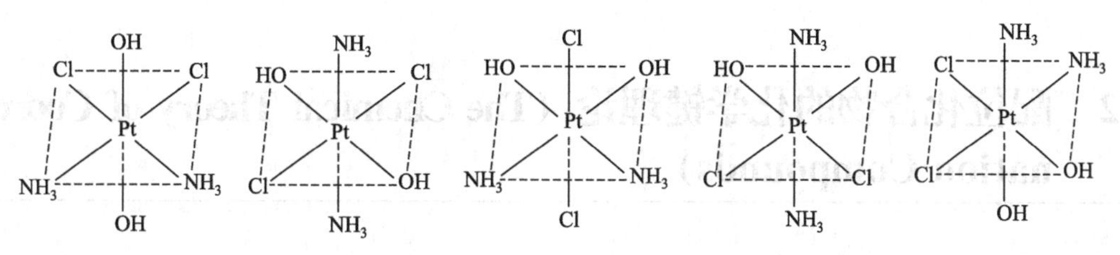

图9.2　$[Pt(NH_3)_2(OH)_2Cl_2]$的顺反异构体构型

9.1.5.2 旋光异构

对于全顺式 $MX_2Y_2Z_2$ 来讲，实际仍然存在两种不能完全重合的结构：

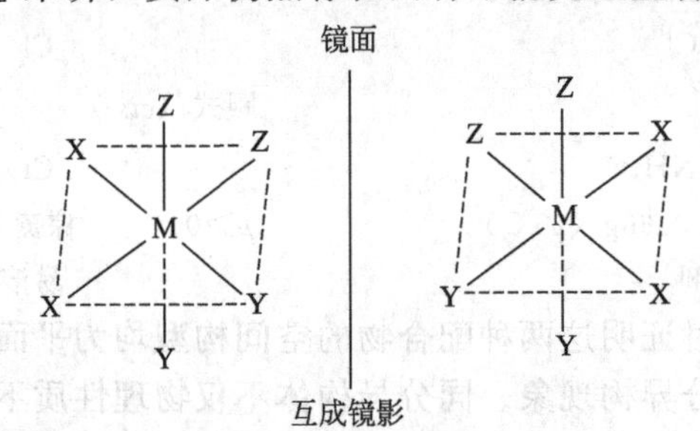

不难看出，上面两种结构虽然均为全顺式，但却不能重合。两者互成镜影，就像人的左右手一样，因此人们将这种性质称为手性（chirality）。手性化合物的特征性质是可使平面偏振光发生偏转，而且互成镜影的异构体使偏振光的偏转角度相同但偏转方向相反。所以，又将这种异构现象称为旋光异构（optical isomerism），使偏振光沿顺时针方向旋转的异构体称为右旋（*d*-）异构体，使偏振光沿逆时针方向旋转的异构体称为左旋（*l*-）异构体。

旋光异构体的一般化学性质和物理性质均完全相同，只是光学性质和某些生物活性不同。在制备过程中左、右旋异构体常以等量混合物的形式出现，表现不出旋光性质，称为外消旋化合物（racemic mixture）。这样的混合物是难以用普通的物理化学方法分离的，目前比较实用的方法是，用含某种旋光异构体的色谱柱进行拆分（resolution）。

人体内的活性酶往往具有旋光性质，而且互为对映体的生物酶的生理活性差别极大。药物化学家正是利用旋光异构体的特殊化学反应选择性，合成一些具有旋光性质的化合物进行某些疾病的治疗。问题的关键是合成出的化合物基本上都是以外消旋混合物的形式存在，其中只有一种异构体对治疗疾病有效，另一种等量的异构体则往往起反作用甚至对人体有害。目前关于外消旋混合物的拆分是化学家研究的热点课题之一。

9.1.5.3 其他异构现象

其他异构现象如电离异构、水合异构、键合异构、配位异构等见表 9.3。

表 9.3 配合物的异构类型（几何异构除外）

异构类型	实　例	某些性质差别
电离异构	$[CoSO_4(NH_3)_5]Br$（红色） $[CoBr(NH_3)_5]SO_4$（紫色）	向$[CoSO_4(NH_3)_5]Br$溶液中加入 $AgNO_3$ 溶液，生成 AgBr 沉淀。向$[CoBr(NH_3)_5]SO_4$ 溶液中加入 $BaCl_2$ 溶液，生成 $BaSO_4$ 沉淀
水合异构	$[Cr(H_2O)_6]Cl_3$（紫色） $[Cr(H_2O)_5Cl]Cl_2 \cdot H_2O$（亮绿色）灰 $[Cr(H_2O)_4Cl_2]Cl \cdot 2H_2O$（暗绿色）	内界所含水分子的数目随制备时的温度和介质不同而异，溶液摩尔电导率随内界水分子数目的减少而降低
键合异构	$[Co(NH_3)_5NO_2]Cl_2$ $[Co(NH_3)_5ONO]Cl_2$	黄褐色，能稳定地存在于酸中 红褐色，在酸中不能稳定存在
配位异构	$[Co(en)_3][Cr(C_2O_4)_3]$ $[Cr(en)_3][Co(C_2O_4)_3]$	

9.2 配位化合物的化学键理论（The Chemical Theory of Coordination Compounds）

1893 年，年仅 26 岁的瑞士化学家维尔纳（A. Werner）首先提出了配位键的概念，建立了配位键理论[1]，由此成为配位化学的奠基人并获得了诺贝尔化学奖。1931 年，鲍林将杂化轨道理论用于配合物的形成提出了价键理论；之后，随着新型配合物的合成，又相继提出了静电理论、晶体场理论、配位场理论、分子轨道理论等。在基础化学中应用较为广泛的是价键理论和晶体场理论。

9.2.1 配位化合物的价键理论

配合物价键理论的核心是：在配体的作用下，中心离子首先拿出一定数目的价层空轨道进行杂化，杂化后的轨道再与配体中配位原子含孤对电子的价层轨道重叠形成配位键。

9.2.1.1 配合物价键理论的基本要点

① 中心离子（或原子）有空的价层轨道，配体有可提供孤对电子的配位原子；

② 中心离子的价层空轨道首先杂化，杂化类型决定于中心离子的价层电子构型和配体的数目及配位能力的强弱；

③ 中心离子的杂化轨道与配位原子中含孤对电子的价层轨道重叠（中心离子的价层空轨道接纳配体中配位原子上的孤对电子）成键，形成配合物；

④ 配离子的空间构型决定于中心离子采取的杂化轨道类型。

【例题 9.1】 用价键理论解释 $Ag(NH_3)_2^+$ 的形成和空间构型。

答：在配体 NH_3 的作用下，中心离子 Ag^+ 首先提供 1 个空的 5s 轨道和 1 个空的 5p 轨道进行 sp 杂化，杂化后的 2 个 sp 杂化轨道再与 2 个 NH_3 分子中 N 原子上含孤对电子的 sp^3 杂化轨道重叠形成配位键，由于 Ag^+ 的 2 个 sp 杂化轨道的空间排布为直线形，所以 $Ag(NH_3)_2^+$ 的空间构型也是直线形。

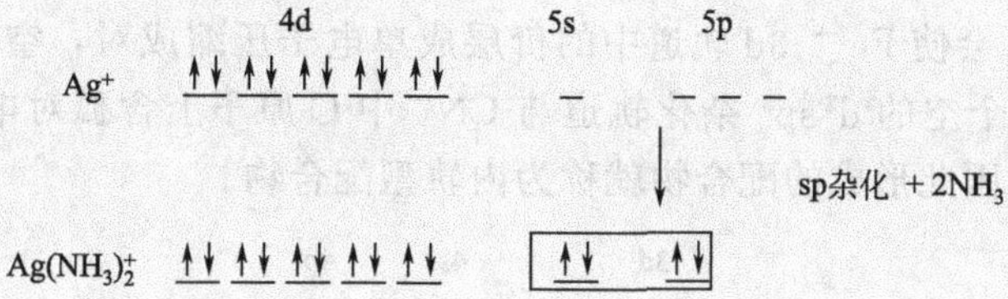

4d 5s 5p

Ag^+ ↑↓ ↑↓ ↑↓ ↑↓ ↑↓ — — — —

sp杂化 + $2NH_3$

$Ag(NH_3)_2^+$ ↑↓ ↑↓ ↑↓ ↑↓ ↑↓ [↑↓ ↑↓]

【例题 9.2】 用价键理论解释 $Ni(CN)_4^{2-}$ 的形成和空间构型。

答：在配体 CN^- 的作用下，中心离子 Ni^{2+} 首先将 2 个成单的 3d 电子压缩配对，空出 1 个 3d 轨道再与 1 个 4s 轨道和 2 个 4p 轨道进行 dsp^2 杂化，杂化后的 4 个 dsp^2 杂化轨道再接纳 4 个 CN^- 中 C 原子的孤对电子形成配位键，由于 Ni^{2+} 的 4 个 dsp^2 杂化轨道的空间排布为平面正方形，所以 $Ni(CN)_4^{2-}$ 的空间构型就是平面正方形。

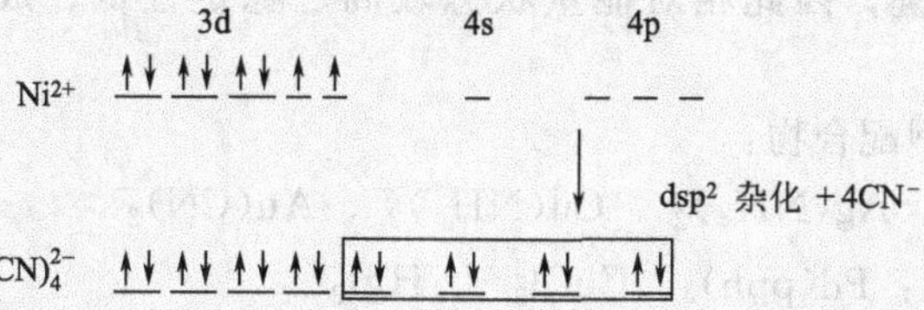

3d 4s 4p

Ni^{2+} ↑↓ ↑↓ ↑↓ ↑ ↑ — — — —

dsp^2 杂化 + $4CN^-$

$Ni(CN)_4^{2-}$ ↑↓ ↑↓ ↑↓ ↑↓ [↑↓ ↑↓ ↑↓ ↑↓] —

【例题 9.3】 用价键理论解释 $Zn(CN)_4^{2-}$ 的形成和空间构型。

答：在配体 CN^- 的作用下，中心离子 Zn^{2+} 首先提供 1 个空的 4s 轨道和 3 个空的 4p

[1] 关于维尔纳的配位键理论参见“配位化学的奠基人——维尔纳”，化学教育，1981，37～42。

轨道进行 sp^3 杂化，杂化后的 4 个 sp^3 杂化轨道再接纳 4 个 CN^- 中 C 原子的孤对电子形成配位键，由于 Zn^{2+} 的 4 个 sp^3 杂化轨道的空间排布为正四面体形，所以 $Zn(CN)_4^{2-}$ 的空间构型就是正四面体形。

3d 4s 4p

Zn^{2+} ↑↓ ↑↓ ↑↓ ↑↓ ↑↓ _ _ _ _

SP^3杂化 + $4CN^-$

$Zn(CN)_4^{2-}$ ↑↓ ↑↓ ↑↓ ↑↓ ↑↓ [↑↓ ↑↓ ↑↓ ↑↓]

9.2.1.2 内轨型配合物和外轨型配合物

对于 FeF_6^{3-} 来讲，配体 F^- 具有最大的电负性，虽然带有一个负电荷，但提供电子对用于形成配位键的能力较差，当 F^- 与 Fe^{3+} 配位形成配合物时，并不能改变中心 Fe^{3+} 的基态电子排布，Fe^{3+} 只能用外层的 4d 轨道形成 sp^3d^2 杂化，6 个空的 sp^3d^2 杂化轨道与 F^- 含孤对电子的 2p 轨道重叠形成 FeF_6^{3-} 配离子，因此形成的配合物就称为外轨型配合物。

3d 4s 4p 4d

Fe^{3+} ↑ ↑ ↑ ↑ ↑ _ _ _ _ _ _

sp^3d^2杂化 + $6F^-$

FeF_6^{3-} ↑ ↑ ↑ ↑ ↑ [↑↓ ↑↓ ↑↓ ↑↓ ↑↓ ↑↓]

对于 $Fe(CN)_6^{3-}$ 来讲，配体 CN^- 中的配位原子是 C 原子，C 原子上带有一定的负电荷，由于 C 的电负性较小，因此 CN^- 提供电子对用于形成配位键的能力极强，当 CN^- 与 Fe^{3+} 配位形成配合物时，会使 Fe^{3+} 3d 轨道中的价层成单电子压缩成对，空出 2 个内层 3d 轨道形成 d^2sp^3 杂化，6 个空的 d^2sp^3 杂化轨道与 CN^- 中 C 原子上含孤对电子的轨道重叠形成 $Fe(CN)_6^{3-}$ 配离子，因此形成的配合物就称为内轨型配合物。

3d 4s 4p

Fe^{3+} ↑↓ ↑↓ ↑ _ _ _ _ _ _

d^2sp^3杂化 + $6CN^-$

$Fe(CN)_6^{3-}$ ↑↓ ↑↓ ↑ [↑↓ ↑↓ ↑↓ ↑↓ ↑↓ ↑↓]

由于内轨型配合物中中心离子用低能态的内层轨道杂化成键，因此相对能量状态较低、稳定性高、成单电子数少、自旋磁矩小、磁性低；外轨型配合物中中心离子用高能态的外层轨道杂化成键，因此相对能量状态较高、稳定性低、成单电子数多、自旋磁矩大、磁性高。

一些常见的外轨型配合物：

sp 杂化：$Ag(NH_3)_2^+$、$Cu(NH_3)_2^+$、$Au(CN)_2^-$

sp^2 杂化：$Pd(pph)_3$、$CuCl_3^{2-}$、HgI_3^-

sp^3 杂化：$Ni(CO)_4$、BF_4^-、$ZnCl_4^{2-}$、$Cd(NH_3)_4^{2+}$、HgI_4^{2-}

一些常见的内轨型配合物：

dsp^2 杂化：$PtCl_4^{2-}$、$PdCl_4^{2-}$、$Ni(CN)_4^{2-}$

dsp^3 杂化：$Fe(CO)_5$、$Ni(CN)_5^{3-}$

一些其他的配合物见表 9.4。

表 9.4 某些内轨型和外轨型配合物的电子结构、磁矩和空间构型

配离子	中心离子$(n-1)$d 轨道电子排布	中心离子杂化类型	成单电子数	磁矩		空间构型
				计算值	实验值	
FeF_6^{3-}	Fe^{3+} ↑ ↑ ↑ ↑ ↑	sp^3d^2	5	5.92	5.88	正八面体
$Fe(H_2O)_6^{2+}$	Fe^{2+} ↑↓ ↑ ↑ ↑ ↑	sp^3d^2	4	4.90	5.30	正八面体
CoF_6^{3-}	Co^{3+} ↑↓ ↑ ↑ ↑ ↑	sp^3d^2	4	4.90	—	正八面体
$Co(H_2O)_6^{2+}$	Co^{2+} ↑↓ ↑↓ ↑ ↑ ↑	sp^3d^2	3	3.87	—	正八面体
$MnCl_4^{2-}$	Mn^{2+} ↑ ↑ ↑ ↑ ↑	sp^3	5	5.92	5.88	正四面体
$Fe(CN)_6^{3-}$	Fe^{3+} ↑↓ ↑↓ ↑ _ _	d^2sp^3	1	1.73	2.3	正八面体
$Co(NH_3)_6^{3+}$	Co^{3+} ↑↓ ↑↓ ↑↓ _ _	d^2sp^3	0	0	0	正八面体
$Mn(CN)_6^{4-}$	Mn^{2+} ↑↓ ↑↓ ↑ _ _	d^2sp^3	1	1.73	0.70	正八面体
$Ni(CN)_4^{2-}$	Ni^{2+} ↑↓ ↑↓ ↑↓ ↑↓ _	dsp^2	0	0	0	平面正方形

注：磁矩的计算值 $\mu=\sqrt{n(n+2)}$，n 为成单电子数。磁矩的实验值由磁天平测出。

9.2.1.3 配离子的空间构型

常见配离子的空间构型与中心原子的杂化轨道类型的对应关系见表 9.5。

9.2.1.4 配合物的价键理论的成功之处和缺陷

价键理论通过中心离子的杂化、杂化轨道与配体中配位原子含孤对电子的价层轨道的重叠，成功地解释了配离子的形成和空间构型；并提出了内轨型配合物和外轨型配合物的概念，再通过中心离子杂化轨道的能量高低，定性地解释了不同类型（内轨型和外轨型）配合物的相对稳定性高低和磁性大小。例如 $Co(CN)_6^{4-}$ 和 $Co(H_2O)_6^{2+}$ 配离子，根据价键理论推测，前者属于内轨型配合物，中心 Co^{2+} 采取 d^2sp^3 杂化，在外层高能级的 4d 轨道上有 1 个成单电子极易失去，$Co(CN)_6^{4-}$ 表现出极强的还原性；而后者属于外轨型配合物，中心 Co^{2+} 采取 sp^3d^2 杂化，Co^{2+} 的价层电子均处在低能态的 3d 轨道中而难以失去，$Co(H_2O)_6^{2+}$ 的还原性极低，这些与事实完全符合。

价键理论的缺陷是：未能从定量的角度解释配离子的稳定性区别；不能解释配离子产生颜色的原因；没有阐明配位键的本质；难以解释为什么电负性小的金属离子反而能用空轨道接受电负性大的配位原子的孤对电子等等。

为解决最后一个问题，有人提出了反馈 π 键的概念。

9.2.1.5 反馈 π 键

最为典型的例子是羰基配合物，如 $Ni(CO)_4$、$Fe(CO)_5$、$Co_2(CO)_8$ 等。如何解释电负性小的中性金属原子为什么能接纳羰基 C 原子提供的多个孤对电子呢？

在 $Ni(CO)_4$ 中，Ni 原子采取 sp^3 杂化，四个空的 sp^3 杂化轨道接纳四个羰基 C 原子上的孤对电子，这样就使得 Ni 原子上带有相当多的负电荷，体系能量升高。实际上，反馈 π 键理论认为，在 Ni 原子接纳羰基的孤对电子的同时，Ni 原子的 3d 轨道又与 CO 的反键 π 轨道重叠，将 d 电子反馈给了 CO 分子中空的反键分子轨道 π_{2p}^*，形成所谓的反馈 π 键，从而消除了 Ni 原子上所带的负电荷，同时也增加了整个配合物的稳定性。

除 CO 外，CN^- 也容易与某些中心原子形成反馈 π 键。中心离子的电荷越低，越易形成反馈 π 键。

9.2.2 配合物的晶体场理论

9.2.2.1 基本要点

① 将配体看作带有负电荷的点电荷，配体与中心离子之间的作用力为静电作用力，并不形成共价键；

② 中心离子的五个价层简并 d 轨道，在配体负电场的作用下，产生能级分裂；

表 9.5 常见配离子的空间构型与中心原子的杂化轨道类型的对应关系

（其中的结构示意图请画出来）

配位数	中心原子杂化轨道类型	配离子空间构型	空间结构示意图	实 例
2	sp	直线形		$Ag(NH_3)_2^+$，$Cu(NH_3)_2^+$，$Au(CN)_2^-$
3	sp^2	平面三角形		CO_3^{2-}，NO_3^-，$Pd(pph)_3$，$CuCl_3^{2-}$，HgI_3^-
4	dsp^2	平面正方形		$PtCl_4^{2-}$，$PdCl_4^{2-}$，$Ni(CN)_4^{2-}$
4	sp^3	正四面体		$ZnCl_4^{2-}$，BF_4^-，HgI_4^{2-}，$Cd(NH_3)_4^{2+}$，$Ni(CO)_4$
5	sp^3d dsp^3	三角双锥		PF_5；$CuCl_5^{3-}$，$Fe(CO)_5$，$Ni(CN)_5^{3-}$
5	d^2sp^2 d^4s	四方锥		SbF_5^{2-}，$InCl_5^{2-}$； TiF_5^{2-}
6	sp^3d^2 d^2sp^3	正八面体		FeF_6^{3-}，$Co(H_2O)_6^{2+}$，$PtCl_6^{2-}$；$Fe(CN)_6^{3-}$，$Fe(CN)_6^{4-}$，$Co(NH_3)_6^{2+}$，$Co(CN)_6^{3-}$
6	d^4sp	三棱柱		$V(H_2O)_6^{3+}$，$Re(S_2C_2Ph_2)_3$
7	d^3sp^3	五角双锥		ZrF_7^{3-}，$UO_2F_5^{3-}$
8	d^4sp^3	正十二面体		$Mo(CN)_8^{4-}$，$Th(C_2O_4)_4^{4-}$

③ 不同构型的配合物中，中心离子价层 d 轨道的分裂情况不同，分裂后 d 轨道中的电子将重新排列，使体系能量降低，给配合物带来额外的稳定性。

9.2.2.2 不同配合物中中心离子 d 轨道的分裂情况

由于在不同的晶体场中，中心离子的价层 d 轨道与配体负电场的作用情况不同，因此中心离子的价层 d 轨道的分裂情况差别较大。

(1) 正八面体场中中心离子 d 轨道的分裂 假设在正八面体场中 6 个配体处于三维空间坐标的坐标轴上，则中心离子的 5 个价层 d 轨道与配体负电场的作用情况如图 9.3 所示。

在图 9.4 中，当自由的中心离子进入配体形成的负电场（假设为球形对称的负电场）时，中心离子价层 d 轨道与配体负电场的排斥作用而使其能量升高；但实际上配体形成的负电场并非球形对称而是八面体场，在八面体场中处于不同伸展方向的 d 轨道与配体负电场的作用不同，$d_{x^2-y^2}$ 与 d_{z^2}（用 d_γ 表示）的电子云与配体发生直接冲突，因而能量进一步升高，

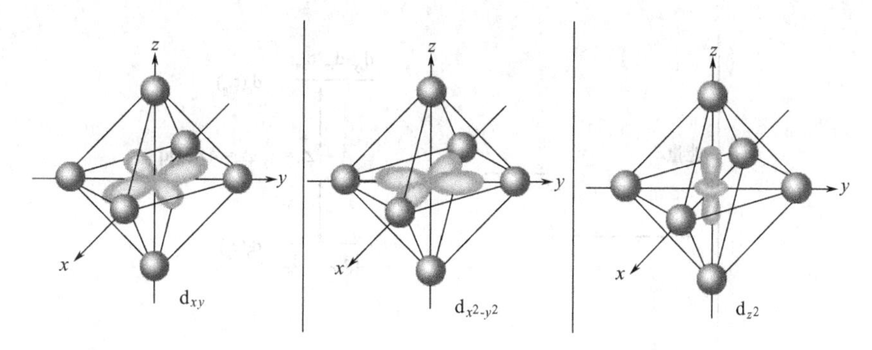

图 9.3　正八面体场中中心离子价层 d 轨道与配体负电场的作用情况

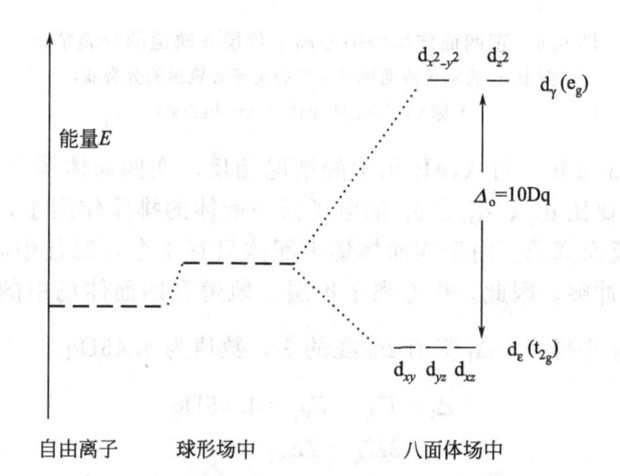

图 9.4　正八面体场中中心离子价层 d 轨道的分裂情况

图中 Δ_o 表示正八面体场中中心离子 d 轨道的分裂能；下标 o 代表正八面体（octahedral）。

d_γ（代表 $d_{x^2-y^2}$、d_{z^2}）、d_ε（代表 d_{xy}、d_{yz}、d_{xz}）是晶体场中的符号；t_{2g}、e_g 属于点群中的符号

而 d_{xy}、d_{yz}、d_{xz}（用 d_ε 表示）的电子云与配体的排斥作用相对弱得多，所以能量降低；这样中心离子的价层 d 轨道就分裂成两个能级，两个能级间的能级差称为中心离子 d 轨道的分裂能，在八面体场中用 Δ_o 表示，数值定为 10Dq。

根据：

$$\Delta_o = E_{d_\gamma} - E_{d_\varepsilon} = 10\text{Dq}$$

$$2E_{d_\gamma} + 3E_{d_\varepsilon} = 0$$

得出：

$$E_{d_\gamma} = 6\text{Dq}, E_{d_\varepsilon} = -4\text{Dq}。$$

(2) 正四面体场中中心离子 d 轨道的分裂　假设在正四面体场中 4 个配体的位置如图 9.5 所示。

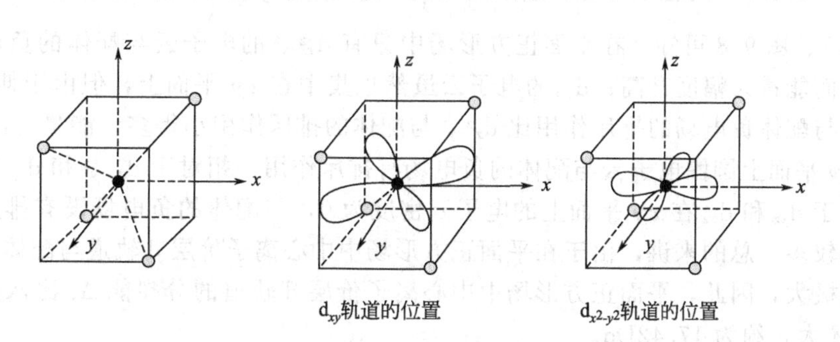

图 9.5　正四面体场中配体与中心离子的相对位置

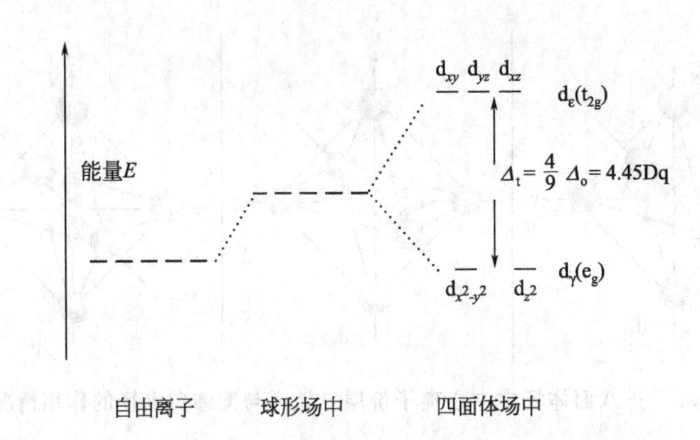

图 9.6 正四面体场中中心离子价层 d 轨道的分裂情况
图中 Δ_t 表示正四面体场中中心离子 d 轨道的分裂能，
下标 t 代表正四面体（tetrahedral）

由图 9.5、图 9.6 可知，与八面体场中的情况相反，在四面体场中 $d_{x^2-y^2}$、d_{z^2} 的电子云与配体间的排斥作用要比 d_{xy}、d_{yz}、d_{xz} 的电子云与配体的排斥作用小，所以 d_ε 的能量反而升高，而 d_γ 的能量反而降低。由于四面体场中配体只有 4 个，况且中心离子的 d 电子云没有与配体发生直接的冲突，因此，中心离子价层 d 轨道在四面体场中的分裂能 Δ_t 要比在八面体场中的分裂能 Δ_o 小得多，Δ_t 只有 Δ_o 在的$\frac{4}{9}$，数值为 4.45Dq。

同样根据：

$$\Delta_t = E_{d_\varepsilon} - E_{d_\gamma} = 4.45\text{Dq}$$

$$3E_{d_\varepsilon} + 2E_{d_\gamma} = 0$$

得出：

$$E_{d_\varepsilon} = 1.78\text{Dq}, E_{d_\gamma} = -2.67\text{Dq}$$

(3) 平面正方形场中中心离子 d 轨道的分裂 假设在平面正方形场中 4 个配体处于 x 和 y 坐标轴上，如图 9.7 所示。

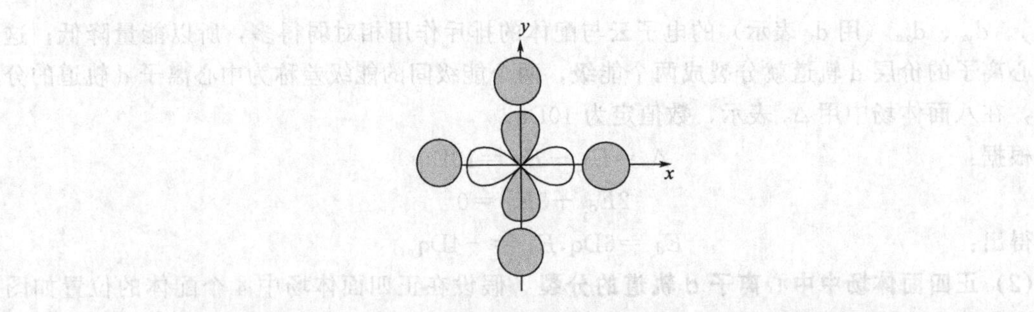

图 9.7 平面正方形场中配体与中心离子的价层 $d_{x^2-y^2}$ 相对位置和作用情况

由图 9.7、图 9.8 可知，在平面正方形场中只有 $d_{x^2-y^2}$ 的电子云与配体的负电场直接发生冲突，因而能量大幅度升高；d_{xy} 的电子云虽然也集中在 xy 平面上，但由于伸向 x、y 坐标轴之间，与配体负电场的排斥作用比 $d_{x^2-y^2}$ 与配体的排斥作用小得多，能量升高不大；d_{z^2} 只有处于 xy 平面上圆圈电子云与配体的负电场有排斥作用，相对于 $d_{x^2-y^2}$ 和 d_{xy} 来讲能量反而降低；由于 d_{yz} 和 d_{xz} 在 xy 平面上的电子云密度为 0，与配体的负电场没有排斥作用，所以能量降低较多。总的来讲，由于在平面正方形场中中心离子价层 d 轨道与配体负电场的相互作用差别极大，因此，平面正方形场中中心离子价层 d 轨道的分裂能 Δ_s 比八面体场中的分裂能 Δ_o 还大，约为 17.42Dq。

根据实验结果推测，在平面正方形场中中心离子各价层 d 轨道的能量分别为：

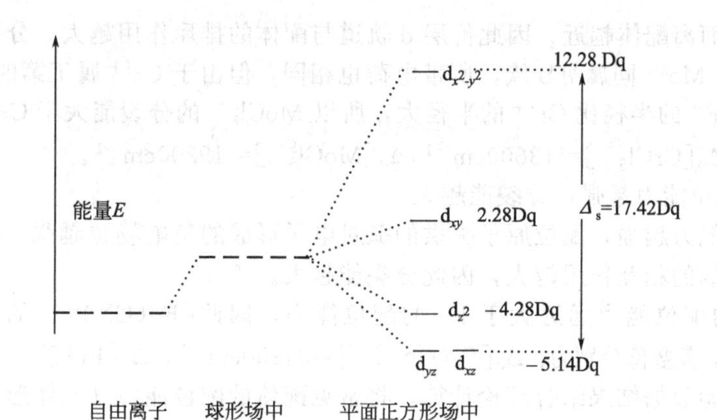

图 9.8 平面正方形场中中心离子价层 d 轨道的分裂情况

图中 Δ_s 表示平面正方形场场中中心离子 d 轨道的分裂能；下标 s 代表平面正方形（square）

$$E_{d_{x^2-y^2}}=12.28\text{Dq}$$
$$E_{d_{xy}}=2.28\text{Dq}$$
$$E_{d_{z^2}}=-4.28\text{Dq}$$
$$E_{d_{xz}}=E_{d_{yz}}=-5.14\text{Dq}。$$

同样可以推测，在五角双锥晶体场中中心离子价层 d 轨道也分裂成 4 个能级，与平面正方形场类似。

需要注意的是：Dq 并不是一固定的能量单位，即便是同一种构型的配合物，如果组成不同，分裂能的数值也不同。例如 $Fe(CN)_6^{3-}$ 和 FeF^{3-}，尽管中心离子的分裂能都表示成 $\Delta_o=10$Dq，但 $Fe(CN)_6^{3-}$ 的分裂能远远大于 FeF^{3-} 的分裂能，即前者的 Dq 代表的能量值大于后者的 Dq 代表的能量值。

9.2.2.3 中心离子价层 d 轨道的分裂能与配合物的晶体场稳定化能

(1) 分裂能 Δ 中心离子价层 d 轨道的分裂能决定于配合物的几何构型、中心离子电荷、半径、配体配位能力的强弱等。

① 中心离子电荷越高，分裂能越大。

中心离子电荷越高，对配体的吸引力越大，中心离子与配体间的距离越近，因此价层 d 轨道与配体负电场的排斥作用越强，分裂能越大。对于常见过渡金属离子来讲，+2 和+3 氧化态的 6 配位的水合离子价层 d 轨道的分裂能大约为：

$$\Delta_o[M(H_2O)_6^{2+}]=7500\sim14000\text{cm}^{-1}$$
$$\Delta_o[M(H_2O)_6^{3+}]=14000\sim21000\text{cm}^{-1}$$

表 9.6 列出了第四周期副族元素+2、+3 氧化态水合离子在正八面体场中的分裂能，其数值基本符合上述规律。

表 9.6 第四周期副族元素 6 配位水合离子的分裂能

元　素	Ti	V	Cr	Mn	Fe	Co	Ni	Cu
$\Delta_o[M(H_2O)_6^{2+}]/\text{cm}^{-1}$		12600	13900	7800	10400	9300	8500	12600
$\Delta_o[M(H_2O)_6^{3+}]/\text{cm}^{-1}$	20300	17700	17400	21000	13700			

注：$1\text{cm}^{-1}=1.240\times10^{-4}\text{eV}=11.95\text{J}\cdot\text{mol}^{-1}$。

② 中心离子半径越大，分裂能越大。

中心离子所带电荷相同时，离子半径越大，价层 d 轨道电子云密度最大的区域离中心离子的原子核越远而离配体越近，因此价层 d 轨道与配体的排斥作用越大，分裂能越大。

例如 Cr^{3+} 与 Mo^{3+} 同属ⅥB族，所带电荷也相同，但由于 Cr^{3+} 属于第四周期，Mo^{3+} 属于第五周期，Mo^{3+} 的半径比 Cr^{3+} 的半径大，所以 $MoCl_6^{3-}$ 的分裂能大于 $CrCl_6^{3-}$ 的分裂能，其数值分别为：$\Delta_o[CrCl_6^{3-}]=13600cm^{-1}$，$\Delta_o[MoCl_6^{3-}]=19200cm^{-1}$。

③ 配体的配位能力越强，分裂能越大。

配体的配位能力越强，配位原子提供的孤对电子形成的负电场也越强，中心离子价层 d 轨道与配体负电场的相互作用越大，因此分裂能越大。

例如 CN^- 的配位能力远远大于 F^- 的配位能力，因此 $[Fe(CN)_6^{3-}]$ 的分裂能远远大于 $[FeF_6^{3-}]$ 的分裂能，其数值分别为：$\Delta_o[Fe(CN)_6^{3-}]=34250cm^{-1}$，$\Delta_o[FeF_6^{3-}]=13700cm^{-1}$。

根据光谱实验数据结果结合理论计算，将常见配体的配位能力（配体形成的晶体场的场强）按由低到高的次序排列如下，称为光化学序列：

$I^- < Br^- < Cl^- < \underline{S}CN^- < F^- < OH^- \sim ONO^- \sim HCOO^- < C_2O_4^{2-} < H_2O < \underline{N}CS^- < NH_2CH_2COO^- < EDTA < NH_3 < en < SO_3^{2-} < NO_2^- < CN^- \sim CO$

一般认为，处于 H_2O 之前的配体称为弱场配体，处于 H_2O 与 NH_3 之间配体称为中强场配体，处于 NH_3 之后的配体称为强场配体。

④ 结构不同，分裂能不同。

如前所述，由于正四面体场中中心离子的价层 d 轨道与配体没有直接冲突，因此分裂能较小；平面正方形场中，中心离子 d 轨道与配体负电场的冲突差别最大，因此分裂能较大；而正八面体场中中心离子 d 轨道与配体负电场的作用介于前两者之间，因此分裂能也介于两者之间。假设同一种金属离子与同一种配体可以形成不同构型的配合物的话，分裂能的大小如下：

$$\Delta_t=4.45Dq$$

$$\Delta_o=10Dq$$

$$\Delta_s=17.42Dq$$

即便不同的金属离子和不同的配体形成的配合物，基本上也存在 $\Delta_s>\Delta_o>\Delta_t$ 的关系，见表 9.7。

表 9.7　几种配离子的分裂能

配离子	$CoCl_4^{2-}$	$MnCl_6^{4-}$	$Fe(CN)_6^{4-}$	$Ni(CN)_4^{2-}$
几何构型	正四面体	正八面体	正八面体	平面正方形
分裂能/cm^{-1}	3100	7600	33800	35500

(2) 晶体场稳定化能（CFSE，Crystal Field Stabilization Energy） 在配体形成的晶体场中，中心离子的 d 电子从假设未分裂的 d 轨道进入分裂后的 d 轨道产生的能量变化值称为该配合物的晶体场稳定化能。

例如在正八面体形配合物中，若 d_ε 轨道中的电子数为 n_{d_ε}，d_γ 轨道中电子数为 n_{d_γ}，则晶体场稳定化能为：

$$CFSE=n_{d_\gamma}E_{d_\gamma}+n_{d_\varepsilon}E_{d_\varepsilon}=(6n_{d_\gamma}-4n_{d_\varepsilon})Dq$$

【例题 9.4】 计算 FeF_6^{3-} 和 $Fe(CN)_6^{3-}$ 的晶体场稳定化能。

解：在 FeF_6^{3-} 中中心离子价层 d 轨道的电子排布为 d_ε^2、d_γ^3，晶体场稳定化能为：

$$CFSE(FeF_6^{3-})=(6\times2-4\times3)=0Dq$$

在 $Fe(CN)_6^{3-}$ 中中心离子价层 d 轨道的电子排布为 d_ε^0、d_γ^5，晶体场稳定化能为：

$$CFSE(Fe(CN)_6^{3-})=(6\times0-4\times5)=-20Dq$$

例题9.4说明，当构型相同时，同一种金属离子与强场配体形成的配合物的晶体场稳定化能往往大于与弱场配体形成的配合物。不同价层电子构型的金属离子形成的正四面体形、正八面体形和平面正方形配合物的晶体场稳定化能数据列于表9.8中。

表9.8 正四面体形、正八面体形和平面正方形配合物的晶体场稳定化能①

d^n	弱场配体形成的配合物的CFSE/Dq			强场配体形成的配合物的CFSE/Dq		
	正四面体	正八面体	平面正方形	正四面体	正八面体	平面正方形
d^0	0	0	0	0	0	0
d^1	−2.67	−4	−5.14	−2.67	−4	−5.14
d^2	−5.34	−8	−10.28	−5.34	−8	−10.28
d^3	−3.56	−12	−14.56	−8.01	−12	−14.56
d^4	−1.78	−6	−12.28	−10.68	−16	−19.70
d^5	0	0	0	−8.90	−20	−24.84
d^6	−2.67	−4	−5.14	−6.12	−24	−29.12
d^7	−5.34	−8	−10.28	−5.34	−18	−26.84
d^8	−3.56	−12	−14.56	−3.56	−12	−24.56
d^9	−1.78	−6	−12.28	−1.78	−6	−12.28
d^{10}	0	0	0	0	0	0

① 没有扣除电子成对能的影响。

对表9.8的几点说明：

① 在弱场中，d^n（$n\leqslant 5$）与d^{n+5}构型的金属离子形成的配合物的CFSE相同；

② 在弱场中，d^0、d^5和d^{10}构型的金属离子形成的配合物的CFSE=0，而在强场中只有d^0和d^{10}构型的金属离子形成的配合物的CFSE=0；

③ 在弱场中，平面正方形配合物与八面体形配合物的晶体场稳定化能差值以d^4和d^9构型的离子为最大，而在强场中则以d^8构型的离子最大；

④ 配合物的稳定性主要决定于配体与中心离子形成的化学键的多少，即配体与中心离子静电吸引力的多少，晶体场稳定化能只占总能量的5%～10%。因此一般情况下6配位的八面体形配合物的稳定性总是大于4配位的四面体形和平面正方形配合物。

9.2.2.4 晶体场理论的应用

(1) 解释配合物的空间构型 由表9.8可知，除弱场中的d^0、d^5、d^{10}构型的离子和强场中d^0、d^{10}构型的离子外，其他价层电子构型的离子形成的配合物的晶体场稳定化能均存在$\Delta_s>\Delta_o>\Delta_t$的关系。仅从这一方面考虑，应该平面正方形配合物最稳定、最常见，但前已述及，配合物的稳定性主要还是决定于中心离子与配体形成的化学键的多少，晶体场稳定化能只占体系总能量的5%～10%。所以多数金属离子易形成6配位的八面体形配合物；只有当Δ_s与Δ_o相差最大时，晶体场稳定化能才起到决定性的作用，才容易形成平面正方形配合物，即弱场中d^4和d^9构型的离子以及强场中d^8构型的离子易形成4配位的平面正方形配合物，例如$Cr(H_2O)_4^{2+}$、$Cu(H_2O)_4^{2+}$、$Ni(CN)_4^{2-}$均为平面正方形构型；无论从化学键的数量还是从晶体场稳定化能考虑，任何金属离子都不易形成正四面体形的配合物，只有当CFSE=0时，晶体场稳定化能对四面体形配合物形成的负面影响才降低到最低程度，这时才有可能形成正四面体形配合物，而只有弱场中d^0、d^5、d^{10}构型的离子和强场中d^0、d^{10}构型的离子符合这一条件，例如$TiCl_4$、$Mn(H_2O)_4^{2+}$、$FeCl_4^-$、$Zn(NH_3)_4^{2+}$、$Cd(CN)_4^{2-}$、HgI_4^{2+}均为正四面体构型。

(2) 对配合物颜色的解释 物质产生颜色的原因是多方面的，这也是目前化学上最难解释的问题之一。对于配合物来讲，晶体场理论认为颜色的产生来源于中心离子价层d电子在分裂后的d轨道中的跃迁，称为d-d跃迁。可见光的波数范围为12500～25000cm^{-1}，而配合物中心离子价层d轨道的分裂能范围是3000～35000cm^{-1}，当某一配合物的分裂能位于可见光范围之内时，处于中心离子低能态d轨道的电子就会吸收波数与配合物分裂能相等或相近的可见光而跃迁至高能态d轨道，未被吸收的可见光就会透过配合物发射出来，人们看到的颜色就是那些未被吸收的可见光。被吸收的可见光和未被吸收的可见光称为互补光，意味着两种光混合后将得到无色的可见光。互补光的对应关系见表9.9。

表9.9 互补光的波数及颜色的对应关系

吸收光的波数/cm^{-1}	吸收光的颜色	互补光的颜色	吸收光的波数/cm^{-1}	吸收光的颜色	互补光的颜色
12500～14000	红	蓝绿	20000～20400	蓝绿	红
14000～15500	橙	绿蓝	20400～20800	绿蓝	橙
15500～17000	黄	蓝	20800～23000	蓝	黄
17000～17900	黄绿	紫	23000～25000	紫	黄绿
17900～20000	绿	紫红			

例如$\Delta_o[Ti(H_2O)_6^{3+}]=20400cm^{-1}$，当可见光照射时可吸收20000cm^{-1}附近的蓝绿色光，人们看到的就是蓝绿色的互补光颜色——红色（或紫红色）。再如$\Delta_o[Cu(H_2O)_4^{2+}]=12600cm^{-1}$，当可见光照射时$Cu(H_2O)_4^{2+}$可吸收红色光，人们看到的就是蓝绿色，而$\Delta_o[Cu(NH_3)_4^{2+}]=15100cm^{-1}$，当可见光照射时$Cu(NH_3)_4^{2+}$可吸收橙黄色的光，人们观察到的就是深蓝色。

需要注意的几点问题：

① 对于d^0构型的中心离子来讲，由于价层d轨道中的电子数为0，不存在d-d跃迁，因此形成的配合物基本都是无色的。例如Mg^{2+}、Ca^{2+}、B(Ⅲ)、Al^{3+}、Si(Ⅳ)等形成的配合物均无色。

② 对于d^{10}构型的中心离子来讲，由于价层d轨道中的电子数为10，处于全充满状态，低能态的d电子也无法跃迁至高能态d轨道，因此也不存在d-d跃迁，形成的配合物大多也都是无色的。例如Ag^+、Cu^+、Au^+、Zn^{2+}、Cd^{2+}、Hg^{2+}、Sn^{4+}、In^{3+}等形成的配合物也均无色。

③ 对于d^5构型的中心离子来讲存在两种情况：在与强场配体形成配合物时，价层d电子均处于低能态的轨道中，高能态的轨道中没有电子，当配合物的分裂能处于可见光范围之内时，低能态的电子就会吸收可见光跃迁至高能态空轨道，这样配合物就显颜色；但当中心离子与弱场配体形成配合物时，5个价层d电子均匀地分布在每一个d轨道中，自旋方向相同，这种状态是一种非常稳定的状态（类似于基态原子d轨道的半充满状态），假如处于低能态轨道的d电子吸收可见光跃迁至高能态轨道，就不可避免地克服电子间的排斥作用在同一轨道中配对，而且电子的自旋方向要发生翻转，从理论上讲这种跃迁是自旋禁阻的，发生的概率非常低，因此d^5构型的中心离子形成的弱场配合物几乎都是无色的。例如Mn^{2+}与H_2O、Cl^-等弱场配体形成的配合物基本都是无色的。

(3) 决定配合物的高低自旋态　表9.8表明，d^4～d^7构型的中心离子在八面体场中d电子的排布有两种情况，那么决定因素是什么呢？如果电子主要排布在低能态的d_ε轨道中，则必须克服电子之间的排斥力，所需能量称为电子成对能P；而如果电子首先以自旋相同的方式单独占居每一个d轨道，不先在低能态的轨道中成对，则必须克服d轨道的分裂能跃迁到高能态的d_γ轨道。

当$\Delta_o>P$时，电子易成对而难跃迁，主要处于低能的d_ε轨道，成单电子数少，自旋磁矩小，这种状态称为低自旋态。过渡金属离子与强场配体形成的配合物往往处于低自旋态，这样的配合物磁矩小、能量低、稳定性高。例如$Fe(CN)_6^{3-}$就是低自旋配合物。

当$\Delta_o<P$时，电子易跃迁而难成对，首先以自旋相同的方向单独占居每一个d轨道，成单电

子数多，自旋磁矩大，这种状态称为高自旋态。过渡金属离子与弱场配体形成的配合物往往处于高自旋态，这样的配合物磁矩大、能量高、稳定性低。例如 FeF_6^{3-} 就是高自旋配合物。

注意： 配合物的高、低自旋态与价键理论中配合物的内、外轨型存在对应关系，高自旋对应外轨型，低自旋对应内轨型，但概念不同，内轨型和外轨型是指中心离子的价层轨道杂化时是采用内层 d 轨道还是采用外层 d 轨道，而高自旋态和低自旋态对应的是中心离子同一价层 d 轨道分裂后电子的自旋状态的高低，内轨型和外轨型不能在晶体场理论中应用。

对于四面体形配合物来讲，由于中心离子价层 d 轨道的分裂能相对小得多，因此四面体配合物多为高自旋态配合物。但对于平面正方形配合物来讲恰恰相反，由于中心原子价层 d 轨道的分裂能相对较大，所以平面正方形配合物多处于低自旋态。

9.2.2.5 晶体场理论的缺陷

① 按照晶体场理论的观点，配合物的形成是中心离子与配体通过静电作用力结合在一起的，那么就难以解释为什么电中性的原子也能形成稳定的配合物，如 $Ni(CO)_4$、$Fe(CO)_5$、$Co_2(CO)_8$ 等。

② 难以说明为什么在光化学序列中某些带负电荷的阴离子的场强反而小于一些不带电荷的中性分子，如 X^-、OH^- 的场强小于 H_2O、NH_3、CO 的场强。

9.3 配合平衡（Coordination Equilibrium）

9.3.1 稳定常数和不稳定常数

向含有 $Cu(OH)_2$ 沉淀的溶液中加入氨水时，沉淀会逐渐溶解，溶液变成深蓝色，意味着溶液中有 $Cu(NH_3)_4^{2+}$ 配离子生成。实际在溶液中存在如下配合平衡：

$$Cu^{2+}+NH_3 \rightleftharpoons Cu(NH_3)^{2+} \qquad K^{\ominus}_{稳1}=\frac{[Cu(NH_3)^{2+}]}{[Cu^{2+}][NH_3]}=2.0\times10^4$$

$$Cu(NH_3)^{2+}+NH_3 \rightleftharpoons Cu(NH_3)_2^{2+} \qquad K^{\ominus}_{稳2}=\frac{[Cu(NH_3)_2^{2+}]}{[Cu(NH_3)^{2+}][NH_3]}=4.7\times10^3$$

$$Cu(NH_3)_2^{2+}+NH_3 \rightleftharpoons Cu(NH_3)_3^{2+} \qquad K^{\ominus}_{稳3}=\frac{[Cu(NH_3)_3^{2+}]}{[Cu(NH_3)_2^{2+}][NH_3]}=1.1\times10^3$$

$$Cu(NH_3)_3^{2+}+NH_3 \rightleftharpoons Cu(NH_3)_4^{2+} \qquad K^{\ominus}_{稳4}=\frac{[Cu(NH_3)_4^{2+}]}{[Cu(NH_3)_3^{2+}][NH_3]}=2.0\times10^2$$

每一步平衡均表示配合物的生成，其平衡常数的大小反映了配合物稳定性的高低，因此称为逐级稳定常数，也有人称为逐级生成常数。反应的总平衡为：

$$Cu^{2+}+4NH_3 \rightleftharpoons Cu(NH_3)_4^{2+}$$

总平衡常数为：

$$K^{\ominus}_{稳}=\frac{[Cu(NH_3)_4^{2+}]}{[Cu^{2+}][NH_3]^4}=K^{\ominus}_{稳1}\times K^{\ominus}_{稳2}\times K^{\ominus}_{稳3}\times K^{\ominus}_{稳4}=2.1\times10^{13}$$

$K^{\ominus}_{稳}$ 又称为配合物的稳定常数，也有人用 $K^{\ominus}_s$ 代替 $K^{\ominus}_{稳}$，s 是 stability（稳定性）的缩写。

如果将$[Cu(NH_3)_4]SO_4$ 溶于水，则在水溶液中存在如下解离平衡：

$$Cu(NH_3)_4^{2+} \rightleftharpoons Cu(NH_3)_3^{2+}+NH_3 \qquad K^{\ominus}_{不稳1}=\frac{[Cu(NH_3)_3^{2+}][NH_3]}{[Cu(NH_3)_4^{2+}]}=5.0\times10^{-3}$$

$$Cu(NH_3)_3^{2+} \rightleftharpoons Cu(NH_3)_2^{2+} + NH_3 \qquad K^{\ominus}_{不稳2} = \frac{[Cu(NH_3)_2^{2+}][NH_3]}{[Cu(NH_3)_3^{2+}]} = 9.1\times10^{-4}$$

$$Cu(NH_3)_2^{2+} \rightleftharpoons Cu(NH_3)^{2+} + NH_3 \qquad K^{\ominus}_{不稳3} = \frac{[Cu(NH_3)^{2+}][NH_3]}{[Cu(NH_3)_2^{2+}]} = 2.1\times10^{-4}$$

$$Cu(NH_3)^{2+} \rightleftharpoons Cu^{2+} + NH_3 \qquad K^{\ominus}_{不稳4} = \frac{[Cu^{2+}][NH_3]}{[Cu(NH_3)^{2+}]} = 5.0\times10^{-5}$$

每一步平衡均表示配合物的解离，其平衡常数的大小反映了配合物不稳定性的高低，因此称为逐级不稳定常数，也有人称为逐级解离常数。反应的总平衡为：

$$Cu(NH_3)_4^{2+} \rightleftharpoons Cu^{2+} + 4NH_3$$

总的解离平衡常数为：

$$K^{\ominus}_{不稳} = \frac{[Cu^{2+}][NH_3]^4}{[Cu(NH_3)_4^{2+}]} = K^{\ominus}_{不稳1}\times K^{\ominus}_{不稳2}\times K^{\ominus}_{不稳3}\times K^{\ominus}_{不稳4} = 4.8\times10^{-14}$$

$K^{\ominus}_{不稳}$又称为配合物的不稳定常数。不难发现，$K^{\ominus}_{稳1} = \frac{1}{K^{\ominus}_{不稳4}}$，$K^{\ominus}_{稳4} = \frac{1}{K^{\ominus}_{不稳1}}$，$K^{\ominus}_{稳} = \frac{1}{K^{\ominus}_{不稳}}$。

一般化学手册上给出是常温 298K 时的数据，有 $K^{\ominus}_{稳}$ 也有 $K^{\ominus}_{不稳}$，还有人使用 β_n 代替 $K^{\ominus}_{稳}$，使用时要注意区别。

表 9.10 列出了几种配合物的逐级稳定常数。

表 9.10　常见配合物的逐级稳定常数

配离子	$K_1^{\ominus}$	$K_2^{\ominus}$	$K_3^{\ominus}$	$K_4^{\ominus}$	$K_5^{\ominus}$	$K_6^{\ominus}$
$Ag(NH_3)_2^{+}$	2.2×10^{3}	5.1×10^{3}				
$Cu(NH_3)_4^{2+}$	2.0×10^{4}	4.7×10^{3}	1.1×10^{3}	2.0×10^{2}		
$Zn(NH_3)_4^{2+}$	2.3×10^{2}	2.8×10^{2}	3.2×10^{2}	1.4×10^{2}		
$Ni(NH_3)_6^{2+}$	6.3×10^{2}	1.7×10^{2}	5.4×10^{1}	1.5×10^{1}	5.6	1.1
$Zn(en)_3^{2+}$	8.3×10^{5}	1.4×10^{5}	6.3×10^{1}			
AlF_6^{3-}	1.4×10^{6}	1.0×10^{5}	7.1×10^{3}	5.5×10^{2}	4.3×10^{1}	2.9

实际应用中通常总是加入过量的配合试剂，金属离子往往主要是以最高配位数的配合物存在，其他的逐级生成产物可以忽略不计，在求算金属离子浓度时可以只考虑总的配合平衡，因此人们更注意总稳定常数的数值。表 9.11 列出了一些常见配合物的 $K_{稳}$ 值。

表 9.11　常见配合物的稳定常数 $K_{稳}$ 值

配离子	$K^{\ominus}_{稳}$	配离子	$K^{\ominus}_{稳}$	配离子	$K^{\ominus}_{稳}$
$Ag(CN)_2^{-}$	5.0×10^{20}	$Co(NH_3)_6^{2+}$	1.29×10^{5}	$HgCl_4^{2-}$	1.2×10^{15}
$Ag(NH_3)_2^{+}$	1.1×10^{7}	$Co(NH_3)_6^{3+}$	3.2×10^{32}	$Hg(CN)_4^{2-}$	3.2×10^{41}
$Ag(SCN)_2^{-}$	1.3×10^{9}	$CuCl_4^{2-}$	1.1×10^{5}	$Hg(NH_3)_4^{2+}$	1.9×10^{19}
$Ag(S_2O_3)_2^{3-}$	4×10^{13}	$Cu(CN)_4^{3-}$	2×10^{30}	HgI_4^{2-}	6.75×10^{29}
$Al(C_2O_4)_3^{3-}$	6.2×10^{16}	$Cu(en)_2^{2+}$	4.0×10^{19}	$Ni(CN)_4^{2-}$	2.0×10^{31}
AlF_6^{3-}	7.0×10^{19}	$Cu(NH_3)_2^{+}$	6.3×10^{10}	$Ni(NH_3)_6^{2+}$	3.1×10^{8}
$Ba(OH)^{+}$	4.3	$Cu(NH_3)_4^{2+}$	2.1×10^{13}	$Pb(Ac)_3^{-}$	2.95×10^{3}
$BiCl_4^{-}$	2×10^{7}	$Cu(P_2O_7)_3^{5-}$	6.95×10^{13}	$Pb(CN)_4^{2-}$	1.0×10^{11}
BiI_6^{3-}	6.3×10^{18}	$FeCl_3$	13.5	$Pb(OH)_3^{-}$	2×10^{13}
$Bi(SCN)_6^{3-}$	1.6×10^{4}	$Fe(CN)_6^{4-}$	1×10^{35}	$Zn(CN)_4^{2-}$	5×10^{16}
$CdCl_2$	3.2×10^{2}	$Fe(CN)_6^{3-}$	1×10^{42}	$Zn(C_2O_4)_2^{2-}$	4×10^{7}
$Cd(CN)_4^{2-}$	8×10^{18}	$Fe(C_2O_4)_3^{3-}$	3.2×10^{18}	$Zn(NH_3)_4^{2+}$	2.9×10^{9}
$Cd(NH_3)_4^{2+}$	1.3×10^{7}	$Fe(SCN)_3$	4.4×10^{5}	$Zn(OH)_4^{2-}$	2.9×10^{15}
$Cd(S_2O_3)_3^{4-}$	2.13×10^{6}	FeF_3	1.15×10^{12}	$Zn(P_2O_7)_2^{6-}$	2.9×10^{6}
$Co(CN)_6^{4-}$	1.25×10^{19}	$HgBr_4^{2-}$	1.0×10^{21}	$Zn(SCN)_3^{-}$	1×10^{18}

【例题 9.5】 0.20mol·dm^{-3}的 $AgNO_3$ 溶液和 2.0mol·dm^{-3}的 $NH_3 \cdot H_2O$ 溶液等体积混合。求溶液中 Ag^+ 的平衡浓度。已知 $K^{\ominus}_{稳[Ag(NH_3)_2^+]}=1.1\times10^7$。

解：由于 $NH_3 \cdot H_2O$ 过量，计算时只考虑总配合平衡，即

$$\begin{array}{ccc} Ag^+ & +\ 2NH_3 \rightleftharpoons & Ag(NH_3)_2^+ \\ x & 1.0-2(0.10-x) & 0.10-x \end{array}$$

由于 $K^{\ominus}_{稳}$ 数值很大，平衡进行得很完全，因此 $0.10-x\approx0.10$，$1.0-2(0.10-x)\approx0.80$

$$K^{\ominus}_{稳}=\frac{[Ag(NH_3)_2^+]}{[Ag^+][NH_3]^2}=\frac{0.10-x}{x[1.0-2(0.10-x)]^2}\approx\frac{0.10}{x\times0.80^2}=1.1\times10^7$$

解得 $[Ag^+]=x=1.4\times10^{-8}$ mol·dm^{-3}。

9.3.2 配合平衡的移动

对任一配合平衡：

$$M^{n+}+mL^- \rightleftharpoons ML_m^{(n-m)+}$$

如果向溶液中加入能与金属离子 M^{n+} 或配体 L^- 反应的试剂（如酸、碱、沉淀剂、氧化剂、还原剂、其他配合试剂等），则会改变 M^{n+} 或 L^- 的浓度，使上述配合平衡发生移动。下面就分别讨论配合平衡与酸碱平衡、沉淀溶解平衡、氧化还原平衡以及其他配合平衡的相互影响和联系。

9.3.2.1 配合平衡与酸碱平衡

由于多数配体是弱酸的酸根，当溶液的 pH 减小时，这些配体会与 H^+ 作用生成弱酸而使配合平衡发生移动；而多数中心离子的氢氧化物是弱碱，当溶液的 pH 增大时，金属离子会与 OH^- 作用生成弱碱，也会使配合平衡发生移动。

(1) 溶液 pH 的变化对金属离子浓度的影响 例如向 $FeCl_3$ 溶液中加入氨水，结果得到了 $Fe(OH)_3$ 沉淀，而没有得到 $Fe(NH_3)_6^{3+}$ 配离子。原因就在于向溶液加氨水的同时也增大了溶液中 OH^- 的浓度，Fe^{3+} 与 OH^- 的结合比 Fe^{3+} 与 NH_3 的结合要牢固得多，因此首先生成的不是 $Fe(NH_3)_6^{3+}$ 而是 $Fe(OH)_3$。$Fe(OH)_3$ 的生成相当于极大地降低了溶液中 Fe^{3+} 的浓度，使得 $Fe(NH_3)_6^{3+}$ 难以生成。同样向含有 Al^{3+} 或 Cr^{3+} 的溶液中加入氨水时，也只得到氢氧化物沉淀而得不到氨合配离子。

(2) 溶液 pH 的变化对配体浓度的影响 已知 Zn^{2+} 和 Ca^{2+} 均容易与 Y^{4-}(EDTA)形成配离子。在溶液 pH=4～5 时，Y^{4-} 会逐步与 H^+ 结合形成相应的弱酸：

$$Y^{4-}\xrightarrow{+H^+}HY^{3-}\xrightarrow{+H^+}H_2Y^{2-}\xrightarrow{+H^+}H_3Y^-\xrightarrow{+H^+}H_4Y$$

由于 Y^{4-} 浓度的降低，使 ZnY^{2-} 和 CaY^{2-} 均有不同程度的解离，但因为 $K_s^{\ominus}[ZnY^{2-}]=10^{16.50}$ 远远大于 $K_s^{\ominus}[CaY^{2-}]=10^{10.59}$，所以溶液中仍然存在 ZnY^{2-}，但 CaY^{2-} 已基本解离。

9.3.2.2 配合平衡与沉淀溶解平衡

一个众所周知的沉淀溶解平衡与配合平衡的相互转化如下：

$$Ag\xrightarrow{Cl^-}AgCl\downarrow\xrightarrow{NH_3}Ag(NH_3)_2^+\xrightarrow{Br^-}AgBr\xrightarrow{S_2O_3^{2-}}Ag(S_2O_3)_2^{3-}\xrightarrow{I^-}AgI\xrightarrow{CN^-}Ag(CN)_2^-\xrightarrow{+S^{2-}}Ag_2S$$

【例题 9.6】 试求 AgBr 在 1.0mol·dm^{-3} $NH_3 \cdot H_2O$ 溶液中的溶解度。已知 $K^{\ominus}_{sp(AgBr)}=5.0\times10^{-13}$，$K^{\ominus}_{稳[Ag(NH_3)_2^+]}=1.1\times10^7$。

解：假设 AgBr 在氨水中的溶解度为 x，将 AgBr 加入氨水后溶液中存在下列平衡

$$AgBr + 2NH_3 \rightleftharpoons Ag(NH_3)_2^+ + Br^-$$
$$1.0-2x \qquad\qquad x \qquad\quad x$$

平衡常数为

$$K^{\ominus} = \frac{[Ag(NH_3)_2^+][Br^-]}{[NH_3]^2} \cdot \frac{[Ag^+]}{[Ag^+]} = K^{\ominus}_{sp(AgBr)} \times K^{\ominus}_{稳[Ag(NH_3)_2^+]}$$

$$= 5.0\times10^{-13}\times1.1\times10^{7} = 5.5\times10^{-6} = \frac{x^2}{1.0-2x}$$

解得 $x=3.5\times10^{-3}\,mol\cdot dm^{-3}$。

9.3.2.3 **配合平衡与氧化还原平衡**

如同沉淀的生成对氧化还原电对电极电势的影响一样，配合物的生成也会影响氧化还原电对的电极电势。例如根据 Au^+/Au 的电极电势可知，在通常情况下 Au 难溶于水或 NaOH 溶液中，但却易溶于 NaCN 溶液中，其原因就是 $Au(CN)_2^-$ 的生成使 $E_{Au^+/Au}$ 的数值大大降低，从而使 E_{O_2/H_2O} 大于 $E_{Au^+/Au}$，反应由不可能变为可能。在氧化还原电对中如果氧化态生成配合物，则其电极电势降低；反之，如果还原态生成配合物，则电极电势升高。

【例题 9.7】 实验测得 298K 时，下列原电池的电动势为 0.406V，试求 $Ag(NH_3)_2^+$ 的稳定常数 $K^{\ominus}_{稳}$。

$$(-)Ag|Ag(0.025m),NH_3\cdot H_2O(1.0m)||AgNO_3(0.010m)|Ag(+)$$

解：在电池的负极存在下列配合平衡

$$Ag^+ \quad + \quad 2NH_3 \rightleftharpoons Ag(NH_3)_2^+$$
$$x \qquad 1.0-2(0.025-x) \qquad 0.025-x$$

预计 $K^{\ominus}_{稳}$ 数值较大，平衡进行的比较完全，假设 $0.025-x\approx0.025$，$1.0-2(0.025-x)\approx0.95$

$$K^{\ominus}_{稳} = \frac{[Ag(NH_3)_2^+]}{[Ag^+][NH_3]^2} = \frac{0.025-x}{x\{1.0-2(0.025-x)\}^2} \approx \frac{0.025}{0.95^2 x}$$

$$x = \frac{0.025}{K^{\ominus}_{稳}\times0.95^2}$$

电池反应的电动势为

$$E = E(+) - E(-)$$
$$= (E^{\ominus}_{Ag^+/Ag} + 0.059\lg[Ag^+]_{(+)}) - (E^{\ominus}_{Ag^+/Ag} + 0.059\lg[Ag^+]_{(-)})$$
$$= 0.059\lg[Ag^+]_{(+)} - 0.059\lg[Ag^+]_{(-)}$$
$$= 0.059\lg0.010 - 0.059\lg\frac{0.025}{K^{\ominus}_{稳}\times0.95^2} = 0.406$$

解得：$K^{\ominus}_{稳}=2.1\times10^{7}$。

9.3.2.4 **配合平衡之间的转化**

当用 KSCN 溶液测定某矿样中的 Co^{2+} 含量时，由于 Fe^{3+} 的存在会生成血红色的 $Fe(SCN)^{3-n}{}_n$ 而掩盖 $Co(SCN)_4^{2-}$ 的蓝色。解决的办法是：事先加入 NaF 使 F^- 先与 Fe^{3+} 配合生成稳定而又无色的 FeF_n^{3-n} 配合物将 Fe^{3+} 掩蔽起来，因此，NaF 也称为掩蔽剂。因为 $K^{\ominus}_{稳[FeF_3]}=1.2\times10^{12}$，$K^{\ominus}_{稳[Fe(SCN)_3]}=4.4\times10^{5}$，在溶液中 FeF_3 向 $Fe(SCN)_3$ 的转化率几乎为 0。

9.4 配位化合物的稳定性 (Stability of Coordination Compounds)

在配合平衡的移动中主要介绍了外因对配合物形成的影响。而影响配合物稳定性的内因是多方面的，比如中心离子的电荷、离子半径、价层电子构型、配体的配位能力等。下面主要介绍另外两个方面的影响。

9.4.1 软硬酸碱规则在配合物中的应用

硬酸是正电荷多、半径小、价层电子构型为 2 或 8 的阳离子；硬碱是负电荷少、电负性大、半径小、变形性小的阴离子；软酸是正电荷少、半径大、变形性大、价层电子构型为 18 或 18+2 的阳离子；软碱是负电荷多、电负性低、半径大、变形性大的阴离子；介于硬酸和软酸之间的是交界酸；介于硬碱和软碱之间的是交界碱。

常见硬酸：H^+，Li^+，Na^+，K^+，Be^{2+}，Mg^{2+}，Ca^{2+}，Sr^{2+}，B^{3+}，Al^{3+}，Fe^{3+}，Cr^{3+}，Ga^{3+}，Ti^{4+}，Si^{4+}，Sn^{4+}；

常见软酸：Cu^+，Ag^+，Au^+，Cd^{2+}，Hg^{2+}，Tl^+，Pd^{2+}，Pt^{2+}；

常见交界酸：Fe^{2+}，Co^{2+}，Ni^{2+}，Cu^{2+}，Zn^{2+}，Pb^{2+}，Sn^{2+}，Sb^{3+}，Bi^{3+}；

常见硬碱：OH^-，F^-，O^{2-}，NH_3，H_2O，CH_3COO^-，SO_4^{2-}，NO_3^-，ClO_4^-，ROH；

常见软碱：I^-，S^{2-}，$S_2O_3^{2-}$，CN^-，H^-，SCN^-，RS^-，CO，RSH，R_3P，C_2H_4；

常见交界碱：Cl^-，Br^-，SO_3^{2-}，N_3^-，$C_6H_5NH_2$，N_2。

根据硬亲硬、软亲软的软硬酸碱规则，硬酸容易和硬碱配体形成配合物，软酸容易和软碱形成配合物。例如 Al^{3+}、Fe^{3+}、Ti^{4+}、Si^{4+} 等硬酸容易和硬碱 F^- 形成稳定的配离子，而不易与 I^-、S^{2-}、CN^-、$S_2O_3^{2-}$ 等软碱形成配合物；Cu^+，Ag^+、Au^+、Cd^{2+}、Hg^{2+} 等软酸与硬碱 F^- 几乎不形成配合物，但与 I^-、S^{2-}、CN^-、$S_2O_3^{2-}$ 等软碱形成的配合物（或化合物）却极其稳定。

9.4.2 螯合效应

同一金属离子形成的螯合物往往比普通配合物稳定，为什么呢？在热力学初步一章介绍过，孤立体系自发过程的动力是熵的增加，实际上螯合效应也可归结为体系熵值的增加。例如下列两个配合反应：

$$Zn(H_2O)_4^{2+} + 4NH_3 \rightleftharpoons Zn(NH_3)_4^{2+} + 4H_2O$$
$$Zn(H_2O)_4^{2+} + Y^{4-} \rightleftharpoons ZnY^{2-} + 4H_2O$$

很明显，前一反应由于物质的质点数不变因此熵变几乎为 0，而后一反应生成物的质点数明显多于反应物因此熵变远远大于 0。由此可以推断在含有 Zn^{2+} 的溶液同时加入等浓度的 NH_3 和 EDTA 时，Zn^{2+} 将首先与 Y^{4-} 结合生成 ZnY^{2-}。

当然任何事物都不是绝对的，总是存在一些目前还难以解释的现象，例如 Fe^{3+} 虽是硬酸但与软碱 CN^- 形成的配合物 $Fe(CN)_6^{3-}$ 却异常稳定，而 Fe^{3+} 与 EDTA 却不易形成配合物。这些问题还有待于化学工作者进一步研究解决。

习 题

9.1 试举例说明复盐与配合物、配合剂与螯合剂的区别。

9.2 哪些元素的原子或离子可以作为配合物的中心原子？哪些分子和离子常作为配位体？它们形成配合

物时需具备什么条件？

9.3 指出下列配合物中心离子的氧化态、配位数、配位体及配离子电荷。

$[CoCl_2(en)(NH_3)(H_2O)]Cl$ $Na_3[AlF_6]$ $K_4[Fe(CN)_6]$ $Na_2[CaY]$ $[PtCl_4(NH_3)_2]$

9.4 命名下列配合物，指出中心离子的氧化态和配位数。

$K_2[PtCl_6]$ $[Ag(NH_3)_2]Cl$ $[Cu(NH_3)_4]SO_4$ $K_2Na[Co(ONO)_6]$ $Ni(CO)_4$

$[Co(H_2O)(NH_2)(en)(NH_3)(NO_2)]Cl$ $K_2[ZnY]$ $K_3[Fe(CN)_6]$ $Co_2(CO)_8$

9.5 根据下列配合物的名称写出它们的化学式。

二硫代硫酸合银(Ⅰ)酸钠　四硫氰·二氨合铬(Ⅲ)酸铵　四氯合亚铂酸六氨合亚铂

二氯·一草酸·一乙二胺合铁(Ⅲ)离子　硫酸一氯·一氨·二乙二胺合铬（Ⅲ）

9.6 下列配离子要么具有平面正方形构型要么具有八面体构型，试判断哪种配离子中 CO_3^{2-} 为螯合剂？

$[Co(CO_3)(NH_3)_5]^+$ $[Co(CO_3)(NH_3)_4]^+$ $[Pt(CO_3)(en)]$ $[Pt(CO_3)(NH_3)(en)]$

9.7 画出下列配合物的几何构型。

(1) $[CuCl(H_2O)_3]^+$(平面四边形)；(2)顺-$[CoBrCl(NH_3)_4]^+$；(3)反-$[CrCl_2(en)_2]$；

(4)$[Pt(en)_2]^{2+}$(平面四边形)；(5)反-$[NiCl_2(NH_3)_2]$。

9.8 下列配合物各有多少种几何异构体？(式中 M 代表中心离子，A、B、C 代表不同的配体)。

(1) MA_4BC；(2) MA_3B_2C；(3) $MA_2B_2C_2$；(4) MA_2BC（平面正方形）；(5) MA_2BC（正四面体）

9.9 画出下列配合物可能有的旋光异构体的结构。

(1)$[FeCl_2(C_2O_4)en]$；(2)$[Co(C_2O_4)_3]^{3-}$；(3)$[Co(en)_2Cl_2]^+$。

9.10 有两种钴(Ⅲ)配合物组成均为 $Co(NH_3)_5Cl(SO_4)$，但分别只与 $AgNO_3$ 和 $BaCl_2$ 发生沉淀反应。写出两个配合物的化学结构式。

9.11 举例说明何为内轨型配合物，何为外轨型配合物？

9.12 一些顺式铂的配合物可以作为活性抗癌药剂，如 *cis*-$PtCl_4(NH_3)_2$、*cis*-$PtCl_2(NH_3)_2$、*cis*-$PtCl_2(en)$ 等。实验测得它们都是反磁性物质，试用杂化轨道理论说明它们的成键情况，指出它们是内轨型配合物还是外轨型配合物。

9.13 已知下列配合物的磁矩，根据价键理论指出各中心离子的价层电子排布、轨道杂化类型、配离子空间构型，并指出配合物属内轨型还是外轨型。

(1) $Mn(CN)_6^{3-}$ (μ=2.8B. M)；　(2) $Co(H_2O)_6^{2+}$ (μ=3.88B. M)；

(3) $Pt(CO)_4^{2+}$ (μ=0)；　(4) $Cd(CN)_4^{2-}$ (μ=0)。

9.14 用价键模型绘出下列高自旋配合物的杂化轨道图。

$Ag(NH_3)_2^+$ CoF_6^{3-} $Mn(H_2O)_6^{2+}$ $Cu(H_2O)_4^{2+}$

9.15 举例说明何为高自旋配合物，何为低自旋配合物？

9.16 影响晶体场中中心离子 d 轨道分裂能的因素有哪些？试举例说明。

9.17 已知下列配合物的磁矩，指出中心离子的未成对电子数，给出中心 d 轨道分裂后的能级图及电子排布情况，求算相应的晶体场稳定化能。

(1) CoF_6^{3-} (μ=4.9B. M.)；　(2) $Co(NO_2)_6^{4-}$ (μ=1.8B. M.)；

(3) $Mn(SCN)_6^{4-}$ (μ=6.1B. M.)；　(4) $Fe(CN)_6^{3-}$ (μ=2.3B. M.)

9.18 实验测得配离子 $Co(NH_3)_6^{3+}$ 是反磁性的，问：

(1) 它属于什么几何构型？根据价键理论判断中心离子采取什么杂化状态？

(2) 根据晶体场理论说明中心离子轨道的分裂情况，计算配合物的晶体场稳定化能和磁矩。

9.19 已知下列配离子的分裂能和中心离子的电子成对能。给出中心离子 d 电子在 t_{2g} 和 e_g 轨道上的分布情况，并估算配合物的磁矩及晶体场稳定化能。

配离子	分裂能(Δ/kJ · mol^{-1})	电子成对能(P/kJ · mol^{-1})
$Fe(H_2O)_6^{2+}$	124	210
$Fe(CN)_6^{4-}$	395	210
$Co(NH_3)_6^{3+}$	275	251
$Co(NH_3)_6^{2+}$	121	269
$Cr(H_2O)_6^{3+}$	208	—
$Cr(H_2O)_6^{2+}$	166	281

9.20 试用杂化轨道理论和晶体场理论分别解释为什么 $E^{\ominus}_{Fe^{3+}/Fe^{2+}}=0.77V$，而 $E^{\ominus}_{Fe(CN)_6^{3-}/Fe(CN)_6^{4-}}=0.36V$。

9.21 已知 $E^{\ominus}_{Co^{3+}/Co^{2+}}=1.82V$，$E^{\ominus}_{Co(CN)_6^{3-}/Co(CN)_6^{4-}}=-0.83V$。试用价键理论和晶体场理论解释，为什么两者相差如此之大？

9.22 根据晶体场理论推断何种电子构型的离子容易形成平面正方形配合物，何种电子构型的离子容易形成正四面体形配合物？

9.23 什么是自旋-禁阻跃迁？为什么 $Mn(H_2O)_6^{2+}$ 配离子几乎是无色的？

9.24 根据晶体场理论推测在五角双锥配位体场中，中心离子 d 轨道应分裂为几个能级？

9.25 用晶体场理论解释，为什么 $ZnCl_4^{2-}$ 和 $NiCl_4^{2-}$ 为四面体构型，而 $PtCl_4^{2-}$ 和 $CuCl_4^{2-}$ 为平面正方形构型？

9.26 试解释氯化铜溶液随浓度的增大，颜色由浅蓝色变为绿色再变为土黄色的原因。

9.27 已知 $CuSO_4$ 为白色，$CuCl_2$ 为暗棕色，$CuSO_4 \cdot 5H_2O$ 为蓝色。试用晶体场理论加以解释。

9.28 向 Hg^{2+} 溶液中加入 KI 溶液时生成红色 HgI_2 沉淀，继续加入过量的 KI 溶液，HgI_2 沉淀溶解得无色的 HgI_4^{2-} 配离子溶液。请说明 HgI_2 有色而 HgI_4^{2-} 无色的原因。

9.29 实验室用 KSCN 溶液鉴定溶液中的 Co^{2+} 时，常受到 Fe^{3+} 的干扰，解决的办法是事先向溶液中加入 NaF 将 Fe^{3+} 掩蔽起来。试用软硬酸碱规则解释 $Fe(SCN)_6^{3-}$ 配离子不如 FeF_6^{3-} 配离子稳定的原因。

9.30 大苏打 $Na_2S_2O_3$ 常用作照片的定影试剂，清除胶片中未曝光的 AgBr。试计算 AgBr 在 $1.0mol \cdot dm^{-3}$ $Na_2S_2O_3$ 溶液中的溶解度（以物质的量浓度表示）。

9.31 向 $0.010mol \cdot dm^{-3}$ $ZnCl_2$ 溶液通 H_2S 至饱和，当溶液的 pH=1.0 时刚好有 ZnS 沉淀产生。若在此 $ZnCl_2$ 溶液中事先加入 $1.0mol \cdot dm^{-3}$ KCN，再通入 H_2S 至饱和，求在多大 pH 时会有 ZnS 沉淀产生？已知 $K^{\ominus}_{稳[Zn(CN)_4^{2-}]}=5.0\times10^{16}$。

9.32 通过计算说明，在标准状况下金难溶于水，但用氰化钠溶液却可以浸取金矿砂中的金。已知 $E^{\ominus}_{Au^+/Au}=1.69V$，$E^{\ominus}_{O_2/OH^-}=0.401V$，$K^{\ominus}_{稳[Au(CN)_2^-]}=2\times10^{38}$

9.33 已知 $E^{\ominus}_{Fe^{3+}/Fe^{2+}}=0.771V$，$E^{\ominus}_{I_2/I^-}=0.535V$，在标准状况下 Fe^{3+} 可以将 I^- 氧化为单质 I_2。通过计算说明在标准状况下，下列反应能否自发进行？

$$2Fe(CN)_6^{3-}+2I^- \longrightarrow Fe(CN)_6^{4-}+I_2$$

已知 $K^{\ominus}_{稳[Fe(CN)_6^{3-}]}=1.0\times10^{42}$，$K^{\ominus}_{稳[Fe(CN)_6^{4-}]}=1.0\times10^{35}$。

9.34 已知 $K^{\ominus}_{稳[Cu(NH_3)_4^{2+}]}=4.68\times10^{12}$，$K^{\ominus}_{sp[Cu(OH)_2]}=2.2\times10^{-20}$。在 $1dm^3$ 浓度为 $6mol \cdot dm^{-3}$ 的氨水中加入 0.01mol 固体 $CuSO_4$ 溶解后，在此溶液中再加入 0.01mol 固体 NaOH，是否会有 $Cu(OH)_2$ 沉淀生成？

9.35 试求下列原电池在 298K 时的电动势

$(-)Zn|Zn(NH_3)_4^{2+}(1.0m)NH_3 \cdot H_2O(5.0m)||Cu(NH_3)_4^{2+}(1.0m)NH_3 \cdot H_2O(5.0m)|Cu(+)$

已知 $K^{\ominus}_{稳[Cu(NH_3)_4^{2+}]}=4.68\times10^{12}$，$K^{\ominus}_{稳[Zn(NH_3)_4^{2+}]}=2.9\times10^{9}$。

9.36 在 pH=10 的溶液中，欲阻止 $0.10mol \cdot dm^{-3}$ 的 Al^{3+} 生成 $Al(OH)_3$ 沉淀，应加入多大浓度的 NaF？已知 $K^{\ominus}_{sp[Al(OH)_3]}=1.3\times10^{-33}$，$K^{\ominus}_{稳(AlF_6^{3-})}=7.0\times10^{19}$。

9.37 通过计算说明，在标准状态下，下列两个歧化反应能否发生？

$$2Cu(NH_3)_2^+ \longrightarrow Cu+Cu(NH_3)_4^{2+}$$

$$2Cu^+ \longrightarrow Cu+Cu^{2+}$$

9.38 查表计算下列反应在 298K 时的标准平衡常数。

$$4Co(NH_3)_6^{3+}+O_2+2H_2O \longrightarrow 4Co(NH_3)_6^{2+}+4OH^-$$

现将空气通入到含有 $0.10mol \cdot dm^{-3}$ $Co(NH_3)_6^{3+}$、$0.10mol \cdot dm^{-3}$ $Co(NH_3)_6^{2+}$、$2.0mol \cdot dm^{-3}$ NH_4^+、$2.0mol \cdot dm^{-3}$ $NH_3 \cdot H_2O$ 的混合溶液中，上述反应能否发生？假设空气中氧气的分压为 20.3kPa。

9.39 已知 $E^{\ominus}_{Fe^{3+}/Fe^{2+}}=0.771V$，$E^{\ominus}_{Sn^{4+}/Sn^{2+}}=0.14V$，$K^{\ominus}_{稳(FeF_3)}=1.15\times10^{12}$。通过计算说明，下列氧化还原反应在标准状态下能否发生。若能发生写出有关的化学反应方程式。

(1) 向 $FeCl_3$ 溶液中加入 NaF，然后再加 $SnCl_2$；

(2) 向 $Fe(SCN)_3$ 溶液中加入 $SnCl_2$ {$K_{稳}[Fe(SCN)_3]=4.4\times10^5$}；

(3) 向 $Fe(SCN)_3$ 溶液中加入 KI[$E^{\ominus}_{I_2/I^-}=0.535V$]。

第10章 卤 素

Halogen Family Elements

元素周期表中第ⅦA族包括氟（F，fluorine）、氯（Cl，chlorine）、溴（Br，bromine）、碘（I，iodine）、砹（At，astatine）五种元素，因为它们均易成盐，故称为卤族元素，简称卤素。砹是20世纪40年代才被制得的放射性元素，本章只讨论前四种元素的性质。

10.1 卤素的通性（General Characteristics of Halogen）

10.1.1 卤素的原子结构

元素的性质与原子的结构息息相关，表10.1列出了卤素原子的一些基本性质。

表10.1 卤素原子的基本性质

性 质	F	Cl	Br	I
原子序数	9	17	35	53
相对原子质量	19.00	35.45	79.90	126.9
外层电子构型	$2s^22p^5$	$3s^23p^5$	$4s^24p^5$	$5s^25p^5$
共价半径/pm	64	99	114	133
电子亲合能/$kJ \cdot mol^{-1}$	−332.7	−348.6	−324.6	−295.6
电离能/$kJ \cdot mol^{-1}$	1681	1251	1140	1008
电负性(Pauling)	3.98	3.16	2.96	2.66

卤素原子的外层电子构型为ns^2np^5，与稀有气体原子的8电子相对稳定构型相比只差一个电子，与同周期其他元素的原子相比，具有较大的电离能、电子亲合能及电负性。同族中从氟到碘电离能、电子亲合能、电负性逐渐减小，但由于氟的原子半径太小，电子云密度大，氟的电子亲合能反而低于氯。

10.1.2 卤素的成键特征

根据卤素的原子结构和性质，卤素的成键特征如下：

① 结合一个电子成为负离子X^-，存在于和活泼金属形成的离子型化合物中，如LiF、NaCl、KCl、$CaCl_2$等。

② 提供一个成单p电子与其他可提供成单电子的原子形成一个共价单键，如HX、X_2。

③ 以X^-的形式作为配体形成配合物，如AlF_6^{3-}、$CuCl_4^{2-}$、HgI_4^{2-}等。

④ 原子本身的价层轨道杂化后与其他原子半径小的卤素原子形成共价型卤素互化物，如ClF_3、BrF_3等。

⑤ X采取sp^3杂化形成含氧酸。X与氧原子形成σ键，非羟基氧原子上的2p电子又反

馈给 X 的价层 d 轨道形成 p-dπ 键。除高碘酸外，卤素形成的含氧酸共有四种形式：HOX、HXO_2、HXO_3、HXO_4。F 原子无价层 d 轨道，只有 HOF。

10.1.3 卤素在自然界中的分布

自然界中氟、碘只有一种同位素，氯、溴各有两种，分别为^{35}Cl(75.77%)、^{37}Cl(24.23%)、^{79}Br(50.54%)、^{81}Br(49.46%)。由于卤素位于周期表第七主族，价层电子构型 ns^2np^5，与稀有气体外层的 8 电子稳定结构只差一个电子，卤素都以获得一个电子形成 X^-（负一价离子）的形式存在于矿石和海水中。氟存在于萤石 CaF_2、冰晶石 Na_3AlF_6、氟磷灰石 $Ca_5F(PO_4)_3$ 中，在地壳中的质量分数约 0.015%，占第十五位。氯主要存在于海水、盐湖、盐井，盐床中，主要有钾石盐 KCl、光卤石 $KCl \cdot MgCl_2 \cdot 6H_2O$，海水中大约含氯 1.9%，地壳中的质量分数 0.031%，占第十一位。溴主要存在于海水中，海水中溴的含量相当于氯的 1/300，盐湖和盐井中也存在少许的溴，地壳中的质量分数约 1.6×10^{-4}%。碘在海水中存在的更少，碘主要被海藻所吸收，海水中碘的含量仅为 5×10^{-5}，碘也存在于某些盐井盐湖中，南美洲智利硝石是世界上迄今为止发现的唯一含碘矿石。砹属放射性元素，研究得不多，对它了解得也很少。

10.2 卤素单质（Simple Substance of Halogen）

10.2.1 性质和用途

(1) 物理性质 卤素单质皆为双原子分子，它们的一些物理性质见表 10.2。

表 10.2 卤素单质的物理性质

性 质	氟	氯	溴	碘
聚集状态(标况下)	气	气	液	固
颜色	浅黄	黄绿	红棕	紫黑
熔点/℃	−219.6	−101	−7.2	113.5
沸点/℃	−188	−34.6	58.78	184.3
汽化热/$kJ \cdot mol^{-1}$	6.32	21.41	30.71	46.61
溶解度/$g \cdot 100g^{-1}$水	使水分解	0.732	3.58	0.029
密度/$g \cdot cm^{-3}$	1.11(l)	1.57(l)	3.12(l)	4.93(s)

卤素单质均由非极性双原子分子组成，因此在水中的溶解度不大，其中氟与水剧烈反应：$2F_2+2H_2O = 4HF+O_2$。溴和碘易溶于有机溶剂如乙醇、乙醚、氯仿、四氯化碳和二硫化碳中，其中溴显黄到棕红的颜色，而碘显棕到紫红的颜色。

碘在纯水中的溶解度很小，但能以 I^{3-} 的形式大量存在于碘化物溶液中，碘化物浓度越大，能溶解的碘越多，则溶液颜色越深。

卤素均有毒，刺激眼、鼻、气管的黏膜，少量的氯气具有杀菌作用，用于自来水消毒。若不慎吸入一定量的氯气，当即会窒息、呼吸困难。此时应立即去室外，也可吸入少量氨气解毒，严重的需及时送医院抢救。液溴对皮肤能造成难以痊愈的灼伤，若溅到身上，应立即用大量水冲洗，再用 5% $NaHCO_3$ 溶液淋洗后敷上油膏。

(2) 化学性质 卤素的电势图如下：

酸性介质（$E_A^\ominus$/V）

$$ClO_4^- \xrightarrow{1.19} ClO_3^- \xrightarrow{1.21} HClO_2 \xrightarrow{1.64} HOCl \xrightarrow{1.63} Cl_2 \xrightarrow{1.36} Cl^-$$
$$ClO_3^- \xrightarrow{1.43} HOCl \qquad ClO_3^- \xrightarrow{1.47} Cl_2$$

$$BrO_4^- \xrightarrow{1.76} BrO_3^- \xrightarrow{1.49} HOBr \xrightarrow{1.59} Br_2 \xrightarrow{1.08} Br^-$$
$$BrO_3^- \xrightarrow{1.51} Br_2$$

$$H_3IO_6^{2-} \xrightarrow{1.70} IO_3^- \xrightarrow{1.14} HOI \xrightarrow{1.45} I_2 \xrightarrow{0.54} I^-$$
$$IO_3^- \xrightarrow{1.09} I^- \qquad IO_3^- \xrightarrow{1.20} I_2$$

碱性介质（$E_B^\ominus$/V）

$$ClO_4^- \xrightarrow{0.40} ClO_3^- \xrightarrow{0.33} ClO_2^- \xrightarrow{0.66} OCl^- \xrightarrow{0.40} Cl_2 \xrightarrow{1.36} Cl^-$$
$$OCl^- \xrightarrow{0.89} Cl^- \qquad ClO_3^- \xrightarrow{0.48} Cl_2$$

$$BrO_4^- \xrightarrow{0.93} BrO_3^- \xrightarrow{0.54} OBr^- \xrightarrow{0.45} Br_2 \xrightarrow{1.08} Br^-$$
$$OBr^- \xrightarrow{0.76} Br^- \qquad BrO_3^- \xrightarrow{0.52} Br_2$$

$$H_3IO_6^{2-} \xrightarrow{0.7} IO_3^- \xrightarrow{0.14} IO^- \xrightarrow{0.45} I_2 \xrightarrow{0.54} I^-$$
$$IO^- \xrightarrow{0.49} I^- \qquad IO_3^- \xrightarrow{0.20} I_2$$

卤素位于元素周期表的第七主族，价电子层结构 ns^2np^5，易获一个电子达到 8 电子稳定结构，所以卤素化学活泼性高，氧化能力强。卤素单质的氧化能力由氟到碘顺序减弱，其中氟是最强的氧化剂。卤素的化学性质可概括为以下几个方面。

① 与金属反应　F_2 在任何温度下都可与金属直接反应生成离子型化合物，F_2 与 Cu、Ni、Mg 作用时由于金属表面生成一薄层氟化物致密保护膜而中止反应，所以 F_2 可储存于 Cu、Ni、Mg 或合金制成的容器中；Cl_2 可与各种金属作用，但干燥的 Cl_2 不与 Fe 反应，因此 Cl_2 可储存在铁罐中；Br_2 和 I_2 常温下只能与活泼金属作用，与不活泼金属只有加热条件下反应。

② 与非金属反应　F_2 与除 He、Ne、Ar、Kr、O_2、N_2 之外的所有非金属直接反应生成相应的共价化合物，低温下可与 C、Si、S、P 猛烈反应，生成的氟化物大多具有挥发性；Cl_2 也能与大多数非金属单质直接作用，但不及 F_2 激烈；Br_2 和 I_2 反应不如 F_2、Cl_2 激烈，与非金属作用不能氧化到最高价；I_2 只能与少数非金属直接反应生成共价化合物，如 PI_3。

③ 与 H_2 的反应　F_2 在冷暗处即可产生爆炸；Cl_2 则需要光照或加热；Br_2 和 I_2 则要在较高的温度下才能进行，并且同时存在 HBr 和 HI 的分解，Cl_2 与 H_2 的反应属于链式光化学反应：

$$Cl_2 + h\gamma = 2Cl\cdot$$
$$Cl\cdot + H_2 = HCl + H\cdot$$
$$H\cdot + Cl_2 = HCl + Cl\cdot$$

如此循环往复链锁进行。

④ 与水反应。卤素与水反应有两种方式：

$$2X_2 + 2H_2O = 4H^+ + 4X^- + O_2 \qquad ①$$
$$X_2 + H_2O = H^+ + X^- + HXO \qquad ②$$

反应的标准电动势 $E^\ominus$（V）分别为 F_2 2.05、Cl_2 0.54、Br_2 0.25、I_2 −0.28，虽然从热力学上讲 F_2、Cl_2、Br_2 都能发生反应，但从反应速度看只有 F_2 是可行的，Cl_2、Br_2、I_2 都可发生式②反应，而且反应程度依次减弱。

当水溶液呈碱性时，HBrO、HIO 会进一步歧化生成 BrO_3^- 和 IO_3^-，而且随温度升高歧化程度加强，相关反应如下：

$$Cl_2 + 2NaOH = NaCl + NaClO + H_2O$$
$$Br_2 + 2NaOH = NaBr + NaBrO + H_2O$$
$$3Br_2 + 6NaOH \xlongequal{\triangle} 5NaBr + NaBrO_3 + 3H_2O$$
$$3I_2 + 6NaOH = 5NaI + NaIO_3 + 3H_2O$$

⑤ 碘遇沉粉变蓝　有水存在时碘与沉粉形成螺旋式包合物而显蓝色。这一性质常用于碘的定性检验。

10.2.2 制备方法

卤素在自然界中主要以氧化数为－1 的卤化物存在。因此，制备卤素单质都是用氧化其相应卤化物的方法。

10.2.2.1 氟的制备

由于氟的高还原电位（$\varphi^{\ominus}_{F_2/F^-}=2.87V$），制备氟单质只能采用中温电解氧化法。1886 年法国化学家莫桑（H. Mossion）从电解氟氢化钾和无水氟化氢溶液制得。因为 HF 导电性差，加入 KF 增加导电性，另一方面降低电解质的电解温度，电解质组成一般为 KF·HF 82%、HF 14.3%、LiF 3%，电解温度为 95～100℃。Ni-Cu 合金或中碳钢（0.3%～0.6% C）制容器作电解槽，石墨作阳极，中碳钢作阴极，阴、阳极间加一 Ni-Cu 合金网作隔膜将生成的 F_2 与 H_2 隔开，防止发生爆炸。电极反应为：

$$\text{阳极}:2F^- = F_2 + 2e$$

$$\text{阴极}:2HF_2^- + 2e = H_2 + 4F^-$$

少量氟的制备可用加热分解 BrF_5 的方法来实现：

$$BrF_5 \xlongequal{>500℃} BrF_3 + F_2$$

这种方法所用 BrF_5 为 F_2 储存原料，所以它是 F_2 的重新释放。经 100 年努力，终于在 1986 年由化学家克里斯特（Christe）成功地用化学法制得单质 F_2，即使用 $KMnO_4$、HF、KF、$SbCl_5$、H_2O_2 采用氧化络合置换法生成 F_2。

$$2KMnO_4 + 2KF + 10HF + 3H_2O_2 = 2K_2MnF_6 + 8H_2O + 3O_2$$

$$SbCl_5 + 5HF = SbF_5 + 5HCl$$

$$2K_2MnF_6 + 4SbF_5 \xlongequal{150℃} 4KSbF_6 + 2MnF_3 + F_2$$

氟主要用来制造制冷剂氟利昂-12(CCl_2F_2)、塑料王聚四氟乙烯、杀虫剂 CCl_3F、灭火剂 CBr_2F_2。在原子能工业上氟用于 U^{235} 和 U^{238} 的分离，因为在铀的化合物中只有 UF_6 具有挥发性，先将铀氧化成 UF_6，然后用气体扩散法将两种铀的同位素分离。

10.2.2.2 氯

工业制氯主要采用电解饱和食盐水溶液的方法。电解槽以石墨或金属钛作阳极（目前最好的阳极材料是 RuO_2），铁网作阴极，中间用石棉隔膜分开。电解反应为：

$$2NaCl + 2H_2O \xlongequal{\text{电解}} Cl_2 + H_2 + 2NaOH$$

在阴极附近由 Na^+ 和 OH^- 形成 NaOH 溶液。现代氯碱池中阴、阳极室之间的隔膜材料使用高分子离子交换膜，这种阳离子交换膜只许 Na^+ 由阳极室迁移至阴极室，Na^+ 的流动使两室保持电中性（图 10.1）。

工业上氯也作为电解熔融氯化钠制取金属钠的副产物得到。

实验室中制备氯气是用二氧化锰或高锰酸钾氧化浓盐酸来实现：

$$MnO_2 + 4HCl = MnCl_2 + Cl_2\uparrow + 2H_2O$$

$$2KMnO_4 + 16HCl = 2KCl + 2MnCl_2 + 5Cl_2\uparrow + 8H_2O$$

常温时氯在六个大气压下即液化，可装入钢瓶（表面涂绿色）储存使用。

大量氯气用于制造盐酸、农药、染料、含氯有机化合物、聚氯乙烯塑料等，也用于纸浆和棉布的漂白以及饮水消毒。此外氯也用来处理某些工业废水，如将具有还原性的有毒物质硫化氢、氰化物等氧化为无毒物。

10.2.2.3 溴

工业提溴是将 Cl_2 通入浓缩的新鲜卤水中，将溴离子氧化成单质溴：

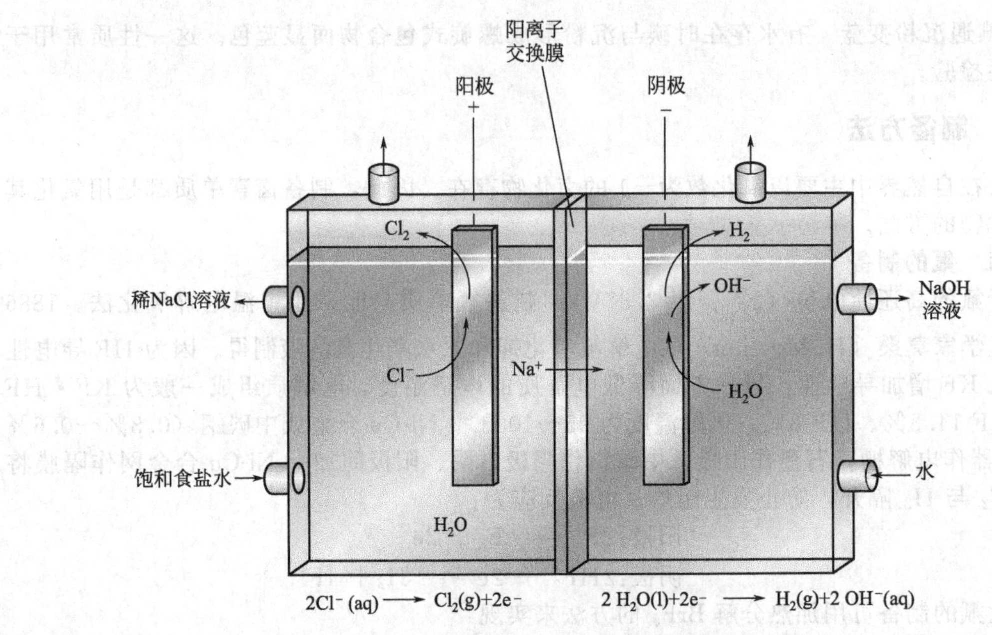

图 10.1　氯碱工业阳离子交换膜电解槽示意图

$$Cl_2 + 2Br^- \xlongequal{} 2Cl^- + Br_2$$

因卤水中 Br^- 浓度太低，故要用空气把生成的 Br_2 吹出并吸收在 Na_2CO_3 溶液中加以浓缩，再用酸处理即得液溴：

$$3Br_2 + 3CO_3^{2-} \xlongequal{} 5Br^- + BrO_3^- + 3CO_2\uparrow$$

$$5Br^- + BrO_3^- + 6H^+ \xlongequal{} 3Br_2 + 3H_2O$$

实验室制备方法：

$$2NaBr + 3H_2SO_4 + MnO_2 \xlongequal{} 2NaHSO_4 + MnSO_4 + 2H_2O + Br_2$$

溴主要用于制造汽油抗爆剂、照相感光剂、药剂、农药和染料。

10.2.2.4　**碘**

碘以 I^- 的形式存在于海藻浸取液和废矿井卤水中，向其中通入 Cl_2 或加入 MnO_2 和 H_2SO_4 即可得到碘：

$$Cl_2 + 2I^- \xlongequal{} 2Cl^- + I_2$$

$$MnO_2 + 2I^- + 4H^+ \xlongequal{} Mn^{2+} + I_2 + 2H_2O$$

智利硝石母液中含有一定量的 $NaIO_3$，向其母液中加入 $NaHSO_3$ 也可得到碘：

$$2NaIO_3 + 5NaHSO_3 \xlongequal{} I_2 + 2Na_2SO_4 + 3NaHSO_4 + H_2O$$

实验室制备方法：

$$2NaI + 3H_2SO_4 + MnO_2 \xlongequal{} 2NaHSO_4 + MnSO_4 + 2H_2O + I_2$$

碘主要用来制造照相感光剂、药和饮料添加剂等。

10.3　卤化氢（Hydrogen Halides）

10.3.1　性质和用途

卤化氢的主要物理性质见表 10.3。

表 10.3 卤化氢的主要物理性质

性质	HF	HCl	HBr	HI
熔点/℃	−83.11	−114.3	−86.96	−50.91
沸点/℃	19.54	−84.9	−67.0	−35.38
熔化热/$kJ \cdot mol^{-1}$	19.6	2.0	2.4	2.9
汽化热/$kJ \cdot mol^{-1}$	25.18	17.53	19.26	21.16
$\Delta_f H^\ominus$/$kJ \cdot mol^{-1}$	−268.6	−92.31	−36.23	25.94
$\Delta_f G^\ominus$/$kJ \cdot mol^{-1}$	−270.7	−95.26	−53.22	1.30
溶解度/$g \cdot 100g^{-1}$水	混溶	42.20(20℃)	65.88(25℃)	71(0℃)
偶极矩/D	1.91	1.07	0.828	0.448
表观电离度(0.1$mol \cdot dm^{-3}$,18℃)/%	10	92.6	93.5	95
键能/$kJ \cdot mol^{-1}$	565	431	368	397
气态分子核间距/pm	92	127	141	162

常温常压下，卤化氢均为无色有刺激性的气体。按 HF、HCl、HBr、HI 的顺序极性依次减弱。分子间作用力依 HCl、HBr、HI 顺序依次增强，因此它们的熔沸点依次升高。HF 分子间存在较强的氢键，所以在卤化氢中它具有最大的熔化热、汽化热，最高的沸点，熔点也大于 HCl 和 HBr。卤化氢都易溶于水，由于 HF 分子极性大，在水中可无限制溶解，$1m^3$ 的水可溶解 $500m^3$ HCl，常压下蒸馏氢卤酸，溶液的沸点和组成都在不断的变化，最后形成溶液的组成和沸点恒定不变的恒沸溶液。

10.3.1.1 化学性质

(1) 酸性 HCl、HBr、HI 都是强酸而且酸性依次增强，HF 是一种弱酸，当但其浓度大于 $5mol \cdot dm^{-3}$ 时，电离度反而变大，原因是存在下列平衡：

$$HF \rightleftharpoons H^+ + F^- \qquad K^\ominus = 6.71 \times 10^{-4} \qquad ①$$

$$HF + F^- \rightleftharpoons HF_2^- \qquad K^\ominus = 5.2 \qquad ②$$

式②K 值大，表明 HF_2^- 浓度大，由于 F^- 的消耗使反应式①右移，所以氢离子浓度增大。总反应：

$$2HF \rightleftharpoons H^+ + HF_2^- \qquad K^\ominus = 3.36 \times 10^{-3}$$

(2) 还原性 卤化氢的还原性依 HF、HCl、HBr、HI 顺序增强：

$$2HI + 2FeCl_3 = FeCl_2 + 2HCl + I_2$$

$$2HBr + H_2SO_4(浓) = SO_2 + 2H_2O + Br_2$$

$$16HCl + 2KMnO_4 = 2KCl + 2MnCl_2 + 8H_2O + 5Cl_2$$

(3) HF 的特殊性 无论 HF 气体还是氢氟酸溶液都对玻璃有强的腐蚀作用：

$$4HF(g) + SiO_2 = 2H_2O + SiF_4(g)$$

$$6HF(aq) + SiO_2 = 2H_2O + H_2SiF_6(aq)$$

用 HF 气体刻蚀玻璃得到的是毛玻璃，用氢氟酸溶液刻蚀玻璃得到平滑的刻痕。无论是 HF 气体还是氢氟酸溶液均必须用塑料质或内涂石蜡的容器储存。

(4) 热稳定性 卤化氢的热稳定性指其受热是否易分解为单质：

$$2HX \xrightarrow{\triangle} H_2 + X_2$$

卤化氢的热稳定性大小可以由生成焓来衡量，由表 10.2 数据看出，卤化氢的标准生成焓从 HF 到 HI 依次增大，它们的热稳定性急剧下降。HI(g) 加热到 200℃左右就明显分解，而 HF(g) 在 1000℃还能稳定存在。

10.3.1.2 卤化氢的用途

卤化氢的水溶液是氢卤酸，其中以氢氟酸和盐酸最为重要。常用浓盐酸的质量分数为

37%，物质的量浓度为12mol·dm^{-3}，密度为1.19g·cm^{-3}，是重要的工业原料和化学试剂，用于制造各种氯化物，在皮革工业、焊接、搪瓷、医药以及食品工业有广泛的应用。氢氟酸广泛用于分析化学，以测定矿物或钢样中二氧化硅的含量；还用于玻璃器皿的刻蚀，毛玻璃和灯泡的“磨砂”等。

10.3.2 制备方法

10.3.2.1 高沸点难挥发的酸与卤化物作用

$$CaF_2 + H_2SO_4 \xlongequal{\triangle} CaSO_4 + 2HF\uparrow$$

$$NaCl + H_2SO_4 \xlongequal{\triangle} NaHSO_4 + HCl\uparrow$$

因Br^-、I^-具有一定的还原性，而浓硫酸氧化性较强，故用H_2SO_4不能制备HBr和HI，反应式如下：

$$2NaBr + 2H_2SO_4 \xlongequal{\triangle} Na_2SO_4 + Br_2 + SO_2\uparrow + 2H_2O$$

$$8NaI + 5H_2SO_4 \xlongequal{\triangle} 4Na_2SO_4 + 4I_2 + H_2S\uparrow + 4H_2O$$

但可用低氧化性的浓H_3PO_4代替H_2SO_4，反应式如下：

$$NaBr + H_3PO_4 \xlongequal{\triangle} NaH_2PO_4 + HBr\uparrow$$

$$NaI + H_3PO_4 \xlongequal{\triangle} NaH_2PO_4 + HI\uparrow$$

10.3.2.2 卤素单质直接与氢气反应

$$Cl_2 + H_2 \xlongequal{光照} 2HCl$$

虽然F_2与H_2反应更完全，但因反应太剧烈而无法控制，此法不能用于HF的制备。Br_2、I_2与H_2的反应需在高温下进行，而HBr、HI在温度较高时又会分解，影响其产率，简单地进行Br_2、I_2与H_2的化合制备HBr、HI经济效益太低。解决问题的关键是通过合成有效的催化剂降低反应的温度来减少HBr、HI的分解。在200～400℃温度下用含铂石棉或含铂硅胶做催化剂，Br_2与H_2的反应可以合成HBr；若以铂为催化剂，温度在300℃以上，该方法也可以用于制取HI。

10.3.2.3 非金属卤化物的水解

此法适用于HBr、HI的制备，以水滴到非金属卤化物上，卤化物即可源源不断地产生，反应式如下：

$$PBr_3 + 3H_2O \xlongequal{} H_3PO_3 + 3HBr$$

$$PI_3 + 3H_2O \xlongequal{} H_3PO_3 + 3HI$$

实际上不许事先制备卤化磷，把溴滴加在磷和少许水的混合物中或把水逐滴加入磷和碘的混合物中即可连续产生HBr或HI，反应式如下：

$$2P + 3Br_2 + 6H_2O \xlongequal{\triangle} 2H_3PO_3 + 6HBr\uparrow$$

$$2P + 3I_2 + 6H_2O \xlongequal{\triangle} 2H_3PO_3 + 6HI\uparrow$$

虽然Cl_2也能发生此反应，但实际价值不大。

10.3.2.4 烃类化合物的卤化

F_2、Cl_2、Br_2与饱和烃或芳香烃反应时，副产大量的相应卤化氢，例如：

$$C_6H_6 + 6Br_2 \xlongequal{} C_6Br_6 + 6HBr$$

10.4 金属卤化物和卤素互化物（Metal Halides and Interhalogen）

10.4.1 金属卤化物

10.4.1.1 性质

(1) 卤化物的离子性 碱金属、碱土金属的卤化物是典型的离子型化合物，其离子性随金属氧化数的增高、半径减小而减弱，逐渐由离子型向共价型转化；高价态的金属卤化物多属共价型，如 $AlCl_3$、$FeCl_3$、$SnCl_4$、$PbCl_4$、$SbCl_5$ 等；同一种金属低价态显离子性，高价态显共价性。例如：$SnCl_2$（离子性）、$SnCl_4$（共价性），而金属氟化物主要显离子性。

(2) 卤化物的溶解度 因为 F^- 很小，Li 和碱土金属以及镧系元素多价金属氟化物的晶格能远较其他卤化物为高，所以难溶。

Hg(Ⅰ)、Ag(Ⅰ)的氟化物中，因为 F^- 变形性小，与 Hg(Ⅰ)、Ag(Ⅰ)形成的氟化物表现离子性而溶于水。而 Cl^-、Br^-、I^- 在极化能力强的金属离子作用下呈现不同程度的变形性，生成的化合物显共价性，溶解度依次减小，重金属卤化物溶解度较小，如

$$AgCl > AgBr > AgI$$

共价型卤化物一般溶沸点都较低，热稳定性较差，水溶性较低，水解能力较强。

例如：$SnCl_4$、$SnBr_4$、SnI_4 的熔点分别为－33.3℃、33℃、146℃；PtF_4 的热分解温度是 600℃，而 $PtCl_4$ 的热分解温度是 370℃；$SnCl_4$ 的水解程度高于 $SnCl_2$。

卤化物在水中的溶解度规律较差。

常见难溶氟化物有 LiF、MgF_2、CaF_2、SrF_2、BaF_2、MnF_2、FeF_2、NiF_2、CuF_2、ZnF_2、AlF_3、GaF_3、CuF、PtF_2、PbF_2 等；常见难溶氯化物有 AgCl、CuCl、Hg_2Cl_2、$PbCl_2$、TlCl、$PtCl_2$ 等；常见难溶溴化物和碘化物有 AgX、CuX、Hg_2X_2、HgX_2、TlX、PtX_2（X：Br、I）等。在所有金属卤化物中溶解度最大的是 $ZnCl_2$。

难溶的金属卤化物中，如果金属离子易与 X^- 形成配合物，则该卤化物可以溶解在 X^- 离子的溶液中，例如：

$$PbCl_2 + 2Cl^- = PbCl_4^{2-}$$

$$HgI_2 + 2I^- = HgI_4^{2-}$$

10.4.1.2 制备

金属卤化物的制备可以采用下列方法：

① 金属单质与卤素反应 如

$$2Al + 3Br_2 \xlongequal{350\sim400℃} 2AlBr_3$$

$$2Fe + 3Cl_2 \xlongequal{燃烧} 2FeCl_3$$

② 金属氧化物与碳、卤素一起反应 如

$$TiO_2 + 2Cl_2 + 2C \xlongequal{800\sim900℃} TiCl_4 + 2CO$$

③ 水合卤化物脱水 如

$$MgCl_2 \cdot 6H_2O \xlongequal[HCl(g)]{\triangle} MgCl_2 + 6H_2O$$

脱水必须在 HCl 气流中实现，否则 $MgCl_2$ 会水解生成 Mg(OH)Cl 或 MgO。

④ 金属、金属氧化物或碳酸盐与氢卤酸作用 如

$$Zn + 2HCl = ZnCl_2 + H_2\uparrow$$

$$Bi_2O_3 + 6HF \longrightarrow 2BiF_3 + 3H_2O$$

$$CaCO_3 + 2HCl \longrightarrow CaCl_2 + CO_2\uparrow + H_2O$$

其水溶液蒸发结晶脱水即可得金属卤化物。

10.4.2 卤素互化物

不同卤素之间可以形成化合物，称为卤素互化物 XX'_n（X、X′均代表卤素原子，但 X′的原子序数小于 X），X 与 X′的原子半径差越大，n 的可能值也越大，如碘可以形成 IF_7，溴可以形成 BrF_5，而氯只能形成 ClF_3。n 只能取奇数值，原因是作为配位原子每个 X′只能提供 1 个成单电子与中心原子 X 的 1 个价电子配对成键，当 $n>1$ 时，中心原子 X 只能拆开成对的价电子再与偶数个 X′配位原子成键，所以，$n=1$、3、5、7。卤素互化物分子的空间构型可根据价层电子对互斥理论来判断，如 BrF_5 是四方锥形、ClF_3 是“T”形。

卤素互化物总是由单质反应而制备的。

$$F_2 + Cl_2 \xrightarrow{\text{等体积,470K}} 2ClF$$

10.4.3 多卤化物

卤素离子与半径较大的碱金属可以形成多卤化物，结构及性质与卤素互化物近似。多卤化物特点主要表现在以下几个方面。

(1) 稳定性差

受热易分解，分解产物为卤化物、卤素或互卤化物。

多卤化物分解倾向于生成晶格能高的更稳定的物质，多卤化物中，若有 F 则肯定生成 MF，因为 MF 晶格能大，稳定性高，而 MClFBr 不能存在。

$$Cs[I_3] \xlongequal{\triangle} CsI + I_2$$

$$K[BrICl] \xlongequal{\triangle} KCl + IBr$$

(2) 水解反应

$$ICl + H_2O \longrightarrow HIO + HCl$$

$$BrF_5 + 3H_2O \longrightarrow HBrO_3 + 5HF$$

从反应结果可知：高价态的中心原子和 OH^- 结合生成含氧酸，低价态的配体与 H^+ 结合生成氢卤酸。

10.5 卤素的含氧化合物（Oxycompounds of Halogen）

10.5.1 卤素氧化物

卤素的氧化物大多数是不稳定的，受到撞击或光照即可爆炸分解，卤素氧化物都具有较强的氧化性。在卤素的氧化物中，碘的氧化物（I_2O_5）是最稳定的。

I_2O_5 是白色固体，在所有卤素氧化物中最稳定，是一种常用的氧化剂，如合成氨工业定量测定 H_2 中的 CO：

$$I_2O_5 + 5CO \longrightarrow 5CO_2 + I_2$$

然后用 $Na_2S_2O_3$ 标准溶液测量生成的 I_2 的量，即可间接求出 H_2 中 CO 的含量。

在卤素的氧化物中，氯的氧化物较为重要，其中以二氧化氯用途较为广泛。人们发现，普通的含氯制剂在水中会产生三氯甲烷等对人体有害的物质，因此不是理想的消毒剂。二氧化氯作为高效消毒剂，却不会产生有害物质，是理想的消毒剂。目前，ClO_2 广泛用于水的净化和对纸张、纤维、纺织品的漂白。

大量制取 ClO_2 的方法是：

$$2NaClO_3 + SO_2 + H_2SO_4 \longrightarrow 2ClO_2 + 2NaHSO_4$$

也可以用甲醇取代 SO_2 作还原剂。由于液态 ClO_2 不稳定并具有强烈刺激性等缺点，在生产、运输和使用时受到很大的限制，近年来人们正致力于固体二氧化氯的开发，即把 ClO_2 吸附在载体（例如，缩甲基纤维素或聚丙烯酸树脂等）上，使用时再徐徐释放出来。

10.5.2 卤素的含氧酸及其盐

除高碘酸外，卤素形成的含氧酸共有四种形式：HOX、HXO_2、HXO_3、HXO_4，依次称为次某酸、亚某酸、正某酸、高某酸，其中 X 均采取 sp^3 杂化与氧原子形成 σ 键，非羟基氧原子上的 2p 电子又反馈给 X 的价层 d 轨道形成 p-dπ 键。F 原子由于无价层 d 轨道，所以只有 HOF 可以得到。

10.5.2.1 次卤酸及其盐

次卤酸都是弱酸，HOCl、HOBr、HOI 的电离常数在 25℃时分别为 3.0×10^{-8}、2.4×10^{-9}、2.3×10^{-11}，因为随中心离子半径增大，分子中 H—O—X，X—O 结合力减小，X 对 H^+ 斥力变小，导致酸性依次降低，稳定性依次降低，次卤酸都具有较强的氧化能力。目前还未制得纯的次卤酸，得到的只是它们的水溶液，如 HOCl：

$$2Cl_2 + Ag_2O + H_2O \longrightarrow 2AgCl\downarrow + 2HOCl$$

$$2Cl_2 + CaCO_3 + H_2O \longrightarrow Ca^{2+} + 2Cl^- + CO_2\uparrow + 2HOCl$$

将 Cl_2 通入石灰乳可制得漂白粉：

$$2Cl_2 + 3Ca(OH)_2 \longrightarrow Ca(ClO)_2 + CaCl_2\cdot Ca(OH)_2\cdot 2H_2O$$

漂白粉在空气中长期存放时会吸收 CO_2、H_2O 生成 HOCl 分解而失效。

次卤酸盐的稳定性高于次卤酸，但至今尚未制得纯的次卤酸盐。

10.5.2.2 亚卤酸及其盐

与次卤酸比较，亚卤酸酸性较强，氧化性较大，但稳定性更低，因此无实用意义。用亚卤酸盐与硫酸作用可制得亚卤酸的水溶液，如

$$Ba(ClO_2)_2 + H_2SO_4 \longrightarrow BaSO_4\downarrow + 2HClO_2$$

10.5.2.3 卤酸及其盐

$HClO_3$、$HBrO_3$ 是强酸，HIO_3 是中强酸，$K_a = 1.69\times10^{-1}$（25℃）。HIO_3 稳定性最高，可得到其固体产品，而 $HClO_3$、$HBrO_3$ 只能存在于溶液中，最高浓度为 $HClO_3$ 40%、$HBrO_3$ 50%（25℃）。

碱性介质中 X_2 或 OX^- 均可发生歧化反应生成 XO_3^-：

$$3X_2 + 6OH^- \longrightarrow XO_3^- + 5X^- + 3H_2O$$

$$3OX^- \longrightarrow XO_3^- + 2X^-$$

但在酸性介质中则发生其逆反应，这可从卤素的电势图看出：

酸性介质，$E_A^\ominus/V$：

$$ClO_4^- \xrightarrow{1.19} ClO_3^- \xrightarrow{1.21} HClO_2 \xrightarrow{1.64} HOCl \xrightarrow{1.63} Cl_2 \xrightarrow{1.36} Cl^-$$

$$BrO_4^- \xrightarrow{1.76} BrO_3^- \xrightarrow{1.49} HOBr \xrightarrow{1.59} Br_2 \xrightarrow{1.08} Br^-$$

$$H_5IO_6 \xrightarrow{1.70} HIO_3 \xrightarrow{1.14} HOI \xrightarrow{1.45} I_2 \xrightarrow{0.54} I^-$$

碱性介质，$E_B^\ominus$/V：

$$ClO_4^- \xrightarrow{0.40} ClO_3^- \xrightarrow{0.33} ClO_2^- \xrightarrow{0.66} OCl \xrightarrow{0.40} Cl_2 \xrightarrow{1.36} Cl^-$$

$$BrO_4^- \xrightarrow{0.93} BrO_3^- \xrightarrow{0.54} OBr^- \xrightarrow{0.45} Br_2 \xrightarrow{1.08} Br^-$$

$$H_3IO_6^{2-} \xrightarrow{0.70} IO_3^- \xrightarrow{0.14} OI^- \xrightarrow{0.45} I_2 \xrightarrow{0.54} I^-$$

由于 X_2 在碱性溶液中的歧化只有 1/6 转化成 XO_3^-，对于价格昂贵的 Br_2、I_2 来讲是很不经济的，因此常用强氧化剂氧化 I_2 或碘化物来制备 HIO_3 或碘酸盐，反应式如下：

$$I_2 + 10HNO_3(浓) = 2HIO_3 + 10NO_2 + 4H_2O$$

$$KI + 6KOH + 3Cl_2 = KIO_3 + 6KCl + 3H_2O$$

卤酸盐的稳定性高于卤酸，常见的卤酸盐有 $KClO_3$、$NaIO_3$ 等。$KClO_3$ 的分解有两种方式，反应式如下：

$$4KClO_3 \xlongequal{\triangle} 3KClO_4 + KCl \quad ①$$

$$2KClO_3 \xlongequal{\triangle} 2KCl + 3O_2 \quad ②$$

无催化剂时在较高的温度下反应式①是主要的，但有 MnO_2 催化剂时低温下反应式②为主。

$KClO_3$ 与磷、硫或碳按一定比例混合可制造火药，$NaIO_3$、KIO_3 则是常用的分析试剂。

10.5.2.4 高卤酸及其盐

与前述卤素含氧酸相比，高卤酸的稳定性相对较高，但也只能存在于水溶液中，在酸性溶液中有较强的氧化性。高卤酸盐稳定性较高，中性或碱性介质中氧化性很低。

(1) 高氯酸及其盐

$HClO_4$ 是最强的无机含氧酸。市售试剂是 70% 的溶液，浓度太大时不稳定，遇有机物撞击易爆炸，本身也易分解：

$$4HClO_4 = 2Cl_2 + 7O_2 + 2H_2O$$

浓硫酸与 $KClO_4$ 作用，在温度低于 92℃ 的条件下减压蒸馏可得 $HClO_4$：

$$KClO_4 + H_2SO_4 = KHSO_4 + HClO_4$$

工业上采用电解盐酸的方法制备 $HClO_4$：

$$4H_2O + HCl \xlongequal{电解} HClO_4 + 4H_2\uparrow$$

高氯酸盐的稳定性高于氯酸盐，用 $KClO_4$ 制成的炸药称为“安全炸药”。高氯酸盐多数易溶于水，常见的难溶盐有 $KClO_4$、NH_4ClO_4、$RbClO_4$、$CsClO_4$ 等。ClO_4^- 的配位能力极小，在化学研究中常用高氯酸盐恒定溶液的离子强度。

(2) 高溴酸及其盐

$HBrO_4$ 的稳定性低于 $HClO_4$，溶液中允许的最高浓度为 55%，$HBrO_4$ 也是极强的无机酸，但酸性低于 $HClO_4$。

用 F_2 或 XeF_2 在低温下氧化 BrO_3^- 可得 BrO_4^-：

$$NaBrO_3 + XeF_2 + H_2O = NaBrO_4 + Xe + 2HF$$

$$NaBrO_3 + F_2 + 2NaOH = NaBrO_4 + 2NaF + H_2O$$

高溴酸盐中 $KBrO_4$、$RbBrO_4$、$CsBrO_4$ 溶解度较小。

(3) 高碘酸及其盐

不同于其他高卤酸的是，高碘酸（H_5IO_6）中 I 采取 sp^3d^2 杂化，分子的空间构型为八面体，H_5IO_6 是五元弱酸，$K_1^\ominus = 2.8\times10^{-2}$，$K_2^\ominus = 5.4\times10^{-9}$，$K_3^\ominus = 1\times10^{-15}$。在真空中脱水生成偏高碘酸（$HIO_4$）。在酸性介质中 H_5IO_6 是强氧化剂（$E^\ominus_{H_5IO_6/HIO_3} = 1.70V$），可定量地将 Mn^{2+} 氧化成 MnO_4^-，反应式如下：

$$5H_5IO_6 + 2Mn^{2+} \longequal 2MnO_4^- + 5HIO_3 + 6H^+ + 7H_2O$$

在碱性介质中氧化能力较弱。

用浓硫酸与高碘酸盐相互反应或电解碘酸盐溶液，可得到高碘酸或高碘酸盐。

10.5.2.5 卤素含氧酸及盐性质变化规律

以氯的含氧酸及其盐为例，卤素含氧酸及盐性质变化规律如下。

酸性增强，稳定性增强，氧化能力降低 →

HClO	$HClO_2$	$HClO_3$	$HClO_4$	↓ 氧化能力降低；稳定性增强
MClO	$MClO_2$	$MClO_3$	$MClO_4$	

10.6 拟卤素（Pseudohalogen）

某些由两个或两个以上非金属原子形成的原子团在形成离子化合物或共价化合物时，表现出与卤离子相似的性质，在自由状态时，其性质与卤素单质相似，这种物质称之为拟卤素，如$(CN)_2$、$(SCN)_2$、$(SeCN)_2$、$(OCN)_2$ 等。

拟卤素与卤素的相似性表现在以下几方面：

① 易挥发。如 $(CN)_2$ 的熔沸点分别为-29.9℃、-21.17℃。

② 氢化物溶于水都显酸性。除 HCN 是弱酸外，其余都是强酸。

③ 在水中或碱性介质中易发生歧化反应：

$$(CN)_2 + 2OH^- \longequal CN^- + OCN^- + H_2O$$

④ 与金属化合成盐，其中 Ag(Ⅰ)、Hg(Ⅰ)、Pb(Ⅱ)盐难溶于水。

⑤ 配位能力强，与许多金属离子形成配合物。如 $Ag(CN)_2^-$、$Au(CN)_4^-$、$Hg(SCN)_4^{2-}$ 等。

⑥ 阴离子具有还原性。按还原能力大小与卤素离子一起排列成如下序列：

$$F^- < OCN^- < Br^- < CN^- < SCN^- < I^-。$$

但是，拟卤素也有不同于卤素之处。例如，拟卤离子不是球形离子，因而离子化合物往往具有不同的结构；拟卤离子的电负性通常低于较轻的卤离子；某些拟卤离子作为配体时，可有两个配位原子，例如 SCN^-，既可以通过 S 原子配位，也可以通过 N 原子配位。拟卤素中较重要的是氰、硫氢和氧氰及其化合物。

制备拟卤素可通过以下方法。

① 氰 $(CN)_2$ 可以通过加热分解氰化银 AgCN 制得，反应式如下：

$$AgCN \overset{\triangle}{\longequal} 2Ag + (CN)_2$$

② 把硫氰酸银悬浮于乙醚中，用溴处理，可以制得硫氢 $(SCN)_2$，反应式如下：

$$2AgSCN + Br_2 \longequal (SCN)_2 + 2AgBr$$

习　题

10.1 氟的电子亲合能比氯小，但 F_2 却比 Cl_2 活泼，请解释原因。

10.2 氟在本族元素中有哪些特殊性？氟化氢和氢氟酸有哪些特殊性？

10.3 实验室可以用 MnO_2、$K_2Cr_2O_7$、$KMnO_4$ 氧化盐酸制备氯气，试从电极电势分析三种方法的区别。

10.4 用反应方程式表示以卤水为主要原料制备单质溴。

10.5 为什么 NH_4F 一般盛在塑料瓶中？

10.6 工业上如何制备单质氟？为什么既不电解氟化氢也不电解熔融氟化钾，而是电解两者的混合物？通常电解质的组成如何？

10.7 讨论 Cl_2、Br_2、I_2 与氢氧化钠溶液作用的产物和条件。

10.8 通过计算证实单质银能从氢碘酸中置换出氢。

10.9 将易溶于水的钠盐 A 与浓硫酸混合后微热得无色气体 B，将 B 通入酸性高锰酸钾溶液后有气体 C 生成。将 C 通入另一钠盐的水溶液中则溶液变黄、变橙，最后变为棕色，说明有 E 生成，向 E 中加入氢氧化钠溶液得无色溶液 F，当酸化该溶液时又有 E 出现。请给出 A，B，C，D，E，F 的化学式。

10.10 有文献报道二氧化氯消毒自来水的效率是氯气的 2.63 倍，如何理解？工业上常用什么方法制备二氧化氯？写出有关化学反应方程式。

10.11 解释下列现象：碘溶解在四氯化碳中是紫色，溶在乙醚中却是红棕色；碘难溶于水却易溶于碘化钾溶液。

10.12 卤素互化物中两种卤素的原子个数、氧化数有哪些基本规律？试举例说明。

10.13 试述氯的各种氧化态含氧酸的存在形式。并说明酸性、热稳定性和氧化性的递变规律及原因。

10.14 多卤化物的热分解规律怎样？为什么氟一般不易存在于多卤化物中？

10.15 完成并配平下列化学反应方程式：

(1) $KClO_3 + HCl \longrightarrow$

(2) $I_2O_5 + CO \longrightarrow$

(3) $H_5IO_6 + Mn^{2+} + H^+ \longrightarrow$

(4) 氯气长时间通入碘化钾溶液中。

(5) NaClO 加入 $MnSO_4$ 溶液中。

(6) 氯水滴入溴化钾、碘化钾混合液中。

*10.16 为了保护环境，必须对含氰废水进行处理，请根据所学过的知识设计两个原理不同的方案，并对其优缺点加以比较。

*10.17 现在市场上有一些假冒伪劣的加碘盐（碘元素含量不达标），设计方案测定加碘盐中碘元素的含量，写出有关的反应和计算公式。

第 11 章　氧族元素

Oxygen Family Elements

元素周期表中ⅥA族包括氧（O，oxygen）、硫（S，sulphur）、硒（Se，selenium）、碲（Te，tellurium）、钋（Po，polonium）五种元素，称为氧族元素。其中钋具有放射性，硒、碲属分散元素，本章着重讨论氧和硫及其化合物的性质。

11.1　氧族元素的通性（General Characteristics of Oxygen Family Elements）

11.1.1　原子结构

氧族元素原子的外层电子构型为 ns^2np^4，与稀有气体原子外层八电子稳定构型相比差两个电子，虽具有较大的电离能、电子亲合能和电负性，但比同周期的卤素原子要小。与氟一样，氧原子的半径较小，外层电子云密度较大，因此表现出一些异常的性质。氧族元素中氧、硫是典型的非金属，钋是金属，而硒、碲兼具金属和非金属的性质。氧族元素的性质见表 11.1。

表 11.1　氧族元素的性质

性　质	O	S	Se	Te
原子序数	8	16	34	52
原子量	16.0	32.06	78.96	127.6
外围电子构型	$2s^22p^4$	$3s^23p^4$	$4s^24p^4$	$5s^25p^4$
原子共价半径/pm	66	104	117	137
第一电离能/kJ·mol^{-1}	1314	1000	941.4	870.3
第一电子亲合能/kJ·mol^{-1}	−141.0	−200.4	−195.0	−190.1
第二电子亲合能/kJ·mol^{-1}	780.7	590.4	420.5	—
电负性(Pauling)	3.44	2.58	2.55	2.1
单键键能/kJ·mol^{-1}	142	268	172	126
单质熔点/℃	−218.4	112.8	217	452
单质沸点/℃	−183.0	444.6	684.9	1390

O 和 S 的元素电势图为：

$E_A^{\ominus}$/V（酸性溶液中）

$$O_3 \xrightarrow{2.07} O_2 + H_2O \qquad O_2 \xrightarrow{0.68} H_2O_2 \xrightarrow{1.78} H_2O \quad (O_2 \xrightarrow{1.23} H_2O)$$

$$S_2O_8^{2-} \xrightarrow{2.01} SO_4^{2-} \xrightarrow{0.22} S_2O_6^{2-} \xrightarrow{0.57} H_2SO_3 \xrightarrow{0.51} S_4O_6^{2-} \xrightarrow{0.08} S_2O_3^{2-} \xrightarrow{0.50} S \xrightarrow{0.14} S^{2-}$$

$$(SO_4^{2-} \xrightarrow{0.17} H_2SO_3; \quad H_2SO_3 \xrightarrow{0.45} S)$$

$E^{\ominus}_{B}$/V（碱性溶液中）

$$O_3 \xrightarrow{1.24} O_2 + OH^- \qquad \overbrace{O_2 \xrightarrow{-0.56} O_2^- \xrightarrow{-0.41} HO_2^-}^{-0.08} \xrightarrow{0.87} OH^-$$

$$S_2O_8^{2-} \xrightarrow{2.00} SO_4^{2-} \xrightarrow{-0.93} \underbrace{\overbrace{SO_3^{2-} \xrightarrow{-0.57} S_2O_3^{2-} \xrightarrow{-0.74} S}^{-0.66} \xrightarrow{-0.45} S^{2-}}_{-0.59}$$

11.1.2 元素的成键特征

11.1.2.1 氧的成键特征

① 得到 2 个电子成为 O^{2-} 形成离子型化合物，如 Na_2O、CaO 等。

② 提供两个成单电子形成两个共价单键，如 H_2O、OF_2、CH_3OH 等。

③ 以氧分子离子的形式形成化合物，如 Na_2O_2、KO_2、H_2O_2 等。

④ 自身结合形成两种单质：O_2、O_3。

11.1.2.2 硫的成键特征

① 得到 2 个电子成为 S^{2-}，形成离子型化合物，如 Na_2S、$(NH_4)_2S$、BaS 等。

② 提供两个成单电子形成两个共价单键，如 H_2S、SCl_2 等。

③ 以不同的杂化状态与电负性大的元素形成共价化合物，如 SO_2、SO_3、H_2SO_4、SF_6 等。

④ 硫原子自身以共价键的形式结合成链存在于化合物中，如 $Na_2S_4O_6$、$Na_2S_2O_4$、$Na_2S_6O_6$ 等。

11.1.3 在自然界中的分布

氧是地壳中分布最广、含量最多的元素，总含量为 48.6%。自然界中氧有三种同位素，即 ^{16}O、^{17}O、^{18}O，其丰度分别为 99.76%、0.04%、0.2%。氧在自然界中的存在形式主要有三种：空气中氧以单质（O_2、O_3）的形式存在；江、河、湖、海中氧以 H_2O 的形式存在；岩石层中氧以 SiO_2、硅酸盐及其他氧化物、含氧酸盐的形式存在。

硫在地壳中的原子质量分数为 0.03%，分布也比较广。自然界中硫以单质硫和化合态硫两种形态存在。单质硫矿床主要集中存在火山地区，化合态的硫主要有：黄铁矿 FeS_2、闪锌矿 ZnS、方铅矿 PbS、黄铜矿 $CuFeS_2$、辉锑矿 Sb_2S_3、石膏 $CaSO_4 \cdot 2H_2O$、重晶石 $BaSO_4$、天青石 $SrSO_4$、芒硝 $Na_2SO_4 \cdot 10H_2O$ 等。

11.2 单质（Simple Substance）

11.2.1 性质和用途

11.2.1.1 物理性质

常温常压下，氧是一种无色无味的气体，在 −183.0℃时可冷凝成淡蓝色的液体，进而冷却至 −218.4℃时，凝结成淡蓝色的固体。在液态和固态时，氧有明显的顺磁性。氧是非极性分子，难溶于水，常压 20℃时 1L 水中仅能溶解 30mL 氧气。

臭氧是一种无色带有鱼腥味的气体，在 −112℃时冷凝成深蓝色的液体，在 −193℃时凝结成暗紫色固体。臭氧是反磁性物质，也是唯一具有极性的单质分子，在水中的溶解度是氧气的10倍。臭氧主要集中在离地面20～40km的同温平流层中，可以吸收阳光中5%的短波紫外线，起到保护地面上动植物的作用。近年来，研究人员发现大气上空的臭氧锐减，甚至在南极和北极上空已出现了臭氧空洞。造成臭氧减少的主要原因是作为制冷剂和工业清洗剂主要成分的化学物质——氯氟烃的大量使用。有研究认为，大气中的臭氧每减少1%，太阳的紫外线辐射到地面的量就增加约2%，皮肤癌患者就可能增加5%～7%。因此，保护臭氧层，保护人类的生态环境已引起全球的广泛关注。

硫的单质有两种即斜方硫和单斜硫，斜方硫也称为菱形硫，两种单质都是由 S_8 分子组成的。两者的转变温度是95.6℃：

$$\text{S(斜方)} \xrightleftharpoons[<95.6℃]{\geq 95.6℃} \text{S(单斜)} \qquad \Delta H_m^\ominus = 0.398\text{kJ} \cdot \text{mol}^{-1}$$

但转变速度很慢。斜方硫的熔点是112.8℃，黄色晶体，密度为2.06g·cm^{-3}；单斜硫为浅黄色，熔点为119℃，密度为1.96g·cm^{-3}。晶体硫可溶于非极性溶剂，如 CS_2、CCl_4 等，其中单斜硫的溶解度大于斜方硫。

单质硫的 S_8 环状结构中，每个硫原子采取 sp^3 杂化形成两个共价单键。将硫加热到160℃时，S_8 环开始断裂并形成长链，190℃时长链中有 10^6 个S原子，此时颜色变深，黏度增大，约200℃时最黏，温度高于250℃时黏度下降，290℃以上时有 S_6 生成，444.6℃时沸腾。气态硫中含有 S_8、S_6、S_4、S_2，约2000℃时硫分解成单原子分子。把200℃时的熔硫迅速倒入冷水中即得到弹性硫，常温下弹性硫转为成斜方硫的速度很慢，约需一年方能完成。将硫迅速冷却至－196℃，可得到紫色顺磁性硫，性质与 O_2 相似。

11.2.1.2 化学性质及用途

氧的化学性质主要表现在氧化性上，可以和众多的金属、非金属单质以及一些还原性化合物反应，反应式如下：

$$2Mg + O_2 = 2MgO$$
$$C + O_2 = CO_2$$
$$H_2S + O_2 = H_2O + SO_2$$
$$PbS + O_2 = PbSO_4$$

氧气是生物生存必需的成分。在工业上主要用作氧化剂，如炼钢工业中的吹氧、切割焊接中的氢氧焰和氧炔焰、航天工业中的高能燃料氧化剂等，还可用于医疗中的急救等。

臭氧的特征化学性质是不稳定性和强氧化性，常温下臭氧即分解，臭氧可以氧化一些弱还原性的物质，如：

$$2Ag + 2O_3 = Ag_2O_2 + 2O_2 \qquad ①$$
$$CH_3CH_2CH{=}CH_2 \xrightarrow{O_3} CH_3CH_2CHO + HCHO \qquad ②$$
$$2CN^- + 3O_3 + H_2O = 2CO_2 + N_2 + 2OH^- + 2O_2 \qquad ③$$
$$2I^- + O_3 + H_2O = I_2 + O_2 + 2OH^- \qquad ④$$

反应式②用来确定不饱烃中双键的位置，反应式③用来处理工业含氰废水，反应式④用来定量测定 O_3 的含量。

臭氧的用途主要是基于它的强氧化性和不易导致二次污染的优点，如用于饮水和食品的消毒、净化，不但杀菌效果好，而且不会带入异味，针叶树林的空气中不含细菌就是由于 O_3 的存在造成的；臭氧还可用来治理工业含氰废水。

单质硫的活泼性较低，只能与部分金属非金属化合，如

$$2Al + 3S = Al_2S_3$$
$$Hg + S = HgS$$

$$S + Cl_2 \xlongequal{} SCl_2$$
$$S + H_2 \xlongequal{} H_2S$$

单质硫主要用于制造硫酸、硫酸盐、亚硫酸盐、硫化物以及用于橡胶工业、造纸工业、火柴、焰火等产品。

11.2.2 单质的制备

11.2.2.1 氧气的制备

工业用氧气97%来源于液态空气分馏，3%来源于水的电解。实验室制备氧气常用加热分解金属氧化物或含氧酸盐的方法：

$$2HgO \xlongequal{\triangle} 2Hg + O_2$$
$$2NaNO_3 \xlongequal{\triangle} 2NaNO_2 + O_2$$
$$2KMnO_4 \xlongequal{\triangle} K_2MnO_4 + MnO_2 + O_2$$
$$2KClO_3 \xlongequal[MnO_2]{\triangle} 2KCl + 3O_2$$

其中最后一个方法应用最广。

11.2.2.2 臭氧的制备

氧气转变成臭氧是一吸热过程，只要供给足够的能量，O_2 就会变成 O_3。在雷雨天气有大量臭氧生成，因此雨水有时有一种腥臭味。实验室中制备臭氧可以用紫外线照射氧气或使氧气通过静电放电装置来实现。

11.2.2.3 硫的制备

将含天然硫的矿石隔绝空气加热，硫熔化与砂石等杂质分开，若再进行蒸馏，硫蒸气冷却后得到纯净的粉状硫，称为硫黄。从黄铁矿提硫是将矿石和焦炭的混合物放入炼硫炉在有限的空气中燃烧，分离出单质硫：

$$3FeS_2 + 12C + 8O_2 \xlongequal{\triangle} Fe_3O_4 + 12CO + 6S$$

单质硫在 CS_2 中重结晶可得到高纯的菱形硫。

11.3 氢化物（Hydrides）

11.3.1 硫化氢和氢硫酸

硫化氢是一种无色具恶臭味的有毒气体，吸入大量 H_2S 会造成人的昏迷或死亡，空气中允许的含量为 0.01mg·dm^{-3}。H_2S 易溶于水，不同温度下1体积水中能溶解的 H_2S 的体积为 4.65(0℃)、3.44(10℃)、2.61(20℃)，常温下，饱和 H_2S 水溶液的浓度均为 0.10mol·dm^{-3}，这被人们看作是一个常数。

H_2S 的水溶液称为氢硫酸，是一个二元弱酸：

$$H_2S \xlongequal{} H^+ + HS^- \qquad K_1 = 5.7\times10^{-8\,*}$$
$$HS^- \xlongequal{} H^+ + S^{2-} \qquad K_2 = 1.2\times10^{-15\,*}$$

H_2S 的电离常数是一个有争议的数值，不同文献中数值不同。

H_2S 的化学性质主要表现为还原性，如：

$$2H_2S + O_2 \xlongequal{} 2S\downarrow + 2H_2O$$

$$2H_2S + 3O_2 \xlongequal{\triangle} 2SO_2 + 2H_2O$$

$$H_2S + I_2 \xlongequal{} 2HI + S\downarrow$$

$$H_2S + 4Br_2 + 4H_2O \xlongequal{} H_2SO_4 + 8HBr$$

由于空气中的 O_2 能将 H_2S 氧化成单质 S，因此，氢硫酸在空气中不能长期放置，应现用现制。

工业上 H_2S 的制备可用单质硫与 H_2 高温下直接反应：

$$H_2 + S \xlongequal{600℃} H_2S$$

虽然反应不完全，但产物易提纯。

实验室中是用金属硫化物与稀硫酸反应来制备 H_2S：

$$FeS + H_2SO_4 \xlongequal{} FeSO_4 + H_2S\uparrow$$

常用启普发生器来实现。

11.3.2 金属硫化物

金属与硫反应或金属离子与 S^{2-} 在水溶液中结合均可得到金属硫化物，反应式如下：

$$Hg + S \xlongequal{} HgS$$

$$Pb^{2+} + S^{2-} \xlongequal{} PbS$$

金属硫化物的性质主要集中在以下几方面。

(1) 酸碱性 金属硫化物的酸硫性与相应氧化物的酸碱性相对应：

Na_2S	$NaSH$	As_2S_3	As_2S_5	Na_2S_2
Na_2O	$NaOH$	As_2O_3	As_2O_5	Na_2O_2
碱性	碱性	两性	酸性	碱性

(2) 水解性 由于氢硫酸是弱酸，因此，金属硫化物在水中都发生不同程度的水解，在浓度为 $0.10mol \cdot dm^{-3}$ 时，几种硫化物的水解度分别为：Na_2S 94%、$(NH_4)_2S$ 100%、Al_2S_3 100%。其中 Na_2S 水解生成 NaOH 是强碱性，因此，Na_2S 也称为硫化碱。

(3) 溶解度 除 Na_2S、K_2S、$(NH_4)_2S$、BaS 等少数硫化物易溶于水外，多数硫化物难溶于水，按它们溶解的难易程度可分为以下几种。

① 难溶于水，但可溶于 $2.0mol \cdot dm^{-3}$ 稀盐酸的金属硫化物有：FeS、ZnS、MnS 等。

② 难溶于稀盐酸，但可溶于 $2.5mol \cdot dm^{-3}$ 以上浓盐酸的金属硫化物有：SnS、CdS、CoS、NiS、PbS 等。

③ 难溶于盐酸，但可溶于硝酸的金属硫化物有：Ag_2S、CuS、AS_2S_5、Sb_2S_5 等。

④ 难溶于硝酸，但可溶于王水的金属硫化物有：HgS。

有些金属硫化物，由于可形成硫代酸根，可溶于 Na_2S 和 Na_2S_2 溶液中，反应式如下：

$$As_2S_5 + 3Na_2S \xlongequal{} 2Na_3AsS_4$$

$$As_2S_3 + 3Na_2S \xlongequal{} 2Na_3AsS_3$$

$$Sb_2S_3 + 2Na_2S_2 + Na_2S \xlongequal{} 2Na_3SbS_4$$

$$HgS + Na_2S \xlongequal{} Na_2[HgS_2]$$

(4) 颜色 水溶性硫化物晶体都是无色的，如 Na_2S、K_2S、$(NH_4)_2S$ 等。难溶的硫化物都具有颜色，其中白色的有 ZnS，黄色的有 CdS、As_2S_3，肉红色的是 MnS，红色的是自然界中的朱砂 HgS，暗棕色的有 SnS，金黄色的有 SnS_2（俗称金粉），橙黄色的有 Sb_2S_5，淡黄色的有 As_2S_5，其余均为黑色。

11.4 硫的含氧化合物（Oxycompounds of Sulfur）

11.4.1 氧化物

在硫的氧化物中 S_2O 不稳定，SO 尚未制得，因此主要介绍 SO_2 和 SO_3。

(1) SO_2

二氧化硫是一种无色有刺激性气味的气体，长期吸收会造成人的慢性中毒，引起食欲丧失、大便不通和气管炎症。空气中 SO_2 限量为 0.02mg·dm^{-3}。SO_2 与 O_3 是等电子体，中心原子发生 sp^2 杂化，分子结构呈“V”形，是一极性分子，熔点为－72.7℃，沸点为－10℃，易溶于水，常温常压下 1 体积水能溶解 40 体积的 SO_2。

SO_2 的化学性质除弱酸性外，以氧化还原性为主：

$$2H_2S + SO_2 = 3S + 2H_2O$$

$$SO_2 + 2H_2 \xlongequal{>1000℃} S + 2H_2O$$

$$SO_2 + Cl_2 = SO_2Cl_2$$

$$2SO_2 + O_2 \underset{\triangle}{\overset{V_2O_5}{=}} 2SO_3$$

SO_2 因易与有色的有机物加合而具有漂白性能，常用来漂白纸浆、麻制品和草编制品。

工业上主要通过燃烧黄铁矿或单质硫来制备 SO_2，反应式如下：

$$4FeS_2 + 11O_2 = 2Fe_2O_3 + 8SO_2$$

$$S + O_2 = SO_2$$

实验室中则主要用亚硫酸盐与酸反应来制取 SO_2，反应式如下：

$$Na_2SO_3 + H_2SO_4 = Na_2SO_4 + SO_2\uparrow + H_2O$$

(2) SO_3

在常温常压下，三氧化硫是一种无色液体，熔点为 16.8℃，沸点为 44.8℃。液态 SO_3 是以聚合态存在的，在气态时才存在单个的 SO_3 分子。SO_3 可与水以任意比例混合，溶于水生成硫酸并放出大量热。

SO_3 的化学性质主要表现为强氧化性：

$$5SO_3 + 2P = P_2O_5 + 5SO_2$$

工业上制备 SO_3 是用 O_2 催化氧化 SO_2 来实现：

$$2SO_2 + O_2 \underset{\triangle}{\overset{V_2O_5}{=}} 2SO_3$$

11.4.2 含氧酸及其盐

11.4.2.1 亚硫酸及其盐

亚硫酸是一个二元中强酸，$K_1 = 1.3\times10^{-2}$，$K_2 = 6.3\times10^{-8}$，SO_2 溶于水时，主要以物理溶解的形式存在，即简单的水合分子 $SO_2\cdot H_2O$。H_2SO_3 的含量很少，因此，SO_2 水溶液仅显弱酸性。H_2SO_3 只存在于水溶液，目前尚未制得纯 H_2SO_3。市售亚硫酸试剂中 SO_2 含量不少于 6%。

亚硫酸盐中，碱金属和铵盐易溶于水，其他盐类均难（微）溶于水，但都溶于强酸。

由于亚硫酸及其盐中硫元素的氧化数为＋4，处于中间价态，所以亚硫酸及其盐的主要化学性质是氧化还原性：

$$H_2SO_3 + 2H_2S \longrightarrow 3S + 3H_2O$$

$$2MnO_4^- + 5SO_3^{2-} + 6H^+ \longrightarrow 2Mn^{2+} + 5SO_4^{2-} + 3H_2O$$

$$SO_3^{2-} + S \xlongequal{\triangle} S_2O_3^{2-}$$

$$2MnO_2 + 3H_2SO_3 \longrightarrow MnSO_4 + MnS_2O_6 + 3H_2O$$

$$H_2SO_3 + 2HSO_3^- + Zn \longrightarrow S_2O_4^{2-} + ZnSO_4 + 2H_2O$$

亚硫酸盐受热易发生歧化反应而分解：

$$4Na_2SO_3 \xlongequal{\triangle} 3Na_2SO_4 + Na_2S$$

亚硫酸容易被空气中的氧所氧化，所以保存亚硫酸盐要避免与氧气接触。

11.4.2.2 硫酸及其盐

纯硫酸和98%的浓硫酸均为无色油状液体，熔点分别为10.37℃和10.36℃，沸点分别为279.6℃和338℃，密度分别为1.8269g·cm^{-3}和1.84g·cm^{-3}，都是难挥发的酸。

浓硫酸的化学性质主要表现为以下几个方面。

① 强酸性　H_2SO_4 的第一步电离是完全的，第二步电离常数为 1.0×10^{-2}。

② 强氧化性　许多金属和非金属均可被浓硫酸氧化：

$$Cu + 2H_2SO_4 \xlongequal{\triangle} CuSO_4 + SO_2\uparrow + 2H_2O$$

$$S + 2H_2SO_4 \xlongequal{\triangle} 3SO_2 + 2H_2O$$

冷的浓硫酸可使Al、Fe、Cr等金属钝化。

③ 吸水性和脱水性　浓硫酸具有强的吸水性，常用作干燥剂；浓硫酸还会使碳水化合物脱水而损坏，因此，使用时应注意不要洒在皮肤和衣物上。浓硫酸稀释时放出大量热，一定要在不断搅拌下缓慢将浓硫酸加入水中。

硫酸盐有正盐和酸式盐两种。酸式盐的性质突出表现为以下两点：

① 易溶于水，由于 HSO_4^- 的电离而显酸性；

② 固体盐受热时，脱水生成焦硫酸盐，如：

$$2NaHSO_4 \xlongequal{\triangle} Na_2S_2O_7 + H_2O$$

硫酸正盐中除 $BaSO_4$、$PbSO_4$、$SrSO_4$、$CaSO_4$、Ag_2SO_4 外多数易溶于水。其性质突出表现为：

① 由于硫酸根难以被极化而变形，硫酸盐热稳定性高，在几乎所有的含氧酸中，硫酸盐的热稳定性最高。硫酸盐的热稳定性高低及分解方式与金属阳离子的极化作用有关。

② 多数盐含结晶水，如 $(NH_4)_2SO_4\cdot FeSO_4\cdot 6H_2O$（摩尔盐）、$K_2SO_4\cdot Al_2(SO_4)_3\cdot 24H_2O$（明矾）等。

硫酸是一种重要的基本化工原料，往往用硫酸的产量来衡量一个国家的化工生产能力。硫酸在肥料工业、石油、冶金等许多工业部门都有广泛用途。许多硫酸盐有很重要的用途：明矾可用作净水剂、造纸用充填剂和媒染剂；蓝矾用于消毒剂和农药；绿矾（$FeSO_4\cdot 7H_2O$）是治疗贫血的药剂，也是制造蓝墨水的原料。

11.4.2.3 焦硫酸及其盐

两分子正某酸脱去一分子水后生成的酸称为焦某酸，如焦硫酸：

$$2H_2SO_4 \longrightarrow H_2S_2O_7 + H_2O$$

焦硫酸与水反应又生成硫酸：

$$H_2S_2O_7 + H_2O \longrightarrow 2H_2SO_4$$

焦硫酸是二元强酸，氧化性、吸水性和腐蚀性均大于硫酸，焦硫酸存在于发烟硫酸（溶有过量 SO_3 的硫酸）中。焦硫酸盐常用作熔矿剂：

$$3K_2S_2O_7 + Fe_2O_3 \xlongequal{\triangle} Fe_2(SO_4)_3 + 3K_2SO_4$$

这是分析化学中处理难溶样品的一种重要方法。

酸式硫酸盐受热到熔点以上时，首先脱水转变成焦硫酸盐：

$$2KHSO_4 \xlongequal{\triangle} K_2S_2O_7 + H_2O$$

进一步加热，则再脱三氧化硫，生成硫酸盐：

$$K_2S_2O_7 \xlongequal{\triangle} K_2SO_4 + SO_3$$

11.4.2.4　硫代硫酸及其盐

H_2SO_4 中的一个非羟基氧原子被硫原子取代后的产物称为硫代硫酸 $H_2S_2O_3$，纯的 $H_2S_2O_3$ 尚未制得。硫代硫酸盐中最重要的是硫代硫酸钠 $Na_2S_2O_3 \cdot 5H_2O$，俗称大苏打或海波（hypo），主要化学性质如下。

① 遇酸易分解

$$S_2O_3^{2-} + 2H^+ \xlongequal{} SO_2\uparrow + S\downarrow + H_2O$$

② 还原性

$$S_2O_3^{2-} + 4Cl_2 + 5H_2O \xlongequal{} 2SO_4^{2-} + 8Cl^- + 10H^+$$

$$S_2O_3^{2-} + Cl_2 + 2H^+ \xlongequal{} SO_4^{2-} + 2Cl^- + S + H_2O$$

$$2S_2O_3^{2-} + I_2 \xlongequal{} S_4O_6{}^{2-} + 2I^-$$

后一反应是定量测定 I_2（碘量法）的基础。

③ 配位性　$S_2O_3^{2-}$ 是一良好的配体，可与众多的金属离子形成配离子，如：

$$AgBr + 2S_2O_3^{2-} \xlongequal{} Ag(S_2O_3)_2^{3-} + Br^-$$

$$K_{稳 \cdot Ag(S_2O_3)_2^{3-}} = 4\times10^{13}$$

$Na_2S_2O_3 \cdot 5H_2O$ 作为定影剂正是基于此反应。

重金属的硫代硫酸盐难溶且不稳定，例如，Ag^+ 与 $S_2O_3^{2-}$ 生成白色沉淀 $Ag_2S_2O_3$。

11.4.2.5　连硫酸及其盐

顾名思义连硫酸是指分子中含有—S—S—键的硫的含氧酸（硫代硫酸除外），如连二亚硫酸 HOOS—SOOH 和连二硫酸 $HO_3S—SO_3H$。连硫酸稳定性都较小，但连二亚硫酸钠 $Na_2S_2O_4 \cdot 2H_2O$ 是染料工业常用的还原剂，俗称保险粉。

一般可用 Zn-Hg 齐还原亚硫酸氢盐制备连二亚硫酸钠：

$$2HSO_3^- + H_2SO_3 + Zn \xlongequal{} ZnSO_3 + S_2O_4^{2-} + H_2O$$

反应后再用石灰水除去过量的亚硫酸盐，在氯化钠溶液中结晶制得 $Na_2S_2O_4 \cdot 2H_2O$。由于连二亚硫酸根的还原性很强，因此制备过程必须在无氧条件下进行。

无论连二亚硫酸还是连二亚硫酸盐均不稳定，易发生歧化反应，或被空气中的氧气氧化：

$$2M_2S_2O_4 \xlongequal{} M_2S_2O_3 + M_2SO_3 + SO_2$$

$$2M_2S_2O_4 + H_2O \xlongequal{} M_2S_2O_3 + 2MHSO_3$$

$$2SO_3^{2-} + 2H_2O + 2e^- \xlongequal{} S_2O_4^{2-} + 4OH^- \quad E^\ominus = -1.12V$$

可以将 Cu(Ⅰ)、Ag(Ⅰ)、Pb(Ⅱ)、Bi(Ⅲ)、Sb(Ⅲ)等金属离子还原为金属单质。

11.4.2.6 过硫酸及其盐

过硫酸可以认为是 H_2O_2 的衍生物，H_2O_2 分子中一个 H 被磺基—SO_3H 取代的产物称为过一硫酸，若两个 H 都被—SO_3H 取代则称为过二硫酸。过二硫酸及其盐的化学性质主要表现为强氧化性：

$$5S_2O_8^{2-} + 2Mn^{2+} + 8H_2O \xlongequal{Ag^+} 10SO_4^{2-} + 2MnO_4^- + 16H^+$$

此反应在钢铁分析中用于锰含量的测定。

过硫酸及其盐的稳定性较差，受热时容易分解。

硫酸分子及几种硫的含氧酸根的成键结构如图 11.1 所示。

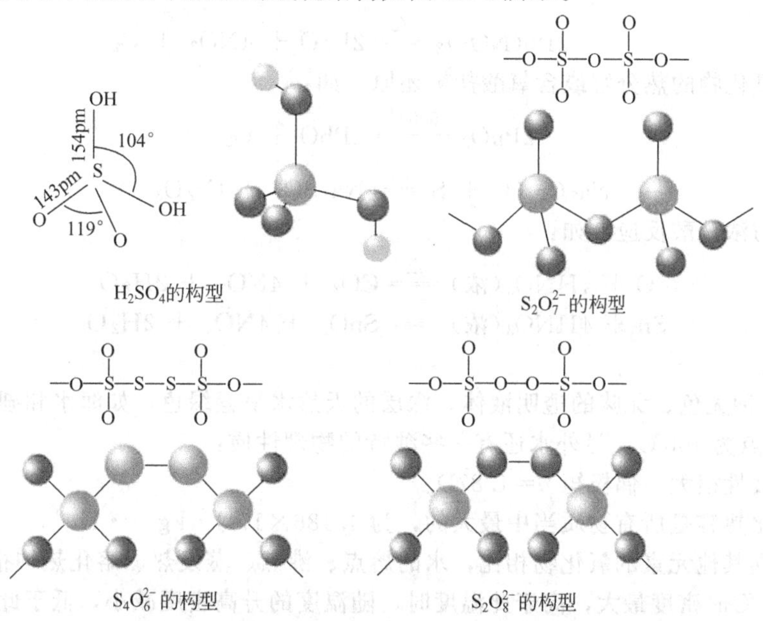

图 11.1 硫酸分子及几种硫的含氧酸根的成键结构

11.5 氧及其化合物（Oxygen and Its Compounds）

11.5.1 氧化物

11.5.1.1 氧化物的性质

① 氧化物的熔沸点 离子型氧化物的熔沸点普遍较高，共价型氧化物的熔沸点一般较低，但属原子型晶体的共价氧化物熔沸点异常地高，如 SiO_2。

② 氧化物的酸碱性 按酸碱性氧化物可分为五类：酸性氧化物，如 CO_2、SO_3、P_2O_5、B_2O_3、Cl_2O_7、CrO_3、Mn_2O_7 等；碱性氧化物，如 K_2O、CaO、MgO、Fe_2O_3 等；两性氧化物，如 BeO、Al_2O_3、ZnO、SnO、Cr_2O_3 等；中性氧化物，如 NO、CO 等；另外还有一些复杂氧化物，如 Fe_3O_4、Pb_3O_4、Pb_2O_3、Pr_6O_{11} 等。

③ 氧化物的水溶性 根据与水的作用情况氧化物可分为四类：溶于水但与水无显著化学反应的氧化物，如 RuO_4、OsO_4 等；难溶于水也不与水发生显著化学作用的氧化物，如 SiO_2、Fe_3O_4、MnO_2、TiO_2 等；与水作用生成可溶性酸或碱的氧化物，如 Na_2O、BaO、B_2O_3、CO_2、P_2O_5、SO_3、Mn_2O_7 等；与水作用生成难溶性氢氧化物的氧化物，如 BeO、MgO、Sb_2O_3、Sc_2O_3 等。

11.5.1.2 氧化物的制备

① 单质与空气或纯氧气化合　如：

$$S + O_2 \xlongequal{燃烧} SO_2$$

$$2Mg + O_2 \xlongequal{燃烧} 2MgO$$

② 氢氧化物或含氧酸盐的热分解　如：

$$Cu(OH)_2 \xlongequal{\triangle} CuO + H_2O$$

$$CaCO_3 \xlongequal{\triangle} CaO + CO_2$$

$$2Pb(NO_3)_2 \xlongequal{\triangle} 2PbO + 4NO_2 + O_2$$

③ 高价氧化物的热分解或含氧酸盐被还原　如：

$$2PbO_2 \xlongequal{550℃} 2PbO + O_2$$

$$Na_2Cr_2O_7 + S \xlongequal{\triangle} Na_2SO_4 + Cr_2O_3$$

④ 单质与浓硝酸反应　如：

$$C + 4HNO_3(浓) \xlongequal{\triangle} CO_2 + 4NO_2 + 2H_2O$$

$$Sn + 4HNO_3(浓) \xlongequal{} SnO_2 + 4NO_2 + 2H_2O$$

11.5.1.3 水

纯水是一种无色、无味的透明液体，深层的天然水呈蓝绿色，如海水和湖水。水的凝固点为0℃，沸点为100℃。另外水还有一些独特的物理性质：

① 水的极性很大，偶极矩 $\mu=1.87D$。

② 水的比热容是所有物质当中最大的，为 $4.186\times10^3 J\cdot kg^{-1}\cdot K^{-1}$。

③ 与同族其他元素的氧化物相比，水的熔点、沸点、蒸发热、熔化热均很高。

④ 水在4℃时密度最大，高于此温度时，随温度的升高密度减小，低于此温度时随温度的降低也减少。

水的这些反常的物理性质均与水中分子间氢键的形成造成水的缔合有关。

水的化学性质主要表现在以下几方面：

① 水是一种强极性溶剂，所有离子在水中都是以水合离子的形式存在的，如 H_3O^+、$Zn(H_2O)_4^{2+}$、$Fe(H_2O)_6^{2+}$ 等，在一些固体当中也存在水合离子，如 $FeSO_4\cdot7H_2O$ 中存在 $Fe(H_2O)_6^{2+}$、$CuSO_4\cdot5H_2O$ 中存在 $Cu(H_2O)_4^{2+}$ 等。

② 水的化学性质比较稳定，只有活泼金属、活泼非金属和某些化合物才与水反应：

$$2Na + 2H_2O \xlongequal{} 2NaOH + H_2$$

$$2F_2 + 2H_2O \xlongequal{} 4HF + O_2$$

$$Cl_2 + H_2O \xlongequal{} HClO + HCl$$

$$Na_2O + H_2O \xlongequal{} 2NaOH$$

$$SO_3 + H_2O \xlongequal{} H_2SO_4$$

$$Mg_3N_2 + 6H_2O \xlongequal{} 3Mg(OH)_2\downarrow + 2NH_3$$

$$PCl_5 + 4H_2O \xlongequal{} H_3PO_4 + 5HCl$$

$$BiCl_3 + H_2O \xlongequal{} Bi(O)Cl + 2HCl$$

$$Na_2S + H_2O \xlongequal{} NaHS + NaOH$$

③ 水自身电离：

$$H_2O \xlongequal{} H^+ + OH^- \qquad K_w^\ominus=1.0\times10^{-14}(298K)$$

11.5.2 过氧化氢

11.5.2.1 过氧化氢的性质和用途

(1) 过氧化氢的结构

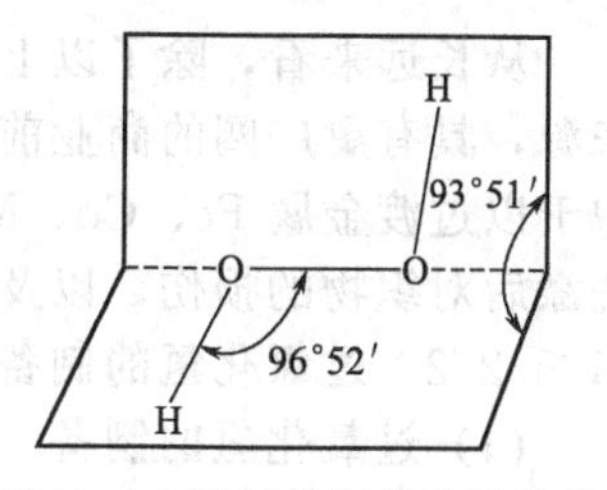

图 11.2 过氧化氢的分子结构

H_2O_2 分子中含有一个过氧链—O—O—，两个 O 原子都采取 sp^3 不等性杂化，每个 O 原子连接一个 H 原子，整个分子是一种折线形的，过氧链就像是在一本展开的书本的夹缝上，两个氢原子在打开的两页纸面上，纸面夹角为 93°51′，两个键角为 96°52′。如图 11.2 所示。

(2) 过氧化氢的物理性质

纯过氧化氢是一种淡蓝色的黏稠液体，极性比水还大（偶极矩为 2.26D），熔点为 272.74K（−0.41℃），沸点为 423.3K（150.2℃）。过氧化氢与水以任意比例混溶，但因不稳定，市售试剂为 30%～35%的水溶液，医药上用 3%的水溶液作杀菌消毒剂，称为双氧水。

(3) 过氧化氢的化学性质

过氧化氢的特征性化学性质是不稳定性和氧化还原性。

过氧化氢在常温下、无杂质的情况下，分解速度不快，但见光、受热或有重金属离子（Fe^{2+}、Mn^{2+}、Cu^{2+}、Cr^{3+}）存在时易分解成水和氧气。

在酸性溶液中过氧化氢是一种强氧化剂，但遇到更强的氧化剂时也会被氧化，是一种中等强度的还原剂。

$$H_2O_2 + 2I^- + 2H^+ = I_2 + 2H_2O$$

$$H_2O_2 + H_2SO_3 = H_2SO_4 + H_2O$$

$$H_2O_2 + Mn(OH)_2 = MnO_2 + 2H_2O$$

$$3H_2O_2 + 2NaCrO_2 + 2NaOH = 2Na_2CrO_4 + 4H_2O$$

$$5H_2O_2 + 2MnO_4^- + 6H^+ = 2Mn^{2+} + 5O_2\uparrow + 8H_2O$$

此外，过氧化氢还具有微弱的酸性。

$$H_2O_2 \rightleftharpoons HO_2^- + H^+ \qquad K_1^{\ominus} = 1.55\times10^{-12}(298K)$$

(4) 过氧化氢的用途 过氧化氢的主要用途是以它的强氧化性为基础的，使用过氧化氢做氧化剂的优点是其还原产物为水，不会给反应系统引入新的杂质，而且过量部分很容易在加热条件下分解为水和氧气从系统中逸出。不同浓度的过氧化氢具有不同的用途：一般药用双氧水的浓度为 3%（质量分数），美容用品中双氧水的浓度为 6%，试剂级双氧水的浓度为 30%，食用级双氧水的浓度为 35%，浓度在 90%以上的双氧水可用于火箭燃料的氧化剂，若 90%以上浓度的双氧水遇热或受到震动就会发生爆炸。

过氧化氢在环境保护中的应用越来越多，用于氧化氰化物及恶臭有毒的硫化物等；在化学合成方面，过氧化氢常做氧化剂用于合成有机过氧化物和无机过氧化物，据报道世界年产量估计超过 1×10^6t（以纯 H_2O_2 计），欧洲国家将总产量的 40%用于制造过硼酸盐和过碳酸盐；在食品工业中，它主要用于软包装纸的消毒、罐头厂的消毒、奶和奶制品杀菌、面包发酵、食品纤维的脱色、饮用水的处理等。

(5) 其他无机过氧化物——现代洗涤剂中的漂白剂 目前，在欧洲、北美市场上的洗衣粉中，广泛使用的漂白体系有两大类：SNOBS/过氧化物体系和 TAED/过氧化物体系，其中过氧化物以一水过硼酸钠为主。然而最近几年由于过碳酸钠价格降幅较大，其单位活性氧成本已低于过硼酸钠，加之全球环保意识的增强，对硼元素造成环境不利的影响愈发重视。此外，使用过碳酸钠还可部分替代配方中纯碱的功效，更有利于降低成本。因此，过硼酸钠有被过碳酸钠取代的趋势。

从长远来看，除了以上两种化学活性氧来源外，开发利用空气中氧作为无污染的活性氧来源，具有更广阔的商业前景。当然，这取决于催化剂的研究进程。目前，研究工作主要集中于以过渡金属 Fe、Co、Mn 等为中心原子，交联大环配体等类催化剂，但如何解决多次洗涤后对织物的损伤，以及易褪色、杀菌弱等缺点仍是亟待解决的课题。

11.5.2.2 过氧化氢的制备和储存

(1) 过氧化氢的制备 通常有三种方法。

① 金属过氧化物与稀硫酸作用

$$BaO_2 + H_2SO_4 = BaSO_4 \downarrow + H_2O_2$$

由于这种方法首先要制备 BaO_2，成本很高，只是偶尔在实验室中应用，工业上并不采用这种方法生产过氧化氢。

② 电解硫酸氢铵水溶液

$$2NH_4HSO_4 \xlongequal{\text{电解}} (NH_4)_2S_2O_8 + H_2 \uparrow$$

$$(NH_4)_2S_2O_8 + 2H_2O \xlongequal{H_2SO_4} 2NH_4HSO_4 + H_2O_2$$

其中的硫酸氢铵可以循环使用。但由于电解法能耗较大，成本较高，1945 年以后发展起来的生产过氧化氢的方法是乙基蒽醌法。

③ 乙基蒽醌法 该法的反应过程为：先将 2-乙基蒽醌溶解在苯溶剂中，然后在钯的催化作用下用氢气还原，得到 2-乙基蒽酚；然后鼓入富氧空气，2-乙基蒽酚被氧化为 2-乙基蒽醌，同时生成过氧化氢。

$$\text{乙基蒽酚 (OH, OH, }C_2H_5\text{)} + O_2 \longrightarrow \text{乙基蒽醌 (O, O, }C_2H_5\text{)} + H_2O_2$$

乙基蒽酚 乙基蒽醌

整个反应过程中乙基蒽醌并没有消耗，消耗的只是氢气和氧气。由于这种方法能耗小、无污染，被国内外许多厂家采用。

(2) 过氧化氢的储存 由于过氧化氢的不稳定性及对光、碱的敏感性等，在储存时应注意以下几点：

① 用棕色瓶，塑料瓶（黑色纸包裹），防止光的照射和玻璃的碱性；

② 加络合剂，如 $Na_2P_2O_7$、8-羟基喹啉等，以使相关离子杂质被络合掉；

③ 加 Na_2SnO_3，水解成 SnO_2 胶体，吸附有关离子杂质。

习 题

11.1 试用分子轨道理论分析 O_2，O_2^{2+}，O_2^{+}，O_2^{2-}，O_2^{-} 的键级、磁性和相对稳定性。

11.2 解释为什么 O_2 具有顺磁性，而臭氧具有反磁性？

11.3 为什么在雷雨天雨水常有一种鱼腥味？

11.4 臭氧层有什么重要性？应采取何种措施保护大气臭氧层？

11.5 比较氧族元素和卤族元素氢化物在酸性、还原性、热稳定性方面的递变规律。

11.6 为什么 $SOCl_2$ 既可以做 Lewis 酸又可做 Lewis 碱？

11.7 为什么硫化氢水溶液不能久置？为什么长期放置的硫化钠或硫化铵颜色会变深？写出有关反应方程式。

11.8 某溶液含有 Fe^{2+}、Zn^{2+}、Cu^{2+}，起始浓度均为 $0.10mol \cdot dm^{-3}$。常温常压下向溶液中通硫化氢达饱和，欲使三种离子达到完全分离，应如何控制溶液的酸度？

11.9 根据化学键理论说明二氧化硫和三氧化硫的成键情况和结构。

11.10 工业亚硫酸钠产品常因空气中氧气的氧化而含有少量硫酸钠。设计实验分别检出样品中的亚硫酸根和硫酸根。

11.11 现有五瓶无色溶液：Na_2S、Na_2SO_3、Na_2SO_4、$Na_2S_2O_3$、$Na_2S_2O_8$、，均失去标签。试加以鉴定，并写出有关的化学反应方程式。

11.12 以碳酸钠和硫黄为原料制备硫代硫酸钠，写出有关反应方程式。

11.13 一种盐A溶于水后，加入稀盐酸，有刺激性气体B产生，同时有黄色沉淀C析出，气体B可以使高锰酸钾溶液退色。若通氯气于A溶液中，氯气消失得到溶液D，D与钡盐作用生成不溶于稀硝酸的白色沉淀E。试确定A、B、C、D、E各为何物？写出各步反应方程式。

11.14 完成并配平下列化学反应方程式：

(1) 硫化氢通入三氯化铁溶液。

(2) 过硫化铵溶液加入盐酸。

(3) 向溴水中通入少量硫化氢。

(4) 过氧化钠溶于冷水。

(5) 过氧化钠溶于热水。

(6) 朱砂溶于王水。

(7) 硫化汞溶于硫化钠。

(8) 用臭氧处理含氰废水。

11.15 在标准状况下，50mL含有臭氧的氧气，若其中所含臭氧完全分解后，体积增到52mL。如将分解前的混合气体通入碘化钾溶液中析出的碘用$0.1002mol\cdot dm^{-3}$的硫代硫酸钠溶液来滴定，需消耗$0.1002mol\cdot dm^{-3}$的硫代硫酸钠溶液的体积是多少？

11.16 利用电极电势解释在过氧化氢中加入少量的Mn^{2+}，可以促进过氧化氢分解的原因。

*11.17 简述OSF_2、$OSCl_2$、$OSBr_2$分子中硫氧键的强度变化规律，并做出解释。

*11.18 过氧化氢的一个重要特征是转移过氧链，它既可以与P区的非金属元素如N、P、S等的含氧酸或盐转移过氧链，又可以与过渡金属元素如Ti、V、Cr等的含氧酸或盐转移过氧链。试写出过一磷酸、过二磷酸盐、过钛酸盐及过铬酸盐的化学式。

第 12 章　氮族元素

Nitrogen Family Elements

元素周期表中ⅤA族包括氮（N，nitrogen）、磷（P，phosphorus）、砷（As，arsenic）、锑（Sb，antimony）、铋（Bi，bismuth）五种元素，统称为氮族元素。也有人将磷（包括磷）之后的四种元素称为磷族元素（pnicogen）。

12.1　氮族元素的通性（General Characteristics of Nitrogen Family Elements）

12.1.1　氮族元素的原子结构及性质

氮族元素中，氮、磷是非金属，铋是金属，砷和锑的性质介于金属与非金属之间。

氮族元素价层电子构型是 ns^2np^3，np 轨道处于半充满的稳定状态，第一电离能大于同周期的后一元素，电子亲合能却较小，化学活性相应较低。氮族元素的基本性质列于表 12.1 中。

表 12.1　氮族元素的基本性质

项　　目	N	P	As	Sb	Bi
原子序数	7	15	33	51	83
相对原子质量	14.01	30.97	74.97	121.7	209.0
价层电子构型	$2s^22p^3$	$3s^23p^3$	$4s^24p^3$	$5s^25p^3$	$6s^26p^3$
原子共价半径/pm	70	110	121	141	146
第一电离能/$kJ \cdot mol^{-1}$	1402.2	1011.7	944	833.7	703.3
第一电子亲合能/$kJ \cdot mol^{-1}$	58	−74	−77	−101	−100
电负性(Pauling)	3.04	2.19	2.18	2.05	2.02
单质熔点/℃	−209.86	44.1(白)	817 (28atm)	630.74	271.3
单质沸点/℃	−195.8	280.5	613(升华)	1750	1560±5

氮族元素的电势图如下：

$E_A^\ominus$/V（酸性溶液中）

$$NO_3^- \xrightarrow{0.803} N_2O_4 \xrightarrow{1.07} HNO_2 \xrightarrow{0.996} NO \xrightarrow{1.59} N_2O \xrightarrow{1.77} N_2 \xrightarrow{-1.87} NH_3OH^+ \xrightarrow{1.42} N_2H_5^+ \xrightarrow{1.27} NH_4^+$$

$$NO_3^- \xrightarrow{0.96} NO \qquad NO_3^- \xrightarrow{0.94} HNO_2 \qquad N_2 \xrightarrow{-0.23} N_2H_5^+$$

$$H_3PO_4 \xrightarrow{-0.276} H_3PO_3 \xrightarrow{-0.50} H_3PO_2 \xrightarrow{-0.51} P \xrightarrow{-0.1} P_2H_4 \xrightarrow{-0.006} PH_3$$

$$H_3AsO_4 \xrightarrow{0.56} H_3AsO_3 \xrightarrow{0.25} As \xrightarrow{-0.60} AsH_3$$

$$Sb_2O_5 \xrightarrow{0.56} SbO^+ \xrightarrow{0.21} Sb \xrightarrow{-0.51} SbH_3$$

$$Bi_2O_5 \xrightarrow{1.6} BiO^+ \xrightarrow{0.32} Bi \xrightarrow{-0.8} BiH_3$$

$E_B^{\ominus}$/V（碱性溶液中）

$$NO_3^- \xrightarrow{-0.86} N_2O_4 \xrightarrow{0.88} NO_2^- \xrightarrow{-0.46} NO \xrightarrow{0.76} N_2O \xrightarrow{0.94} N_2 \xrightarrow{-3.04} NH_2OH \text{——} N_2H_4 \xrightarrow{0.1} NH_3$$

（$NO_3^- \to NO$：0.15；$NO_3^- \to NO_2^-$：0.01；$N_2 \to N_2H_4$：−1.16）

$$PO_4^{3-} \xrightarrow{-1.12} HPO_3^{2-} \xrightarrow{-1.57} H_2PO_2^- \xrightarrow{-2.05} P \xrightarrow{-0.9} P_2H_4 \xrightarrow{-0.8} PH_3$$

$$AsO_4^{3-} \xrightarrow{-0.67} AsO_3^{3-} \xrightarrow{-0.68} As \xrightarrow{-1.43} AsH_3$$

$$Sb(OH)_6^- \xrightarrow{0.56} Sb(OH)_4^- \xrightarrow{0.21} Sb \xrightarrow{-0.51} SbH_3$$

$$BiO_3^- \xrightarrow{0.56} BiO^+ \xrightarrow{-0.46} Bi \text{———} BiH_3$$

12.1.2 氮族元素的成键特征

12.1.2.1 氮的成键特征

① 获得三个电子成为 N^{3-}，与活泼金属离子形成离子型化合物，如 Li_3N、Mg_3N_2 等。由于 N^{3-} 电荷密度大，半径大，遇水强烈水解，这些离子型氮化物只能以固态形式存在。

② 提供三个成单电子形成三个共价单键或一个共价单键一个共价双键或一个共价叁键，如 NH_3、NCl_3、Cl—N═O、N≡N、C≡N^- 等。

③ 以＋3 或＋5 氧化态形成含氧化合物，常含有一个大 π 键，如 NO_2^-（π_3^4）、NO_3^-（π_4^6）、HNO_3（π_4^6）、HNO_2（π_3^4）等。

④ 提供一对孤对电子形成配合物，如 $Ag(NH_3)_2^+$、$Cu(NH_3)_4^{2+}$、$[Os(NH_3)_5(N_2)]^{2+}$ 等。

⑤ 多变的氧化态，氮在化合物中的氧化态从－3 到＋5 都有，如 NH_4^+(－3)、N_2H_4(－2)、NH_2OH(－1)、N_2O(＋1)、NO(＋2)、N_2O_3(＋3)、NO_2(＋4)、N_2O_5(＋5)。

12.1.2.2 磷的成键特征

① 以 P^{3-} 的形式与活泼金属离子形成离子型化合物，如 Na_3P、Zn_3P_2 等。

② 以不同的杂化状态形成共价化合物，如 PH_3(sp^3)、H_3PO_4(sp^3)、PCl_5(sp^3d)等。

③ P 最稳定的存在形式是 PO_4^{3-} 四面体。

12.1.2.3 砷、锑、铋的成键特征

主要存在形式是＋3 和＋5 氧化态的化合物，其中以共价化合物为主，只有少数具有离子性，如 BiF_3、$BiCl_3$、AsF_3、$SbCl_3$、AsF_5、$SbCl_5$、As_2O_3、H_3AsO_4 等。

对于铋原子，由于 4f 电子的屏蔽作用较小，而 6s 电子的钻穿作用较大，因此，$6s^2$ 电子不易提供出来成键，＋5 氧化态的铋不稳定，具有极强的氧化性。这种效应称为惰性电子对效应。

12.1.3 氮族元素在自然界中的分布

氮在地壳中的丰度为 0.04％，绝大部分的氮以 N_2 的形式存在于大气中，总量约为 4×10^{15} t。动植物体内也含有一定量的氮，自然界中最大的硝酸盐矿是南美洲的智利硝石($NaNO_3$)。

磷在地壳中的丰度为 0.118％，主要以磷酸盐矿石存在，如磷酸钙 $Ca_3(PO_4)_2\cdot H_2O$、磷灰石 $Ca_5F(PO_4)_3$，另外磷也存在于动植物体内。

砷、锑、铋在地壳中的丰度分别为 5×10^{-4}％、5×10^{-5}％、0.0016％。它们在自然界中主要以硫化物矿存在，如雌黄 As_2S_3、雄黄 As_4S_4、砷硫铁矿 FeAsS、辉锑矿 Sb_3S_3、辉

铋矿 Bi_2S_3。另外也存在少量的氧化物矿，如砒霜 As_2O_3、铋华 Bi_2O_3 等。另据报道，在黄铁矿 FeS_2、闪锌矿 ZnS 等硫化物矿藏中也存在少量的砷。我国锑的蕴藏量居世界第一。

12.2 氮及其化合物（Nitrogen and Its Compounds）

12.2.1 氮气

12.2.1.1 性质

氮气是一种无色无味的气体，在大气中的体积分数为78%。氮分子由于存在共价叁键，键能很大，断裂第一个π键需要523.3kJ·mol^{-1}能量，断裂第二个π键需要236.6kJ·mol^{-1}能量，断裂最后一个键需要154.8kJ·mol^{-1}能量。由此可见，N_2 分子不仅总键能（941.7kJ·mol^{-1}）极大，而且断裂第一个π键需要的能量（523.3kJ·mol^{-1}）也很大，所以稳定性极高，据文献报道在3000℃时 N_2 只有0.1%分解。但因为氮的电负性较大，在高温下仍可与活泼金属和活泼非金属反应：

$$6Li + N_2 \xlongequal{\triangle} 2Li_3N$$

$$3Mg + N_2 \xlongequal{\triangle} Mg_3N_2$$

$$N_2 + 3H_2 \xlongequal[500℃,300\sim700atm]{Fe催化剂} 2NH_3$$

$$N_2 + O_2 \xlongequal[或高压放电]{2000℃} 2NO$$

$$Na_2CO_3 + 4C + N_2 \xlongequal{\triangle} 2NaCN + 3CO$$

据估计每年由雷电合成的氮的化合物近4～5亿吨，而人工合成的氮肥仅约1亿吨。如果没有老天的帮忙，仅靠人工合成氮肥是不能满足植物生长所需的。由此可见，在自然界中有些事情是“人难胜天”。

12.2.1.2 制备

工业上，氮气主要通过液态空气分馏得到，初次得到的氮气纯度为99%，称为“普氮”，进一步提纯后得到的氮气纯度可达99.99%，称为“高氮”。

实验室中，N_2 可以通过将饱和 $NaNO_2$ 溶液和饱和 NH_4Cl 溶液共热制备，反应式为：

$$NH_4Cl + NaNO_2 \xlongequal{\triangle} N_2\uparrow + 2H_2O + NaCl$$

这样得到的 N_2 中常含有 NH_3、NO、O_2、$H_2O(g)$ 等杂质，可分别经硫酸、$FeSO_4$ 溶液、热 Cu 丝和五氧化二磷依次除去。

高纯氮气可通过在密闭容器中加热分解 NaN_3 得到：

$$2NaN_3 \xlongequal{300℃} 2Na(l) + 3N_2(g)$$

12.2.2 氮的氢化物

12.2.2.1 氨

常温常压下，氨是一种无色有臭味的气体。由于分子间氢键的存在，氨具有较大的熔化热和汽化热以及较高的熔沸点，常压下氨的熔点是－77.7℃，沸点为－33.35℃，液氨是一种制冷剂。氨极易溶于水，常压下，1体积水中可溶解的氨的体积数在0℃时为1200，20℃

时为 700。市售氨水的浓度为 28%（质量分数），相对密度为 0.91。氨是一种极性分子，液氨是一种极性非水溶剂，可溶解碱金属单质和一些无机盐。25℃时，100g 液氨可溶解 390g NH_4NO_3 或 206.8g AgI。

氨的化学性质主要反映在以下四个方面。

① 还原性　氨中氮处于最低氧化态，因此具有还原性，可以被许多氧化剂氧化，如：

$$4NH_3 + 5O_2 \xrightarrow[\triangle]{Pt\text{-}Rh} 4NO + 6H_2O$$

$$4NH_3 + 3O_2 \xrightarrow{燃烧} 2N_2 + 6H_2O$$

$$2NH_3 + 3Cl_2 \xrightarrow{\triangle} N_2 + 6HCl$$

$$NH_3 + 3Cl_2 \xrightarrow{\triangle} NCl_3 + 3HCl$$

$$2NH_3 + 3CuO \xrightarrow{\triangle} 3Cu + N_2 + 3H_2O$$

② 取代反应　NH_3 中的 H 原子可被其他原子或原子团取代，如：

$$4NH_3 + COCl_2 = CO(NH_2)_2 + 2NH_4Cl$$

$$2NH_3 + HgCl_2 = HgNH_2Cl\downarrow + NH_4Cl$$

此类反应类似于盐类的水解反应，因此也称其为氨解反应。

③ 配合反应　NH_3 可提供 N 原子上的孤对电子作为配体形成配合物，如：

$$Ag^+ + 2NH_3 = Ag(NH_3)_2^+$$

$$Cu^{2+} + 4NH_3 = Cu(NH_3)_4^{2+}$$

$$Zn^{2+} + 4NH_3 = Zn(NH_3)_4^{2+}$$

$$BF_3 + NH_3 = F_3BNH_3$$

④ 弱碱性　NH_3 分子的碱性实际上体现的是路易斯碱性，在水中可以看作是水合氨分子的电离：

$$NH_3 \cdot H_2O \rightleftharpoons NH_4^+ + OH^-$$

298K 时，氨水在水中的电离常数 $K_b^\ominus$ 为 1.74×10^{-5}。

工业合成氨是在 500℃、300～700atm、铁催化剂催化条件下，由 N_2 和 H_2 反应完成的。

$$N_2 + 3H_2 \xrightarrow[500℃,300\sim700atm]{Fe催化剂} 2NH_3$$

实验室中是将铵盐与生石灰或消石灰共热制取氨气，反应式如下：

$$(NH_4)_2SO_4 + CaO \xrightarrow{\triangle} CaSO_4 + 2NH_3\uparrow + H_2O$$

$$2NH_4Cl + Ca(OH)_2 \xrightarrow{\triangle} CaCl_2 + 2NH_3\uparrow + 2H_2O$$

12.2.2.2 铵盐

NH_4^+ 的离子半径为 148pm，与 K^+(r=133pm)、Rb^+(r=148pm)相近，与 Na^+ 是等电子体。因此，铵盐的性质与碱金属盐类（特别是钾盐）相类似，如铵盐都是无色晶体（除非阴离子本身有色），大多数铵盐易溶于水，但 NH_4ClO_4、$(NH_4)_2PtCl_6$ 与 $KClO_4$、K_2PtCl_6 相近，微溶于水。

铵盐的化学特性主要表现在以下两方面。

① 热稳定性较低，受热易分解

$$NH_4Cl \xrightarrow{\triangle} NH_3 + HCl$$

$$(NH_4)_2SO_4 \xrightarrow{\triangle} 2NH_3 + H_2SO_4$$

$$NH_4HCO_3 \xlongequal{\triangle} NH_3 + CO_2 + H_2O$$

$$NH_4NO_2 \xlongequal{\triangle} N_2 + 2H_2O$$

$$(NH_4)_2Cr_2O_7 \xlongequal{\triangle} N_2 + Cr_2O_3 + 4H_2O$$

$$NH_4NO_3 \xlongequal{210℃} N_2O + 2H_2O$$

$$2NH_4NO_3 \xlongequal{>300℃} 2N_2 + O_2 + 4H_2O$$

② 易水解　由于氨是一种弱碱，因此，铵盐都易水解，如：

$$NH_4Cl + H_2O \rightleftharpoons NH_3 \cdot H_2O + HCl$$

溶液中如有少量NH_4^+杂质，可以加入王水氧化除去：

$$2NH_4^+ + 2NO_3^- \rightleftharpoons N_2\uparrow + 2NO\uparrow + 4H_2O$$

NH_4^+ 的鉴定有两种方法。一种称为气室法，向盛有未知溶液的蒸发皿中加入烧碱溶液，用贴有湿润红色石蕊试纸的表面皿覆盖在蒸发皿上，加热，如果试纸变蓝，证明试液中含有 NH_4^+。反应为：

$$NH_4^+ + OH^- \xlongequal{\triangle} NH_3\uparrow + H_2O$$

另一种方法是奈氏（Nessler）试剂（K_2HgI_4 的 KOH 溶液）检验，如果试液中有 NH_4^+ 存在，则会与奈氏试剂反应生成红褐色沉淀。反应如下：

$$2HgI_4^{2-} + NH_3 + 3OH^- = O\begin{matrix}Hg\\ \\Hg\end{matrix}NH_2I\downarrow + 7I^- + 2H_2O$$

$$2HgI_4^{2-} + NH_3 + OH^- = \begin{matrix}I—Hg\\ \\I—Hg\end{matrix}NH_2I\downarrow + 5I^- + H_2O$$

当试液中含有过渡金属离子时，会生成有色沉淀干扰 NH_4^+ 的鉴定。

12.2.2.3　氨的衍生物

NH_3 分子中的 H 原子被其他原子或原子团取代后的产物称为氨的衍生物，常见的有肼、羟胺和叠氮酸。

(1) 肼（hydrazine，N_2H_4，也称为联氨）

常温常压下，肼是一种无色液体。凝固点 $T_f = 2℃$，沸点 $T_b = 113.4℃$。在 N_2H_4 分子中 N 原子采取不等性 sp^3 杂化，分子构型为不对称的顺式结构，如图 12.1 所示。

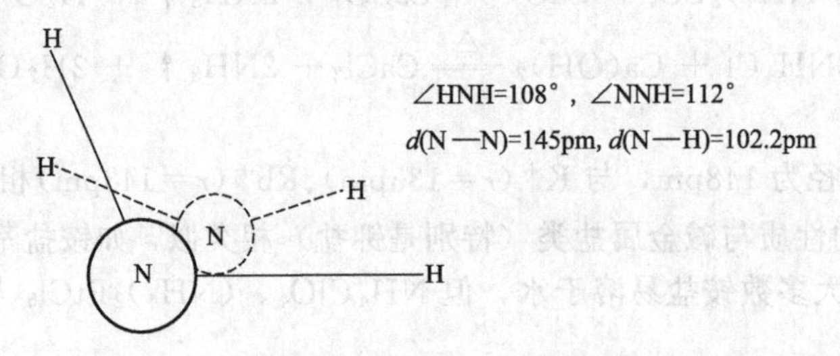

图 12.1　肼的分子结构

实验测定结果也表明 N_2H_4 为一极性分子，偶极矩 $\mu = 1.85D$。由于 N_2H_4 中两个 N 原子上各有一对孤对电子，因此是一良好的双齿配体，可以形成双核配合物，如$[(NO_2)_2Pt(N_2H_4)_2Pt(NO_2)_2]$。

在水中，N_2H_4 是一个二元弱碱。

$$N_2H_4 + H_2O \rightleftharpoons N_2H_5^+ + OH^- \quad K_1^\ominus = 8.5\times10^{-7}$$

$$N_2H_5^+ + H_2O \rightleftharpoons N_2H_6^{2+} + OH^- \quad K_2^\ominus = 8.9\times10^{-16}$$

但由于 N_2H_4 中 N 的氧化数为-2，相当于 NH_3 中一个 H 原子被—NH_2 取代的产物，因此其碱性比 NH_3 弱。

有关 N_2H_4 的电极电势如下：

酸性溶液 $3H^+ + N_2H_5^+ + 2e^- \longrightarrow 2NH_4^+ \quad E^\ominus = 1.27V$

$N_2 + 5H^+ + 4e^- \longrightarrow N_2H_5^+ \quad E^\ominus = -0.23V$

碱性溶液 $N_2 + 4H_2O + 4e^- \longrightarrow N_2H_4 + 4OH^- \quad E^\ominus = -1.15V$

$N_2H_4 + 2H_2O + 2e^- \longrightarrow 2NH_3 + 2OH^- \quad E^\ominus = 0.1V$

由此可见，酸性溶液中 N_2H_4 表现出较强的氧化性，但在碱性溶液中，N_2H_4 是一强还原剂，可以被 O_2、H_2O_2、$AgNO_3$、卤素等氧化。

$$N_2H_4(l) + O_2(g) \longrightarrow N_2(g) + 2H_2O(l) \quad \Delta_r H_m^\ominus = -622.3kJ\cdot mol^{-1}$$

$$N_2H_4(l) + 2H_2O_2(l) \longrightarrow N_2(g) + 4H_2O(l) \quad \Delta_r H_m^\ominus = -642.2kJ\cdot mol^{-1}$$

$$N_2H_4 + 4Ag^+ \longrightarrow N_2 + 4Ag + 4H^+$$

$$N_2H_4 + Cl_2 \longrightarrow N_2 + 4HCl$$

其中前两个反应放出大量的热，因此，第二次世界大战期间，德国曾以肼作为火箭的燃料。发射 Apollo 登月飞船的火箭燃料 $N_2H_3(CH_3) + N_2H_2(CH_3)_2$（摩尔比为 1∶1）就是肼的衍生物，氧化剂是 N_2O_4 或 O_2 或 H_2O_2。目前，肼主要作为还原剂使用，原因是它的氧化产物为 N_2 和 H_2O，对环境和反应体系无污染，符合“绿色化学”要求。例如，用 N_2H_4 可以去除锅炉水中的 O_2，防止锅炉的腐蚀，1kg N_2H_4 可以除掉 100000t 沸水中的 O_2。

N_2H_4 可以通过 NaClO 溶液氧化过量的 NH_3 来制得。

$$2NH_3 + ClO^- \longrightarrow N_2H_4 + Cl^- + H_2O$$

(2) 羟胺（hydroxyamine，NH_2OH） 常温常压下，羟胺是一种白色固体，熔点 $T_m = 32.05℃$，沸点 $T_b = 56\sim57℃$。纯的羟胺在常温下易分解生成 NH_3、H_2O、N_2、NO 的混合物。NH_2OH 相当于—OH 取代了 NH_3 中 H 原子的产物，由于 N 的氧化数为-1，因此其碱性比 N_2H_4 还弱。

$$NH_2OH + H_2O \rightleftharpoons NH_3OH^+ + OH^- \quad K^\ominus = 9.1\times10^{-9}$$

有关 NH_2OH 的电极电势如下：

$$2H^+ + N_2 + 2H_2O + 2e^- \longrightarrow 2NH_2OH \quad E_A^\ominus = -1.87V$$

$$N_2 + 4H_2O + 2e^- \longrightarrow 2NH_2OH + 2OH^- \quad E_B^\ominus = -3.04V$$

可见，无论在酸性溶液还是碱性溶液中，NH_2OH 都是一种强的还原剂，可以将 I_2、AgBr、Fe^{3+} 等还原。

$$2NH_2OH + I_2 + 2OH^- \longrightarrow N_2 + 2I^- + 4H_2O$$

$$2NH_2OH + 2AgBr \longrightarrow 2Ag + N_2 + 2HBr + 2H_2O$$

$$2NH_3OH^+ + 4Fe^{3+} \longrightarrow N_2O + 4Fe^{2+} + 6H^+ + H_2O$$

与 N_2H_4 相似，NH_2OH 作为还原剂，也不会给体系引入杂质造成二次污染。

(3) 叠氮酸（azoimide，HN_3） 常温常压下，HN_3 是一种无色液体，具有刺鼻的臭味，凝固点 $T_f = -80℃$，沸点 $T_b = 37℃$。HN_3 可以看作是 NH_3 中 2 个 H 原子被 N_2 取代后的产物，连接 H 的 N 原子采取 sp^2 杂化，另外 2 个 N 原子采取 sp 杂化，分子结构如图 12.2 所示。

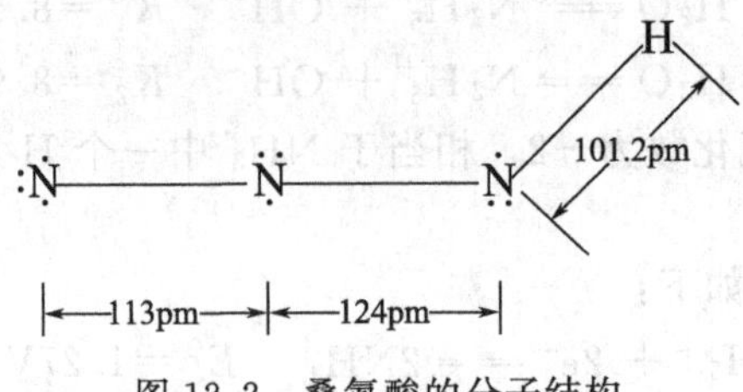

图 12.2 叠氮酸的分子结构

HN_3 中 N 的平均氧化数为−1/3，因此，它在水溶液中已不具有碱性，相反是一弱酸。

$$HN_3 \rightleftharpoons N_3^- + H^+ \qquad K_a^\ominus = 1.8\times10^{-5}(298K)$$

HN_3 最突出的化学性质是不稳定性，振荡时易爆炸分解。

$$2HN_3 = 3N_2 + H_2$$

同样叠氮酸盐也易爆炸，AgN_3、$Pb(N_3)_2$ 可以用作引爆剂。

$$2AgN_3 = 2Ag + 3N_2$$

$$Pb(N_3)_2 = Pb + 3N_2$$

另外，HN_3 也是一种强还原剂，电极电势如下：

$$3N_2 + 2H^+ + 2e^- = 2HN_3 \qquad E^\ominus = -3.40V$$

可见其还原性比 N_2H_4、NH_2OH 还强，而且 HN_3 作还原剂同样不会给体系和环境造成污染。

HN_3 可以通过亚硝酸氧化 N_2H_4 制备。

$$N_2H_4 + HNO_2 = 2H_2O + HN_3$$

12.2.3 氮的含氧化合物

12.2.3.1 氮的氧化物

氮可以形成多种氧化物，常见的有 N_2O、NO、N_2O_3、NO_2、N_2O_5。

(1) N_2O　N_2O 是一种无色有臭甜味的气体，能助燃，俗称笑气，在医学上可与氧气混合用作麻醉剂，溶于水但不与水反应。N_2O 是一直线形分子，与 CO_2 是等电子体，分子中存在两个 π_3^4 大 π 键：

$$\boxed{\cdot \quad \cdot \quad \cdot\cdot}\ \pi_3^4$$

$$:N—N—O:$$

$$\boxed{\cdot \quad \cdot\cdot \quad \cdot}\ \pi_3^4$$

N_2O 可通过加热分解 NH_4NO_3 得到，反应式为：

$$NH_4NO_3 \xlongequal{\triangle} N_2O\uparrow + 2H_2O$$

(2) NO　NO 是一种无色气体，微溶于水但不与水作用，热稳定性高，反应活性较高。

$$2NO + O_2 = 2NO_2$$

$$NO + FeSO_4 = Fe(NO)SO_4$$

$$2NO + Cl_2 = 2NOCl$$

铜与稀硝酸反应可得到 NO，反应式为：

$$3Cu + 8HNO_3(稀) \xlongequal{\triangle} 3Cu(NO_3)_2 + 2NO + 4H_2O$$

生物化学家和药物化学家近期研究发现，NO 在血管内皮细胞中可舒张血管，调节血压，硝化甘油治疗心脏病的原因可能与此有关，而 $Na_3Fe(CN)_5(NO)$ 三十多年来一直用来治疗高血压症。近来合成的一些提高人类性功能的药物中就含有 NO 分子或 NO 基团。

(3) N_2O_3　N_2O_3 是一种淡蓝色气体，溶于水并可与水作用生成亚硝酸，稳定性较低，常温下即分解：

$$N_2O_3 \longrightarrow NO + NO_2$$

N_2O_3 是平面型分子，分子中存在一个 π_5^6 大 π 键：

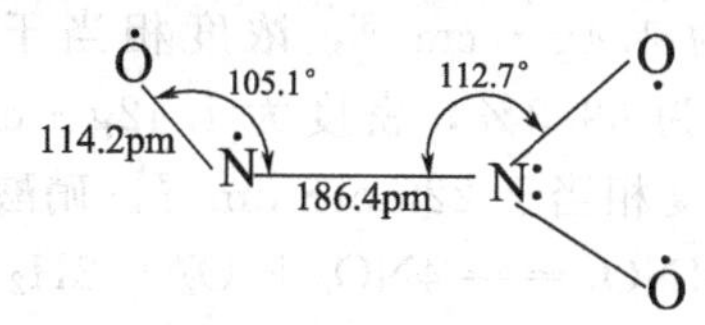

(4) NO_2　NO_2 是一种红棕色有刺激性味的气体，低温时聚合成无色的 N_2O_4。NO_2 溶于水并与水作用生成硝酸和 NO。

$$3NO_2 + H_2O \longrightarrow 2HNO_3 + NO$$

NO_2 是“V”形结构，分子中存在一个 π_3^3（或 π_3^4）的大 π 键。

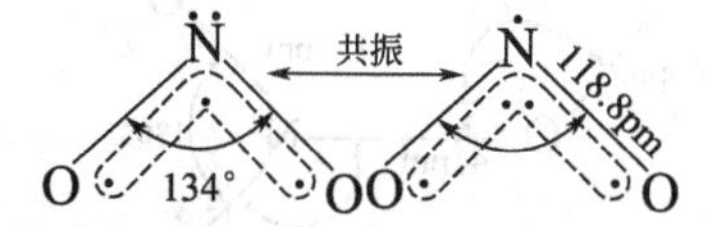

NO_2 可由金属铜与浓硝酸反应得到，反应式如下：

$$Cu + 4HNO_3(浓) \longrightarrow Cu(NO_3)_2 + 2NO_2 + 2H_2O$$

(5) N_2O_5　N_2O_5 是一种白色固体，熔点 30℃，沸点 47℃，溶于水生成硝酸。

$$N_2O_5 + H_2O \longrightarrow 2HNO_3$$

N_2O_5 稳定性较低，易爆炸分解。

$$2N_2O_5 \longrightarrow 4NO_2 + O_2$$

N_2O_5 是一个非平面分子，分子中含有两个 π_3^4 大 π 键：

π_3^4 O₂N—O—NO₂ π_3^4

N_2O_5 可由 O_3 氧化 NO_2 得到，反应式如下：

$$2NO_2 + O_3 \longrightarrow N_2O_5 + O_2$$

12.2.3.2　亚硝酸及其盐

HNO_2 是一元中强酸，$K_a^{\ominus} = 5.1 \times 10^{-4}$(298K)，稳定性较低，只存在于水溶液中，久置会分解成 HNO_3 和 NO，反应式为：

$$3HNO_2 \longrightarrow HNO_3 + 2NO + H_2O$$

HNO_2 特征的化学性质是具有氧化还原性，且以氧化性为主。

$$2HNO_2 + 2HI \longrightarrow 2NO + I_2 + 2H_2O$$

$$5NO_2^- + 2MnO_4^- + 6H^+ \longrightarrow 5NO_3^- + 2Mn^{2+} + 3H_2O$$

亚硝酸盐与稀冷的硫酸作用或将等摩尔的 NO 和 NO_2 溶于水中可得 HNO_2 溶液。

$$Ba(NO_2)_2 + H_2SO_4(稀,冷) \longrightarrow BaSO_4\downarrow + 2HNO_2$$

$$NO + NO_2 + H_2O \longrightarrow 2HNO_2$$

亚硝酸盐稳定性较高，一般为无色晶体，除部分重金属盐（如黄色 $AgNO_2$）难溶于水外一般易溶于水。NO_2^- 具有很强的配位能力，能与许多金属离子形成配合物，当以 N 原子配位时称为硝基，当以 O 原子配位时称为亚硝酸根。

高温下，用金属还原硝酸盐可制备亚硝酸盐：

$$Pb + NaNO_3 \xrightarrow{\triangle} PbO + NaNO_2$$

将产物溶于水，过滤除去不溶的PbO，蒸发结晶就得到白色晶体$NaNO_2$，亚硝酸盐主要用于印染工业和有机合成工业。由于有毒，而且是致癌物质，在使用时应注意。

12.2.3.3 硝酸及其盐

纯硝酸是无色液体，熔点为$-42℃$，沸点为83℃，可与水以任意比例混合。市售浓硝酸含量为68%～70%，密度为$1.4g \cdot cm^{-3}$，浓度相当于$15 \sim 16mol \cdot dm^{-3}$，沸点为120.5℃。恒沸硝酸溶液的含量为69.3%，密度为$1.42g \cdot cm^{-3}$。市售发烟硝酸的含量为93%，密度为$1.5g \cdot cm^{-3}$，浓度相当于$22mol \cdot dm^{-3}$。硝酸易挥发，见光或受热易分解：

$$4HNO_3 = 4NO_2 + O_2 + 2H_2O$$

久置会因含NO_2而发黄，因此硝酸应储存在棕色试剂瓶中并放于阴凉处。

在HNO_3分子中，N原子采取sp^2杂化，在N原子与3个O原子之间还存在1个π_4^6大π键（也有人认为是在N原子与2个非羟基O原子之间存在1个π_3^4大π键），分子结构如图12.3所示。

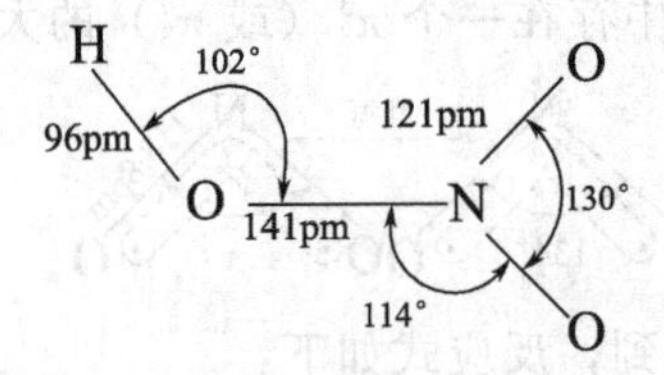

图12.3 硝酸分子的结构

硝酸最重要的化学性质为强氧化性，它可与众多的金属及非金属反应。反应产物与硝酸浓度、金属活泼性有关，常见情况有如下几种。

① 与非金属反应，浓硝酸的还原产物主要是NO_2，稀硝酸的还原产物主要是NO，如：

$$4HNO_3(稀) + 3C \xlongequal{\triangle} 3CO_2\uparrow + 4NO\uparrow + 2H_2O$$

$$6HNO_3(浓) + S \xlongequal{\triangle} H_2SO_4 + 6NO_2\uparrow + 2H_2O$$

$$2HNO_3(稀) + 3H_2S \xlongequal{\triangle} 3S\downarrow + 2NO\uparrow + 4H_2O$$

② 与不活泼金属反应，浓硝酸主要被还原为NO_2，稀硝酸主要被还原为NO，如：

$$3Cu + 8HNO_3(稀) \xlongequal{\triangle} 3Cu(NO_3)_2 + 2NO\uparrow + 4H_2O$$

$$Ag + 2HNO_3(浓) \xlongequal{\triangle} AgNO_3 + NO_2\uparrow + H_2O$$

③ 与活泼金属反应，硝酸的还原产物随浓度变化较复杂，一般还原产物有以下几种：

$$M + \begin{cases} HNO_3\ (12 \sim 16mol \cdot dm^{-3}) \longrightarrow NO_2 \\ HNO_3\ (6 \sim 8mol \cdot dm^{-3}) \longrightarrow NO \\ HNO_3\ (约\ 2mol \cdot dm^{-3}) \longrightarrow N_2O \\ HNO_3\ (<2mol \cdot dm^{-3}) \longrightarrow NH_4^+ \\ HNO_3\ (极稀) \longrightarrow H_2 \end{cases}$$

例如：

$$4Mg + 10HNO_3(稀) = 4Mg(NO_3)_2 + NH_4NO_3 + 3H_2O$$

$$4Zn + 10HNO_3(稀) = 4Zn(NO_3)_2 + N_2O\uparrow + 5H_2O$$

但应注意，以上反应不是独立进行的，同一条件下往往几种反应同时进行，只是主次不同而已。

④ 冷浓的硝酸可使Fe、Al、Cr钝化。

⑤ Sn、As、Sb、Mo、W等单质与硝酸反应的氧化产物是其氧化物的水合物，如：

$$Sn + 4HNO_3(浓) = SnO_2 \cdot 2H_2O \downarrow + 4NO_2 \uparrow$$

浓硝酸还可以使含苯环的物质硝化，人的皮肤遇浓硝酸变黄就是硝化的结果。

3 体积的浓盐酸和 1 体积的浓硝酸混合液称为王水，有些金属不与硝酸反应，但可溶于王水，如：

$$Au + HNO_3 + 4HCl = HAuCl_4 + NO \uparrow + 2H_2O$$

$$3Pt + 4HNO_3 + 18HCl = 3H_2PtCl_6 + 4NO \uparrow + 8H_2O$$

硝酸盐多为无色晶体，易溶于水，热稳定性较低，加热易分解，分解产物与阳离子性质有关。在金属活泼性顺序中位于 Mg 之前的金属硝酸盐，分解生成亚硝酸盐和 O_2，如：

$$2NaNO_3 \xlongequal{\triangle} 2NaNO_2 + O_2$$

活泼性位于 Mg～Cu 之间的金属硝酸盐，分解生成金属氧化物、NO_2 和 O_2，如：

$$2Pb(NO_3)_2 \xlongequal{\triangle} 2PbO + 4NO_2 + O_2$$

活泼性位于 Cu 之后的金属硝酸盐，分解生成金属、NO_2 和 O_2，如：

$$2AgNO_3 = 2Ag + 2NO_2 + O_2$$

还有一些金属硝酸盐分解产物不符合上述规律，如：

$$4LiNO_3 \xlongequal{\triangle} 2Li_2O + 4NO_2 + O_2$$

$$Sn(NO_3)_2 \xlongequal{\triangle} SnO_2 + 2NO_2$$

$$4Fe(NO_3)_2 \xlongequal{\triangle} 2Fe_2O_3 + 8NO_2 + O_2$$

$$2NH_4NO_3 \xlongequal{\triangle} 2N_2 + 4H_2O + O_2$$

硝酸盐的用途很广，主要用作氧化剂。KNO_3(68%)+C(17%)+S(15%)可以作火药用，俗称一硫二硝三木炭。反应如下：

$$2KNO_3 + 3C + S \xlongequal{点燃} N_2 + 3CO_2 + K_2S$$

12.3 磷及其化合物（Phosphorus and Its Compounds）

12.3.1 单质磷

12.3.1.1 性质

单质磷有三种同素异形体：白磷、红磷和黑磷，其物理性质列于表 12.2 中，分子结构如图 12.4 所示。

表 12.2 单质磷的某些物理性质

物　质	熔点/℃	沸点/℃	燃点/℃	密度/g·cm^{-3}	CS_2 中的溶解情况
白　磷	44.1	280.5	34	1.82	易溶
红　磷	590(43.1atm)	升华	260	2.20	不溶
黑　磷	589(43.1atm)	升华	265	2.69	不溶

白磷在空气中能缓慢氧化产生绿光，称为磷光。加热时磷可与活泼非金属反应，也可与热的碱溶液反应，如：

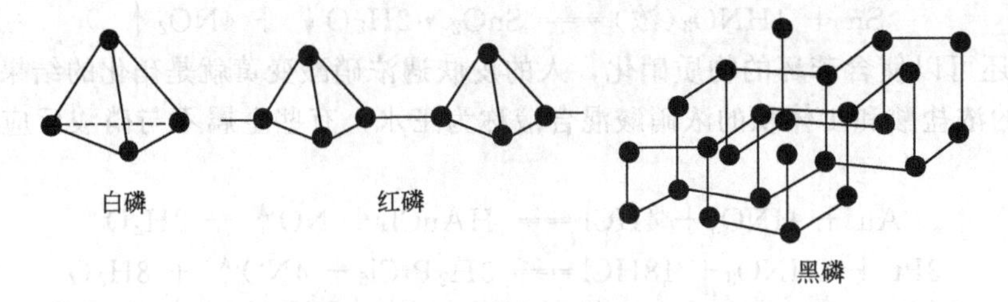

图 12.4　单质磷的分子结构

$$P_4 + 6Cl_2(\text{不足量}) \xlongequal{\triangle} 4PCl_3$$

$$P_4 + 10Cl_2(\text{足量}) \xlongequal{\triangle} 4PCl_5$$

$$P_4 + 5O_2(\text{足量}) \xlongequal{\triangle} P_4O_{10}$$

$$P_4 + 3NaOH + 3H_2O \xlongequal{} PH_3\uparrow + 3NaH_2PO_2$$

白磷剧毒，人的致死量是 0.1g，误服少量白磷可用硫酸铜溶液解毒：

$$P_4 + 10CuSO_4 + 16H_2O \xlongequal{} 10Cu\downarrow + 4H_3PO_4 + 10H_2SO_4$$

12.3.1.2　制备

单质磷的制备是将 $Ca_3(PO_4)_2$、SiO_2、C 放入电炉中在 1150～1450℃反应完成，生成的磷蒸气在水中冷却得白磷，反应方程式为：

$$Ca_3(PO_4)_2 + 3SiO_2 \xlongequal{} 3CaSiO_3 + P_2O_5$$

$$P_2O_5 + 5C \xlongequal{} 2P + 5CO$$

粗磷在 N_2 气氛下蒸馏或在 CS_2 等有机溶剂中重结晶可得纯磷。

白磷因易燃，故储存在冷水中。单质磷在工业上主要用来制磷酸。

12.3.2　磷化氢

磷的氢化物有 PH_3 (phosphine) 和 P_2H_4 (diphosphine)。它们的 $\Delta_f H_m^{\ominus}$ 均大于零，不能通过单质磷与 H_2 直接合成。PH_3 是一种无色有臭味的剧毒气体，稳定性和碱性均低于 NH_3，常温时 100 体积水只能溶解 26 体积 PH_3。其分子为三角锥形结构，键角为 93.6°，键长为 141.9pm。

金属磷化物水解或单质磷溶于碱可得 PH_3，反应式如下：

$$Ca_3P_2 + 6H_2O \xlongequal{} 3Ca(OH)_2 + 2PH_3\uparrow$$

$$P_4 + 3NaOH + 3H_2O \xlongequal{} PH_3\uparrow + 3NaH_2PO_2$$

人们可用 AlP、Zn_3P_2 与空气中的水汽反应生成的 PH_3 来杀灭粮库里粮食中的害虫和虫卵。但 PH_3 可以被活性炭吸附或被 $K_2Cr_2O_7$ 溶液氧化而消除毒性。

12.3.3　磷的含氧化合物

12.3.3.1　磷的氧化物

磷的氧化物有两种，即 P_4O_6 和 P_4O_{10}，它们都是白色固体。单质磷与不足量氧气反应生成 P_4O_6，当氧气过量时则生成 P_4O_{10}。P_4O_6 相当于 P_4 分子中六个 P—P 键断开，各自嵌进一个氧原子，而 P_4O_{10} 则相当于在 P_4O_6 基础上，每个 P 原子又各自连接了一个氧原子，每个 P 原子共连接四个氧原子形成磷氧四面体。P_4O_6 和 P_4O_{10} 的结构如图 12.5 所示。

P_4O_6 是亚磷酸的酸酐，溶于冷水可生成亚磷酸，但溶于热水则发生歧化反应：

$$P_4O_6 + 6H_2O(\text{冷}) \xlongequal{} 4H_3PO_3$$

$$P_4O_6 + 6H_2O(\text{热}) \xlongequal{} PH_3 + 3H_3PO_4$$

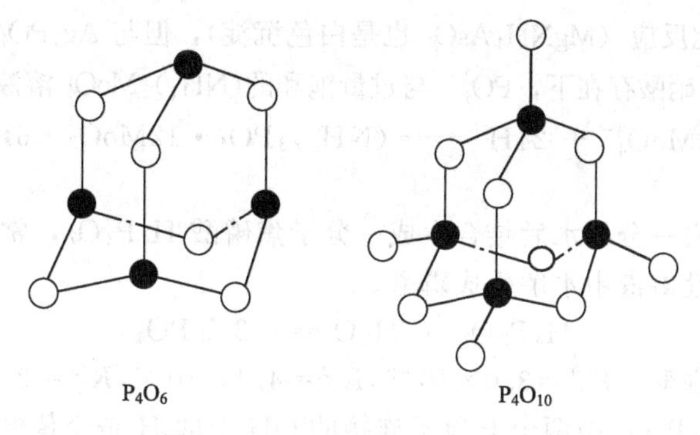

图 12.5 P_4O_6 和 P_4O_{10} 的结构

P_4O_{10}是正磷酸的酸酐，但溶于水时往往生成聚偏磷酸 $(HPO_3)_4$，在 HNO_3 存在时煮沸才转变成 H_3PO_4：

$$P_4O_{10} + 6H_2O \xrightarrow[\text{煮沸}]{HNO_3} 4H_3PO_4$$

P_4O_{10}是最强的干燥剂之一，可以使硫酸脱水。

$$P_4O_{10} + 6H_2SO_4 = 6SO_3 + 4H_3PO_4$$

298K 时，常用干燥剂平衡水蒸气的压力如下：

干燥剂：	$CuSO_4$	$ZnCl_2$	$CaCl_2$	NaOH	H_2SO_4	KOH	P_4O_{10}
p_{H_2O}/Pa	186	107	45.3	21.3	0.40	0.27	0.013

12.3.3.2 正磷酸及其盐

纯的正磷酸是一种无色晶体，熔点为 42.35℃，沸点为 213℃，易溶于水。市售浓磷酸的质量分数为 82%～83%，密度为 $1.7g \cdot cm^{-3}$，浓度相当于 $15mol \cdot dm^{-3}$，是一种黏稠的难挥发溶液。

磷酸是一种三元中强酸，$K_1^{\ominus}=7.6\times10^{-3}$，$K_2^{\ominus}=6.3\times10^{-8}$，$K_3^{\ominus}=4.4\times10^{-13}$。

磷酸盐按组成可分成三种，一种正盐 M_3PO_4，两种酸式盐 MH_2PO_4、M_2HPO_4。MH_2PO_4 盐多易溶于水，而 M_3PO_4、M_2HPO_4 中除 K^+、Na^+、NH_4^+ 盐外其余多难溶，如 Ag_3PO_4、Li_3PO_4、$Ca_3(PO_4)_2$、$CaHPO_4$ 等都难溶于水。向磷酸盐溶液中加入 Ag^+ 时则只生成 Ag_3PO_4 沉淀：

$$PO_4^{3-} + 3Ag^+ = Ag_3PO_4\downarrow$$

$$HPO_4^{2-} + 3Ag^+ = Ag_3PO_4\downarrow + H^+$$

$$H_2PO_4^- + 3Ag^+ = Ag_3PO_4\downarrow + 2H^+$$

由于磷酸是三元中强酸，因此磷酸盐在水中会发生水解（MH_2PO_4 则同时发生 $H_2PO_4^-$ 的电离），例如当浓度都为 $0.10mol \cdot dm^{-3}$时，下列三种磷酸盐溶液的 pH 值分别为：

NaH_2PO_4 $[H^+]=\sqrt{K_{a1}^{\ominus}\times K_{a2}^{\ominus}}=2.2\times10^{-5}$ pH=4.66

Na_2HPO_4 $[H^+]=\sqrt{K_{a2}^{\ominus}\times K_{a3}^{\ominus}}=1.7\times10^{-10}$ pH=9.77

Na_3PO_4 pH=12.6

工业常用磷酸钙矿与硫酸反应或浓硝酸氧化单质磷来制备磷酸：

$$Ca_3(PO_4)_2 + 3H_2SO_4 = 3CaSO_4 + 2H_3PO_4$$

$$3P_4 + 20HNO_3(\text{浓}) + 8H_2O \xlongequal{\triangle} 12H_3PO_4 + 20NO\uparrow$$

PO_4^{3-} 的鉴定方法有两种：一是在 NH_3-NH_4Cl 缓冲溶液中，PO_4^{3-} 与 Mg^{2+}、NH_4^+ 反应生成白色沉淀，反应如下：

$$Mg^{2+} + NH_4^+ + PO_4^{3-} = MgNH_4PO_4\downarrow(\text{白})$$

AsO_4^{3-} 的存在会干扰此反应（$MgNH_4AsO_4$ 也是白色沉淀），但与 Ag_3PO_4 不同，Ag_3AsO_4 是暗红色沉淀。二是在适量硝酸存在下，PO_4^{3-} 与过量饱和的$(NH_4)_2MoO_4$ 溶液作用，生成黄色沉淀。

$$PO_4^{3-} + 3NH_4^+ + 12MoO_4^{2-} + 24H^+ \longrightarrow (NH_4)_3PO_4 \cdot 12MoO_3 \cdot 6H_2O\downarrow(\text{黄}) + 6H_2O$$

12.3.3.3 焦磷酸

两分子正磷酸脱去一分子水后结合生成一分子焦磷酸 $H_4P_2O_7$，常温下焦磷酸是无色晶体，易溶于水，在酸性溶液中水解生成磷酸。

$$H_4P_2O_7 + H_2O \longrightarrow 2H_3PO_4$$

焦磷酸是四元中强酸，$K_1^\ominus = 3.0\times10^{-2}$，$K_2^\ominus = 4.4\times10^{-3}$，$K_3^\ominus = 2.5\times10^{-7}$，$K_4^\ominus = 5.6\times10^{-10}$。由此可知，$H_4P_2O_7$ 中两个 P 原子连接的 OH 上的 H 是交替电离的，即：

$$H_2O_3POPO_3H_2 \xrightarrow{-H^+} HO_3POPO_3H_2^- \xrightarrow{-H^+} HO_3POPO_3H^{2-} \xrightarrow{-H^+} O_3POPO_3H^{3-} \xrightarrow{-H^+} O_3POPO_3^{4-}$$

焦磷酸盐与磷酸盐相似，多难溶于水，其中 $Ag_4P_2O_7$ 为白色难溶盐，据此可鉴别溶液中的 PO_4^{3-} 与 $P_2O_7^{4-}$。

12.3.3.4 偏磷酸

一分子正酸脱去尽量多的水分子后生成的酸称为偏某酸，偏高碘酸 HIO_4 是一分子高碘酸 H_5IO_6 脱去两分子水的产物；偏硅酸 H_2SiO_3 是一分子硅酸 H_4SiO_4 脱去一分子水的产物；偏磷酸 HPO_3 是正磷酸 H_3PO_4 脱去一分子 H_2O 的产物。P_4O_{10}溶于水时主要生成偏磷酸。

偏磷酸银 $Ag_n(PO_3)_n$ 也是难溶于水的白色沉淀，但偏磷酸（盐）溶液可以使澄清的蛋白溶液变浑浊，以此与 PO_4^{3-}、$P_2O_7^{4-}$ 溶液区分。

12.3.3.5 亚磷酸

亚磷酸 H_3PO_3 是二元中强酸，$K_1^\ominus = 5.0\times10^{-2}$，$K_2^\ominus = 2.5\times10^{-7}$，常温下是淡黄色晶体，熔点为 73.6℃，易溶于水，20℃时，100g 水中可以溶解 82g H_3PO_3。

H_3PO_3 受热时发生歧化反应：$4H_3PO_3 \xlongequal{\triangle} 3H_3PO_4 + PH_3$

H_3PO_3 还是强还原剂，可以还原中等强度的氧化剂，如：

$$H_3PO_3 + 2Ag^+ + H_2O \longrightarrow H_3PO_4 + 2Ag\downarrow + 2H^+$$

$$H_3PO_3 + 2HgCl_2 + H_2O \longrightarrow H_3PO_4 + Hg_2Cl_2\downarrow + 2HCl$$

12.3.3.6 次磷酸

纯的次磷酸 H_3PO_2 是无色晶体，熔点为 26.5℃，属一元中强酸，$K_a^\ominus = 1.0\times10^{-2}$，易溶于水。次磷酸还原性很强，可以还原一些具有弱氧化性的金属离子。如：

$$H_3PO_2 + 4Ag^+ + 2H_2O \longrightarrow H_3PO_4 + 4Ag\downarrow + 4H^+$$

$$H_3PO_2 + Ni^{2+} + H_2O \longrightarrow H_3PO_3 + Ni\downarrow + 2H^+$$

因此，次磷酸及其盐可用作化学镀银或化学镀镍的还原剂。

12.4 砷、锑、铋及其化合物（Arsenic，Antimony，Bismuth and Their Compounds）

12.4.1 单质

12.4.1.1 性质

常温下，砷、锑、铋均为固体，砷是非金属，锑、铋虽是金属，但与过渡金属相比熔点较低且易挥发。一般金属熔化时导电性降低，但铋却相反，固体铋的导电性仅为液体铋的48%左右。砷、锑、铋与ⅢA族金属可形成具有特殊性能的半导体材料。

通常情况下，砷、锑、铋在水和空气中能稳定存在，不和稀盐酸作用，但能与硝酸、浓硫酸、王水反应，高温下可与许多非金属反应，反应产物列于表12.3中。

表12.3 砷、锑、铋与常见试剂反应的主要产物

反应物	As	Sb	Bi
$NaOH$	Na_3AsO_3	—	—
HNO_3	H_3AsO_4	$HSb(OH)_6$	$Bi(NO_3)_3$
H_2SO_4(浓热)	$As(OH)SO_4$	$Sb(OH)SO_4$	$Bi_2(SO_4)_3$
Cl_2	$AsCl_3$, $AsCl_5$	$SbCl_3$, $SbCl_5$	$BiCl_3$
O_2	As_2O_3, As_2O_5	Sb_2O_3, Sb_2O_5	Bi_2O_3
S	As_2S_3	Sb_2S_3	Bi_2S_3
Mg	Mg_3As_2	Mg_3Sb_2	Mg_3Bi_2

12.4.1.2 冶炼

砷、锑、铋的单质常用碳在高温下还原其氧化物得到（M代表As、Sb、Bi）或用铁粉还原其硫化物得到：

$$M_2O_3 + 3C \xlongequal{\triangle} 2M + 3CO$$

$$M_3S_2 + 3Fe \xlongequal{\triangle} 2M + 3FeS$$

12.4.2 氢化物

AsH_3、SbH_3、BiH_3 都是无色剧毒气体，其中 AsH_3 具有大蒜气味。与 NH_3、PH_3 相比，AsH_3、SbH_3、BiH_3 碱性依次减弱，酸性增强、还原性增强，稳定性减弱。

在缺氧条件下，AsH_3 在玻璃管中受热分解生成亮黑色的砷镜：

$$2AsH_3 \xlongequal{\triangle} 2As + 3H_2$$

利用此法可检出0.007mg的As，称为马氏（Marsh）试砷法。

将胂（AsH_3）通入盛有 $AgNO_3$ 溶液的试管，在试管壁上可生成银白色的银镜：

$$2AsH_3 + 12AgNO_3 + 3H_2O \xlongequal{} As_2O_3 + 12HNO_3 + 12Ag\downarrow$$

利用此法可检出0.005mg的As，称为古氏（Gutzeit）试砷法。

砷、锑、铋的氢化物可由其金属化合物水解得到，或用活泼金属还原其氧化物得到，如：

$$Na_3As + 3H_2O \xlongequal{} AsH_3\uparrow + 3NaOH$$

$$As_2O_3 + 6Zn + 6H_2SO_4 \xlongequal{} 2AsH_3\uparrow + 6ZnSO_4 + 3H_2O$$

12.4.3 氧化物

在砷、锑、铋的氧化物中，As_4O_6（高温下分解成 As_2O_3，故有时简写成 As_2O_3）是白色两性偏酸性氧化物；Sb_4O_6（600℃以上分解成 Sb_2O_3，故也常简写成 Sb_2O_3）为白色两性氧化物；Bi_2O_3 是黄色弱碱性氧化物；As_4O_{10} 为酸性氧化物；Sb_4O_{10} 为两性偏酸性氧化物；Bi_2O_5 是否存在尚无证据。较重要的氧化物是 As_2O_3，俗称砒霜，剧毒，人致死量为0.1g。除 As_2O_3 能溶于水、As_2O_5 易溶于水外，其他氧化物均难溶于水。

H_3AsO_3 显两性偏酸性，既溶于酸也溶于碱。298K时，$K_a^\ominus \approx 6\times10^{-10}$，$K_b^\ominus \approx 10^{-14}$。

$$H_3AsO_3 + NaOH \xlongequal{} NaH_2AsO_3 + H_2O$$

$$As(OH)_3 + 3HCl \xlongequal{} AsCl_3 + 3H_2O$$

但碱中的溶解度较大。

在碱性溶液中 H_3AsO_3 还原性较强，在酸性溶液中 H_3AsO_4 具有一定的氧化性：

$$NaH_2AsO_3 + 4NaOH + I_2 \longrightarrow Na_3AsO_4 + 2NaI + 3H_2O$$

$$H_3AsO_4 + 2HI \longrightarrow H_3AsO_3 + I_2 + H_2O$$

在酸性溶液中 $HSb(OH)_6$、BiO_3^- 均为强氧化剂：

$$HSb(OH)_6 + 5HCl \longrightarrow SbCl_3 + 6H_2O + Cl_2\uparrow$$

$$5NaBiO_3 + 2Mn^{2+} + 14H^+ \longrightarrow 2MnO_4^- + 5Bi^{3+} + 7H_2O + 5Na^+$$

后一反应常用来检验和鉴定溶液中的 Mn^{2+}。

12.4.4 卤化物

砷、锑、铋可形成的氯化物有 $AsCl_3$、$AsCl_5$、$SbCl_3$、$SbCl_5$、$BiCl_3$，由于 Bi(Ⅴ) 具有强氧化性，因此尚未制得 $BiCl_5$。这些氯化物遇水均易水解：

$$AsCl_3 + 3H_2O \longrightarrow H_3AsO_3 + 3HCl$$

$$AsCl_5 + 4H_2O \longrightarrow H_3AsO_4 + 5HCl$$

$$SbCl_3 + H_2O \longrightarrow SbOCl\downarrow(白) + 2HCl$$

$$SbCl_5 + 6H_2O \longrightarrow HSb(OH)_6 + 5HCl$$

$$BiCl_3 + H_2O \longrightarrow BiOCl\downarrow(白) + 2HCl$$

砷、锑、铋的卤化物的某些物理性质列于表 12.4 中。

表 12.4 砷、锑、铋的卤化物的某些物理性质

性　质	AsF_3	$AsCl_3$	$AsBr_3$	AsI_3
颜色状态(25℃,1atm)	无色液体	无色液体	浅黄色晶体	红色晶体
熔点 T_m/℃	−5.95	−16.3	31.2	140.4
沸点 T_f/℃	62.8	103.2	221	371
$\Delta_f H_m^\ominus$/kJ·mol^{-1}	−821.3	−305.0	−130.0	−58.2
性　质	SbF_3	$SbCl_3$	$SbBr_3$	SbI_3
颜色状态(25℃,1atm)	无色晶体	白色潮解晶体	白色潮解晶体	红色晶体
熔点 T_m/℃	291.8	72.8	96.8	170.5
沸点 T_f/℃	~345	223	288	401
$\Delta_f H_m^\ominus$/kJ·mol^{-1}	−915.5	−382.0	−259.4	−100.4
性　质	BiF_3	$BiCl_3$	$BiBr_3$	BiI_3
颜色状态(25℃,1atm)	浅灰色粉末	白色潮解晶体	金黄色潮解晶体	墨绿色晶体
熔点 T_m/℃	725~730	233.4	219	408
沸点 T_f/℃	—	441	462	542
$\Delta_f H_m^\ominus$/kJ·mol^{-1}	—	−379.1	−264	−150
性　质	$AsF_5$①	SbF_5	$SbCl_5$	BiF_5
颜色状态(25℃,1atm)	无色液体	无色液体	无色或黄色液体	白色晶体
熔点 T_m/℃	−80	−8.3	4	154.4
沸点 T_f/℃	−52.8	141	140(分解)	230
$\Delta_f H_m^\ominus$/kJ·mol^{-1}	−1238	—	−440.16	—

① 虽然在 105℃用紫外线照射 $AsCl_3$ 与 Cl_2 可以制得 $AsCl_5$，但在温度高于−50℃时，$AsCl_5$ 即分解。

12.4.5 硫化物

砷、锑、铋的硫化物均难溶于水，它们的颜色分别为 As_2S_3 黄色、As_2S_5 淡黄色、Sb_2S_3 橙色、Sb_2S_5 橙黄色、Bi_2S_3 黑色。其中 As_2S_5 显酸性；As_2S_3、Sb_2S_5 显两性偏酸性；Sb_2S_3 显两性偏碱性；Bi_2S_3 显碱性。它们可溶于相应的酸、碱或硫化物溶液中：

$$As_2S_3 + 6NaOH = Na_3AsO_3 + Na_3AsS_3 + 3H_2O$$
$$Sb_2S_3 + 6NaOH = Na_3SbO_3 + Na_3SbS_3 + 3H_2O$$
$$Sb_2S_3 + 12HCl = 2H_3SbCl_6 + 3H_2S$$
$$Bi_2S_3 + 6HCl = 2BiCl_3 + 3H_2S$$
$$As_2S_5 + 8NaOH = Na_3AsO_4 + Na_3AsS_4 + 4H_2O + Na_2S$$
$$As_2S_3 + 3Na_2S = 2Na_3AsS_3$$
$$As_2S_5 + 3Na_2S = 2Na_3AsS_4$$

其中，Na_3AsS_3、Na_3SbS_3、Na_3AsS_4 分别是硫化亚砷酸钠、硫代亚锑酸钠、硫代砷酸钠，它们遇酸后又可生成相应硫化物，如：

$$2Na_3AsS_3 + 6HCl = As_2S_3\downarrow + 3H_2S\uparrow + 6NaCl$$

As_2S_3、Sb_2S_3 还可以溶解在碱性 Na_2S_2 溶液中，

$$As_2S_3 + 2Na_2S_2 + Na_2S = 2Na_3AsS_4$$
$$Sb_2S_3 + 2Na_2S_2 + Na_2S = 2Na_3SbS_4$$

利用这些性质可以将其与其他难溶硫化物分离。

古时候，As_2S_3 和 As_4S_4 产于四川武都山，As_2S_3 产于山阴，故称为“雌黄”；而 As_4S_4 产于山阳，故称为“雄黄”。

习　题

12.1　标出下列含氮化合物中 N 的氧化数：N_2、NH_4^+、NCl_3、$NaNO_2$、N_2H_4、NH_2OH、HN_3、NO_2、N_2O_4、NH_4NO_3、N_2O、Li_3N、N_2O_5。

12.2　实验室中如何制备少量的 N_2、NH_3、NO、NO_2？

12.3　为什么常用 NH_3 而不用 N_2 作为制备含氮化合物的原料？

12.4　由同种阴离子形成的铵盐和钾盐有哪些性质相同，有哪些性质不同？为什么？

12.5　为什么 N 只能形成一种氯化物 NCl_3，而 P 却能形成 PCl_3、PCl_5 两种氯化物？

12.6　为什么 Bi 常见的氧化态为+3 而不是+5？

12.7　如何除去氨中少量的水分？

12.8　举例说明铵盐热分解的类型。

12.9　分析说明 NH_3、N_2H_4、NH_2OH、HN_3 的酸碱性变化规律。

12.10　为什么三甲基胺是三角锥形结构且碱性较强，而三甲硅烷基胺却是平面结构且碱性很弱？

12.11　说明 N_2O、NO、N_2O_3、NO_2、N_2O_5 的成键情况和结构。

12.12　如何除去 NO_2 中含有的少量 NO？如何除去 NO 中含有的少量 NO_2？如何除去 N_2 中含有的少量 O_2？

12.13　金属与硝酸反应，就金属来讲有几种类型？就硝酸的还原产物来讲有几种类型？在与不活泼金属反应时，为什么浓硝酸被还原的产物主要是 NO_2，而稀硝酸被还原的产物主要是 NO？

12.14　工业产浓硝酸和工业产浓盐酸都显不同程度的黄色，其原因是什么？

12.15　发烟硝酸和发烟硫酸的组成各是什么？

12.16　举例说明硝酸盐的热分解类型。

12.17　试用三种方法区分 $NaNO_2$ 和 $NaNO_3$。

12.18　在用铜与硝酸反应制备硝酸铜时，应选用稀硝酸还是浓硝酸？

12.19　P_2O_3 和 P_2O_5 的实际组成如何？它们在成键、结构上有什么共性？

12.20　向 Na_3PO_4 溶液中分别加入等物质的量浓度、等体积的 HCl、H_2SO_4、H_3PO_4、CH_3COOH 溶液，各生成什么产物？

12.21　分别说明 H_3PO_4、H_3PO_3、H_3PO_2、$H_4P_2O_7$ 的成键情况、结构和酸碱性。

12.22　鉴别 Na_3PO_4、$Na_4P_2O_7$、Na_3PO_3 溶液。

12.23 $H_4P_2O_7$ 的电离常数分别为：$K_1^{\ominus}=3.0\times10^{-2}$，$K_2^{\ominus}=4.4\times10^{-3}$，$K_3^{\ominus}=2.5\times10^{-7}$，$K_4^{\ominus}=5.6\times10^{-10}$。为什么 $K_1^{\ominus}$ 与 $K_2^{\ominus}$ 相近，$K_3^{\ominus}$ 与 $K_4^{\ominus}$ 相近，但 $K_2^{\ominus}$ 与 $K_3^{\ominus}$ 相差较大？

12.24 说明市售氨水、硝酸、磷酸的质量分数、密度、体积摩尔浓度。

12.25 向含有 Sb(Ⅴ) 的酸性溶液中通入 H_2S 得到什么产物？写出有关的化学反应方程式。

12.26 Sb_2S_3 既能溶于 Na_2S 溶液也能溶于 Na_2S_2 溶液；Bi_2S_3 既不能溶于 Na_2S 溶液也不能溶于 Na_2S_2 溶液。请说明原因。

12.27 碱性介质中 I_2 能将 As(Ⅲ) 氧化为 As(Ⅴ)，而酸性介质中 As(Ⅴ) 能将 I^- 氧化为 I_2。两种说法有无矛盾？请说明原因。

12.28 用两种方法鉴别下列各对物质。

(1) $BiCl_3$ 和 $SbCl_3$；

(2) NH_4NO_3 和 NH_4NO_2；

(3) H_3AsO_3 和 H_3AsO_4；

(4) NH_4Cl 和 $(NH_4)_3PO_4$；

(5) H_3PO_3 和 H_3PO_4；

(6) Na_3AsO_4 和 Na_3PO_4。

12.29 氮族元素可以形成哪些氯化物？分别写出它们的水解反应方程式。

12.30 按酸性溶液中氧化能力由大到小的顺序排列下列离子，并简要说明其原因。

NO_3^-、PO_4^{3-}、AsO_4^{3-}、$Sb(OH)_6^-$、BiO_3^-。

12.31 根据电极电势说明，为什么在酸性介质中 Bi(Ⅴ)可以将 Cl^- 氧化成 Cl_2，而在碱性介质中 Cl_2 却能将 Bi(Ⅲ)氧化成 Bi(Ⅴ)？

12.32 选择化合物或离子，将其编号字母填入对应的空格。

(a) NO；(b) NO^+；(c) NO_2^-；(d) NO_2^+；(e) NO_3^-；(f) NH_3；(g) N_2H_4；(h) N_2；(i) NF_3；(j) $H_2N_2O_2$

(1) ________是最强的还原剂；

(2) ________可被金属 Na 还原为连二次硝酸的中间体；

(3) ________是顺磁性分子；

(4) ________是直线形，含有两个 π_3^4 的大 π 键；

(5) ________可分解为 N_2O；

(6) ________为亲质子试剂，是制备肼的主要原料；

(7) ________是弯曲形离子；

(8) ________是键长最短的双原子离子（或分子）。

12.33 化合物 A 是一种易溶于水的无色液体。在 A 的水溶液中加入 HNO_3 加热，再加入 $AgNO_3$ 时形成白色沉淀 B，B 溶于氨水形成无色溶液 C，C 中加入 HNO_3 时重新得到沉淀 B。向 A 的水溶液通 H_2S 至饱和，生成黄色沉淀 D，D 难溶于稀 HNO_3，但溶于 KOH 和 KHS 的混合溶液并得到溶液 E。酸化 E 时 D 又沉淀出来。D 还能溶于 KOH 和 H_2O_2 的混合溶液，得溶液 F。F 用 $Mg(NO_3)_2$ 和 NH_4NO_3 的混合物处理，得白色沉淀 G，G 能溶于 HAc，所得溶液用 $AgNO_3$ 处理，得红棕色沉淀 H。试确定 A、B、C、D、E、F、G、H 各代表何物，写出有关的化学反应方程式。

12.34 化合物 A 为白色固体，A 微溶于水，但易溶于氢氧化钠溶液和浓盐酸。A 溶于浓盐酸得溶液 B，向 B 中通入 H_2S 得黄色沉淀 C。C 难溶于盐酸，但易溶于氢氧化钠溶液，C 溶于硫化钠溶液得无色溶液 D，若将 C 溶于 Na_2S_2 溶液则得无色溶液 E。向 B 中滴加溴水，则溴水褪色，同时 B 转为无色溶液 F。向 F 的酸性溶液中加入淀粉碘化钾溶液，溶液变蓝。试确定 A、B、C、D、E、F 各代表何物，写出有关的化学反应方程式。

12.35 氯化物 A 为白色晶体。将 A 溶于稀盐酸得无色溶液 B，向 B 中加入溴水，溴水褪色，B 转化为无色溶液 C。若向 B 中滴加 NaOH 溶液则得白色沉淀 D，NaOH 过量时 D 溶解得无色溶液 E。取晶体 A 放入试管中加水有白色沉淀 F 生成，再向试管中通入 H_2S 则白色沉淀 F 转为橙色沉淀 G。试确定 A、B、C、D、E、F、G 各代表何物，写出有关的化学反应方程式。

12.36 无色气体 A 在空气中能稳定存在，但加热到 850℃左右时分解为两种气体，其中一种 B 能助燃，另一种C相当稳定。在温度足够高时，燃着的物质能在A中继续燃烧。金属镁在A中燃烧可得白色固体D和气体C，单质磷在A中燃烧留下冒白烟的固体E和气体C。试确定A、B、C、D、E各代表何物，写出有关的化学反应方程式。

12.37 金属硝酸盐A为无色晶体。将A加入水中可得白色沉淀B和无色溶液C，过滤将溶液C分成三份：一份通入 H_2S 气体生成黑色沉淀D，D不溶于氢氧化钠溶液，但溶于盐酸；第二份滴加氢氧化钠溶液有白色沉淀E生成，E不溶于过量氢氧化钠溶液；将第三份滴加到 $SnCl_2$ 的强碱性溶液，有黑色沉淀F生成。试确定A、B、C、D、E、F各代表何物，写出有关的化学反应方程式。

12.38 化合物A是白色固体，难溶于水，加热时剧烈分解，生成一固体B和气体C。B不溶于水或盐酸，但溶于热的稀硝酸，得无色溶液D和气体E。E无色，但在空气中变为红棕色。溶液D加入盐酸产生白色沉淀F。常温常压下气体C与一般物质难以反应，但高温下C可与金属镁反应生成白色固体G。G与水作用得另一白色固体H和无色气体I。气体I可使湿润的红色石蕊试纸变蓝。固体H可溶于稀盐酸得溶液J。A用氢硫酸溶液处理时，产生黑色沉淀K、无色溶液L和气体C。将K滤出溶于浓硝酸可得乳白色固体M、气体E和溶液N。N用盐酸处理得沉淀F。溶液L用烧碱溶液处理又得气体I。试确定A、B、C、D、E、F、G、H、I、J、K、L、M、N各代表何物，写出有关的化学反应方程式。

12.39 完成下列制备过程：

(1) 以磷酸钙为主要原料制备磷酸；

(2) 以单质磷为主要原料制备次磷酸晶体；

(3) 以智利硝石为主要原料制备亚硝酸。

12.40 完成并配平有关的化学反应方程式。

(1) 向磷与溴的混合物中滴加水；

(2) 五硫化二锑溶于烧碱溶液；

(3) 光气与氨反应；

(4) 硝酸与亚硝酸混合；

(5) 叠氮酸铅加热分解；

(6) 用羟胺处理溴化银；

(7) 三硫化二砷溶于过硫化钠溶液；

(8) 氨气通过热的氧化铜；

(9) 向碘化钾溶液中滴加酸性亚硝酸钠溶液；

(10) 将锌粉加入三氯化砷溶液；

(11) 等物质的量的磷酸氢二钠固体与磷酸二氢钠固体共热；

(12) 铋酸钠加入酸性硫酸锰溶液；

(13) 单质磷溶于热烧碱溶液；

(14) 氯气通入含有氢氧化铋的烧碱溶液；

(15) 硫代砷酸钠溶液加入盐酸；

(16) 锑化氢通入硝酸银溶液；

(17) 向磷酸二氢钠溶液中滴加硝酸银溶液；

(18) 黄金溶于王水；

(19) 白金溶于王水；

(20) 亚磷酸钠溶液加热；

(21) $Bi(OH)_3 + Na_2SnO_2 =\!=\!=$

(22) $KMnO_4 + NaNO_2 + H_2SO_4 =\!=\!=$

(23) $FeSO_4 + NO =\!=\!=$

(24) $H_3PO_2 + NiSO_4 + H_2O =\!=\!=$

(25) $As_2S_3 + Na_2S =\!=\!=$

第13章　碳族元素

Carbon Family Elements

元素周期表中ⅣA族包括碳（C，carbon）、硅（Si，silicon）、锗（Ge，germanium）、锡（Sn，tin）、铅（Pb，lead）五种元素，统称碳族元素，其中锗是分散元素，本章主要讨论碳、硅、锡、铅及其化合物。

13.1　碳族元素的通性（General Characteristics of Carbon Family Elements）

13.1.1　原子结构及性质

碳族元素中，碳、硅是非金属，其余三种是金属，由于硅、锗的金属性和非金属性均不强，也有人将其称为准金属。

碳族元素的外层电子构型为 ns^2np^2，基本性质列于表13.1。

表13.1　碳族元素的性质

性　质	碳	硅	锗	锡	铅
原子序数	6	14	32	50	82
相对原子质量	12.01	28.09	72.59	118.7	207.2
外围电子构型	$2s^22p^2$	$3s^23p^2$	$4s^24p^2$	$5s^25p^2$	$6s^26p^2$
原子共价半径/pm	77	113	122	141	147
M^{2+}离子半径/pm	—	—	73	93	120
第一电离能/kJ·mol^{-1}	1086.4	786.5	762.2	708.6	715.5
电子亲合能/kJ·mol^{-1}	−122.5	−119.6	−115.8	−120.6	−101.3
电负性(Pauling)	2.55	1.90/1.8	2.01/1.8	1.96/1.8	2.33/1.9
单质熔点/℃	3550(金刚石)	1414	937.4	231.9(白锡)	327.5
单质沸点/℃	3825(升华)	3265	2833	2602	1749

元素电势图为：

酸性溶液

$$H_2C_2O_4 \xrightarrow{-0.49} CO_2 \xrightarrow{-0.112} CO \xrightarrow{0.51} C \xrightarrow{0.13} CH_4$$

$$SiF_6^{2-} \xrightarrow{-1.2} Si$$

$$SiO_2 \xrightarrow{0.86} Si \xrightarrow{0.102} SiH_4$$

$$GeO_2 \xrightarrow{-0.34} Ge^{2+} \xrightarrow{0.23} Ge \xrightarrow{<-0.3} GeH_4$$

$$GeO_2 \xrightarrow{-0.25} Ge$$

$$Sn^{4+} \xrightarrow{0.15} Sn^{2+} \xrightarrow{-0.14} Sn$$

$$PbO_2 \xrightarrow{1.455} Pb^{2+} \xrightarrow{-0.126} Pb$$

$$PbO_2 \xrightarrow{1.685} PbSO_4 \xrightarrow{-0.356} Pb$$

碱性溶液

$$CO_3^{2-} \xrightarrow{-1.02} HCO_2^- \xrightarrow{-0.52} C \xrightarrow{-0.70} CH_4$$

$$SiO_3^{2-} \xrightarrow{-1.7} Si \xrightarrow{-0.93} SiH_4$$

$$HGeO_3^- \xrightarrow{-1.0} Ge \xrightarrow{<-1.1} GeH_4$$

$$Sn(OH)_6^{2-} \xrightarrow{-0.90} H_2SnO_2 \xrightarrow{-0.91} Sn$$

$$PbO_2 \xrightarrow{0.25} PbO \xrightarrow{-0.58} Pb$$

13.1.2 元素的成键特征

13.1.2.1 碳的成键特征

① 以 sp、sp^2、sp^3 三种杂化状态与 H、O、Cl、N 等非金属原子形成共价化合物，如 CH_4、CO、CCl_4、HCN 等。C—C 、C—H 、C—O 键的键能分别为 331kJ·mol^{-1}、415kJ·mol^{-1}、343kJ·mol^{-1}，键能大，稳定性高，因此，C、H、O 三种元素形成数百万种的有机化合物，其中碳的氧化数从＋4 变到－4。

② 以碳酸盐的形式存在于自然界。

13.1.2.2 硅的成键特征

① 以硅氧四面体的形式存在，如石英和硅酸盐矿中。

② Si—Si 、Si—H 、Si—O 键的键能分别为 197kJ·mol^{-1}、320kJ·mol^{-1}、368kJ·mol^{-1}，除 Si—O 键外前两者的键能分别小于 C—C 键和 C—H 键，因此，Si、H、O 虽也可以形成一些类似于 C、H、O 形成的有机物，但数量有限。

13.1.2.3 锡铅的成键特征

① 以＋2 氧化态的形式存在于离子化合物中，如 $SnCl_2$、SnO、PbO、$Pb(NO_3)_2$ 等。

② 以＋4 氧化态的形式存在于共化合物和少数离子型化合物中，如 $SnCl_4$、PbO_2、SnO_2 等。其中＋4 氧化态的铅，由于惰性电子对效应，具有强的氧化性。

13.1.3 元素在自然界中的分布

碳在自然界中主要以煤、石油、天然气、动植物等有机物存在，无机物矿藏主要有石灰石 $CaCO_3$、大理石 $CaCO_3$、白云石 $CaCO_3 \cdot MgCO_3$、菱镁矿 $MgCO_3$ 等，空气中存在约 0.03%（体积比）的 CO_2。碳在地壳中的质量含量为 0.027%。碳主要有 ^{12}C、^{13}C、^{14}C 三种同位素，前两种的丰度分别为 98.892%和 1.108%。

硅在地壳中的质量分数为 28.2%，主要以硅酸盐的形式存在于土壤和泥沙中，自然界中也存在石英矿。

锗、锡、铅在地壳中的质量分数分别为 0.0005%、0.0002%、0.0013%，主要以硫化物和氧化物的形式存在，如硫银锗矿 $4Ag_2S \cdot GeS_2$、锡石矿 SnO_2、方铅矿 PbS 等。我国云南的个旧锡矿是世界上最大的锡矿之一。有些无烟煤的煤灰中锗的含量达 4%～7.5%，所以无烟煤煤灰是锗的重要来源。

13.2 碳及其化合物（Carbon and Its Compounds）

13.2.1 单质

碳有三种同素异形体，金刚石、石墨和球碳。过去人们曾认为无定形碳（如木炭、焦炭、炭黑等）也是碳的一种独立同素异形体，现已确证它们都具有石墨的结构。金刚石和石墨的结构和成键情况见图 13.1 和图 13.2。

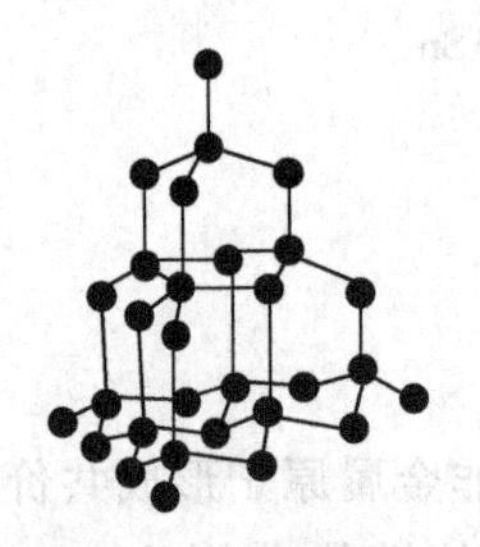
图 13.1　金刚石结构

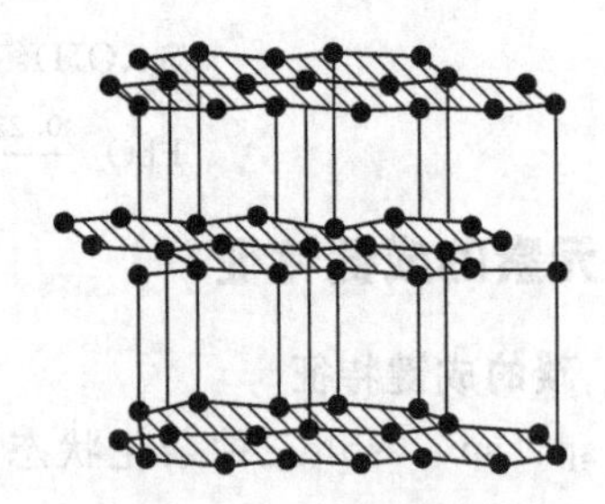
图 13.2　石墨结构

金刚石是每个碳原子均以 sp^3 杂化状态与相邻的四个碳原子结合成键，构成原子型晶体。纯金刚石无色透明，天然金刚石因含杂质而多带颜色。在所有物质中金刚石硬度最大（Mohs 硬度为 10），在所有单质中金刚石熔点最高（3550℃），金刚石不导电，几乎对所有的化学试剂都显惰性，但在空气中加热 800℃以上时，燃烧生成 CO_2。

石墨是每个碳原子以 sp^2 杂化状态与相邻的三个碳原子结合成键，构成层状原子晶体，每层上的原子各提供一个含成单电子的 p 轨道形成一个 π_4^n 大 π 键，层与层之间靠分子间作用力结合在一起，因此，石墨具有良好的导电性，常用作电极，硬度很小，熔点低于金刚石，颜色呈灰黑色。石墨虽然对一般化学试剂也显惰性，但比金刚石活泼，在 500℃时可被空气氧化成 CO_2，也可被浓热的 $HClO_4$ 氧化成 CO_2，依此可除掉人造金刚石中的石墨。石墨各层受力时容易滑动，因此石墨可用作润滑剂。

球碳（也称为足球烯，fullerenes）是球形不饱和碳分子，是由几十个乃至上百个碳原子组成的球形封闭分子。目前主要有 C_{60}、C_{70}、C_{84} 等。其中 C_{60} 最早为人们合成，也是目前主要的研究对象。在 C_{60} 中 C 原子形成 12 个五元环和 20 个六元环，每个 C 原子与另外的 3 个 C 原子形成 3 个 σ 键，分子中还有 1 个 π_{60}^{60} 的大 π 键，C 原子的杂化状态介于 sp^2 与 sp^3 之间，约为 $sp^{2.28}$。C_{60} 的结构绘于图 13.3 中。

通过在 C_{60} 中嵌入过渡金属（特别是稀土元素）有望合成出高温超导或其他具有特殊功能的材料。

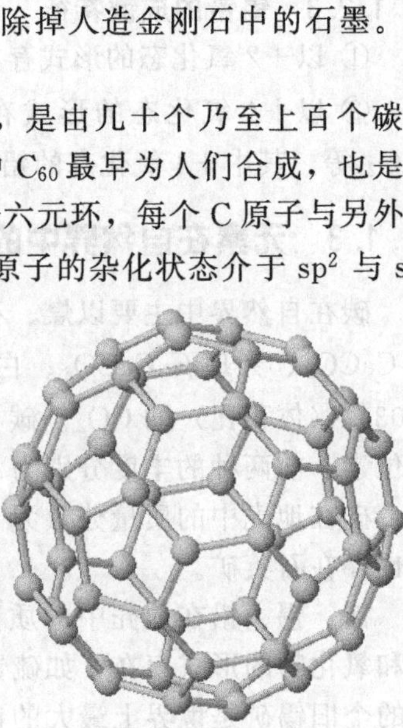

图 13.3　C_{60} 的成键结构

13.2.2 碳的氧化物

13.2.2.1 一氧化碳

CO 是一种无色无味的气体，不与水作用，属中性氧化物。CO 可以与血液中的血红素结合生成羰基化合物，使血液失去输送氧的功能，因此，对动物是剧毒的，空气中若有 1/800 体积的 CO 就会使人在半小时内死亡。

CO 典型的化学性质是还原性和加合性，将 CO 通入 $PdCl_2$ 溶液，可立即生成黑色沉淀：

$$CO + PdCl_2 + H_2O \longrightarrow CO_2\uparrow + 2HCl + Pd\downarrow$$

此反应常用于 CO 的定性检验。冶金工业上 CO 是重要的还原剂，如：

$$FeO + CO \xlongequal{\triangle} Fe + CO_2$$

CO 能与许多过渡金属结合生成羰基配合物，如 $Fe(CO)_5$、$Ni(CO)_4$、$Co_2(CO)_8$ 等，这些羰基配合物的生成、分离、加热分解是制备这些高纯金属的方法之一。

工业制备 CO 是利用高温下炭与水蒸气的反应，或炭的不完全燃烧：

$$C + H_2O \xlongequal{\triangle} H_2 + CO$$

$$2C + O_2 \longrightarrow 2CO$$

实验室制备少量 CO 是用浓硫酸使甲酸脱水来实现：

$$HCOOH \xlongequal{(浓)H_2SO_4} CO\uparrow + H_2O$$

13.2.2.2 二氧化碳

CO_2 是一种无色无味的气体，虽然无毒，但大量的 CO_2 可令人窒息。空气中 CO_2 的体积分数为 0.03%，人呼出的气本中 CO_2 的体积分数约为 4%。CO_2 在 5.2atm、−56.6℃时可冷凝为雪花状的固体，称为干冰。CO_2 可溶于水，常温下，饱和 CO_2 溶液的浓度为 $0.03 \sim 0.04 mol \cdot dm^{-3}$。$CO_2$ 不助燃，可用于灭火，但不能扑灭燃着的 Mg，因为它可与 Mg 反应：

$$CO_2 + 2Mg \longrightarrow 2MgO + C$$

CO_2 通入石灰尘水中生成白色沉淀：

$$CO_2 + Ca(OH)_2 \longrightarrow CaCO_3\downarrow + H_2O$$

以此可鉴定 CO_2。

工业用 CO_2 主要来源于碳酸盐的热分解，如：

$$CaCO_3 \xlongequal{\triangle} CaO + CO_2\uparrow$$

实验室可用碳酸钙与盐酸反应来制备少量 CO_2：

$$CaCO_3 + 2HCl \longrightarrow CaCl_2 + CO_2\uparrow + H_2O$$

13.2.3 碳酸及其盐

13.2.3.1 碳酸

人们习惯上将 CO_2 的水溶液称为碳酸，实际上 CO_2 在水中主要以水合分子的形式存在，只有极少部分生成 H_2CO_3：

$$CO_2 + H_2O \longrightarrow H_2CO_3 \qquad K=1.8\times10^{-3}$$

如果假定水中的 CO_2 全部转化为 H_2CO_3，则 H_2CO_3 的电离常数为 $K_1=4.3\times10^{-7}$、$K_2=4.8\times10^{-11}$，碳酸是一种中强酸。但通常情况下，水合 CO_2 与 H_2CO_3 的浓度比约为 600，CO_2 的水溶液仅显弱酸性（pH≈4）。

$$H_2CO_3 \longrightarrow H^+ + HCO_3^- \qquad K_a=2.4\times10^{-4}$$

所以人们通常将碳酸看作是弱酸。碳酸很不稳定，只能存在于水溶液中。

13.2.3.2 碳酸盐

碳酸正盐中除碱金属（Li^+ 除外）、铵及铊（Tl^+）盐外，均难溶于水，但难溶的正盐其酸式盐溶解度较大，易溶的正盐其酸式盐的溶解度反而变小，如 $Ca(HCO_3)_2$ 比 $CaCO_3$ 易溶，而 $NaHCO_3$ 比 Na_2CO_3 难溶。

碳酸盐热稳定性相对较低，阳离子的极化性和变形性越大，碳酸盐热稳定性越低，如 $Na_2CO_3 > MgCO_3 > Al_2(CO_3)_3$；$BeCO_3 < MgCO_3 < CaCO_3 < SrCO_3 < BaCO_3$，正盐比酸式盐稳定。

碳酸盐均易水解，如 $NaHCO_3$ 水溶液的 pH≈8.3，Na_2CO_3 水溶液的 pH≈11.63，显强碱性，因此 Na_2CO_3 称为“纯碱”。

13.3 硅及其化合物（Silicon and Its Compounds）

13.3.1 单质

单质硅有无定性与晶体两种，晶体硅结构与金刚石相同，属原子晶体，熔、沸点较高，硬而脆，呈灰色，有金属外貌。

常温下，硅不活泼，不与水、空气、酸反应，但能溶于碱液：

$$Si + 2OH^- + H_2O = SiO_3^{2-} + 2H_2\uparrow$$

加热时与许多非金属单质化合，还能与某些金属反应：

(1) 与金属和非金属的反应

$$SiC \xleftarrow[2000℃]{C} Si \xrightarrow[400℃]{Cl_2} SiCl_4$$

$$Si_3N_4 \xleftarrow[1000℃]{N_2} Si \xrightarrow[600℃]{O_2} SiO_2$$

$$2Mg + Si = Mg_2Si$$

(2) 与酸反应

硅遇到氧化性的酸发生钝化，它可溶于 $HF\text{-}HNO_3$ 的混合酸中

$$3Si + 4HNO_3 + 18HF = 3H_2SiF_6 + 4NO + 8H_2O$$

硅与氟化氢反应：

$$Si + 4HF = SiF_4 + 2H_2$$

硅与氢氟酸反应：

$$SiF_4 + 2HF = H_2SiF_6$$

(3) 与浓碱反应

$$Si + 4OH^- = SiO_4^{4-} + 2H_2\uparrow$$

(4) 硅在高温下与水蒸气反应

$$Si(s) + 3H_2O(g) \stackrel{\triangle}{=} H_2SiO_3(s) + 2H_2(g)$$

SiO_2 与 C 混合，在高温电炉中加热可制备单质硅：

$$SiO_2 + 2C \stackrel{\triangle}{=} Si + 2CO\uparrow$$

其他制备单质硅的方法有：

$$SiCl_4 + 2Zn \stackrel{\triangle}{=} Si + 2ZnCl_2$$

$$SiO_2 + CaC_2 = Si + Ca + 2CO$$

$$SiH_4 \stackrel{\triangle}{=} Si + 2H_2$$

用作半导体用的超纯硅，需用区域熔融的方法提纯。

高纯硅主要用于制造半导体，当硅中掺杂磷时，因磷成键后尚多余一个电子，就构成 n 型半导体；若硅中掺杂硼时，因硼成键后尚缺少一个电子，就构成了 p 型半导体。

13.3.2 二氧化硅

SiO_2 是无色晶体，Si 原子和 O 原子以 SiO_4 四面体的形式相互连接在一起，属原子晶体，因此性质与 CO_2 差异很大。SiO_2 的熔沸点分别为 1713℃、2230℃，难溶于普通酸，但能溶于热碱和氢氟酸中：

$$SiO_2 + 2NaOH \xlongequal{} Na_2SiO_3 + H_2O$$

$$SiO_2 + 6HF \xlongequal{} H_2SiF_6 + 2H_2O$$

因此，玻璃容器不能盛放浓碱溶液和氢氟酸。

13.3.3 硅酸 (silicic acid) 及其盐

13.3.3.1 硅酸

目前实验发现的硅酸有五种：$SiO_2 \cdot 3.5H_2O$、$SiO_2 \cdot 2H_2O$（即 H_4SiO_4，正硅酸）、$SiO_2 \cdot 1.5H_2O$（即 $H_6Si_2O_7$，焦硅酸）、$SiO_2 \cdot H_2O$（即 H_2SiO_3，偏硅酸）及 $SiO_2 \cdot 0.5H_2O$（即 $H_2Si_2O_5$ 二偏硅酸）。但通常人们习惯用 H_2SiO_3 和 $MSiO_3$ 表示硅酸和硅酸盐。

H_2SiO_3 是二元弱酸（$K_1^{\ominus}=4.2\times10^{-10}$，$K_2^{\ominus}=1.0\times10^{-12}$），和碱反应生成硅酸钠，在强碱性溶液中（pH≥14 时），主要以 SiO_3^{2-} 的形式存在；当 pH 在 11～13.5 之间时，主要以 $Si_2O_5^{2-}$ 存在；pH<11 缩合成较大的同多酸根离子；pH 再低时，则以硅酸凝胶析出；当 pH=5.8 时，胶凝速率最快。

在 0℃、pH=2～3 的水溶液中，$SiCl_4$ 水解可以得到 $0.1mol \cdot dm^{-3}$ 的 H_4SiO_4 溶液：

$$SiCl_4 + 4H_2O \xlongequal{} H_4SiO_4 + 4HCl$$

常温下，用 80%以上的硫酸与粉体 Na_2SiO_3 反应可以得到 H_2SiO_3 溶液：

$$Na_2SiO_3 + H_2SO_4 \xlongequal{} H_2SiO_3 + Na_2SO_4$$

13.3.3.2 硅酸盐

除 Na_2SiO_3 和 K_2SiO_3 易溶于水外，其他绝大多数硅酸盐难溶于水。工业上最常用的硅酸盐就是 Na_2SiO_3，其水溶液俗称为“泡花碱”或“水玻璃”。Na_2SiO_3 只能存在于碱性溶液中，遇到酸性物质就会生成硅酸：

$$SiO_3^{2-} + 2CO_2 + 2H_2O \xlongequal{} H_2SiO_3 + 2HCO_3^-$$

$$SiO_3^{2-} + 2NH_4^+ \xlongequal{} H_2SiO_3 + 2NH_3$$

Na_2SiO_3 常用作黏合剂，主要用来黏合瓦楞纸，也常用作洗涤剂添加物。

无论在水溶液中还是在自然界中，硅酸盐中的硅总是以［SiO_4］四面体的形式存在，如图 13.4 所示。

常见硅酸盐的组成结构为：

① 每个［SiO_4］四面体，Si∶O=1∶4，化学式为 SiO_4^{4-}；

② 两个［SiO_4］以角氧相连，Si∶O=1∶3.5，化学式为 $Si_2O_7^{2-}$，如图 13.5(a) 所示；

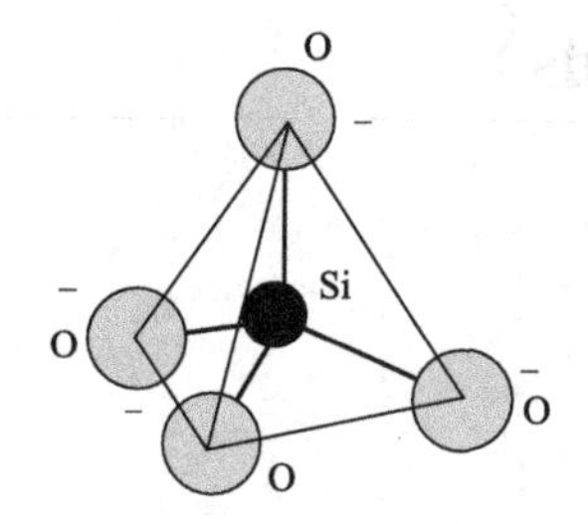

图 13.4 常见的［SiO_4］四面体

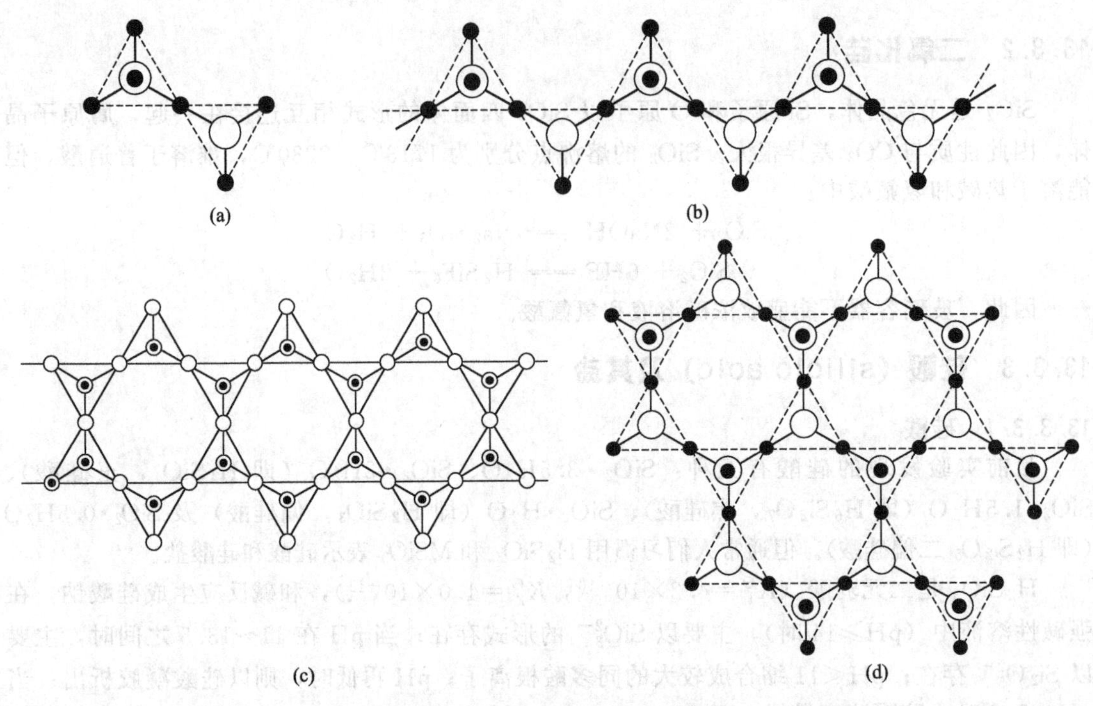

图 13.5　几种硅酸根阴离子的结构

③［SiO_4］以两个角氧分别和另外两个［SiO_4］相连成环状或长链状结构，Si∶O=1∶3，如图 13.5(b) 所示；

④［SiO_4］以角氧构造成双链，Si∶O=4∶11，化学式为 $[Si_4O_{11}]_n^{6n-}$，如图 13.5(c) 所示；

⑤［SiO_4］以三个角氧和其他三个［SiO_4］相连成层状结构，Si∶O=2∶5，化学式为 $[Si_2O_5]_n^{2n-}$，如图 13.5(d) 所示；

⑥［SiO_4］以四个氧和其他四个［SiO_4］相连成骨架状结构，Si∶O=1∶2，化学式为 SiO_2。

人工合成的铝硅酸盐（结构呈三维网络状）称为分子筛。天然沸石与人工合成分子筛都具有多孔多穴结构，具有立方晶格，主要是由硅、铝通过氧桥连接组成空旷的骨架结构，在结构中有很多孔径均匀的孔道和排列整齐、内表面积很大的空穴。此外还含有电价较低而离子半径较大的金属离子和化合态的水。由于水分子在加热后失去，但晶体骨架结构不变，形成了许多大小相同的空腔，空腔又有许多直径相同的微孔相连，这些微小的孔穴直径大小均匀，能把比孔道直径小的分子吸附到孔穴的内部中来，而把比孔道大得分子排斥在外，因而能把形状直径大小不同的分子，极性程度不同的分子，沸点不同的分子，饱和程度不同的分子分离开来。

13.4 锗、锡、铅及其化合物（Germanium，Tin，Lead and Their Compounds）

13.4.1 单质

13.4.1.1 单质的制备

(1) 锗的制备

先将含锗的矿石转化成 $GeCl_4$，经精馏提纯后，$GeCl_4$ 水解成 GeO_2，再用 H_2 在高温下

将 GeO_2 还原为单质 Ge。超纯锗的制备是用区域熔融法，制造半导体的超纯锗的纯度高于 99.99999%。

(2) 锡的制备

矿石经氧化焙烧，使矿石中所含 S、As 变成挥发性物质跑掉，其他杂质转化成金属氧化物。用酸溶解那些可和酸作用的金属氧化物，分离后得 SnO_2，再用 C 高温还原 SnO_2 制备单质 Sn：

$$SnO_2(s) + 2C(s) \xlongequal{\triangle} Sn(l) + 2CO(g)$$

(3) 铅的制备

方铅矿先经浮选，再在空气中焙烧转化成 PbO，然后用 CO 高温还原制备 Pb：

$$2PbS(s) + 3O_2(g) \xlongequal{\triangle} 2PbO(s) + 2SO_2(g)$$

$$PbO(s) + CO(g) \xlongequal{\triangle} Pb(l) + CO_2(g)$$

粗铅经电解精制其纯度可达 99.995%，高纯铅（99.9999%的）仍需用区域熔融获得。

13.4.1.2 单质的性质

(1) 锗

锗应该算作是半金属，晶格结构与金刚石相同，具有灰白色的金属光泽，熔点是 1210K，硬度比较大。常温下锗不与空气中的氧反应，但高温下能被氧气氧化成 GeO_2。锗不与稀盐酸及稀硫酸反应，但能被浓硫酸和浓硝酸氧化成水合二氧化锗（$GeO_2 \cdot nH_2O$）。在碱性溶液中锗能被过氧化氢氧化成锗酸盐。

(2) 锡

锡是银白色的金属，硬度低，熔点为 505K。锡有三种同素异形体：灰锡（α 锡）、白锡（β 锡）及脆锡。在温度低于 286K(13℃）时，白锡可以转化为粉末状灰锡，温度越低，转变速度越快，在 225K(−48℃）时转变速度最快。所以，锡制品长期放置于低温下会毁坏，这就是常说的“锡疫”(tin disease)。当温度高于 434K(161℃）时，白锡可以转化为脆锡。

$$\text{灰锡（α 锡）} \xleftarrow{<286K} \text{白锡（β 锡）} \xrightarrow{>434K} \text{脆锡}$$

常温下，由于锡表面有一层保护膜，所以在空气和水中都能稳定存在。镀锡的铁皮俗称马口铁，常用来制作水桶、烟筒等民用品。锡还常用来制造青铜（Cu-Sn 合金）和焊锡（Pb-Sn 合金）。

锡主要的化学反应有

$$Sn + O_2 = SnO_2$$

$$Sn + 2X_2 = SnX_4 (X=Cl, Br)$$

$$Sn + 2HCl = SnCl_2 + H_2 \uparrow$$

$$3Sn + 8HNO_3(\text{稀}) = 3Sn(NO_3)_2 + 2NO \uparrow + 4H_2O$$

$$Sn + 4HNO_3(\text{浓}) = H_2SnO_3 + 4NO_2 \uparrow + H_2O$$

$$Sn + 2OH^- + 4H_2O = Sn(OH)_6^{2-} + 2H_2 \uparrow$$

(3) 铅

新切开的铅呈银白色，但很快在表面生成碱式碳酸铅保护膜而显灰色；铅的密度很大（$11.35g \cdot cm^{-3}$），可制造铅球、钓鱼坠等；铅的熔点为 601K，主要用来制造低熔点合金，如焊锡、保险丝等；铅属于软金属，用指甲能在铅上刻痕；铅能抵挡 X 射线的穿射，常用来制作 X 射线防护品，如铅板、铅玻璃、铅围裙、铅罐等。铅锑合金用作铅蓄电池的极板。

铅的电极电势 $E^{\ominus}_{Pb^{2+}/Pb} = -0.126V$，按理 Pb 能从稀盐酸和稀硫酸中置换出 H_2，但由于 $PbCl_2$ 和 $PbSO_4$ 难溶于水，附着在 Pb 的表面阻碍反应继续进行，并且 H_2 在铅上的超电势较大，因此，铅难溶于稀盐酸和稀硫酸。

铅易与稀硝酸和醋酸反应生成易溶的硝酸盐和醋酸配合物：

$$3Pb + 8HNO(稀) = 3Pb(NO_3)_2 + 2NO\uparrow + 4H_2O$$

$$Pb + 2HAc = Pb(Ac)_2 + H_2\uparrow$$

在醋酸铅溶液中除 $Pb(Ac)_2$ 外还有 $PbAc^+$ 配离子。如果有氧气存在，铅在醋酸中的溶解度会很大。当水中无氧时，Pb 的溶解度很小，只有 $1.5\times10^{-6}mol\cdot dm^{-3}$；当有氧气时，铅在水中溶解度增大，过去用铅管输送饮水曾引起铅中毒。所有可溶铅盐和铅蒸气都有毒，空气中铅的最高允许含量为 $0.15mg\cdot m^{-3}$。如发生铅中毒，应注射 EDTA-HAc 的钠盐溶液，使 Pb^{2+} 形成稳定的配离子从尿中排出而解毒。

Pb 是两性金属，可以溶于浓碱溶液。

$$Pb + OH^- + 2H_2O = Pb(OH)_3^- + H_2\uparrow$$

13.4.2 化合物

13.4.2.1 氧化物和氢氧化物

(1) Sn 的氧化物和氢氧化物

加热 $Sn(OH)_2$ 的悬浊液可得到红色、不稳定的 SnO。Sn 或 SnO 在空气中加热被氧气氧化成浅黄色的 SnO_2，冷却时显白色。

在 Sn(Ⅱ)或 Sn(Ⅳ)的酸性溶液中加 NaOH 溶液生成白色 $Sn(OH)_2$ 沉淀或 $Sn(OH)_4$ 胶状沉淀。

$Sn(OH)_2$ 和 $Sn(OH)_4$ 都是两性氢氧化物，既可溶于酸，也可溶于碱，但前者以碱性为主，后者以酸性为主。

在浓强碱溶液中，$Sn(OH)_3^-$ 部分地歧化为 $Sn(OH)_6^{2-}$ 和浅黑色的 Sn：

$$2Sn(OH)_3^- = Sn(OH)_6^{2-} + Sn\downarrow$$

向 Sn(Ⅳ) 溶液中加碱或通过 $SnCl_4$ 水解都可得到活性的 α-锡酸，反应式如下：

$$SnCl_4 + 6H_2O = \alpha\text{-}H_2Sn(OH)_6\downarrow + 4HCl$$

α-锡酸既可溶于酸溶液，也可溶于碱溶液。

Sn 和浓硝酸作用则只能得到不溶于酸的惰性 β-锡酸 $SnO_2\cdot nH_2O$。β-锡酸既难溶于酸溶液，也难溶于碱溶液。

经高温灼烧过的 SnO_2，不再和酸、碱反应，但却能溶于熔融碱生成锡酸盐。

(2) Pb 的氧化物和氢氧化物

铅的氧化物有 PbO（黄色，俗称密陀僧）、Pb_3O_4（红色，俗称红铅或铅丹）、Pb_2O_3（橙色）、PbO_2（棕色）。转变温度如下：

$$PbO_2 \xrightarrow{\sim600K} Pb_2O_3 \xrightarrow{\sim700K} Pb_2O_3 \xrightarrow{\sim800K} PbO$$

Pb 在空气中加热与氧气反应生成红色 PbO(α 型)，488℃时红色 PbO(α 型) 转化为黄色 PbO(β 型)。

$Pb(Ac)_4$ 水解、Pb_3O_4 和浓硝酸反应、NaOCl 溶液氧化 $Pb(Ac)_2$ 均可得到 PbO_2，其中用 $Pb(Ac)_4$ 水解所得 PbO_2 最纯。

$$Pb(Ac)_4 + 2H_2O = PbO_2\downarrow + 4HAc$$

PbO_2 是强氧化剂，在酸性溶液中能把 Cl^-、Mn^{2+} 氧化成 Cl_2、MnO_4^-

$$PbO_2 + 4HCl = PbCl_2 + Cl_2\uparrow + 2H_2O$$

$$5PbO_2 + 2Mn^{2+} + 4H^+ = 5Pb^{2+} + 2MnO_4^- + 2H_2O$$

Pb_3O_4 和 Pb_2O_3 实际上是 PbO 和 PbO_2 的复合氧化物，也可看作是 $Pb_2[PbO_4]$ 和 Pb$[PbO_3]$。

$Pb(OH)_2$ 是以碱性为主的两性物，溶于酸溶液生成 Pb^{2+}，溶于碱溶液生成 $[Pb(OH)_3^-]$。

13.4.2.2 卤化物

锡、铅的卤化物有 SnX_2、SnX_4、PbX_2、PbF_4 及 $PbCl_4$，其中氯化物最有用。

(1) 氯化锡

市售氯化亚锡是二水合物 $SnCl_2 \cdot 2H_2O$，溶于水生成碱式氯化亚锡Sn(OH)Cl。配制 $SnCl_2$ 溶液时，要加入盐酸防止其水解，同时加入金属锡粒防止 Sn^{2+} 被空气中的氧气氧化。

$SnCl_2$ 是强还原剂，能把 Fe^{3+} 还原成 Fe^{2+}，将 Hg^{2+} 还原为 Hg_2Cl_2 白色沉淀，$SnCl_2$ 过量时，进一步将 Hg_2Cl_2 还原成黑色单质 Hg。

$$2Fe^{3+} + Sn^{2+} \longrightarrow 2Fe^{2+} + Sn^{4+}$$

$$2Hg^{2+} + Sn^{2+} + 8Cl^- \longrightarrow Hg_2Cl_2\downarrow + [SnCl_6]^{2-}$$

$$Hg_2Cl_2 + Sn^{2+} \longrightarrow 2Hg\downarrow + Sn^{4+} + 2Cl^-$$

通 Cl_2 入熔融的 Sn 生成 $SnCl_4$。常温下，$SnCl_4$ 是略带黄色的液体，极易发生水解，能在空气中冒烟，用于制造舞台上的烟雾。常温下，稳定的水合物 $SnCl_4 \cdot 5H_2O$ 是白色不透明、易潮解的固体。

(2) 卤化铅

向 Pb^{2+} 溶液中加入 Cl^- 溶液可得到 $PbCl_2$ 沉淀。$PbCl_2$ 沉淀可溶于热水或高浓度的 Cl^- 溶液中，生成 $PbCl_4^{2-}$。从 $PbCl_2$ 到 $PbBr_2$ 再到 PbI_2，溶解度依次降低。

$PbCl_4$ 是黄色液体，只能在低温下存在，在潮湿空气中因水解而冒烟。

Sn^{2+}、Pb^{2+}、Sn^{4+}、Pb^{4+} 都易与 X^- 形成配合物。其中与 Sn^{2+} 配位时，配位能力为 $F^- \gg Cl^- > Br^-$；与 Pb^{2+} 配位时，配位能力为 $I^- > Br^- > Cl^- \gg F^-$。

13.4.2.3 硫化物

锡、铅的重要硫化物有 SnS（暗棕色）、SnS_2（黄色，俗称金粉）及 PbS（黑色）。

将 H_2S 通入 Sn^{2+} 溶液中生成暗棕色 SnS 沉淀，SnS 能溶于中等浓度的盐酸和多硫化铵溶液中 $(NH_4)_2S_2$ 中，后者生成硫代锡酸盐。

$$SnS + 2H^+ + 4Cl^- \longrightarrow SnCl_4^{2-} + H_2S\uparrow$$

$$SnS + S_2^{2-} \longrightarrow SnS_3^{2-}$$

SnS 在空气中加热被氧化成 SnO_2。

将 H_2S 通入 Sn(Ⅳ)溶液生成 SnS_2 沉淀，加热时 Sn 和 S 直接反应也生成 SnS_2。前一 SnS_2 溶于中等浓度的热盐酸，后一 SnS_2 难溶于酸。

活性 SnS_2 两性偏酸性，能溶于浓盐酸，也能和硫化钠溶液或碱液反应而溶解：

$$SnS_2 + 4H^+ + 6Cl^- \longrightarrow SnCl_6^{2-} + 2H_2S\uparrow$$

$$SnS_2 + S^{2-} \longrightarrow SnS_3^{2-}$$

$$3SnS_2 + 6OH^- \longrightarrow 2SnS_3^{2-} + Sn(OH)_6^{2-}$$

将 H_2S 通入 Pb^{2+} 溶液生成黑色 PbS 沉淀。PbS 能溶于中等浓度以上的盐酸和稀硝酸，但不与 S^{2-} 或多硫化物溶液反应。

$$PbS + 2H^+ + 4Cl^- \longrightarrow PbCl_4^{2-} + H_2S\uparrow$$

$$3PbS + 2NO_3^- + 8H^+ \longrightarrow 3Pb^{2+} + 3S\downarrow + 2NO\uparrow + 4H_2O$$

晶体 PbS 可用作半导体材料，当 S 过剩时，为 p 型半导体；反之若 Pb 过剩，则为 n 型半导体。

13.4.2.4 其他盐

① $Pb(NO_3)_2$ 和 $Pb(Ac)_2 \cdot 3H_2O$　硝酸铅是工业生产的主要铅盐。Pb 或 PbO 和 HNO_3 作用就可生成 $Pb(NO_3)_2$。

PbO 溶于 HAc 后再蒸发结晶就可得到 $Pb(Ac)_2 \cdot 3H_2O$ 晶体。$Pb(Ac)_2 \cdot 3H_2O$ 极易溶于水，1g 冷水能溶解 0.6g $Pb(Ac)_2 \cdot 3H_2O$，1g 沸水能溶解 2g $Pb(Ac)_2 \cdot 3H_2O$。$Pb(Ac)_2 \cdot 3H_2O$ 有甜味，所以俗称为铅糖。

$Pb(Ac)_2$ 溶液易吸收空气中的 CO_2 生成白色 $PbCO_3$ 沉淀。

② $PbSO_4$　在溶液中 Pb^{2+} 与 SO_4^{2-} 反应生成白色 $PbSO_4$ 沉淀，$PbSO_4$ 难溶于水，但能溶于浓硫酸、硝酸、醋酸和饱和醋酸铵溶液中。

$$PbSO_4 + H_2SO_4 \longrightarrow Pb(HSO_4)_2$$

$$PbSO_4 + 2HNO_3 \longrightarrow H_2SO_4 + Pb(NO_3)_2$$

$$PbSO_4 + 3Ac^- \longrightarrow Pb(Ac)_3^- + SO_4^{2-}$$

③ $PbCrO_4$　黄色 $PbCrO_4$ 是重要的黄色颜料，俗称铬黄。在分析化学上常用铬黄的生成来鉴定溶液中的 Pb^{2+}。$PbCrO_4$ 与黄色 $BaCrO_4$ 及黄色 $SrCrO_4$ 的溶解性差别列于表 13.2中。

表 13.2　$PbCrO_4$、$BaCrO_4$、$SrCrO_4$ 的溶解性差别

项目	$PbCrO_4$	$BaCrO_4$	$SrCrO_4$
强酸	溶	溶	溶
碱	溶	不溶	不溶
HAc	不溶	不溶	溶

④ $2PbCO_3 \cdot Pb(OH)_2$　碱式碳酸铅 $2PbCO_3 \cdot Pb(OH)_2$ 是常用的白色颜料，主要用在油漆、涂料、造纸中。向含有 Pb^{2+} 的溶液中加入可溶性碳酸盐，就可生成 $2PbCO_3 \cdot Pb(OH)_2$。

$$3Pb^{2+} + 2H_2O + 2CO_3^{2-} \longrightarrow 2PbCO_3 \cdot Pb(OH)_2 \downarrow$$

⑤ 铅的有机化合物

$$Na_4Pb(\text{钠铅合金}) + 4C_2H_5Cl \longrightarrow Pb(C_2H_5)_4 + 4NaCl$$

四乙基铅（tetraethyl lead）是汽油抗震剂（antiknock agent），其 $\Delta_f H_m^\ominus = 217.6\text{kJ} \cdot \text{mol}^{-1}$，但在常温下尚能稳定存在。由于用 $Pb(C_2H_5)_4$ 作为汽油抗震剂，汽油燃烧后的废气中含有铅的化合物，污染环境，已开发出不含铅的抗震剂，称为无铅汽油。

习　题

13.1　单质碳有几种同素异形体？试比较它们的结构和性质特点。

13.2　野外作业时常用硅粉与烧碱溶液作用制备少量氢气，而很少用锌粒与稀盐酸或稀硫酸作用的方法。为什么？

13.3　单质硅虽然结构类似于金刚石，但其熔点、硬度却比金刚石差。为什么？

13.4　锡疫是怎么回事？

13.5　炭火炉烧得炽热时，泼少量水的瞬间炉火烧得更旺，为什么？

13.6　加热条件下，为什么 Si 易溶于 NaOH 溶液和 HF 溶液，而难溶于 HNO_3 溶液？

13.7　C 和 O 的电负性差较大，但 CO 分子的偶极矩却很小。为什么？

13.8　为什么铅能耐稀硫酸和稀盐酸的腐蚀？铅能耐浓硫酸和浓盐酸的腐蚀吗？

13.9　碳和硅为同族元素，但碳的氢化物种类比硅的氢化物种类多得多。试根据各自的成键情况加以解释。

13.10　N_2 和 CO 是等电子体且具有相同的成键情况和相似的分子结构，但 CO 是极强的配位体，而 N_2 的配位能力却很差。为什么？

13.11　为什么 Sn 与盐酸作用生成 $SnCl_2$，而 Sn 与 Cl_2 作用，即使 Sn 过量也会生成 $SnCl_4$？

13.12　如何配制 $SnCl_2$ 溶液？配制好的溶液放置久了其组成有何变化？

13.13　氢氟酸是弱酸，盐酸是强酸。为什么 SiO_2 易溶于氢氟酸而难溶于盐酸？

13.14　为什么 CCl_4 难水解，而 $SiCl_4$、BCl_3、NCl_3 却易水解？

13.15　常温下 SiF_4 为气态，$SiCl_4$ 为液态；而 SnF_4 为固态，$SnCl_4$ 为液态。为什么？

13.16　C、Si、H 的电负性（鲍林）依次为 2.5、1.8、2.1。请说明 CH_4 与 SiH_4 成键的区别。

13.17　SiH_3Cl、SiH_2Cl_2 可以由 SiH_4 与 HCl 在 $AlCl_3$ 催化下反应得到，而 CH_3Cl、CH_2Cl_2 却是由 CH_4 与 Cl_2 反应得到，不能用 CH_4 与 HCl 反应制备。为什么？

13.18　常温时，$PbCl_2$ 在盐酸中的溶解度随盐酸浓度的增大先逐渐减小后又逐渐增大。试说明原因。

13.19　在 CO_2 水溶液中有哪些分子和离子？常温常压下能否得到 $1mol \cdot dm^{-3}$ 的碳酸溶液？

13.20　设计一实验证实 Pb_3O_4 中 Pb 的氧化态。

13.21　如何证明 PbO_2 是普通氧化物而 BaO_2 是过氧化物？

13.22　除杂：

(1) 除去 H_2 中少量的 CO；

(2) 除去 CO 中少量的 CO_2；

(3) 除去 CO 中少量的 N_2；

(4) 除去 CO_2 中少量的 SO_2。

13.23　根据电极电势说明铅蓄电池的充放电原理。

13.24　用四种方法鉴别 $SnCl_4$ 和 $SnCl_2$ 溶液。

13.25　由 $SiCl_4$ 的水解性质可以推测 $SiCl_4$ 的氨解和醇解性质，试写出 $SiCl_4$ 的氨解和醇解反应方程式。

13.26　如何制备 α-锡酸和 β-锡酸？

13.27　为什么防毒面罩里的活性炭能吸附 Cl_2，但却能让 O_2 通过？

13.28　讨论 CO_2 的工业制法和实验室制法。工业生产的 CO_2 气体中常含有 CO、O_2、N_2、H_2O、H_2S、SO_2 等杂质，设计一提纯的方案。

13.29　加热白色固体 A 得黄色固体 B 和无色气体 C。B 溶于硝酸得无色溶液 D，向 D 中加入 K_2CrO_4 溶液得黄色沉淀 E。向 D 中加入 NaOH 溶液至碱性，有白色沉淀 F 生成，NaOH 过量时白色沉淀 F 溶解得无色溶液。将气体 C 通入石灰水中产生白色沉淀 G，将 G 投入酸中，又有气体 C 放出。试确定 A、B、C、D、E、F、G、H 各代表何物，写出有关的化学反应方程式。

13.30　14mg 某黑色固体 A 与热浓的烧碱溶液作用产生无色气体 B $22.4cm^3$（标准状况）。燃烧 A 的产物为白色固体 C，C 与氢氟酸作用能生成一无色气体 D。将 D 通入水中可生成白色沉淀 E 和溶液 F。用适量的烧碱溶液处理 E 可得溶液 G。G 中加入氯化铵溶液则 E 重新沉淀。溶液 F 中加入过量氯化钠时，得一无色晶体 H。试确定 A、B、C、D、E、F、G、H 各代表何物，写出有关的化学反应方程式。

13.31　金属 A 与过量的干燥氯气共热反应生成无色液 B，B 又可与金属 A 作用转化为固体 C。将 B 溶于盐酸后通入 H_2S 气体得黄色沉淀 D，D 可溶于 Na_2S 溶液得无色溶液 E。将 C 溶于稀盐酸后加入适量 $HgCl_2$ 有白色沉淀 F 生成。向 C 的盐酸溶液中加入适量 NaOH 溶液有白色沉淀 G 生成。G 溶于过量 NaOH 溶液得无色溶液 H。向 H 中加入 $BiCl_3$ 溶液有黑色沉淀 I 生成。试确定 A、B、C、D、E、F、G、H、I 各代表何物，写出有关的化学反应方程式。

13.32　灰色金属 A 溶于浓硝酸得无色溶液 B 和红棕色气体 C。将溶液 B 蒸发结晶可得无色晶体，该晶体加热分解可得黄色固体 D 和红棕色气体 C。D 溶于硝酸后又得到溶液 B。碱性条件下 B 与次氯酸钠溶液作用得黑色沉淀 E，E 不溶于硝酸。将 E 加入盐酸有白色沉淀 F 和气体 G 生成，G 可使湿润的淀粉碘化钾试纸变蓝，F 可溶于过量的氯化钠溶液得无色溶液 H。向 H 中加入 KI 溶液有黄色沉淀 I 生成。试确定 A、B、C、D、E、F、G、H、I 各代表何物，写出有关的化学反应方程式。

13.33　分离并检出下列各溶液中的离子。

(1) Pb^{2+}、Mg^{2+}、Ag^{+}；

(2) Pb^{2+}、Sn^{2+}、Ba^{2+}；

(3) Mg^{2+}、Bi^{3+}、Sn^{2+}、Ag^{+}。

13.34　电解锡产生的阳极泥中含铅的质量分数为 60%～70%，怎样利用氯化后的阳极泥（主要为 $PbCl_2$）制备 PbO_2？

13.35　完成并配平下列化学反应方程式。

(1) 用烧热的铅除去酒中含有的醋酸；

(2) 用氢氟酸溶液刻蚀玻璃；

(3) 用氟化氢气体刻蚀玻璃；

(4) 铬黄的制备反应；

(5) 铅丹溶于过量的氢碘酸；

(6) 用高氯酸清除人造金刚石中剩余的石墨；

(7) 锡溶于浓硝酸；

(8) 双氧水清洗油画翻新；

(9) 氯化亚汞溶于氯化亚锡溶液；

(10) 氯化钯溶液检验氢气中的一氧化碳；

(11) 将二氧化碳通入泡花碱溶液；

(12) 硫化锗溶于过硫化铵溶液；

(13) 亚锡酸钠溶液加入硝酸铋溶液；

(14) 二氧化铅溶于浓盐酸；

(15) 铅丹溶于硝酸。

第 14 章 硼族元素

Boron Family Elements

元素周期表中ⅢA 族包括硼（B，boron）、铝（Al，aluminium）、镓（Ga，gallium）、铟（In，indium）、铊（Tl，thallium）五种元素，统称硼族元素。其中铝在地壳中的含量仅次于氧和硅列第三位，镓、铟、铊则属于稀散元素。本章主要讨论硼、铝及其化合物。

14.1 硼族元素的通性（General Characteristics of Boron Family Elements）

14.1.1 硼族元素的性质

硼族元素的基本性质可参见表 14.1。

表 14.1 硼族元素的基本性质

性　质	B	Al	Ga	In	Tl
原子序数	5	13	31	49	81
相对原子质量	10.81	26.98	69.72	114.82	204.38
外围电子构型	$2s^2 2p^1$	$3s^2 3p^1$	$4s^2 4p^1$	$5s^2 5p^1$	$6s^2 6p^1$
单质熔点/℃	2177	600.3	29.78	156.6	303.3
熔化热/$kJ \cdot mol^{-1}$	22.2	10.7	5.6	3.3	4.3
单质沸点/℃	3658	2467	2403	2080	1453
汽化热/$kJ \cdot mol^{-1}$	538.9	293.7	256.1	226.4	162.1
电子亲合能/$kJ \cdot mol^{-1}$	23	44	36	34	50
第一电离能/$kJ \cdot mol^{-1}$	800.6	577.6	578.8	558.3	589.3
电负性(Pauling)	2.04	1.61	1.81(Ⅲ)	1.78	2.04(Ⅲ)
单质密度/$g \cdot cm^{-3}$(20℃)	2.5	2.699	5.907	7.31	11.85
$M^{3+} + 3e^- = M, E^{\ominus}/V$	−0.87①	−1.66	−0.529	−0.338	0.72
$M^{+} + e^- = M, E^{\ominus}/V$	—	—	—	−0.126	−0.336

① 对应反应为：$B(OH)_3 + 3H^+ + 3e^- \longrightarrow B + 3H_2O$

可以看出，硼族元素的性质大都呈现出规律性的变化，但也有些异常现象。电子亲和能的异常变化与卤素、氧族元素、氮族元素以及碳族元素类似，这是由于第二周期元素原子半径太小导致；Tl 第一电离能和电负性异常大的原因是其 $6s^1$ 的惰性电子对效应较大。

硼族元素的价层电子构型为 ns^2np^1，第一电离势小于前一族元素，原子半径有一突变。由于硼族元素的价电子数少于价电子层轨道数，故称为“缺电子原子”。这些元素的电负性大，要失去价电子层上的 1 个 p 电子成为正离子时比较困难，它们倾向于将 s 电子激发到 p 轨道而形成较多的共价键，所以硼的常见氧化态为+3。

硼失去 3 个电子的总电离势很高（6887.4kJ/mol），所以硼不存在离子化合物，只能通过共用电子形成共价化合物。而从铝到铊各元素的原子半径、电离势彼此相差不大，却同硼原子的差别很大，它们可以失去1个乃至3个电子形成离子键，但+3价的化合物有一定程度共价性，如 $AlCl_3$ 是共价化合物。对于铊，+1价的化合物是稳定离子化合物，但+3价的铊电负性大，离子极化作用大，其化合物多为共价化合物，且不稳定，是强氧化剂，这是 $6s^2$ 惰性电子对效应的结果。由此可见，本族元素稳定氧化数变化规律是：从硼到铊高氧化数（+3）稳定性由大到小，而低氧化数（+1）稳定性由小到大。

由于镓是第四周期元素，在它前面紧接十种含 d 电子的元素（Sc—Zn），d 电子云分布弥散，使有效核电荷增大，导致镓的原子共价半径缩小到和上周期的铝原子相同，电离势等性质也相近，而与第五周期的铟相差较大，出现了规律性中的差异性。这种现象同样出现在本族第六周期的铊上，只是因为 f 电子云分布弥散，使铊的有效核电荷增大，致使许多性质和第五周期的铟相差不大。这种同一族元素性质自上而下呈现规律性变化的同时，二、四、六周期元素性质出现差异性的现象，称为元素性质的第二周期性或次级周期性。

硼族元素的电势图如下：

$E_A^\ominus$/V（酸性溶液中）

$H_3BO_3 \xrightarrow{-0.73} B$

$Al^{3+} \xrightarrow{-1.66} Al$

$Ca^{3+} \xrightarrow{-0.65} Ga^{2+} \xrightarrow{-0.45} Ga$

$In^{3+} \xrightarrow{-0.45} In^{2+} \xrightarrow{-0.35} In^{+} \xrightarrow{-0.25} In$（$In^{3+}$ 至 In：-0.34）

$Tl^{3+} \xrightarrow{1.25} Tl^{+} \xrightarrow{-0.336} Tl$

$E_B^\ominus$/V（碱性溶液中）

$B(OH)_4^- \xrightarrow{-2.5} B$

$Al(OH)_3 \xrightarrow{-2.31} Al$

$Ga(OH)_4^- \xrightarrow{-1.22} Ga$

$In(OH)_3 \xrightarrow{-1.0} In$

$Tl(OH)_3 \xrightarrow{-0.05} TlOH$

14.1.2 硼族元素的成键特点

硼族元素形成的+3氧化态的共价化合物，由于成键的电子对数少于中心原子的价键轨道数，比稀有气体构型缺少一对电子，被称为“缺电子化合物”。它们属于典型的 Lewis 酸，有非常强的继续接受电子对的能力。缺电子原子在形成共价键时，往往通过形成多中心键（即较多中心原子靠较少电子结合起来的一种离域共价键）的方式来弥补成键电子的不足，分子自身的聚合以及和电子对给予体形成稳定的配合物等。

例如 BF_3 很容易与具有孤电子对的氨形成配合物；两个气态 $AlCl_3$ 分子借“氯桥”形成二聚合分子，“氯桥”中的氯原子提供孤电子对与铝原子的空轨道形成配位键，如图14.1所示。

图14.1 BF_3 和 $AlCl_3$ 的成键示意图

B、C、Si 与 H、O 原子形成的单键及各原子自成单键的键能如下：

	B—H	C—H	Si—H	B—O	C—O	Si—O	B—B	C—C	Si—Si
$E_b^\ominus$/kJ·mol^{-1}	389	411	318	561	358	452	293	346	222

可见，B—O键异常稳定，所以在自然界硼主要以含氧化物存在；虽然B—B、B—H键的键能比Si—Si、Si—H键大，但比C—C、C—H键要小，因此硼烷虽有一定数量，但少于碳烷多于硅烷。

Al、Ga、In、Tl 主要以＋3 氧化态的形式成键。由于惰性电子对效应，$E^{\ominus}_{Tl^{3+}/Tl^{+}}$ = 1.25V，＋3 氧化态的铊电负性大，离子相互极化作用大，其化合物多为共价化合物。

14.1.3 硼族元素在自然界中的存在形式

B 在自然界中主要有两种矿物：$Na_2B_4O_5(OH)_4 8H_2O$，俗名硼砂，在我国主要储藏在西藏地区；$Mg_2B_2O_5 \cdot H_2O$，俗名硼镁矿，在我国东北地区有一定储藏。

Al 在自然界中主要有以下三种存在形式：

① 氧化铝，如铝矾土，$Al_2O_3 \cdot nH_2O$；刚玉 Al_2O_3。

② 冰晶石 Na_3AlF_6。

③ 硅铝酸盐矿，如云母、长石等。

Ga、In、Tl 属稀有分散元素，在某些硫化物矿中会含有少量 Ga、In、Tl，如闪锌矿 ZnS 中含有 Ga、方铅矿 PbS 中含有 In、黄铁矿 FeS_2 中含有 Tl。

14.2 硼族元素的单质（Simple Substance of Boron Family Elements）

14.2.1 硼族元素单质的制备

14.2.1.1 单质硼的制备

工业上从硼镁矿制备单质硼有酸法和碱法两种方法，酸法是直接用浓硫酸溶解硼镁矿，生成硼酸沉淀，再过滤分离得到硼酸，硼酸加热分解得到 B_2O_3，再用镁还原得到单质硼。碱法如下：

① 用烧碱溶液浸取硼镁矿。

$$Mg_2B_2O_5 \cdot H_2O + 2NaOH = 2NaBO_2 + 2Mg(OH)_2 \downarrow$$

② 过滤除去 $Mg(OH)_2$ 和其他难溶杂质，然后向滤液中通入 CO_2 调节溶液 pH 使 AlO_2^-、CrO_2^- 等沉淀为氢氧化物。

$$4NaBO_2 + CO_2 + 10H_2O = Na_2B_4O_7 \cdot 10H_2O + Na_2CO_3$$

③ 过滤并将滤液浓缩重结晶得到硼砂，后用 H_2SO_4 处理使硼砂转化为难溶于水的硼酸。

$$Na_2B_4O_7 + H_2SO_4 + 5H_2O = 4H_3BO_3 \downarrow + Na_2SO_4$$

④ 过滤、洗涤、晾干硼酸晶体，高温下用单质镁还原硼酸制得粗硼。

$$B_2O_3 + 3Mg = 2B + 3MgO$$

为什么要用镁而不用碳、氢或铝还原硼酸呢？是由于B—O 键的键能特别大，从热力学上计算可知用碳或氢还原硼酸制备单质硼是不可能的，而用 Al 还原生成高熔点的 Al_2O_3 难以分离，况且会有 AlB_{12} 生成影响了硼的含量和产量。

用上述方法制得的硼含量在 95%～98%，需再用 NaOH、HCl 等处理提纯。

高纯硼的制备可用下列方法：

$$2BI_3 \xlongequal{\triangle} 2B + 3I_2$$

在钨丝或钽丝上：$2BBr_3 + 3H_2 \xlongequal{1200\sim1400℃} 2B + 6HBr$

14.2.1.2 单质铝的制备

在工业上主要由铝矾土制备单质Al。

① 用烧碱溶液浸取铝矾土：

$$Al_2O_3 + 2NaOH + 3H_2O \xlongequal{\quad} 2NaAl(OH)_4$$

② 过滤除去含铁、钛、钒等元素的难溶杂质，然后向滤液中通入CO_2：

$$NaAl(OH)_4 + CO_2 \xlongequal{\quad} Al(OH)_3\downarrow + NaHCO_3$$

③ 过滤、洗涤、干燥氢氧化铝，灼烧使其分解得到Al_2O_3：

$$2Al(OH)_3 \xlongequal{灼烧} Al_2O_3 + 3H_2O$$

④ 在高温下电解由Al_2O_3、冰晶石Na_3AlF_6（2%～8%）及助熔剂萤石CaF_2（约10%）的混合熔液制得单质铝：

$$2Al_2O_3 \xlongequal[电解]{960\sim980℃} 4Al + 3O_2$$

电解槽为铁的外壳，里面是用耐火砖砌成的绝热层和碳衬里（兼作阴极），用大块的石墨作阳极，如图14.2所示。电解时在阳极产生的O_2使石墨电极燃烧而消耗，故需要把它逐渐下降。阳极产物除O_2、CO、CO_2外，同时还生成少量的F_2和CF_4。电解熔体的表面被电解质的硬壳所覆盖，起保温作用，但在周期地加入Al_2O_3和少量的冰晶石时必须敲开硬壳。电解时电压为5V，电流强度为60000A，每电解出1t金属铝要消耗约2×104kW·h的电和700kg的石墨，因此需不断更换阳极，同时要不断补充Al_2O_3。电解铝的纯度一般为98%～99%，杂质主要有Si、Fe和微量的Ga。

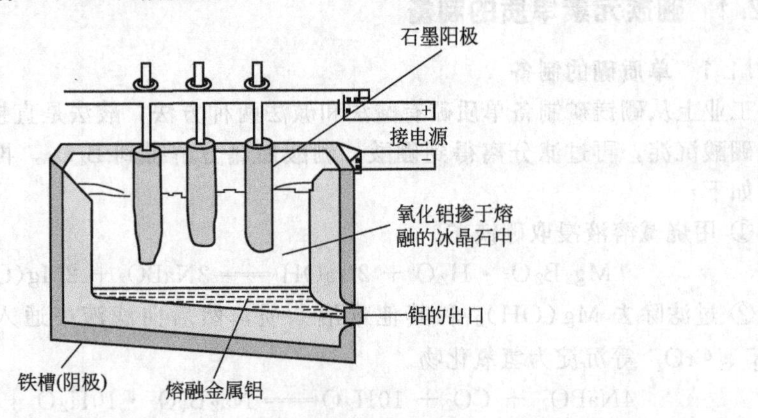

图14.2 电解制铝示意图

14.2.1.3 单质镓的制备

镓是分散元素，通常以提取Al或Zn的"废弃物"为原料。如在用碱处理铝矾土（一般铝矾土中只含0.003%的Ga）时，镓转化为可溶的$Ga(OH)_4^-$。由于$Ga(OH)_3$的酸性强于$Al(OH)_3$，因此在通CO_2时，$Al(OH)_4^-$先于$Ga(OH)_4^-$和CO_2作用生成$Al(OH)_3$沉淀。$Al(OH)_3$于pH=10.6时沉淀，而$Ga(OH)_3$开始沉淀的pH=9.7，控制pH值可使$Al(OH)_3$沉淀而$Ga(OH)_4^-$仍留在溶液中。这样$Ga(OH)_4^-$就在溶液中富集，最后可得含0.2% Ga_2O_3（相当于0.15%的Ga）的Al_2O_3。

单质镓可通过电解$Ga(OH)_3$的烧碱熔液制得，反应式如下：

阴极 $$Ga(OH)_4^- + 3e \xlongequal{\quad} Ga + 4OH^-$$

因铝不干扰镓的电解，故可得液态的金属镓。

煤燃烧后集得的烟道灰富集有镓和锗。将烟道灰氯化，可得$GeCl_4$和$GaCl_3$，蒸馏出$GeCl_4$后，在盐酸介质中用磷酸三丁酯（TBP）萃取，分离Fe、Mo、V等杂质后，在碱性介质中电解镓酸钠溶液也可得到金属镓。

将电解所得的粗镓经酸碱处理或制成三氯化镓进行区域熔融，再电解其碱溶液，可将镓提纯至99.999%以上。镓的很多宝贵的特性都与其纯度有关。

14.2.1.4 单质铟的制备

将提取过锌的闪锌矿残渣用硫酸浸取，酸浸取液经中和后投入锌片，铟就沉积在锌片上，用极稀的硫酸溶去锌，将不溶杂质溶于硝酸，再加入 $BaCO_3$ 便沉淀出氧化铟，在高温下用氢还原为金属铟。

工业铟的纯度一般为99.5%，主要杂质有锡、镉、锌、铋和铊，经过化学处理、电解、真空蒸馏，可提纯至99.9999%。

14.2.1.5 单质铊的制备

铊主要是从硫化物矿焙烧的烟道灰中提取的，可用热水或稀硫酸浸取，再制成氯化亚铊或还原为金属。粗铊常含有铅、锌、镍等杂质，用热的稀硫酸溶解铊，稍加稀释除去硫酸铅，再用盐酸和热的稀硫酸反复沉淀和溶解，将铊进一步提纯，最后电解为金属。

14.2.2 硼族元素单质的性质

14.2.2.1 铝

铝质轻，导电性、导热性良好，主要用来制造炊具、电线、飞机等。

铝在燃烧时可以放出大量的热：

$$4Al + 3O_2 \longrightarrow 2Al_2O_3 \qquad \Delta_r H_m^{\ominus} = -3339 kJ \cdot mol^{-1}$$

因此，常用铝来还原其他金属的氧化物制备金属单质，称为铝热法，如

$$2Al(s) + Cr_2O_3(s) \longrightarrow Al_2O_3 + 2Cr(s) \qquad \Delta_r H_m^{\ominus} = -541 kJ \cdot mol^{-1}$$

焊接钢轨时，就是用铝与铁的混合物通过燃烧反应放出大量热，使钢轨熔化焊接在一起。

铝属两性金属，既可与酸反应也可与碱反应：

$$2Al + 2NaOH + 6H_2O \longrightarrow 2NaAl(OH)_4 + 3H_2\uparrow$$

但浓、冷的浓 H_2SO_4 及浓 HNO_3 可使其钝化，因此可用铝罐储运浓硝酸。

除活泼非金属外，在高温下铝也可以与众多的非金属，如B、Si、O、P、As、S、Se、Te、C等反应生成相应的化合物。在2000℃铝和碳反应生成浅黄色的 Al_4C_3：

$$4Al + 3C \longrightarrow Al_4C_3 \qquad \Delta_r G_m^{\ominus} = -211.3 kJ \cdot mol^{-1} \qquad \Delta_r H_m^{\ominus} = -3339 kJ \cdot mol^{-1}$$

通常情况下，铝的表面有一层氧化物保护膜，最厚的保护膜可达10nm。但氧化铝保护膜可被NaCl和NaOH溶液腐蚀。露出的铝层若被 $HgCl_2$ 腐蚀，可生成长达1～2cm的白色绒毛。

14.2.2.2 硼

硼的熔、沸点很高（m.p=2300℃），晶体硼的硬度为9.5，在单质中仅次于金刚石。α-菱形硼的结构单元为 B_{12}，是正二十面体（icosahedron），每个B原子和5个B原子相连，d(B—B)= 177pm（见图14.3）。

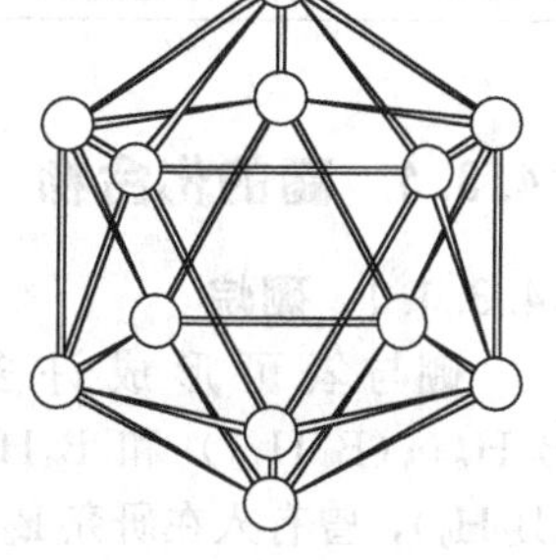
图14.3 B12的正二十面体结构

常温下，B和 F_2 反应，加热时B和 Cl_2、Br_2、I_2 反应。除 H_2、Te及稀有气体外，B能直接和所有的非金属反应，也能与许多金属反应生成硼化物，如 MB_6（M为Ca、Sr、Ba、La）。

B只能和有氧化性的酸反应。1∶1的热硝酸能把B氧化成硼酸。浓硝酸和30%的 H_2O_2、浓硫酸和铬酸（H_2CrO_4）的混合溶液等都能将B氧化成硼酸。但碱溶液和熔融碱（<500℃）都难以与B直接反应。

$$B + O_2 \xrightarrow{\triangle} B_2O_3$$

$$B + Cl_2 \xrightarrow{\triangle} BCl_3$$

$$B + N_2 \xrightarrow{\triangle} BN$$

$$B + H_2O(g) \xrightarrow{\triangle} B(OH)_3 + H_2$$

$$B + H_2SO_4(浓) \xrightarrow{\triangle} B(OH)_3 + SO_2$$

$$B + HNO_3(浓) \xrightarrow{\triangle} B(OH)_3 + NO_2$$

高温下当有氧化剂存在时，硼与 NaOH 熔液反应：

$$2B + 2NaOH(l) + 3KNO_3 \xrightarrow{\triangle} 2NaBO_2 + 3KNO_2 + H_2O$$

14.2.2.3 镓、铟、铊

镓、铟、铊都是比铅还要软的金属。液态镓的熔沸点差别是所有单质中最大的（m.p=29.78℃，b.p=2403℃）。用液态镓充填在石英管中做成的温度计，测量温区大。已经证实液态镓中有 Ga_2 存在，所以其密度（$6.09g/cm^3$）大于固态镓的密度（$5.94g/cm^3$）。Ga 和 As、Sb 作用生成的 GaAs、GaSb 是优良的半导体材料。

Ga 的性质和 Al 的性质极为相似。Ga 的金属性稍弱于 Al，表面也有一层氧化物保护膜。纯 Ga 和稀酸的作用很慢，但和热 HNO_3、王水或碱液的作用却很快。室温下，Ga 和 O_2 的作用不明显，加热时反应速度加快。

室温下，Ga 和 X_2（I_2 除外）直接反应，加热时 Ga 能和 S、Se、Te、P、As、Sb 作用生成相应的化合物，但不和 H_2 直接反应。

一些常见的化学反应：

$$
\text{Ga、In、Tl} + \begin{cases}
O_2 \xrightarrow{\triangle} M_2O_3 \\
S \xrightarrow{\triangle} M_2S_3 \\
Cl_2 \xrightarrow{\triangle} MCl_3 \\
Br_2 \xrightarrow{\triangle} MBr_3 \\
I_2 \xrightarrow{\triangle} GaI_3、InI_3、TlI \\
HCl(aq) \longrightarrow GaCl_3、InCl_3、TlCl + H_2 \\
HNO_3(稀) \xrightarrow{\triangle} Ga(NO_3)_3 + NO + H_2O \\
NaOH \xrightarrow{\triangle} NaGa(OH)_4 + H_2
\end{cases}
$$

14.3 硼族元素的化合物（Compounds of Boron Family Elements）

14.3.1 硼的化合物

14.3.1.1 硼烷

硼与氢可形成许多共价型氢化物，按组成可分为两大系列，通式分别为：B_nH_{n+6}（B_4H_{10}）和 B_nH_{n+4}（B_2H_6，B_5H_9，B_6H_{10}），称为硼烷。最简单的硼烷是乙硼烷（B_2H_6），曾有人在研究 B_2H_6 的反应时，测到过分子量符合 BH_3 的基团但未得到 BH_3 的实物。

（1）硼烷的成键结构

以乙硼烷为例，其成键结构如图 14.4 所示。

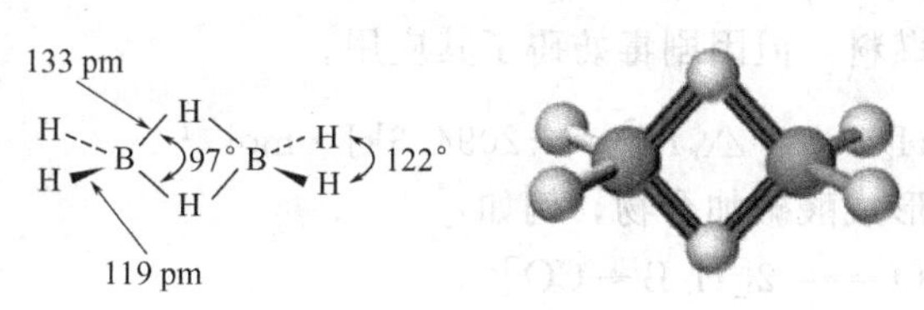

图 14.4　乙硼烷的成键结构

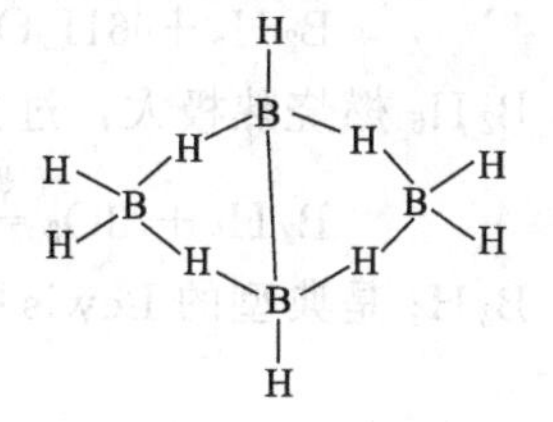

图 14.5　丁硼烷的成键结构

其中 2 个 B 原子和 4 个 H 原子在同一平面上，另外 2 个 H 原子，1 个在平面之上，1 个在平面之下。B 原子采取 sp^3 杂化和同一平面上的 4 个 H 原子形成正常的 σ 键，键长为 119pm；平面上下的 2 个 H 原子分别与 2 个 B 原子形成三中心两电子 σ 键，表示为 3c－2e 键，键长均为 133pm。

硼烷的成键结构很复杂，Lipscomb 将其归纳为五种类型：

① 正常 B—H σ 键；

② B—H—B 3c－2e 键；

③ 正常 B—B σ 键；

④ B—B—B 3c－2e 键；

⑤ 闭合式 B B / B（Y 形）键。

丁硼烷的成键结构如图 14.5 所示。

(2) 硼烷的制备

自然界中没有天然的硼烷，硼烷也不能通过硼和氢直接化合制得，而要通过间接途径。B_2H_6 的制备方法有如下几种：

质子置换法

$$2BMn + 6H^+ \xlongequal{} B_2H_6 + 2Mn^{3+}$$

氢化法

$$2BCl_3 + 6H_2 \xlongequal{} B_2H_6 + 6HCl$$

负氢离子置换法

$$3LiAlH_4 + 4BF_3 \xlongequal{} 2B_2H_6 + 3LiF + 3AlF_3$$

$$3NaBH_4 + 4BF_3 \xlongequal{\text{二甲基乙醚}} 2B_2H_6 + 3NaBF_4$$

$$3LiAlH_4 + 4BCl_3 \xlongequal{\text{乙醚}} 3LiCl + 3AlCl_3 + 2B_2H_6$$

第三种方法生成的 B_2H_6 的纯度可达 90%～95%。由于 B_2H_6 是一种在空气中易燃、易爆、易水解的剧毒气体，所以制备时必须保持反应处于无氧、无水状态，原料亦需预先干燥，并且做好安全防护工作。

(3) 硼烷的性质

常温下，B_2H_6 和 B_4H_{10}（丁硼烷）为气体，B_5～B_8 为液体，$B_{10}H_{14}$及其他高硼烷都是固体。硼烷多数有毒，有令人不适的特殊气味，且不稳定。空气中，乙硼烷的允许浓度为 0.1×10^{-6}，而 $COCl_2$ 的允许浓度为 1×10^{-6}，HCN 的允许浓度为 10×10^{-6}。

常温常压下，B_2H_6 是无色气体，非常活泼，暴露于空气中易燃烧或爆炸，并放出大量的热；遇水易水解释放出氢气，生成硼酸，并放出大量的热；与 LiH 反应能生成一种比 B_2H_6 的还原性更强的还原剂硼氢化锂 $LiBH_4$。$LiBH_4$ 为白色盐型氢化物，溶于水或乙醇，无毒，化学性质稳定。广泛用于有机合成，是重要的还原剂和氢化试剂。

$$B_2H_6 + 6H_2O = 2H_3BO_3 + 6H_2 \qquad \Delta_r H_m^{\ominus} = -510\text{kJ} \cdot \text{mol}^{-1}$$

B_2H_6 燃烧热极大，过去常用作火箭燃料，但因剧毒妨碍了其应用。

$$B_2H_6 + 3O_2 \xlongequal{\text{燃烧}} B_2O_3 + 3H_2O \qquad \Delta_r H_m^{\ominus} = -2094.3\text{kJ} \cdot \text{mol}^{-1}$$

B_2H_6 是典型的 Lewis 酸，可以和碱形成酸碱加合物，例如：

$$B_2H_6 + 2CO = 2[H_3B \leftarrow CO]$$

14.3.1.2 硼的含氧化合物

由于硼与氧形成的B—O键键能为 $523\text{kJ} \cdot \text{mol}^{-1}$，所以硼的含氧化合物具有很高的稳定性。构成硼的含氧化合物的基本单元是平面三角形的 BO_3 和四面体形的 BO_4，这是由硼元素的亲氧性和缺电子性质所决定的。

(1) B_2O_3 B_2O_3 是白色固体，晶态 B_2O_3 比较稳定，熔点为460℃。100g B_2O_3 溶解于125gH_2O 放出的热可以使 H_3BO_3 溶液沸腾。B_2O_3 能被碱金属、镁、铝还原为单质硼：

$$B_2O_3 + Mg = 2B + 3MgO$$

B_2O_3 易溶于水，生成硼酸：

$$B_2O_3 + 3H_2O = 2H_3BO_3$$

但在热的水蒸气中则生成挥发性的偏硼酸 HBO_2：

$$B_2O_3 + H_2O = 2HBO_2$$

制备 B_2O_3 的一般方法是加热硼酸 H_3BO_3 使之脱水：

$$2H_3BO_3 \xrightarrow{\triangle} B_2O_3 + 3H_2O$$

在熔融条件下，B_2O_3 和过渡金属氧化物化合，可以得到具有特征颜色的偏硼酸盐，用于过渡金属的鉴定，称为硼珠试验，例如：

$$CuO + B_2O_3 = Cu(BO_2)_2 \quad \text{蓝}$$

$$NiO + B_2O_3 = Ni(BO_2)_2 \quad \text{绿}$$

H_3BO_3 在红热条件下脱水变成玻璃态的 B_2O_3，用来制备高级耐酸玻璃。用 Li、Be 和 B 的氧化物组成的玻璃可作 X 射线仪器的窗口。

$$B_2O_3 + 2NH_3 \xlongequal{600℃} 3H_2O + 2BN$$

(2) H_3BO_3 硼酸包括原硼酸 H_3BO_3、偏硼酸 HBO_2 和多硼酸 $xB_2O_3 \cdot yH_2O$。原硼酸通常又称为硼酸。将纯的硼砂（$Na_2B_4O_7 \cdot 10H_2O$）溶于沸水中并加入硫酸，放置后可析出硼酸：

$$Na_2B_4O_7 + H_2SO_4 + 5H_2O = 4H_3BO_3 + Na_2SO_4$$

在 H_3BO_3 的晶体中，每个B原子以三个 sp^2 杂化轨道与三个O原子结合成平面三角形结构，每个O原子除以共价键与1个B原子和1个H原子相结合外，还通过氢键与另一个 H_3BO_3 单元中的H原子结合而连成片层结构，层与层之间则以微弱的范德华力相吸引。所以硼酸晶体是片状的，有滑腻感，可作润滑剂。

H_3BO_3 是白色片状晶体，微溶于水［0℃时溶解度为6.35g/(100gH_2O)］，但在热水中溶解度较大［100℃时溶解度为27.6g/(100gH_2O)］。

H_3BO_3 是一元弱酸，由于B是缺电子原子，它加合了来自 H_2O 分子中的 OH^- 而释放出离子：

$$H_3BO_3 + H_2O \rightleftharpoons B(OH)_4^- + H^+ \qquad K_a^{\ominus} = 5.8 \times 10^{-10}$$

表明硼酸是缺电子化合物，是一个典型的路易斯酸。其酸性可因加入甘露醇或甘油（丙三醇）而大为增强：

$$H_3BO_3 + 2\ \begin{matrix} R \\ | \\ H-C-OH \\ | \\ H-C-OH \\ | \\ R \end{matrix} \longrightarrow \left[\begin{matrix} R & & & & R \\ | & & & & | \\ H-C-O & & & & O-C-H \\ | & \diagdown & & \diagup & | \\ & & B & & \\ | & \diagup & & \diagdown & | \\ H-C-O & & & & O-C-H \\ | & & & & | \\ R & & & & R \end{matrix}\right]^- + H^+ + 3H_2O$$

硼酸和甲醇或乙醇在浓 H_2SO_4 存在的条件下，生成硼酸酯：

$$B\begin{matrix} -OH \\ -OH \\ -OH \end{matrix} + \begin{matrix} H-OR \\ H-OR \\ H-OR \end{matrix} \longrightarrow B\begin{matrix} -OR \\ -OR \\ -OR \end{matrix} + 3H_2O$$

在浓 H_2SO_4 存在下，其酯燃烧呈绿色火焰，以此鉴定 H_3BO_3 的存在（浓硫酸的作用是脱水、防止其水解）。

硼酸加热脱水先生成偏硼酸 HBO_2，继续加热变成 B_2O_3。

$$2H_3BO_3 \rightleftharpoons 2HBO_2 + 2H_2O \rightleftharpoons B_2O_3 + 3H_2O$$

(3) 硼酸盐 硼酸盐有偏硼酸盐、原硼酸盐和多硼酸盐等。最重要的硼酸盐是四硼酸钠，俗称硼砂。硼砂的分子式为 $Na_2B_4O_5(OH)_4 \cdot 8H_2O$，习惯上也常写作 $Na_2B_4O_7 \cdot 10H_2O$。

在四硼酸根中有两个 BO_3 平面三角形和两个 BO_4 四面体通过共用角顶 O 原子而联结起来，如图 14.6 所示。

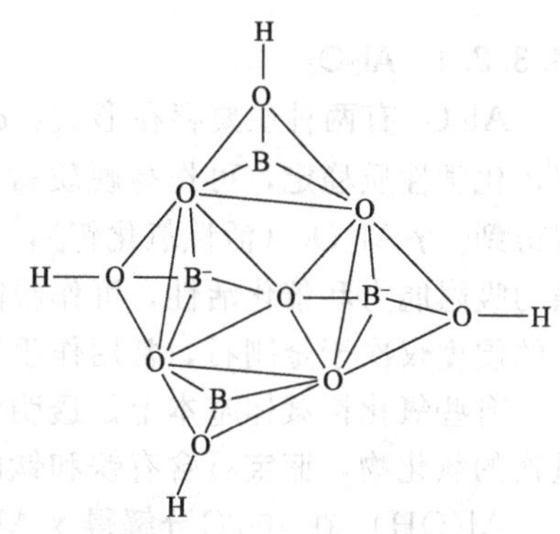

图 14.6 四硼酸根的成键结构

硼砂是无色半透明的晶体或白色结晶粉末。在空气中容易失水风化，加热到 350～400℃左右，失去全部结晶水成无水盐，在 878℃熔化为玻璃体。熔融状态的硼砂能溶解一些金属氧化物，形成偏硼酸盐，并依金属的不同而显示出特征颜色，例如：

$$Na_2B_4O_7 + CoO \rightleftharpoons Co(BO_2)_2 + 2NaBO_2\text{（蓝色）}$$

$$Na_2B_4O_7 + NiO \rightleftharpoons Ni(BO_2)_2 + 2NaBO_2\text{（绿色）}$$

此反应可用于焊接金属时除锈，也可以鉴定某些金属离子，这在分析化学上称为硼砂珠试验。

硼砂是一个强碱弱酸盐，可溶于水，在水溶液中水解而显示较强的碱性：

$$[B_4O_5(OH)_4]^{2-} + 5H_2O \rightleftharpoons 4H_3BO_3 + 2OH^- \rightleftharpoons 2H_3BO_3 + 2B(OH)_4^-$$

在工业上硼砂常用来制彩釉、瓷器及耐酸耐碱耐热膨胀的玻璃。另外，在实验室硼砂常用来配制一级标准的缓冲溶液，20℃时的 pH 值为 9.24。

$$[B_4O_5(OH_4)^{2-}] + 5H_2O \Longrightarrow 2H_3BO_3 + 2B(OH)_4^-$$

$$Na_2B_4O_7 + 2NaOH \Longrightarrow 4NaBO_2 + H_2O$$

$$Na_2B_4O_7 + 2HCl + 5H_2O \Longrightarrow 2NaCl + 4H_3BO_3$$

14.3.1.3 卤化硼

三卤化硼的分子结构都是平面三角形，分子中每个 B 原子都是以 sp^2 杂化轨道与卤原子形成 σ 键，另外在分子中还存在一个 π_4^6 的大 π 键。所有的三卤化硼均为 Lewis 酸，易水解。Lewis 酸性从 BF_3 到 BI_3 逐渐增强。卤化硼的制备可以通过下列方法实现：

$$B_2O_3 + 3C + 3Cl_2 \Longrightarrow 2BCl_3 + 3CO$$

$$B_2O_3 + 3H_2SO_4 + 3CaF_2 \Longrightarrow 2BF_3 + 3CaSO_4 + 3H_2O$$

$$2B + 3X_2 \Longrightarrow 2BX_3$$

$$B_2O_3 + 6HF \Longrightarrow 2BF_3 + 3H_2O$$

$$BF_3(g) + AlCl_3 \longrightarrow AlF_3 + BCl_3$$
$$BF_3(g) + AlBr_3 \longrightarrow AlF_3 + BBr_3$$
$$B_2O_3 + 3C + 3Cl_2 \longrightarrow 2BCl_3 + 3CO$$

三卤化硼都是共价化合物，熔、沸点均很低，并有规律地按 F 、 Cl 、 B 、 I 顺序而逐渐增高，它们的挥发性随相对分子质量的增大而降低。

BF_3 是无色的有窒息气味的气体，不能燃烧，BF_3 水解得到氟硼酸溶液：

$$4BF_3 + 6H_2O \longrightarrow 3H_3O^+ + 3BF_4^- + H_3BO_3$$

体现出 BF_3 是缺电子化合物，是很强的 Lewis 酸。氟硼酸是强酸，仅以离子状态存在于水溶液中。

BCl_3 略加压力即可液化，它是无色具有高折射率的液体。在潮湿的空气中发烟并在水中强烈水解：

$$BCl_3 + 3H_2O \longrightarrow H_3BO_3 + 3HCl$$

14.3.2 铝的化合物

14.3.2.1 Al_2O_3

Al_2O_3 有两种主要存在形式：α-Al_2O_3（俗称刚玉），硬度大，密度大，熔点高，不溶于酸，化学性质稳定，可作高硬质材料，耐磨材料和耐火材料，可以由 $Al(OH)_3$ 在 400℃分解得到；γ-Al_2O_3（活性氧化铝），硬度小，质轻，不溶于水，溶于酸和碱，表面积大，有强的吸附能力和催化活性，可作吸附剂和催化剂，可以由 $Al(OH)_3$ 在 1000℃分解得到。刚玉的硬度仅次于金刚石，常用作手表的轴承，机械手表中含有几个刚玉轴承就称为几钻。

有些氧化铝载体基本上是透明的，因含有少量杂质而呈现鲜明的颜色。红宝石含有极微量铬的氧化物，蓝宝石含有铁和钛的氧化物，黄晶含有铁的氧化物。

$Al(OH)_3$ 在 400℃分解得 γ-Al_2O_3，在 1000℃分解得 α-Al_2O_3。前者为活性 Al_2O_3，既可与酸反应也可与碱反应，后者为惰性 Al_2O_3，难与酸碱反应。

在碱性溶液不存在 AlO_2^-，只含有 $Al(OH)_4^-$ 或 $Al(OH)_6^{3-}$。

14.3.2.2 铝盐

① AlX_3 从 F→I，AlX_3 的共价性逐渐增大。

$$\xrightarrow[\text{共价性增大}]{AlF_3 \quad AlCl_3 \quad AlBr_3 \quad AlI_3}$$

其中，AlF_3 为离子型晶体，难溶于水，$K_{sp} = 1.0 \times 10^{-15}$。$AlCl_3$ 可以看成混合键型化合物，在液态和气态时以二聚体的形式存在。

```
Cl       Cl       Cl
   \    /  \    /
    Al       Al
   /    \  /    \
Cl       Cl       Cl
```

而 $AlBr_3$ 和 AlI_3 基本上是共价化合物，它们在水中均发生强烈的水解。

② $KAl(SO_4)_2 \cdot 12H_2O$ 俗称明矾或白矾，也可以表示为 $K_2SO_4 \cdot 2Al_2(SO_4)_3 \cdot 24H_2O$，当溶于水时因强烈水解生成 $Al(OH)_3$ 絮状沉淀，可以吸附水中的固体悬浮物一同沉降，因此常用作净水剂。泡沫灭火器中装的就是 $Al_2(SO_4)_3$ 和 $NaHCO_3$ 溶液。常用作净水剂。

③ 尖晶石：$M^{II}M_2^{III}O_4$

其中 M^{II} 主要为 Mg^{2+}、Fe^{2+} 等，M^{III} 主要为 Al^{3+}、Fe^{3+}、Cr^{3+} 等。常见的铝尖晶石有 $MgO \cdot Al_2O_3$、$FeO \cdot Al_2O_3$。

14.3.3 镓、铟、铊的化合物

$Ga(OH)_3$ 呈两性，$In(OH)_3$ 呈两性偏碱性，均溶于酸，也溶于碱液。与 $Al(OH)_3$ 不同的是，$Ga(OH)_3$ 可以溶于氨水，而 $Al(OH)_3$ 不溶；$In(OH)_3$ 与 170℃脱水后得到 In_2O_3，In_2O_3 溶于酸，但不溶于碱。$Tl(OH)_3$ 至今尚未制得，但 Tl_2O_3 在常温下能稳定存在。TlOH 呈强碱性，近似于 NaOH。$GaCl_2$、$InCl_2$ 的实际组成为 $M[MCl_4]$，因而呈反磁性。TlX(X=Cl、Br、I) 均难溶，见光分解，性质与 AgX 相似。

习　题

14.1　简述由硼镁矿为主要原料碱法制备单质硼的工艺路线，并写出有关的化学反应方程式。
14.2　简述由硼砂为主要原料酸法制备单质硼的工艺路线，并写出有关的化学反应方程式。
14.3　举例说明缺电子化合物的特性和用途。
14.4　三卤化硼是典型的 Lewis 酸，试根据价键理论说明卤化硼 Lewis 酸性的变化规律。
14.5　简述乙硼烷的成键情况、分子结构、性质和用途。
14.6　在丁硼烷（B_4H_{10}）中存在哪些化学键？试画出其分子结构图。
14.7　H_3BO_3 与 H_3PO_3 化学式相似，为什么 H_3BO_3 为一元弱酸，而 H_3PO_3 为二元中强酸？
14.8　举例说明什么是硼珠试验，什么是硼砂珠试验。它们有什么用途？
14.9　硼砂的实际组成如何？为什么说硼砂是一级标准的缓冲溶液？其有效缓冲范围是多少？
14.10　由 B_2O_3 制备单质 B 时，为什么不用 Al 作还原剂而用 Mg 呢？
14.11　为什么 BF_3 易水解，而 CF_4、SF_6 却不易水解？
14.12　如何制备 BN？简述 BN 的结构和性质。
14.13　以硼砂为主要原料制备 BF_3 和 $NaBH_4$，写出有关的化学反应方程式。
14.14　最简单的硼烷是 B_2H_6，而非 BH_3；$AlCl_3$ 气态时也以双聚体存在，但 BCl_3 却不形成二聚体。试说明原因。
14.15　简述由铝土矿制备单质铝的工艺路线。
14.16　如何使高温灼烧过的 Al_2O_3 转化为可溶性的 Al(Ⅲ) 盐？
14.17　金属 Ca 比金属 Al 活泼，为什么能用金属 Al 还原熔融的 $CaCl_2$ 制备金属 Ca？
14.18　红宝石和蓝宝石的主要组成是什么？
14.19　某些地区用铝盐除去水中过量的 F^-，其根据是什么？
14.20　以明矾为主要原料制备 $Al(OH)_3$ 和 $KAlO_2$，写出有关的化学反应方程式。
14.21　为什么可以用镓制造高温温度计？
14.22　试比较铝和镓的金属性、氢氧化物的酸碱性。
14.23　为什么 TlF 易溶于水而 TlCl、TlBr、TlI 却难溶于水？
14.24　TlOH 的酸碱性有何特点？说明原因。
14.25　从化学式看，$GaCl_2$ 应含有成单电子，是顺磁性的，但实际上 $GaCl_2$ 却是反磁性的。为什么？
14.26　完成并配平有关的化学反应方程式。

(1) 金属铊溶于稀硝酸；
(2) 金属铝溶于热的烧碱溶液；
(3) 碘化钾溶液加入三氯化铊溶液中；
(4) 乙硼烷水解；
(5) 三氟化硼水解；
(6) 三氯化硼水解；
(7) 金属镓溶于烧碱溶液；
(8) 用浓硫酸和乙醇鉴定硼酸；
(9) Al_4C_3 加入水中；
(10) 氯化铵加入铝酸钠溶液中。

第15章 碱金属和碱土金属

Alkali Metals and Alkaline Earth Metals

元素周期系中ⅠA族包括锂（Li，lithium)、钠（Na，sodium)、钾（K，potassium)、铷（Rb，rubidium)、铯（Cs，cesium)、钫（Fr，francium）6种元素，这些金属的氧化物和氢氧化物都具有强碱性，故称其为碱金属。钠和钾为生命必需元素，钾也是植物生长的必需元素。

元素周期系中ⅡA族包括铍（Be，beryllium)、镁（Mg，magnesium)、钙（Ca，calcium)、锶（Sr，strontium)、钡（Ba，barium)、镭（Ra，radium）6种元素，这些金属的氧化物的性质介于"碱性的"碱金属氧化物与"土性的"的氧化铝之间，所以称其为碱土金属。镁和钙都是生命必需元素。叶绿素中含有镁，对植物的光合作用至关重要。镁还是许多酶的激活剂，DNA的复制和蛋白质的合成都需要镁。钙是组成动物牙齿、骨髓和细胞壁的重要成分。

15.1 通性（General Characteristics）

碱金属和碱土金属元素的基本性质列于表15.1和表15.2中。

碱金属和碱土金属的价层电子结构分别为 ns^1 和 ns^2，极易失去价电子后形成具有稀有气体电子结构的稳定离子，碱金属具有稳定的＋1氧化态，而碱土金属则具有稳定的＋2氧化态。碱金属和碱土金属单质都具有很强的还原性和反应活性（也称之为金属活泼性）。

表15.1 碱金属元素的性质

性质	Li	Na	K	Rb	Cs
原子序数	3	11	19	37	55
相对原子质量	6.94	22.99	39.10	85.47	132.91
外围电子构型	$2s^1$	$3s^1$	$4s^1$	$5s^1$	$6s^1$
第一电离能/kJ·mol^{-1}	520	496	419	403	376
电负性(Pauling)	0.98	0.93	0.82	0.82	0.79
$E^{\ominus}_{M^+/M}$/V	−3.04	−2.713	−2.924	−2.924	−2.923
密度/g·cm^{-3}	0.53	0.97	0.86	1.53	1.90
Mohs硬度	0.6	0.4	0.5	0.3	0.2
熔点/℃	180.54	97.8	63.2	39.0	28.5
沸点/℃	1347	881.4	756.5	688	705
相对导电性(Hg=1)	11	21	14	8	5
金属半径/pm	123	154	203	216	235
M^+离子半径/pm	60	95	133	148	169

表15.2 碱土金属元素的性质

项目	Be	Mg	Ca	Sr	Ba
原子序数	4	12	20	38	56
相对原子质量	9.01	24.30	40.08	87.62	137.33
外围电子构型	$2s^2$	$3s^2$	$4s^2$	$5s^2$	$6s^2$
第一电离能/$kJ \cdot mol^{-1}$	900	738	590	550	503
第二电离能/$kJ \cdot mol^{-1}$	1757	1451	1145	1064	965
电负性(Pauling)	1.57	1.31	1.00	0.95	0.89
$E^{\ominus}_{M^{2+}/M}$/V	−1.99	−2.356	−2.84	−2.89	−2.92
密度/$g \cdot cm^{-3}$	1.85	1.74	1.55	2.63	3.62
Mohs 硬度	4	2.5	2	1.8	
熔点/℃	1287	649	839	768	727
沸点/℃	2500	1105	1494	1381	(1850)
相对导电性(Hg=1)	5.2	21.4	20.8	4.2	
金属半径/pm	88.9	136.4	173.6	191.4	198.1
M^{2+}离子半径/pm	31	65	99	113	135

这两族元素的许多性质变化都符合元素周期律，在同一族内，自上而下，原子半径依次增大，电离能和电负性依次减小，从而金属的活泼性自然也就自上而下依次增强。

与同族其他元素相比，锂和铍的原子半径和离子半径都很小，往往具有一定的特殊性，主要表现在形成的化合物中化学键的离子成分减少共价成分增多，这些化合物的物理化学性质向共价化合物靠近。

由于碱金属和碱土金属的化学活泼性很强，它们不可能以单质的形式存在于自然界中，而主要以化合物存在于地壳中，主要存在形式为：

Li：$LiAl(SiO_3)_2$ 锂辉石，云母中也有。

Na：NaCl，芒硝 $Na_2SO_4 \cdot 10H_2O$，钠长石 $Na[AlSi_3O_8]$。

K：KCl，钾长石，明矾。

Be：绿柱石（$3BeO \cdot Al_2O_3 \cdot 6SiO_2$）。

Mg：$MgCO_3CaCO_3$ 白云石，$MgCO_3$ 镁菱矿，光卤石 $MgCl_2 \cdot 6H_2O$。

Ca：$CaCO_3$，$CaSO_4 \cdot 2H_2O$。

Sr：$SrCO_3$ 菱锶矿，$SrSO_4$ 天青石。

Ba：$BaSO_4$ 重晶石，$BaCO_3$ 毒重石。

15.2 碱金属和碱土金属的单质（Simple Substance of Alkali Metals and Alkaline Earth Metals）

15.2.1 冶炼

碱金属和碱土金属强的活泼性决定了其单质不可能直接从水溶液中制备出来。制备这些金属通常采用熔融盐电解法和热还原法。工业上锂和钠常用电解熔融氯化物的方法生产，钾、铷、铯则采用金属热还原法制备。

(1) 熔融盐电解法 以钠的制备为例。

$$2NaCl(l) \xlongequal{\text{电解}} 2Na(l) + Cl_2(g)$$

电解槽的外壳是钢，内部衬以耐火材料。石墨为阳极，铸钢为阴极，两电极用隔膜隔开。电解用的原料为40％NaCl和60％$CaCl_2$的混合物，$CaCl_2$在电解过程中起助熔剂作用，使盐的熔点降低，从而降低能耗，增加操作的安全性。NaCl的熔点为800.8℃，40％NaCl和60％$CaCl_2$混合盐的熔点仅为500℃左右，实际操作温度约为580℃。同时，温度降低也明显减少了钠的挥发，降低了电解生成的金属钠在熔融盐液中的溶解度，利于产品的分离。但这样制备的钠中往往还是含有约1％的钙。

电解开始后，金属钠（含少量金属钙）在阴极产生，因其密度小浮在熔融盐液面上，并经过垂直的管道上升流入收集器，在上升过程中，钙被冷却而固化，回落到电解槽的熔融体中。收集器中的产物在105～110℃下进行过滤，除去其中少量的金属钙、氧化物和氯化物，就可以得到比较纯的金属钠。从中心的石墨阳极上产生的氯气从顶部逸出进入氯气收集器，然后输送到氯气净化系统，净化后储存。

铍、镁、钙、锶、钡也都可以通过电解其熔融氯化物得到。电解熔融$BeCl_2$时加入$CaCl_2$或碱金属氯化物可增加熔盐的导电性。

(2) 热还原法 工业上一般不采用电解熔融氯化物的方法来制备金属钾。原因是金属钾极易溶于熔融的氯化物中，难以分离。而且金属钾的熔沸点低，蒸气易从电解槽中逸出。工业上多采用热还原法制备金属钾，在850℃用金属钠还原氯化钾的反应如下：

$$Na(l) + KCl(l) \xlongequal{850℃} NaCl(l) + K(g)\uparrow$$

金属钠的沸点为882.9℃，金属钾的沸点为760℃。在850℃时，金属钾以气体形式存在，而金属钠则仍为液体，反应生成的钾蒸气迅速逸出，使反应得以不断向右进行。钾蒸气冷凝得到金属钾，经进一步分离提纯后纯度可达99.99％。

金属铍可以在1300℃时用金属镁还原BeF_2得到，金属镁可以在高温下用碳还原MgO制得，而铷和铯则可在750℃时用金属钾还原RbCl和CsCl制备。

15.2.2 贮存

由于碱金属化学反应活性太高，容易和空气中的氧气、水蒸气反应，所以要密封储存。一般钠、钾储存在煤油中，而锂由于密度太小，只能储存在液体石蜡中。

15.2.3 性质

(1) 物理性质 碱金属的熔点较低，除锂以外都在100℃以下。其中铯的熔点最低，只有28.5℃，与镓相似，放在手中就能熔化。碱金属的熔沸点差较大，沸点一般比熔点高700℃以上。碱金属的硬度都小于1，可以用刀子切割，铯的（莫氏）硬度只有0.2。碱金属的密度也比较小，属于轻金属，其中锂、钠、钾的密度比水还小。在所有金属中锂的密度最小，只有0.53，接近于水的一半。

在碱金属晶体中，每个金属原子可以提供2个价电子参与成键，因而碱土金属的金属键比碱金属的金属键要强。碱土金属的熔沸点、硬度、密度都比碱金属高得多。

碱金属和碱土金属都显银白色，有一定的导电性、导热性。

(2) 化学性质 碱金属和碱土金属都有很强的还原性，与许多非金属单质直接反应生成离子型化合物。在绝大多数化合物中，它们以阳离子形式存在。除Mg、Be外，其他碱金属和碱土金属不能存放于空气中。

① 与水的反应　碱金属及钙、锶、钡与水反应生成氢氧化物和氢气。锂、钙、锶、钡与水反应比较平稳，因为锂、钙、锶、钡的熔点较高，不易熔化，因而与水反应相对比较缓

慢；另一方面，由于碱土金属的氢氧化物溶解度较小，生成的氢氧化物覆盖在金属表面阻碍金属与水的接触，从而减缓了金属与水的反应速度。铍和镁的金属表面可以形成致密的氧化物保护膜，常温下它们对水是稳定的。加热时，镁可以缓慢地和水反应，铍则同水蒸气也不发生反应。其他碱金属与水反应非常剧烈，量大时会发生爆炸。这些碱金属的熔点很低，与水反应放出的热量使金属熔化为液态，更有利于反应的进行。碱金属的氢氧化物溶解度很大，反应中生成的氢氧化物迅速溶于水中，不会对反应起阻碍作用。

② 与液氨的反应　碱金属及钙、锶、钡都可溶于液氮中生成蓝色的导电溶液。这种液氨溶液含有金属离子和溶剂化的自由电子，由于这种电子非常活泼，所以金属的氨溶液是一种能够在低温下使用的强还原剂。当长时间放置或有催化剂（如过渡金属氧化物）存在时，碱金属的液氨溶液中可以发生如下反应：

$$2Na + 2NH_3 = 2NaNH_2 + H_2$$

③ 空气中的反应　碱金属和碱土金属在空气中缓慢氧化变成普通氧化物。燃烧时 $Na \longrightarrow Na_2O_2$；$Li \longrightarrow Li_2O + Li_3N$；$Mg \longrightarrow MgO + Mg_3N_2$；$K \longrightarrow KO_2$。

④ 与 C_2H_5OH 反应　碱金属溶于无水乙醇，生成乙醇盐并放出氢气，如

$$2Na + 2C_2H_5OH = 2C_2H_5ONa + H_2$$

⑤ 汞齐的生成　金属钠溶于水银，可以形成钠汞齐。钠汞齐的颜色、状态、反应活性决定于 Na∶Hg 比例。钠含量越高，硬度越大、灰色越深、反应活性越高。

15.3　碱金属和碱土金属的化合物（Compounds of Alkali Metals and Alkaline Earth Metals）

15.3.1　氧化物

碱金属和碱土金属与氧形成的二元化合物可分为普通氧化物、过氧化物、超氧化物及臭氧化物。除铍以外，所有碱金属和碱土金属元素都能形成过氧化物，钠、钾、铷、铯、钙还能生成超氧化物和臭氧化物。

(1) 普通氧化物　金属在充足的空气中燃烧，Li、Be、Mg、Ca、Sr 都生成普通氧化物 Li_2O、BeO、MgO、CaO、SrO。碱金属氧化物可以通过下列反应得到：

$$Li + O_2 \longrightarrow Li_2O$$

$$Na_2O_2 + 2Na \longrightarrow 2Na_2O$$

$$NaNO_3 + 5NaN_3 \xlongequal{\triangle} 3Na_2O + 8N_2$$

$$NaNO_2 + 3NaN_3 \xlongequal{\triangle} 2Na_2O + 5N_2$$

$$2KNO_3 + 10K \xlongequal{\triangle} 6K_2O + N_2$$

碱土金属的氧化物则往往通过分解碳酸盐得到：

$$MCO_3 \xlongequal{\triangle} MO + CO_2 (M = Mg、Ca、Sr、Ba)$$

碱金属和碱土金属氧化物的性质主要表现在以下几个方面：

颜色：Li_2O 白色、Na_2O 白色、K_2O 淡黄、Rb_2O 亮黄、Cs_2O 橙红。

水溶性：BeO、MgO 难溶，其他氧化物易溶。

酸碱性：BeO 两性，余者为碱性。

热稳定性：在元素周期表中自上而下热稳定性逐渐降低，原因是离子键逐渐减弱。

经过煅烧的 BeO 和 MgO 极难与水反应，它们的熔点很高，都是很好的耐火材料，常用作炼铁高炉的内衬。经特定过程生产的轻质氧化镁粉末是一种很好的补强材料，常用作橡胶、塑料、纸张的填料。

(2) 过氧化物 过氧化物是含有过氧链（—O—O—）的化合物，如果把 H_2O_2 看作是一种二元酸的话，则金属过氧化物就是 H_2O_2 的盐。工业上为了制备较纯的 Na_2O_2，首先将钠隔绝空气加热熔化，通入一定量的除去 CO_2 的干燥空气，维持温度在 180～200℃之间，钠即被氧化为 Na_2O，进而增大空气流量并迅速提高温度至 300～400℃，即可制得较纯净的 Na_2O_2 黄色粉末。

$$4Na + O_2 \xlongequal{180\sim200℃} Na_2O(\text{白色})$$

$$2Na_2O + O_2 \xlongequal{300\sim400℃} 2Na_2O_2(\text{淡黄色})$$

工业上 SrO_2 可由金属锶与高压氧加热反应直接合成；BaO_2 可由金属钡在不含 CO_2 的空气中燃烧直接合成；Li_2O_2 的制备则是，先用 $LiOH \cdot H_2O$ 与 H_2O_2 反应生成 $LiOOH \cdot H_2O$，然后将 $LiOOH \cdot H_2O$ 在减压条件下缓慢加热脱水即得到白色的 Li_2O_2。

过氧化物均不稳定，在空气中容易与水蒸气、CO_2 反应放出氧气。

$$2Na_2O_2 + 2H_2O \xlongequal{} 4NaOH + O_2$$

$$2Na_2O_2 + 2CO_2 \xlongequal{} 2Na_2CO_3 + O_2$$

过氧化钠即具有较强的氧化性，又具有较强的碱性，常用作氧化剂、熔矿剂。例如

$$2Fe(CrO_2)_2 + 7Na_2O_2 \xlongequal{\triangle} 4Na_2CrO_4 + Fe_2O_3 + 3Na_2O$$

在防毒面具和潜水艇中经常用 Na_2O_2 作为 CO_2 吸收剂，同时也是供氧剂。宇航密封舱中则使用密度较小、含氧量较高的 Li_2O_2。

(3) 超氧化物 超氧化物中的 O_2^- 与 O_2 分子结构相似，但只有一个三电子 π 键，键级为 1.5。只有半径较大的金属阳离子的超氧化物才比较稳定，如 KO_2、RbO_2、CsO_2、SrO_2、BaO_2。

在空气中燃烧，K、Rb、Cs 生成超氧化物 KO_2、RbO_2、CsO_2：

$$M(K, Rb, Cs) + O_2 \xlongequal{\text{燃烧}} MO_2$$

加热时，Na_2O_2 与氧气反应可以得到 NaO_2

$$Na_2O_2 + O_2 \xlongequal{\triangle} 2NaO_2$$

金属超氧化物也是强氧化剂、供氧剂。

$$2MO_2 + 2H_2O \xlongequal{} O_2 + H_2O_2 + 2MOH$$

$$4MO_2 + 2CO_2 \xlongequal{} 2M_2CO_3 + 3O_2$$

(4) 臭氧化物 Na、K、Rb、Cs 的干燥氢氧化物粉末同 O_3 反应可以生成臭氧化物 MO_3。

$$6KOH(s) + 4O_3(g) \xlongequal{} 4KO_3(s) + 2KOH \cdot H_2O(s) + O_2(g)$$

产物在液氨中重结晶，可以得到橘红色晶体 KO_3。KO_3 不稳定，缓慢分解为 KO_2 和 O_2，遇水激烈反应放出氧气。

$$2KO_3 \xlongequal{} 2KO_2 + O_2$$

$$4KO_3 + 2H_2O \xlongequal{} 4KOH + 5O_2$$

15.3.2 氢氧化物

除 BeO、MgO 难溶于水外，其他碱金属和碱土金属的氧化物溶于水都能得到相应的氢

氧化物水溶液。工业上生产氢氧化钠主要通过电解饱和食盐水实现。过去主要使用汞阴极法，但因汞污染环境，不符合绿色化学要求。现在主要使用隔膜法和离子膜法。

汞阴极法的电解槽是以石墨为阳极，汞为阴极。电解槽分电解室与解汞室两部分。Na^+在阴极得到电子生成金属钠，钠迅即与汞形成钠汞齐，钠汞齐与水反应极缓慢，能够安全地流入解汞室，在解汞室与热水反应生成 NaOH 和 H_2，留下汞循环使用。汞阴极法所得氢氧化钠浓度大、纯度高。

隔膜法的电解槽是以石墨作阳极，铁网作阴极，阳极区和阴极区用石棉隔膜分开。阳极上 Cl^- 放电产生 Cl_2，阴极上 H_2O 得到电子产生 H_2 和 NaOH。

离子膜法是目前生产 NaOH 最先进的方法，该工艺过程投资少，能耗低。用高分子材料制成的阳离子膜将阳极室和阴极室隔开，阳离子膜只允许阳离子和水分子通过，不允许阴离子通过。在阳极室加入 NaCl 溶液，阴极室加入水。Cl^- 在阳极放电产生 Cl_2，H_2O 在阴极得到电子生成 H_2 和 OH^-，Na^+ 经阳离子膜进入阴极室生成 NaOH。

碱金属和碱土金属氢氧化物的主要性质如下。

颜色：碱金属和碱土金属的氢氧化物均为白色固体。

水溶性：$Be(OH)_2$、$Mg(OH)_2$ 难溶，余者易溶，LiOH 可溶。易吸水，常用作干燥剂。

稳定性：$LiOH[M(OH)_2] \longrightarrow Li_2O + H_2O(MO + H_2O)$ 余者挥发而不分解。

酸碱性：$Be(OH)_2$ 两性，LiOH、$Mg(OH)_2$ 中强碱，其余为强碱。在元素周期表中自上而下碱性增强。

$$Be(OH)_2 + 2OH^- = Be(OH)_4^{2-}$$

对 M—O—H 来讲，酸碱性决定于 M^+ 的 $Z/r=\phi$，Z 为 M 带的正电荷数，r 为 M^+ 的半径（Å）。

ϕ 值越大，M^+ 对 M—O 键中电子的吸引力越大，O—H 键的离子性越大，易成酸。

ϕ 值越小，M^+ 对 M—O 键中电子的吸引力越小，M—O 键的离子性越大，易成碱。人们通过研究众多 MOH，得到如下统计规律：

$\sqrt{\phi}<2.2$，MOH 呈碱性；$\sqrt{\phi}>3.2$，MOH 呈酸性；$2.2<\sqrt{\phi}<3.2$，MOH 呈两性。

另外，碱金属氢氧化物都具有腐蚀性，NaOH、KOH 俗称苛性碱，对皮肤、玻璃、金属、陶瓷有腐蚀性（Ag、Ni、Fe 抗腐蚀）。

15.3.3 盐类

（1）晶型 除 Be 的某些化合物（如 $BeCl_2$ 易溶于有机溶剂）为共价型外，碱金属和碱土金属的盐基本都是离子型的。

（2）颜色 除非阴离子有色，碱金属和碱土金属离子本身无色。如：

$BaCrO_4$ 黄色　K_2CrO_4 黄色　$K_2Cr_2O_7$ 橙红色　$KMnO_4$ 紫黑色

（3）水溶性 碱金属盐多数都易溶于水，碱土金属盐的溶解度相对较小。常见的难溶盐为：

Li：LiF、Li_2CO_3、Li_3PO_4、($LiKFeIO_6$)；

Na：$Na[Sb(OH)_6]$、$NaZn(UO_2)_3(Ac)_9 \cdot 6H_2O$；

K：$K_3[Co(NO_2)_6]$、$KClO_4$、K_2PtCl_6；

Mg：$MgCO_3$、$MgNH_4PO_4$、[在 NH_3-NH_4Cl 缓冲溶液，只有 $NH_3 \cdot H_2O$ 时，生成 $Mg(OH)_2$]；

Ca^{2+}：CaC_2O_4、$CaCO_3$；$Ca_3(PO_4)_2$；

Ba^{2+}：$BaCrO_4$、$BaSO_4$。

(4) 热稳定性 碱金属氯化物易挥发、不易分解，硫酸盐热稳定性最高，硝酸盐、碳酸盐加热易分解。

$$4LiNO_3 \xlongequal{\triangle} Li_2O + 4NO_2 + O_2$$

$$2NaNO_3 \xlongequal{\triangle} 2NaNO_2 + O_2$$

某些含水盐加热脱水易水解：

$$LiCl \cdot H_2O \xrightarrow{\triangle} LiOH + HCl\uparrow$$

$$BeCl_2 \cdot 4H_2O \xrightarrow{\triangle} Be(OH)Cl + HCl\uparrow + 3H_2O$$

$$MgCl_2 \cdot 6H_2O \xrightarrow{\triangle} Mg(OH)Cl + 5H_2O + HCl\uparrow$$

(5) 复盐 碱金属和碱土金属容易形成复盐，常见的复盐类型有如下几种。

① 卤石型：$MCl \cdot MgCl_2 \cdot 6H_2O$（$M^+$：$K^+$、$Rb^+$、$Cs^+$）。

② 钾镁矾型：$M_2SO_4 \cdot MgSO_4 \cdot 6H_2O$（$M^+$：$K^+$、$Rb^+$、$Cs^+$）。

③ 明矾型：$M^{I}M^{III}(SO_4)_2 \cdot 12H_2O$

M^{I}：Na^+、K^+、Rb^+、Cs^+；M^{III}：Al^{3+}、Cr^{3+}、Fe^{3+}、Co^{3+}、Ga^{3+}、V^{3+}。

复盐的形成条件为阳离子半径相差不能太大，简单盐的晶型相同。Li^+ 因半径太小不易形成复盐。

(6) 焰色反应

碱金属及碱土金属可挥发的化合物，在高温火焰中可使火焰呈现出特征的颜色，这种现象称为焰色反应。金属原子（或离子）的电子受高温火焰的激发而跃迁到高能态轨道上，当电子从高能态轨道返回到低能态轨道时，就会发射出一定波长的光束，从而使火焰呈现出特征的颜色。

Li^+—猩红；Na^+—黄；K^+—紫；Ca^{2+}—砖红；Sr^{2+}—洋红；Ba^{2+}—黄绿。

这些离子的硝酸盐分别与 $KClO_3$、硫黄、镁粉、松香等按一定的比例混合，用来制造信号弹、烟花和焰火。

(7) 含钡化合物的制备 重晶石是钡的主要来源，以重晶石为原料可以制备一系列的含钡化合物。

① 高温下用炭还原重晶石：

$$BaSO_4 + 4C \xlongequal{\triangle} BaS + 4CO$$

② 用水浸取 BaS，过滤除去难溶杂质，向滤液中通入 CO_2 沉淀出 $BaCO_3$：

$$2BaS + H_2O + CO_2 \xlongequal{} BaCO_3\downarrow + Ba(HS)_2$$

③ 过滤、洗涤、干燥得到 $BaCO_3$，加热分解 $BaCO_3$ 制得 BaO：

$$BaCO_3 \xlongequal{\triangle} BaO + CO_2$$

④ 高温下 BaO 与 O_2 反应制得 BaO_2：

$$2BaO + O_2 \xlongequal{\triangle} 2BaO_2$$

⑤ $BaCO_3$ 与硝酸反应得到 $Ba(NO_3)_2$ 溶液，浓缩、蒸发、结晶得到 $Ba(NO_3)_2$ 晶体：

$$BaCO_3 + 2HNO_3 \longrightarrow Ba(NO_3)_2 + CO_2\uparrow + H_2O$$

⑥ $BaCO_3$ 与盐酸反应得到 $BaCl_2$ 溶液，浓缩、蒸发、结晶得到 $BaCl_2$ 晶体：

$$BaCO_3 + 2HCl \longrightarrow BaCl_2 + CO_2\uparrow + H_2O$$

注意：不能用 BaS 直接制取 $Ba(NO_3)_2$。

习　题

15.1　用化学反应方程式表示碱金属和碱土金属在空气的燃烧反应。

15.2　在碱金属中 Li 的电极电势最低，但 Li 的金属活泼性却最弱。如何解释？

15.3　锂盐的哪些性质与其他碱金属盐有明显的区别？

15.4　如何分离钠中的钙、锂中的钾？

15.5　虽然电解熔融 NaCl 能制备金属 Na，但实际生产上却是电解 NaCl 和 $CaCl_2$ 的混合物。试说明原因。

15.6　金属 Na 的金属活泼性低于 K、Rb、Cs，但却可用金属 Na 在高温下还原 K、Rb、Cs 的氯化物制备 K、Rb、Cs 单质。为什么？

15.7　简要说明 Li^+、Na^+、K^+、Mg^{2+}、Ca^{2+}、Ba^{2+} 常见的难溶盐有哪些？

15.8　设计工艺路线，以重晶石为主要原料制备 $BaCO_3$、BaO、BaO_2、$BaCl_2$、$Ba(NO_3)_2$。

15.9　在工业上如何制备 K_2CO_3，能否用类似于联碱法制纯碱的方法制 K_2CO_3？

15.10　如何由 Li_2O 制备 LiH？从热力学角度分析，能否用 H_2 直接还原 Li_2O 的方法制备 LiH？

15.11　举例说明锂与镁的相似性、铍与铝的相似性。

15.12　设计实验证实白云石中的确含有 $CaCO_3$ 和 $MgCO_3$。

15.13　设计工艺路线，由含 Ca^{2+}、Mg^{2+}、$SO_4{}^{2-}$ 等离子的粗盐制备高纯的 NaCl。

15.14　市售的 NaOH 中为什么常含有 Na_2CO_3 杂质？如何配制不含 Na_2CO_3 杂质的 NaOH 稀溶液？

15.15　一固体混合物可能含有 $MgCO_3$、Na_2SO_4、$Ba(NO_3)_2$、$AgNO_3$、$CuSO_4$。混合物投入水中得到无色溶液和白色沉淀，将溶液进行焰色试验，火焰呈黄色，沉淀可溶于稀盐酸并放出气体。试判断哪些物质肯定存在，哪些物质可能存在，哪些物质肯定不存在，并分析原因。

15.16　分离、鉴定溶液中的下列离子：

Na^+、K^+、$NH_4{}^+$、Mg^{2+}、Ca^{2+}、Ba^{2+}。

15.17　分离下列两组化合物：

(1) $Be(OH)_2$ 和 $Mg(OH)_2$；

(2) $BeCO_3$ 和 $MgCO_3$；

15.18　写出下列物质的化学式。

萤石；毒重石；天青石；方解石；光卤石；智利硝石；白云石。

15.19　通过平衡常数的计算说明，$MgCl_2$ 和 $NH_3\cdot H_2O$ 的反应是否完全？$Mg(OH)_2$ 和 NH_4Cl 的反应是否完全？

15.20　一白色粉末混合物，可能含有 KCl、$MgSO_4$、$BaCl_2$、$CaCO_3$。根据下列实验结果确定其实际组成。

(1) 混合物溶于水得无色溶液；

(2) 对溶液作焰色反应，通过蓝色钴玻璃可观察到紫色；

(3) 向溶液中加碱，生成白色沉淀。

15.21　目前手机电池主要是锂电池。如和铅蓄电池相比，试从锂的摩尔质量、电池的输出电压及安全性等方面说明锂电池的优点。

15.22　用镁试剂鉴定 Mg^{2+} 时，Na^+、K^+、NH_4^+、Ca^{2+}、Ba^{2+} 中哪些离子会产生干扰？如何消除其干扰？

15.23　简要回答下列问题：

(1) 在水中 LiF 的溶解度小于 AgF，而 LiI 的溶解度大于 AgI；

(2) 同周期的碱土金属比碱金属的熔点高、硬度大；

(3) 锂的标准电极电势比钠的低，但钠与水反应却比锂与水反应剧烈；

(4) 在水中的溶解度 $LiClO_4 > NaClO_4 > KClO_4$；

(5) CsF 的离子性极强，但 CsF 的熔点却较低；

(6) 过氧化钠常用作制氧剂。

15.24　在电炉法炼镁时，要用大量的冷氢气将炉口馏出的蒸气稀释、降温，以得到金属镁粉。问能否用空气、氮气或二氧化碳代替氢气作冷却剂？解释原因。

15.25　完成并配平有关的化学反应方程式。

(1) 在液氨中金属钠与过量的氧气反应；

(2) 碳酸氢钙加热分解；
(3) 金属钠与亚硝酸钠反应；
(4) 超氧化钾投入水中；
(5) 氮化镁投入水中；
(6) 六水合氯化镁加热分解；
(7) 氢化钠投入水中；
(8) 金属镁还原四氯化钛；
(9) 氯化锂溶液中滴加磷酸氢二钠溶液；
(10) 金属铍溶于烧碱溶液。

第 16 章　过渡元素（Ⅰ）——铜、锌副族

Transition Element(Ⅰ)—Copper Subgroup and Zinc Subgroup

16.1　铜副族（Copper Subgroup）

16.1.1　铜族元素的通性

铜副族和锌副族元素的一些基本性质一同列于表 16.1 中。

表 16.1　铜族、锌族元素的基本性质

元素性质	Cu	Ag	Au	Zn	Cd	Hg
原子序数	29	47	79	30	48	80
相对原子质量	63.55	107.87	196.97	65.39	112.41	200.59
外围电子构型	$3d^{10}4s^1$	$4d^{10}5s^1$	$5d^{10}6s^1$	$3d^{10}4s^2$	$4d^{10}5s^2$	$5d^{10}6s^2$
原子半径/pm	117	134	134	125	148	144
第一电离能/$kJ \cdot mol^{-1}$	746	731	890	906	868	1007
第二电离能/$kJ \cdot mol^{-1}$	1958	2074	1980	1733	1631	1810
电负性(Pauling)	1.90	1.93	2.54	1.65	1.69	2.00
升华热/$kJ \cdot mol^{-1}$	341	284	385	131	112	61.9
常见氧化态	+1,+2	+1	+1,+3	+2	+2	+1,+2
密度/$g \cdot cm^{-3}$	8.92	10.5	19.3	7.14	8.64	13.59
Mohs 硬度	3	2.7	2.5	2.5	2	
导电性(Hg=1)	58.6	61.7	41.7	16.6	14.4	1
熔点/℃	1083	960.8	1063	419	321	38.87
沸点/℃	2596	2212	2707	907	767	357

16.1.1.1　元素的性质

周期系第ⅠB 族元素包括铜、银、金 3 种元素，通常称为铜族元素。铜族元素的价层电子构型为 $(n-1)d^{10}ns^1$，但第一电离能大于碱金属，电负性也大于碱金属。铜族与碱金属元素性质不同的内在原因在于它们电子构型的不同。铜族元素次外层比碱金属多 10 个 d 电子。由于 d 电子屏蔽核电荷的作用较小，致使铜族元素的有效核电荷比相应的碱金属元素增大，核对价电子吸引力增强，第一电离能增大，活泼性比碱金属差。铜的第二、第三电离势较银低得多。这是由于铜族元素的 $(n-1)d$ 轨道刚填满，刚填满的 $(n-1)d$ 能级还不稳定，与 ns 轨道能极差小。因此，d 电子参与成键，能形成大于族数的+2、+3 氧化态化合物。它的多变价体现了过渡元素的特性。具有可变的氧化态：+1、+2、+3，是除了镧系和稀有气体外氧化数大于族数的元素，下列化合物可体现氧化态的改变，Cu_2O、Ag_2O、$Au(CN)_2^-$、CuO、Ag_2F_2、AgO、$KCuO_2$、Ag_2O_2、$HAuCl_4$。

铜族元素的电势图如下：

酸性介质（$E_A^\ominus$/V）

$$CuO^+ \xrightarrow{1.8} Cu^{2+} \xrightarrow{0.159} Cu^+ \xrightarrow{0.520} Cu$$

$$Cu^{2+} \xrightarrow{0.340} Cu$$

$$AgO^+ \xrightarrow{1.360} Ag^{2+} \xrightarrow{1.980} Ag^+ \xrightarrow{0.7991} Ag$$

$$Au^{3+} \xrightarrow{>1.29} Au^{2+} \xrightarrow{<1.29} Au^+ \xrightarrow{1.69} Au$$

$$Au^{3+} \xrightarrow{1.41} Au^+ \qquad Au^{3+} \xrightarrow{1.50} Au$$

碱性介质（$E_B^\ominus$/V）

$$Cu(OH)_2 \xrightarrow{-0.08} Cu_2O \xrightarrow{-0.358} Cu$$

$$Ag_2O_3 \xrightarrow{0.739} AgO \xrightarrow{0.607} Ag_2O \xrightarrow{0.344} Ag$$

$$H_2AnO_3 \xrightarrow{0.7} Au$$

16.1.1.2 自然界中的存在形式

Cu 可以单质的形式存在，目前世界上发现的最大单粒矿石重达 42t。其他化合物矿，如辉铜矿 Cu_2S、黄铜矿 $CuFeS_2$、赤铜矿 Cu_2O、黑铜矿 CuO、孔雀石 $Cu(OH)_2CuCO_3$、胆矾（蓝矾）$CuSO_4 \cdot 5H_2O$。

Ag 在自然界中也存在单质矿。化合物矿有闪银矿 Ag_2S、角银矿 AgCl。

Au 主要以单质的形式存在。在我国山东、黑龙江、新疆等地存在很多金矿。

16.1.2 铜族元素单质

16.1.2.1 冶炼

(1) Cu 的冶炼

矿石种类的不同，冶炼方法不同。如氧化物矿可直接用碳还原；也可用“湿法”冶炼，酸性矿用硫酸溶解铜，碱性矿用氨水溶解铜，然后用电解或铁置换，析出铜。硫化物矿的冶炼过程比较复杂，下面简单介绍黄铜矿制精铜。

在氧气中煅烧：

$$4CuFeS_2 + 9O_2 \xlongequal{\text{煅烧}} 2Cu_2S + 2Fe_2O_3 + 6SO_2$$

加入石英砂：

$$Fe_2O_3 + 3SiO_2 \xlongequal{} Fe_2(SiO_3)_3$$

形成矿渣浮在上面。

鼓入空气：

$$2Cu_2S + 3O_2 \xlongequal{} 2Cu_2O + 2SO_2$$

$$Cu_2S + 2Cu_2O \xlongequal{} 6Cu + SO_2$$

制得的粗铜再经电解提纯。粗铜为阳极，精铜作阴极，$CuSO_4$ 溶液作电解液。在电解后的阳极泥中含有 Au、Ag、Pt、Pd 等金属。

(2) Ag、Au 的冶炼

首先用 NaCN 溶液浸取闪银矿或金矿砂：

$$Ag_2S + 4NaCN \xlongequal{} 2Na[Ag(CN)_2] + Na_2S$$

$$4Au + 8NaCN + O_2 + 2H_2O \xlongequal{} 4Na[Au(CN)_2] + 4NaOH$$

后用 Zn 粉还原：

$$2Au(CN)_2^- + Zn \longrightarrow 2Au + Zn(CN)_4^{2-}$$

再电解精炼，分别以 $AgNO_3$、$HAuCl_4$ 溶液为电解液。

16.1.2.2 性质

(1) 物理性质

纯铜显紫红色，常见的黄铜为 Cu-Zn 合金，青铜为 Cu-Sn 合金，白铜为 Cu-Zn-Ni 合金。其中白铜具有较强的耐腐蚀性。铜的导电性和导热性仅次于银，因此常用来制作导线和其他导电元器件。

单质银为银白色，在所有金属中银的导热性和导电性最好。能微溶于水，具有杀菌作用，所以在过去常用来制作餐具供宫廷用，现在一些高级酒店也有银制餐具。Au、Ag 在航天工业上也有很大用途。在宇航服上镀一层万分之二毫米的金，即可以免受辐射。消防人员的口罩上镀上黄金可以防灼烧。银用于火箭燃气喷射管。燃烧温度超过 3000℃，最难熔的 W 也受不了，而用渗银多孔钨，燃烧时 Ag 挥发，带走大量热从而降温。

美制银币的组成为：Ag 90%+Cu 10%；

英制银币的组成为：Ag 92.5%+Cu 7.5%；

美制金币的组成为：Au 90%+Cu 10%；

18K 金的组成为：Au 75%+Ag 12.5%+Cu 12.5%。

金显金黄色，古语"金无足赤"是十分准确的。金的延展性在所有金属中是最好的。具有很强的耐腐蚀性。由于金的稀少及独特的颜色，过去常作权贵的象征。现在则主要作为货币储蓄，也大量用来制作首饰。金的熔点为 1063℃，并非"真金不怕火炼"。

(2) 化学性质

电势表中，三种金属的标准电极电势都在氢之下，它们不溶于稀盐酸及稀硫酸中。但当有空气或配位剂存在时，铜能溶于稀酸和浓盐酸：

$$2Cu + 2H_2SO_4 + O_2 \longrightarrow 2CuSO_4 + 2H_2O$$

$$2Cu + 8HCl(浓) \longrightarrow 2H_3[CuCl_4] + H_2$$

Cu 与 Ag 很容易溶解在硝酸或热的浓硫酸中，而 Au 只能溶于王水中。这时，硝酸作为氧化剂，盐酸作为配位剂：

$$Cu + 2H_2SO_4(浓) \longrightarrow CuSO_4 + SO_2 + 2H_2O$$

$$3Ag + 4HNO_3 \longrightarrow 3AgNO_3 + NO + 2H_2O$$

$$Au + 4HCl + HNO_3 \longrightarrow HAuCl_4 + NO + 2H_2O$$

Cu 在常温下不与干燥空气中的氧化合，加热时能产生黑色的氧化铜。Ag、Au 在加热时也不与空气中的氧化合。铜在潮湿的空气中表面会生成一层铜绿：

$$2Cu + O_2 + H_2O + CO_2 \longrightarrow Cu(OH)_2CuCO_3$$

碱式碳酸铜也称为铜蓝，具有杀菌消毒、清热祛火的作用，可以和香油混合涂抹治疗黄水疮。

Cu、Ag、Au 常见的一些化学反应：

$$4Cu + 4H_2SO_4(浓) \longrightarrow CuS(黑) + 3CuSO_4 + 4H_2O$$

$$2Cu + 8NH_3 + O_2 + 2H_2O \longrightarrow 2[Cu(NH_3)_4](OH)_2$$

$$2Cu + 2HCl + 4CS(NH_2)_2 \longrightarrow 2[Cu(CS(NH_2)_2)_2]^+ + H_2 + 2Cl^-$$

$$2Ag + S \longrightarrow Ag_2S$$

$$4Ag + 2H_2S + O_2 \longrightarrow 2Ag_2S + 2H_2O \quad (银器年久变黑)$$

$$M + O_2 + 2H_2O + 8CN^- \longrightarrow 4[M(CN)_2]^- + 4OH^- \quad (M=Cu, Ag, Au)$$

16.1.3 化合物

16.1.3.1 氧化物和氢氧化物

Cu、Ag、Au 氧化物和氢氧化物的颜色如下所示。

Cu_2O	Ag_2O	CuO	AgO	Au_2O_3	$CuOH$	$AgOH$	$Cu(OH)_2$	$Au(OH)_3$
黄或红	暗棕	黑	黑	棕	黄	白	蓝	棕

铜族元素所有的氧化物和氢氧化物均难溶于水。氢氧化物的碱性较弱，且极易脱水形成氧化物，而碱金属氢氧化物是强碱，对热非常稳定。

$$4CuO \xrightarrow{1000℃} 2Cu_2O + O_2$$

$$Cu(OH)_2 \xrightarrow{80\sim90℃} CuO + H_2O$$

$$2Ag^+ + 2OH^- = Ag_2O + H_2O$$

$$Ag^+ + OH^- \xlongequal[90\%C_2H_5OH]{<-45℃} AgOH(白)$$

$$Cu(OH)_2 + 2OH^-(饱和\ NaOH) = Cu(OH)_4^{2-}(深蓝)$$

$$Cu_2O + 2HCl = 2CuCl(白) + H_2O$$

$$Cu_2O + 2H^+ = Cu^{2+} + Cu + H_2O$$

$$Cu_2O + 4NH_3 + H_2O = 2[Cu(NH_3)_2](OH)$$

$$2Cu^{2+} + 4OH^- + C_6H_{12}O_6 = Cu_2O\downarrow(红色) + 2H_2O + C_6H_{12}O_7$$

在医院常用最后一个反应检查糖尿病。

16.1.3.2 盐类

(1) 卤化物

CuCl、CuBr、CuI 均为白色难溶盐，CuF 显红色但不稳定。

$$Cu^{2+} + Cu + 4Cl^- = 2CuCl_2^-(土黄色)$$

$$2CuCl_2 + SnCl_2 = 2CuCl\downarrow(白) + SnCl_4$$

$$2Cu^{2+} + 4I^- = 2CuI\downarrow + I_2$$

CuI 为白色沉淀，而单质 I_2 为紫黑色，混合后显灰色。加入 $Na_2S_2O_3$ 溶液消除掉 I_2 后，可观察到白色 CuI 沉淀。

Cu(I) 也有氧化性，例如：

$$2CuI(白) + 2Hg = Hg_2I_2(黄) + 2Cu$$

将涂有白色 CuI 的纸条挂在室内，若常温下 3h 白色不变，表明空气中汞的含量不超标。

$CuCl_2$ 为棕黄色固体，溶于水后稀溶液显蓝色，中等浓度的溶液显绿色，浓溶液显黄色。原因是 Cu^{2+} 在稀溶液中主要以 $Cu(H_2O)_4^{2+}$ 形式存在，在浓溶液中主要以 $CuCl_4^{2-}$ 形式存在，在中等浓度的溶液中 $Cu(H_2O)_4^{2+}$ 与 $CuCl_4^{2-}$ 共存。

AgF 为无色晶体，AgCl 为白色固体，AgBr 为淡黄色固体，AgI 为黄色固体。

$$Ag_2O + 2HF = 2AgF + H_2O$$

AgCl、AgBr、AgI 均见光易分解，具有感光性，常用作感光材料。将 AgX 的明胶凝胶涂在透明胶片上即成照相底片。

照相原理简述如下：

曝光　$AgX \xrightarrow{h\nu} Ag + X$

显影 2X+（对苯二酚）+ $2OH^-$ ═══ （对苯醌）+ $2X^-$ + $2H_2O$

$$2X + C_6H_4(OH)_2 + 2OH^- = C_6H_4O_2 + 2X^- + 2H_2O$$

定影 $AgX + 2Na_2S_2O_3 = Na_3[Ag(S_2O_3)_2] + NaX$

(2) 硝酸银 硝酸银为无色晶体，见光易分解。由于银矿中常含有铜，因此硝酸银中也常混杂有硝酸铜。除去硝酸银中杂质硝酸铜的方法有两种。

① 在200～300℃加热使硝酸铜分解：

$$2Cu(NO_3)_2 \xlongequal{200℃} 2CuO + 4NO_2 + O_2$$

$$2AgNO_3 \xlongequal{444℃} 2Ag + 2NO_2 + O_2$$

然后将加热过的产品溶于水，过滤除去CuO，再加热浓缩、蒸发结晶得到纯硝酸银。

② 将硝酸银溶于水，加入新制的Ag_2O，将Cu^{2+}沉淀为$Cu(OH)_2$：

$$Cu(NO_3)_2 + Ag_2O + H_2O = Cu(OH)_2\downarrow + 2AgNO_3$$

过滤除去$Cu(OH)_2$沉淀，再加热浓缩、蒸发结晶得到纯硝酸银。

(3) 配合物 多数Cu(Ⅰ)配合物的溶液具有吸收烯烃、炔烃和CO的能力，例如合成氨工业中用铜洗去H_2中的CO：

$$[Cu(NH_3)_2]Ac + CO + NH_3 = [Cu(NH_3)_3]Ac\cdot CO$$

但$[Cu(NH_3)_2]Ac$不能放置时间太长，否则会被空气中的氧气氧化为$Cu(NH_3)_4^{2+}$：

$$4Cu(NH_3)_2^+ + 8NH_3 + O_2 + 2H_2O = 4Cu(NH_3)_4^{2+} + 4OH^-$$

Cu^{2+}的鉴别有许多种方法，其中一种是用亚铁氰化钾（$K_4[Fe(CN)_6]$）溶液：

$$2Cu^{2+} + Fe(CN)_6^{4-} = Cu_2[Fe(CN)_6]\downarrow\text{（红棕）}$$

银氨配离子溶液可以用来化学镀银，反应如下：

$$2Ag(NH_3)_2^+ + RCHO + 3OH^- = 2Ag + RCOO^- + 4NH_3 + 2H_2O$$

但长时间存放时，$Ag(NH_3)_2^+$会转化为易爆炸的Ag_3N、Ag_2NH、$AgNH_2$，用毕需及时处理。

$$3Ag(NH_3)_2^+ + 3OH^- = Ag_3N + 5NH_3 + 3H_2O$$

(4) $CuSO_4\cdot 5H_2O$

无水$CuSO_4$可以用来除去含水酒精中的少量水制备无水酒精。农业上常用蓝矾与碱石灰制备杀虫剂波尔多液。

(5) Cu(Ⅰ)与Cu(Ⅱ)的相应转化

从离子结构看，Cu^+的结构是$3d^{10}$，应该比Cu^{2+}（$3d^9$）稳定。气态和固态时Cu^+的化合物是稳定的；但是在水溶液中，Cu^{2+}的水合热比Cu^+的大，因而在溶液中Cu^{2+}是稳定的，而Cu^+是不稳定的。酸性溶液中，Cu^+易歧化。Cu^+与Cu^{2+}的转化反应如下：

$$2Cu^+ = Cu^{2+} + Cu$$

$$Cu^{2+} + Cu + 2Cl^- = 2CuCl$$

$$2Cu^{2+} + 4I^- = 2CuI + I_2$$

$$2Cu^{2+} + 6CN^- = 2Cu(CN)_2^- + (CN)_2$$

ⅠB族元素和ⅠA族元素性质的对比，见表16.2。

表 16.2　Ⅰ B 族元素和Ⅰ A 族元素性质比较

项　　目	铜　族　元　素	碱　金　属　元　素
物理性质	金属键较强，具有较高的溶、沸点和升华热，良好的延展性。导电性和导热性最好，密度较大	金属键较弱，溶、沸点较低，硬度、密度也较小
化学活泼性和性质变化规律	是不活泼的重金属，同族内金属活泼性从上至下减小	是极活泼的轻金属，同族内金属活泼性从上至下增加
氧化态	有＋Ⅰ、＋Ⅱ、＋Ⅲ三种	总是呈＋Ⅰ氧化态
化合物的键型和还原性等	化合物有较明显的共价性，化合物主要是有颜色的，金属离子易被还原	化合物大多是离子型的，正离子一般是无色的，极难被还原
离子形成配合物的能力	有很强的生成配合物的倾向	仅能与极强的配位剂形成配合物，因此以碱金属离子做中心原子的配合物极少
氢氧化物的碱性和稳定性	氢氧化物碱性较弱，易脱水形成氧化物	氢氧化物是强碱，对热非常稳定

16.2　锌副族（Zinc Subgroup）

16.2.1　锌族元素的通性

锌族位于周期系的ⅡB 族，包括锌、镉、汞三种元素。锌族元素的价层电子构型为 $(n-1)d^{10}ns^2$，由于 d 电子与 s 电子的电离势相差较大，较难从已满的 d 轨道中失去电子，只能失去 s 电子而呈＋2 的氧化态，因此锌族元素的特征氧化数为＋2，Hg_2^{2+} 除外。锌族元素常见矿物有：闪锌矿 ZnS，辰砂（朱砂）HgS，菱锌矿 $ZnCO_3$。

锌族元素的电势图如下：

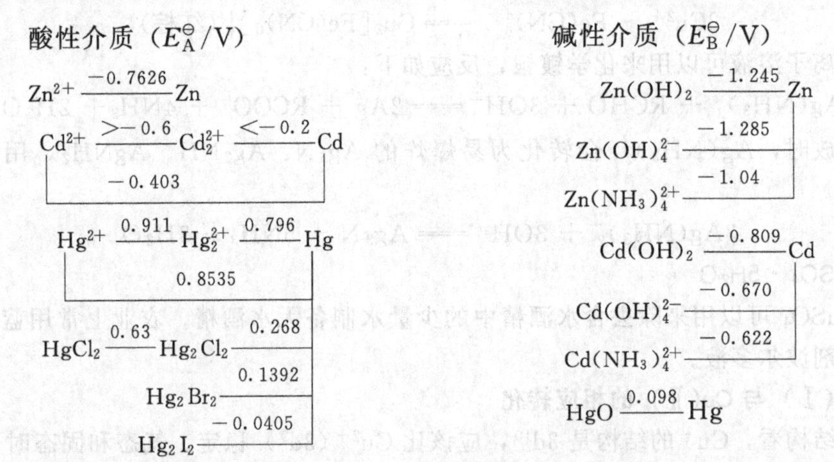

16.2.2　锌族元素单质

16.2.2.1　冶炼

(1) 锌的冶炼　闪锌矿经浮选得到含 ZnS 40%～60%的精矿，再焙烧得到 ZnO。

$$2ZnS + 3O_2 \xlongequal{焙烧} 2ZnO + 2SO_2$$

将 ZnO 与焦炭混合，在鼓风炉中于 1100～1200℃下还原，收集锌蒸气

$$2C + O_2 \xlongequal{\triangle} 2CO$$

$$ZnO(s) + CO(g) \xlongequal{\triangle} Zn(g) + CO_2(g)$$

将锌蒸气冷却得到含少量 Cd、Pb、Cu、Fe 的 Zn 粉，Zn 含量约为 98%。再经蒸馏，除去 Pb、Cd、Cu、Fe 可以得到纯度为 99.9%的锌。

若制备高纯锌，则常用电解 $ZnSO_4$ 的方法。首先将 ZnO 溶于稀硫酸，调节溶液 pH 使 Fe、As、Sb 离子形成沉淀除去。再加入锌粉将其他杂质离子还原成金属单质除去。电解 $ZnSO_4$ 溶液可以得到 99.99%的锌，再经区域熔融法可以得到纯度高达 99.9999%的高纯锌。

(2) 镉的冶炼 自然界中，镉主要与锌的矿石共生在一起，大部分镉是作为炼锌的副产物得到。炼锌时，由于镉的沸点 767℃比锌的沸点 907℃低，当温度控制在 800℃左右时，镉先被蒸出。将得到的粗镉溶于盐酸，再用锌还原可以得到较高纯度的镉。

(3) 汞的冶炼 600～700℃时，将辰砂直接在空气中焙烧，或者将辰砂与铁粉或生石灰共同焙烧，均可制得单质汞

$$HgS + O_2 \xlongequal{焙烧} Hg\uparrow + SO_2$$

$$HgS + Fe \xlongequal{\triangle} Hg\uparrow + FeS$$

$$4HgS + 4CaO \xlongequal{\triangle} 4Hg\uparrow + 3CaS + CaSO_4$$

得到的汞蒸气冷凝后用稀硝酸洗涤，并鼓入空气将活泼金属氧化成硝酸盐除去。纯化后的汞再减压蒸馏可以得到纯度为 99.9%的金属汞。

16.2.2.2 性质

(1) 物理性质

锌族元素单质熔沸点低，硬度小。Hg 是唯一的液体金属，有流动性，且在 0～300℃之间 Hg 热胀均匀，用来制造温度计。室温时，汞的蒸气压很小，因此常用汞制造气压计。

汞能溶解许多金属（如钠、钾、银、金、锌、镉、锡、铅、铊等）而形成汞齐（Amalgam)。它们或是简单化合物（如 AgHg)，或是溶液（如少量锡溶于汞），或是两者的混合物。若溶解于汞中的金属含量不高时，所得汞齐常呈液态或糊状。Na-Hg 齐有反应平稳的特点，是有机合成中常用的还原剂，与银、锡或铜形成的汞齐可作牙齿的填补材料。此外在冶金工业中利用汞和金形成汞齐的性质来提炼这些贵金属。铊汞齐（8.5%铊）在 213K 才凝固，可做低温温度计。

汞是除稀有气体外唯一以单原子分子存在的物质。空气中允许浓度为 $0.1mg \cdot mol^{-3}$。当浓度达到 $14mg \cdot mol^{-3}$时会使人积累中毒。汞在纯水中的溶解度很大，为 $3\times10^{-7} mol \cdot dm^{-3}$，如果只存放在纯水中，会通过水表面扩散到空气中，所以，在实验室中汞需存放在 10%NaCl 溶液中。高压下 Hg(g) 导电发光，因此用来制造 Hg 灯。锌具有抗腐蚀的能力，用来制造白铁皮。Zn 还是生命攸关的元素，是人类正常生长、生殖和寿命所必需的微量元素，对组织的修补和创伤的愈合过程有益，也就是说对细胞生长、分裂有重要作用。缺锌导致侏儒症，不育症，先天性痴呆，夜盲症等。

(2) 化学性质

锌族元素不如碱土金属活泼，活泼性也是由 Zn→Cd→Hg 依次递减。

一些常见的化学反应如下所列：

$$4Zn + 2O_2 + 3H_2O + CO_2 \xlongequal{} ZnCO_3 \cdot 3Zn(OH)_2 \quad (潮气中)$$

$$Cd + 2H^+ \xlongequal{} Cd^{2+} + H_2$$

$$3Hg + 8HNO_3 \xlongequal{} 3Hg(NO_3)_2 + 2NO + 4H_2O$$

$$Hg + 2H_2SO_4(浓) \xlongequal{\triangle} HgSO_4 + SO_2 + 2H_2O$$

$$Zn + 2OH^- + 2H_2O \xlongequal{} Zn(OH)_4^{2-} + H_2$$

$$Zn + 4NH_3 + 2H_2O \xlongequal{} [Zn(NH_3)_4](OH)_2 + H_2$$

$$Hg + S \xlongequal{} HgS$$

Zn 的两性与 Al 相似，不同的是 Zn^{2+} 与 NH_3 易形成配合物，而 Al^{3+} 则不与 NH_3 配合。

16.2.3 锌族元素化合物

16.2.3.1 氧化物和氢氧化物

本族元素的 +2 氧化态离子具有 18 电子构型，水合离子均无色。但由于按 Zn^{2+}、Cd^{2+}、Hg^{2+} 顺序，离子极化性和变形性逐渐增强，以致 Cd^{2+}、Hg^{2+} 易与变形的阴离子 S^{2-}、I^- 等形成共价型的化合物，呈现很深的颜色和较低的溶解度。如

ZnO	CdO	HgO
白	棕灰	红或黄（粒度不同）
$Zn(OH)_2$	$Cd(OH)_2$	—

⟶

碱性逐渐增强

$Zn(OH)_2$ 溶于稀氢氧化钠溶液，$Cd(OH)_2$ 溶于浓氢氧化钠溶液。由于都容易形成氨配合物，都易溶于氨水。

$$Hg^{2+} + 2OH^- \xlongequal{} H_2O + HgO(黄)$$

$$2Hg(NO_3)_2 \xlongequal{} 4NO_2 + O_2 + 2HgO(红)$$

16.2.3.2 盐类

(1) 卤化物

锌的卤化物均为无色晶体。常温下在水中的溶解度 $S(g/100gH_2O)$ 如下：

	ZnF_2	$ZnCl_2$	$ZnBr_2$	ZnI_2
$S(g/100gH_2O)$	1.62(293K)	432(298K)	447(293K)	432(291K)

浓 $ZnCl_2$ 溶液因其水解显较强的酸性：

$$ZnCl_2 + H_2O \xlongequal{} H[ZnCl_2OH]$$

所以 $ZnCl_2$ 溶液常用作焊药，除去被焊金属表面的氧化物。

汞的卤化物在水中的溶解度比锌的卤化物小得多：

	HgF_2	$HgCl_2$	$HgBr_2$	HgI_2
	白	白	白	红或黄（热时）
$S(g/100gH_2O, 298K)$	—	6.6	0.62	6×10^{-3}

升汞 $HgCl_2$ 剧毒，在医院中 $HgCl_2$ 稀溶液常用来进行手术刀的消毒。难溶的卤化汞均溶于相应的 X^- 溶液中形成无色配合物 HgX_4^{2-}。HgI_2 常用来配制红药水进行微小伤口的消毒。

HgF_2 遇水易水解：

$$HgF_2 + H_2O \xlongequal{} HgO + 2HF$$

卤化亚汞中 Hg_2F_2 不稳定，因加热易分解见水强烈水解而不常见，其他卤化亚汞均难溶于水。

Hg_2Cl_2	Hg_2Br_2	Hg_2I_2
白	白	黄绿

Hg_2Cl_2 味甘甜无毒，俗称甘汞（calomel）。常用来制造甘汞电极。

有关亚汞离子的部分反应如下：

$$2HgCl_2 + SnCl_2 \longrightarrow Hg_2Cl_2\downarrow(白) + SnCl_4$$

$$Hg_2^{2+} + 2I^- \longrightarrow Hg_2I_2\downarrow(黄绿色)$$

$$Hg_2Cl_2 + NH_3 \longrightarrow HgNH_2Cl\downarrow(白) + Hg\downarrow(黑) + NH_4Cl$$

$$Hg_2I_2 + 2I^- \longrightarrow HgI_4^{2-} + Hg\downarrow(黑)$$

(2) 硫化物

锌族元素硫化物的颜色和水溶性如下：

ZnS	CdS	HgS
白	黄	黑或红
溶于稀 HCl	溶于浓 HCl	溶于王水、Na_2S 溶液

利用 HgS 溶于 Na_2S 溶液可以将其与 ZnS、CdS 分离。

$$HgS + Na_2S \longrightarrow Na_2[HgS_2]$$

硫化锌与硫酸钡等摩尔比的混合物可组成白色颜料立德粉（lithopone，锌钡白）。

$$BaS + ZnSO_4 \longrightarrow ZnS\cdot BaSO_4\downarrow$$

ZnS 是常用的荧光粉，若在 ZnS 晶体中加入微量 Cu、Mn、Ag 作活化剂，经光照射后可发出不同颜色的荧光，这种材料可作荧光粉，制作荧光屏。含有 Ag 时显蓝色，含有 Cu 时显黄绿色，含 Mn 时显橙色。

(3) 配合物

本族离子为 18 电子层结构，极化能力强，变形性大，形成配合物的倾向大，能与 NH_3、X^-、CN^-、SCN^- 等形成配位离子。锌族元素+2 氧化态的配合物均无色。除奈氏试剂外，$(NH_4)_2[Hg(SCN)_4]$ 溶液常用来鉴别 Co^{2+}：

$$Co^{2+} + [Hg(SCN)_4]^{2-} \longrightarrow Co[Hg(SCN)_4]\downarrow(蓝)$$

① 氨配合物。

Zn^{2+}、Cd^{2+} 与氨水反应生成稳定的氨配合物，反应如下：

$$Zn^{2+} + 4NH_3 \longrightarrow [Zn(NH_3)_4]^{2+} \quad (无色)$$

$$Cd^{2+} + 6NH_3 \longrightarrow [Cd(NH_3)_6]^{2+} \quad (无色)$$

② 氰配合物。

Zn^{2+}、Cd^{2+}、Hg^{2+} 与 KCN 能生成稳定的氰配合物，反应如下：

$$Zn^{2+} + 4CN^- \longrightarrow [Zn(CN)_4]^{2-}$$

$$Cd^{2+} + 4CN^- \longrightarrow [Cd(CN)_4]^{2-}$$

$$Hg^{2+} + 4CN^- \longrightarrow [Hg(CN)_4]^{2-}$$

③ 其他配合物。

Hg^{2+} 与 X^-、SCN^- 形成一系列配合物，反应如下：

$$Hg^{2+} + 4SCN^- \longrightarrow [Hg(SCN)_4]^{2-}$$

$$Hg^{2+} + 4Cl^- \longrightarrow [HgCl_4]^{2-}$$

$$Hg^{2+} + 2I^- \longrightarrow HgI_2\downarrow \quad (红色)$$

$$Hg^{2+} + 4I^- \longrightarrow [HgI_4]^{2-} \quad (无色)$$

(4) Hg(Ⅱ)与 Hg(Ⅰ)的相互转化 Hg_2^{2+} 一般不歧化，稳定（与 Cu^+ 相反），但是 Hg_2^{2+} 遇到 CN^-、I^-（Hg^{2+} 的配合剂）、OH^-、H_2S（沉淀剂）、NH_3 时，均歧化。

$$Hg^{2+} + Hg \longrightarrow Hg_2^{2+}$$

$$Hg_2Cl_2 + 2NH_3 \longrightarrow HgNH_2Cl + Hg + NH_4Cl$$

$$Hg_2^{2+} + 2OH^- \longrightarrow HgO + Hg + H_2O$$

$$Hg_2^{2+} + S^{2-} \longrightarrow HgS + Hg$$

$$Hg_2^{2+} + 4I^- \longrightarrow HgI_4^{2-} + Hg$$

ⅡB族元素和ⅡA族元素性质的对比，见表16.3。

表16.3 ⅡB族元素和ⅡA族元素性质比较

ⅡA族元素	ⅡB族元素
单质的熔、沸点，硬度低	熔、沸点较低，延展性、导电性和导热性都差
极活泼的金属，在空气中易被氧化，能与水、酸反应放出氢气	不活泼的金属，在空气中稳定，不与水反应，只有锌较易从酸中置换出氢气
易形成离子型化合物，M^{2+}为无色	M^{2+}也为无色，形成共价型化合物，但有变形性

习　题

16.1　写出下列物质主要成分的化学式。

辉铜矿；黄铜矿；赤铜矿；黑铜矿；孔雀石；角银矿；闪银矿；黄铜；青铜；白铜；闪锌矿；辰砂；升汞；甘汞。

16.2　用化学反应方程式表示下列制备过程。

(1) 由黄铜矿提炼单质铜；

(2) 用氰化物法由金矿砂提取单质金；

(3) 由金属铜制备硫酸铜；

(4) 由金属铜制备氯化亚铜；

(5) 由辰砂提取单质汞；

(6) 由闪锌矿提取单质锌；

(7) 从废弃的定影液提取单质银；

(8) 由硝酸汞制备氧化汞；

(9) 由硝酸汞制备升汞；

(10) 由硝酸汞制备甘汞。

16.3　解释下列现象并写出有关的化学反应方程式。

(1) 铜器在潮湿的空气中会在表面慢慢生成一层铜绿；

(2) 硫酸铜作杀虫剂时需与熟石灰共用；

(3) 硝酸银固体或溶液需用棕色试剂瓶盛放；

(4) 配制硝酸汞溶液时应先将其溶解在硝酸溶液中；

(5) 氯化亚汞是利尿剂，但有时服用氯化亚汞反而会中毒；

(6) 焊接铁器时，常用氯化锌溶液先处理一下焊接处；

(7) 硫化汞难溶于盐酸或硝酸，但可溶解于王水或硫化钠溶液中；

(8) 氯化铜溶液的颜色随溶液浓度的增大由浅蓝色变为绿色，最后变为土黄色。

16.4　通过计算说明，常温下，铜能否从浓盐酸中置换出氢气？

已知$E^{\ominus}_{Cu^+/Cu}=0.52V$，$K^{\ominus}_{稳(CuCl_2^-)}=3\times10^5$。

16.5　湿法炼锌过程中，含硫酸锌的浸取液中常含有Fe^{2+}、Fe^{3+}、Sb^{3+}、Cu^{2+}、Cd^{2+}、Cl^-及硅酸等杂质，它们会妨碍硫酸锌的电解工序，必须事先除去。试以化学反应方程式表示除去这些杂质的方法。

16.6　氯化亚铜和氯化亚汞都是反磁性物质。问两者的化学式应如何表示？

16.7　完成并配平有关的化学反应方程式。

(1) 在缺氧的条件下，将铜溶于氰化钠溶液；

(2) 在有氧的条件下将银溶于氰化钠溶液；

(3) 铜粉溶于浓盐酸；

(4) 碘化汞溶于过量碘化钾溶液；
(5) 向硝酸银溶液中滴加少量氨水；
(6) 将氰化钠溶液滴加到硫酸铜溶液中；
(7) 奈氏试剂检验溶液中的铵离子；
(8) 锌溶于烧碱溶液；
(9) 氨水处理甘汞；
(10) 氧化亚铜溶于稀硫酸。

16.8 分别向硝酸铜、硝酸银、硝酸亚汞、硝酸汞溶液中加入过量碘化钾溶液，问各得到什么产物？写出有关的化学反应方程式。

16.9 设计实验方案，分离下列各组物质：
(1) Zn^{2+}和Cd^{2+}；(2) Cu^{2+}和Zn^{2+}；(3) Ag^{+}、Pb^{2+}和Hg^{2+}；(4) Zn^{2+}、Cd^{2+}和Hg_2^{2+}。

16.10 定影过程是用海波溶液溶解胶片上未曝光的溴化银，但用久了的定影液会使胶片“发花”，为什么？

16.11 简述下列实验的现象并写出有关的化学反应方程式。
(1) 向硝酸银溶液中滴加少量的海波溶液；
(2) 将硫酸四氨合铜(Ⅱ)溶液逐渐加热；
(3) 向硫酸四氨合铜(Ⅱ)溶液中逐渐滴加盐酸；
(4) 向失效的定影液中逐渐滴加氢碘酸溶液；
(5) 向四氯合铜(Ⅱ)酸钠溶液中滴加碘化钾溶液，再加入适量的海波溶液。

16.12 设计实验方案分离下列两组离子：
(1) Al^{3+}、Cr^{3+}、Fe^{3+}、Zn^{2+}、Hg^{2+}；
(2) Cu^{2+}、Ag^{+}、Zn^{2+}、Fe^{2+}、Hg_2^{2+}。

16.13 试用四种方法鉴别Hg^{2+}和Hg_2^{2+}溶液。

16.14 通过计算说明，为什么铜能溶于氰化钾溶液并置换出氢气，而银只有在通入空气时才能溶于氰化钾溶液。
已知$E^{\ominus}_{Ag^{+}/Ag}=0.799V$，$E^{\ominus}_{Cu^{+}/Cu}=0.521V$，$K^{\ominus}_{稳[Cu(CN)_2^-]}=1.0\times10^{24}$，$K^{\ominus}_{稳[Ag(CN)_2^-]}=1.0\times10^{21}$。

16.15 选用适当的配体分别将下列沉淀溶解（但不改变金属离子的氧化态），并写出有关的化学反应方程式。
AgI、$AgCN$、$Cu(OH)_2$、$CuCl$、CuS、$Cd(OH)_2$、HgI_2、HgS、$Zn(OH)_2$。

16.16 试用两种方法除去$AgNO_3$晶体中含有的少量$Cu(NO_3)_2$杂质。写出有关的化学反应方程式。

16.17 试用两种方法除去$Cu(NO_3)_2$晶体中含有的少量$AgNO_3$杂质。写出有关的化学反应方程式。

16.18 白色固体A为三种硝酸盐的混合物，根据下列实验结果判断其具体成分，并写出有关的化学反应方程式。
(1) 取少量固体A溶于水后，加NaCl溶液，有白色沉淀生成；
(2) 将(1)的沉淀离心分离，离心液分成三份：一份加入少量Na_2SO_4，有白色沉淀生成；第二份加入K_2CrO_4溶液，有黄色沉淀生成；第三份加入NaClO有棕黑色沉淀生成；
(3) 在(1)所得沉淀中加入过量氨水，白色沉淀部分溶解，部分转化为灰白色沉淀；
(4) 在(3)所得离心液中加入过量硝酸，又有白色沉淀产生。

16.19 根据下列实验结果，判断A、B、C、D、E、F、G、H、I、J各物质的化学式，并写出有关的化学反应方程式。

A(红色固体)$\xrightarrow{加热分解}$B(液体)＋C(无色气体)；
B＋HNO_3 $\longrightarrow$D(溶液)＋E(无色气体)；
C(无色气体)＋E(无色气体)$\longrightarrow$F(红棕色气体)；
D(溶液)＋G(溶液)$\longrightarrow$H(红色沉淀)；
H＋G(溶液，过量)$\longrightarrow$I(无色溶液)；
C(无色气体)＋G(溶液)$\longrightarrow$J(棕黄色溶液)。

16.20 一固体混合物中可能含有$AgNO_3$、$HgCl_2$、NaCl、$SnCl_2$、$CuSO_4$、$ZnSO_4$。通过下列实验，判断哪些物质肯定存在，哪些物质肯定不存在，哪些物质可能存在。并说明原因。
(1) 取少量混合物投入水中并微加微热，有白色沉淀生成，溶液澄清后为无色；
(2) 将沉淀分离后加入氨水，沉淀全部消失，溶液变为蓝色。向蓝色溶液中加过量盐酸，无沉淀生成；

(3) 取 (1) 的滤液加适量氢氧化钠溶液，有白色沉淀生成。该白色沉淀溶于过量的氢氧化钠，但在氨水中只有部分溶解。

16.21 化合物A是一种黑色固体，不溶于水、稀醋酸及烧碱溶液，但易溶于热盐酸中，生成绿色溶液B。如溶液B与铜丝一起煮沸，则逐渐变成土黄色溶液C。溶液C若用大量水稀释会生成白色沉淀D，D可溶于氨溶液中生成无色溶液E。E暴露于空气中则逐渐变成蓝色溶液F。往F中加入氰化钾溶液时，蓝色消失，生成溶液G。往G中加入锌粉，则生成红色沉淀H，H不溶于稀酸和稀碱中，但可溶于热硝酸中生成蓝色溶液L，往L中慢慢加入烧碱溶液则生成蓝色沉淀J。将J过滤出后加热，又生成原来的化合物A。试确定A、B、C、D、E、F、G、H、I、J各代表何物，写出有关的化学反应方程式。

16.22 一白色固体溶于水后得无色溶液A。向A溶液中加入氢氧化钠溶液得黄色沉淀B，B难溶于过量的氢氧化钠溶液。但B可溶于盐酸又得到溶液A。向A中滴加少量氯化亚锡溶液有白色沉淀C生成。用过量碘化钾溶液处理C得黑色沉淀D和无色溶液E。向E中通入硫化氢气体得到黑色沉淀F，F难溶于硝酸。但F可溶于王水得到乳白色沉淀G、无色溶液H和无色气体I，I可使酸性高锰酸钾溶液褪色。试确定A、B、C、D、E、F、G、H、I各代表何物，写出有关的化学反应方程式。

16.23 白色固体A可溶于水。将A加热分解成白色固体B和刺激性无色气体C，C能使KI_3稀溶液褪色，生成溶液D。向D中加入氯化钡溶液时生成白色沉淀E，E不溶于稀硝酸。将固体B溶于热盐酸得到溶液F，向F中逐渐加入烧碱溶液或氨水均先生成白色沉淀，后沉淀又溶解，F若与硫化铵溶液作用，则生成白色沉淀G。将G在空气中灼烧则变成白色固体B和无色气体C。若将A溶于稀盐酸，也可得到溶液F和气体C。试确定A、B、C、D、E、F、G各代表何物，写出有关的化学反应方程式。

16.24 黑色化合物A不溶于水和稀碱溶液，但溶于浓盐酸得黄色溶液B。将B用水稀释则转化为蓝色溶液C。向C中加入适量碘化钾溶液有黄灰色沉淀D生成，再加入适量的大苏打溶液后沉淀转为白色沉淀E。E溶于过量大苏打溶液得无色溶液F。若向B中通入二氧化硫后加水稀释则有白色沉淀G生成。G溶于氨水后很快转为蓝色溶液H。试确定A、B、C、D、E、F、G各代表何物，写出有关的化学反应方程式。

16.25 无色晶体A易溶于水，见光或受热易分解。向A的水溶液加盐酸得白色沉淀B。B溶于氨水得无色溶液C。向C中加盐酸则又得到白色沉淀B。向A的水溶液中滴加少量大苏打溶液立即生成白色沉淀D，D很快由白变黄、变棕最后转化为黑色沉淀E。E难溶于盐酸、烧碱或大苏打溶液，但与硝酸反应又得到A的溶液、乳白色沉淀F和无色气体G，G遇空气转变为红棕色气体H。试确定A、B、C、D、E、F、G、H各代表何物，写出有关的化学反应方程式。

第 17 章　过渡元素（Ⅱ）——ⅢB—Ⅷ族

Transition Element—ⅢB—Ⅷ Subgroup

第三副族至第八族元素（ⅢB—Ⅷ）在周期表中属于 d 区，当电子填充在原子轨道中时，最后一个电子填充在次外层的（$n-1$）d 轨道中。镧系元素和锕系元素的最后一个电子则填充在再次外层的（$n-2$）f 轨道中，因此又将镧系元素和锕系元素称为内过渡元素。过渡元素与铜、锌两个副族元素的价层电子构型差别较大，因而性质差别也非常明显。由于在周期表中钪副族中镧的位置有 15 个元素形成内过渡系列——镧系元素，而钪和钇在地壳的含量非常少，形成的化合物也不多见，因此本章主要介绍ⅣB 至Ⅷ族元素。

17.1　元素的通性（General Characteristics）

第四周期、第五周期和第六周期过渡元素的某些性质见表 17.1(a)、表 17.1(b) 和表 17.1(c)。

表 17.1(a)　第四周期过渡元素的某些性质

元素性质	Sc	Ti	V	Cr	Mn	Fe	Co	Ni	Cu	Zn
原子序数	21	22	23	24	25	26	27	28	29	30
相对原子质量	44.96	47.87	50.94	51.99	54.94	55.85	58.93	58.69	63.55	65.39
外围电子构型	$3d^1 4s^2$	$3d^2 4s^2$	$3d^3 4s^2$	$3d^5 4s^1$	$3d^5 4s^2$	$3d^6 4s^2$	$3d^7 4s^2$	$3d^8 4s^2$	$3d^{10} 4s^1$	$3d^{10} 4s^2$
熔点/℃	1539	1675	1890	1890	1244	1535	1495	1453	1083	419
沸点/℃	2727	3260	3380	2482	2097	3000	2900	2732	2596	907
原子半径/pm	144	132	122	118	117	117	116	115	117	125
离子半径 M^{2+}/pm	—	90	88	84	80	76	74	69	72	74
第一电离能/$kJ \cdot mol^{-1}$	631	658	650	653	717	759	758	737	746	906
第二电离能/$kJ \cdot mol^{-1}$	1866	1968	2064	2149	2227	2320	2404	2490	2703	2640
M^{2+}水合能/$kJ \cdot mol^{-1}$	—	—	—	−1850	−1845	−1920	−2054	−2106	−2100	−2045
汽化热/$kJ \cdot mol^{-1}$	304.8	428.9	456.6	348.8	219.7	351.0	382.4	371.8	341.1	131
室温密度/$g \cdot cm^{-3}$	2.99	4.5	5.96	7.44	7.20	7.86	8.90	8.902	8.92	7.14
氧化态	3	−1,0,2 3,4	−1,0,2 3,4,5	−2,−1,0 2,3,4,5,6	−1,0,1,2 3,4,5,6,7	0,2,3,4 5,6	0,2, 3,4	0,2,3 (4)*	1,2,3	(1),2
$E^{\ominus}_{M^{2+}/M}$/V	—	−1.628	−1.186	−0.900	−1.180	−0.440	−0.277	−0.250	+0.337	−0.763
$E^{\ominus}_{M^{3+}/M}$/V	−2.077	−1.210	−0.880	−0.744	−0.280	−0.037	0.417	—	—	—

注：（　）内为不稳定的氧化态。

表 17.1(b) 第五周期过渡元素的某些性质

元素性质	Y	Zr	Nb	Mo	Tc	Ru	Rh	Pd	Ag	Cd
原子序数	39	40	41	42	43	44	45	46	47	48
相对原子质量	88.91	91.22	92.91	95.94	(98)	101.07	102.91	106.42	107.87	112.41
外围电子构型	$4d^15s^2$	$4d^25s^2$	$4d^45s^1$	$4d^55s^1$	$4d^55s^2$	$4d^75s^1$	$4d^85s^1$	$4d^{10}5s^0$	$4d^{10}5s^1$	$4d^{10}5s^2$
熔点/℃	1495	1952	2468	2610	—	2310	1966±3	1552	960.8	326.9
沸点/℃	2927	3578	4927	5560	—	3900	3727±100	3140	2212	765
原子半径/pm	162	145	134	130	127	125	125	128	134	148
第一电离能/kJ·mol^{-1}	616	660	664	685	702	711	720	805	731	868
汽化热/kJ·mol^{-1}	393.3	581.6	772	651	577.4	669	577	376.6	284	102
室温密度/g·cm^{-3}	4.34	6.49	8.57	10.2	11.50	12.41	12.41	12.02	10.5	8.64
氧化态	3	2,3,4	2,3,4 5	0,2,3 4,5,6	0,4, 5,6,7	0,3,4, 5,6,7,8	0,2,3, 4,6	0,2,3,	1,2, (3)	(1),2

表 17.1(c) 第六周期过渡元素的某些性质

元素性质	La	Hf	Ta	W	Re	Os	Ir	Pt	Au	Hg
原子序数	57	72	73	74	75	76	77	78	79	80
相对原子质量	138.91	178.49	180.95	183.84	186.21	190.23	192.22	195.08	196.97	200.59
外围电子构型	$5d^16s^2$	$5d^26s^2$	$5d^36s^2$	$5d^46s^2$	$5d^56s^2$	$5d^64s^2$	$5d^74s^2$	$5d^96s^1$	$5d^{10}6s^1$	$5d^{10}6s^2$
熔点/℃	920	2150	2996	3410	3180	3045±30	2410	1772	1063	−38.87
沸点/℃	3469	5440	5425	5927	5627	−5000	4130	3827±100	2966	356.58
原子半径/pm	169	144	134	130	128	126	127	130	134	144
第一电离能/kJ·mol^{-1}	538	654	761	770	760	840	880	870	890	1007
汽化热/kJ·mol^{-1}	399.6	611.1	774	844	791	728	690	510.4	385	61.9
室温密度/g·cm^{-3}	6.194	13.31	16.6	19.35	20.53	22.59	22.42	21.45	19.3	13.5939
氧化态	3	2,3,4	2,3,4 5	0,2,3, 4,5,6	0,2,3,4, 5,6,7	0,2,3,4, 5,6,7,8	0,(2),3, 4,5,6	0,2,4	1,3	1,2

17.1.1 元素的性质

过渡元素的价层电子构型为 $(n-1)d^{1\sim10}\ ns^{1\sim2}$。最后 1 个电子填充在次外层的 $(n-1)$d轨道中。同一周期中，从左到右元素的原子半径渐小，但变化不十分明显。

过渡元素单质的性质有以下几个特点：

① 密度普遍较大。其中密度最大的为锇：$d=22.59\text{g}\cdot\text{cm}^{-3}$。

② 熔沸点差别十分明显。其中熔沸点最高者是 W：m.p=3410℃，b.p=5927℃，熔点最低者为 Hg。

③ 硬度差别也比较明显。在所有金属单质中硬度最大的为 Cr（摩氏硬度为 9）。

④ 化学活泼性差别明显。Ti、V、Cr、Mn、Fe、Co、Ni 等属于活泼金属，可以与稀盐酸反应，而 Nb、Ta 等具有一定的化学惰性，甚至不与王水反应。

过渡元素常见氧化态多变，除镧系元素外，其他过渡元素的最高氧化态不超过其所在的族数。

镧系收缩使镧之后第六周期的过渡元素与第五周期的同族元素的原子半径几乎相同，性质极其相近，在自然界中常共生在一起而难于分离。例如：Zr 与 Hf、Mo 与 W 等。

17.1.2 自然界中的分布

17.1.2.1 钛副族元素的分布

1790 年，英国的格里高（W. Gregor）在钛铁矿中发现了钛。但直到 1910 年才得到了金属钛。1789 年，德国的克拉普劳特（M. H. Klaproth）从锆英石中发现了锆。但纯净的金属锆直到 1914 年才用钠还原氯化锆得到。1923 年，考斯特（D. Coster）和西文斯（G. Hevesy）从锆矿物的 X 射线光谱中发现了铪。

钛在地壳中的丰度为 0.45%。大部分钛处于分散状态。主要矿物有金红石 TiO_2 和钛铁矿 $FeTiO_3$。我国四川攀枝花地区有极丰富的钒钛磁铁矿，储量约 15 亿吨。

锆在地壳中的丰度约为 0.017%，比铜、锌和铅的总量还多。但锆属于稀有分散元素。主要矿物锆英石 $ZrSiO_4$，在独居石中也可以选出锆砂矿。

铪没有独立的矿物，常与锆共生在一起，锆英石中约含 2%的铪，最高可达 7%。铪在地壳中的质量分数约为 1×10^{-4}%。

17.1.2.2 钒副族元素的分布

1801 年，墨西哥矿物学家德里乌（A. M. Del-Rio）在铅矿中发现了一种新的物质，当时他怀疑是不纯的铬酸铅，而没有肯定是一种新物质。直到 1830 年瑞典化学家塞夫斯特劳姆（Sefström）在研究一种铁矿时才肯定了这种新元素。因为含有钒的化合物多姿多彩，纪念神话中美丽的女神凡纳第斯，所以命名为钒。

1801 年，英国化学家哈切特（C. Hatchett）在铌铁矿中发现铌；1802 年瑞典化学家艾克博格（A. G. Ekeberg）发现了钽。但直到 1903 年鲍尔登（Boltom）才制得了金属钽，金属铌则到了 1929 年才制得。

钒在地壳中的丰度为 0.009%，远远大于铜、锌、钙等普通元素在地壳中的含量，但在地壳中大部分钒呈分散状态，主要的矿石有钒钛磁铁矿和钒酸钾铀矿 $[K_2(UO_2)_2(VO_4)_2 \cdot 3H_2O]$。

铌和钽在地壳中的丰度分别为 0.002%和 2.5×10^{-4}%。铌和钽由于镧系收缩的影响，离子半径极为相似，在自然界中总是共生。它们的主要矿物为共生的铌铁矿和钽铁矿 $Fe[(Nb,Ta)O_3]_2$。

17.1.2.3 铬副族元素的分布

1797 年，法国化学家瓦克林（L. N. Vauguelin）在分析铬铅矿时发现了铬。因为铬的化合物都有美丽的颜色，所以铬在西文中的原义就是颜色（Chromium）。由于辉钼矿和石墨在外形上很相似，因此在很长时间内被认为是同一种物质。直到 1778 年，希勒（C. W. Scheele）用硝酸分解辉钼矿时发现有白色的三氧化钼生成，才纠正了这种错误。1781 年，希勒又发现了钨。

铬、钼、钨在地壳中的丰度分别为：0.0083%、1.1×10^{-4}%、1.3×10^{-4}%。

铬在自然界中的主要矿物为铬铁矿 $Fe(CrO_2)_2$；钼的主要矿物为辉钼矿 MoS_2；钨的主要矿物为黑钨矿（Fe，Mn）WO_4 和白钨矿 $CaWO_4$。我国就含有储量极为丰富的钼矿和钨矿。

17.1.2.4 锰副族元素的分布

1774 年，人们在软锰矿中发现了锰。锰在地壳中的丰度较高，约为 0.1%。近年来，人们在深海海底发现大量的锰矿——锰结核，是一层一层的团块，其主要成分为铁锰氧化物，中间夹有黏土，除锰外还含有铜、钴、镍等金属元素。估计在整个海洋底下，约有 15000 亿吨的锰结核。仅太平洋中锰结核所含的锰、铜、钴、镍等元素就相当于陆地总储量的几十到几百倍。目前发现的锰的主要矿石有软锰矿、黑锰矿和水锰矿。

1937 年，佩里尔（C. Perrier）和塞格里（B. Segre）用人工的方法合成了锝，后来发现在铀的裂变产物中也有锝的放射性同位素生成。

铼属于稀有分散元素，在地壳中的丰度很小，只有 7×10^{-3}%。铼没有独立的矿石，主要伴生在辉钼矿中，其质量分数只有 0.001%左右。

17.1.2.5 过渡元素常见的矿藏

Ti：金红石 TiO_2，钛铁矿 $FeTiO_3$，钙钛矿 $CaTiO_3$；

Zr：锆英石 $ZrSiO_4$；

V：钒酸钾铀矿 $K_2(UO_2)(VO_4)_2 \cdot 3H_2O$

Nb、Ta：铌（钽）铁矿 $Fe[(Nb,Ta)O_3]_2$；

Cr：铬铁矿 $Fe(CrO_2)_2$；

Mo：辉钼矿 MoS_2；

W：黑钨矿（Fe，Mn)WO_4，白钨矿 $CaWO_4$；

Mn：软锰矿 MnO_2，黑锰矿 Mn_3O_4，水锰矿 $MnO(OH)_2$，褐锰矿 $3Mn_2O_3 \cdot MnSiO_3$；

Fe：赤铁矿 Fe_2O_3，磁铁矿 Fe_3O_4，褐铁矿 $2Fe_2O_3 \cdot 3H_2O$，菱铁矿 $FeCO_3$，黄铁矿 FeS_2；

Co：辉钴矿 CoAsS；

Ni：镍黄铁矿 $NiS \cdot FeS$；

铂系元素主要以单质形式存在。

17.2 钛副族（Titanium Subgroup）

钛副族包括钛（Ti，titanium）、锆（Zr，zirconium）、铪（Hf，hafnium）三种元素。其中钛最常见和常用，锆和铪在地壳中的含量很少。

钛副族元素的电势图如下：

$$E_A^{\ominus}/V \quad TiO_2 \xrightarrow{-0.1} Ti^{3+} \xrightarrow{-0.9} Ti^{2+} \xrightarrow{-1.6} Ti$$

$$ZrO_2 \xrightarrow{-1.55} Zr$$

$$HfO_2 \xrightarrow{-1.57} Hf$$

$$E_B^{\ominus}/V \quad TiO_2 \xrightarrow{-1.38} Ti_2O_3 \xrightarrow{-1.95} TiO \xrightarrow{-2.13} Ti$$

17.2.1 单质

17.2.1.1 提取

金属钛的冶炼可以通过下列反应实现。

$$TiO_2 + 2C + 2Cl_2 \xlongequal{\triangle} TiCl_4 + 2CO$$

$$TiCl_4 + 2Mg \xlongequal{\triangle} Ti + 2MgCl_2$$

用稀盐酸溶解 $MgCl_2$ 和过量的 Mg 得到海绵状的“海绵钛”，再用电弧炉熔融成钛锭。

17.2.1.2 性质

钛的抗腐蚀、可塑性比铁好，密度小于铁，常用来制作钛钢。主要用于造船、飞机、发动机、人造骨骼等。钛在常温下不与氧气、氯气、盐酸、水等反应，但在加热条件下，反应生成相应的化合物：

$$Ti + \begin{cases} O_2 \xrightarrow{\text{红热}} TiO_2 \\ Cl_2 \xrightarrow{300℃} TiCl_4 \\ N_2 \xrightarrow{800℃} Ti_3N_4 \\ HCl \xrightarrow{\text{加热}} TiCl_3 \\ HNO_3 \xrightarrow{\text{加热}} H_2TiO_3 \\ NaOH \longrightarrow \text{不反应。} \\ HF(aq) \longrightarrow TiF_6^{2-} \end{cases}$$

17.2.2 化合物

17.2.2.1 TiO_2

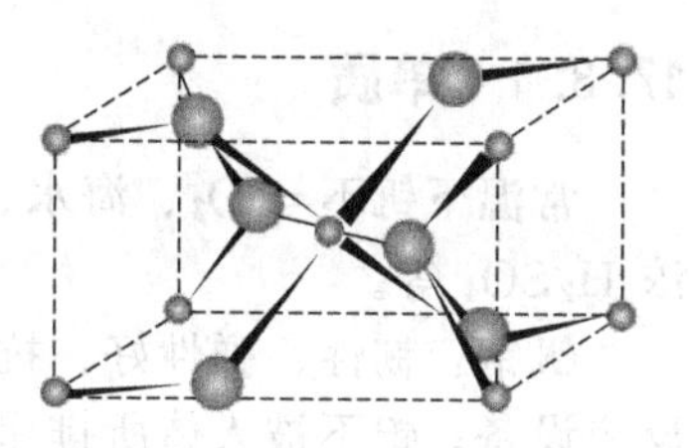
图 17.1 金红石的晶体结构

天然金红石属简单四方晶系（图 17.1）。

工业产品为钛白，折射率高，附着力强、遮盖力大、化学性能稳定，是锌白、铅白、立德粉等白色颜料所不能比拟的。常用于造纸、油漆、塑料、橡胶、陶瓷等。

$$TiO_2 + H_2SO_4(浓) \longrightarrow TiOSO_4 + H_2O$$
$$TiO_2 + 2NaOH(浓) \longrightarrow Na_2TiO_3$$
$$TiO_2 + BaCO_3 \longrightarrow BaTiO_3 + O_2$$

$BaTiO_3$ 介电常数大，用于制作电容器。

工业上主要以钛铁矿为原料制备钛白，反应原理如下：

$$FeTiO_3 + 2H_2SO_4 \longrightarrow TiOSO_4 + FeSO_4 + 2H_2O$$
$$TiOSO_4 + 2H_2O \longrightarrow TiO_2 \cdot H_2O + H_2SO_4$$
$$TiO_2 \cdot H_2O \longrightarrow TiO_2 + H_2O$$

17.2.2.2 TiX_4

从 F 到 I，TiX_4 的颜色及熔点变化如下所示。

	TiF_4	$TiCl_4$	$TiBr_4$	TiI_4
颜色	无色	无色(l)	黄(s)	暗红(s)
熔点/℃	284(升华)	−25	39	150

$TiCl_4$ 的制备方法主要为：

$$TiO_2 + CCl_4 \xrightarrow{500℃} TiCl_4 + CO_2$$
$$TiO_2 + C + 2Cl_2 \longrightarrow TiCl_4 + CO_2$$

$TiCl_4$ 的化学反应主要表现为：

$$TiCl_4 + 2H_2O \longrightarrow TiO_2 + 4HCl$$
$$TiF_4 + 2HF \longrightarrow H_2[TiF_6]$$
$$TiCl_4 + 2HCl(浓) \longrightarrow H_2[TiCl_6]$$
$$2TiCl_4 + Zn \longrightarrow 2TiCl_3 + ZnCl_2$$

$TiCl_3$ 溶于水成浅红色 $[Ti(H_2O)_6]Cl_3$，溶于乙醚中变为 $[Ti(H_2O)_5Cl]Cl_2$，显绿色。

17.2.2.3 TiO^{2+}

Ti(Ⅳ) 在水中不能以 $Ti(H_2O)^{4+}$ 存在，只能以水解后的形式 $Ti(OH)_2(H_2O)_4^{2+}$、TiO^{2+} 存在。

17.3 钒副族（Vanadium Subgroup）

钒副族包括钒（V，vanadium）、铌（Nb，niobium）、钽（Ta，tantalum）三种元素。钒副族的元素电势图如下：

$$E_A^\ominus/V \quad V(OH)_4^+ \xrightarrow{-1.0} VO^{2+} \xrightarrow{0.36} V^{3+} \xrightarrow{-0.255} V^{2+} \xrightarrow{-1.2} V$$
$$Nb_2O_5 \xrightarrow{-0.1} Nb^{3+} \xrightarrow{-1.1} Nb$$
$$Ta_2O_5 \xrightarrow{-0.81} Ta$$

17.3.1 单质

常温下钒不与 O_2、海水、NaOH、HCl、H_2SO_4(稀)等反应，但溶于 HNO_3、氢氟酸、浓 H_2SO_4 等。

钒钢：韧性、弹性好、抗冲击，主要制作弹簧（板）；钽钢抗酸碱腐蚀，用于制作化学反应设备；钽不被人体所排斥、反应活性低，常用于制造人体假肢。

17.3.2 化合物

17.3.2.1 V_2O_5

加热分解 NH_4VO_3 可以制备 V_2O_5。

$$2NH_4VO_3 = V_2O_5 + 2NH_3 + H_2O$$

V_2O_5 为橙红色晶体，两性偏酸性，有一定的氧化性：

$$V_2O_5 + 2H^+ = 2VO_2^+ + H_2O$$

$$V_2O_5 + 6OH^- = 2VO_4^{3-} + 3H_2O$$

$$V_2O_5 + 6HCl\text{（浓）} = 2VOCl_2 + Cl_2 + 3H_2O$$

17.3.2.2 常见水合离子

钒具有多种氧化态，颜色各异。

$$\underset{\text{浅黄}}{VO_2^+} \xrightarrow{1.0} \underset{\text{黄}}{VO^{2+}} \xrightarrow{0.36} \underset{\text{绿}}{V^{3+}} \xrightarrow{-0.255} \underset{\text{紫}}{V^{2+}} \xrightarrow{-1.2} V$$

+5 氧化态的 V(Ⅴ) 在 pH 值不同的溶液中，存在形式和聚合度不同，具体情况如下：

$$VO_4^{3-} \xrightarrow[13.5]{+H^+} V_2O_7^{4-} \xrightarrow[9.5]{+H^+} V_3O_9^{3-} \xrightarrow[7]{+H^+} V_{10}O_{28}^{6-} \xrightarrow[2]{+H^+} V_2O_5 \cdot H_2O \xrightarrow[0.5]{+H^+} VO^{2+}$$

17.4 铬副族（Chromium Subgroup）

铬副族包括铬（Cr，chromium)、钼（Mo，molybdenum)、钨（W，tungsten）三种元素。

铬副族的元素电势图如下：

$E_A^\ominus$/V

$$Cr_2O_7^{2-} \xrightarrow{1.232} Cr^{3+} \xrightarrow{-0.407} Cr^{2+} \xrightarrow{-0.913} Cr$$

$$H_2MoO_4 \xrightarrow{0.4} MoO_2^+ \xrightarrow{0.0} Mo^{3+} \xrightarrow{-0.200} Mo$$

$$WO_3 \xrightarrow{-0.029} W_2O_5 \xrightarrow{-0.031} WO_2 \xrightarrow{-0.15} W^{3+} \xrightarrow{-0.1} W$$

$E_B^\ominus$/V

$$CrO_4^{2-} \xrightarrow{-0.13} Cr(OH)_3 \xrightarrow{-0.17} Cr(OH)_2 \xrightarrow{-1.4} Cr$$

$$MoO_4^{2-} \xrightarrow{-1.4} MoO_2 \xrightarrow{-0.87} Mo$$

$$WO_4^{2-} \xrightarrow{-1.25} W$$

17.4.1 铬族元素单质

17.4.1.1 单质铬的制备

工业上，单质铬主要以铬铁矿为原料制备，工艺路线如下：

① 高温煅烧

$$4Fe(CrO_2)_2 + 8Na_2CO_3 + 7O_2 \xlongequal{煅烧} 8Na_2CrO_4 + 2Fe_2O_3 + 8CO_2$$

加入纯碱和白云石使 SiO_2 变为 $CaSiO_3$、Al_2O_3 变为 $NaAlO_2$。

② 水浸、过滤、除渣，滤液用酸调 pH＝7～8。

$$Al(OH)_4^- + H^+ \xlongequal{} Al(OH)_3 + H_2O$$

③ 过滤除去 $Al(OH)_3$，滤液加酸使铬酸钠转化为重铬酸钠（红矾钠）。

$$2Na_2CrO_4 + 2H^+ \xlongequal{} Na_2Cr_2O_7 + H_2O + 2Na^+$$

④ 红矾钠溶液与氯化铵溶液混合，根据溶解度曲线调节温度制备重铬酸铵

$$Na_2Cr_2O_7 + 2NH_4Cl \xlongequal{} (NH_4)_2Cr_2O_7 + 2NaCl$$

⑤ 加热分解重铬酸铵制得铬绿

$$(NH_4)_2Cr_2O_7 \xlongequal{\triangle} Cr_2O_3 + N_2 + 4H_2O$$

⑥ 用铝粉还原铬绿制得单质铬

$$Cr_2O_3 + 2Al \xlongequal{\triangle} 2Cr + Al_2O_3$$

17.4.1.2 单质铬的性质

抗腐蚀性很强、硬度大，许多日用金属制品通常都在表面电镀铬加以保护。

铬钢：Cr 0.5%～1%；Si 0.75%；Mn 0.5%～1.25%。

不锈钢：Cr 18%；Mn 8%。

不锈铁（民用不锈钢）：Cr 约 14%。

一些刀具、钻头都是铬钢制作的。考古发现在一些古铜器中含 Cr。无纯化的铬有一定化学活性：

$$Cr + 2HCl \xlongequal{} CrCl_2 + H_2$$

冷的浓 HNO_3 使金属铬钝化。

Mo 不溶于稀 H_2SO_4、HCl，但溶于浓 H_2SO_4、浓 HNO_3。W 易溶于王水，氢氟酸与浓硝酸的混合溶液，也可溶于浓 H_3PO_4 生成杂多酸 $H_3[P(W_3O_{10})_4]$。

17.4.2 化合物

17.4.2.1 铬绿 Cr_2O_3

除加热分解重铬酸铵外，高温下用单质硫还原红矾钠也可以制备铬绿：

$$Na_2Cr_2O_7 + S \xlongequal{\triangle} Cr_2O_3 + Na_2SO_4$$

Cr_2O_3 呈两性，水中 Cr^{3+} 显浅蓝紫色。$Cr(OH)_4^-$ 显深绿色、$Cr(OH)_3$ 显蓝灰色。

在 NH_4^+-NH_3 缓冲溶液中可生成配合物，但在氨水中则生成 $Cr(OH)_3$。

碱性溶液中 Cr^{3+} 可被过氧化氢氧化为铬酸根：

$$2Cr(OH)_4^- + 3H_2O_2 + 2OH^- \xlongequal{} 2CrO_4^{2-} + 8H_2O$$

此反应可用于 Cr^{3+} 与 Al^{3+} 的分离。

Cr^{3+} 可以被单质 Zn 还原生成蓝色的 Cr^{2+}

$$2Cr^{3+} + Zn \xlongequal{} 2Cr^{2+}(蓝) + Zn^{2+}$$

酸性溶液中，强氧化剂如 $KMnO_4$、$K_2S_2O_8$ 可以使 Cr^{3+} 氧化成 $Cr_2O_7^{2-}$。

$$6MnO_4^- + 10Cr^{3+} + 11H_2O \xlongequal{} 6Mn^{2+} + 5Cr_2O_7^{2-} + 22H^+$$

17.4.2.2 铬酐 CrO_3

铬酐为暗红色晶体，强酸性，溶于水成铬酸：

$$CrO_3 + H_2O \xlongequal{} H_2CrO_4$$

$$CrO_3 + 2NaOH \longrightarrow Na_2CrO_4 + H_2O$$

铬酐的制备是用红矾钠与浓硫酸作用：

$$Na_2Cr_2O_7 + 2H_2SO_4(浓) \longrightarrow 2NaHSO_4 + 2CrO_3\downarrow + H_2O$$

17.4.2.3 CrO_4^{2-}、$Cr_2O_7^{2-}$

CrO_4^{2-} 和 $Cr_2O_7^{2-}$ 在溶液中的转换依赖于溶液的 pH，平衡如下：

$$2CrO_4^{2-} + 2H^+ \rightleftharpoons Cr_2O_7^{2-} + H_2O \qquad K=10^{14}$$

碱性中以 CrO_4^{2-} 为主显黄色，酸性中以 $Cr_2O_7^{2-}$ 为主显橙红色。

$BaCrO_4$（黄色）、$PbCrO_4$（黄色）、Ag_2CrO_4（砖红色）难溶。$PbCrO_4$ 俗称铬黄，不溶于水但溶于酸。

铬酸盐和重铬酸盐主要的化学性质是氧化性：

$$Cr_2O_7^{2-} + (H_2S、SO_3^{2-}、I^-、Cl^-、Fe^{2+}) + H^+ \longrightarrow Cr^{3+} + (S、SO_4^{2-}、I_2、Cl_2、Fe^{3+}) + H_2O$$

实验室常用重铬酸钾（5g）与浓硫酸（100cm^3）配制铬酸洗液，洗涤附着有无机难溶物和有机物的玻璃仪器。

Cr(Ⅵ) 的鉴定：

$$Cr_2O_7^{2-} + 4H_2O_2 + 2H^+ \longrightarrow 2CrO_5(蓝) + 5H_2O$$

CrO_5 被萃取到乙醚或戊醇中颜色更明显，可放置较长时间。

含铬的主要化工产品为红矾钾（$K_2Cr_2O_7$）。红矾钠（$Na_2Cr_2O_7$）则易潮解。

17.4.2.4 钼、钨

Mo 和 W 容易形成同多酸盐和杂多酸盐，其中的磷钼酸铵常用于 PO_4^{3-} 和 MoO_4^{2-} 的定性检验。

$$12(NH_4)_2MoO_4 + H_3PO_4 + 21HNO_3 \longrightarrow (NH_4)_3PO_4 \cdot 12MoO_3\downarrow(黄) + 12H_2O + 21NH_4NO_3$$

17.5 锰副族（Manganese Subgroup）

锰副族包括锰（Mn，Manganese）、锝（Tc，technetium）、铼（Re，rhenium）三种元素。

锰副族元素电势图如下：

$$E_A^{\ominus}/V \quad MnO_4^- \xrightarrow{0.56} MnO_4^{2-} \xrightarrow{2.26} MnO_2 \xrightarrow{0.95} Mn^{3+} \xrightarrow{1.541} Mn^{2+} \xrightarrow{-1.18} Mn$$

（MnO_2 至 Mn^{2+}：1.224；MnO_4^- 至 Mn^{2+}：1.507）

$$E_B^{\ominus}/V \quad MnO_4^- \xrightarrow{0.56} MnO_4^{2-} \xrightarrow{0.60} MnO_2 \xrightarrow{-0.2} Mn(OH)_3 \xrightarrow{0.15} Mn(OH)_2 \xrightarrow{-1.55} Mn$$

17.5.1 锰族元素单质

17.5.1.1 冶炼

金属锰的冶炼可以通过下列反应实现。

$$MnO_2 + 2C \xrightarrow{\triangle} Mn + 2CO$$

$$3Mn_3O_4 + 8Al \xrightarrow{\triangle} 9Mn + 4Al_2O_3$$

17.5.1.2 性质

块状锰是银白色的，粉状锰则显灰色。空气中块状锰表面生成一层氧化物保护膜，粉状锰则比较活泼，易被氧化。

$$Mn + 2HCl = MnCl_2 + H_2$$

$$Mn + 2H_2O = Mn(OH)_2 \downarrow + H_2$$

$$2Mn + 4KOH(l) + 3O_2 \xlongequal{加热} 2K_2MnO_4 + 2H_2O$$

与非金属反应

$$Mn + \begin{cases} O_2 \longrightarrow Mn_3O_4 \\ N_2 \longrightarrow Mn_3N_2 \\ S \longrightarrow MnS \\ Cl_2 \longrightarrow MnCl_2 \end{cases}$$

冶金工业锰主要用来制造锰钢，锰钢具有极其优良的韧性和抗冲击性，所以是加工制造钢轨、齿轮、履带、轴承的主要原料。

17.5.2 化合物

17.5.2.1 $KMnO_4$

工业上主要从软锰矿（MnO_2）制备高锰酸钾。

① 在熔融碱中用 O_2（或 $KClO_3$）氧化 MnO_2。

$$MnO_2 + 4KOH + O_2 \xlongequal{加热} 2K_2MnO_4 + 2H_2O$$

$$3MnO_2 + 6KOH + KClO_3 \xlongequal{加热} 3K_2MnO_4 + KCl + 3H_2O$$

② 将反应完后的矿样用水浸取，过滤除去残渣，向滤液中通入 CO_2 使 K_2MnO_4 歧化成 $KMnO_4$ 和 MnO_2：

$$3K_2MnO_4 + 2CO_2 = 2KMnO_4 + MnO_2 + 2K_2CO_3$$

③ 过滤除去 MnO_2，滤液加热蒸发、浓缩、结晶得 $KMnO_4$ 晶体产品。

通过向 K_2MnO_4 溶液中通入 CO_2 使 K_2MnO_4 歧化生产 $KMnO_4$ 的方法产率最高只有66%，实际生产中常用电解的方法将 K_2MnO_4 氧化成 $KMnO_4$：

$$2K_2MnO_4 + 2H_2O \xlongequal{电解} 2KMnO_4 + 2KOH + H_2$$

或者通入氯气将 K_2MnO_4 氧化成 $KMnO_4$：

$$2K_2MnO_4 + Cl_2 = 2KMnO_4 + 2KCl$$

固体高锰酸钾俗称灰锰氧，呈紫黑色，溶于水但常温下在水中的溶解度不大，20℃时只有 6.34g/100gH_2O。高锰酸钾溶液具有杀菌消毒作用，常用作消毒剂，医学上称为 PP 粉。固体高锰酸钾热稳定性低，加热易分解，其水溶液见光也易分解：

$$2KMnO_4 \xrightarrow{180℃} K_2MnO_4 + MnO_2 + O_2$$

$$4MnO_4^- + 4H^+ \xlongequal{h\nu} 3O_2 + 2H_2O + 4MnO_2$$

所以高锰酸钾溶液不能久置，现用现配，放在棕色试剂瓶中。如果作为滴定试剂，必须用前标定。

高锰酸钾最重要的化学性质是强氧化性，其还原产物随酸度不同而异；

酸性溶液中：$2MnO_4^- + 5SO_3^{2-} + 6H^+ = 2Mn^{2+} + 5SO_4^{2-} + 3H_2O$（无色）

中性溶液中：$2MnO_4^- + 3SO_3^{2-} + H_2O = 2MnO_2 + 3SO_4^{2-} + 2OH^-$（棕色沉淀）

碱性溶液中：$2MnO_4^- + SO_3^{2-} + 2HO^- = 2MnO_4^{2-} + SO_4^{2-} + H_2O$（绿色）

高锰酸钾与冷、浓的硫酸作用生成绿褐色油状七氧化二锰：

$$2KMnO_4 + 2H_2SO_4 = Mn_2O_7 + 2KHSO_4 + H_2O$$

Mn_2O_7 不稳定，遇有机物易燃烧、爆炸。用 CCl_4 萃取 Mn_2O_7 后溶于水可制取高锰酸。

17.5.2.2 MnO_2

加热分解硝酸锰可制得二氧化锰：

$$Mn(NO_3)_2 \xlongequal{加热} MnO_2 + 2NO_2$$

二氧化锰在强酸性溶液中具有较强的氧化性，在中性或碱性溶液中也具有一定的还原性。在工业上主要用于制造干电池，氧化正极生成的氢气去极化。也常用于玻璃工业，在绿色玻璃中加入二氧化锰可以将 Fe^{2+} 氧化成 Fe^{3+}，$Fe_2(SiO_3)_3$ 呈淡黄，而 $Mn_2(SiO_3)_3$ 呈紫色，两种颜色互补变为无色，从而使绿色玻璃变为无色玻璃。当 MnO_2 过量时得紫色或黑色玻璃。

17.5.2.3 K_2MnO_4

锰酸钾为绿色晶体，只存在于固态或碱性溶液中。酸性溶液中发生歧化反应。

17.5.2.4 Mn^{2+}

$$Mn^{2+} + 2OH^- \xlongequal{} Mn(OH)_2$$

氢氧化锰呈白色，暴露于空气中逐渐被氧化成棕色水合二氧化锰。

$$2Mu(OH)_2 + O_2 \xlongequal{} 2MnO(OH)_2(棕)$$

Mn^{2+} 是酸性介质锰最稳定的氧化态，只有最强的氧化剂才能将其氧化成 MnO_4^-：

$$2Mn^{2+} + 5S_2O_8^{2-} + 8H_2O \xlongequal{} 2MnO_4^- + 10SO_4^{2-} + 16H^+$$

$$2Mn^{2+} + 5NaBiO_3 + 14H^+ \xlongequal{} 2MnO_4^- + 5Na^+ + 5Bi^{3+} + 7H_2O$$

锰盐中除 MnS、$MnCO_3$、$Mn_3(PO_4)_2$ 外多易溶于水。

$$Mn^{2+} + S^{2-} + nH_2O \xlongequal{} MnS \cdot nH_2O(肉红色)$$

稀溶液中，$Mn(H_2O)_6^{2+}$ 无色，浓溶液中则显淡紫色。

17.6 铁系元素 (Ferrum Group Elements)

在元素周期表第Ⅷ族中铁（Fe，ferrum or iron）、钴（Co，cobalt）、镍（Ni，nickel）三种元素性质相近，合称为铁系元素。其中铁是人们最常用也最熟悉的金属，钴和镍的应用也比较广泛。

铁系元素电势图如下：

$$E_A^{\ominus}/V \quad FeO_4^{2-} \xrightarrow{2.20} Fe^{3+} \xrightarrow{0.77} Fe^{2+} \xrightarrow{-0.45} Fe$$

$$Co^{3+} \xrightarrow{1.83} Co^{2+} \xrightarrow{-0.28} Co$$

$$NiO_2 \xrightarrow{1.68} Ni^{2+} \xrightarrow{-0.26} Ni$$

$$E_B^{\ominus}/V \quad FeO_4^{2-} \xrightarrow{0.72} Fe(OH)_3 \xrightarrow{-0.56} Fe(OH)_2 \xrightarrow{-0.92} Fe$$

$$Co(OH)_3 \xrightarrow{0.17} Co(OH)_2 \xrightarrow{-0.73} Co$$

$$NiO_2 \xrightarrow{0.49} Ni(OH)_2 \xrightarrow{-0.72} Ni$$

17.6.1 铁系元素单质

17.6.1.1 铁的冶炼

铁的冶炼主要是用焦炭在高温下还原铁的各种氧化物，例如

$$Fe_2O_3 + 3C \xlongequal{高温} 2Fe + 3CO$$

$$Fe_2O_3 + 3CO \xlongequal{高温} 2Fe + 3CO_2$$

从钢铁厂生产出来的钢铁基本上分为三种。

铸铁（生铁）：含2%～5%的C和一定量的P、Mn、Si等，性质硬而脆。常用来浇铸成大型机器部件，如机床底座、柴油机的飞轮、下水管道、下水道井盖等。

钢：含0.5%～1.0%的C，硬度与铸铁相近但有弹性。主要用于制造建筑材料（钢筋、螺纹钢）、弹簧、钢板及其他多种机械。

锻铁（熟铁）：含C≤0.5%，硬度比铸铁和钢小得多，基本上无弹性，延展性良好，常用来锻打成各种器具。

17.6.1.2 铁、钴、镍的性质

铁、钴、镍均具有铁磁性，是制造磁铁的主要原料，也常用来制造无线电通信设备。镍具有较强的抗腐蚀作用，许多金属家具表面常镀上一层镍，镍也是不锈钢的重要成分，另外，玻璃仪器内导线含镍3.6%，其膨胀系数和玻璃相近，不会因膨胀系数差别太大而引起导线或玻璃的膨胀断裂。钴、铬、钨和铁可冶炼成坚硬的高速切削钢和钻头，钴也常用来制造永久磁铁。

但Fe、Co、Ni都属于活泼金属，可以从盐酸中置换出H_2：

$$M + 2HCl \longrightarrow MCl_2 + H_2\uparrow$$

在高温下，Fe可以和水蒸气反应：

$$3Fe + 4H_2O(g) \longrightarrow Fe_3O_4 + 4H_2$$

浓碱液能缓慢侵蚀铁，但冷的浓硝酸可以使铁、钴、镍纯化。镍因为具有较强的抗腐蚀能力，可以用来制造坩埚。镍制坩埚主要作为高温熔碱反应的反应容器。

17.6.2 铁系元素化合物

17.6.2.1 铁、钴、镍的氧化物和氢氧化物

Fe、Co、Ni的氧化物和氢氧化物都显碱性，难溶于水和碱性溶液，易溶于酸性溶液。它们的颜色如下：

FeO 黑	Fe_2O_3 砖红	CoO 灰绿	Co_2O_3 黑	NiO 暗绿	NiO_2 黑色
$Fe(OH)_2$ 白	$Fe(OH)_3$ 红棕	$Co(OH)_2$ 粉红	$Co(OH)_3$ 棕	$Ni(OH)_2$ 绿	—

由于这些氧化物具有鲜明的颜色，因此可以用作颜料、涂料、媒染剂，也可用作一些有机反应的催化剂。

在缺氧的碱性溶液中Fe^{2+}生成白色的$Fe(OH)_2$沉淀，但很快就被溶解于水中的O_2氧化，颜色由白变黑最后为红棕色［生成$Fe(OH)_3$］；Co^{2+}在碱性溶液中生成粉红色的$Co(OH)_2$沉淀，当把$Co(OH)_2$暴露于空气中时，它会慢慢变成棕色的$Co(OH)_3$；Ni^{2+}在碱性溶液中生成绿色的$Ni(OH)_2$，无论在水溶液中还是暴露于空气中，$Ni(OH)_2$都能稳定存在。

$$Fe^{2+} + 2OH^- \longrightarrow Fe(OH)_2(\text{白})(\text{无 } O_2)$$

$$4Fe(OH)_2 + O_2 + 2H_2O \longrightarrow 4Fe(OH)_3(\text{棕红})$$

$$Co^{2+} + 2OH^- \longrightarrow Co(OH)_2(\text{粉红})$$

$$4Co(OH)_2 + O_2 + 2H_2O \longrightarrow 4Co(OH)_3(\text{棕色})$$

$$Ni^{2+} + 2OH^- \longrightarrow Ni(OH)_2(\text{绿色,稳定存在})$$

据报道，$Fe(OH)_3$具有微弱的两性，能少量溶于饱和NaOH溶液，生成$Fe(OH)_6^{3-}$。$Co(OH)_3$具有较强的氧化性，在酸性溶液中可以将H_2O氧化成O_2、将Cl^-氧化成Cl_2：

$$4Co(OH)_3 + 8H^+ \longrightarrow 4Co^{2+} + O_2\uparrow + 10H_2O$$

$$2Co(OH)_3 + 2Cl^- + 6H^+ \longrightarrow 2Co^{2+} + Cl_2\uparrow + 6H_2O$$

17.6.2.2 铁、钴、镍常见的盐

(1) $FeSO_4 \cdot 7H_2O$

$FeSO_4 \cdot 7H_2O$俗称绿矾、黑矾或墨矾，是一种浅绿色晶体。长期放置于空气当中会被

空气中的氧气氧化成碱式盐，因此常有黄色或棕色斑点。

$$4FeSO_4 + O_2 + 4H_2O \longrightarrow 4Fe(OH)SO_4$$

绿矾在干燥空气中会逐渐风化失去一部分结晶水，加热时，失水首先变成一水合硫酸亚铁显白色，当温度高于300℃(573K)时，失去所有结晶水变成白色无水硫酸亚铁。绿矾在农业上作农药，主治小麦黑穗病；在工业上主要用于染色、制蓝黑墨水、除草剂、饲料添加剂和木材防腐剂等。

(2) $FeSO_4 \cdot (NH_4)_2SO_4 \cdot 6H_2O$

$FeSO_4 \cdot (NH_4)_2SO_4 \cdot 6H_2O$俗称摩尔盐，是一种淡蓝绿色的晶体。比绿矾稳定，可以在空气中长期存放而不会被空气中的氧气氧化，是最常用的Fe^{2+}盐。主要用作还原剂，在定量分析中常用来标定重铬酸钾或高锰酸钾溶液的浓度。

$$5Fe^{2+} + MnO_4^- + 8H^+ \longrightarrow 5Fe^{3+} + Mn^{2+} + 4H_2O$$

$$6Fe^{2+} + Cr_2O_7^{2-} + 14H^+ \longrightarrow 6Fe^{3+} + 2Cr^{3+} + 7H_2O$$

(3) Fe(Ⅲ)盐

常见的Fe(Ⅲ)盐有橘黄色的$FeCl_3 \cdot 6H_2O$，淡紫色的$Fe(NO_3)_3 \cdot 9H_2O$，淡紫色的$Fe_2(SO_4)_3 \cdot 9H_2O$和淡紫色的$NH_4Fe(SO_4)_2 \cdot 9H_2O$。它们都可以作为提供$Fe^{3+}$的试剂。

由于Fe^{3+}极化作用很强，因此Fe(Ⅲ)盐在水中都有不同程度的水解：

$$Fe^{3+} + H_2O \longrightarrow Fe(OH)^{2+} + H^+$$

$$Fe(OH)^{2+} + H_2O \longrightarrow Fe(OH)_2^+ + H^+$$

$$Fe(OH)_2^+ + H_2O \xlongequal{\triangle} Fe(OH)_3 + H^+$$

在水解过程中水解产物会逐渐缩合，如果只是通过加热使Fe^{3+}水解，则最后得到红棕色的胶体溶液；如果是通过降低溶液的酸度使Fe^{3+}水解，则最后得到红棕色的$Fe(OH)_3$胶状沉淀。

在酸性溶液中，Fe^{3+}有一定的氧化性，是一种中等程度的氧化剂，可以将I^-，H_2S等还原性较强的还原剂氧化：

$$2Fe^{3+} + 2I^- \longrightarrow 2Fe^{2+} + I_2$$

$$2Fe^{3+} + H_2S \longrightarrow 2Fe^{2+} + 2H^+ + S\downarrow$$

干燥的氯气和铁粉在高温下反应生成无水$FeCl_3$（加热$FeCl_3 \cdot 6H_2O$脱水得到碱式盐）。与$AlCl_3$相似，$FeCl_3$具有明显的共价性，熔点为555K(282℃)，沸点为588K(315℃)；易溶于丙酮、氯仿等有机溶剂中；在673K(400℃)的蒸气中有二聚分子Fe_2Cl_6存在。$FeCl_3$主要用作某些有机反应的催化剂，还用于印染、照相、医疗中。由于$FeCl_3$可以使蛋白凝固，因此可以用作外伤的止血剂。另外常用35%的$FeCl_3$溶液刻蚀电路铜板：

$$2FeCl_3 + Cu \longrightarrow CuCl_2 + 2FeCl_2$$

(4) $CoCl_2$

无水显蓝色，当吸收结晶水时，随着结晶水分子的增多，颜色逐渐改变：

$CoCl_2$	$CoCl_2 \cdot H_2O$	$CoCl_2 \cdot 2H_2O$	$CoCl_2 \cdot 6H_2O$
蓝	蓝紫	紫红	粉红

变色硅胶就是在硅胶形成后用$CoCl_2$溶液浸泡，之后造粒、烘干而成。当变色硅胶由蓝变为粉红时，说明硅胶已失去吸水能力，如要继续使用，则必须在403～423K(130～150℃)烘干方可。

另外，在战争年代，稀$CoCl_2$水溶液可以作显隐墨水。因为稀的$CoCl_2$溶液写在纸上几乎无色，但用火一烤就会显示出无水$CoCl_2$的蓝色。

(5) Ni(Ⅱ)盐

常见的镍盐有：黄绿色的$NiSO_4 \cdot 7H_2O$，棕绿色的$NiCl_2 \cdot 6H_2O$，绿色的$Ni(NO_3)_2 \cdot 6H_2O$和复盐$(NH_4)_2SO_4 \cdot NiSO_4 \cdot 6H_2O$。镍的强酸盐都易溶于水，弱酸盐溶解度相对较小。向含有Ni^{2+}的溶液中，加入Na_2CO_3溶液得到浅绿色$Ni_2(OH)_2CO_3$晶体；加入Na_3PO_4溶液得到绿色$Ni_3(PO_4)_2$晶体；加入$(NH_4)_2S$溶液得到黑色α-NiS沉淀：

$$2Ni^{2+} + 3CO_3^{2-} + 2H_2O \longrightarrow Ni_2(OH)_2CO_3\downarrow(\text{浅绿色}) + 2HCO_3^-$$

$$3Ni^{2+} + 2PO_4^{3-} \longrightarrow Ni_3(PO_4)_2\downarrow(\text{绿色})$$

$$Ni^{2+} + S^{2-} \longrightarrow \alpha\text{-}NiS\downarrow(\text{黑色})$$

α-NiS($K_{sp}^{\ominus}=3.0\times10^{-21}$) 易溶于稀盐酸或稀硫酸，但经放置或加热会转变成难溶于盐酸或硫酸但溶于硝酸的β-NiS($K_{sp}^{\ominus}=1.0\times10^{-24}$) 或γ-NiS($K_{sp}^{\ominus}=2.0\times10^{-26}$)。

17.6.2.3 铁、钴、镍的配合物

铁、钴、镍都是常见的中心原子，可以和众多的配体形成配合物，而且许多配合物已得到广泛的应用，下面简单介绍几种最常用的配合物。

(1) $K_3[Fe(CN)_6]$

$K_3[Fe(CN)_6]$ 俗称赤血盐（或铁氰化钾），常温常压下是一种暗红色晶体。向含有Fe^{2+}的溶液中加入赤血盐溶液，生成难溶的蓝色配合物$KFe[Fe(CN)_6]$，称为藤氏蓝(Turnbull's blue)。常用此反应定性检验溶液中的Fe^{2+}：

$$Fe^{2+} + K^+ + [Fe(CN)_6]^{3-} \longrightarrow KFe[Fe(CN)_6](\text{蓝})$$

(2) $K_4[Fe(CN)_6] \cdot 3H_2O$

$K_4[Fe(CN)_6] \cdot 3H_2O$ 俗称黄血盐（或亚铁氰化钾），常温常压下是一种淡黄色晶体。向含有Fe^{3+}的溶液中加入黄血盐溶液，同样生成难溶的蓝色配合物$KFe[Fe(CN)_6]$，称为普鲁氏蓝 (Prussian blue)。常用此反应定性检验溶液中的Fe^{3+}：

$$Fe^{3+} + K^+ + [Fe(CN)_6]^{4-} \longrightarrow KFe[Fe(CN)_6](\text{蓝})$$

后来经过结构分析证明，藤氏蓝和普鲁氏蓝具有相同的组成和结构，实为同一种化合物，其结构如图 17.2所示。其中每个CN^-与1个Fe^{2+}和1个Fe^{3+}相键连，CN^-上的C原子与Fe^{2+}形成配位键，N原子与Fe^{3+}形成配位键，Fe^{2+}和Fe^{3+}并无内外界之分，外界只有K^+填充在CN^-与Fe构成的立方体的体心位置，相邻的K^+呈正四面体分布。普鲁氏蓝或藤氏蓝俗称为铁蓝，是工业常用的染料和颜料。

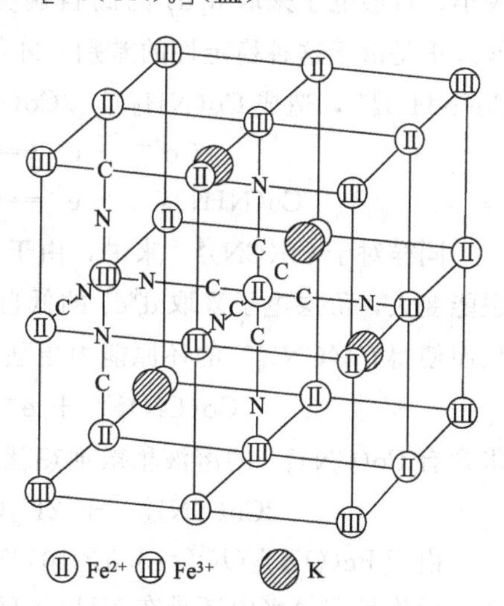

图 17.2 $KFe[Fe(CN)_6]$ 的结构

除此之外，$Fe(CN)_6^{4-}$ 还是一种常用的沉淀剂，可以与许多过渡金属离子形成具有特征颜色的难溶物，用于这些离子的定性检验。常见的几种难溶物的溶度积和颜色列于表 17.2中。

表 17.2 $M_2[Fe(CN)_6]$ 的溶度积 $K_{sp}^{\ominus}$ 和颜色

难溶物	$K_{sp}^{\ominus}$	颜色	难溶物	$K_{sp}^{\ominus}$	颜色
$Cu_2[Fe(CN)_6]$	1.3×10^{-16}	红棕	$Ni_2[Fe(CN)_6]$	1.3×10^{-15}	绿
$Cd_2[Fe(CN)_6]$	3.2×10^{-17}	白	$Pb_2[Fe(CN)_6]$	3.5×10^{-15}	白
$Co_2[Fe(CN)_6]$	1.8×10^{-15}	绿	$Zn_2[Fe(CN)_6]$	4.1×10^{-16}	白
$Mn_2[Fe(CN)_6]$	7.9×10^{-13}	白			

(3) $[FeF_3(H_2O)_3]$

$[FeF_3(H_2O)_3]$ 中 Fe^{3+} 是比较典型的硬酸，F^- 和 H_2O 均为典型的硬碱，因此，尽管 F^- 与 H_2O 属于弱场配体，但它们与 Fe^{3+} 相互间形成的配位键却相当稳定，$[FeF_3(H_2O)_3]$ 是一种相对较为稳定的配合物（$K^{\ominus}_{稳}=1.15\times10^{12}$），加之 $[FeF_3(H_2O)_3]$ 本身无色，因此常用 KF 或 NaF 作为 Fe^{3+} 的掩蔽剂。例如，当用 KSCN 鉴定溶液中的 Co^{2+} 时，Fe^{3+} 的存在会因生成红色 $Fe(SCN)_n^{3-n}$ 而严重干扰 Co^{2+} 的鉴定，如果事先加入 NaF 作掩蔽剂，则 Fe^{3+} 先生成无色稳定的 $[FeF_3(H_2O)_3]$，不再干扰 Co^{2+} 的鉴定。

$$Co^{2+} + 4SCN^- \longrightarrow Co(SCN)_4^{2-}(天蓝色)$$

(4) $Co(NH_3)_6^{3+}$，$Co(NH_3)_6^{2+}$，$Ni(NH_3)_6^{2+}$

Co^{2+}、Co^{3+}、Ni^{2+} 均易与 NH_3 形成配合物，其稳定常数分别为：

$$K^{\ominus}_{稳[Co(NH_3)_6^{2+}]}=1.29\times10^5$$

$$K^{\ominus}_{稳[Co(NH_3)_6^{3+}]}=3.2\times10^{32}$$

$$K^{\ominus}_{[稳Ni(NH_3)_6^{2+}]}=3.1\times10^8$$

由此可见，$Co(NH_3)_6^{3+}$ 的稳定性远远高于 $Co(NH_3)_6^{2+}$，其根本原因在于，$Co(NH_3)_6^{3+}$ 中中心离子 Co^{3+} 的价层 d 轨道分裂能较大，价层电子采取 $d_\varepsilon^6d_\gamma^0$ 的低自旋分布，晶体场稳定化能（CFSE＝－24Dq）大，稳定性高；而 $Co(NH_3)_6^{2+}$ 中中心离子 Co^{2+} 的价层 d 轨道分裂能较小，价层电子采取 $d_\varepsilon^5d_\gamma^2$ 的高自旋分布，晶体场稳定化能（CFSE＝－8Dq）小，稳定性低。正是由于这种稳定性的差别，才使得 $Co(NH_3)_6^{2+}$ 容易失去 1 个电子成为稳定性较高的 $Co(NH_3)_6^{3+}$，造成 $Co(NH_3)_6^{3+}/Co(NH_3)_6^{2+}$ 的电极电势远远小于 Co^{3+}/Co^{2+} 的电极电势。

$$Co^{3+} + e^- \longrightarrow Co^{2+} \qquad E^{\ominus}=1.808V$$

$$Co(NH_3)_6^{3+} + e^- \longrightarrow Co(NH_3)_6^{2+} \qquad E^{\ominus}=0.058V$$

同样对于 $Co(CN)_6^{4-}$ 来讲，由于 CN^- 的配位能力极强，中心离子 Co^{2+} 的价层 d 轨道分裂能变大，价层电子采取 $d_\varepsilon^6d_\gamma^1$ 的低自旋分布，处于高能态轨道 d_γ 上的 1 个电子极易失去，从而使得 $Co(CN)_6^{4-}$ 的还原能力更强。$Co(CN)_6^{3-}/Co(CN)_6^{4-}$ 氧化还原电对的电极电势为：

$$Co(CN)_6^{3-} + e^- \longrightarrow Co(CN)_6^{4-} \qquad E^{\ominus}=-0.83V$$

将含有 $Co(CN)_6^{4-}$ 的溶液稍微加热就有 H_2 放出：

$$2Co(CN)_6^{4-} + 2H_2O \longrightarrow 2Co(CN)_6^{3-} + 2OH^- + H_2\uparrow$$

由于 $Fe(OH)_2(K^{\ominus}_{sp}=8.0\times10^{-16})$ 和 $Fe(OH)_3(K^{\ominus}_{sp}=4.0\times10^{-38})$ 的溶解度太小，因此，无论是在氨水中还是在 NH_3-NH_4Cl 缓冲溶液中，Fe^{2+} 和 Fe^{3+} 均难以生成氨合配合物，而只能生成 $Fe(OH)_2$ 和 $Fe(OH)_3$ 沉淀。

当有 NH_3 和 Cl^- 共同作为配体时，Co^{3+} 可以形成四种不同组成、不同颜色和不同性质的配合物。

$CoCl_3\cdot6NH_3([Co(NH_3)_6]Cl_3)$ 橙黄色，1mol 溶液用 $AgNO_3$ 可以沉淀出 3mol AgCl；

$CoCl_3\cdot5NH_3([CoCl(NH_3)_5]Cl_2)$ 紫红色，1mol 溶液用 $AgNO_3$ 可以沉淀出 2mol AgCl；

$CoCl_3\cdot4NH_3([CoCl_2(NH_3)_4]Cl)$ 紫色，1mol 溶液用 $AgNO_3$ 可以沉淀出 1mol AgCl；

$CoCl_3\cdot3NH_3([CoCl_3(NH_3)_3])$ 绿色，用 $AgNO_3$ 难以沉淀出 AgCl。

(5) 丁二酮肟合镍

在 NH_3-NH_4Cl 缓冲溶液中，Ni^{2+} 与丁二酮肟（镍试剂）反应生成鲜红色的螯合物：

$$Ni^{2+} + 2H_3C—C(=N—OH)—C(=N—OH)—CH_3 \longrightarrow Ni(C_4H_7N_2O_2)_2 + 2H^+$$

由于丁二酮肟的配位原子是 N 原子，配位能力较强，Ni^{2+} 属于 d^8 电子构型的离子，根据晶体场理论可知，在强场中 d^8 电子构型的离子容易形成平面正方形配合物，因此丁二酮肟合镍中 Ni^{2+} 与 4 个 N 原子处于同一平面中，与 $Ni(CN)_4^{2-}$ 结构相似。在分析化学上常利用丁二酮肟合镍的生成进行 Ni^{2+} 的定性鉴定。

(6) $Fe(SCN)_n^{3-n}$

向含有 Fe^{3+} 的溶液中滴加 KSCN 溶液，溶液会立即变为血红色，生成 $Fe(SCN)_n^{3-n}$ 配合物。

$$Fe^{3+} + nSCN^- = Fe(SCN)_n^{3-n}\text{（血红色）}$$

利用此反应可以进行 Fe^{3+} 的定性鉴定和比色分析。

(7) 二茂铁 $Fe(C_5H_5)_2$

二氯化铁与溴化环戊二烯镁在有机溶剂中反应可制得二茂铁橙黄色晶体：

$$2C_5H_5MgBr + FeCl_2 = Fe(C_5H_5)_2 + MgBr_2 + MgCl_2$$

在环戊二烯负离子 $C_5H_5^-$ 中，每个 C 原子均采取 sp^2 杂化，每个 C 原子的 3 个 sp^2 杂化轨道分别与另外 2 个 C 原子的 sp^2 杂化轨道及 1 个 H 原子的 1s 轨道形成 3 个 σ 键；每个 C 原子还有 1 个未参与 σ 键形成的 2p 轨道，含有 1 个成单电子并垂直于分子平面，这 5 个能量相同、对称性匹配的 2p 轨道相互重叠形成 1 个 π_5^5 的大 π 键。

X 射线研究结果说明，二茂铁是一种夹心型配合物，其中两个 $C_5H_5^-$ 平面环相互平行，Fe^{2+} 夹在两个平面之间，Fe^{2+} 的 3d 电子全部配对，空出的 2 个 3d 轨道与 $C_5H_5^-$ 的 π_5^5 相互重叠形成配位键，因此二茂铁是反磁性的，图 17.3 给出了二茂铁的成键结构。

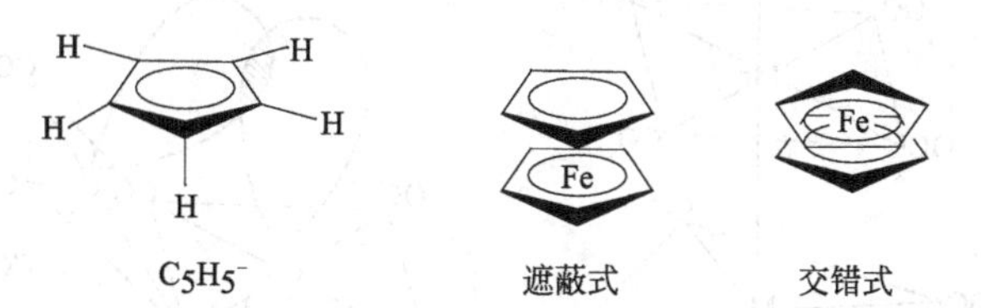

图 17.3 环戊二烯负离子和二茂铁的成键结构

目前二茂铁主要用作汽油和柴油的添加剂，以提高汽油和柴油的燃烧率和消除黑烟，也可用作导弹和卫星的涂料、高温润滑剂等。

(8) 铁、钴、镍的羰基配合物

在微热和加压条件下，CO 与新制具有活性的 Fe 粉或 Ni 粉反应，可分别制得淡黄色液体 $Fe(CO)_5$（沸点为 316K）、无色液体 $Ni(CO)_4$（沸点为 376K）；用 $CoCO_3$ 在 H_2 气氛下与 CO 作用可以得到橙黄色晶体 $Co_2(CO)_8$。

$$Fe + 5CO \xlongequal{373\sim473K, 2.02\times10^7Pa} Fe(CO)_5$$

$$Ni + 4CO \xlongequal{325K, 1.01\times10^5Pa} Ni(CO)_4$$

$$2CoCO_3 + 8CO + 2H_2 \xlongequal{393\sim473K, 3.03\times10^7Pa} Co_2(CO)_8 + 2CO_2 + 2H_2O$$

由于 CO 是强场配体，因此与 Fe、Co、Ni 配位形成的羰基配合物均应处于低自旋态，这可以由 $Fe(CO)_5$、$Ni(CO)_4$、$Co_2(CO)_8$ 均显反磁性的事实得到证实。实际上当中心原子与羰基配位后，中心原子的电子构型已基本达到了较为稳定的 18 电子构型，即本身的价电子与 CO 提供的孤对电子的电子总数达到或接近 18，如表 17.3 所示。

表 17.3 常见羰基配合物的电子构型

羰基配合物	中心原子价层电子数	羰基提供的孤对电子数	中心原子价层轨道总电子数
$V(CO)_6$	5	2×6	17
$Cr(CO)_6$	6	2×6	18
$Mo(CO)_6$	6	2×6	18
$W(CO)_6$	6	2×6	18
$Mn_2(CO)_{10}$	7×2	2×10	18
$Fe(CO)_5$	8	2×5	18
$Ru(CO)_5$	8	2×5	18
$Os(CO)_5$	8	2×5	18
$Co_2(CO)_8$	9×2	2×8	18
$Ni(CO)_4$	10	2×6	18

在 $Mn_2(CO)_{10}$ 中，2 个 Mn 原子各自提供 1 个成单电子形成 1 个 σ 键，每个 Mn 原子再分别与 5 个 CO 配位形成 5 个配位键，Mn 原子的价层电子对以八面体构型排布；在 $Co_2(CO)_8$ 中，2 个 Co 原子各自提供 1 个成单电子形成 1 个弯曲的 σ 键，每个 Co 原子再分别与 3 个 CO 配位形成 3 个配位键，另外 2 个酮式羰基分别桥接 2 个 Co 原子形成 2 个 σ 键，Co 原子的价层电子对也以八面体构型排布。因此，在这两种配合物中，中心原子 Mn 或 Co 都达到了稳定的 18 电子构型。图 17.4 绘出了 $Co_2(CO)_8$ 和 $Mn_2(CO)_{10}$ 的成键情况。

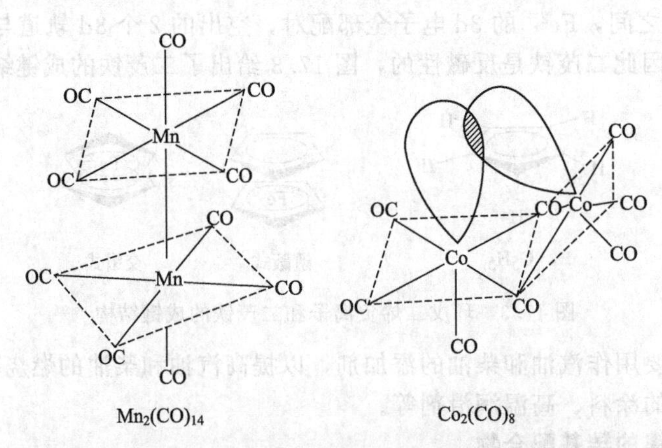

图 17.4 $Co_2(CO)_8$ 和 $Mn_2(CO)_{10}$ 的成键结构

在配合物的化学键理论中曾述及，许多过渡金属的配合物（特别是羰基配合物）在中心原子和配体形成 σ 配位键的同时，中心原子含有电子的价层 d 轨道会与配体的反键分子轨道（π^*）重叠形成反馈 π 键，以减少因配位键形成给中心原子带来的过多的负电荷，同时也使得配合物的稳定性提高。图 17.5 绘出了羰基配合物中 σ 配位键和反馈 π 键的形成过程。

由于国际纯粹与应用化学组织（IUPAC）规定，在羰基化合物 $M(CO)_n$ 中 CO 的氧化数为 0，因此，在中性羰基配合物中中心原子 M 的氧化数也为 0，如 $Fe(CO)_5$、$Ni(CO)_4$、

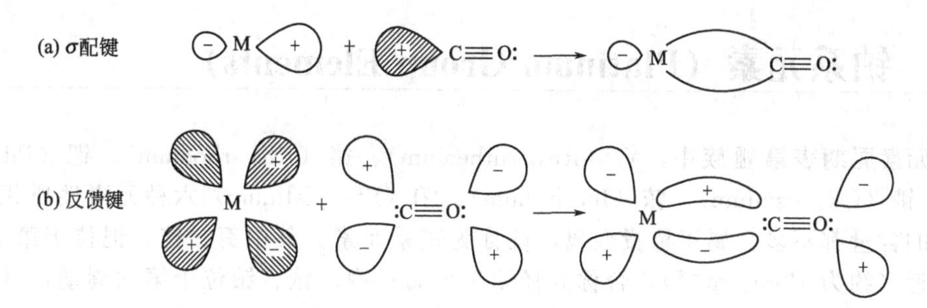

图 17.5　羰基配合物中σ配位键和反馈π键的形成过程

$Co_2(CO)_8$ 中 Fe、Ni、Co 的氧化数均为 0；而在带有电荷的羰基配合物中，中心原子的氧化数就等于配离子所带电荷数，如 $Cr(CO)_5^{2-}$、$Mn(CO)_5^-$ 中 Cr、Mn 的氧化数分别为－2 和－1。

另外，在羰基配合物中由于中心原子的价层 d 电子反馈给了 CO 高能态的反键分子轨道（π_{2p}^*），使得 CO 的键能降低、键长增长、红外吸收发生红移（波数减少、波长增大）。而且中心原子带的负电荷越多，价层 d 电子的能量越高，反馈π键的形成对 CO 的影响越大。

由于羰基配合物的熔沸点都较低，易挥发，因此利用羰基配合物的生成，可以将某些金属和其他金属分离，然后再加热分解羰基配合物，就可以得到纯度极高的某些金属粉体。

17.6.2.4　高铁酸盐

在碱性溶液中，强氧化剂可以将 $Fe(OH)_3$ 氧化成高铁酸盐，例如

$$2Fe(OH)_3 + 3NaClO + 4NaOH \longrightarrow 2Na_2FeO_4 + 3NaCl + 5H_2O$$

由于水合 FeO_4^{2-} 的颜色是紫红色，因此高铁酸盐都具有鲜明的颜色。例如

$$FeO_4^{2-} + Ba^{2+} + H_2O \longrightarrow BaFeO_4 \cdot H_2O\downarrow \text{紫红色}$$

工业生产高铁酸盐主要用作氧化剂。在酸性溶液中高铁酸盐具有极强的氧化性，在碱性溶液中则是一较为温和的氧化剂。

$$FeO_4^{2-} + 8H^+ + 3e^- \longrightarrow Fe^{3+} + 4H_2O \qquad E^\ominus = 2.20V$$

$$FeO_4^{2-} + 4H_2O + 3e^- \longrightarrow Fe(OH)_3 + 5OH^- \qquad E^\ominus = 0.72V$$

由此可知，无论是否有其他还原剂存在，高铁酸盐都难以存在于酸性溶液中。在 H_2SO_4 溶液中，FeO_4^{2-} 会自发分解放出 O_2：

$$4FeO_4^{2-} + 20H^+ \longrightarrow 4Fe^{3+} + 10H_2O + 3O_2\uparrow$$

17.6.2.5　Co^{2+} 和 Ni^{2+} 的分离

由于 Co^{2+} 和 Ni^{2+} 的半径相近、电子层结构相似，因此在自然界中常共生在一起而难以分离。冶金工业主要用溶剂萃取的方法分离钴和镍。例如在碱性 $(NH_4)_2SO_4$ 溶液中，Co^{2+} 和 Ni^{2+} 均生成氨合配合物，但因 $Co(NH_3)_6^{2+}$ 的稳定常数仅为 1.29×10^5，而 $Ni(NH_3)_6^{2+}$ 的稳定常数为 3.1×10^8，所以用脂肪族羧酸可以将 Co^{2+} 萃取到有机相，而 Ni^{2+} 仍以 $Ni(NH_3)_6^{2+}$ 的形式留在水相，Co^{2+} 和 Ni^{2+} 的分离系数达到 10 以上。

$$Co(NH_3)_6^{2+}(aq) + 6RCOOH(org) \longrightarrow$$
$$Co(RCOO)_2 \cdot 4RCOOH(org) + 2NH_4^+(aq) + 4NH_3(aq)$$

式中，aq 代表水相，org 代表有机相。

如果在 Co^{2+} 溶液中仅含有少量 Ni^{2+}，则可以通过加入氨水的方法使 Co^{2+} 生成 $Co(OH)_2$ 沉淀出来，少量 Ni^{2+} 仍以 $Ni(NH_3)_6^{2+}$ 的形式存在于水溶液中。

17.7 铂系元素（Platinum Group Elements）

在元素周期表第Ⅷ族中，钌（Ru，ruthenium）、铑（Rh，rhodium）、钯（Pd，palladium）、锇（Os，osmium）、铱（Ir，iridium）、铂（Pt，platinum）六种元素性质相似，在地壳中的含量都不多，属于稀贵金属，统称为铂系元素。其中钌、铑、钯位于第五周期，密度相近（约为 $12g \cdot cm^{-3}$），合称为轻铂系金属；锇、铱、铂位于第六周期，其密度是所有金属中最大的，约为 $22g \cdot cm^{-3}$（锇的密度 $22.57g \cdot cm^{-3}$ 最大），合称为重铂系金属。

铂系元素电势图如下：

$$E_A^{\ominus}/V \quad Ru^{3+} \xrightarrow{0.24} Ru^{2+} \xrightarrow{0.45} Ru$$

$$Rh^{3+} \xrightarrow{1.08} Rh^{2+} \xrightarrow{0.60} Rh$$

$$Pd^{2+} \xrightarrow{0.95} Pd$$

$$OsO_4 \xrightarrow{0.84} Os$$

$$IrCl_6^{2-} \xrightarrow{0.87} IrCl_6^{3-} \xrightarrow{0.77} Ir$$

$$PtCl_6^{2-} \xrightarrow{0.68} PtCl_4^{2-} \xrightarrow{0.76} Pt$$

17.7.1 铂系元素单质

17.7.1.1 铂的提炼

铂系元素均属于稀有元素，在地壳中的丰度估计约为：

钌 Ru	铑 Rh	钯 Pd	锇 Os	铱 Ir	铂 Pt
$10^{-8}\%$	$10^{-8}\%$	$10^{-7}\%\sim10^{-6}\%$	$10^{-7}\%$	$10^{-7}\%$	$10^{-6}\%$

在自然界中铂系元素主要以单质(原铂矿)的形式存在，其中铂的含量最高(少数矿石中铂和钯的含量近似)，钌、铑、锇、铱则分散在原铂矿中。除原铂矿外，在一些硫化物矿中伴生有铂系元素的硫化物，例如在甘肃省金川我国最大的硫化铜镍矿中就含有少量铂系金属。在处理这类矿石时，铂系金属和粗铜一起炼出，在电解精炼铜时，铂系金属沉积在阳极泥中，这种阳极泥是提炼金、银和铂系金属的重要原料。

将精炼铜得到的阳极泥用王水溶解，加热浓缩除掉硝酸，再向溶液中加入氯化铵，就可沉淀出氯铂酸铵黄色晶体：

$$H_2PtCl_4 + 2NH_4Cl = (NH_4)_2PtCl_6\downarrow(黄) + H_2\uparrow$$

在高温下分解 $(NH_4)_2PtCl_6$ 得到海绵铂，再经熔炼制得块状白金。

$$3(NH_4)_2PtCl_6 \xrightarrow{1073K} 3Pt + 2NH_4Cl + 16HCl + 2N_2$$

17.7.1.2 铂系金属的性质和用途

从表 17.1(b) 和表 17.1(c) 可知，铂系金属的密度（在周期表中）呈现出明显的水平相似性，钌、铑、钯都在 $12g \cdot cm^{-3}$ 左右，而锇、铱、铂都在 $22g \cdot cm^{-3}$ 左右。铂系金属的熔点和化学活泼性则按下列顺序变化：

Ru→Rh　Pd
Os→Ir　Pt

熔点降低顺序

Ru→Rh　Pd
Os　Ir→Pt

化学活性增加顺序

与铁系元素相似，铂系元素按同周期从左到右的次序高氧化态稳定性降低，低氧化态稳定性升高。其中Ru稳定的氧化态是+4和+6；Rh稳定的氧化态是+3和+4；Pd稳定的氧化态是+2；Os稳定的氧化态是+6和+8；Ir稳定的氧化态是+3和+4；Pt稳定的氧化态是+2和+4。

铂系元素特征的化学性质是具有一定的惰性，抗腐蚀能力强。常温常压下，除粉状锇能被空气中的氧气缓慢氧化成易挥发的OsO_4外，其他铂系金属单质难以与O_2、Cl_2、N_2、S等物质反应。钌、铑、锇、铱的化学惰性与铌、钽相似，难以与普通强酸甚至王水反应，但能溶于硝酸-氢氟酸溶液；钯能与硝酸或热的浓硫酸反应；铂虽然不溶于硝酸但可以溶于王水、盐酸-双氧水、盐酸-高氯酸等溶液，在有氧气存在下也能缓慢溶解于浓盐酸或热的浓硫酸中。在有氧化剂存在时，铂系金属易与熔融碱反应，生成可溶性化合物。

$$Os(粉状) + 2O_2 = OsO_4$$

$$Pd + 4HNO_3 = Pd(NO_3)_2 + 2NO_2 + 2H_2O$$

$$3Pt + 4HNO_3 + 18HCl = 3H_2PtCl_6 + 4NO + 8H_2O$$

$$2Pt + O_2 + 8HCl = 2H_2PtCl_4 + 2H_2O$$

$$2H_2PtCl_4 + O_2 + 4HCl = 2H_2PtCl_6 + 2H_2O$$

$$Pt + 4H_2SO_4(热浓) = Pt(OH)_2(HSO_4)_2 + 2SO_2 + 2H_2O$$

利用铂的化学惰性和高温稳定性，可以制作高温反应器皿，如铂坩埚、铂蒸发皿等，还常用来制造铂电极和铂网等。

铂系金属另一个特性是都具有优良的催化特性，尤其是粉状金属对气相反应催化明显。常温下1体积Pd可以吸收700体积的H_2，是氢化反应的主要催化剂，例如乙基蒽醌法制H_2O_2时就用Pd作氢化反应的催化剂；常温下1体积Pt可以吸收70体积的O_2，是氧化反应的常用催化剂，例如氨氧化法合成硝酸时就是用Pt作氧化反应的催化剂。

在铂系金属中铂的延展性和可锻性最好，与金银相近，而且块状铂在空气中加热不会失去原有的金属光泽，因此主要用于制造首饰和货币。

在1473～2073K(1200～1800℃)温度范围内，铂或铂铑合金的电阻随温度升高呈现出极其规律的变化，常用来制作测定高温的热电偶。

但需要注意的是，铂制品容易受到下列物质的腐蚀：浓热硫酸，浓盐酸；HCl-HNO_3，HCl-H_2O_2，HCl-$HClO_4$；$NaOH(l)$，Na_2O_2，S，Se，Te，M_2S，P。在使用时应避免与这些物质接触。

17.7.2 铂系元素化合物

17.7.2.1 铂系元素的氧化物

铂系元素常见的氧化物如下：RuO_2，RuO_4；Rh_2O_3，RhO_2；PdO；OsO_2，OsO_4；IrO_2；PtO_2。其中RuO_4和OsO_4最为常见。向酸性钌酸盐（RuO_4^{2-}）溶液中通入Cl_2，可以得到易挥发的RuO_4；粉状Os在O_2中加热制得OsO_4。

RuO_4的熔点是298K(25℃)，OsO_4的熔点是314K(41℃)，两者均易挥发并易溶于CCl_4中，这都说明它们是共价化合物。利用它们在CCl_4中易溶解的特性，可以提取Rh和Os。RuO_4和OsO_4属于酸性氧化物，都具有强氧化性，溶于碱溶液时反应不同。

$$2RuO_4 + 4OH^- = 2RuO_4^{2-} + 2H_2O + O_2$$

$$OsO_4 + 2OH^- = OsO_4(OH)_2^{2-}$$

17.7.2.2 铂系元素的卤化物

铂系元素重要的卤化物有 $PdCl_2$ 和 PtF_6。$PdCl_2$ 是一种褐色固体，在纯水中的溶解度较小，但易溶于盐酸溶液形成 $PdCl_4^{2-}$，是化学工业和化学实验中常用的含钯试剂。合成氨工业定性检验 H_2 中的CO就是用 $PdCl_2$ 的稀盐酸溶液。

$$PdCl_2 + CO + H_2O \longrightarrow Pd\downarrow(黑) + 2HCl + CO_2\uparrow$$

PtF_6 是最强的氧化剂之一，可以将 O_2 氧化成深红色的 $[O_2^+][PtF_6^-]$。鉴于此，巴特列特（Bartlett）认为Xe与 O_2 的电离能相近，PtF_6 既然能氧化 O_2，也应能氧化Xe。按照这种思路，他于1962年合成了世界上第一个稀有气体化合物 $[Xe^+][PtF_6^-]$：

$$Xe + PtF_6 \longrightarrow XePtF_6(橙黄)$$

17.7.2.3 铂系元素的配合物

将Pd和Pt分别溶于王水，得到红色氯钯酸 H_2PdCl_6 和红棕色氯铂酸 H_2PtCl_6：

$$3Pd + 4HNO_3 + 18HCl \longrightarrow 3H_2PdCl_6 + 4NO + 8H_2O$$

$$3Pt + 4HNO_3 + 18HCl \longrightarrow 3H_2PtCl_6 + 4NO + 8H_2O$$

将溶液加热赶出 HNO_3，再浓缩结晶可以得到橙红色 $H_2PtCl_6\cdot 6H_2O$ 晶体，这是化学工业和化学实验中常用的一种含铂试剂，电解精炼铂时也是以氯铂酸溶液为电解质。如果用 SO_2，$H_2C_2O_4$ 等还原剂还原氯钯酸和氯铂酸则得到黄色的氯亚钯酸和氯亚铂酸：

$$H_2PdCl_6 + SO_2 + 2H_2O \longrightarrow H_2PdCl_4 + H_2SO_4 + 2HCl$$

$$H_2PtCl_6 + SO_2 + 2H_2O \longrightarrow H_2PtCl_4 + H_2SO_4 + 2HCl$$

向 H_2PtCl_6 溶液中加入氨水或KCl溶液，则析出黄色 $(NH_4)_2PtCl_6$ 或 K_2PtCl_6 晶体：

$$H_2PtCl_6 + 2NH_3 \longrightarrow (NH_4)_2PtCl_6\downarrow(黄色)$$

$$H_2PtCl_6 + 2KCl \longrightarrow K_2PtCl_6\downarrow(黄色) + 2HCl$$

除 $(NH_4)_2PtCl_6$ 和 K_2PtCl_6 外，Rb_2PtCl_6 和 Cs_2PtCl_6 也都是黄色难溶盐，利用这一点可以定性检验溶液中的 NH_4^+、K^+、Rb^+ 和 Cs^+。无论氯钯酸盐还是氯铂酸盐都是反磁性的，这说明它们均为低自旋（$d_\varepsilon^6 d_\gamma^0$）、内轨型（$d^2sp^3$ 杂化）配合物。

向 $PdCl_2$ 或 $PtCl_2$ 溶液加入氨水，得到黄色 $[Pd(NH_3)_4]Cl_2$ 或 $[Pd(NH_3)_4]Cl_2$：

$$PdCl_2 + 4NH_3 \longrightarrow [Pd(NH_3)_4]Cl_2$$

$$PtCl_2 + 4NH_3 \longrightarrow [Pt(NH_3)_4]Cl_2$$

$[Pd(NH_3)_4]Cl_2$ 和 $[Pt(NH_3)_4]Cl_2$ 也都是反磁性的，说明中心离子采取 dsp^2 杂化，处于低自旋态，配离子的空间构型为平面正方形。

用不同的实验方法可以分别制得顺式 *cis*-$Pt(NH_3)_4Cl_2$ 和反式 *trans*-$Pt(NH_3)_4Cl_2$。其中 *cis*-$Pt(NH_3)_4Cl_2$ 具有明显的抗癌作用，药物名称为“顺铂”。但由于 *cis*-$Pt(NH_3)_4Cl_2$ 有一定的毒性（其毒性主要来源于配体 NH_3），因此妨碍了它的应用。目前药物化学家正致力于合成一些无毒的有机胺配体（如氨基酸等）取代“顺铂”中的 NH_3 配体，以便合成出无毒的抗癌药物。

向 K_2PtCl_4 的稀盐酸溶液中通入 C_2H_4 得到一种新型配合物，称为蔡斯（Zeise）盐 $K[Pt(C_2H_4)Cl_3]$：

$$K_2PtCl_6 + C_2H_4 \longrightarrow K[Pt(C_2H_4)Cl_3] + KCl$$

在 $[Pt(C_2H_4)Cl_3]^-$ 中，中心 Pt^{2+} 接纳3个 Cl^- 的3对孤对电子和 C_2H_4 的1对 π 电子，形成4个配位键，Pt^{2+} 的价层d电子又反馈给 C_2H_4 的反键 π^* 轨道形成反馈 π 键（图17.6）。由于 Pt^{2+} 和 C_2H_4 之间配位键和反馈 π 键的形成，使得 C_2H_4 中的C═C双键相应减弱，化学反应活性增强。$K[Pt(C_2H_4)Cl_3]$ 是一种常用的有机反应的催化剂。

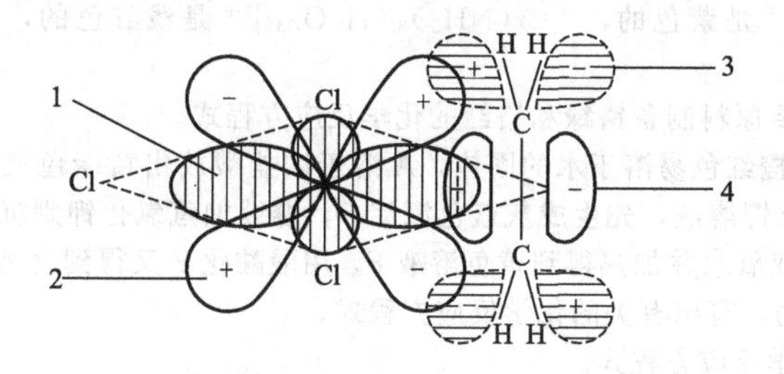

1—Pt^{2+}的dsp^2杂化轨道；　　2—Pt^{2+}的5d轨道；

3—C_2H_4的反键分子轨道π_{2p}^*；　4—C_2H_4的成键分子轨道π_{2p}

图 17.6 $[Pt(C_2H_4)Cl_3]^-$ 的成键结构

习　　题

17.1 简述钛钢的特点和用途。

17.2 如何由金红石矿提炼金属钛？简述工艺路线并写出有关的化学反应方程式。

17.3 写出铅白、钛白、立德粉的化学组成，简述钛白作颜料的优点。如何由钛铁矿制备钛白粉？简述工艺路线并写出有关的化学反应方程式。

17.4 如何由钛铁矿制备无水 $TiCl_3$？简述工艺路线并写出有关的化学反应方程式。

17.5 根据下述实验，说明产生各现象的原因并写出有关的化学反应方程式。

(1) 打开盛有四氯化钛的试剂瓶，立即冒白烟；

(2) 向上述试剂瓶中加入浓盐酸和金属锌粒，得到紫色溶液；

(3) 向上述紫色溶液中加入烧碱溶液，析出紫色沉淀；

(4) 将上述紫色沉淀滤出，先用硝酸溶解，再加入适量烧碱溶液，有白色沉淀生成；

(5) 将 (4) 中得到的白色沉淀过滤、灼烧后与碳酸钡共熔，得到一种制造电容器常用的具有较大介电常数的物质。

17.6 完成并配平有关的化学反应方程式。

(1) 金属钛溶于氢氟酸；

(2) 将双氧水加入硫酸氧钛溶液；

(3) 金属钛溶于盐酸；

(4) 四氯化钛溶于浓盐酸；

(5) 将硫酸铁溶液滴入 $Ti_2(SO_4)_3$ 溶液。

17.7 简述钒钢和钽钢的特点和用途。

17.8 给出下列离子在水溶液中的颜色：

V^{2+}；V^{3+}；VO^{2+}；VO_2^+；VO_4^{3-}；$V_{10}O_{28}^{6-}$。

17.9 向含有 V^{2+} 的酸性溶液中滴加 $KMnO_4$ 溶液，溶液的颜色如何变化？说明原因并写出有关的化学反应方程式。

17.10 完成并配平有关的化学反应方程式。

(1) 五氧化二钒溶于浓盐酸；

(2) 五氧化二钒溶于烧碱溶液；

(3) 金属钽溶于氢氟酸与硝酸的混合溶液；

(4) 钒酸铵加热分解；

(5) 在含有 V(Ⅴ) 的强酸性溶液中加入双氧水。

17.11 简述铬钢的性质特点和用途。写出几种常用不锈钢的组成。

17.12 简述以铬铁矿为主要原料制备单质铬的工艺路线，并写出有关的化学反应方程式。

17.13 简述 Cr^{3+} 和 Al^{3+} 在化学性质上的异同。如何分离鉴定溶液中的 Cr^{3+} 和 Al^{3+}。

17.14 如何实现 Cr(Ⅲ) 与 Cr(Ⅵ) 之间的相互转化？写出有关的化学反应方程式。

17.15 举例说明什么是同多酸，什么是杂多酸？

17.16 如何分离溶液中的 SO_4^{2-} 和 CrO_4^{2-}？写出有关的化学反应方程式。

17.17 为什么 $[Cr(H_2O)_6]^{3+}$ 是紫色的，$[Cr(NH_3)_3(H_2O)_3]^{3+}$ 是浅红色的，而 $[Cr(NH_3)_6]^{3+}$ 是黄色的？

17.18 写出以重铬酸钾为主要原料制备铬绿和铬红的化学反应方程式。

17.19 含铬的某化合物 A 是橙红色易溶于水的固体，A 溶于浓盐酸放出黄绿色气体 B 并得到暗绿色溶液 C。向 C 中加入氢氧化钾溶液，先生成灰蓝色沉淀 D，继续加氢氧化钾则沉淀 D 消失并得到深绿色溶液 E。向 E 中加入双氧水并加热得到黄色溶液 F，用酸酸化 F 又得到含 A 的溶液。试确定 A、B、C、D、E、F 各为何物，写出有关的化学反应方程式。

17.20 完成并配平有关的化学反应方程式。

(1) 单质铬溶于除去氧气的稀盐酸；

(2) 将氯气通入亚铬酸盐溶液中；

(3) 在戊醇存在时向重铬酸钾溶液中加入双氧水；

(4) 向重铬酸钾溶液中滴加硝酸银；

(5) 磷钼酸铵的生成。

17.21 简述锰钢的性质特点和用途。

17.22 写出以软锰矿为主要原料制备高锰酸钾、二氧化锰及单质锰的化学反应方程式。

17.23 分别向酸性、碱性、中性高锰酸钾溶液中滴加亚硫酸钠溶液，各得到什么还原产物？写出有关的化学反应方程式。

17.24 根据锰的元素电势图，说明在酸性溶液中 MnO_4^{2-} 和 Mn^{3+} 容易歧化的原因，计算 298K 时它们歧化反应的标准平衡常数。

17.25 试用三种氧化剂将 Mn^{2+} 氧化成 MnO_4^-，说明反应条件并写出相关的反应方程式。

17.26 为什么工业生产的高锰酸盐和重铬酸盐主要是钾盐而不是钠盐？

17.27 用实验事实说明 $KMnO_4$ 的氧化能力比 $K_2Cr_2O_7$ 强。

17.28 已知在同酸度的溶液中高锰酸钾的氧化性比重铬酸钾强，为什么在实验室配制洗液时选用重铬酸钾与浓硫酸而不用高锰酸钾与浓硫酸呢？

17.29 根据有关的电极电势说明 MnO_2 可以催化过氧化氢溶液分解。

17.30 在酸性溶液中 MnO_4^- 与 Mn^{2+} 容易反应生成 MnO_2 沉淀，但在定量分析中常用 $KMnO_4$ 溶液氧化 Fe^{2+} 的方法测定酸性溶液中 Fe^{2+} 的含量。二者是否矛盾？

17.31 写出有关的化学反应方程式。

(1) 二氧化锰溶于浓硫酸；

(2) 向硫酸锰溶液中加入烧碱溶液，之后再通入空气；

(3) 向高锰酸钾溶液中滴加双氧水；

(4) 高锰酸钾溶液加入硫酸锰溶液；

(5) 硝酸锰加热分解。

17.32 简述生铁、熟铁、钢的组成和性质区别。

17.33 分别向含有 Fe^{2+}、Co^{2+}、Ni^{2+} 的三种溶液中加入 NaOH 溶液并置于空气中，结果如何？写出有关的化学反应方程式。

17.34 解释下列现象并写出有关的化学反应方程式。

(1) Fe^{3+} 和 Fe^{2+} 均可快速催化过氧化氢分解；

(2) 向黄血盐溶液中滴加碘水，溶液由黄色变为红色；

(3) 向含少量 $FeCl_3$ 的溶液中加入过量饱和 $(NH_4)_2C_2O_4$ 溶液后，滴加少量 KSCN 溶液并不出现红色，但当再滴加盐酸后溶液立即变红；

(4) 将浓 $CoCl_2$ 溶液加热，溶液由粉红变为蓝色；再滴加 $AgNO_3$ 溶液后溶液又由蓝色变为红色并有白色沉淀生成；

(5) 将 $[Ni(NH_3)_6]SO_4$ 溶液加热有墨绿色沉淀生成，溶液冷却后再加入氨水沉淀又溶解；

(6) 在酸性水溶液中 Co^{3+} 常被还原为 Co^{2+}，但 $Co(CN)_6^{3-}$ 却能稳定存在；

(7) Fe^{3+} 能将 I^- 氧化成 I_2，但 $Fe(CN)_6^{3-}$ 却不能；

(8) Fe^{3+} 溶液能腐蚀 Cu，而 Cu^{2+} 溶液又能腐蚀 Fe；

(9) 稀溶液可以作显隐墨水；

(10) 淡黄色的硝酸铁溶液加热变棕红色。

17.35 完成下列制备过程，写出有关的化学反应方程式。

(1) 由黑钨矿制备金属钨；

(2) 从辉钼矿提取金属钼；

(3) 由 $CoSO_4 \cdot 7H_2O$ 制备无水 $CoCl_2$；

(4) 从原铂矿提取金属铂；

(5) 由粗镍制高纯镍。

17.36 分离下列各组离子。

(1) Fe^{2+}、Mn^{2+}、Mg^{2+}；

(2) Fe^{3+}、Cr^{3+}、Al^{3+}；

(3) Zn^{2+}、Sn^{2+}、Fe^{2+}；

(4) Cu^{2+}、Zn^{2+}、Ni^{2+}；

(5) Hg^{2+}、Zn^{2+}、Mn^{2+}。

17.37 鉴别 MnO_2、PbO_2、Fe_3O_4 三种棕黑色粉末。写出有关的化学反应方程式。

17.38 不用硫化氢和硫化物，分离溶液中的 Ag^+、Pb^{2+}、Al^{3+}、Cr^{3+}、Fe^{3+}、Co^{2+}、Ni^{2+}。

17.39 简述变色硅胶的工作原理。

17.40 实验室使用铂丝、铂坩埚、铂蒸发皿等铂制仪器时，应严格遵守哪些规定？请说明原因。

17.41 写出下列物质的化学组成：

摩尔盐；赤血盐；黄血盐；铬黄；铬红；铬绿；镉黄；钛白；铅白；锌白；锌钡白。

17.42 蔡斯（Zeise）盐 $K[Pt(C_2H_4)Cl_3]$ 是如何制备的？简述蔡斯盐的成键情况和在有机化学中的应用。

17.43 目前常用的有效抗癌药物是哪一类化合物？其成键结构如何？

17.44 $K_4[Fe(CN)_6]$ 可由 $FeSO_4$ 与 KCN 直接在溶液中制备，但 $K_3[Fe(CN)_6]$ 却不能由 $Fe_2(SO_4)_2$ 和 KCN 直接在水溶液中制备，为什么？应如何制备 $K_3[Fe(CN)_6]$？

17.45 完成并配平有关的化学反应方程式。

(1) Co_2O_3 溶于盐酸；

(2) $Co(OH)_3$ 溶于稀硫酸；

(3) 用 $PdCl_2$ 溶液定性检验氢气中的一氧化碳；

(4) $Fe(OH)_3$ 溶于碱性次氯酸钠溶液；

(5) $K_4[Co(CN)_6]$ 溶于水；

(6) 将硫化氢通入 $FeCl_3$ 溶液。

17.46 说明下列水合离子的颜色。

Fe^{2+}；Fe^{3+}；Cr^{3+}；Co^{2+}；Ni^{2+}；Mn^{2+}；V^{2+}；V^{3+}；VO^{2+}；VO_2^+；VO_4^{3-}；CrO_4^{2-}；MnO_4^-；MnO_4^{2-}；$C_2O_7^{2-}$；ReO_4^-；MoO_4^{2-}；WO_4^{2-}；FeO_4^{2-}；$Cu(OH)_4^{2-}$；$Cr(OH)_4^-$。

17.47 已知游离 CO 的 C—O 伸缩振动的红外吸收 $2143cm^{-1}$ 处，与金属配位后，C—O 键的振动频率有所降低。试解释下列实验结果：

(1) $Ni(CO)_4$、$[Co(CO)_4]^-$、$[Fe(CO)_4]^{2-}$ 中的 C—O 伸缩振动吸收分别位于 $2046cm^{-1}$、$1883cm^{-1}$、$1778cm^{-1}$ 处，波数依次减小；

(2) $Co_2(CO)_8$ 中 C—O 振动吸收峰有两个，分别位于 $1800cm^{-1}$ 和 $2000cm^{-1}$ 处。

17.48 回答下列问题：

(1) 多数金属为银白色（或带有淡灰色），哪些金属的颜色比较特殊？

(2) 哪种金属的导电性最好？

(3) 哪种金属的延展性最好？

(4) 哪种金属的硬度最大？

(5) 哪种金属的密度最大？哪种金属的密度最小？

(6) 哪种金属的熔点最高？哪种金属的熔点最低？哪种金属的熔沸点差值最大？

(7) 哪些金属难溶于硝酸？

(8) 哪些金属难溶于王水？

17.49 绿色固体混合物中可能含有 K_2MnO_4、、MnO_2、$NiSO_4$、Cr_2O_3、$K_2S_2O_8$。根据下列实验结果确定哪些物质肯定存在？哪些物质肯定不存在？

(1) 混合物溶于浓 NaOH 溶液得绿色溶液；

(2) 混合物溶于硝酸溶液得紫色溶液；

(3) 将混合物溶于水并通入 CO_2 得紫色溶液和棕色沉淀。过滤后滤液用稀硝酸酸化，再加入过量 $Ba(NO_2)_2$ 溶液，则紫色褪去同时有不溶于酸的白色沉淀生成；将棕色沉淀加入浓盐酸并微热有黄绿色气体放出。

17.50 已知两种含钴的化合物，组成均为 $Co(NH_3)_5BrSO_4$。一种溶于水后加入硝酸银溶液有淡黄色沉淀生成，但加入氯化钡溶液时不生成白色沉淀；另一种溶于水后恰恰相反，加入硝酸银无沉淀生成，但加入氯化钡后有白色沉淀生成。请说明两种化合物的实际组成。

17.51 化合物 A 为无色液体。A 在潮湿的空气中冒白烟。向 A 的水溶液中加入 $AgNO_3$ 溶液有不溶于硝酸的白色沉淀 B 生成，B 易溶于氨水。将锌粒投入 A 的盐酸溶液中，可得到紫色溶液 C。向 C 中加入 NaOH 溶液至碱性则有紫色沉淀 D 生成。将 D 滤出、洗净后溶于硝酸得无色溶液 E。将溶液 E 加热得白色沉淀 F。请判断 A、B、C、D、E、F 各为何物？写出有关的化学反应方程式。

17.52 某混合溶液中含有三种阴离子。向该溶液中加入 $AgNO_3$ 溶液有沉淀生成，溶液变为紫红色。将沉淀滤出并用水洗净发现颜色为橙黄色，将洗净后的沉淀溶于硝酸，发现部分沉淀溶解，溶液变为橙红色，不溶解的沉淀为白色。向滤出沉淀后的紫红色溶液中加入亚硫酸钠溶液，发现紫红色褪去并有灰褐色沉淀生成。判断原溶液中有哪三种阴离子，解释现象并写出有关的化学反应方程式。

17.53 某固体混合物中可能含有 KI、$SnCl_2$、$CuSO_4$、$ZnSO_4$、$FeCl_3$、$CoCl_2$ 和 $NiSO_4$。通过下列实验判断哪些物质肯定存在，哪些物质肯定不存在。说明原因并写出有关的化学反应方程式。

(1) 取少许固体溶入稀硫酸，无沉淀生成；

(2) 将混合物溶于过量氨水，有灰绿色沉淀生成，溶液为蓝色；

(3) 将混合物溶于水再与 KSCN 溶液作用，颜色无明显变化；

(4) 向混合物的水溶液中加入过量 NaOH 溶液有沉淀生成，溶液几乎为无色。过滤后，向滤液中缓慢滴加盐酸时，有白色沉淀生成；

(5) 向混合物的溶液中滴加 $AgNO_3$ 溶液，有白色沉淀生成。沉淀不溶于硝酸但溶于氨水。

17.54 橙红色晶体 A 受热剧烈分解得到绿色固体 B 和无色无味气体 C。C 与 $KMnO_4$、KI 等溶液均不发生反应。将 B 与烧碱共熔后，溶于水得深绿色溶液 C。向 C 中加入 H_2O_2 得黄色溶液 D。将 A 溶于稀硫酸后加入 Na_2SO_3 得绿色溶液 F。向 F 中加入过量 NaOH 溶液和溴水又得到黄色溶液 D。请判断 A、B、C、D 各为何物？写出有关的化学反应方程式。

17.55 混合溶液 A 呈紫红色。向 A 中加入浓盐酸并微热得蓝色溶液 B 和黄绿色气体 C。向 A 中加入 NaOH 溶液得棕黑色沉淀 D 和绿色溶液 E。向 A 中通入过量 SO_2 最后得到粉红色溶液 F。向 F 中加入过量浓氨水得白色沉淀 G 和棕黄色溶液 H。G 在空气中缓慢转变为棕色沉淀。将 D 与少量 G 混合后再加入硫酸又得到紫红色溶液 A。请判断 A、B、C、D、E、F、G、H 各为何物？写出有关的化学反应方程式。

17.56 A 的水合物为紫色晶体。向溶解 A 的水溶液中加入纯碱溶液有蓝灰色沉淀 B 生成。B 溶于过量 NaOH 溶液得绿色溶液 C。向 C 中滴加 H_2O_2 得黄色溶液 D。取少量 D 经醋酸酸化后加入 $BaCl_2$ 溶液则析出黄色沉淀 E。将 D 用硫酸酸化后通入 H_2S 气体得到绿色溶液 F 和乳白色沉淀 G。将 A 溶于中等浓度的硫酸后再加入淀粉-KI 溶液，溶液变蓝同时放出无色气体 H。H 在空气中逐渐变为棕色气体 I。请判断 A、B、C、D、E、F、G、H、I 各为何物？写出有关的化学反应方程式。

17.57 将墨绿色晶体 A 溶于水后加入烧碱溶液和双氧水并微热，得到红棕色沉淀 B 和溶液 C。将 B 和 C 离心分离，加热分离后的溶液 C 可放出无色气体 D，D 能使红色湿润的石蕊试纸变蓝。沉淀 B 溶于盐酸得黄色溶液 E，向 E 中加入 KSCN 溶液得到红色溶液 F。向 F 中滴加 $SnCl_2$ 溶液则红色褪去，再滴加赤血盐溶液有蓝色沉淀 G 生成。向 A 的水溶液中滴加 $BaCl_2$ 溶液生成白色沉淀 H，H 不溶于稀硝酸。请判断 A、B、C、D、E、F、G、H 各为何物？写出有关的化学反应方程式。

第 18 章　无机物的某些性质变化规律

The Changing Rules of Some Properties of Inorganic Substance

18.1　无机酸的酸性（Acidity of Inorganic Acid）

无机酸可以分成两种类型：一种是分子中不含 O 氧原子，H 原子直接与中心原子相键连，这种酸称为无机无氧酸，主要是指简单的非金属氢化物，如 HF、HCl、HBr、HI、H_2S、H_2Se、H_2Te、HN_3 等；另一种是中心原子与 O 原子相键连，可电离的质子也与 O 原子相键连，这种酸称为无机含氧酸，主要包括非金属氧化物的水合物和高氧化态金属氧化物的水合物，如 H_4SiO_4、H_3PO_4、H_2SO_4、$HClO_4$、HNO_3、H_3PO_3、H_2SO_3、HNO_2、H_3BO_3、H_2CrO_4、$HMnO_4$ 等。这两种酸的强度变化规律具有明显的差异，影响因素也各不相同。

18.1.1　无机无氧酸强度的变化

常见非金属氢化物的热稳定性、还原性和酸性变化规律如图 18.1 所示。

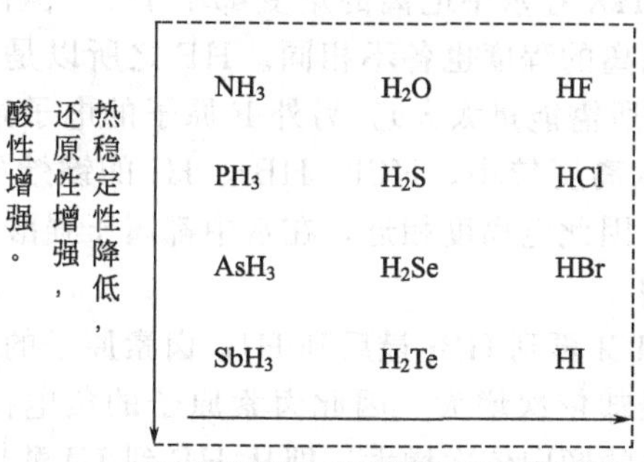

图 18.1　非金属氢化物的某些性质变化规律

影响无机酸强度的因素可以从两个方面去思考。其一，从微观分子结构角度看，酸的强度是指酸分子中 H 原子变成水合 H^+ 的程度大小，这主要决定于与 H 原子相键连的其他原子负电荷密度的大小，该原子的半径越小，电负性越大，所带负电荷越多，H 原子越难以变成 H^+，酸的强度越低；其二，从宏观热力学角度看，酸的强度是指水合酸分子解离成水合酸根离子和水合质子（H_3O^+）的程度高低，标志物理量是这一化学变化的 $\Delta G_m^{\ominus}$。

18.1.1.1　热力学解释

以卤化氢为例，根据盖斯定律，HX 在水中的电离可以分解成如下过程：

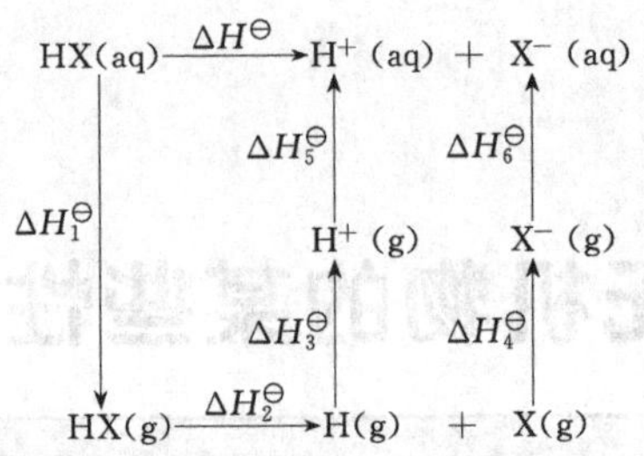

其中，$\Delta H_1^{\ominus}$是 HX(aq) 的脱水热［等于 HX(g) 水合热的负值］；$\Delta H_2^{\ominus}$是 HX(g) 的离解能；$\Delta H_3^{\ominus}$是 H 原子的电离能；$\Delta H_4^{\ominus}$是 X 原子的电子亲合能；$\Delta H_5^{\ominus}$，$\Delta H_6^{\ominus}$分别是 H^+ (g) 和 X^- (g) 的水合热。HX(aq) 电离反应的热效应 $\Delta H^{\ominus}$ 应等于六个分步热效应的总和：

$$\Delta H^{\ominus}=\Delta H_1^{\ominus}+\Delta H_2^{\ominus}+\Delta H_3^{\ominus}+\Delta H_4^{\ominus}+\Delta H_5^{\ominus}+\Delta H_6^{\ominus}$$

根据 Gibbs 公式 $\Delta G^{\ominus}=\Delta H^{\ominus}+T\Delta S^{\ominus}$，可以求出 HX(aq) 电离反应的标准自由焓变 $\Delta G^{\ominus}$；根据 $\Delta G^{\ominus}$ 与标准平衡常数 $K^{\ominus}$ 的关系 $\Delta G^{\ominus}=-RT\ln K^{\ominus}$，可以求出 HX 的电离常数 $K_a^{\ominus}$。表 18.1 列出了 HX(aq) 电离反应的 $\Delta H^{\ominus}$，$T\Delta S^{\ominus}$，$\Delta G^{\ominus}$ 和 $K^{\ominus}$。

表 18.1　卤化氢电离反应的热力学量变化和电离常数（298K）

热力学量	HF	HCl	HBr	HI
$\Delta H^{\ominus}$/kJ・mol^{-1}	−14	−60	−64	−58
$T\Delta S^{\ominus}$/kJ・mol^{-1}	−29	−13	−4	4
$\Delta G^{\ominus}$/kJ・mol^{-1}	15	−47	−60	−62
$K_a^{\ominus}$	10^{-3}	10^{8}	10^{10}	10^{11}

从表 18.1 可见，尽管 HX 在水中电离的焓变都小于 0，但由于其熵变的差别，使得自由焓变化差别明显，因此电离的程度也各不相同。HF 之所以是一个弱酸，主要原因是 HF 的键焓太大（破坏 H—F 键所需能量太大），另外 F 原子的电子亲和能还小于 Cl，因此电离反应总的焓变负值不大，电离度较小。HCl、HBr、HI 的键焓虽有差别，但差别较小，其他影响因素差别也不明显，因此电离度相近，在水中都属于强酸。

18.1.1.2　电荷密度的影响

在 HX 中，从 HF 到 HCl 再到 HBr 最后到 HI，卤素原子的电负性依次减小，所带负电荷也依次减少，而原子半径却依次增大，因此卤素原子的负电荷密度依次降低，H 原子脱离开 HX 分子变为水合 H^+ 的倾向依次增大，即从 HF 到 HI 酸性依次增强。

同理，从 NH_3 到 H_2O 到 HF，非氢原子的负电荷密度也依次降低，H 原子脱离开分子变为水合 H^+ 的倾向依次增大，酸性依次减弱。

18.1.1.3　水溶液中分子极化的影响

无机化合物在水中的电离与其分子的极化率密切相关，极性分子本身有固有的偶极矩，在水溶液中，由于极性水分子的诱导，它们又会产生诱导偶极，两者之和体现了无机化合物在水溶液中的极性大小，也预示着其电离程度的高低。表 18.2 列出了 HCl、HBr、HI 在水中偶极矩的变化。从中不难看出，尽管从 HCl 到 HBr 再到 HI，分子固有的永久偶极逐渐减小，但由于从 Cl 到 Br 再到 I，原子半径的增大，变形性逐渐增大，在水中的诱导偶极逐渐增大，使得 HCl、HBr、HI 在水中总的偶极矩与离子型化合物 NaI、KCl 十分相近，按照德拜-休克尔理论，可以认为三者在水中几乎完全电离。

表 18.2　卤化氢在水中分子偶极矩的变化

偶极矩	HCl	HBr	HI
$\mu_{(g)}/(\times10^{-1}\mathrm{esu\cdot cm})$	1.03	0.79	0.38
$\mu_{诱}/(\times10^{-1}\mathrm{esu\cdot cm})$	3.65	4.18	4.87
$\mu_{总}/(\times10^{-1}\mathrm{esu\cdot cm})$	4.68	4.97	5.25

注：$\mu_{NaI}=4.9$，$\mu_{KCl}=6.3$。

18.1.2　无机含氧酸强度的变化

18.1.2.1　含氧酸的强度规定

鲍林（L. Pauling）、徐光宪、忻新泉、吕为霖等化学家都定量地提出了无机含氧酸强度的变化和理论计算方法。下面仅简单介绍鲍林的规定。

① 对于多元酸来讲，各级电离常数的关系大概是：

$$K_{a_1}^{\ominus}:K_{a_2}^{\ominus}:K_{a_3}^{\ominus}=1:10^{-5}:10^{-10}$$

例如磷酸 H_3PO_4 的电离常数为：

$$(18℃):K_{a_1}^{\ominus}:K_{a_2}^{\ominus}:K_{a_3}^{\ominus}=1.0\times10^{-2}:2.6\times10^{-7}:0.22\times10^{-12}$$

$$(25℃):K_{a_1}^{\ominus}:K_{a_2}^{\ominus}:K_{a_3}^{\ominus}=7.5\times10^{-3}:6.2\times10^{-8}:3.6\times10^{-13}$$

② 对任一多元弱酸 $(HO)_mXO_n$ 来讲，酸的强度与非羟基氧原子的数目 n 密切相关，n 值越大，X 氧化数越高所带正电荷越多，X 对羟基 O 原子共用电子对的吸引力越大，使得羟基中 O—H 间的共用电子对更偏离 H 原子，H 原子成为 H^+ 的可能性更大，$(HO)_mXO_n$ 的酸性更强。表 18.3 列出了 $(HO)_mXO_n$ 酸强度与非羟基氧原子数目的关系。

表 18.3　酸强度与非羟基氧原子数目的关系

n	$K_{a1}^{\ominus}$	酸强度	实例
0	$<10^{-7}$	弱	$HClO,H_3BO_3,H_4SiO_4$
1	$\sim10^{-2}$	中强	H_3PO_4,H_2SO_3,HNO_2
2	$\sim10^{3}$	强	$H_2SO_4,HClO_3,HNO_3$
3	$\sim10^{8}$	极强	$HClO_4,HBrO_4,HMnO_4$

当然，实际情况与理论推算还是有一定差别，实验测得的数值如下：

$n=0$　$K_a^{\ominus}=10^{-8}\sim10^{-12}$　弱酸

$n=1$　$K_a^{\ominus}=10^{-2}\sim10^{-5}$　中强酸

$n=2$　$K_a^{\ominus}>10^{-1}$　强酸

$n=3$　$K_a^{\ominus}\gg1$　极强酸

无机含氧酸的酸强度数据对推测某些酸分子的成键情况和结构有一定的参考，例如亚磷酸 H_3PO_3 从表面看似乎是一三元弱酸，但其 $K_{a_1}^{\ominus}=10^{-2}$，是典型的中强酸，在分子中应含有 1 个非羟基氧原子。晶体结构测量证明在亚磷酸分子中的确含有 1 个非羟基氧原子，亚磷酸的分子结构为：

```
O    OH
 \\  /
   P—H
   |
   OH
```

再譬如硅酸，人们经常将其表示为 H_2SiO_3，但实验测得，298K 时硅酸的电离常数为

$K_{a_1}^{\ominus}=2.2\times10^{-10}$，由此可知，硅酸的分子式应为 H_4SiO_4，而非 H_2SiO_3。为了区别起见，将 H_2SiO_3 称为偏硅酸，相应地，Na_2SiO_3 应称为偏硅酸钠，但人们习惯上称其为硅酸钠。

18.1.2.2 理论解释

① 中心原子的电负性越大，含氧酸的酸性越强。当分子组成和结构相近时，中心原子的电负性越大，对羟基 O 原子的电子云吸引力越强，导致 H—O 键的成键电子对离 H 原子越远，在水分子的作用下，H 原子越易失去电子成为 H^+，即酸的强度越高。例如次卤酸的酸强度变化如下：

$$HClO(K_a^{\ominus}=3.4\times10^{-8})>HBrO(K_a^{\ominus}=2.0\times10^{-9})>HIO(K_a^{\ominus}=1.0\times10^{-11})$$

② 非羟基氧原子越多，含氧酸的酸性越强。当中心原子相同时，酸分子中非羟基 O 原子的数目越多，中心原子的氧化数越大，所带正电荷越多，对羟基 O 原子的成键电子对的吸引力越大，同样导致 H—O 键的成键电子对离 H 原子越远，在水分子的作用下，H 原子越易失去电子成为 H^+，即酸的强度越高。实际上当中心原子不同时，也有同样的酸性变化规律。例如下列含氧酸的酸性变化规律为：

$$HClO_4>HClO_3>HClO_2>HClO$$

$$HClO_4>H_2SO_4>H_3PO_4>H_4SiO_4$$

18.2 无机含氧酸的氧化性（Oxidisability of Inorganic Oxy-acidds）

18.2.1 无机含氧酸的氧化性标度

无机含氧酸的氧化性实际上是一种热力学性质，是指含氧酸获得电子被还原的能力高低，更确切地说是指含氧酸的中心原子获得电子变成某一稳定还原态的能力高低，这一还原态往往是指氧化数为 0 的单质态（对过渡金属形成的含氧酸如 $HMnO_4$、$H_2Cr_2O_7$、H_2FeO_4 等，在酸性溶液中则分别被还原成稳定的 Mn^{2+}、Cr^{3+}、Fe^{3+} 或 Fe^{2+}）。因此无机含氧酸的氧化性标度就是 H_nXO_m/X 氧化还原电对的标准电极电势：$E^{\ominus}_{H_nXO_m/X}$。例如在酸性溶液中 $E^{\ominus}_{HClO/Cl_2}=1.63V$，$E^{\ominus}_{HBrO/Br_2}=1.59V$，$E^{\ominus}_{HIO/I_2}=1.45V$，因此次卤酸的氧化性为 $HClO>HBrO>HIO$；$E^{\ominus}_{FeO_4^{2-}/Fe^{3+}}=2.20V$，$E^{\ominus}_{MnO_4^-/Mn^{2+}}=1.51V$，$E^{\ominus}_{Cr_2O_7^{2-}/Cr^{3+}}=1.33V$，所以在酸性溶液中氧化性 $FeO_4^{2-}>MnO_4^->Cr_2O_7^{2-}$。

18.2.2 影响无机含氧酸氧化性的因素

18.2.2.1 中心原子电负性的影响

组成和结构相近的无机含氧酸，中心原子的电负性越高，酸的氧化性越强。例如：$E^{\ominus}_{HClO_4/Cl_2}=1.40V$，$E^{\ominus}_{H_2SO_4/S}=0.36V$，$E^{\ominus}_{H_3PO_4/P}=-0.11V$，$E^{\ominus}_{H_4SiO_4/Si}=-0.86V$，氧化性的变化与 Cl、S、P、Si 电负性的变化一致。次卤酸的氧化性变化也与卤素的电负性变化一致。

18.2.2.2 分子结构对称性的影响

所谓分子结构的对称性是指多原子分子或离子含有的对称元素（对称中心、对称轴、对称面）的多少。含氧酸分子或离子的对称性越高，稳定性越高，表现出含氧酸的氧化性越低，原因是外来电子选择最佳位置进攻这一分子或离子并进入中心原子价层轨道的难度越大。例如，氯的含氧酸的对称性高低次序为：$HClO_4>HClO_3>HClO>HClO_2$，而氧化性高低次序恰好相反：$HClO_4<HClO_3<HClO<HClO_2$。

18.2.2.3 分子中化学键数目的影响

由于无机含氧酸的氧化性是一种热力学性质，因此酸分子中含有的化学键越多，中心原子获得电子变成还原产物需要破坏的化学键越多，需要的能量越多，对电极反应自由焓的降低越不利，表现出含氧酸的氧化性越低。例如下列含氧酸的氧化性从左到右都是逐渐减弱的，其主要原因就是分子中的化学键依次减少。

$$HClO_4 \quad HClO_3 \quad HClO$$

$$H_2SO_4 \quad H_2SO_3 \quad H_2SO_2$$

$$HNO_3 \quad HNO_2 \quad HNO$$

18.2.2.4 中心原子电子层结构的影响

第二、三、四、五、六周期同族元素中心原子的价层轨道分别为：2s2p，3s3p3d，4s4p4d，5s5p5d，6s6p6d。在无机含氧酸分子中，位于第三、四、五、六周期的中心原子的价层 d 轨道可与 O 原子的 2p 轨道形成 d-p π 键，增强化学键的稳定性。但随着周期数的增加，中心原子价层 d 轨道能量的升高，d-p π 键的键能逐渐减小，导致同种类型的含氧酸的稳定性逐渐减小，氧化性逐渐增强。例如高卤酸中 X—O 键的键能大小变化为 $HClO_4>HBrO_4>H_5IO_6$，从这种意义上讲，其氧化性的变化应为 $HClO_4<HBrO_4<H_5IO_6$。但由于 H_5IO_6 分子中的化学键数目太多，造成 H_5IO_6 的稳定性高于 $HBrO_4$，实际氧化性变化为：

$$HBrO_4>H_5IO_6>HClO_4$$

同样ⅤA 族和ⅥA 族元素最高氧化态含氧酸的氧化性变化也有类似的规律：

$$H_2SeO_4>H_6TeO_6>H_2SO_4$$

$$H_3AsO_4>HSb(OH)_6>H_3PO_4$$

18.2.2.5 酸分子理论

酸分子理论的基本观点为：对含氧酸来讲，中性分子对外来电子斥力小，而酸根阴离子对外来电子斥力大，含氧酸氧化性的高低主要表现为酸分子获得电子的能力大小。按照这一理论，含氧酸的氧化性有下列变化规律：

① 浓度相同时，同一种元素形成的不同含氧酸，酸强度越低，在水溶液中中性分子的比例越大，表现出的氧化性越高。例如：

$$HClO>HClO_3>HClO_4;\ H_2SO_3>H_2SO_4;\ HNO_2>HNO_3。$$

② 对同种含氧酸而言，浓度越大，水溶液的 pH 越低，酸分子的比例越高，氧化性越强，而在中性或碱性溶液中往往表现不出氧化性。例如浓硫酸、浓硝酸、浓高氯酸等都是强氧化剂。而在中性或碱性溶液中的 SO_4^{2-}、NO_3^-、ClO_4^- 等几乎表现不出任何氧化性。另外一个典型的实例是 $K_2S_2O_8$，从电极反应看，$S_2O_8^{2-}$ 的氧化性应该与溶液的 pH 无关：

$$S_2O_8^{2-}+2e^- = 2SO_4^{2-} \quad E^\ominus=2.00V$$

但当用 $K_2S_2O_8$ 作氧化剂时则必须在酸性溶液中，其原因可能就是溶液酸度增大，$H_2S_2O_8$ 分子的比例增大，氧化性增强。

18.2.2.6 温度和溶液酸度的影响

从动力学的角度讲，温度升高，反应速率加快，含氧酸表现出的氧化性增强。例如铜、银、钯等不活泼金属，虽然难以与冷的浓硫酸或硝酸反应，但却能溶解于热的浓硫酸或硝酸中。

从热力学角度看，对有 H^+ 参加的电极反应，如

$$SO_4^{2-}+2e^-+2H^+ = SO_3^{2-}+H_2O$$

$$NO_3^- + 3e^- + 4H^+ \longrightarrow NO + 2H_2O$$
$$ClO_4^- + 8e^- + 8H^+ \longrightarrow Cl^- + 4H_2O$$
$$MnO_4^- + 5e^- + 8H^+ \longrightarrow Mn^{2+} + 4H_2O$$

溶液的 pH 越低（H^+浓度越大），电极电势的数值越大，反应的自由焓降低越多，表现出含氧酸的氧化性越强。

18.3 无机盐的热分解（Thermal Decomposition of Inorganic Salts）

18.3.1 水合盐的热分解

水合盐加热时，肯定会脱去结晶水，但在脱水过程中会产生两种结果。

18.3.1.1 脱水变成无水盐

当阴离子对应的酸是难挥发的酸时，水合盐将直接脱水变成无水盐，或先溶解在结晶水中，随后再失水变成无水盐。这类盐主要是硫酸盐、磷酸盐和硅酸盐。例如

$$CuSO_4 \cdot 5H_2O \xrightarrow[-4H_2O]{423K} CuSO_4 \cdot H_2O \xrightarrow[-H_2O]{523K} CuSO_4$$

$$Na_2SiO_3 \cdot 9H_2O \xrightarrow{\triangle} Na_2SiO_3 + 9H_2O$$

$$Zn_3(PO_4)_2 \cdot 4H_2O \xrightarrow{\triangle} Zn_3(PO_4)_2 + 4H_2O$$

$$Na_2SO_4 \cdot 10H_2O \xrightarrow{\triangle} \text{溶于结晶水中} \xrightarrow{\triangle} Na_2SO_4 + 10H_2O$$

$$Na_2B_4O_7 \cdot 10H_2O \xrightarrow{\triangle} \text{溶于结晶水中} \xrightarrow{593K} Na_2B_4O_7 + 10H_2O$$

对于碱金属和部分碱土金属的水合盐（锂盐和镁盐除外），即便阴离子对应的酸易挥发，加热时也基本都脱水变成无水盐。例如

$$Ca(NO_3)_2 \cdot 4H_2O \xrightarrow{313K} \text{溶于结晶水中} \xrightarrow{>403K} Ca(NO_3)_2 + 4H_2O$$

$$Na_2CO_3 \cdot 10H_2O \xrightarrow{373K} Na_2CO_3 + 10H_2O$$

上述水合盐的脱水温度决定于阳离子的电荷与半径的比例，$\frac{Z}{r}$越大，阳离子对水合分子的吸引力越强，脱水温度越高。例如 $CuSO_4 \cdot 5H_2O$ 和 $MgSO_4 \cdot 7H_2O$ 的脱水温度高于 $Na_2SO_4 \cdot 10H_2O$。阴离子结合水的能力越强，脱水温度也越高。例如 $Na_2B_4O_7 \cdot 10H_2O$ 和 $Na_2SO_4 \cdot 10H_2O$ 的脱水温度高于 $Na_2CO_3 \cdot 10H_2O$。

水分子的结合形式不同，脱水温度也不同。按结合力的大小，不同水的脱水温度高低次序为：阴离子水＞配位水＞晶格水。例如 $Na_2CO_3 \cdot 10H_2O$ 中含有 1 个阴离子 H_2O、6 个配位 H_2O 和 3 个晶格水，其脱水过程为

$$Na_2CO_3 \cdot 10H_2O \xrightarrow[-3H_2O]{305K} Na_2CO_3 \cdot 7H_2O \xrightarrow[-6H_2O]{308K} Na_2CO_3 \cdot H_2O \xrightarrow[-H_2O]{308K} Na_2CO_3$$

在 $CuSO_4 \cdot 5H_2O$ 中有 4 个配位 H_2O 和 1 个阴离子 H_2O，而 $KAl(SO_4)_2 \cdot 12H_2O$ 中有一半是配位水，另一半是晶格水。

18.3.1.2 脱水生成水解产物

阳离子的$\frac{Z}{r}$越大，对 OH^- 的亲合力越强，特别是当阴离子对应的酸挥发性也比较大

时，水合盐加热往往脱水生成水解产物。Be^{2+}、Mg^{2+}、Al^{3+}、Fe^{3+}形成的氯化物或硝酸盐的水合盐脱水均发生水解。例如

$$MgCl_2 \cdot 6H_2O \xrightarrow{\triangle} Mg(OH)Cl + 5H_2O + HCl$$

$$Fe(NO_3)_3 \cdot 9H_2O \xrightarrow{\triangle} Fe(OH)_3 + 6H_2O + 3HNO_3$$

若要防止其水解，应在 HCl 或 HNO_3 气氛中进行。

18.3.2 无水盐的热分解

18.3.2.1 简单分解生成酸碱氧化物

热稳定性低的含氧酸形成的无水盐，加热时容易分解成碱性氧化物（金属氧化物）和酸性氧化物（非金属氧化物）。这类盐以碱土金属的碳酸盐最为典型，例如

$$MgCO_3 \xrightarrow{\triangle} MgO + CO_2$$

随着阳离子半径的增大、极化作用的降低，盐的分解温度逐渐升高。碱土金属碳酸盐的分解温度如下：

	$BeCO_3$	$MgCO_3$	$CaCO_3$	$SrCO_3$	$BaCO_3$
分解温度/℃：	常温	469	910	1289	1360

许多硫酸盐分解也属于这种类型，例如

$$CuSO_4 \xrightarrow{\triangle} CuO + SO_3$$

无氧化性（或氧化性较低）的酸生成的铵盐分解生成氨气和相应的酸。例如

$$(NH_4)_3PO_4 \xrightarrow{\triangle} 3NH_3 + H_3PO_4$$

$$(NH_4)_2SO_4 \xrightarrow{\triangle} 2NH_3 + H_2SO_4$$

$$NH_4Cl \xrightarrow{\triangle} NH_3 + HCl$$

在常见铵盐中，$(NH_4)_2CO_3$ 和 NH_4HCO_3 的分解温度最低，特别是 NH_4HCO_3 俗称臭化肥，即使在常温下都易分解。如果把臭化肥拿在手中，由于 NH_4HCO_3 分解吸热，会感到非常凉爽。如何防治 NH_4HCO_3 的分解是化肥工业急需解决的问题，据报道有人通过在 NH_4HCO_3 颗粒表面覆盖一种聚合物的方法可以防止其在50℃以下分解。

同一种金属离子形成的不同含氧酸盐，对应的酸越稳定，盐的稳定性越高。常见含氧酸盐的稳定性高低次序为

$$MSO_4 > MPO_4 > MCO_3$$

$$KClO_4 > KClO_3 > KClO_2 > KClO$$

当阴离子相同时，不同阳离子形成的盐的稳定性高低次序为：

碱金属盐＞碱土金属盐＞过渡金属盐＞铵盐

几种常见碳酸盐和硫酸盐的热分解温度列于表 18.4 中。

表 18.4 常见碳酸盐和硫酸盐的热分解温度

盐	Na_2CO_3	$CaCO_3$	$ZnCO_3$	$(NH_4)_2CO_3$	Na_2SO_4	$CaSO_4$	$ZnSO_4$	$(NH_4)_2SO_4$
分解温度/℃	1800	910	350	58	—	1850	930	100

多元酸可以形成正盐和酸式盐，正盐的稳定性高于酸式盐，例如 $NaHCO_3$ 分解生成 Na_2CO_3。

$$2NaHCO_3 \xrightarrow{\triangle} Na_2CO_3 + CO_2 + H_2O$$

18.3.2.2 **脱水生成缩聚产物**

多元酸的酸式盐热分解时往往发生缩聚，酸的稳定性越低，其酸式盐越容易发生缩聚。硅酸盐即便在常温的水溶液中都发生缩聚；酸式磷酸盐需要加热才能缩聚；酸式硫酸盐则需要在高温下才能缩聚。例如

$$2Na_2HPO_4 \xrightarrow{\triangle} Na_4P_2O_7 + H_2O$$

$$2NaHSO_4 \xrightarrow{高温} Na_2S_2O_7 + H_2O$$

18.3.2.3 **发生氧化还原反应**

不稳定的含氧酸根和过渡金属离子形成的盐，加热时容易发生氧化还原反应。

(1) 阴离子氧化阳离子 当阴离子具有较强的氧化性，而阳离子仍具有一定还原性时，加热它们组成的盐，阴离子会氧化阳离子。例如

$$NH_4NO_2 \xrightarrow{微热} N_2 + 2H_2O$$

$$Mn(NO_3)_2 \xrightarrow{\triangle} MnO_2 + 2NO + O_2$$

$$4Fe(NO_3)_2 \xrightarrow{\triangle} 2Fe_2O_3 + 8NO_2 + O_2$$

$$Sn(NO_3)_2 \xrightarrow{\triangle} SnO_2 + 2NO_2$$

(2) 阳离子氧化阴离子 当阳离子具有氧化性，而阴离子具有一定还原性时，加热它们组成的盐，阳离子会氧化阴离子。例如

$$2AgNO_3 \xrightarrow{\triangle} 2Ag + 2NO_2 + O_2$$

$$Ag_2C_2O_4 \xrightarrow{\triangle} 2Ag + 2CO_2$$

$$HgSO_4 \xrightarrow{\triangle} Hg + O_2 + SO_2$$

$$2CuI_2 \xrightarrow{\triangle} 2CuI + I_2$$

$$2AgCl \xrightarrow{\triangle} 2Ag + Cl_2$$

(3) 阴离子自身发生的氧化还原反应 当阳离子非常稳定，而阴离子稳定性较低时，加热它们组成的盐，阴离子自身会发生氧化还原反应。例如

$$KClO_4 \xrightarrow{\triangle} KCl + 2O_2$$

$$4KClO_3 \xrightarrow{\triangle} KCl + 3KClO_4$$

$$3NaClO \xrightarrow{\triangle} 2NaCl + NaClO_3$$

$$4Na_2SO_3 \xrightarrow{\triangle} Na_2S + 3Na_2SO_4$$

$$2KMnO_4 \xrightarrow{\triangle} K_2MnO_4 + MnO_2 + O_2$$

$$4Na_2Cr_2O_7 \xrightarrow{\triangle} 4Na_2CrO_4 + 2Cr_2O_3 + 3O_2$$

18.4 无机盐的水解（Hydrolysis of Inorganic Salts）

在酸碱平衡一节曾介绍过外因（温度、溶液酸碱度和盐浓度）对盐类水解的影响：温度升高，盐类水解增强；溶液酸度升高，阳离子水解减弱，阴离子水解增强；浓度越小，盐类水解越强。下面介绍物质组成本身（内因）对无机盐水解强弱的影响和水解产物的类型。

18.4.1 无机盐组成（内因）对水解强弱影响

无机盐按组成可以分成两部分：阳离子和阴离子。从内因上讲，盐的水解强弱就决定于这两部分的性质。

18.4.1.1 阳离子的影响

阳离子的水解实际上是阳离子接纳 H_2O 中 O 原子的孤对电子，形成氢氧化物或水合氧化物的过程。

$$MX + H_2O \longrightarrow H_2O\cdots M-X \longrightarrow H_2O-M^+ + X^- \longrightarrow MOH + H^+ + X^-$$

阳离子的极化作用越强，结合 O 原子的能力越强，盐的水解越强。影响阳离子极化作用的因素有电荷、半径和价层电子构型。

① 半径相近、价层电子构型相同时，阳离子所带电荷越多，极化作用越强，组成盐的水解越强。例如下列几种盐的水解由强到弱的排列次序为：

$$SiCl_4 > AlCl_3 > MgCl_2 > NaCl$$

② 所带电荷相同、价层电子构型相同时，阳离子半径越小，组成盐的水解越强。例如下列几种盐的水解由强到弱的排列次序为：

$$BeCl_2 > MgCl_2 > CaCl_2$$

$$BCl_3 > AlCl_3 > GaCl_3 > InCl_3 > TlCl_3$$

$$SiCl_4 > GeCl_4 > SnCl_4$$

③ 电荷相同、半径相近时，阳离子的价层电子结构对盐水解的影响如下：

2，18，18+2 电子构型的离子>9～17 电子构型的离子>8 电子构型的离子

例如下列几种盐的水解由强到弱的排列次序为：

$$BeCl_2，ZnCl_2，SnCl_2 > FeCl_2，NiCl_2 > CaCl_2$$

除了上述三种影响因素外，阳离子有无空的价层轨道也会影响其水解与否。例如 NF_3、CF_4、CCl_4 不水解，而 BCl_3、SiF_4、$SiCl_4$、NCl_3 却易水解。原因就是 NF_3、CF_4、CCl_4 中 N、C 原子上无空的价层轨道接纳 O 原子上的孤对电子；而 BCl_3、SiF_4、$SiCl_4$、NCl_3 中 B、Si、Cl 原子有空的 p 轨道或 d 轨道接纳 O 原子上的孤对电子而水解。

18.4.1.2 阴离子的影响

阴离子的水解实际上就是质子交换反应。带负电荷的阴离子，通过孤对电子吸引 H_2O 分子中带正电荷的 H 原子，逐渐形成共价键，同时使 H_2O 分子中的 H—O 键减弱，最终断裂，可以表示为如下形式：

$$X^- + H_2O \longrightarrow X^- \cdots H-O-H \longrightarrow HX + OH^-$$

例如

$$CN^- + H_2O = HCN + OH^- \qquad K_h^\ominus = \frac{K_w^\ominus}{K_a^\ominus}$$

因此，阴离子对无机盐水解的影响，主要决定于阴离子结合质子的能力高低，表现为阴离子水解常数 $K_h^\ominus$ 的大小。不难得出，$K_h^\ominus$ 的大小又决定于 HX 在水中电离程度的大小。而 HX 在水中电离程度的大小又表现为 HX 酸性的强弱，故有如下结论：无机盐 MX 对应的无机酸 HX 酸性越弱，MX 水解越强。

例如：HX 酸性强弱：$HS^- < HSiO_3^- < HCO_3^- < HCN < HF$

X^- 水解强弱：$S^{2-} > SiO_3^{2-} > CO_3^{2-} > CN^- > F^-$

浓度相等时，碱性强弱：$Na_2S > Na_2SiO_3 > Na_2CO_3 > NaCN > NaF$

需要说明的是，无机盐的水解既决定于阳离子，也决定于阴离子，而且两者可以相互促

进。所以，由弱酸弱碱反应形成的盐水解更加彻底，如 AlF_3、Al_2S_3、$Al_2(CO_3)_3$ 在水中由于强烈水解，都难以存在。

18.4.2 无机盐水解产物的类型

阳离子（或电正性原子）的水解产物有三种类型，即碱式盐、氢氧化物、水合氧化物或含氧酸；阴离子（或电负性原子）的水解产物有两种类型，即酸和酸式酸根。

18.4.2.1 阳离子（或电正性原子）的水解产物

(1) 极化作用不是太强的阳离子水解往往生成碱式盐 例如：

$$SnCl_2 + H_2O = Sn(OH)Cl + HCl$$
$$SbCl_3 + 2H_2O = SbOCl + 2HCl$$
$$BiCl_3 + 2H_2O = BiOCl + 2HCl$$
$$Bi(NO_3)_3 + H_2O = BiONO_3 + 2HNO_3$$

(2) 极化作用较强的阳离子水解生成氢氧化物 例如：

$$AlCl_3 + 3H_2O = Al(OH)_3 + 3HCl$$
$$FeCl_3 + 3H_2O = Fe(OH)_3 + 3HCl$$

(3) 极化作用极强的电正性原子（高氧化态的金属原子和非金属原子）水解生成水合氧化物或含氧酸 例如：

$$TiCl_4 + 4H_2O = TiO_2 \cdot 2H_2O + 4HCl$$
$$SnCl_4 + 4H_2O = SnO_2 \cdot 2H_2O + 4HCl$$
$$BCl_3 + 3H_2O = H_3BO_3 + 3HCl$$
$$SiCl_4 + 4H_2O = H_4SiO_4 + 4HCl$$

有时也将 $TiO_2 \cdot 2H_2O$，$SnO_2 \cdot 2H_2O$ 看作是水合偏钛酸 $H_2TiO_3 \cdot H_2O$ 和水合偏锡酸 $H_2SnO_3 \cdot H_2O$。

(4) 氟化物水解往往生成一些特殊的水解产物 例如：

$$3SiF_4 + 4H_2O = H_4SiO_4 + 2H_2SiF_6$$
$$3TiF_4 + 3H_2O = H_2TiO_3 + 2H_2TiF_6$$

18.4.2.2 阴离子（或电负性原子）的水解产物

当阴离子对应的酸是一元弱酸时，水解生成弱酸；当阴离子对应的酸是多元弱酸时，水解生成酸式酸根。例如：

$$NaF + H_2O = NaOH + HF$$
$$NaAc + H_2O = NaOH + HAc$$
$$NaCN + H_2O = NaOH + HCN$$
$$Na_2S + H_2O = NaOH + NaHS$$
$$Na_2CO_3 + H_2O = NaOH + NaHCO_3$$

18.5 无机物的颜色（Color of Inorganic Substance）

18.5.1 常见无机物的颜色

18.5.1.1 常见水合阳离子的颜色

常见水合阳离子的颜色列于表 18.5 中。

表 18.5 常见水合阳离子的颜色

离子	Ti^{2+}	V^{2+}	Cr^{2+}	Mn^{2+}	Fe^{2+}	Co^{2+}	Ni^{2+}	Cu^{2+}	Sm^{2+}	Eu^{2+}	Yb^{2+}
颜色	黑	紫	蓝	浅红	绿	桃红	绿	蓝	浅红	黄绿	绿
离子	Ti^{3+}	V^{3+}	Cr^{3+}	Mn^{3+}	Fe^{3+}	Co^{3+}	Pr^{3+}	Nb^{3+}	Sm^{3+}	Eu^{3+}	Yb^{3+}
颜色	紫	绿	蓝紫	紫红	浅紫	蓝	绿	浅红	黄	浅粉	无色
离子	Pm^{3+}	Gd^{3+}	Tb^{3+}	Dy^{3+}	Ho^{3+}	Er^{3+}	Tm^{3+}	Ce^{4+}	U^{3+}	U^{4+}	
颜色	粉红	无色	粉红	浅黄	黄	粉红	浅绿	橙红	浅红	绿	
离子	TO^{2+}	VO_2^+		VO^{2+}		UO_2^{2+}	$Cu(OH)_4^{2-}$		$Cr(OH)_4^-$		
颜色	无色	浅黄		黄		黄	深蓝		深绿		

18.5.1.2 常见水合阴离子的颜色

单原子阴离子和主族元素的含氧酸根在水溶液中均无色，过渡金属的含氧酸根常常有色。常见过渡金属水合含氧酸根离子的颜色列于表 18.6 中。

表 18.6 常见水合过渡金属含氧酸根离子的颜色

离子	VO_4^{3-}	NbO_4^{3-}	TaO_4^{3-}	CrO_4^{2-}	MoO_4^{2-}	WO_4^{2-}
颜色	无色或浅黄	无色	无色	黄	淡黄	淡黄
离子	$Cr_2O_7^{2-}$	MnO_4^-	TcO_4^-	ReO_4^-	MnO_4^{2-}	FeO_4^{2-}
颜色	橙红	紫红	浅红	浅红	深绿	紫红

18.5.1.3 常见无机物的颜色

无机物的颜色丰富多彩。在金属单质中，除纯铜显紫红色、纯金显金黄色外，其他金属尽管有的显灰白色，但总的来说基本上是显银白色。非金属单质的颜色和状态比金属复杂，常见非金属单质在常温常压下的颜色和存在状态列于表 18.7 中。

表 18.7 常见非金属单质的颜色和状态

物质	F_2	Cl_2	Br_2	I_2	S_8	白磷	红磷	金刚石	石墨	Si	B
颜色	浅黄	黄绿	棕红	紫黑	黄	白	红	无色	灰黑	灰黑	灰
状态	气	气	液	固	固	固	固	固	固	固	固

在无机化合物中，颜色最为丰富的是氧化物和硫化物，其次是卤化物。在卤化物中，氟化物多数无色（CuF 显红色），碱金属和碱土金属的氯化物、溴化物和碘化物无色或显白色；过渡金属的氯化物、溴化物和碘化物随着 Cl^-、Br^-、I^- 变形性的增大，颜色逐渐加深。主族元素的含氧酸根和主族元素阳离子形成的盐一般无色（或白色），如硝酸盐、硫酸盐、氯酸盐、磷酸盐等；主族元素的含氧酸根和过渡金属阳离子形成的盐，往往带有结晶水，其颜色决定于水合阳离子的颜色，如 $FeSO_4 \cdot 7H_2O$ 显浅绿色，$CuSO_4 \cdot 5H_2O$ 显蓝色，$Fe(NO_3)_3 \cdot 9H_2O$ 显浅紫色。过渡金属的含氧酸根本身往往显色，其盐的颜色与酸根本身的颜色相同或相近，如锰酸盐显墨绿色，高锰酸盐显紫黑色，铬酸盐显黄色（Ag_2CrO_4 显砖红色），重铬酸盐显橙红色，高铁酸盐显紫红色等。表 18.8 列出了常见硫化物的颜色。

表 18.8 常见硫化物的颜色

组成	MnS	FeS	CoS	NiS	Cu_2S	CuS	Ag_2S	ZnS	CdS
颜色	肉红	黑	黑	黑	黑	黑	黑	白	黄
组成	Hg_2S	HgS	Ga_2S_3	In_2S_3	Tl_2S_3	GeS	GeS_2	SnS	SnS_2
颜色	黑	黑,红	黄	黄红	黑	棕红	白	棕	黄
组成	PbS	PbS_2	As_2S_3	As_2S_5	Sb_2S_3	Sb_2S_5	Bi_2S_3	P_2S_3	P_2S_5
颜色	黑	红褐	正黄	正黄	橘红	橘红	黑	灰黄	浅黄

18.5.2 无机物显色的原因

我们知道，可见光是由红、橙、黄、绿、青、蓝、紫七种颜色的光组合而成的，波长在400nm～730nm，波数为25000～13800cm^{-1}，对应能量为3.10～1.71eV。当这七种光以一定的比例混合后，就产生了无色光。当某物质选择性地吸收部分可见光时，未被吸收的可见光就会透射或反射出来，人们观察到的物质颜色就是那部分未被吸收的可见光的混合颜色。被物质吸收的光和未被吸收的光称为互补光，两者混合在一起又构成无色光。

下面对无机物颜色的产生原因进行简单介绍。

18.5.2.1 配合物中心离子的 d-d 跃迁和 f-f 跃迁

在配合物一章（9.2.2.4）曾介绍过中心离子的 d-d 跃迁与配合物颜色的关系，此处不再赘述。仅介绍 f-f 跃迁。

① 与 d-d 跃迁相似，镧系元素和锕系元素离子形成的配合物，由于中心离子 f 轨道未充满，并在配体晶体场的作用下发生分裂，因此也会发生 f-f 跃迁而显色。但由于内层 f 轨道离配体较远，分裂能一般较小，所以 f-f 跃迁的程度较小，镧系元素和锕系元素形成的配合物的颜色较浅。另外，当 f-f 跃迁属于跃迁禁阻时，配离子同样无色。

② 从理论上讲，处于跃迁禁阻的配合物应该无色，但实际上，多数配合物是有色的。原因是 d 轨道分裂后，往往掺杂少量 p 轨道的成分，在跃迁强度上具有少许 p-d 或 d-p 型跃迁的特点。例如 $Mn(H_2O)_6^{2+}$ 在浓溶液显浅粉红色。

18.5.2.2 成键原子之间的电荷迁移

电子由一个原子移向相邻的另一个原子的过程称为电荷迁移。过渡金属含氧酸根显色的主要原因就是电荷迁移。例如：

	VO_4^{3-}	CrO_4^{2-}	MnO_4^-
电荷迁移对应的波数/cm^{-1}：	36900	26800	18500
互补光的颜色：	无（或浅黄）	黄	紫

离子的相互极化作用越强，发生电荷迁移的程度越大，化合物的颜色越深。AgF、AgCl、AgBr、AgI 颜色逐渐变深的原因正在于此，过渡金属硫化物颜色丰富多彩的原因也在于此。不仅正负离子之间有电荷迁移，同性离子之间如果氧化数不同也会发生电荷迁移。例如 $Fe(CN)_6^{4-}$ 和 $Fe(CN)_6^{3-}$ 的颜色都比较浅，但 $KFe[Fe(CN)_6]$ 的颜色非常深，原因就是 $KFe[Fe(CN)_6]$ 中存在电子由 Fe^{2+} 向 Fe^{3+} 的迁移。

18.5.2.3 带隙跃迁和晶格缺陷

在金属键的能带理论中，当金属的价带与导带间的能量差 E_g 处于可见光区时，位于低能态价带的电子就会吸收可见光跃迁至高能态的导带而显色（如铜和金），这种跃迁称为带隙跃迁。当带隙的能量差包含所有可见光对应的能量时，金属就会吸收全部的可见光，之后又把它们全部释放出来，所以绝大多数金属都是银白色的。

当晶体的某些晶格节点上缺少部分阳离子或阴离时，就形成了晶格缺陷。但为了保持整个晶体的电中性，空缺的位置往往被其他离子所占据，如果是阴离子缺陷，则空位被电子占据，这种缺陷称为 F 色心。例如 NaCl 中掺入少量 Na 原子，在晶格能的作用下，Na 原子电离成 Na^+ 和 e^-，e^- 占据 Cl^- 的空位形成 F 色心，该电子可以吸收可见光而使 NaCl 显棕黄色。再如萤石（CaF_2）本无色，同样由于 F 色心的形成而显紫色。天然 Al_2O_3 含有 Fe、Ti 时形成蓝宝石，含有 Cr 时形成红宝石，原因也是晶格缺陷造成的。

18.5.2.4 晶粒粒度、聚积度的影响

当固体颗粒的直径小到与可见光的波长相近时，就会反复吸收几乎全部的可见光及其折射光。所以金属粉碎到一定程度后就变成了黑色，而不再显示出银白色的金属光泽。HgS 显红色和黑色，HgO 显红色和黄色，也是由于粒度不同造成的。当固体颗粒的直径小到1～100nm 范围之内时，将不再吸收可见光，在溶液中纳米材料无色的原因就是粒径太小（小于可见光的波长）所至。除了光学性质特殊之外，纳米材料许多性质都与宏观固体有明显区别，这也称为量子尺寸效应。

目前无机化学中有两个最复杂也最难于解释的问题，一是无机物的颜色变化规律及其起因；二是无机物的溶解度变化规律及其起因。本节也只能对无机物的颜色做如上的简要阐述。

习　　题

18.1　在常见的无机酸中，酸强度最高的无氧酸是哪一种？酸强度最高的含氧酸是哪一种？

18.2　为什么盐酸、氢溴酸、氢碘酸都是强酸，而氢氟酸却是弱酸？

18.3　已知硼酸和硅酸的电离常数均在 10^{-10} 左右，试说明两者的实际组成和成键结构。

18.4　从分子结构和组成分析说明，H_3PO_3 和 H_3PO_2 分别是几元酸？酸强度如何？

18.5　为什么高氯酸和高溴酸都是强酸，而高碘酸却是中强偏弱的酸？

18.6　从 H_2CO_3 和 H_2SO_3 的组成和结构看，两者应是中强酸，但实际上碳酸溶液和亚硫酸溶液的酸性却很低。为什么？

18.7　试说明下列含氧酸氧化性变化的原因：

（1）$HClO > HClO_3 > HClO_4$；

（2）$H_2SeO_4 > H_6TeO_6 > H_2SO_4$。

18.8　亚硫酸盐是常用的还原剂，硫酸盐的还原性却极低。但为什么在弱酸性或中性水溶液中，亚硫酸根能氧化 H_2S，而硫酸根却难以氧化 H_2S 呢？

18.9　从电极反应 $S_2O_8^{2-} + 2e^- \longrightarrow 2SO_4^{2-}$ 看，$K_2S_2O_8$ 的氧化性与溶液的酸度无关，但为何都是在强酸性溶液中使用 $K_2S_2O_8$ 作氧化剂呢？

18.10　已知 $CuSO_4 \cdot 5H_2O$ 脱水主要在两个温度下进行，$Na_2CO_3 \cdot 10H_2O$ 脱水主要在三个温度下进行。试说明在 $CuSO_4 \cdot 5H_2O$ 和 $Na_2CO_3 \cdot 10H_2O$ 中水分子的存在形式各有几种？

18.11　写出下列物质的脱水反应方程式：

$CuSO_4 \cdot 5H_2O$；$FeSO_4 \cdot 7H_2O$；$MgCl_2 \cdot 6H_2O$。

18.12　分析说明下列各组物质热稳定性高低变化规律：

（1）$CaCO_3$，$Ca_3(PO_4)_2$，$CaSO_4$；

（2）$BeCO_3$，$MgCO_3$，$CaCO_3$，$SrCO_3$，$BaCO_3$；

（3）Na_2CO_3，$MgCO_3$，$ZnCO_3$，$(NH_4)_2CO_3$。

18.13　写出下列物质的分解反应方程式：

$NaHCO_3$；$MgCO_3$；$NaNO_3$；$KClO_3$；$AgNO_2$；$Sn(NO_3)_2$；NH_4NO_2。

18.14　简要说明为什么 $SiCl_4$ 和 NCl_3 易水解，而 CCl_4 和 NF_3 难水解？

18.15　说明下列盐水解的强弱顺序：

(1) NaCl，$MgCl_2$，$AlCl_3$，$SiCl_4$；

(2) BCl_3，$AlCl_3$，$GaCl_3$，$InCl_3$，$TlCl_3$；

(3) $SnCl_2$，$FeCl_2$，NaCl。

(4) $NaHCO_3$，Na_2CO_3，Ag_2CO_3，$Al_2(CO_3)_3$。

18.16 写出下列物质的水解反应方程式：

Na_2S；$Al_2(CO_3)_3$；$SnCl_2$；$SnCl_4$；$SbCl_3$；BCl_3；SiF_4；PI_3；NCl_3。

18.17 简要说明为什么主族元素离子的配合物基本无色，而过渡金属离子的配合物多数有色。

18.18 铜、银、金属于同一周期，但Cu(Ⅱ)、Au(Ⅲ)的配合物都有颜色，而Ag(Ⅰ)的配合物却无色。为什么？

18.19 举例说明什么是跃迁禁阻。

18.20 为什么 $Fe(CN)_6^{4-}$ 和 $Fe(CN)_6^{3-}$ 的颜色都比较浅，而 $KFe[Fe(CN)_6]$ 的颜色却非常深？

第 19 章　镧系元素和锕系元素

Lanthanides and Actinides

在周期表中除了普通的过渡元素外，还存在两个系列的内过渡元素（inner transition elements），其中一个系列包括 57 号元素镧（La）到 71 号元素镥（Lu）共 15 个元素，称为镧系元素（lanthanide 或 lanthanoid，用 Ln 表示），其价层电子构型为 $4f^{0\sim14}5d^{0\sim1}6s^2$；另一个系列包括 89 号元素锕（Ac）到 103 号元素铹（Lr）共 15 个元素，称为锕系元素（actinide 或 actinoid），其价层电子构型为 $5f^{0\sim14}6d^{0\sim2}7s^2$。

19.1　镧系元素（Lanthanides）

镧系元素和 21 号元素钪（Sc）以及 39 号元素钇（Y）性质极为相似，人们将这 17 种元素合称稀土元素❶（rare earth element，用 RE 表示）。按照它们原子半径和金属单质密度的变化，又将其分成轻稀土和重稀土两组，轻稀土包括 La、Ce、Pr、Nd、Pm、Sm、Eu，也称为铈组稀土；重稀土包括 Gd、Tb、Dy、Ho、Er、Tm、Yb、Lu、(Sc)、Y，也称为钇组稀土。

19.1.1　镧系元素的通性

19.1.1.1　稀土元素的发现和在地壳中的分布

1794 年，芬兰化学家加多林（Gadolin）就发现了第一种稀土元素钇(Y)，但直到 1972 年有人在地壳中发现了天然的钷❷（$^{143}_{61}Pm$），人们才确认所有的稀土元素均存在于自然界中。实际上稀土元素并不“稀”，它们在地壳中的总含量为 0.0153%，其中铈(Ce)的含量最高，为 0.0046%，比常见的元素锡还高；钇(Y)、钕(Nd)、镧(La)的含量与常见元素 Zn、Sn、Co、Pb 相近，就是含量比较少的铕（Eu）、铽（Tb）、钬（Ho）、铥（Tm）、镥（Lu）等也比 Bi、Ag、Hg 的含量多。但由于这类元素化学性质相似，在自然界中常混杂在一起，矿藏非常分散，难以分离提取，化学性质又比较活泼，不易还原为金属，人们对这类元素的发现、研究和认识较晚，所以才将其命名为“稀土元素”。“稀”的含意不是“少”而是“散”，“土”的含意是指这类元素在性质上与碱土金属非常相近。

目前发现的稀土矿物有 150 余种，非常分散。其中具有重要工业开采价值的有 4 种：氟碳铈矿[$Ce(CO_3)F$]和独居石[$RE(PO_4)$]是轻稀土的主要来源；磷钇矿（YPO_4）和褐钇铌

---

❶ 也有人将镧系元素与钇（Y）16 种元素合称为稀土元素。

❷ 原来认为镧系元素中的钷（Pm）是人工合成元素，具有放射性。马林斯基（Marinsky，T. A.）、格仑登宁（Glendenin，L. E.）和考耶尔（Coryell，C. D.）从铀核裂变的碎核中以及用中子轰击钕获得了钷。1968 年，阿特雷尔（Attre，P. M.）从刚果的沥青铀矿中分离出 Pm，含量仅为 4×10^{-9}ppb，实际上是^{238}U 自发裂变的产物。1972 年在地壳中也找到了$^{143}_{61}Pm$。

矿（$YNbO_4$）是重稀土元素的主要来源。

我国的稀土元素蕴藏量极为丰富，占世界首位，工业储量超过世界各国工业储量的总和，目前已探明储量的80%左右。特别是我国内蒙古的白云鄂博矿的稀土储量更是十分可观。除了内蒙古外，我国有十几个省和自治区发现了各种类型的稀土矿床。因此开发利用我国稀土资源是我国科技工作者的重要课题和责任。

除了我国外，世界上其他的稀土资源将近一半分布在美国，其次在印度、巴西、澳大利亚和南非等国。

19.1.1.2 镧系元素的原子结构及相关性质

镧系元素的价层电子构型和元素性质列于表19.1中。

表 19.1 镧系元素的某些性质

元素	价层电子构型			电离能($I_1+I_2+I_3$)/kJ·mol^{-1}	金属半径 r(M)/pm	离子半径 $r(M^{n+})$/pm	密度 ρ/g·cm^{-3}	电极电势 $E^{\ominus}_{M^{n+}/M}$/V
镧 La		$5d^1$	$6s^2$	3455.4	187.9	106.1	6.146	−2.37
铈 Ce	$4f^2$		$6s^2$	3527	182.5	103.4	6.770	−2.34
镨 Pr	$4f^3$		$6s^2$	3627	182.8	101.3	6.773	−2.35
钕 Nd	$4f^4$		$6s^2$	3694	182.1	99.5	7.008	−2.32
钷 Pm	$4f^5$		$6s^2$	3738	(181.1)	(97.9)	7.264	−2.29
钐 Sm	$4f^6$		$6s^2$	3841	180.4	96.4	7.520	−2.30
铕 Eu	$4f^7$		$6s^2$	4032	204.2	95.0	5.244	−1.99
钆 Gd	$4f^7$	$5d^1$	$6s^2$	3752	180.1	93.8	7.901	−2.29
铽 Tb	$4f^9$		$6s^2$	3786	178.3	92.3	8.230	−2.30
镝 Dy	$4f^{10}$		$6s^2$	3898	177.4	90.8	8.551	−2.29
钬 Ho	$4f^{11}$		$6s^2$	3920	176.6	89.4	8.795	−2.33
铒 Er	$4f^{12}$		$6s^2$	3930	175.7	88.1	9.066	−2.31
铥 Tm	$4f^{13}$		$6s^2$	4043.7	174.6	86.9	9.321	−2.31
镱 Yb	$4f^{14}$		$6s^2$	4193.4	193.9	85.8	6.966	−2.22
镥 Lu	$4f^{14}$	$5d^1$	$6s^2$	3885.5	173.5	84.8	9.841	−2.30

(1) 镧系元素的原子半径和单质的密度 由斯莱特（Slater）规则可知，4f电子对6s电子屏蔽较完全（屏蔽常数$\sigma=0.99$），从La到Lu，随着原子序数增大，4f轨道中的电子逐渐增多，原子核对最外层6s电子的吸引力增强较慢，因此镧系元素原子半径收缩的趋势不十分明显，从La到Lu原子序数增大了15，半径收缩只有15pm，平均1pm/核电荷。而第四周期从Sc到Ni，电子逐渐填充在3d轨道上，3d电子对4s电子的屏蔽系数$\sigma=0.85$，随着原子序数的增加，原子核上核电荷的增加幅度比镧系元素大，原子核对4s电子吸引力的增强比镧系元素大，所以钪系收缩使原子半径减小了39pm，平均5pm/核电荷。在镧系元素中，当4f轨道中电子达到半充满（7个）和全充满（14个）时，屏蔽作用相对较强，故Eu($4f^7 6s^2$）和Yb($4f^{14} 6s^2$）的原子半径特别大。

和原子半径变化规律恰好相反，镧系金属单质的密度从La到Lu逐渐增大，其中Eu和Yb因原子半径异常大，所以密度特别小。

在原子结构一章曾介绍过镧系收缩（lanthanide contraction）。由于镧系收缩的存在，使得第六周期镧系之后的副族元素和第五周期同族元素的原子半径几乎相等，化学性质极为近似，在自然界中常常共生在一起而难以分离。如Zr和Hf、Nb和Ta、Mo和W等。

随原子序数增加，Ln^{3+} 的电子结构从 $4f^0$ 增至 $4f^{14}$，它们的离子半径从 La^{3+}（106pm）到 Lu^{3+}（85pm）依次减小，由于离子带有较多的正电荷，离子半径的变化并无反常现象。Ln^{4+} 和 Ln^{2+} 的离子半径也有类似减小的趋势：

Ln^{2+}：Sm^{2+}(111pm) > Eu^{2+}(109pm) > Tm^{2+}(94pm) > Yb^{2+}(93pm)；

Ln^{4+}：Ce^{4+}(92pm) > Pr^{4+}(90pm) > Tb^{4+}(84pm)。

(2) 镧系元素的氧化态和水合离子的颜色 除少数几个元素显 +2 和 +4 氧化态外，镧系元素的氧化数以 +3 为主。其中 Ce^{4+}、Tb^{4+} 能稳定存在，这和它们的电子结构分别为全空的 $4f^0$ 和半充满的 $4f^7$ 有关，显然 Pr^{4+}、Dy^{4+} 没有 Ce^{4+}、Tb^{4+} 稳定；同理，Eu^{2+}、Yb^{2+} 的电子结构分别为半充满的 f^7 和全充满的 f^{14}，稳定性显然比 Sm^{2+}、Tm^{2+} 高。

Ln^{3+} 水合离子的颜色列于表 19.2 中。

表 19.2 溶液中 Ln^{3+} 的颜色

Ln^{3+}	$4f^n$	颜色	颜色	$4f^n$	Ln^{3+}
La^{3+}	$n=0$	无色	无色	$n=14$	Lu^{3+}
Ce^{3+}	1	无色	无色	13	Yb^{3+}
Pr^{3+}	2	绿色	浅绿	12	Tm^{3+}
Nd^{3+}	3	红色	红色	11	Er^{3+}
Pm^{3+}	4	紫色	黄褐	10	Ho^{3+}
Sm^{3+}	5	浅黄	浅黄绿	9	Dy^{3+}
Eu^{3+}	6	浅黄	浅紫	8	Tb^{3+}
Gd^{3+}	7	无色			

从表中可见，Ln^{3+} 水合离子的颜色变化规律非常明显：以 Gd^{3+}（$4f^7$）为中心，在它之前至 La^{3+} 为一组，在它之后到 Lu^{3+}（$4f^{14}$）为另一组，两组中电子结构为 $4f^n$ 和 $4f^{14-n}$ 的离子颜色基本相同。

但分别和无色的 La^{3+}（$4f^0$）、Gd^{3+}（$4f^7$）、Lu^{3+}（$4f^{14}$）离子相对应的其他氧化态的等电子离子却都有颜色，分别为 Ce^{4+}（$4f^0$）橙黄、Eu^{2+}（$4f^7$）浅黄绿、Yb^{2+}（$4f^{14}$）绿色。

(3) 镧系元素化学活泼性 表 19.1 列出了镧系元素的电离能。从中可见，从 La 到 Eu 的轻镧系元素和从 Gd 到 Yb 的重镧系，元素的电离能逐渐增大，而 Lu 减小。Eu 和 Yb 的电离能较高，这可能和它们 +2 氧化态离子 Eu^{2+}、Yb^{2+} 的电子结构分别为半充满的 $4f^7$ 和全充满的 $4f^{14}$ 有关。

从表 10.1 还可以看出，镧系元素的标准电极电势非常接近，只有 Eu 和 Yb 的电极电势较高，其原因也与它们 +2 氧化态的离子比较稳定有关。

镧系元素的单质都属于活泼金属，其金属活泼性比铝强，而和碱土金属相近。可以像碱土金属一样发生下列化学反应：

$$4Ln + 3O_2 = 2Ln_2O_3$$

$$2Ln + 6H_2O \xlongequal{\triangle} 2Ln(OH)_3 + 3H_2$$

$$2Ln + 3X_2 = 2LnX_3$$

$$2Ln + N_2 = 2LnN$$

19.1.2 镧系金属

19.1.2.1 制备

由于镧系金属是较活泼的金属，使得在制备高纯度金属时遇到很大困难。制备方法包括如下两种。

(1) 熔盐电解法 采用熔融氯化物的电解和 CeO_2 在融熔的 CeF_3 中电解。

(2) 金属热还原法 用钠还原无水氯化物或用镁还原无水氟化物。

轻稀土金属（La～Gd）可由还原其氯化物制得。重稀土金属则由还原其氢化物制得，因为它们的氯化物熔点高，而且具有挥发性。

19.1.2.2 性质和用途

稀土元素是典型的金属元素，为银白色金属，比较软，有延展性。它们的活泼性仅次于碱金属和碱土金属。因此，稀土金属要保存在煤油里，否则与潮湿空气接触就被氧化而变色。金属活泼顺序：由 Sc，Y，La 递增，由 La 到 Lu 递减，以镧最活泼。

稀土金属密度随着原子序数增加，从 La($6.17g \cdot cm^{-3}$) 到 Lu($9.84g \cdot cm^{-3}$) 逐渐增加。但 Eu($5.26g \cdot cm^{-3}$) 和 Yb($6.98g \cdot cm^{-3}$) 的密度较小，其原因是原子半径较大。

镧系金属是相当活泼的，反应活性可与铝相似。其电极电势为 $-2.25 \sim -2.52V$。轻稀土金属的燃点很低，铈为 438K、镨为 563K、钕为 543K，在燃烧时放出大量热。当以铈为主的混合轻稀土金属在不平的表面摩擦时，其细沫就会自燃，因此，可用来制造民用打火石和军用引火合金。引火合金用于子弹的引信或点火装置。

镧系金属的典型化学反应，见表 19.3。

表 19.3 镧系金属的典型化学反应

反应物	产物	反应条件
$X_2(=F_2 \sim I_2)$	LnX_3	室温反应慢，573K 以上燃烧
O_2	Ln_2O_3	室温反应慢：423～453K 燃烧 Ce，Pr，Tb 生成 $LnO_x(x=1.5 \sim 2.0)$
O_2+H_2O	$Ln_2O_3 \cdot xH_2O$	室温下轻稀土反应快，重稀土生成 Ln_2O_3，Eu 生成 $Eu(OH)_2 \cdot H_2O$
S	Ln_2S_3（某些 Ln 还生成 LnS，LnS_2，Ln_3S_4）	在硫的沸点
N_2	LnN	1273K 以上
C	LnC_2，Ln_2C_3	高温
H_2	LnH_2，LnH_5	573K 以上反应快
H^+（稀 HCl，H_2SO_4，$HClO_4$，HAc 等）	$Ln^{3+}(+H_2)$	室温下反应快
H_2O	Ln_2O_3 或 $Ln_2O_3 \cdot xH_2O(+H_2)$	室温下慢；较高温度时反应发生很快

稀土元素独特的物理性质和化学性质，为稀土元素的广泛应用提供了基础。目前稀土金属和化合物已成为发展现代尖端科学技术不可缺少的特殊材料。

在冶金上，由于稀土元素具有对氧、硫和其他非金属元素的强亲合力，在炼钢中用来除去钢中的非金属元素，细化晶粒，减少有害元素的影响，从而改善了钢的性能。我国已应用稀土生产很多新钢种。此外我国还利用稀土生产稀土球墨铸铁，使铸铁的机械性能、耐磨和耐腐蚀性能得到提高。在有色金属中，稀土可以改善合金的高温抗氧化性，提高材料的强度，改善材料的工艺性能。

在石油化工中，稀土主要用作制备分子筛型石油裂化的催化剂。稀土化合物还成功地用于合成异戊橡胶和顺丁橡胶及合成氨的催化剂。

长期以来稀土就用于玻璃、陶瓷制造工业。稀土氧化物是玻璃抛光的原料。稀土氧化物抛光粉已用于镜面、平板玻璃、电视显像管等的抛光。它具有用量少、抛光时间短等优点。此外，在制造光学玻璃，原子能工业的玻璃、高温陶瓷及其他最新技术用的玻璃中，都广泛地应用了稀土。稀土可使玻璃具有特种性能和颜色，如含纯氧化钕的玻璃具有鲜红色，用于航行的仪表中。含纯氧化镨的玻璃是绿色的，并能随光源不同而有不同的颜色。

稀土元素用于制备发光材料，电光源材料和激光材料。彩色电视显示像管的红色荧光粉就采用了钇铕的硫氧化物，代替了过去的硫化物红色荧光粉，可获得均匀、鲜艳的彩色电视图像。稀土卤化物是制备新型电光源的重要材料、如镝钬灯、钠钪灯，它们具有体积小、轻而亮度高的特点。钕和钇等稀土化合物是固体激光器的重要工作物质，这些激光器在国防等工业中得到了应用。

稀土与过渡金属的合成可作为磁性材料，其中钐钴合金（如 $SmCo_5$，Sm_2Co_7）是迄今为止最好的合成永磁材料，已用于高频管、多种微波设备、航空与宇宙航行器的仪表。

稀土金属在核工业中用于反应堆的结构材料和控制材料。

稀土元素作为微量元素用于农业，可以促使植物的生长，试验证明：稀土元素对花生、小麦、玉米、水稻和烟草等的增产都有明显的效果。

所有稀土离子，特别是 Eu^{2+} 是较好的激光剂。由于稀土离子的电子排布为 $[Xe]4f^n5s^25p^6$。在 4f 电子的外层有 $5s^25p^6$ 电子，故 4f 电子几乎不受晶格振动的影响，是效果较好的激活剂。以 Tb^{3+} 离子激发 Y_2SiO_5，Tb^{3+} 呈绿色。以 Eu^{2+} 激发 $Sr_3(PO_4)_2$，Eu^{2+} 呈蓝色，广泛用作重氮复制法的光源。

$Y \cdot Ba_2Cu_3O_{7-x}$ 是熟悉的钙钛矿型化合物。$CaTiO_3$ 代表理想的钙钛型矿结构，它是不具有超导性的化学计量化合物。超导体 $Y \cdot Ba_2Cu_3O_{7-x}$（$x \leqslant 0.1$）则是一种非化学计量化合物，由于氧原子不足而形成有“缺陷”的钙钛矿结构。正是这种“缺陷”使固体具有超导性。

根据近年来的统计，国外稀土元素大部分（70%）应用在冶金和石油催化剂方面。

19.2 锕系元素（Actinides）

锕系元素又称 5f 过渡系，它是在周期表中锕（$Z=89$）以后的 14 种元素，它们都具有放射性。1789 年德国克拉普罗特（Klaproth，M. H. 1973～1817）从沥青铀矿中发现铀，它是被人们认识的第一种锕系元素。比铀原子序数小的锕、钍和镤也随后被陆续发现。在铀以后的元素称超铀元素，它们都是在 1940 年以后，用人工核反应合成的。极微量的镎和镤也存在于铀矿中。

19.2.1 锕系元素的通性

锕系元素的价层电子构型列于表 19.4 中。

19.2.1.1 锕系元素的价电子构型

19.2.1.2 氧化态

无论是在水溶液或固体化合物中，正三价是镧系元素的正常氧化态；而锕系中前面一部分元素（Th～Am）存在多种氧化态，Am 以后的元素在水溶液中氧化态是正三价。

表 19.4 锕系元素的价层电子构型

原子序数	符号	元素	价电子构型	原子序数	符号	元素	价电子构型
89	Ac	锕	$6d^1 7s^2$	97	Bk	锫	$5f^9\ 7s^2$
90	Th	钍	$6d^2 7s^2$	98	Cf	锎	$5f^{10}\ 7s^2$
91	Pa	镤	$5f^2 6d^1 7s^2$	99	Es	锿	$(5f^{11}\ 7s^2)$
92	U	铀	$5f^3 6d^1 7s^2$	100	Fm	镄	$(5f^{12}\ 7s^2)$
93	Np	镎	$5f^4 6d^1 7s^2$	101	Md	钔	$(5f^{13}\ 7s^2)$
94	Pu	钚	$5f^6 7s^2$	102	No	锘	$(5f^{14}\ 7s^2)$
95	Am	镅	$5f^7 7s^2$	103	Lr	铹	$(5f^{14} 6d^1 7s^2)$
96	Cm	锔	$5f^7 6d^1 7s^2$				

19.2.1.3 离子的颜色

锕系元素不同类型的离子在水溶液中的颜色列入表 19.5 中。除少数离子（Ac^{3+}，Cm^{3+}，Th^{4+}，Pa^{4+} 和 PaO_2^+）为无色外，其余离子都是显色的。镧系和锕系水合离子颜色的变化规律类似，Ce^{3+}（$4f^1$）和 Pa^{4+}（$5f^1$），Gd^{3+}（$4f^7$）和 Cm^{3+}（$5f^7$），La^{3+}（$4f^0$）和 Ac^{3+}（$5f^0$）都是无色的。Nd^{3+}（$4f^3$）和 U^{3+}（$5f^3$）显浅红色。

表 19.5 离子类型和在水溶液中的颜色

元素	An^{3+}	An^{4+}	$AnO_2{}^+$	$AnO_2{}^{2+}$
Ac	无色	—	—	—
Th	—	无色	—	—
Pa	—	无色	—	—
U	红	绿	—	黄
Np	紫蓝	黄绿	绿	粉红
Pu	紫	黄褐	红紫	橙
Am	粉红	粉红	黄	棕
Cm	无色	—	—	—

19.2.2 钍和铀及其化合物

在锕系元素中，最常见的是钍和铀及其化合物。对其他元素研究较少，其主要原因是这两种元素可用作核燃料，安全操作也比较容易。钍和铀的年使用量以吨计；镤、镎、钚、镅的使用量是以克计，价格昂贵。

19.2.2.1 钍

(1) 钍的制备、性质和用途 钍在自然界主要存在于独居石中。从独居石提取稀土元素时，可分离出 $Th(OH)_4$，这是钍的重要来源之一。经分离后，还可用 TBP 萃取进一步提纯。

金属钍可由 Ca 在 1200K 时于氩气氛中还原 ThO_2 制得：

$$ThO_2 + 2Ca \longrightarrow Th + 2CaO$$

金属钍在新切开或磨亮时显银白色，但在大气中逐渐变暗，它像镧系金属一样，是活泼金属，粉末状钍在空气中能着火。钍能与沸水反应；500K 与氧反应；1050K 时与氮反应。稀 HF、稀 HNO_3、稀 H_2SO_4 和浓盐酸或浓 H_3PO_4 与钍反应缓慢，浓硝酸能使钍钝化。

钍主要用于原子能工业，因为^{232}Th被中子照射后可蜕变为原料^{233}U。此外，金属钍可用于制作合金。由于钍有良好的发射性能，故用于放电管和光电管中。

(2) 钍的化合物

① 氧化钍。使粉末状钍在氧中加热燃烧，或将氢氧化钍、硝酸钍、草酸钍灼烧，都生成二氧化钍（ThO_2）。二氧化钍为白色粉末，和硼砂共熔可得晶体状态的二氧化钍。强灼热过的或晶形的二氧化钍几乎不溶于酸，但在800K灼热草酸钍所得二氧化钍，很松散，在稀盐酸中似能溶解，实际上是形成溶胶。

二氧化钍有广泛的应用。在人造石油工业中，由水煤气合成汽油时，通常使用含8% ThO_2的氧化钴作催化剂。它又是制造钨丝时的添加剂，约1% ThO_2就能使钨成为稳定的小晶粒，并增加抗震强度。煤气灯的纱罩，灼烧后含99% ThO_2，尚有1% CeO_2为添加剂。

② 氢氧化钍。在钍盐溶液中加碱或氨，生成二氧化钍水合物，为白色凝胶状沉淀，它在空气中强烈吸收二氧化碳。它易溶于酸中，不溶于碱中，但溶于碱金属的碳酸盐中而生成配合物。加热脱水时，在530～620K温度范围内，有氢氧化钍$Th(OH)_4$稳定存在，在743K转化为二氧化钍。

③ 硝酸钍。硝酸钍是最普通的钍盐，也是制备其他钍盐的原料，将二氧化钍的水合物溶于硝酸，得硝酸钍晶体。由于条件不同，所含的结晶水也不同。重要的硝酸盐为$Th(NO_3)_2 \cdot 5H_2O$，它易溶于水、醇、酮和酯中。在钍盐溶液中，加入不同试剂，可析出不同沉淀，最重要的沉淀有氢氧化物、过氧化物、氟化物、碘酸盐、草酸盐和磷酸盐。后四种盐，即使在$6mol \cdot L^{-1}$强酸性溶液中也不溶解，因此可以用于分离钍和其他有相同性质的+3和+4氧化态。

Th^{4+}在pH值大于3时发生剧烈水解，形成的产物是配离子，随溶液的pH、浓度和阴离子性质的变化，配离子的组成有所不同。在高氯酸溶液中，主要离子为$[Th(OH)]^{3+}$、$[Th(OH)_2]^{2+}$、$[Th_2(OH)_2]^{6+}$、$[Th_4(OH)_3]^{3+}$，最后产物为六聚物$[Th_6(OH)_{15}]^{9+}$。

19.2.2.2 铀

1789年发现铀，直到1939年发现铀的裂变之前，铀的重要性并不突出，当时它的矿石作为镭的来源和少量用于制造有色玻璃和陶瓷。当铀作为核燃料后，铀就成为特别重要的原料。

(1) 铀的提炼、性质和用途 铀在自然界主要存在于沥青铀矿，其主要成分为U_3O_8。提炼方法很多而且复杂，但最后步骤通常用萃取法将硝酸铀酰从水溶液中萃取到有机相，而得到较纯的铀化合物。

金属铀的制备方法是将UF_4还原：

$$UO_2(NO_3)_2 \xrightarrow{\text{加热}} UO_2 \xrightarrow[\text{加热}]{\text{在 HF 中}} UF_4 \xrightarrow[\text{与 Mg 共热}]{\text{在加压下}} U + MgF_2$$

能发生裂变的同位素^{235}U（在天然铀中只占0.72%）与^{238}U（99.2%）的分离方法通常用UF_6气体扩散法。^{235}U用作反应堆的核燃料。

新切开的铀具有银白色光泽，是密度最大的金属之一（$19.07g \cdot cm^{-1}$）。铀是一种很活泼的金属，与很多元素可以直接化合。在空气中表面很快变黄，接着变成黑色氧化膜，但此膜不能保护金属。粉末状铀在空气中可以自燃。铀易溶于盐酸和硝酸，但在硫酸、磷酸和氢氟酸中溶解较慢，不与碱作用。

(2) 铀的化合物

① 氧化物。主要氧化物有UO_2（暗棕色）、U_3O_3（暗绿）和UO_3（橙黄色）。

将硝酸铀酰$[UO_2(NO_3)_2]$在600K分解可得到UO_2：

$$2UO_2(NO_3)_2 = 2UO_3 + 4NO_2 + O_2$$

U_3O_8 和 UO_2 可以根据以下反应制得：

$$6UO_3 \xrightarrow{650℃} 2U_3O_8 + O_2$$

$$UO_3 + CO \xrightarrow{350℃} UO_2 + CO_2$$

UO_3 具有两性，溶于酸生成铀氧基 UO_2^{2+}，溶于碱生成重铀酸根 $U_2O_7^{2-}$。U_3O_8 不溶于水，但溶于酸生成相应的 UO_2^{2+} 的盐，UO_2 缓慢溶于盐酸和硫酸中，生成U(Ⅳ)盐，但硝酸容易把它氧化成 $UO_2(NO_3)_2$。

② 硝酸铀酸（或硝酸铀氧基）。将铀氧化物溶于硝酸，由溶液可析出柠檬黄色的六水合硝酸铀酰晶体 $[UO_2(NO_3)_2 \cdot 6H_2O]$，它带黄绿色荧光，在潮湿空气中变潮。它易溶于水、醇和醚，UO_2^{2+} 在溶液中水解，在 298K 时其水解产物为 UO_2OH^+、$(UO_2)_2(OH)_2^{2+}$ 和 $(UO_2)_3(OH)_5^+$。UO_2^{2+} 的水解介于 U^{3+} 和 U^{4+} 之间，其中 U^{4+} 水解得最厉害。硝酸铀酰与碱金属硝酸盐生成 $MNO_3 \cdot UO_2(NO_3)_2$ 复盐。

③ 铀酸盐。在硝酸铀酰溶液中加碱，即析出黄色的重铀酸盐。例如，黄色的重铀酸钠 $(Na_2U_2O_7 \cdot 6H_2O)$。将此盐加热脱水，得无水盐，叫“铀黄”，用在玻璃及陶瓷釉中作为黄颜料。

④ 六氟化铀。铀的氟化物很多，有 UF_3、UF_4、UF_5、UF_6，其中以 UF_6 最重要。UF_6 可以从低价氟化物氟化而制得。它是无色晶体，熔点 337K，在干燥空气中稳定，但遇水蒸气即水解：

$$UF_6 + 2H_2O = UO_2F_2 + 4HF$$

六氟化铀是具有挥发性的铀化合物，利用 $^{238}UF_6$ 和 $^{235}UF_6$ 蒸气扩散速度的差别，使 ^{235}U 和 ^{238}U 分离，而得到纯 ^{235}U 核燃料。因此，UF_6 是最重要的铀的化合物。

习　题

19.1　f 区包括哪些元素？稀土是指哪些元素？

19.2　按顺序写出镧系元素的名称、元素符号和价层电子构型。

19.3　稀土金属有哪些矿石？我国资源情况如何？

19.4　什么是“镧系收缩”，它的起因和后果如何？

19.5　根据镧系元素的价层电子构型说明，镧系元素有哪些性质相似？

19.6　镧系元素与钙有哪些相似性？与铝有哪些相似性？

19.7　镧系元素常见的氧化态为＋3。为什么铈、镨、铽、镝的氧化态常呈现＋4，而钐、铕、铥、镱却能呈现＋2 氧化态？

19.8　试述从镧到镥金属活泼性及氢氧化物的碱性的变化规律？

19.9　镧系元素草酸盐的溶度积和碳酸盐相近，为什么后者易溶于稀强酸？

19.10　镧系元素磷酸盐和其他金属难溶磷酸盐的沉淀条件有何不同？

19.11　为什么镧系元素形成的化合物基本上都是离子型的？

19.12　如何把镧系元素和其他元素分离？简述分离镧系元素的方法。

19.13　如何制备镧系金属？

19.14　按顺序写出锕系元素的名称和元素符合。

19.15　镧系元素和锕系元素在电子构型上有何相似之处？在氧化态方面有何差异？

19.16　锕系元素中有哪几种比较重要的元素？如何获得？有何用途？

19.17　简述稀土元素的主要用途。

第 20 章 氢和稀有气体

Hydrogen and Rare Gases

20.1 氢（Hydrogen）

早在 16 世纪末，瑞士制药家巴拉采尔斯（Paracelsus）就发现当铁与稀硫酸作用时有气体放出。直到 1783 年这种气体方被确定为一种化学元素。法国化学家拉瓦西（Lavoisier）证明这种元素是水的组成部分，并于 1786 年命名为氢（Hydrogen，拉丁文为 Hydrogenium），在希腊语中含义为“水之源”。

20.1.1 氢元素的性质

与其他元素相比，氢有如下特性：

① 氢位于元素周期表的第一位；

② 氢是宇宙中最丰富的元素；

③ 氢的同位素性质差别最大；

④ 最简单的原子是 H 原子，最简单的分子是 H_2（或 H_2^+）；

⑤ 在所有化合物中氢的化合物最多；

⑥ 地球上最普遍、最重要的化合物水是最常见的氢化物；

⑦ 人体中氢的质量分数为 10%，如果以原子的摩尔分数计，则氢的含量最多；

⑧ 将来最有希望开发利用的能源是氢能源；

⑨ 现代原子结构理论的建立是从研究氢原子光谱开始的；价键理论（VB 法）的发展也是从研究 H_2 开始的；

⑩ 氢键的形成使物质的许多物理化学性质发生了改变。

20.1.1.1 氢的原子结构

在元素周期表中，氢是原子序数最小的元素，原子核中只有 1 个质子，核外只有 1 个电子。氢原子的部分性质如下：

共价半径：$r_H=37.1$pm；

电离能：$I=1312$kJ · mol^{-1}；

电负性：$X=2.2$；

电子亲合能：$E_A^\ominus=72.9$kJ · mol^{-1}；

离子（H^-）半径：$r=208$pm（Pauling）、154pm（Goldschmidt）。

20.1.1.2 氢的成键特征

氢原子是半径最小的原子，基态氢原子只有 1 个 1s 价层轨道，而且原子核外只有 1 个电子，这就决定了氢原子有以下成键特征。

(1) 形成 1 个共价单键 每个 H 原子提供 1 个含成单电子的 1s 轨道与其他非金属原子的价层轨道重叠形成 1 个 σ 共价单键。H_2、HCl、H_2O、NH_3、CH_4 等分子是典型的例证。

在非金属氢化物中，H 原子总是显+1 氧化态，随着非氢原子电负性的增大，共价键的极性增强。

(2) 形成离子键 像卤素原子一样，当 H 原子与活泼金属（如 Li、Na、K、Rb、Cs、Mg、Ca、Sr、Ba 等）形成氢化物时，将获得 1 个电子形成-1 氧化态的 H^-。但由 H_2 分子形成 H^- 是吸热的，而由卤素分子形成卤素离子是放热的，而且，由于 H^- 半径较大、还原性很强（$E^{\ominus}_{H_2/H^-}=-2.25V$），因此 H^- 仅存在于离子型氢化物的晶体中，不能存在于水溶液中。

(3) 独特的键型

① 形成单电子 σ 共价键：H_2^+；

② 氢原子可以间充到许多过渡金属晶格的空隙中，形成非整比化合物，一般称之为间充型金属氢化物或过渡型氢化物，例如 $ZrH_{1.30}$ 和 $LaH_{2.87}$ 等；

③ 在缺电子氢化物（如硼氢化合物 B_2H_6）和某些过渡金属配合物（如 $H[Cr(CO)_5]_2$）中形成氢桥键（见图 20.1）；

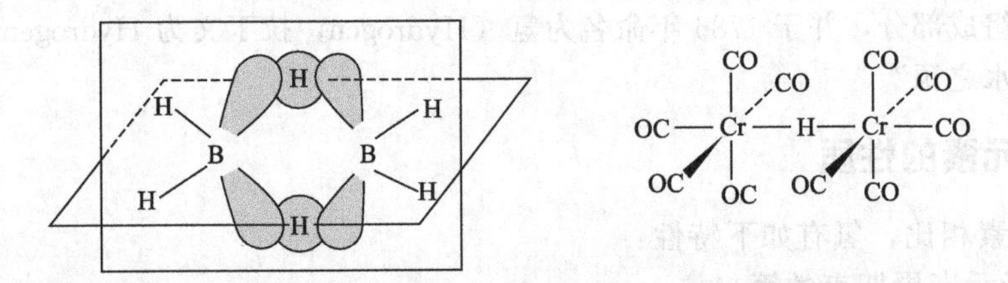

图 20.1 B_2H_6 和 $H[Cr(CO)_5]_2$ 中的氢桥键

(4) 形成氢键 当 H 原子与半径小、电负性大的非金属原子（如 F、O、N 等）成键时，H 原子几乎成为赤裸的质子，它可以吸引邻近电负性高的原子（如 F，O，N）上的孤电子对而形成分子间或分子内氢键。一般情况下，1 个 H 原子只能形成 1 个氢键，但极少数情况下，1 个 H 原子也可以形成（分叉）2 个甚至 3 个氢键（见图 20.2）。而 1 个非氢原子一般也只形成 1 个氢键，但有时 1 个非氢原子也可以形成多个氢键。这也说明氢键的本质是电性引力，其方向性和饱和性是相对的。

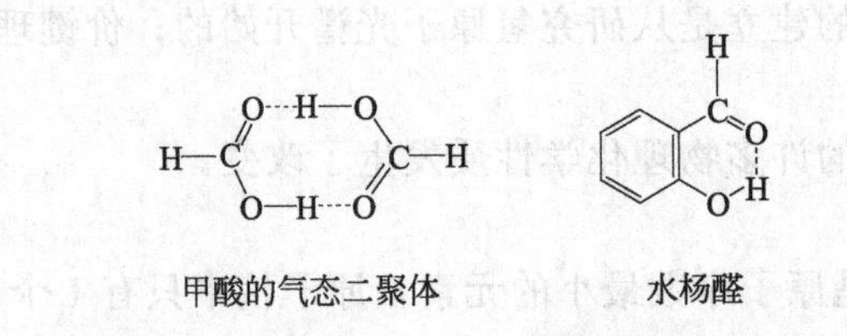

图 20.2 分子间氢键、分子内氢键和分叉氢键

20.1.1.3 氢在自然界中的分布

氢是宇宙中最丰富的元素，原子氢是太阳大气的主要组成部分，其原子分数为 81.75%。近年来，人们发现木星大气中也含有 82%的氢。可以说，在整个宇宙空间到处都有氢的出现。

氢在地壳中的相对丰度为 0.76%，但如按原子分数计，可达 17%，仅次于氧而居第二位。除大气中含有少量自由态的氢（H_2）以外，绝大部分的氢都是以化合物的形式存在。

目前已知氢有五种同位素：${}^1_1H$（氕，protium，元素符号为 H）、${}^2_1H$（氘，deuterium，元素符号为 D）、${}^3_1H$（氚，tritium，元素符号为 T）、${}^4_1H$、${}^5_1H$，其相对原子质量分别为 1、

2、3、4、5。氢在自然界中最主要的同位素为^1_1H（质量分数为 99.9844%）和^2_1H（质量分数为 0.0156%），由此可见，天然氢主要表现为^1_1H的性质。由于氢同位素的质量以整数倍增大，因此，氢的单质和化合物之间的性质差别要远远大于其他元素的同位素差别。例如，同卤素反应时，H_2 比 D_2 具有较低的活化能，反应速率快；电解水时，H_2 额定生成速度比 D_2 的生成速度快 6 倍。

由^1_1H组成的双原子分子叫氢，计为 H_2；由^2_1H组成的双原子分子叫重氢，计为 D_2；由^3_1H组成的双原子分子叫超重氢，计为 T_2。由^1_1H组成的 H_2O 叫水；由^2_1H组成的 D_2O 叫重水（H_2O^{18}则叫重氧水）。表 20.1 列出了 H_2、D_2、H_2O、D_2O 的部分物理性质。

表 20.1　H_2、D_2、H_2O 及 D_2O 的部分物理性质

物理常数	H_2	D_2	H_2O	D_2O
熔点/K	14.0	18.65	273.15	276.8
沸点/K	20.4	23.5	373.15	374.4
密度/g·cm^{-3}(293K)			0.998	1.106
平均键焓/kJ·mol^{-1}	436.0	438.0	463.5	470.9

元素起源论者认为，自然界存在除氢以外的 90 多种元素，它们都是直接或间接地由原子氢天然合成的。可以说，万物起源于氢，经过极为长期的天体演化和生物进化，才发展到今天的人类社会。例如 He、Be、C、B、Na 等都可以从^1_1H出发，经过一系列的核反应得到：

$$4\,^1_1H \longrightarrow {}^4_2He + 2\,^0_1e$$

$$2\,^4_2He \longrightarrow {}^8_4Be + h\nu$$

$${}^8_4Be + {}^4_2He \longrightarrow {}^{11}_5B + {}^1_1H$$

$${}^8_4Be + {}^4_2He \longrightarrow {}^{12}_6C + h\nu$$

$$2\,^{12}_6C \longrightarrow {}^{23}_{11}Na + {}^1_1H$$

太阳的中心温度极高（约 1500×10^{4}K），在此温度下氢以原子核的形式存在。在太阳内部进行着一系列的热核反应，并不断地释放大量的能量。例如

$$2\,^1_1H \longrightarrow {}^2_1H + {}^0_1e$$

$${}^1_1H + {}^2_1H \longrightarrow {}^3_2He + h\nu$$

$${}^3_2He + {}^1_1H \longrightarrow {}^4_2He + {}^0_1e$$

$$2\,^3_2He \longrightarrow {}^4_2He + 2\,^1_1H$$

上述一系列反应称为氢-氢链式反应。在这一过程中，估计每秒约有 5.64×10^{8}t 的^1_1H转化为 5.60×10^{8}t 的^4_2He，即有 400 万吨的^1_1H转化为能量辐射出来，这也就是太阳能的来源。

20.1.2　氢的单质

20.1.2.1　氢的制备

前已述及，自然界中氢主要以化合态存在，可以分成两种形式，即水和其他含氢化合物。因此，单质氢的制备也就主要从水或其他含氢化合物中将氢还原出来。按照这种思路，常用的制氢方法有下列三种。

(1) 活泼金属从酸溶液中置换出氢气　常用的活泼金属为锌和铁，常用的酸为稀盐酸（或稀硫酸）。

$$Zn + 2H^+ \longrightarrow H_2 + Zn^{2+}$$

一般该法只适用于实验室中，所得氢气纯度不高。原因是金属锌中常含有 Zn_3P_2、Zn_3As_2、ZnS 等杂质，它们与酸反应生成 PH_3、AsH_3、H_2S 等气体混杂在氢气中，经纯化后才能得到较为纯净的氢气。

(2) 非金属或两性金属从碱溶液中置换出氢气

$$Si + 2OH^- + H_2O \longrightarrow 2H_2 + SiO_3^{2-}$$

$$2Al + 2OH^- + 6H_2O \longrightarrow 3H_2 + 2Al(OH)_4^-$$

在前一个反应中，只用 0.063kg 的 Si 就可以产生 $1m^3$ 的氢气，比酸法制氢气消耗金属量少，而且所需碱液浓度不高，携带比酸方便，特别适合于野外工作的需要。也可以用含硅百分比高的硅铁粉末与干燥 $Ca(OH)_2$ 和 NaOH 的混合物反应制取氢：

$$Si + Ca(OH)_2 + 2NaOH \longrightarrow Na_2SiO_3 + CaO + 2H_2$$

(3) 分解水制氢气 工业用氢主要来源于水的分解，分解方法有化学法、电解法、光解法和生物分解法，当然应用较广的是前两种方法。

① 化学还原法。主要利用炽热的炭还原水蒸气制备氢气：

$$C(\text{炽热}) + H_2O(g) \xrightarrow{1273K} CO + H_2$$

$$CO + H_2O(g) + H_2 \xrightarrow{1273K} CO_2 + 2H_2$$

$$CO + H_2O(g) + H_2 \xrightarrow[>723K]{Fe_2O_3} CO_2 + 2H_2$$

第一个反应的产物称为水煤气，用作工业燃料。通过第二个或第三个反应可以将水煤气中的 CO 转化为 CO_2，在 2×10^6 Pa 压力下用水或常压下用碱溶液吸收除去 CO_2，就可得到（合成氨）工业用 H_2。

② 电解法。电解 15%～25% 的 NaOH 或 KOH 溶液，在阴极可得到纯净的氢气。电解反应为：

阴极反应：$2H_2O + 2e^- \longrightarrow H_2\uparrow + 2OH^-$

阳极反应：$4OH^- \longrightarrow O_2\uparrow + 2H_2O + 4e^-$

电解稀硫酸也可以得到氢气。电解反应为：

阴极反应：$2H^+ + 2e^- \longrightarrow H_2\uparrow$

阳极反应：$2H_2O \longrightarrow O_2\uparrow + 4H^+ + 4e^-$

另外在氯碱工业中，通过电解饱和食盐水可以得到 NaOH、Cl_2 和 H_2 三种重要的工业原料。电解反应为：

阴极反应：$2H_2O + 2e^- \longrightarrow H_2\uparrow + 2OH^-$

阳极反应：$2Cl^- \longrightarrow Cl_2\uparrow + 2e^-$

③ 光解法。太阳每年向地球辐射约 3×10^{21} kJ 的能量。由于水和太阳能都是“取之不尽、用之不竭”的，所以光解水制氢就成为各国化学家的重要研究课题。太阳能可以看作是地球上一切能量的来源，氢则是一种极好的化学能储存物，光解水实际上就是将太阳能转化成储存化学能的氢气。

要实现水的光解：

$$2H_2O \xrightarrow{h\nu} 2H_2\uparrow + O_2$$

至少需要 $284.5kJ\cdot mol^{-1}$ 的能量，相当于 250nm 波长的光能，只有紫外光才行。由于地球大气外层 20～30km 高空中臭氧层的存在，使太阳光辐射到地面的紫外线很少，况且水也极难吸收紫外线，因此太阳光还不能直接光解水。

有人发现，TiO_2 可以催化水的光解，用 TiO_2 作阳极，Pt 作阴极，阳光照射时将产生下列反应：

$$TiO_2 + 2h\nu \longrightarrow 2e^- + 2h^+ \text{（空穴）}$$

$$2H_2O + 2h^+ \longrightarrow 2H^+ + \frac{1}{2}O_2 \text{（}TiO_2\text{ 电极）}$$

$$+\text{）} 2H^+ + 2e^- \longrightarrow H_2 \text{（Pt 电极）}$$

$$H_2O \xrightarrow{h\nu} H_2 + \frac{1}{2}O_2$$

显然，在这里 TiO_2 具有半导体催化性能。

一些过渡金属配合物可以催化水的光解。例如三(2,2′-联吡啶)合钌(Ⅱ)既可作电子给予体，也可作电子接受体，在光能的激发下，它可以向水分子转移电子，使 H^+ 变为氢气放出。水的分解过程可以简单表示如下：

$$RuL_3 \xrightarrow{h\nu} RuL_3^*$$

$$2RuL_3^* + H_2O \longrightarrow H_2 + \frac{1}{2}O_2 + 2RuL_3$$

④ 生物分解法。生物分解水制氢是利用在光合作用中可释放氢的微生物（例如某些藻类或光合细菌），通过氢化酶诱发电子，使之与水中的 H^+ 结合生成氢气。目前已经培育出高效产氢的特殊微生物。“基因工程”对此也有研究。

(4) 烃类裂解副产氢气 在工业生产中，主要利用炭还原水蒸气以及烃类裂解或水蒸气转化法来获得氢气。烷烃脱氢制取烯烃时可以副产氢气，甲烷在高温下有催化剂存在时也可以脱氢或与水蒸气反应得到氢气。

$$C_2H_6 \xrightarrow{\triangle} C_2H_4 + H_2$$

$$CH_4 \xrightarrow[\text{催化剂}]{1273K} C + 2H_2$$

$$CH_4 + H_2O \xrightarrow[\text{催化剂}]{1073\sim1173K} CO + 3H_2$$

20.1.2.2 氢的性质和用途

(1) 分子氢 H_2 是由两个 H 原子以共价 σ 单键的形式结合而成，键长为 74pm。氢是无色、无臭的气体，几乎不溶于水（常压 273K 时，$1dm^3$ 的水仅能溶解 $0.02dm^3$ 的氢）。氢在所有分子中分子质量最小，分子间作用力极弱，很难液化，其沸点只有 20.4K，熔点只有 14.0K。液态氢可把除氦以外的其余气体冷却为固体。由于在所有气体中氢气的密度最小，常用来填充气球，唯一的问题是氢气易燃，经常见到氢气球爆炸引起人员伤亡或火灾事故的报道，目前较为安全的方法是填充氦气（但造价比氢气球高）。

海森堡（W. Heisenberg）指出，对于氢分子来说，在考虑到核的自旋时，实际上可观察到两种同分异构体。一种是正氢（O—H_2），分子中两个原子核平行自旋；另一种是仲氢（P—H_2）。

分子中两个原子核反向自旋。普通氢（n—H_2）中大约含 75％的 O—H_2 和 25％的 P—H_2。O—H_2 和 P—H_2 的化学性质相同，但在物理性质上有一定差别（见表 20.2）。

表 20.2 普通氢、O—H_2 和 P—H_2 的部分物理性质

物理性质	n—H_2	O—H_2	P—H_2	物理性质	n—H_2	O—H_2	P—H_2
熔点/K	13.92	13.93	13.88	沸点/K	20.38	20.41	20.29

正氢和仲氢相互转化的热效应较低：

$$O—H_2 \; === \; P—H_2 \qquad \Delta_r H_m^{\ominus} = -1.4 kJ \cdot mol^{-1}$$

但这表明正氢转化为仲氢时放热，所以在低温时，普通氢内含有较多的仲氢。普通氢冷却到 20K 时转化为液态氢，上述平衡将向右移动，若用活性炭催化，数小时后就可以制得 99.8%的 P—H_2。没有催化剂时，转化将需要一个多月的时间。将纯 P—H_2 升温至 298K 呈气态，其自由转变为 O—H_2 的时间为三年左右，但若加入顺磁性物质（O_2、NO 或 H 等）催化，几个小时内就可以转化成 O—H_2。因此，利用 P—H_2 向 O—H_2 转化与否可以确定顺磁性物质是否存在。

H_2 分子的离解能为 436kJ · mol^{-1}，比一般单键高，接近于一般双键的离解能。因此，常温下 H_2 分子具有一定的惰性，除了与单质氟能在低温或暗处剧烈反应外，与其他元素的反应只能在高温或光辐射下进行。但反应一旦引发，由于本身放出大量的热，就不再需要外来热量了。例如

$$2H_2(g) + O_2(g) === 2H_2O(l) \qquad \Delta_r H_m^{\ominus} = -571.66 kJ \cdot mol^{-1}$$

$$H_2(g) + Cl_2(g) === 2HCl(g) \qquad \Delta_r H_m^{\ominus} = -184.62 kJ \cdot mol^{-1}$$

氢气在氧气中燃烧的火焰温度可达 3273K 左右，称为氢氧焰。利用氢氧焰可以切割和焊接金属。

氢气最经典的性质当属还原性。高温下，氢气能还原许多金属氧化物或金属卤化物，是冶金工业常用的还原剂。例如：

$$CuO + H_2 \xrightarrow{\triangle} Cu + H_2O$$

$$Fe_3O_4 + 4H_2 \xrightarrow{\triangle} 3Fe + 4H_2O$$

$$WO_3 + 3H_2 \xrightarrow{\triangle} W + 3H_2O$$

$$TiCl_4 + 2H_2 \xrightarrow{973K} Ti + 4HCl$$

在适当的温度、压力和相应催化剂存在的条件下，H_2 可与 CO 反应合成一系列有机化合物，其中典型的反应是甲醇的合成：

$$CO + 2H_2 \xrightarrow[Cr_2O_3,\ ZnO]{623 \sim 673K} CH_3OH \qquad \Delta_r H_m^{\ominus} = -125 kJ \cdot mol^{-1}$$

在催化剂存在下，氢气也可使不饱和碳氢化合物加氢变为饱和碳氢化合物，甚至将 CO 还原成烃类。

$$nCO + 2nH_2 \xrightarrow[Co]{673K} C_nH_{2n} + nH_2O$$

这是有机合成工业最重要的几类反应。

高温下，氢气同活泼金属反应生成离子型金属氢化物。例如：

$$2Na + H_2 \xrightarrow{653K} 2NaH$$

$$Ca + H_2 \xrightarrow{423 \sim 573K} CaH_2$$

1931 年，尤里（Urey）把 4L 液氢在 14K 下缓慢蒸发到剩余数毫升，经光谱分析发现了重氢 D_2。宇宙飞船在金星软着陆后，从金星发回的信息表明，金星大气中重氢的比例比地球大气高 100 倍。科学家们认为金星上原来是有海洋的，后因蒸发、分解，密度较大的重氢留在了大气中。

用镍作电极，长时间电解 0.5mol · dm^{-3}的 NaOH 溶液可以得到几乎纯的 D_2O。有三个因素使 H_2 比 D_2 更容易在阴极析出：

① 在阴极 H_2O 比 D_2O 更易得到电子：$H_2O + e^- = OH^- + H$；

② $H + H \longrightarrow H_2$ 的活化能比 $D + D \longrightarrow D_2$ 低；

③ 在镍电极表面，D_2 能取代 H_2O 中的氢：$D_2 + 2H_2O \longrightarrow 2HDO + H_2$。

表 20.3 是一份电解水的实验记录。

表 20.3 电解水时 D_2O 含量的变化

水的体积/dm^3	水的密度/$g \cdot cm^{-3}$	D_2O/%	水的体积/dm^3	水的密度/$g \cdot cm^{-3}$	D_2O/%
2310	0.998	0.03	0.083	1.104	99.0
2	1.031	30.0			

随着电解的进行，析出气体中 D_2 的含量逐渐升高，当达到 0.02%时，将气体在氧气中燃烧，再把燃烧产物冷却后加到前阶段的电解液中。通过这样的电解分离可生产相当数量的重水 D_2O。绝大部分重水应用于原子反应堆中使快中子减速，而且它的俘获截面很小，并不明显地降低中子的流量。

电解含有一些 P_2O_5 的重水 D_2O 就得到氘 D_2。氘 D_2 和氢 H_2 的物理性质略有差别，如表 20.4 所示。

表 20.4 氘（D_2）和氢（H_2）的物理性质差别

物理性质	H_2	D_2	物理性质	H_2	D_2
熔点/K	14.0	18.65	蒸发热/$kJ \cdot mol^{-1}$	904	1229
沸点/K	20.4	23.5	升华热/$kJ \cdot mol^{-1}$	1029	1429
熔化热/$kJ \cdot mol^{-1}$	117	217	离解能/$kJ \cdot mol^{-1}$	436.0	438.0

当温度较高时，D_2 和 H_2 可以发生交换反应：

$$D_2 + H_2 \longrightarrow 2HD$$

重水与某些含不稳定氢的物质反应也能交换氘：

$$CH_3OH + D_2O = CH_3OD + HDO$$

$$CH_3NH_2 + D_2O = CH_3NHD + HDO$$

烷烃上的 H 原子不易被交换。

氘的化合物可以用重水与其他化合物或单质反应得到：

$$Mg_3N_2 + 6D_2O = 3Mg(OH)_2 + 2ND_3$$

$$CaC_2 + 2D_2O = Ca(OH)_2 + C_2D_2$$

$$SO_3 + D_2O = D_2SO_4$$

与 H_2 相比，D_2 的化学反应活性不高，一是反应的活化能较大，二是在催化剂表面的吸附作用较慢。有文献报道，在防腐溶液中加入 D_2O 可大大延长移植器官的保存时间。原因是重水分子能延缓器官的生命过程。当被移植的器官进入新的机体以后，又能很快摆脱重水的影响，并开始正常生理工作。

(2) 原子氢 在高空宇宙射线的作用下，水分子会离解成原子氢和原子氧：

$$H_2O \xrightarrow{\text{宇宙射线}} 2H + O$$

质量较重的原子氧落入大气形成 O_2 或 O_3，质量极轻的原子氢将飘逸在宇宙中不再返回地面。好在这种离解极其轻微，有人估计也许十亿年后地球上的水分会因此而严重损失。将氢分子加热，特别是通过电弧或者进行低压放电，皆可得到原子氢：

$$H_2 \xrightarrow{\Delta} 2H \qquad \Delta H_m^\ominus = +217kJ \cdot mol^{-1}$$

温度越高，离解程度越大（见表 20.5）。

表 20.5 氢的离解度随温度的变化

温度/K	1000	2000	3000	4000	5000	6000	10000
H_2 的离解度/%	3.71×10^{-7}	0.122	9.03	62.5	94.69	98.84	99.96

太阳大气的温度约为 6000K，因此氢气在太阳大气中主要以原子氢存在。

通常情况下，原子氢的寿命仅有半秒钟左右，随后便重新结合成分子氢，并放出大量的热。若将原子氢气流吹向金属表面，则原子氢在金属表面结合成分子氢的反应热足以产生高达 4273K 的高温，这就是常说的原子氢焰。利用原子氢焰可以焊接高熔点金属，譬如钨等。

原子氢的还原性比分子氢更强。例如：

$$As + 3H \longrightarrow AsH_3$$
$$S + 2H \longrightarrow H_2S$$
$$CuCl_2 + 2H \longrightarrow Cu + 2HCl$$
$$BaSO_4 + 8H \longrightarrow BaS + 4H_2O$$

20.1.3 氢化物

氢与另外一种元素形成的化合物称为氢化物。根据与氢结合元素的不同，一般将氢化物分成三类：离子型氢化物，主要是碱金属和碱土金属（Be、Mg 除外）的氢化物；共价型氢化物，主要是非金属和半金属元素的氢化物；过渡型氢化物，主要是过渡金属元素的氢化物。各类氢化物在周期表中的分布列于表 20.6 中。也有人将氢化物分成四种类型，除上述三种外，另加一种是具有多中心少电子键（氢桥键）的氢化物，最典型的就是硼烷，另外 Be_nH_{2n}、Al_nH_{3n} 等往往含有氢桥键。

表 20.6 氢化物在周期表中的分类

Li	Be											B	C	N	O	F
Na	Mg											Al	Si	P	S	Cl
K	Ca	Sc	Ti	V	Cr	Mn	Fe	Co	Ni	Cu	Zn	Ga	Ge	As	Se	Br
Rb	Sr	Y	Zr	Nb	Mo	Tc	Ru	Rh	Pd	Ag	Cd	In	Sn	Sb	Te	I
Cs	Ba	La—Lu	Hf	Ta	W	Re	Os	Ir	Pt	Au	Hg	Tl	Pb	Bi	Po	At
Fr	Ra	Ac—Lr	Rf	Db	Sg	Bh	Hs	Mt	Uun	Uuu	Uub					

离子型　　　　过渡型　　　　共价型

当然，这种分类不非十分严格。例如，MgH_2 到底是离子型，还是共价型或过渡型，实际上是有争议的。另外，镧系元素的氢化物 LnH_2 是过渡型的，但当组成接近或等于 LnH_3 时，就变成了离子型的。

(1) 离子型氢化物 只有当氢与最活泼的碱金属或碱土金属反应时，才能获得电子成为 H^-。这与卤素的性质相似，但由于 H_2 的离解能比卤素大、H 的电负性又较低，因此，H_2 变成 H^- 的倾向较小，与碱金属或碱土金属的反应温度在 573～973K。常见离子型氢化物的部分性质列于表 20.7 中。

碱金属和碱土金属的氢化物具有离子型化合物的共性。它们都是白色盐状晶体，常因含少量金属而显灰色；除 LiH 和 BaH_2 具有较高的熔点（分别为 965K 和 1473K）外，其他氢化物均在熔化前就分解成单质；离子型氢化物不溶于非水溶剂，但能溶解于熔融的碱金属卤化物中，电解这种熔融盐溶液，在阳极产生氢气，这一事实也证明了 H^- 的存在。

离子型氢化物与水发生强烈反应，放出氢气。根据这一性质，可以用 CaH_2 除去气体或溶剂中微量的水分。

表 20.7 常见离子型氢化物的部分性质

组成	晶体结构类型	$\Delta_f H_m^{\ominus}$ / kJ·mol^{-1}	M—H 核间距/pm	H^- 表观半径/pm	晶格能 $U^{\ominus}$ / kJ·mol^{-1}
LiH	NaCl 型	−91.0	204	136	−911.28
NaH	NaCl 型	−56.6	244	147	−806.26
KH	NaCl 型	−57.9	285	152	−711.70
RbH	NaCl 型	−47.4	302	154	−646.01
CsH	NaCl 型	−49.9	319	152	−694.96
CaH_2	畸变的 $PbCl_2$ 型	−174.5	233	135	−2426.72
SrH_2	畸变的 $PbCl_2$ 型	−177.5	250	136	−2259.36
BaH_2	畸变的 $PbCl_2$ 型	−171.5	267	134	−2167.31

离子型氢化物均是强还原剂，在高温下可以将其他金属化合物还原为金属单质。例如：

$$TiCl_4 + 4NaH \xrightarrow{\triangle} Ti + 4NaCl + 2H_2(g)$$

$$UO_2 + CaH_2 \xrightarrow{\triangle} U + Ca(OH)_2$$

热的 CaH_2 甚至可以将 CO_2 与还原成 CO：

$$2CO_2 + BaH_2 \xrightarrow{\triangle} 2CO + Ba(OH)_2$$

离子型氢化物的另一特性是，在非水极性溶剂中能与一些缺电子化合物结合成复合氢化物，例如：

$$2LiH + B_2H_6 \xrightarrow{乙醚} 2LiBH_4$$

$$4LiH + AlCl_3 \xrightarrow{乙醚} LiAlH_4 + 3LiCl$$

这类复合氢化物包括 $NaBH_4$、$LiAlH_4$、$LiGaH_4$、KBH_4、$U(BH_4)_4$、$Al(BH_4)_3$ 等。它们都是强还原剂，遇水剧烈反应生成氢气，热稳定性也不高。$[MH_4^-]$ 的稳定性决定于中心离子接受电子的能力大小，稳定性次序为 $BH_4^- > AlH_4^- > GaH_4^-$。在这些复合氢化物中最重要的是 $LiAlH_4$，在温度低于 393K 时，可以稳定地存在于干燥空气中。$LiAlH_4$ 是有机合成工业常用的氢化试剂，能将 RCOOH 还原成 RCH_2OH；将 RCHO 还原成 RCH_3；将 ROH 还原成 RH；将 RNO_2 还原成 RNH_2……

(2) 共价型氢化物 氢与除 In、Tl 和稀有气体之外的 P 区元素化合形成共价型氢化物分子。根据 H 原子的成键情况又可将其分成两种类型：其一是每个 H 原子与另外 1 个其他原子形成 1 个正常的（2 电子）定域 σ 键，如 HCl、H_2O、NH_3、CH_4、C_2H_4、CH_3OH 等；其二是通过 H 原子形成（3 中心 2 电子的）氢桥键，最为典型的实例就是硼烷，如 B_2H_6、B_4H_{10} 等。

P 区元素形成的普通共价型氢化物的性质呈现出极其规律的变化。具体情况如下：

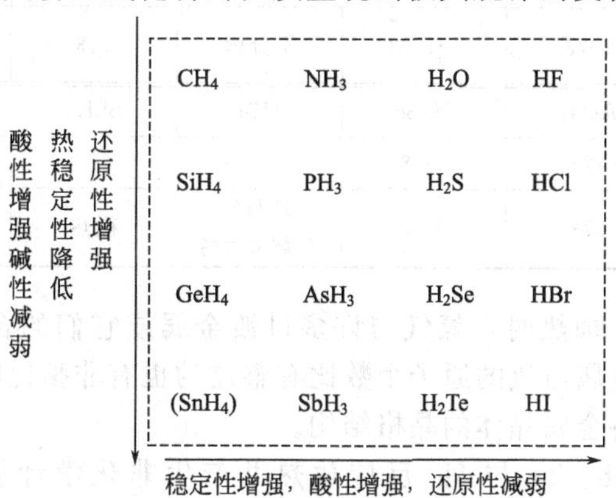

由于共价型氢化物的晶体属于分子型晶体，因此它们的熔沸点一般较低，通常条件下多为气体。又因为 HF、H_2O、NH_3 三种氢化物分子间氢键的形成，它们的熔沸点比同族其他元素氢化物的熔沸点高。

由于共价型氢化物中非氢原子的电负性和原子半径差别较大，键的极性差别明显，所以它们的化学性质存在显著区别。例如它们与水的作用情况如下。

B_2H_6、SiH_4 与水反应放出 H_2：

$$SiH_4 + 4H_2O = H_4SiO_4 + 4H_2$$

$$B_2H_6 + 6H_2O = 2H_3BO_3 + 6H_2$$

CH_4、GeH_4、SnH_4、PH_3、AsH_3、SbH_3 与水不反应。

NH_3 先水合，再发生碱式电离：

$$NH_3 \cdot H_2O = NH_4^+ + OH^- \qquad K_b^{\ominus} = 1.8 \times 10^{-5}$$

H_2S、H_2Se、H_2Te 在水中发生弱酸式电离：

$$H_2S = H^+ + HS^- \qquad K_{a1}^{\ominus} = 5.7 \times 10^{-8}$$

$$HS^- = H^+ + S^{2-} \qquad K_{a2}^{\ominus} = 1.2 \times 10^{-15}$$

HF、HCl、HBr、HI 在水中完全电离，属于强酸。

随着共价型氢化物中非氢原子电负性的减小和原子半径的增大，氢化物的热稳定性逐渐降低，还原性逐渐增强。它们与氧气的反应如下：

$$4NH_3 + 5O_2 \xrightarrow[1273K]{Pt网} 4NO + 6H_2O$$

$$2H_2S + 3O_2 \xrightarrow{点燃} 2SO_2 + 2H_2O$$

$$2PH_3 + 4O_2 \xrightarrow{自燃} P_2O_5 + 3H_2O$$

$$4HI + O_2 \xrightarrow{\triangle} 2I_2 + 2H_2O$$

$$4HBr + O_2 \xrightarrow{高温} 2Br_2 + 2H_2O$$

$$4HCl + O_2 \xrightarrow[催化剂]{高温} 2Cl_2 + 2H_2O$$

$$HF + O_2 \longrightarrow 不反应$$

常见共价型氢化物的标准生成焓和分解温度列于表 20.8 中。

表 20.8　常见共价型氢化物的标准生成焓和分解温度

组　成	NH_3	H_2O	HF	PH_3	H_2S	HCl
$\Delta_f H_m^{\ominus}$/kJ·mol^{-1}	−46.16	−241.8	−269	9.25	−20.16	−92.3
分解温度/K	1073	>1273	不分解	713	673	1273K 分解 0.014%
组　成	AsH_3	H_2Se	HBr	SbH_3	H_2Te	HI
$\Delta_f H_m^{\ominus}$/kJ·mol^{-1}	172	85.8	−36.2	—	154.4	25.9
分解温度/K	573	573	1273K 分解 0.5%	微热	273	1273K 分解 33%

(3) 过渡型氢化物　加热时，氢气与许多过渡金属或它们的合金容易形成过渡型氢化物，在这些氢化物中，金属与氢的原子个数比有整比的也有非整比的。多数氢化物没有确定的化学式，它们往往保持金属晶体的晶格结构。

Ti、Zr、Hf、V、Nb、Ta 与 H_2 反应放热并产生非化学计量的氢化物，如 $TiH_{1.7}$、

$ZrH_{1.9}$、$VH_{0.56}$、$TaH_{0.76}$等。这些氢化物都是浅灰黑色固体，在外观和活性上都类似于原粉末状金属，在空气中十分稳定，但在加热时与空气或酸性试剂反应。使用很纯的 Ti、Zr、Hf 分别与 H_2 反应，可以制得 TiH_2、ZrH_2、HfH_2。它们在室温时具有四方晶格，较高温度时呈现立方 CaF_2 型结构。

常温下，1 体积 Pd 可以吸收 700 体积以上的氢气，温度升高，吸氢量减少。常温下当 Pd 吸氢达到饱和时，氢化物的组成为 $PdH_{0.6}$。$PdH_{0.6}$具有 NaCl 型结构，在真空中加热至 373K，溶解的氢完全放出。

在常压常温（或轻微加热）时，镧系元素金属与 H_2 反应生成外形类似于石墨的黑色固体。镧系元素的氢化物 LnH_x 基本上都是非整比的，x 介于 2～3 之间，如 $LaH_{2.87}$、$YbH_{2.55}$等，可以认为是 LnH_2 和 LnH_3 组成的。这些氢化物似乎以离子性为主，在 $YbH_{2.55}$中既有 Yb^{2+} 也有 Yb^{3+}，甚至在 MH_2 中也含有 M^{3+}。对于较轻的镧系元素直到 LnH_3 时，仍有立方萤石型存在；但对较重的镧系元素而言则被六方形相所取代，在这两种情况下，过量的氢容纳在八面体内不同的位置上。生成 LnH_3 需要较高的温度和压力，但 LnH_2 和 LnH_3 最重要的区别是：当组成接近理想的 LnH_3 时，LnH_3 将失去它的顺磁性和导电性。实际上，理想的 LnH_3 已不再是过渡型金属氢化物，而变成了离子型氢化物，金属导带中的电子已被氢原子全部夺去，形成了 $M^{3+}(H^-)_3$。镧系元素的氢化物还原性极强，在空气中易发火花，跟水发生剧烈反应。

锕系元素的氢化物有整比的也有非整比的，组成为 $AnH_{2\sim3}$，其中最重要的是 UH_3。

$$U + \frac{3}{2}H_2 \xrightarrow{523\sim573K} UH_3 \qquad \Delta_f H_m^{\ominus} = -129kJ\cdot mol^{-1}$$

在高温下，UH_3 分解成化学反应活性极高的粉状铀。利用 UH_3 为原料可以合成许多其他铀的化合物：

$$UH_3 + H_2O \xrightarrow{623K} UO_2 + H_2$$

$$UH_3 + Cl_2 \xrightarrow{473K} UCl_4 + HCl$$

$$UH_3 + H_2S \xrightarrow{723K} US_2 + H_2$$

$$UH_3 + HF \xrightarrow{673K} UF_4 + HF$$

$$UH_3 + HCl \xrightarrow{523\sim573K} UCl_3 + H_2$$

镧系元素和锕系元素的氢化物明显处于离子型氢化物和过渡型氢化物的边缘，其离子性随氢含量的增加而升高。

目前，过渡型金属氢化物的成键理论有三种。一是无明显电荷分离的类合金模型；二是氢原子失去电子成为 H^+，失去的电子则进入金属导带的质子模型；三是离子型氢化物模型，即氢原子从金属导带得到电子变成 H^-，导带中电子因此不足，但并未全部失去，所以仍能显示金属性质。至于哪一种理论能更准确地说明过渡型金属氢化物的性质和结构，则需要进一步研究确定。但目前看来，第三种模型最为成功，特别是镧系元素氢化物的性质与第三种模型所预料的情况基本一致。

目前过渡型金属氢化物主要有三个方面的用途：一是用作储氢材料；二是用作还原剂；三是用于氢气的分离提纯，例如普通氢通过 Pd-Ag 合金扩散后可以得到超纯氢。

20.1.4 氢能源

众所周知，氢气燃烧时放出大量的热：

$$2H_2(g)+O_2(g)=\!=\!=2H_2O(l) \qquad \Delta_r H_m^\ominus=-571.66kJ\cdot mol^{-1}$$

如果按每公斤燃料燃烧放出的热量计算，氢气为 120918kJ，戊硼烷（B_5H_9）为 64183kJ，戊烷（C_5H_{12}，汽油的主要成分）为 43367kJ。可见，单位质量的燃烧热氢气接近汽油的 3 倍，可谓高能燃料。

目前，对于氢能源的研究除前已述及的生成外，还有氢的储存和利用。

氢气是密度最小、熔沸点几乎最低的气体，而且在空气中容易燃烧爆炸，因此氢气的储运就成了氢能源应用的最大难题。

通常的储氢方法是在高压下令氢气连续冷冻和绝热膨胀，变为液态氢并储存在特制钢瓶中。液氢曾用作航天飞行器的高能燃料。但由于液氢的沸点（20.4K）太低，在常温下蒸气压很大，必须把它装在耐高压的特制容器里，造成在一般动力设备中使用液氢的困难和障碍。

因为氢可以和众多的金属形成非整比化合物，所以化学家试图寻找能用于氢气储存的金属或合金。而最先引起化学家注意的金属是钯和铀。具体的操作程序是：在一定压力和温度下，先使氢气和金属（钯或铀）作用转变成金属氢化物（即氢的固定），需用氢气时再通过升温、减压让氢化物分解，把原来吸收的氢气重新释放出来。这种方法也叫做可逆储氢。

问题之一是钯和铀都是价格昂贵的金属材料，用于储氢未免大材小用，从经济上考虑纯粹是一种浪费。最近三十年来，化学家集中研究一些过渡金属（特别是稀土元素）的合金对氢气的可逆吸收，结果发现镧镍合金（$LaNi_5$）是迄今研制的最好的储氢材料。

在常温 2～3 个大气压下，$LaNi_5$ 合金吸收 H_2 生成氢化物，需要 H_2 时，只要略为加热即可完全释放出来：

$$LaNi_5 + 3H_2 \xrightarrow[\triangle]{2\sim3atm} LaNi_5H_6$$

虽然按质量计算，$LaNi_5H_6$ 含氢的比例很小，但由于 $LaNi_5H_6$ 的密度为 $6.43g\cdot cm^{-3}$，所以单位体积内氢的含量很高。例如，每立方米液氢的质量为 71kg，而每立方米 $LaNi_5H_6$ 含氢量为 88kg，比纯液氢的密度还大。

$LaNi_5$ 属于金属互化物，一般用合金冶炼的方法制备，也可采用下列化学方法制备：

$$La^{3+} + 5Ni^{2+} + nC_2O_4^{2-} + mH_2O \longrightarrow LaNi_5(C_2O_4)_n\cdot mH_2O$$

$$LaNi_5(C_2O_4)_n\cdot mH_2O \xrightarrow{\text{加热脱水}} LaNi_5(C_2O_4)_n + mH_2O$$

$$LaNi_5(C_2O_4)_n \xrightarrow{\text{焙烧}} LaNi_5O_n + nCO + nCO_2$$

$$LaNi_5O_n + nH_2 \xrightarrow{\triangle} LaNi_5 + nH_2O$$

由于 $LaNi_5$ 的化学合成方法简便，价格便宜，储氢量大，吸、放氢条件易于控制，性能极其稳定，所以被认为是迄今发现的最为优良的储氢材料。

曾有文献报道，日本已完成“燃氢汽车”的试制，储氢材料是镧镍锰合金，70kg 这种储氢材料可以吸收 $11.3m^3$ 的氢气，汽车最高速度为 $35km\cdot h^{-1}$。1976 年国际上成立了氢能源学会。据能源专家估计，时速 10000km 以上的燃氢高超音速飞机很快会试制成功。我国是世界上稀土含量最大的国家，稀土储氢材料的研制已经受到国内化学家和能源专家的重视，而这些研究工作的成功也必将极大地推动氢能源的储存和利用。

20.2 稀有气体（Rare Gases）

稀有气体是指位于元素周期表中最右一列的元素，包括氦（He，helium）、氖（Ne，

neon)、氩（Ar，argon)、氪（Kr，krypton)、氙（Xe，xenon)、氡（Rn，radon)，共六种元素。

20.2.1 稀有气体的发现

稀有气体的发现，在化学史上占有非常重要的地位。稀有气体元素的结构和性质无论是对原子结构理论的发展还是对化学键理论的发展都具有十分重要的意义。

1868年，法国天文学家简森（Janssen，P. J.）在观察日全食时，在太阳光谱上观察到一条与钠的D线不同的黄线。后来经英国的天文学家洛克耶尔（Lockyer，J. N.）研究发现，这条新谱线并不属于当时已知的元素，他把这种元素命名为氦（希腊语为太阳的意思）。直到1888～1890年间，美国化学家希尔布兰德（Hillebrand，W. F.）用硫酸处理铀矿时，得到了一种不活泼的气体，当时他误认为是氮气。1895年，英国物理学家雷姆赛（Ramsay，W.）用光谱实验证明了这种气体就是从太阳光谱中发现的氦，从而证明了地球上也有氦的存在。

实际上，早在1785年凯文迪西（Cavendish）在空气中通入过量的氧气，用放电法使氮气变为氧化氮，然后用碱吸收，剩余的氧气用红热的铜除去，但即使把所有的氮气和氧气除尽，仍有很少量的残余气体存在。遗憾的是此现象当时并未引起化学家应有的重视。一百多年后的1894年，英国物理学家瑞雷（Rayleigh，J. W.）发现从空气分离得到的氮气密度为1.2572g·dm^{-3}，而从氮的化合物分解得到氮气密度为1.2505g·dm^{-3}。两者的差别已超出了实验的误差范围，瑞雷怀疑从大气分离出来的氮气中含有尚未被发现的较重的气体杂质。为此，瑞雷重复了凯文迪西的实验，雷姆赛也用除去CO_2、H_2O和O_2的空气通过灼热的镁吸收剩余的氮气，他们都得到一些未反应的残余气体，约占原空气体积的1%。雷姆赛等人经过多种实验发现，这种残余气体不同任何物质发生化学反应，但在放电管中能发出特殊的光芒，并具有特征的波长。于是，他们宣布在空气中发现了一种新元素，并将其命名为“氩”（拉丁文名的意思为“不活泼”）。这一发现震动了当时的科学界，因为那时人们普遍认为空气的研究已非常彻底，所以雷姆赛等人的发现具有划时代的意义。由于氦和氩的性质非常相近，而它们与周期系中已发现的其他元素的性质差异显著，雷姆赛等人根据周期系的规律性设想，氦和氩可能属于另一族元素，并预料在它们之间还有一种尚未被发现的元素，在氩之后也应存在类似元素。不久，他们就在大量液态空气蒸发后的残余物中发现了比氩重的氪（原意为隐藏），随后又分离出了氖（原意为新），最后在分馏液态氩时又发现了氙（原意为陌生）。1900年，道恩（Dorn，E.）在某些铀矿中发现了氡，1908年，雷姆赛和格雷（Gray）把这种元素正式分离出来。至此，周期表中最后一列元素全部被发现。

20.2.2 稀有气体名称的演变

对于氦、氖、氩、氪、氙、氡六种元素，自发现至今，随着人们对其性质研究与认识的不断深入，其总体名称也在不断发生变化，大概情况如下。

1894～1900年，人们从大气和某些铀矿中陆续发现了这六种元素。但随后就发现它们与任何化学试剂都不发生化学反应，于是就认定它们是化学惰性的，化合价为零，并将其称为“惰性元素”或“零族元素”。因为这些元素在常温常压下均呈气态，故又称之为“惰性气体”（inert gas)。这些元素的化学惰性又好似贵族阶级的“冷漠无情”，因此又有人称之为“贵（族）气体”（Noble gas)。

1962年，英国的巴特勒特（Bartlett）用氧气与六氟化铂反应制得了$O_2[PtF_6]$。他想氙Xe的第一电离能（1171.5kJ·mol^{-1}）同氧分子O_2的第一电离能（1175.7kJ·mol^{-1}）十分相近，或许 PtF6 也能同 Xe 反应得到类似的化合物。为此，他又估算了 $Xe[PtF_6]$ 的晶格能，发现只比 $O_2[PtF_6]$ 的晶格能小 41.84kJ·mol^{-1}。这意味着 $Xe[PtF_6]$ 一旦制得，可以稳定存在。随后他把等体积的 PtF_6 蒸气和 Xe 在室温下反应，果真得到了一种红色晶体，并确定化学式为 $Xe[PtF_6]$(后来证明是 $[XeF]^+$ $[Pt_2F_{11}]^-$)。$Xe[PtF_6]$ 是历史上合成的第一个“惰性气体”化合物，它的成功合成使科学界大为震惊，并从此打破了“惰性气体”这个人为划定的禁区。迄今为止，人们已合成了数百种“惰性气体”化合物，而且氙的低价化合物（如 XeF_2）和高价化合物（如 XeO_4）均已成功合成。由于氙（Xe）的最高氧化态为+8，所以此后有人将惰性元素改称为ⅧA 族元素（同时将第Ⅷ族元素改称ⅧB 族元素）。

我们知道卤素的名称来源于ⅦA 族元素均可从卤水（或盐水）中提取这一事实，而氦、氖、氩、氪、氙、氡中的前五种是从大气中获得的。为此，1963 年诺伊斯（Noyes）建议将惰性气体命名为“大气元素”。

人们习惯上将ⅤA 族元素称为氮族元素，将ⅥA 族元素称为氧族元素，原因是ⅤA 族元素以氮为首，ⅥA 族元素以氧为首。氦、氖、氩、氪、氙、氡以氦（He）为首，因此，有人建议称其为氦族元素。

1964 年前后，车尼克（Chernick）、姆迪（Moody）、严志弦等人根据氦、氖、氩、氪、氙、氡这六种元素在地壳中的含量极为稀少，主张将其称为“稀有气体”❶（rare gas）。该名称沿用至今，已被普遍接受。

稀有气体最本质的特征有两点：一是常温常压下均呈气态；二是都以单原子分子存在。为此，1981 年冯光熙等人曾建议将其命名为“单气素”（monogas elements）。这一建议是否合适，有待商榷，目前还没有通用。

20.2.3 稀有气体的分布和分离

除氡外，其余五种稀有气体主要存在于大气中，具体分布如表 20.9 所示。

表 20.9 干燥空气的成分和大气层中稀有气体的总储量

物种	体积分数/%	质量分数/%	大气层中的总储量/10^{11}kg
O_2	20.946	23.139	
N_2	78.084	75.521	
CO_2	0.033	0.050	
He	5.239×10^{-4}	7.24×10^{-5}	36.2
Ne	1.818×10^{-3}	1.267×10^{-3}	633.5
Ar	0.934	1.288	644000
Kr	1.14×10^{-4}	3.29×10^{-4}	164.5
Xe	8.6×10^{-6}	3.9×10^{-5}	19.5

氡主要来源于镭和其他放射性元素的蜕变：

$$^{226}_{88}Ra \longrightarrow ^{222}_{86}Rn + ^{4}_{2}He$$
$$^{224}_{88}Ra \longrightarrow ^{220}_{86}Rn + ^{4}_{2}He$$
$$^{223}_{88}Ra \longrightarrow ^{219}_{86}Rn + ^{4}_{2}He$$

❶ 最初称为“希有气体”，但“希”字易产生歧义，现多称为“稀有气体”。实际上两者意思相同。

稀有气体主要来源于空气，分离的依据是它们分子体积和沸点有明显的差异，分子量越大、沸点越高的组分越容易被活性物质（如活性炭、沸石分子筛等）吸附。

氦和氖的沸点最低，从液态空气分馏出来的轻质馏分是含有一定量氦的氖。在低温（83K）下，用活性炭处理氦、氖混合物，氖优先被吸附。吸附氖的活性炭加热时又释放出氖，这样经过多次吸附、解吸，可使氦、氖彻底分离。

氩的沸点介于氮的沸点（77.2K）和氧的沸点（90.04K）之间。蒸发液态空气时，可除去大部分的氮。再经过分馏，可从氧中分离出（含少量氮的）氩来。氩中少量的氮，可用（铝硅酸钠）沸石分子筛吸附，氩则穿过沸石的孔隙，纯度可达99.999%。

氪、氙的沸点比氧的沸点高得多。但分馏所得到的氪、氙粗品中，仍含有大量的氧和少量的二氧化碳。二氧化碳可以用氢氧化钠塔柱吸收，而传统的除氧方法是通入氢气，在Cu-CuO存在下，使氢、氧燃烧成水，生成的水再用P_2O_5吸收。如果氧气量较少，则可以通过赤热的铜丝除去。氪、氙混合气体在液氮的冷冻下，氙冻结为固体而分离出来；或用二甲基硅橡胶膜来分离氪、氙混合气体，氙容易透过这种薄膜，而氪则被留下。

20.2.4 稀有气体的通性和用途

20.2.4.1 稀有气体的通性

稀有气体元素的价电子层结构和基本性质列于表20.10中。

表20.10 稀有气体元素的基本性质

性　质		氦	氖	氩	氪	氙	氡
元素符号		He	Ne	Ar	Kr	Xe	Rn
原子序数		2	10	18	36	54	86
相对原子质量		4.0026	20.183	39.948	83.80	131.30	(222)
价电子层结构		$1s^2$	$2s^22p^6$	$2s^23p^6$	$4s^24p^6$	$5s^25p^6$	$6s^26p^6$
范德华半径/pm		120	160	190	200	220	—
第一电离能/$kJ \cdot mol^{-1}$		2371.7	2071.6	1513.9	1349.9	1170.4	1031.5
蒸发热/$kJ \cdot mol^{-1}$		0.09	1.8	6.3	9.7	13.7	18.0
熔点/K		0.95①	24.48	83.95	116.55	161.15	202.15
沸点/K		4.25	27.25	87.45	120.25	166.05	208.15
临界温度/K		5.25	44.45	150.85	209.35	289.74	378.1
临界压力/10^5Pa		2.29	27.25	48.93	55.01	58.39	62.81
常压下,在水中的	(273K)	9.78	14.0	52.4	99.1	203.2	510
溶解度/$cm^3 \cdot kg^{-1}$	(293K)	8.61	10.5	33.6	59.4	108.1	230
放电管中放电时光线的颜色		黄	红	红或蓝	黄-绿	蓝-绿	—

① 氦在常压下不能固化，该熔点是指2633.8kPa压力下的数值。

稀有气体原子都有饱和而稳定的外层电子构型，除氦为2电子构型外，其余皆为8电子构型；稀有气体的电子亲合能都接近于零；与同周期的其他元素相比，稀有气体的第一电离能都很高。正是由于这些原因，在一般条件下，稀有气体原子不易得到或失去电子而与其他原子形成化学键；它们常以单原子气体存在，原子之间仅存在微弱的色散力；稀有气体的溶沸点都较低，蒸发热和在水中的溶解度都很小，但着原子序数的增加，原子间的色散力逐渐增大，溶沸点、熔化热、蒸发热以及在水中的溶解度均逐渐升高。

在所有能独立稳定存在的物质中，氦的溶沸点最低。在2.182K的低温时，液氦会由一种液态转变成另一种液态。在 2.182K 以上，液氦具有一般液体的通性；但在 2.182K 以下，液氦则具有许多反常的性质，例如超导性（无电阻导电）、超流性（无黏性流动）等。氦的另一种特性是在常压下难以凝固成固体。

20.2.4.2 稀有气体的用途

稀有气体的应用主要基于它们的化学“惰性”和高电压发光特性。目前已广泛应用于光学、冶金、医学、航空、军事等。

(1) 氦的用途 氦的密度仅仅比氢气大，只有空气的七分之一左右。可以用氦代替氢气填充气球和飞艇，以避免燃烧、爆炸等危险事故的发生。虽然氦的分子量为氢气的 2 倍，但氦飞艇的上升能力仅比氢飞艇的上升能力减少 7%[1]。把氦填充在塑料、人造丝、合成纤维中，可以制造非常轻盈的泡沫塑料和泡沫纤维。

在已知物质中氦的沸点最低，常被应用于超低温技术。氦的临界温度相当低，在所有的气体中，氦最接近于理想气体，故最适用于做气体温度计的填充气体。

在血液中的溶解度氦比氮小得多，用 79%的氦气和 21%的氧气混合制成的“人造空气”供潜水员呼吸，以防止潜水员出水时压力猛然下降，使原先溶在血液中的氮气逸出阻塞血管而造成的“潜水病”（昏晕以至死亡）。这种“人造空气”也常被用来医治支气管气喘和窒息等病，原因是它的密度只有空气的三分之一，它通过收缩的气管扩散要比空气迅速得多，可以减少病人的呼吸困难。

由于氦的化学“惰性”，即使在射线照射下也不被活化，所以在镁、铝、钛和不锈钢焊接中以及稀有金属的熔炼中作为保护气体，在气冷型原子反应堆中用作热传导材料。

此外，氦的光谱线常被用做划分分光器刻度的标准。

(2) 氖的用途 氖在电场的激发下能产生美丽的红光，霓虹灯便是利用氖的这一特性制成的。氖灯射出的红光在空气中透射力很强，可以穿过薄雾，因此，在港口、机场、水陆交通线、高层建筑等场所常用氖灯作标示灯。还常用在港口、机场、水陆交通线的灯标上。

氦和氖常用于制造氦-氖激光器。激光的英文名称为 Laser (light amplification by stimulated emission of radiation 的缩写)，意指光的受激辐射放大。在激光器中，能控制大多数被激发的电子在返回原来轨道时发射出能量（或频率）相等的辐射，这些独立的辐射加合在一起形成强烈的相干光，这就是激光的简单概念。

氦-氖激光器由一个几毫米内径的放电管组成，内含总压力为 200Pa、摩尔比为 10∶1 的 He 和 Ne，放电管两端用反射镜封闭，其中一个允许一部分光通过。用超过 27MHz 的射频放电使 He 原子激发，接着就有能量从 He 传递到 Ne，使管内所有的 Ne 原子都接近于介稳状态（具有 $1s^2 2s^2 2p^5 4s^1$ 电子构型）。处于介稳态的 Ne 原子中的 1 个原子以光发射形式失去能量（转变成 $1s^2 2s^2 2p^5 3p^1$ 电子构型），光子将引起另一介稳态 Ne 原子的发射，被诱导的发射光和诱导它的发射光是相干的，即这些光波具有相同波长、相同传播方向和相同的相角。从管的一端的反射镜面反射出来的光波，将在它们回转途中使诱导发射的光倍增，同时经过多次反射以后就产生相干发射的强光束，一部分就通过一端反射镜发射出来。连续射频放电可使 He 原子的激发速度维持在确保连续发射激光束的水平。

(3) 氩的用途 氩的热传导系数很小，主要用来填充灯泡，可以降低钨丝的蒸发速度、延长灯泡的使用寿命、增加灯泡的亮度。在低压灯泡中只填充纯氩气，但在高压灯泡中填充的氩气中必须含 15%的氮气，原因是氩的电阻小，在高压下容易产生电弧。

---

[1] 飞艇的上升力取决于空气的平均摩尔质量和充填气体的摩尔质量之差。氦飞艇和氢飞艇的上升能力之比为 (29－4)∶(29－2)＝0.93，即氦飞艇的上升力等于氢飞艇的 93%。

另外，氩可以用作镁、铝、钛、锆、不锈钢焊接以及稀有金属熔炼中的保护气体。也用于低压放电管作为紫光颜色标记。

(4) 氪和氙的用途 氪和氙主要用于制造具有特殊性能的电光源。在高效灯泡中充填氪，而在高速摄影用的闪光灯泡中则充填氙。氙在电场的激发下能放出强烈耀眼的白光，因此用来制造高压长孤氙灯（俗称“人造小太阳”）。氙灯灯管用耐高温、耐高压的石英制成，两端各装钨电极，管内充入高压氙气。高压长弧氙灯主要用在电影摄影、舞台照明、工业照明以及广场、运动场的照明等方面。氙灯还能放出紫外线，因此在医疗上用来辐射治疗肌肉损伤。

氪可以用于低压放电管作为黄-绿光颜色标记。

1960 年 10 月召开的第十一次国际计量大会上通过一项决议，用氪作为确定长度的基准物质。规定 1m 等于 $^{86}_{36}Kr$ 原子的 2p 和 5d 能级之间跃迁所对应的辐射在真空中的 1650763.73 个波长的长度。新基准可以使长度单位保持 1×10^{-8} 的准确度，而旧基准的准确度只有 2.5×10^{-7}。

此外在医学上，氪和氙的同位素常用于测量脑血流量、研究肺功能、计算胰岛素分泌量等方面。

20.2.5 稀有气体的化合物

1939 年，美国著名化学家 Pauling 根据离子半径的计算，曾预言可以合成氙的某些化合物，但到 1961 年他又否定了自己的预言。从原子轨道的能级划分来看，稀有气体理应有较大的化学惰性，推测只有氧化性最强的氟或许能氧化某些稀有气体。但由于稀有气体价格昂贵，加之单质氟有毒，危险性较大。所以长期以来，化学家都不愿意将精力放在这种毫无把握的科学研究上，几乎没有人愿意冒科学上的风险。1962 年以前，除了有人在放电管中观察到寿命极短的稀有气体化合物外，人们仅认识了稀有气体的水合物和包合物。

稀有气体包合物是稀有气体的原子被捕集到相应的有机或无机化合物的晶格空隙内所形成的。例如，醌醇[$C_6H_4(OH)_2$]在稀有气体压力为 1013～4052kPa 时，从水或乙醇中结晶能形成包合物。在结晶过程中，稀有气体被捕集到醌醇的晶格中，当晶体溶于水或受热时气体便逸出。但在常温下，这种包合物可稳定存在一年以上。稀有气体被醌醇捕集的原因是醌醇晶格中存在空穴。X 射线研究表明：在醌醇晶体中，每三个醌醇分子以分子间作用力或氢键结合在一起，组成一个直径约 400pm 的球状空穴。在醌醇结晶过程中，稀有气体原子一旦被捕集到空穴中就很难逃脱。氩的醌醇包合物中氩的质量分数约为 9%，大约相当于 3 个醌醇分子包合 1 个氩原子。

由于醌醇晶体中的空穴直径为 400pm，只有原子半径较大的 Ar、Kr、Xe 才能被捕集，而半径较小的 He、Ne 原子容易从空穴中逃逸，所以目前还难以得到氦、氖的醌醇包合物。

稀有气体水合物实际上也是一种包合物。当水在稀有气体气氛下结冰时便生成水合物，其中稀有气体原子和水分子的比例约为 1∶6。随着原子序数的增大，稀有气体原子的半径逐渐增大、核外电子数逐渐增加、变形性逐渐增强，因此，与水分子的分子间作用力逐渐增强，水合物的稳定性逐渐升高。

自 1962 年英国的 Bartlett 合成第一个稀有气体化合物至今已有近四十年的时间，在此期间，稀有气体化学的研究和发展取得了举世瞩目成就。迄今，人们已合成了数百种稀有气体化合物。但遗憾的是，在六种稀有气体中，只有原子序数较大的氪、氙、氡的化合物能够合成，氦、氖、氩的化合物迄今尚未见报道。按照这种规律理应氡的化合物最易得到，但由于氡具有放射性，对人体有害，因此阻碍了氡化学的发展。目前人们研究最多的仍然是氙的化合物，而且以氟化氙和氧化氙为主。

20.2.5.1 氙的氟化物

氙的氟化物主要有XeF_2，XeF_4和XeF_6。

(1) XeF_2

① 合成　XeF_2可由下列四种方法合成。

a. 加热合成法。

$$Xe(27kPa) + F_2(8kPa) \xrightarrow[\text{镍制反应管}]{673K} XeF_2(\text{白色粉末})$$

当Xe与F_2的摩尔比为1∶10时，如果以MgF_2作催化剂，反应在393K下即可进行。

b. 光化学合成法。F_2在紫外区的吸收谱带为250～350nm，最大吸收峰在290nm处。用1000W的高压汞弧灯作紫外光源，经硫酸钴、硫酸镍溶液滤光后，波长为270nm的光约占75%。将此光由石英透镜聚焦后，透过蓝宝石窗孔射入含有Xe和F_2（分压均为6.7kPa）的反应室，发生下列光化学反应：

$$F_2 + h\nu \longrightarrow 2F$$
$$F + Xe \longrightarrow XeF$$
$$XeF + F \longrightarrow XeF_2$$
$$XeF + XeF \longrightarrow XeF_2 + Xe$$

反应完后，经分馏可得纯度为99%的XeF_2（XeF_4含量小于1%）。

c. 不使用单质氟的制备法。1965年，Malm将Xe与过量的O_2F_2混合，通过下列反应制得了XeF_2。

$$Xe + O_2F_2 \xrightarrow{155\sim195K} XeF_2$$

抽去未反应的气体及副产物，剩下的固体在298～333K温度下升华，即可得到较纯的XeF_2。

1972年，Bartlett用IF_7与Xe反应制得了XeF_2，反应如下：

$$Xe + IF_7 \xrightarrow{473K} XeF_2 + IF_5$$

d. 高能辐射法。氙和氟混合物在77K温度下用γ射线照射或在238K温度下用电子流照射，均可得到纯度很高的XeF_2。

② 性质　常温常压下，XeF_2为无色固体，在室温下易于升华而形成大的透明结晶。XeF_2蒸气也是无色的，但具有令人作呕的恶臭。通常情况下，XeF_2的可以长期稳定地储存于镍制容器或干燥的石英及玻璃容器中。273K时XeF_2溶于水中得到$0.15mol\cdot dm^{-3}$的溶液，但长时间放置XeF_2会将水氧化生成氧气和氢氟酸溶液。XeF_2是一种较为温和的氟化剂和氧化剂，常见反应如下：

$$XeF_2 + H_2 \xrightarrow{673K} 2HF + Xe$$
$$XeF_2 + F_2 \xrightarrow{473K} XeF_4$$
$$3XeF_2 + S = SF_6 + 3Xe$$
$$2XeF_2 + Si = SiF_4 + 2Xe$$
$$2XeF_2 + Ti = TiF_4 + 2Xe$$
$$2XeF_2 + Ce = CeF_4 + 2Xe$$
$$3XeF_2 + 2Ln = 2LnF_3 + 3Xe$$
$$3XeF_2 + 2Co = 2CoF_3 + 3Xe$$
$$3XeF_2 + Br_2 = 2BrF_3 + 3Xe$$

$$5XeF_2 + I_2 = 2IF_5 + 5Xe$$
$$2XeF_2 + 2H_2O = 4HF + 2Xe + O_2$$
$$XeF_2 + 3I^- + 2H^+ = 2HF + I_3^- + Xe$$
$$XeF_2 + H_2O + BrO_3^- = BrO_4^- + 2HF + Xe$$
$$XeF_2 + H_2O_2 = 2HF + Xe + O_2$$
$$6XeF_2 + 2WO_3 = 2WF_6 + 6Xe + 3O_2$$
$$XeF_2 + CCl_4 = CCl_2F_2 + Xe + Cl_2$$
$$XeF_2 + IF_5 = IF_7 + Xe$$

其中，XeF_2 与 H_2 的反应可以定量进行，常用来测定 XeF_2 的含量；1968 年 Appelman 设计的 $XeF_2(aq)$ 与 BrO_3^- 的反应是历史上第一个将 BrO_3^- 氧化成 BrO_4^- 的反应，可以说是稀有气体化学发展的“连锁性突破”。此外在水溶液中，XeF_2 还可以将 Cl^- 氧化成 Cl_2、将 Ag(Ⅰ) 氧化成 Ag(Ⅱ)、将 Co(Ⅱ) 氧化成 Co(Ⅲ)。

(2) XeF_4

① 合成　XeF_4 主要由下列方法合成。

a. 静态加热合成法。将氙与氟按体积比为 1∶5 的比例加入镍制反应器中，在 607.8kPa 压力和 673K 温度下反应 5h，然后用水将反应器迅速冷却至室温，再将反应器放入 195K 的冷却槽内，抽去未反应的氟，可以得到 XeF_4 无色晶体。

b. 放电合成法。将体积比为 1∶2 的氙和氟通入浸在 195K 冷却槽中的镍制反应器中，用 30000V 电源高压放电，氙与氟发生燃烧反应生成以 XeF_4 为主的氟化氙。

c. 光化学合成法。在高压水银灯产生的近紫外光照射下，XeF_2 与 F_2 反应可以生成 XeF_4。

d. 高能辐射合成法。用 ^{60}Co 的 γ 射线或 $150 \times 10^4 eV$ 的电子流照射氙和氟的混合物，在 238K 以下主要生成 XeF_2；在室温下得到 XeF_2 和 XeF_4 的混合物；在较高温度下则主要生成 XeF_4。

e. 不使用单质氟的合成法。将 1mol Xe 和 2mol N_2F_2 通入镍制反应器中，在 353～403K 温度下反应生成以 XeF_4 为主的氟化氙，其中含有少量的 XeF_2 和 XeF_6。然后，再在低温下抽去未反应的气体和副产物，便可得到较纯的 XeF_4。

② 性质　与 XeF_2 一样，在常温常压下，XeF_4 也为无色晶体，标准生成焓 $\Delta_f H_m^{\ominus} = -284kJ \cdot mol^{-1}$，在室温下易于升华而形成大的透明结晶。$XeF_4$ 微溶于液态 HF 和 IF_5 中，但不发生反应，也不电离。XeF_4 的稳定性较高，可以长期储存于镍制容器中。在无水或氟化氢存在时，也可以长期存放在干燥的石英或玻璃容器中。XeF_4 的化学活性比 XeF_2 高，是一种较强的氟化剂和氧化剂，常见反应如下：

$$XeF_4 + 2H_2 \xrightarrow{403K} 4HF + Xe$$
$$XeF_4 + F_2 \xrightarrow{673K} XeF_6$$
$$XeF_4 + Xe \xrightarrow{673K} 2XeF_2$$
$$XeF_4 + 4Hg = 2Hg_2F_2 + Xe$$
$$XeF_4 + Pt \xrightarrow{\text{无水 HF 作溶剂}} PtF_4 + Xe$$
$$XeF_4 + O_2F_2 \xrightarrow{140\sim195K} TiF_6 + O_2$$
$$6XeF_4 + 12H_2O = 24HF + 4Xe + 2XeO_3 + 3O_2$$
$$XeF_4 + 4HCl = 4HF + Xe + 2Cl_2$$

$$3XeF_4 + 4BCl_3 = 4BF_3 + 3Xe + 6Cl_2$$

$$XeF_4 + 4I^-(aq) = 4F^-(aq) + Xe + 2I_2$$

$$XeF_4 + 4NO = 4NOF + Xe$$

$$XeF_4 + 4NO_2 = 4NO_2F + Xe$$

$$XeF_4 + 2SF_4 = 2SF_6 + Xe$$

$$XeF_4 + 2CH_2{=}CH_2 = CH_2FCH_2F + CH_3CHF_2 + Xe$$

$$4CeF_3 + XeF_4 \xrightarrow{473\sim673K} 4CeF_4 + Xe$$

其中，XeF_4 与 H_2 的反应可以定量进行，常用来测定 XeF_4 的含量。

(3) XeF_6

① 合成　XeF_6 主要由下列方法合成。

将 Xe 与 F_2 按摩尔比为 1∶20 的比例装入镍制反应器中；控制压力恒定在 5.07×10^6Pa、温度恒定在523K 下，反应 16h 左右；冷却至室温，再将反应器浸入 195K 冷却槽中冷却；抽去过量的反应物氟，产物用升华法提纯，可得到纯度为95%以上的 XeF_6。倘若用 NiF_2 作催化剂，则氙与氟的摩尔比只要 1∶5，温度只要 473K，便可获得高纯的 XeF_6。

需要注意的是，在制备 XeF_6 的整个过程中，要严格防水。万一有水进入反应体系，不仅使产品混杂有 $XeOF_4$，而且 XeF_6 与水反应会生成极具爆炸性的 XeO_3。因此，为了防止事故发生，要求合成 XeF_6 的镍制反应器在室温下必须能承受 400atm（4.05×10^7Pa）的压力，并且在反应器与操作人员之间应安装防护屏。

按这种方法合成的 XeF_6 中往往混杂有少量的 XeF_4，由于二者的蒸气压相近，所以难以用分馏法将其分离。目前常用的分离方法是：首先使产物与 NaF 作用，XeF_6 和 NaF 生成加合物 $XeF_6\cdot NaF$，而在相同条件下，XeF_4 几乎不和 NaF 加合；将 $XeF_6\cdot NaF$ 与 XeF_4 分离，然后再在 373K 温度下使 $XeF_6\cdot NaF$ 热解，即可得到纯净的 XeF_6。

② 性质　在常温常压下，XeF_6 也为无色晶体，标准生成焓 $\Delta_f H_m^{\ominus} = -402kJ\cdot mol^{-1}$。在高温其蒸气显黄色。$XeF_6$ 在热力学上稳定的，干燥的 XeF_6 可以长期储存于镍制容器中。但即使是在无水条件下，XeF_6 也不能储存于石英或玻璃容器中，因为即便在室温或更低的温度下，XeF_6 也容易与 SiO_2 反应。XeF_6 比 XeF_4 还活泼，是一种极强的氟化剂和氧化剂，常见反应如下：

a. XeF_6 可以与 H_2 或 Hg 进行定量反应

$$XeF_6 + 3H_2 \xrightarrow{室温} Xe + 6HF$$

$$XeF_6 + 6Hg = Xe + 3Hg_2F_2$$

利用这两个反应可以分析测定 XeF_6。

b. 与水反应。XeF_6 遇水猛烈水解，但在潮湿空气或低温下水解反应较为平缓。XeF_6 与等分子水反应生成 $XeOF_4$，与大量水反应则直接生成 XeO_3。

$$XeF_6 + H_2O = XeOF_4 + 2HF$$

$$XeF_6 + 3H_2O = XeO_3 + 6HF$$

c. 与二氧化硅反应

$$2XeF_6 + SiO_2 = 2XeOF_4 + SiF_4$$

$$2XeOF_4 + SiO_2 = 2XeO_2F_2 + SiF_4$$

$$2XeO_2F_2 + SiO_2 = 2XeO_3 + SiF_4$$

d. 与 HCl，NH_3 反应

$$XeF_6 + 6HCl = Xe + 3Cl_2 + 6HF$$

$$XeF_6 + 8NH_3 \longrightarrow Xe + N_2 + 6NH_4F$$

e. 与氙反应

$$2XeF_6 + Xe \longrightarrow 3XeF_4$$
$$XeF_6 + 2Xe \longrightarrow 3XeF_2$$

此外，XeF_6 也可以对有机物进行氟化反应，但由于 XeF_6 氧化能力太强，氟化反应过于剧烈，往往会使不饱和碳链断裂。例如，XeF_6 能将全氟丙烯氟化为 CF_4 和 C_2F_6。因此，XeF_6 不宜作为有机化合物的氟化剂。

(4) 氟化氙合成方法及性质的对比

① 合成方法的比较。虽然可用多种方法合成 XeF_n（$n=2$，4，6），但从原料、设备、操作难易和经济角度考虑，最具实际意义的还是加热合成法。根据氙-氟反应体系的平衡常数，通过控制氙和氟的初始摩尔比、反应温度、反应压力、反应时间等因素，便可合成出所需组成的氟化氙。在实际操作中，对这几个影响因素，可将其中几个固定，仅改变剩余的一个参数，即可达到合成某种固定组成氟化氙的目的。例如，固定氙-氟的比例为 1∶10；总压力控制在 33 大气压（3.34×10^6 Pa）左右；当反应温度分别为 393K、423K、473K 时，可分别制得 XeF_2、XeF_4、XeF_6。

最初人们均使用单质氟和氙反应合成氟化氙。但单质氟对人体极具毒害作用，而且与氙反应剧烈，不易控制，反应设备要求高，操作危险性大。因此，后来人们研究出用反应活性温和的含氟化合物代替单质氟制备氟化氙的工艺。但迄今用含氟化合物与氙反应只能合成 XeF_2 和 XeF_4，而 XeF_6 仍然只能用单质氟与氙反应得到。

② 性质比较。XeF_2，XeF_4，XeF_6 的一些物理性质列入表 20.11 中。

表 20.11 氟化氙的某些物理性质和结构

物理性质和结构	XeF_2	XeF_4	XeF_6
气态颜色	无色	无色	黄色
液态或固态的颜色	无色	无色	无色
常压 298K 时的密度/$g\cdot cm^{-3}$	4.32	4.04	3.56
298K 时的蒸气压/Pa	613.3	333.3	3853
熔点/K	402	390.1	322.5
气态物质生成焓/$kJ\cdot mol^{-1}$	−118.4	−215.5	−294.6
升华热/$kJ\cdot mol^{-1}$	55.23±0.84	60.67±0.84	59.12
Xe—F 键能/$kJ\cdot mol^{-1}$	−129.70	−129.29	−124.26
Xe—F 键长/pm	197.73±0.15	195.3±0.2	189.0±0.5
分子构型	直线形	平面四边形	畸变八面体形
晶体晶型	体心四方体	体心单斜晶体	—
在液态 HF 中的溶解度/$mol\cdot kg^{-1}$	9.88(303K)	0.26(300K)	11.2(301.5K)

从表 20.11 可见，氟化氙的密度、键能、键长、熔点等数据均随 XeF_n 中 F 原子数的增加而减小；有些性质是两头大中间小，例如在无水 HF 中，XeF_4 难溶，但 XeF_2 和 XeF_6 均大量溶解；分别测定这三种氟化氙的 HF 溶液的电导，发现仅 XeF_6 发生电离。

XeF_2、XeF_4、XeF_6 不仅在物理性质上存在明显差异，其化学性质也有一定区别。随着 XeF_n 中 F 原子数的增加，XeF_n 的氧化能力和氟化能力均逐渐增强，具体表现在以下几个方面。

a. 与氢气的反应：XeF_2、XeF_4、XeF_6 和氢气反应所需温度逐渐降低，分别为 673K、403K、298K。

b. 与水的作用：XeF_2 能溶于水，但在水中不稳定，能将水氧化，生成氙、氧和氢氟酸；XeF_4 与水反应生成 XeO_3 和氢氟酸，同时放出少量 O_2；XeF_6 与水反应则只定量地生成 XeO_3，不放出气体。

c. 与全氟丙烯的反应：XeF_2 基本上不能氟化 $CF_3CF{=}CF_2$；1mol XeF_4 能定量地将 2mol $CF_3CF{=}CF_2$ 氟化成 $CF_3CF_2CF_3$；XeF_6 则使 $CF_3CF{=}CF_2$ 的碳链从双键处断裂，生成 CF_4 和 C_2F_6。

d. 与氟化铀的反应：XeF2，XeF_4 能将 UF_4 最终氟化为 UF_6；只有 XeF_6 可与 UF_5 形成加合物 $UF_5 \cdot XeF_6$，另外还能将 UO_2F_2 氟化为 UF_6。具体反应如下：

$$2UF_4 + XeF_2 = 2UF_5 + Xe$$
$$2UF_5 + XeF_2 = 2UF_6 + Xe$$
$$4UF_4 + XeF_4 = 4UF_5 + Xe$$
$$2UF_4 + XeF_4 = 2UF_5 + XeF_2$$
$$2UF_5 + XeF_4 = 2UF_6 + XeF_2$$
$$6UF_4 + XeF_6 = 6UF_5 + Xe$$
$$UF_5 + XeF_6 = UF_5 \cdot XeF_6$$
$$UO_2F_2 + 2XeF_6 = UF_6 + 2XeOF_4$$

e. 与二氧化硅的反应：在室温下，XeF_2、XeF_4 不与 SiO_2 反应，但 XeF_6 却能与 SiO_2 反应生成 SiF_4 和 $XeOF_4$。

20.2.5.2 氙的含氧化合物

目前已知合成及应用的氙的含氧化合物有 XeO_3、XeO_4 以及高氙酸盐等。迄今为止，所有氙的含氧化合物还不能通过氙和氧气直接反应合成，而只能由氟化氙转化得到。因此，也有人将氙的含氧化合物看作是氟化氙的衍生物。

(1) XeO_3 XeO_3 为无色透明晶体，吸湿力强，在低温、干燥的空气中能稳定存在（室温下的半衰期为 4.4 年），标准生成焓 $\Delta_f H_m^{\ominus} = -418.15kJ \cdot mol^{-1} \pm 1kJ \cdot mol^{-1}$。$XeO_3$ 的结晶形状受环境相对湿度的影响明显，在相对湿度较低时呈针状结晶；当相对湿度在 20% 左右时，主要呈树枝状结晶；当相对湿度超过 25% 时，XeO_3 发生分解生成气泡。XeO_3 易溶于水，在中性或酸性水溶液中 XeO_3 以分子形式存在，不发生电离，但当溶液 pH>10.5 时，有少量 $HXeO_4^-$ 生成。通常情况下，XeO_3 水溶液的浓度最高可达 $4mol \cdot dm^{-3}$。

爆炸分解是 XeO_3 最突出的化学性质。在潮湿的空气中，摩擦、挤压、微热均可引起 XeO_3 的爆炸分解，并伴有蓝色闪光。因此，XeO_3 的每次处理量不宜超过 25mg，而且要有防护措施。

强氧化性是 XeO_3 最重要的化学性质，人们在使用 XeO_3 时也主要是应用它的强氧化性。在酸性和碱性介质中的标准电极电势如下：

$$XeO_3(aq) + 6H^+ + 6e^- = Xe + 3H_2O \qquad E_A^{\ominus} = 2.10 \pm 0.01V$$
$$HXeO_4^- + 3H_2O + 6e^- = Xe + 7OH^- \qquad E_B^{\ominus} = 1.26 \pm 0.02V$$

由此可见，在碱性介质中，XeO_3 是一中等强度的氧化剂，在酸性介质中，XeO_3 是一强氧化剂，能将许多物质氧化。例如

$$XeO_3 + 6I^- + 3H_2O \xrightarrow{pH>7} 3I_2 + Xe + 6OH^-$$
$$XeO_3 + 6HCl \xrightarrow{\text{酸性介质}} 3Cl_2 + Xe + 3H_2O$$

$$5XeO_3 + 6Mn^{2+} + 9H_2O \xrightarrow{\text{强酸性介质}} 6MnO_4^- + 5Xe + 18H^+$$

$$5XeO_3 + 3Br_2 + 3H_2O \xrightarrow{\text{强酸性介质}} 6BrO_3^- + 5Xe + 6H^+$$

$$XeO_3 + 3H_2O_2 \xrightarrow{\text{酸性、中性、碱性介质}} 3H_2O + Xe + 3O_2$$

$$XeO_3 + 2NH_3 \xrightarrow{\text{浓氨水中}} N_2 + Xe + 3H_2O$$

其中第一个反应可以定量进行，生成的 I_2 可用标准 $Na_2S_2O_3$ 溶液滴定，因此，用该反应可以定量分析 XeO_3 的含量。

歧化作用也是 XeO_3 的重要性质。当强碱浓度大于 $0.1mol \cdot dm^{-3}$ 时，XeO_3 会就发生如下歧化反应：

$$2HXeO_4^- + 2OH^- = XeO_6^{4-} + Xe + O_2 + 2H_2O$$

强碱的浓度越高，歧化反应速度越快，高氙酸盐的产率越大。随着强碱种类的不同，生成的高氙酸盐的性质也不同。XeO_3 在 LiOH、NaOH、$Ca(OH)_2$、$Ba(OH)_2$ 溶液中歧化均生成相应的难溶高氙酸盐（其中 $Ba_2XeO_6 \cdot 1.5H_2O$ 的溶解度最小）；XeO_3 在稀的 KOH 溶液中歧化生成易溶的 $K_4XeO_6 \cdot 9H_2O$，在浓的 KOH 溶液中歧化生成难溶的黄色复盐沉淀 $K_4XeO_6 \cdot 2XeO_3$。

高氙酸盐的氧化性比 XeO_3 更强，在酸性介质中的电极电势为：

$$XeO_6^{4-} + 12H^+ + 8e^- = Xe + 6H_2O \qquad E_A^{\ominus} = 2.36 \pm 0.02V$$

在酸性介质中，XeO_6^{4-} 可以将 ClO_3^- 氧化成 ClO_4^-；将 IO_3^- 氧化成 IO_4^-；将 Ce^{3+} 氧化成 Ce^{4+}；将 Cu^{2+} 氧化成 Cu^{3+}；将 Ag^+ 氧化成 Ag^{2+} 或 Ag^{3+}；将 Co^{2+} 氧化成 Co^{3+}；将 Mn^{2+} 氧化成 MnO_4^-；将 Cr^{3+} 氧化成 $Cr_2O_7^{2-}$；将羧酸氧化成 CO_2……

Na_4XeO_6 是一常用的优良的氧化剂，不但氧化力强，可定量地氧化各种物质，而且它与还原剂反应后，除给体系引入很少的 Na^+ 外，生成的 Xe 和 O_2 随之放出，不会对体系造成污染。

XeO_3 主要通过 XeF_6 水解制备：

$$XeF_6 + 3H_2O = XeO_3 + 6HF$$

由于 XeF_6 水解反应极为剧烈，易引起爆炸，在实际操作中为减慢和控制反应速度，可先用液氮冷却 XeF_6，然后加入水形成凝固状物，逐渐升温使反应缓慢进行，直至升温至室温。水解完毕后，小心缓慢地蒸发掉 HF 和过量的水，便可得到潮解状的白色 XeO_3 固体。

若要制取纯的 XeO_3 溶液，则待 XeF_6 水解后，用 MgO 将溶液中的 F^- 沉淀出来，然后使溶液通过无水磷酸锆 $Zr_3(PO_4)_4$ 和氧化锆的离子交换柱，除去剩余的 MgO 及 F^-。

(2) XeO_4 固体 XeO_4 极不稳定，甚至在 233K 也发生爆炸分解。气态的 XeO_4 反而较稳定，在室温或稍高于室温时缓慢分解为氧气和 XeO_3。XeO_4 的氧化性比 XeO_3 更强。作为氧化剂，XeO_3 在酸性溶液中反应快，在碱性溶液中反应慢，而 XeO_4 不论在酸性溶液还是碱性溶液中，均迅速反应。由于 XeO_4 极不稳定，因此对它的研究还很少。

在 263K 温度下，向高氙酸盐缓慢滴加浓硫酸，即生成 XeO_4 气体：

$$Ba_2XeO_6 + 2H_2SO_4 = XeO_4 \uparrow + 2BaSO_4 \downarrow + 2H_2O$$

将 XeO_4 气体收集在液氮冷凝器中变为黄色固体，然后再进行真空升华，即得到纯的 XeO_4。由于常温下 XeO_4 极易分解，故将其储存在 195K 的冷凝器内备用。

20.2.5.3 稀有气体化合物的分子结构

自从稀有气体化合物被人工合成出来以后，其成键结构一直是化学家关注的问题。目前较为成熟的理论有杂化轨道理论、价层电子对互斥理论和分子轨道理论，但最为简便实用的是价层电子对互斥理论。现举例如下：

XeF_2：中心 Xe 原子提供 8 个价电子，2 个配位 F 原子各提供 1 个电子，Xe 原子周围有 5 对电子，呈三角双锥排布，2 个 F 原子排布在三角双锥的两个锥尖上，3 对孤对电子分布在与键轴相垂直的平面内，呈平面三角形分布，分子的几何构型为直线形。

XeF_4：同理可以推测出 Xe 原子周围有 6 对电子，呈八面体分布，4 个 F 原子呈平面正方形分布，2 对孤对电子分布在 2 个相对八面体顶点上，分子的几何构型为平面正方形。

XeF_6：Xe 原子周围有 7 对电子，呈五角双锥分布，6 个 F 原子排布成一个变形八面体，剩余的 1 对孤对电子占据五角双锥中平面五角形上的 1 个顶点，分子的几何构型为变形八面体。这一推论已被 XeF_6 的红外光谱和电子衍射结果证实。

XeO_3：中心 Xe 原子提供 8 个价电子，3 个配位 O 原子不提供电子，4 对电子在 Xe 原子周围呈四面体分布，3 个 O 原子排布在其中的 3 个顶点上，分子的几何构型为三角锥形（与 NH_3 分子相似）。

同样可以推测，XeO_4 分子中 4 个 O 原子排布在四面体的 4 个顶点上，分子的几何构型为四面体（与 CCl_4 分子相似）。

习　题

20.1　简述氢气的工业制备方法。

20.2　实验室中用单质锌和稀盐酸反应制备的氢气含有哪些杂质气体？如何除去这些杂质？写出有关的化学反应方程式。

20.3　野外作业时，为什么人们习惯用硅粉和烧碱溶液制取少量氢气？

20.4　发生炉煤气、水煤气和半水煤气有何不同？

20.5　合成氨工业用的氢气中常含有少量的 CO，它的存在会造成铁催化剂的中毒，如何定性和定量分析 CO？用什么方法除去氢气中少量的 CO？

20.6　指出氢化物 BaH_2、SiH_4、NH_3、AsH_3、$PdH_{0.9}$、HI 的名称和类型，室温下它们各以何种状态存在？哪种氢化物是电的良导体？

20.7　哪些元素能形成离子型氢化物？怎样证明离子型氢化物内存在 H^-？

20.8　氢气的储存是氢能源发展的关键，目前的储氢方法都有哪些？最好的储氢材料是什么？

20.9　氢键和氢桥键有何区别？举例说明氢桥键的存在。

20.10　简要说明第ⅤA，ⅥA，ⅦA 族非金属氢化物的性质变化规律。

20.11　哪种稀有气体可以和氧气混合制备供潜水员呼吸用的“人造空气”？哪种稀有气体用来制备霓虹灯？哪种稀有气体常用来填充灯泡？体育场照明用的高压弧灯填充的是哪种稀有气体？哪种稀有气体最便宜？

20.12　稀有气体还有哪些别称？这些名称的来源是什么？

20.13　为什么稀有气体氟化物分子中氟原子的数目均为偶数？

20.14　简要说明 XeF_2 的合成方法，写出有关的化学反应方程式。

20.15　XeF_2，XeF_4，XeF_6 的合成方法有何不同？如何储存 XeF_2，XeF_4，XeF_6？

20.16　简要说明 XeF_2，XeF_4，XeF_6 的性质区别。

20.17　为什么说 XeO_3 和 Na_4XeO_6 是极为优良的氧化剂？

20.18　用价层电子对互斥理论说明 XeF_2，XeF_4，XeF_6，XeO_3，XeO_4，XeO_4^{2-}，XeO_6^{4-} 的空间构型。

20.19　XeO_3 与 $Ba(OH)_2$ 溶液作用生成一种白色固体。其中各成分的质量分数分别为：Ba 25.96%，Xe 24.82%，O 22.68%。求此化合物的化学式。

20.20　完成并配平下列化学反应方程式：

(1) $CO + H_2 \xrightarrow[Co]{673K}$

(2) $TiCl_4 + H_2 \xrightarrow{973K}$

(3) $CO+H_2 \xrightarrow[Cr_2O_3,\ ZnO]{623\sim673K}$

(4) $CuCl_2+H \longrightarrow$

(5) $BaSO_4+H \longrightarrow$

(6) $XeF_2+H_2O \longrightarrow$

(7) $XeF_4+H_2O \longrightarrow$

(8) $XeF_6+H_2O \longrightarrow$

(9) $XeF_6+SiO_2 \longrightarrow$

(10) $XeF_6+8NH_3(aq) \longrightarrow$

(11) $XeF_6+Hg \longrightarrow$

(12) $XeF_6+CH_3CH{=}CH_2 \longrightarrow$

(13) $XeO_3+HCl \longrightarrow$

(14) $Na_4XeO_6+MnSO_4+H_2SO_4 \longrightarrow$

(15) $Na_4XeO_6+Ba(OH)_2 \longrightarrow$

附录1　化学常用计量单位

常用国际基本单位

量	单位名称	单位符号	
		国际	中文
长度	米	m	米
质量	千克(公斤)	kg	千克(公斤)
时间	秒	s	秒
电流强度	安培	A	安
热力学温度	开尔文	K	开
物质的量	摩尔	Mol	摩
发光强度	坎德拉	Cd	坎德拉

常用国际导出单位

量	单位名称	单位符号		用国际基本单位表示的关系式
		国际	中文	
频率	赫兹	Hz	赫	s^{-1}
压力(压强)	帕斯卡	Pa	帕	$m^{-1}\cdot kg\cdot s^{-2}$
能、功、热量	焦耳	J	焦	$m^{2}\cdot kg\cdot s^{-2}$
电量	库仑	C	库	S·A
电位、电动势	伏特	V	伏	$m^{2}\cdot kg\cdot s^{-2}\cdot A^{-1}$
摄氏温度	摄氏度	℃		K
体积	立方米	m^3	米^3	m^3
密度	千克每立方米	$kg\cdot m^{-3}$	千克/米^3	$kg\cdot m^{-3}$
物质的量浓度	摩尔每立方米	$mol\cdot m^{-3}$	摩/米^3	$mol\cdot m^{-3}$

常用国际单位制词头

因数	词头名称		符号
	原文(法)	中文	
10^3	kilo	千	k
10^2	hecto	百	h
10^1	deca	十	da
10^{-1}	deci	分	d
10^{-2}	centi	厘	c
10^{-3}	milli	毫	m
10^{-6}	micro	微	μ
10^{-9}	nano	纳	n
10^{-12}	pico	皮	p

附录2 矿物硬度(以莫氏硬度计)

矿物名称	硬度等级	真正硬度/$kg \cdot mm^{-2}$	特征
滑石	1	0.03	能用指甲划伤
石膏	2	0.04	指甲难划伤
方解石	3	0.26	能用小刀划伤
萤石	4	0.76	小刀较难划伤
磷灰石	5	1.23	小刀很难划伤
正长石	6	25.00	小刀不能划伤
石英	7	40.00	稍能划伤玻璃
黄玉	8	125.00	较易划伤玻璃
刚玉	9	1000.00	易划伤玻璃
金刚石	10	1400.00	最硬的物质

注：莫氏硬度是德国矿物学家莫斯（Friedrich Mohs）首先提出的表示矿物硬度的一种标准，应用划痕法将棱锥形金刚钻针刻划所试矿物的表面而发生的划痕，用测得的划痕深度表示硬度。除用表示矿物硬度外，也用于表示其他固体物料硬度。

附录3 无机化合物的命名原则

1. 化学介词的意义

化学介词是代表化合物成分间结合情况的连缀词，如“化”、“合”、“代”等。其意义是：

化——代表简单的化合。如 Cl^- 与 Na^+ 化合而成的 NaCl，OH^- 与 K^+ 化合而成的 KOH。

络——代表用配位键结合。如 $Fe(CO)_4$ 叫四羰络铁，K_2PtCl_6 叫六氯络铂酸钾。

合——代表分子与分子的结合或分子与离子的结合。如 $CaCl_2 \cdot H_2O$ 叫一水合氯化钙，$KIO_3 \cdot HIO_3$ 叫碘酸合碘酸钾，H_3O^+（H^+ 与 H_2O 结合）叫水合氢离子。

合——代表用配位键结合。如 $Fe(CO)_4$ 叫四羰合铁，K_2PtCl_6 叫六氯合铂酸钾。

代——较多用于表示硫或硒、碲取代氧而成的化合物，如 $H_2S_2O_3$ 叫硫代硫酸（即 H_2SO_4 中有1个O被S取代）。

替——代表氨分子上的氢被其他原子代替，如 NH_2Cl 叫氯替氨。

聚——代表两个以上的同种分子互相聚合。例如由三个氰酸分子（HOCN）聚合而成的 $(HOCN)_3$ 叫三聚氰酸，由六分子偏磷酸钠 $NaPO_3$ 聚合而成的 $(NaPO_3)_6$ 叫六聚偏磷酸钠等。

缩——代表两个以上的同种分子互相聚合时缩去 H_2O、NH_3 等小分子。如 $H_2S_2O_7$ 可看作是两个 H_2SO_4 聚合时缩去一个 H_2O 的生成物，就叫一水缩二硫酸，其中“一水”（或氨）通常略去，而叫缩二硫酸。

2. 基和根的命名

化合物分子中去掉某些原子或原子团后，剩余的原子团叫基，带有电荷的基（通常是离子形式）叫根。

基和根一般均从母体化合物而得名，称为某基或某根。例如：

NH_3	$H_2N—$	氨基
H_2SO_4	SO_4^{2-}	硫酸根

基和根也可连缀其所包括的元素来命名，价已满的元素的名称一般放在前面，价未满的放在后面。例如：

HO— 氢氧基　　HS— 氢硫基

有些基的名称用拼读的方法简化（如氢氧基拼为羟基），有些基则给予另外的命称。如

羟基	—OH
巯（音求）基	—SH
羰基	═CO
叠氮基	N_3—
铵根	NH_4^+

酰基：含氧酸分子中去掉羟基(—OH)后剩下的基。原叫作醯基，后简化为酰基。若酸的全部羟基均已去掉，剩余的基就叫某酰；若只去掉一部分羟基，剩余的基就叫某酸几酰

（几表示去掉的—OH数）。但—SO_2OH和—SOOH不叫硫酸一酰和亚硫酸一酰，而另定名为磺酸基和亚磺酸基。

H_3PO_4（磷酸）	H_2PO_3—	磷酸一酰（基）
	HPO_2 ═	磷酸二酰（基）
	PO ≡	磷酰（基）
HNO_3（硝酸）	NO_2—	硝酰；硝基
HNO_2（亚硝酸）	NO—	亚硝酰；亚硝基

3. 基的特定词头的意义

亚：比常见的基少一个氢原子而多一个化合价的基，冠以词头“亚”。例如：

NH_2— 氨基　　　　NH═ 亚氨基

过：—O—O—　过氧基　　—S—S—　过硫基

4. 二元化合物的命名

只含有两种元素的化合物叫二元化合物。二元化合物命名为某化某，负价元素的名称先读，正价元素的名称后读。对二元化合物中两种元素的原子个数的比，有下列两种表示方式。

第一种方式：用正价元素的化合价隐含两种元素的原子个数比。其中正价元素的化合价并不直接标明数值，而用“正”、“亚”、“高”等表示。对正价元素以最常见化合价形成的二元化合物，命名为正某化某，正字常省略；以低于最常见化合价形成的二元化合物，命名为某化亚某；以高于最常见化合价形成的二元化合物，命名为某化高某。例如：

Fe_2O_3	氧化铁	NiO	氧化镍	$SnCl_4$	氯化锡
FeO	氧化亚铁	Ni_2O_3	氧化高镍	$SnCl_2$	氯化亚锡

如果正价元素仅有一种化合价，则不存在“亚”、“高”等名称。如H、Li、Zn、K的氯化物仅有下列名称的氯化物：

HCl	氯化氢	$ZnCl_2$	氯化锌
LiCl	氯化锂	KCl	氯化钾

若正价元素通常仅有两种化合价时，元素以这两个化合价的任何一个形成的二元化合物，都可用这种方法命名，如FeO和Fe_2O_3。但不符合这两个化合价的特殊化合价，则不能按这种方法命名，如Fe_3O_4即不能用此法。

这种命名方式仅适用于金属以及氢的某些二元化合物。

第二种方式：用数字直接表示二元化合物的组成，凡不宜用第一种方式命名的，都可以用这种方式命名。按这种方式命名，二元化合物的名称中至少应包括一个数字词头，当名称中含有两个“一”字时可省去前一个（但不能省去后一个）。例如，NO不叫一氧化一氮，而省略成一氧化氮（但不能简化为氧化一氮，更不能简化为氧化氮）。

这种命名方式的适用范围如下。

（1）适用于非金属元素的二元化合物和虽含金属但极性很弱的二元化合物。如：

N_2O	一氧化二氮	B_4C	一碳化四硼
NO	一氧化氮	Fe_3C	一碳化三铁
N_2O_3	三氧化二氮	FeP	一磷化铁
CCl_4	四氯化碳	Fe_2P	一磷化二铁
Cl_2O_7	七氧化二氯	OF_2	二氟化氧

（2）极性二元化合物中正价元素的化合价不符合常见化合价的，可用这种方式命名。如：

Fe_3O_4　四氧化三铁　FeS_2　二硫化铁　As_2S_2　三硫化二砷

(3) 化合价在三种以上的金属元素，其二元化合物可用这种方式命名。例如：

MnO　一氧化锰　Mn_2O_3　三氧化二锰　MnO_2　二氧化锰

Mn_3O_4　四氧化三锰　Mn_2O_7　七氧化二锰

第一种方式与第二种方式并无十分严格的界限，在不引起概念混乱的前提下，实用中有些二元化合物常将两种方式并用。例如，Fe_2O_3 叫氧化铁，有时也叫三氧化二铁。

对含有某些特殊基的二元化合物，命名时要将基的名称包含进去。例如：

H_2O_2	H—O—O—H	过氧化氢
Na_2O_2	Na—O—O—Na	过氧化钠
Na_2S_2	Na—S—S—Na	过硫化钠

水溶液呈酸性的二元氢化物的命名，不服从上述规定。如 H_2S 叫硫化氢，而不叫硫化二氢。

5. 三元、四元等化合物命名

(1) 按根（或基）命名

三元、四元等化合物，若组成该化合物的根（基）具有特定名称，则尽可能将根当作一元，采用二元化合物命名法。例如：

KCN　氰化钾　$SOCl_2$　亚硫酰氯

$K_2Cr_2O_7$　重铬酸钾　NO_2Cl　硝酰氯

(2) 含多种负价（或正价）元素的在三元、四元化合物命名时的读音次序

几种负价组分（元素或根）同时与一种正价组分（元素或根）结合，或几种正价组分同时与一种负价组分结合，命名时尽可能将所有负价组分当作一元（或将所有正价组分当作一元），采用二元化合物的命名法。在名称中，负价组分（或正价组分）连续，阴性较强的组分先读，阳性较强的组分后读。例如：

混盐		复盐	
$BaClF$	氟氯化钡	$KAl(SO_4)_2$	硫酸铝钾
$ZrBr_2Cl_2$	二氯三溴化锆	$(NH_4)_2Fe(SO_4)_2$	硫酸亚铁胺
卤硫化物		卤氧化物	
$SiSBr_2$	二溴一硫化硅	CrO_2Cl_2	二氯二氧化铬

金属代铵化物

$(NH_2Hg_2)Cl$　氯化二亚汞铵

6. 无氧酸的命名

无氧酸一般都是二元氢化物，作为二元氢化物时，命名为某化氢。在水溶液中作为无氧酸时，命名为氢某酸（无氧酸中的 HCN 并不是二元化合物，但因 CN－基有特定名称，所以也按二元化合物命名）。例如：

化学式	作为二元氢化物	作为无氧酸
HF	氟化氢	氢氟酸
HCl	氯化氢	氢氯酸或盐酸
H_2S	硫化氢	氢硫酸
HCN	氰化氢	氢氰酸

7. 含氧酸的命名

含氧酸根据除氢、氧以外的第三种元素，命名为某酸。在含氧酸中，若一种元素可生成几种不同的酸，可按其中除氧、氢以外的第三种元素化合价的高低顺序，冠以高、亚、次等

字命名。对其中最常见的一种酸命名为正某酸，正字一般均略去，其他的酸若酸中主要元素（赖以命名的元素）比正酸中的高，则叫高某酸；若比正酸中的低，则冠以“亚”字，更低的冠以“次”字。例如：

$HClO_4$ 高氯酸　$HClO_3$ 氯酸　$HClO_2$ 亚氯酸　$HClO$ 次氯酸

含氧酸还根据某些特点，命名为原酸、偏酸、焦酸、过酸等。

原酸：含氧酸根的化合价与其中氧原子数相同的酸，称为原酸。命名时叫做原某酸。例如：

H_6SO_6 原硫酸　H_5PO_5 原磷酸　H_4SiO_4 原硅酸　H_6TeO_6 原碲酸（也简称碲酸）

偏酸：自一分子正酸脱去一分子水而成的酸，称为偏酸。如：

H_3PO_4（正磷酸）$-H_2O$——HPO_3（偏磷酸）

H_3BO_3（正硼酸）$-H_2O$——HBO_2（偏硼酸）

H_3AlO_3（正铝酸）$-H_2O$——$HAlO_2$（偏铝酸）

焦酸：自两个简单含氧酸分子脱去一分子水的，一般叫焦酸，也有的叫重（音虫）酸。例如：

$2H_2SO_4-H_2O$——$H_2S_2O_7$（焦硫酸）　$2H_2CrO_4-H_2O$——$H_2Cr_2O_7$（重铬酸）

过酸：由简单酰基取代 H—O—O—H 中的氢所形成的酸，叫过酸。根据简单酰基数目，命名时叫过几某酸。例如：

$$\text{H—O—O—}\overset{\overset{\displaystyle O}{\|}}{\underset{\underset{\displaystyle O}{\|}}{S}}\text{—OH}\quad\text{过一硫酸}\qquad \text{H—O—}\overset{\overset{\displaystyle O}{\|}}{\underset{\underset{\displaystyle O}{\|}}{S}}\text{—O—O—}\overset{\overset{\displaystyle O}{\|}}{\underset{\underset{\displaystyle O}{\|}}{S}}\text{—OH}\quad\text{过二硫酸}$$

连酸：由简单酰基直接相连或中间通过该成酸主要元素的原子连接而成的酸叫连酸，根据酰基的数目，叫连几某酸。例如：

$$\text{HO—}\overset{\overset{\displaystyle O}{\|}}{\underset{\underset{\displaystyle O}{\|}}{S}}\text{—}\overset{\overset{\displaystyle O}{\|}}{\underset{\underset{\displaystyle O}{\|}}{S}}\text{—OH}\quad H_2S_2O_6\quad\text{连二硫酸}$$

$$\text{HO—}\overset{\overset{\displaystyle O}{\|}}{\underset{\underset{\displaystyle O}{\|}}{S}}\text{—S—}\overset{\overset{\displaystyle O}{\|}}{\underset{\underset{\displaystyle O}{\|}}{S}}\text{—OH}\quad H_2S_3O_6\quad\text{连三硫酸}$$

硫代含氧酸的命名：含氧酸中的氧，一个或全部被硫所取代时，称为几硫代某酸，若酸中只有一个氧原子被取代，命名时“一”字可略去。例如：

$H_2S_2O_3$ 硫代硫酸　H_2CS_3 三硫代碳酸　H_3AsS_4 硫代砷酸

取代含氧酸的命令：含氧酸中的—OH 基被其他基取代后形成的酸叫取代含氧酸，一般从原来的酸命名为几某基某酸，当取代基只有一个时，“一”字予以略去。但含—SO_3OH、—SO_2H 的取代酸不叫某基硫酸、某基亚硫酸，而叫某基磺酸，某基亚磺酸。例如：

$NH_2PO(OH)_2$　氨基磷酸　　$(NH_2)_2P_2O_3(OH)_2$　二氨基焦磷酸

NH_2—SO—OH　氨基亚磺酸　　NH_2—SO_2—OH　氨基磺酸

8. 盐的命名

(1) 无氧酸盐的命名

无氧酸盐按二元化合物命名，叫做某化某。呈 $M_y(HS)_x$ 式的酸式氢硫酸盐，叫做氢硫化某。例如：

Na_2S　　硫化钠　　$MnCl_4$　　四氯化锰
$NaHS$　　氢硫化钠　　$Ba(HS)_2$　　氢硫化钡

(2) 含氧酸盐的命名

正盐的命名：仅由金属和酸根组成的盐叫正盐，有时还叫中式盐。正盐命名为某酸某(金属)。

无变价的金属盐，直接叫某酸某。有变价的，最常见的一种价的金属盐叫某酸某，高于这个价的叫某酸高某，低于这种价的叫某酸亚某。例如：

$Al_2(SO_4)_3$　　硫酸铝　　Cu_2CO_3　　碳酸亚铜　　$PbSO_4$　　硫酸铅
$CuCO_3$　　碳酸铜　　$Pb(SO_4)_2$　　硫酸高铅

酸式盐的命名：组成中除含有酸根和金属，还含有氢氧基的盐叫酸式盐。命名时，酸式盐中的氢用“氢”字表示，并要表明氢的个数。在不会造成概念混淆的情况下，也可以命名为酸式某酸某。例如：

NaH_2PO_4　　磷酸二氢钠　　Na_2HPO_4　　磷酸氢二钠
$NaHCO_3$　　碳酸氢钠(亦称酸式碳酸钠)

碱式盐的命名：除含有酸根和金属，还含有可被转换的氢的盐叫碱式盐。

含氢氧基的碱式盐命名时，氢氧基用“羟”字表示，其数目用一、二、三等标出，“一”字一般予以省略，读音时羟字置于金属名前。例如：

$Cu(OH)IO_3$　　碘酸羟铜

在不会引起混淆的情况下，某些碱式盐也直接叫碱式某酸某。例如：

$Cu_2(OH)_2CO_3$　　碱式碳酸铜

氧基盐也属于碱式盐。命名时氧基中的氧用“氧化”表示，也可根据基氧基直接命名为某酸氧某。例如：

	一般命名	用氧基命名
$BiONO_3$	硝酸氧化铋	硝酸氧铋
$VOSO_4$	硫酸氧化钒	硫酸氧钒

(3) 混盐和复盐的命名

二元或多元酸中的氢原子被不同金属原子所转换，或两种及两种以上的酸分子中的氢原子被同一金属原子所转换而成的盐叫混盐。由两种或两种以上的简单盐类所组成的晶形化合物叫复盐，又叫重盐。

对混盐或复盐命名时，同时有几个阴电性组分的，将阴电性较强的组分放在前面；同时有几个阳电性组分的，将阳电性较弱的放在前面。例如：

混盐：$Ca(OCl)Cl$　　氯化次氯酸钙　　$KNaCO_3$　　碳酸钠钾
复盐：$KAl(SO_4)_2 \cdot 12H_2O$　十二水合硫酸铝钾
或 $K_2SO_4 \cdot Al_2(SO_4)_3 \cdot 24H_2O$　二十四水合硫酸铝钾

9. 配合物的命名

命名配合物时，一般应表示出下列内容：①中心离子的名称和价态，价数用Ⅰ、Ⅱ、Ⅲ等表示(若中心离子无变价，也可以不标)；②配位体的名称和数目；③外界离子的名称。

命名配合物，一般按分子式从后向前的顺序叫出名称，在配位体与中心离子的名称之间须加一个“合”字。

(1) 含有配阳离子的配合物的命名

命名时的先后顺序：a. 与配阳离子结合的阴离子(外界离子)的数目及名称(数目为

一的略去不写)；b. 与中心离子结合的阴离子（配位体中的阴离子）个数及名称；c. 与中心离子结合的中性分子（配位体中的中性分子）的个数及名称；d. 中心离子的名称及价态。例如：

$[Co(NH_3)_5Cl]SO_4$　　硫酸一氯五氨(合)钴(Ⅲ)

$[Pt(NH_3)_5Cl]Cl_3$　　三氯化一氯五氨(合)铂(Ⅳ)

(2) 含有络阴离子的化合物的命名

命名时的先后顺序：a. 与中心离子结合的阴离子（或阴电性基）的个数及名称；b. 与中心离子结合的中性分子的个数及名称；c. 中心离子的名称及价态；d. 与络离子结合的阳离子（外界离子）的名称。在命名中，整个络阴离子被看作酸根。例如：

$K[Co(NH_3)_2(NO_2)_4]$　　四硝基二氨合钴(Ⅲ)酸钾

$[Cr(NH_3)_6][Co(CN)_6]$　　六氰合钴(Ⅲ)酸六氨合铬(Ⅲ)

(3) 中性的非电解质络合物的命名

在中性的非电解质络合物中，无外界阳离子，也无外界阴离子。命名时，按分子式自右向左叫出名称即可。其余原则同上。例如：

$[Co(NH_3)_3Cl_3]$　　三氯三氨合钴(Ⅲ)

$[Co(NH_3)_3(OH)_3]$　　三羟基三氨合钴(Ⅲ)

10. 加合物的命名

加合物是加成化合物的简称，其稳定性不如纯粹化合物。加合物命名时，用合字作介词，连缀其组成化合物的名称。常用的加合物为水合物和氨合物。例如：

$CaCl_2 \cdot H_2O$　　一水合氯化钙

$CuSO_4 \cdot 5H_2O$　　五水合硫酸铜

$CaCl_2 \cdot 8NH_3$　　八氨合氯化钙

11. 常见无机物英文名称中的前缀和后缀

(1) 无机物英文名称中的数字词头

1—mono，2—di，3—tri，4—tetra，5—penta，6—hexa，7—hepta，8—octa，9—nona，10—deca，11—undeca，12—dodeca

(2) 无机盐的英文后缀

① 二元化合物的英文后缀多数是-ide。例如：

NaCl—sodium chloride，K_2S—potassium sulfide，Li_3N—lithium nitride，CO—carbon monoxide，CO_2—carbon dioxide

② 过、高、正含氧酸盐的后缀为-ate，亚、次含氧酸盐的后缀为-ite。例如：

Na_2SO_4—sodium sulfate，Na_2SO_3—sodium sulfite，$KClO_4$—potassium perchlorate，$KClO_2$—potassium chlorite

(3) 无机酸的英文前缀和后缀

过、高、正含氧酸的后缀为-ic，亚、次含氧酸的后缀为-ous；过、高含氧酸的前缀per-，次含氧酸的前缀为 hypo-。例如：

$HClO_4$—perchloric acid，$HClO_3$—chloric acid，$HClO_2$—chlorous acid，HClO—hypochlorous acid，HNO_4—pernitric acid

偏酸的前缀为 meta-，焦酸的前缀为 pyro-，连酸则用数字前缀表示。例如：

HPO_3—metaphosphoric acid，$H_4P_2O_7$—pyrophosphoric acid，$H_2S_2O_4$—dithionnous acid，$H_2S_2O_6$—tetrathionic acid

12. 常见无机化合物的俗名

附表 3.1 常见无机化合物的俗名

名称	化学式	俗名或常见存在物	名称	化学式	俗名或常见存在物
一氧化二氮	N_2O	笑气	碳化硅	SiC	金刚砂
一氧化铅	PbO	黄丹，密陀僧	硝酸钾	KNO_3	钾硝石，火硝
二氧化碳	CO_2	碳酸气，碳酸酐，干冰(固态)	硝酸钠	$NaNO_3$	钠硝石，智利硝石
			硫酸亚铁	$FeSO_4 \cdot 7H_2O$	绿矾，黑矾，墨矾
二氧化硅	SiO_2	硅石，石英，水晶	硫代硫酸钠	$Na_2S_2O_3 \cdot 5H_2O$	大苏打，海波
三氧化二砷	As_2O_3	砒霜，白砒	硫酸铜	$CuSO_4 \cdot 5H_2O$	胆矾，兰矾
过氧化氢	H_2O_2	双氧水	硫酸锌	$ZnSO_4 \cdot 7H_2O$	皓矾
亚铁氰化钾	$K_4[Fe(CN)_6] \cdot 3H_2O$	黄血盐	硫酸铝钾	$KAl(SO_4)_2 \cdot 12H_2O$	明矾，白矾
铁氰化钾	$K_3[Fe(CN)_6]$	赤血盐	硫化钠	Na_2S	臭碱，黑碱，硫化碱
氯化汞	$HgCl_2$	升汞	硫酸铵	$(NH_4)_2SO_4$	硫铵，肥田粉
氯化亚汞	Hg_2Cl_2	甘汞	硫酸钠	$Na_2SO_4 \cdot 10H_2O$	芒硝，皮硝，朴硝
氯化镁	$MgCl_2 \cdot 6H_2O$	卤块、卤水	硫酸钠	Na_2SO_4	元明粉，无水芒硝
氯化铵	NH_4Cl	硇砂	硫酸镁	$MgSO_4 \cdot 7H_2O$	泻盐
氢氧化钠	$NaOH$	烧碱、火碱、苛性钠	硫酸钡(矿石)	$BaSO_4$	重晶石
氢氧化钾	KOH	苛性钾	硫酸钙	$CaSO_4 \cdot 2H_2O$	生石膏
氢氧化钙	$Ca(OH)_2$	消石灰、熟石灰	硫酸钙	$CaSO_4 \cdot 1/2H_2O$	熟石膏
氧化铝	Al_2O_3	矾土、刚玉	重铬酸钾	$K_2Cr_2O_7$	红矾，红矾钾
氧化汞	HgO	三仙丹	硅酸钠	Na_2SiO_3 ($xNa_2O \cdot ySiO_2$)	水玻璃，泡花碱
氧化钙	CaO	生石灰			
碳酸钾	K_2CO_3	钾碱	高锰酸钾	$KMnO_4$	灰锰氧
碳酸钠	Na_2CO_3	纯碱，面碱，苏打	氨	NH_3	阿莫尼亚
碳酸氢钠	$NaHCO_3$	小苏打	碱式碳酸铜	$CuCO_3 \cdot Cu(OH)_2$	铜绿，铜锈，铜蓝
碳酸钙	$CaCO_3$	石灰石，白垩，大理石	硫化汞	HgS	朱砂，辰砂，丹砂
碳化钙	CaC_2	电石	碱式碳酸铅	$2PbCO_3 \cdot Pb(OH)_2$	铅白，白铅粉

附表 3.2　某些矿物的表观特性

矿物名称		化学式	硬度	相对密度	光泽	颜色	主要用途
自然元素	自然金	Au	2.5～3	19.3(纯)	金属光泽	金黄	装饰品,货币
	自然硫	S	1～2	2.0～2.1	金刚光泽	黄	制造硫酸
	金刚石	C	10	3.5	金刚光泽	透明	硬切割材料,高温半导体
	石墨	C	1	2.2	金属光泽	钢灰铁黑	铅笔、电极、润滑剂
硫化物	辉银矿	Ag_2S	2～2.5	7.2～7.4	断口金属光泽	铅灰	炼银
	辉铜矿	Cu_2S	2～3	5.5～5.8	金属光泽	暗铅灰	炼铜
	斑铜矿	Cu_5FeS_4	3	4.9～5	金属光泽	蓝紫、斑状、赭色	炼铜
	闪锌矿	ZnS	3.5～4	3.9～4.1	有光	透明,半透明	炼锌
	硫镉矿	CdS	3～3.5	4.9～5	树脂光泽	柠檬黄、橙黄	炼镉,单晶用于雷达
	黄铜矿	$CuFeS_2$	3～4	4.1～4.3	金属光泽	铜黄、斑赭	炼铜
	方铅矿	PbS	2～3	7.4～7.6	同上	铅灰	炼铅,AggoBi 副产物
	辰砂	HgS	2～2.5	8.1	金刚光泽	红色	炼汞、单晶作激光调剂晶体
硫化物	雄黄	As_4S_4	1.5～2	3.6	同上	橘红	提取砷,制各种砷化物
	雌黄	As_2S_3	1.5～2	3.5	油脂、金刚光泽	柠檬黄	同上
	辉钼矿	MoS_2	1	5.0	金属光泽	铅灰	提炼钼和铼
	黄铁矿	FeS_2	6～6.5	5	同上	浅黄、褐赭	制硫酸、硫黄,含 CoNi 的可综合利用
	硫砷银矿	Ag_3AsS_3	2～2.5	5.6	金刚光泽	鲜红、半透明	炼银,单晶作激光调制晶体
卤化物	萤石	CaF_2	4	3.2	玻璃光泽	多种多样	冶炼熔剂、制 HF、光学材料
	冰晶石	Na_3AlF_6	2～3	3.0	玻璃、油脂光泽	无色至白色	电解制铝的熔剂
	食盐	NaCl	2	2.1～2.2	同上		食用、化工原料
	光卤石	$KCl \cdot MgCl_2 \cdot 6H_2O$	2～3		同上	无色	肥料、制钾和镁
氧化物	刚玉	Al_2O_3	9	3.9～4.1	玻璃光泽	蓝灰、黄灰	研磨材料、精密仪器轴承、宝石
	赤铁矿	Fe_2O_3	5.5～6	5.0～5.3	金属、半金属光泽	暗红	炼铁
	金红石	TiO_2	6	4.2～4.3	金刚光泽	褐红	炼钛
	锡石	SnO_2	6～7	6.8～7.0	同上	红褐透明	炼锡
	软锰矿	MnO_2	2～6	5	半金属光泽;暗	黑色	提炼锰
	晶质铀矿	$U_m^{4+}U_n^{6+}O_{2m+3n}$	5～6	10	半金属、树脂光泽	同上	原子能工业原料提取镭、稀土
	方钍石	$(Th,U)O_2$	6.5～7	8.9～9.7	树脂、半金属光泽	深灰至黑	提取铀、钍
	石英	SiO_2	7	2.6～2.7	玻璃光泽	无色透明	光学仪器、化学仪器、无线电、工艺品水晶、玛瑙
	钛铁矿	$FeTiO_3$	5～6	4.7	半金属光泽	钢灰至黑色	炼钛
	磁铁矿	Fe_3O_4	5.5～6.5	5.1～5.2	同上	铁黑	炼铁、提炼钒、钛、铬等
	铬铁矿	$(Mg,Fe)Cr_2O_4$	5.5～6.5	4.3～4.8	同上	黑	炼铬的唯一原料
	金绿宝石	$BeAlO_4$	8.5	3.7～3.8	玻璃光泽	黄绿色半透明	宝石、炼铍

续表

矿物名称		化学式	硬度	相对密度	光泽	颜色	主要用途
氧化物	黄钇钽矿	$YTaO_4$	5.5～6.5	6.2～7.1	断口油脂光泽	黄褐至黑褐	提炼铌、钽、钍、铀
	三水铝石	$Al(OH)_3$	2.5～3.5	2.3～2.4	玻璃光泽	白;灰绿褐	炼铝、耐火材料
	纤铁矿	$FeO(OH)$	5	4.1	半金属光泽	红、红褐	炼铁
	水锰矿	$Mn^{2+}Mn^{4+}O_2(OH)_2$	4	4.2～4.4	同上	深灰至黑色	炼锰
	硬锰矿	$(Be,H_2O)_2Mn_5O_{10}$	4～6	4.4～4.7	同上	灰黑	炼锰
硝酸盐	钠硝石	$NaNO_3$	1.5～2	2.2～2.3	玻璃光泽	无色或白色	制氮肥
碳酸盐	方解石	$CaCO_3$	3	2.7	同上	白色	烧制石灰、冶炼熔剂、晶体作偏振器
	菱镁矿	$MgCO_3$	3.5～4.5	2.9～3.5	同上	白色	耐火材料、炼镁
	菱铁矿	$FeCO_3$	3.5～4.5	4.0	同上	灰黄至浅褐	易氧化,分解转变为针织矿
	菱锰矿	$MnCO_3$	3.5～4	3.7	同上	玫瑰	炼锰
	白云石	$CaCO\cdot MgCO_3$	3.5～4	2.8～3.1	同上	无色白色	耐火材料、熔剂、化工原料
	文石(霰石)	$CaCO_3$	3.5～4	2.9～3.0	同上	同上	
	孔雀石	$Cu_2(CO_3)(OH)_2$	3.5～4	3.9～4.0	玻璃、金刚光泽	绿	红工石料、颜料、多时炼铜
	氟碳钡铈矿	$BaGe_2(CO_3)_3F_2$	4.5～4.7	4.2～4.7	同上	蜡黄	提炼稀土元素
	氟碳铈矿	$(Ge,La)(CO_3)F$	4.0～4.5	4.7～5.2	玻璃、油脂光泽	黄褐至浅绿	提炼铈和镧
硫酸盐钨酸翡	硬石膏	$CaSO_4$	3～3.5	2.9～3.0	同上	白色、无色、透明	水泥、医疗、造纸、美术
	重晶石	$BaSO_4$	3～3.5	4.5	同上	无色、白色	化工、医药、X射线防护
	天青石	$SrSO_4$	3～3.5	3.9～4.0	同上	白、蓝或无色透明	炼锶
	石膏	$CaSO_4\cdot 2H_2O$	2	2.3～2.4	同上	无色、白色	水泥、造型、造纸
	芒硝	$Na_2SO_4\cdot 10H_2O$	1.5～2	1.5	同上	白、无色透明	提炼钠、医用泻药
	胆矾	$CuSO_4\cdot 5H_2O$	2.5	2.1～2.3	同上	蓝	颜料、化工原料
	明矾石	$KAl_3(SO_4)_2(OH)_6$	3.5～4	2.6～2.9	同上	白、带浅灰黄	制明矾、钾肥
	白钨矿	$CaWO_4$	4.5	6.1	油脂、金刚光泽		炼钨
	钨锰矿	$MnWO_4$	4～4.5	7.2	半金属光泽		炼钨
钨酸盐	黑钨矿	$(Fe,Mn)WO_4$	4～4.5		同上		同上
磷酸盐	独居石	$(Ge,La\cdots)PO_4$	5～5.5	5～5.3	树脂、蜡状光泽	黄褐或红色	提炼稀土
	磷灰石	$Ca_5(PO_4)_3(F,Cl,OH)$	5	2.9～3.2	玻璃光泽	各种各样	磷肥、化学工业

续表

矿物名称		化学式	硬度	相对密度	光泽	颜色	主要用途
	钒钾铀矿	$K_2(UO_2)_2(V_2O_3)\cdot 3H_2O$	2	4.5	光泽暗淡	柠檬黄	提炼油
	锆石	$ZrSiO_4$	6～7.5	4.6～4.7	金刚光泽	红、黄、灰、绿	炼锆和铪、卫星外罩
	橄榄石	$(Mg,Fe)_2[SiO_4]$	6～7	3.2～4.4	玻璃、油脂光泽	白至浅黄	耐火材料
	石榴石	$A_3B_2(SiO_4)_3$ A^{2+}为 Mg、Fe、Mn、Ca，B^{3+}为 Fe、Cr、Al 等	6～7.5	3.5～4.3	玻璃光泽等	红色等	研磨料、透明的做宝石
	绿柱石	$Be_3Al_2Si_6O_{18}$	7.5～8	2.6～2.9		浅色透明	炼铍
	硬玉	$NaAlSi_2O_6$	6.5～7	3.2～4.4		绿、浅蓝、白色	俗名翡翠做玉器
硅酸盐	直闪石	$(Mg,Fe)_7(SiO_4O_{11})_2(OH)_2$	5.5～6	2.8～3.6			耐高温石棉
	滑石	$Mg_3Si_4O_{10}(OH)_2$	1	2.5～2.9		白色透明	耐火材料、填充剂漂白剂、陶瓷、珐琅
	蛇文石	$Mg_6Si_4O_{10}(OH)_3$	2.5～3.5	2.6	丝绢光泽	白至灰绿、褐色	建筑材料、耐火材料、石棉制品
	高岭石	$Al_4Si_4O_{10}(OH)_3$	1～3	2.6～2.7	无光、蜡状光泽	同上	陶瓷、电器、造纸、建材、橡胶工业
	白云母	$KAl_2AlSl_3O_{10}(OH,F)_2$	2.5～3	2.7～2.9	光泽	无色透明	电器工业，废料用于建材、橡胶工业等
	正长石	$KAlSi_3O_8$	6	2.5～6	玻璃光泽	肉红色	陶瓷工业
	霞石	$Na_3K[AlSiO_4]_4$	5.5～6	2.5～2.7	同上	无色透明，浅色	玻璃、陶瓷、炼铝
	沸石	$M_{x/n}[Al_xSi_yO_2]_{x+y}\cdot wH_2O$ M 为 Na、Ca、K 等，n 为电价，$y:x$ 在 1～5 间变化，w 可大可小	4～5.5	1.9～2.3	同上		分子筛等
硼酸盐	硼镁矿	$Mg_2[B_2O_4(OH)](OH)$	3～4	2.5～2.7	丝绢光泽	白色，微黄	提炼硼
	硼砂	$Na_2[B_4O_5(OH)_4]\cdot 8H_2O$	2～2.5		玻璃光泽	白色微带绿蓝	提炼硼

附录 4 某些单质、化合物的 $\Delta_f H_m^\ominus$、$\Delta_f G_m^\ominus$、$S_m^\ominus$

物质名称	$\Delta_f H_m^\ominus$ /kJ·mol^{-1}	$\Delta_f G_m^\ominus$ /kJ·mol^{-1}	$S_m^\ominus$ /kJ·mol^{-1}·K^{-1}	物质名称	$\Delta_f H_m^\ominus$ /kJ·mol^{-1}	$\Delta_f G_m^\ominus$ /kJ·mol^{-1}	$S_m^\ominus$ /kJ·mol^{-1}·K^{-1}
Ag(s)	0	0	42.70	AuI(s)	0.84	−3.18	119.2
AgBr(s)	−99.50	−95.94	107.1	Au_2O_3(s)	80.75	163.18	125.52
AgCl(s)	−127.03	−109.72	96.11	B(s)	0	0	6.53
$AgClO_3$(s)	−24.0	66.9	(158)①	BBr_3(g)	−186.61	−213.38	324.22
$AgClO_4$(s)	−32.4	87.9	(162)	BBr_3(l)	−220.92	−219.24	228.86
AgF(s)	−202.92	−184.93	83.68	BCl_3(g)	−395.39	−380.33	289.91
AgI(s)	−62.38	−66.32	114.22	H_3BO_3(s)	−1088.68	−963.16	89.58
$AgNO_2$(s)	−44.4	−19.8	128	BF_3(g)	−1110.43	−1093.28	253.97
$AgNO_3$(s)	−123.14	−32.18	140.92	B_2H_6(g)	31.38	28.84	232.88
Ag_2CO_3(s)	−506.14	−437.14	167.36	B_2O_3(s)	−1263.57	−1184.07	54.02
Ag_2O(s)	−30.57	−10.82	121.71	Ba(s)	0	0	66.94
Ag_2S(s,α)	−31.8	−40.25	145.60	$BaCO_3$(s)	−1218.80	−1138.88	112.13
Ag_2SO_4(s)	−713.37	−615.76	200.0	$BaCl_2$(s)	−860.06	−810.86	125.52
Al(s)	0	0	28.32	BaO(s)	−558.15	−528.44	70.29
$AlBr_3$(s)	−526.3	−505.0	184.1	$Ba(OH)_2$(s)	−946.42	−856.47	94.98
$AlCl_3$(s)	−695.38	−636.81	167.36	BaO_2(s)	−629.09	−568.19	65.69
AlF_3(s)	−1301.22	−1230.10	96.23	BaS(s)	−443.50	−437.23	78.24
AlI_3(s)	−314.6	−313.8	200.8	$BaSO_4$(s)	−1465.24	−1353.11	132.21
AlN(s)	−241.4	−209.6	20.9	Be(s)	0	0	9.54
Al_2O_3(s,α)	−1699.79	−1576.41	50.99	$BeCl_2$(s)	−511.70	−467.77	(85.77)
$Al(OH)_3$(s,无定形)	−1275.70	−1137.63	(71.13)	BeO(s)	−610.86	−5813.58	14.10
$Al_2(SO_4)_3$(s)	−3434.98	−3091.93	239.32	$BeSO_4$(s)	−1196.62	−1088.68	89.96
Al_2S_3(s)	−508.77	−492.46	96.23	BeS(s)	−233.89	−233.89	(38.91)
As(s)	0	0	35.15	Bi(s)	0	0	56.9
$AsBr_3$(s)	−195.0	−160.2	161.1	$BiCl_3$(s)	−379.11	−318.95	189.54
$AsCl_3$(l)	−355.6	−295.0	233.5	Bi_2O_3(s)	−576.97	−496.64	151.46
$AsCl_3$(g)	−299.16	−286.60	327.19	BiOCl(s)	−365.26	−322.17	86.19
AsF_3(g)	−913.37	−898.30	289.03	Bi_2S_3(s)	−183.26	−164.85	147.70
AsH_3(g)	171.54	175.73	217.57	Br_2(l)	0	0	152.30
AsI_3(s)	−57.3	−44.5	205	Br_2(g)	30.7	3.14	245.35
As_4O_6(s)	−1313.53	−1152.11	214.22	C(石墨)	0	0	5.69
As_2O_5(s)	−914.62	−772.37	105.44	CCl_4(l)	−139.49	−68.74	214.43
As_2S_3(s)	−146.44	−135.81	(112.13)	CF_4(g)	−679.90	−635.13	262.34
Au(s)	0	0	47.70	CH_4(g)	−74.85	−50.79	186.19
AuBr(s)	−18.4	−15.5	113	C_2H_6(g)	−84.67	32.89	229.49
$AuBr_3$(s)	−54.4	−24.7	100.4	CO(g)	−110.52	−137.27	197.91
AuCl(s)	−35.1	−15.6	100.4	CO_2(g)	−393.51	−394.84	213.64
$AuCl_3$(s)	−118.4	−48.5	146.4	$COCl_2$(g)	−223.01	−210.50	289.24

续表

物质名称	$\Delta_f H_m^\ominus$ /kJ · mol^{-1}	$\Delta_f G_m^\ominus$ /kJ · mol^{-1}	$S_m^\ominus$ /kJ · mol^{-1} · K^{-1}	物质名称	$\Delta_f H_m^\ominus$ /kJ · mol^{-1}	$\Delta_f G_m^\ominus$ /kJ · mol^{-1}	$S_m^\ominus$ /kJ · mol^{-1} · K^{-1}
CS_2(g)	115.27	65.06	237.82	Cu(s)	0	0	33.3
CS_2(l)	87.86	63.60	151.04	CuBr(s)	−105.02	−99.62	91.63
$(CN)_2$(g)	307.94	296.27	242.09	CuCl(s)	−135.98	−117.99	84.52
Ca(s)	0	0	41.63	CuI(s)	−67.78	−69.54	96.65
$CaBr_2$(s)	−674.9	−656.0	129.7	Cu_2O(s)	−166.69	−146.36	100.83
CaC_2(s)	−62.78	−67.78	60.29	Cu_2S(s)	−79.50	−86.19	120.92
$CaCO_3$(方解石)	−1206.88	−1128.76	92.89	$CuBr_2$(s)	−141.42	−126.78	(94.56)
$CaCO_3$(霰石,文石)	−1207.04	−1127.71	88.70	$CuCl_2$(s)	−218.82	−175.73	(112.13)
$CaC_2O_4 \cdot H_2O$(沉淀)	−1669.8	−1508.8	156.0	$Cu(OH)_2$(s)	−443.92	−356.90	(79.50)
$CaCl_2$(s)	−794.96	−750.19	113.80	CuO(s)	−155.23	−127.19	43.51
CaF_2(s)	−1214.62	−1161.90	68.87	CuS(s)	−48.53	−48.95	66.53
CaI_2(s)	−534.7	−529.7	142.3	$CuSO_4$(s)	−769.86	−661.91	113.39
$Ca(NO_2)_2$(s)	−746.0	−603.3	164.4	$CuSO_4 \cdot 5H_2O$(s)	−2277.98	−1879.87	305.43
$Ca(NO_3)_2$(s)	−937.2	−742.0	164.4	F_2(g)	0	0	203.34
CaO(s)	−635.55	−604.17	193.3	Fe(s)	0	0	27.15
$Ca(OH)_2$(s)	−986.59	−896.76	39.75	$FeBr_2$(s)	−251.1	−237.7	134.7
$Ca_3(PO_4)_2$(s,α)	−4126	−3890	76.15	$FeCl_2$(s)	−341.0	−302.1	119.7
$CaHPO_4$(s)	−1820.9	−1679.9	241.0	FeI_2(s)	−125.4	−129.3	157.3
$Ca(H_2PO_4)_2$(沉淀)	−3114.6	−2811.7	87.9	FeO(s)	−266.52	−244.35	53.87
$CaSO_4$(s)	−1432.72	−1320.3	189.5	$FeO \cdot Cr_2O_3$(s)	−1317.5	−1329.3	146.0
$CaSO_4 \cdot 2H_2O$(s)	−2021.12	−1795.73	106.69	$Fe(OH)_2$(s)	−568.19	−483.55	79.50
$CaSiO_3$(s)	−1584.1	−1498.71	193.97	FeS(s,α)	−95.06	−97.57	67.36
Cd(g)	112.8	78.20	82.01	FeS_2(s)	−177.90	−166.69	53.14
Cd(s)	0	0	167.6	$FeSO_4$(s)	−922.57	−829.69	(511.4)
$CdBr_2$(s)	−314.4	−293.5	52	$FeCl_3$(s)	−405.01	−336.39	(130.12)
$CdCO_3$(s)	−747.68	−670.28	133.5	Fe_2O_3(s)	−822.16	−740.99	89.96
$CdCl_2$(s)	−389.11	−372.59	105.44	Fe_3O_4(s)	−1120.89	−1014.20	146.02
CdO(s)	−254.64	−225.06	118.41	$Fe(OH)_3$(s)	−824.25	−694.54	(96.23)
$Cd(OH)_2$(s)	−557.56	−470.53	54.81	Ga(g)	276.1	238.5	169.0
CdS(s)	−144.35	−140.58	95.40	Ga(s)	0	0	42.7
$CdSO_4$(s)	−926.17	−820.02	71.13	$GaCl_3$(s)	−524.7	−492.9	133.5
Cl_2(g)	0	0	137.24	Ga_2O_3(s)	−1079.5	−992.4	100.4
ClO_2(g)	103.3	123.4	233	Ge(s)	0	0	42.43
ClO_3(g)	154.8	—	249.4	$GeCl_4$(l)	−569.02	−497.90	251.04
Cl_2O(g)	76.15	−93.72	266.5	GeO_2(s,沉淀)	−589.94	−531.37	(56.21)
Cl_2O_7(g)	265.2	—	—	H_2(g)	0	0	131
Co(s)	0	0	28.45	HBr(g)	−36.23	−53.22	198.48
$CoCl_2$(s)	−317.15	−274.05	106.27	H_2CO_3(aq)	−698.73	−623.42	191.21
$CoCO_3$(s)	—	−650.90	—	HCl(g)	−92.31	−95.27	186.68
CoO(s)	−230.96	−205.02	43.9	HCl(aq)	−167.46	−131.17	55.23
$Co(OH)_2$(s)	−540.99	−456.06	(82.01)	HF(g)	−268.61	−270.70	175.31
CoS(s,沉淀)	−80.75	−82.84	67.36	HF(aq)	−329.11	−294.60	108.76
$CoSO_4$(s)	−859.81	−753.54	−113.39	HI(g)	25.94	1.30	206.33
Cr(s)	0	0	23.77	HN_3(g)	294.1	328.4	237.4
$CrCl_3$(s)	−563.17	−493.17	125.52	HNO_2(aq)	−118.83	−53.64	—
CrF_3(s)	−1109.60	−1038.89	(92.88)	HNO_3(aq)	−173.23	−79.91	155.60
CrO_3(s)	−590.8	—	73.27	$H_2C_2O_4$(s)	−826.76	−697.89	120.08
Cr_2O_3(s)	−1128.42	−1046.83	81.17	H_2O(g)	−241.83	−228.59	188.72

续表

物质名称	$\Delta_f H_m^{\ominus}$ /kJ·mol^{-1}	$\Delta_f G_m^{\ominus}$ /kJ·mol^{-1}	$S_m^{\ominus}$ /kJ·mol^{-1}·K^{-1}	物质名称	$\Delta_f H_m^{\ominus}$ /kJ·mol^{-1}	$\Delta_f G_m^{\ominus}$ /kJ·mol^{-1}	$S_m^{\ominus}$ /kJ·mol^{-1}·K^{-1}
$H_2O(l)$	−285.84	−237.19	69.94	$Li(g)$	155.1	122.1	138.7
$H_2O_2(l)$	−187.61	−113.97	(92.05)	$Li(s)$	—	—	28.0
$H_2O_2(aq)$	−191.13	−131.67		$LiAlH_4(s)$	−101.3	—	—
$H_2S(g)$	−20.15	−33.02	205.64	$LiBH_4(s)$	−186.6	—	—
$H_2S(aq)$	−39.33	−27.36	122.17	$LiCl(s)$	−406.78	−383.67	(55.23)
$H_2SO_4(aq)$	−907.51	−741.99	17.15	$Li_2CO_3(s)$	−1215.62	−1132.44	90.37
$H_2Se(g)$	85.8	71.1	221.3	$LiF(s)$	−612.12	−584.09	35.86
$H_2Te(g)$	−154.4	138.5	234.3	$LiNO_2(s)$	−404.2	−332.6	89.1
$H_3AsO_4(s)$	−900.4	—		$LiNO_3(s)$	−482.33	−387.53	(105.44)
$H_4P_2O_7(s)$	−2251.0	—		$LiOH(s)$	−487.23	−443.09	42.68
$Hg(g)$	60.84	31.76	174.89	$Li_2O(s)$	−595.80	−560.24	37.91
$Hg(l)$	0	0	77.40	$Li_2SO_4(s)$	−1434.40	−1324.65	(112.97)
$Hg_2Br_2(s)$	−206.77	−178.72	212.97	$Mg(g)$	150.21	115.48	148.55
$Hg_2Cl_2(s)$	−264.93	−210.66	195.81	$Mg(s)$	0	0	32.51
$Hg_2I_2(s)$	−120.96	−111.29	239.32	$MgCO_3(s)$	−1112.94	−1029.26	65.69
$Hg_2SO_4(s)$	−741.99	−623.92	200.75	$MgCl_2(s)$	−641.83	−592.33	89.54
$HgBr_2(s)$	−169.45	−147.36	(155.64)	$MgO(s)$	−601.83	−569.57	26.78
$HgCl_2(s)$	−230.12	−185.77	(144.35)	$Mg(OH)_2(s)$	−924.66	−833.75	63.14
HgI_2(s,红)	−105.44	−100.71	(178.24)	$Mg(OH)Cl(s)$	−800.40	−732.20	82.84
HgO(s,红)	−90.71	−58.53	71.97	$Mg_2Si(s)$	−77.82	—	—
HgS(s,红)	−58.16	−48.83	77.82	$MgSO_4(s)$	−1278.21	−1173.21	91.63
$HgSO_4(s)$	−704.17	−589.94	136.40	$Mn(s)$	—	—	31.76
$I_2(g)$	62.24	19.37	260.58	$MnCO_3(s)$	−894.96	−817.55	85.77
$I_2(s)$	0	0	116.73	$MnCl_2(s)$	−482.42	−441.41	117.15
$In_2O_3(s)$	−930.94	−838.89	(121.34)	$MnO(s)$	−384.93	−363.17	60.25
$In_2(OH)_3(s)$	−537.23	−463.17	(138.07)	$MnO_2(s)$	−519.65	−464.84	53.14
$In_2(SO_4)_3(s)$	−2907.88	−2566.47	(280.5)	$Mn_2O_3(s)$	−971.1	−888.3	92.5
$K(g)$	90.00	61.2	160.2	$Mn_3O_4(s)$	−1386.1	−1280.3	148.5
$K(s)$	0	0	63.60	$Mn(OH)_2$(沉淀)	−697.89	−614.63	88.28
$KAl(SO_4)_2(s)$	−2465.38	−2235.47	204.60	$MnC_2O_4(s)$	−1080.31	−979.89	(117.15)
$KBr(s)$	−392.17	−378.07	96.44	MnS(s,红)	−199.16	—	—
$KCl(s)$	−435.87	−408.32	82.68	$MnSO_4(s)$	−1063.74	−955.96	112.13
$KClO_3(s)$	−391.20	−289.91	142.97	$N_2(g)$	0	0	191.49
$KClO_4(s)$	−435.5	−304.2	151	$NH_3(g)$	−46.19	−16.64	192.51
$KF(s)$	−594.13	−533.13	66.57	$NH_3(aq)$	−80.84	−26.61	—
$K_4Fe(CN)_6(s)$	−523.42	−351.46	(360.66)	$NH_4Cl(s)$	−315.39	−203.89	94.56
$K_3Fe(CN)_6(s)$	−137.22	−13.81	322.2	$NH_4HCO_3(s)$	−85.87	−67.07	118.41
$KI(s)$	−327.65	−322.29	104.35	$(NH_4)_2SO_4(s)$	−1179.3	−900.35	220.29
$KMnO_4(s)$	−813.37	−713.79	171.71	$N_2H_4(l)$	50.4	—	—
$KNO_2(s)$	−370.3	−281.2	117.2	$N_2H_4(aq)$	34.14	127.9	138.1
$KNO_3(s)$	−492.71	−393.13	132.93	$NO(g)$	90.37	86.69	210.62
$K_2OH(s)$	−425.85	−374.47	(59.41)	$NO_2(g)$	33.85	51.84	240.45
$K_2O_2(s)$	−280.33	−208.36	(46.86)	$N_2O(g)$	81.55	−103.60	220.00
$K_2CO_3(s)$	−1146.12	−1069.01	140.58	$N_2O_4(g)$	9.66	−8929	304.30
$K_2C_2O_4(s)$	−1342.2	−1241.4	169.6	$N_2O_5(s)$	−41.84	−133.89	113.39
$K_2CrO_4(s)$	−1414.91	−1299.13	186.61	$Na(g)$	108.70	−78.12	153.62
$K_2Cr_2O_4(s)$	−2095.77	—	—	$Na(s)$	0	0	51.05
$K_2SO_4(s)$	−1433.69	−1316.37	175.73	$NaAc(s)$	−710.44	—	—

续表

物质名称	$\Delta_f H_m^{\ominus}$ /kJ · mol^{-1}	$\Delta_f G_m^{\ominus}$ /kJ · mol^{-1}	$S_m^{\ominus}$ /kJ · mol^{-1} · K^{-1}	物质名称	$\Delta_f H_m^{\ominus}$ /kJ · mol^{-1}	$\Delta_f G_m^{\ominus}$ /kJ · mol^{-1}	$S_m^{\ominus}$ /kJ · mol^{-1} · K^{-1}
NaBr(s)	−359.95	−347.69	85.77	PbS(s)	−94.31	−92.68	91.21
NaCl(s)	−411.00	−384.03	72.38	$PbSO_4$(s)	−918.39	−811.24	147.28
NaF(s)	−596.02	−540.99	58.58	S(s)	0	0	32
NaH(s)	−57.3	—	—	S_2Cl_2(l)	−60.3	−24.69	167.4
$NaHCO_3$(s)	−947.68	−851.86	102.00	SCl_4(l)	−56.9	—	—
NaI(s)	−288.03	−237.23	92.47	SF_6(g)	−1096.21	−991.61	290.79
$NaNO_2$(s)	−359.4	−283.7	105.9	SO_2(g)	−296.06	−300.37	248.53
$NaNO_3$(s)	−424.84	−365.89	116.32	SO_3(g)	−395.18	−370.37	256.23
NaOH(s)	−426.73	−376.98	52.30	$SOCl_2$(l)	−205.9	—	—
Na_2CO_3(s)	−1130.94	−1047.67	135.98	SO_2Cl_2(l)	−389.1	—	—
Na_2O(s)	−415.9	−376.6	72.8	SO_2Cl_2(g)	—	−307.94	—
Na_2O_2(s)	−540.6	−430.1	66.9	Sb(s)	0	0	43.87
NaO_2(s)	−259.0	−194.6	39.8	$SbCl_3$(s)	−382.17	−324.76	(187.19)
Na_2S(s)	−373.2	−362.3	97.1	SbF_3(s)	−908.77	−835.96	105.44
Na_2SO_3(s)	−1090.4	−1002.1	146	Sb_4O_6(s)	1409.17	−1246.83	246.02
Na_2SO_4(s)	−1384.5	−1266.8	149.5	Sb_2O_5(s)	−980.73	−838.09	125.10
$Na_2SO_4 \cdot 10H_2O$(s)	−4324.16	−3643.95	587.85	Sb_2S_3(s)	150.62	−133.89	(126.78)
Na_2SiO_3(s)	−1518.79	−1426.74	113.80	$SeCl_4$(s)	−188.28	−97.49	(184.10)
Ni(s)	0	0	30.12	SeF_6(g)	−1029.26	−928.85	314.22
$NiCO_3$(s)	−664.00	−615.05	91.63	SeO_2(s)	−230.12	−173.64	56.90
$NiCl_2$(s)	−315.89	−272.38	107.11	SeO_3(s)	−172.9	—	—
NiO(s)	−244.35	−216.31	38.58	Si(s)	0	0	18.70
$Ni(OH)_2$(s)	−538.06	−453.13	79.50	SiC(s)	−65.3	−62.8	16.5
NiS(s,γ)	—	−114.22	—	$SiCl_4$(g)	−609.61	−569.86	331.37
$NiSO_4$(s)	−891.19	−773.62	77.82	$SiCl_4$(l)	−640.15	−572.79	239.32
O_2(g)	0	0	205.0	SiF_4(g)	−1548.08	−1506.24	284.51
O_3(g)	−142.26	163.43	237.7	SiO_2(s)	−859.39	−805.00	41.84
P(s,白)	0	0	44.35	Sn(s)	0	0	51.45
PCl_3(g)	−306.35	−286.27	311.67	$SnCl_2$(s)	−349.78	−302.08	(112.59)
PCl_3(l)	−338.9	−287.02	—	$SnCl_4$(l)	−545.18	−474.05	258.57
PCl_5(g)	−398.94	−324.55	352.71	$Sn(OH)_2$(s)	−578.65	−492.04	96.65
PH_3(g)	9.25	18.24	210.04	SnO(s)	−286.19	−257.32	56.48
P_4O_6(l)	−1130.4	—	142.4	SnO_2(s)	−580.74	−519.65	52.30
P_4O_{10}(s)	−3012	—	240	SnS(s)	−77.82	−82.42	98.74
$POCl_3$(g)	−592.0	−545.2	324.6	Sr(s)	0	0	54.39
Pb(s)	—	—	64.89	$SrBr_2$(s)	−715.9	−695.8	141.4
$PbBr_2$(s)	−277.02	−260.41	161.50	$SrCl_2$(s)	−828.4	−781.2	117.2
$Pb(Ac)_2$(s)	−964.41	—	(167.36)	$SrCO_3$(s)	−1221.3	−1137.6	97.1
$PbCO_3$(s)	−699.98	−626.35	130.96	SrF_2(s)	−1214.6	−1162.3	89.5
$PbCl_2$(s)	−359.20	−313.97	136.40	SrI_2(s)	−566.9	−564.8	164.0
$PbCrO_4$(s)	−942.2	−851.7	152.7	$Sr(NO_2)_2$(s)	−750.2	−607.1	175.7
PbF_2(s)	−663.16	−619.65	121.34	$Sr(NO_3)_2$(s)	−975.9	−778.2	198.3
PbF_4(s)	−930.1	−745.2	(148.5)	SrO(s)	−590.36	−559.82	54.39
PbI_2(s)	−175.1	−173.8	177.0	SrS(s)	−452.29	−407.52	71.13
PbO(s)	−219.24	189.33	67.78	$SrSO_4$(s)	−1444.74	−1334.28	121.75
PbO_2(s)	−276.65	−218.99	76.57	Te(s)	0	0	49.70
Pb_3O_4(s)	−734.7	−617.6	211.3	$TeCl_4$(s)	−323.01	−237.23	(209.20)
$Pb(OH)_2$(s)	−514.63	−420.91	87.86	TeF_6(g)	−1317.96	−1221.73	337.52

续表

物质名称	$\Delta_f H_m^\ominus$ /kJ·mol⁻¹	$\Delta_f G_m^\ominus$ /kJ·mol⁻¹	$S_m^\ominus$ /kJ·mol⁻¹·K⁻¹	物质名称	$\Delta_f H_m^\ominus$ /kJ·mol⁻¹	$\Delta_f G_m^\ominus$ /kJ·mol⁻¹	$S_m^\ominus$ /kJ·mol⁻¹·K⁻¹
TeO_2(s)	−325.06	−270.03	71.09	Zn(s)	0	0	41.63
Ti(s)	0	0	30.29	$ZnBr_2$(s)	−327.1	−310.2	137.4
TiC(s)	−225.94	−221.75	24.27	$ZnCO_3$(s)	−812.53	−731.36	82.43
$TiCl_4$(g)	−763.2	(−726)	352	$ZnCl_2$(s)	−415.89	−369.28	108.37
TiN(s)	−305.43	−276.56	30.13	ZnI_2(s)	−209.1	−209.2	159
TiO_2(s)	−912.11	−852.70	50.25	ZnO(s)	−347.98	−318.19	43.93
TiO_2(s,水合)	−866.09	−821.32	—	$Zn(OH)_2$(s)	−642.24	−554.80	(83.26)
Tl(s)	0	0	64.44	ZnS(闪锌矿)	−202.92	−198.32	—
TlCl(s)	−204.97	−184.99	108.37	ZnS(纤锌矿)	−189.54	−184.93	57.74
Tl_2O(s)	−175.31	−135.98	99.58	$ZnSO_4$(s)	−978.55	−871.57	124.68
TlOH(s)	−238.07	−190.37	71.13	Zr(s)	0	0	38.41
Tl_2S(s)	−87.03	−87.86	(163.18)	$ZrBr_4$(s)	−803.33	−766.09	(217.99)
W(g)	−843.5	−801.7	173.9	$ZrCl_4$(s)	−962.32	−874.46	186.19
W(s)	0	0	33.5	ZrF_4(s)	−1861.88	−1775.27	134.31
WO_2(s)	−570.3	−520.5	71.1	ZrI_4(s)	−543.92	−543.92	268.19
WO_3(s)	−840.3	−763.5	88.3	ZrN(s)	−343.92	−315.47	38.62
W_2O_5(s)	−1413.8	−1284.1	142.3	ZrO_2(s)	−1080.31	−1022.57	50.33
Zn(g)	130.50	94.94	160.87				

①（ ）括号内为参考值。

附录5 某些水合离子的 $\Delta_f H_m^\ominus$、$\Delta_f G_m^\ominus$、$S_m^\ominus$

水合离子	$\Delta_f H_m^\ominus$ /kJ·mol^{-1}	$\Delta_f G_m^\ominus$ /kJ·mol^{-1}	$S_m^\ominus$ /kJ·mol^{-1}·K^{-1}
Ag^+	105.90	77.11	73.93
$Ag(NH_3)_2^+$	−111.81	−17.41	241.84
Al^{3+}	−524.67	−481.16	313.38
AlO^{2-}	−914.6	−856.5	104.6
H_3AsO_4	−898.7	−769.0	206.3
$H_2AsO_4^-$	−904.6	−748.5	117.2
$HAsO_4^{2-}$	−898.7	−707.1	
AsO_4^{3-}	−870.3	−636.0	144.8
Au^+	—	163.18	
Ba^{2+}	−538.36	−560.66	12.55
Be^{2+}	−389.11	−356.48	(−230.12)
BiO^+	—	−144.52	
Br^-	−120.92	−102.82	80.71
CN^-	151.0	165.7	118.0
OCN^-	−140.2	−98.74	130.1
SCN^-	72.0	88.7	150.6
Ca^{2+}	−542.96	−553.04	−55.23
Cd^{2+}	−72.38	−77.74	61.09
$Cd(NH_3)_4^{2+}$	—	−224.81	
Cl^-	−167.46	−131.17	55.23
ClO_3^-	−98.32	−2.60	163.17
ClO_4^-	−131.42	−10.33	180.75
Co^{2+}	(−59.41)	−53.56	(−112.97)
Cr^{2+}	−138.91	−176.15	
Cr^{3+}	−256.06?	−215.48	−307.52
CrO_4^{2-}	−894.33	−736.80	38.49
$Cr_2O_7^{2-}$	−1522.98	1319.63	213.80
Cu^+	51.88	50.21	−26.36
Cu^{2+}	64.39	64.98	−99.74
$Cu(NH_3)_4^{2+}$	−334.30	−170.7	
$Co(NH_3)_6^{3+}$	—	−230.96	
HCO_3^-	−691.1	−587.1	95.0
CO_3^{2-}	−676.3	−528.1	53.1
$H_2C_2O_4$	−818.3	−697.9	
$HC_2O_4^-$	−818.8	−690.9	
$C_2O_4^{2-}$	−818.8	−666.9	44.4
CH_3COOH	−488.5	−399.6	
CH_3COO^-	−488.9	−372.5	
F^-	−329.11	−276.48	9.62
Fe^{2+}	−87.86	−84.94	113.39
Fe^{3+}	−47.70	−10.59	293.30
Ga^{3+}	−210.9	−153.1	347.3
H^+	0	0	0
Hg_2^{2+}	—	152.09	
Hg^{2+}	174.01	164.77	22.59
I^-	−55.94	−51.67	109.37
I_3^-	51.88	−51.51	238.91
IO_3^+	—	−134.9	117.2
In^{3+}	−133.9	−99.16	259.4
K^+	−251.21	−282.25	102.51
Li^+	−278.46	−293.80	14.23
Mg^{2+}	−461.96	−456.01	−117.99
Mn^{2+}	−223.01	−227.61	83.68
MnO_4^-	−542.6	−449.36	189.95
NH_4^+	−132.80	−79.50	112.84
Na^+	−239.66	−261.87	60.25
Ni^{2+}	−64.02	−48.24	
$Ni(NH_3)_4^{2+}$	—	−196.23	
NO_2^-	−106.27	−34.52	125.10
NO_3^-	−206.57	−110.58	146.44
OH^-	−229.48	−157.30	10.5
Pb^{2+}	−1.63	−24.31	21.34
Pb^{4+}	—	302.5	
H_3PO_4	−1289.5	−1147.3	176.1
$H_2PO_4^-$	−1302.5	−1135.1	89.1
HPO_4^{2-}	−1298.7	−1094.1	36.0
PO_4^{3-}	−1284.07	−1025.50	−217.57
S^{2-}	35.82	92.47	−26.78
H_2SO_3	−608.8	−538.0	79.4
HSO_3^-	−635.6	−527.2	108.8
SO_3^{2-}	−635.6	−485.8	29.3
H_2SO_4	−907.5	−742.0	17.2
HSO_4^-	−885.8	−752.9	126.9
SO_4^{2-}	−907.5	−742.0	17.2
$S_2O_3^{2-}$	−609.6	−518.8	33.5
$S_2O_4^{2-}$	−476.0	−599.6	117.2
$S_2O_8^{2-}$	−1356.9	−1096.2	(146.4)
$HSeO_3^-$	−516.7	−411.3	127.2
SeO_3^{2-}	−512.1	−373.8	16.3
$HSeO_4^-$	−598.7	−452.7	92.0
SeO_4^{2-}	−609.7	−441.1	23.9
SiF_6^{2-}	−2336.4	−2138.0	50.2
Sn^{4+}	—	−2.7	
Sn^{2+}	−10.00	−26.25	24.69
Sr^{2+}	−545.51	−557.31	39
Tl^+	5.77	−32.45	127.19
Ti^{3+}	195.81	209.20	(175.73)
Zn^{2+}	−152.42	−147.21	106.48
$Zn(NH_3)_4^{2+}$	—	−307.52	

附录6 弱酸、弱碱的电离常数（298K）

弱电解质	电离常数	弱电解质	电离常数
H_3AsO_4	$K_1=6.3\times10^{-3}$	H_2S	$K_1=1.3\times10^{-7}$
	$K_2=1.0\times10^{-7}$		$K_2=7.1\times10^{-15}$
	$K_3=3.2\times10^{-12}$	HSO_4^-	$K_2=1.0\times10^{-2}$
$HAsO_2$	$K=6.0\times10^{-10}$	H_2SO_3	$K_1=1.3\times10^{-2}$
H_3BO_3	$K=5.8\times10^{-10}$		$K_2=6.3\times10^{-8}$
H_2CO_3	$K_1=4.2\times10^{-7}$	H_2SiO_3	$K_1=1.7\times10^{-10}$
	$K_2=5.6\times10^{-11}$		$K_2=1.6\times10^{-12}$
$H_2C_2O_4$	$K_1=5.9\times10^{-2}$	CH_3COOH	$K=1.8\times10^{-5}$
	$K_2=6.4\times10^{-5}$	$CH_2ClCOOH$	$K=1.4\times10^{-3}$
HCN	$K=6.2\times10^{-10}$	$CHCl_2COOH$	$K=5.0\times10^{-2}$
$HCrO_4^-$	$K=3.2\times10^{-7}$	CCl_3COOH	$K=2.3\times10^{-1}$
HF	$K=7.2\times10^{-4}$		
HNO_2	$K=5.1\times10^{-4}$	p-$C_6H_4(COOH)_2$	$K_1=1.1\times10^{-3}$
H_3PO_4	$K_1=7.6\times10^{-3}$		$K_2=3.6\times10^{-6}$
	$K_2=6.3\times10^{-8}$	EDTA	$K_1=1.0\times10^{-2}$
	$K_3=4.4\times10^{-13}$		$K_2=2.1\times10^{-3}$
$H_4P_2O_7$	$K_1=3.0\times10^{-2}$		$K_3=6.9\times10^{-7}$
	$K_2=4.4\times10^{-3}$		$K_4=5.5\times10^{-11}$
	$K_3=2.5\times10^{-7}$	$NH\cdot H_2O$	$K=1.8\times10^{-5}$
	$K_4=5.6\times10^{-10}$	H_2NNH_2	$K_1=3.0\times10^{-6}$
H_3PO_3	$K_1=5.0\times10^{-2}$		$K_2=8.9\times10^{-16}$
	$K_2=2.5\times10^{-7}$	$Ca(OH)_2$	$K=5.0\times10^{-2}$

附录7　难溶化合物的溶度积（室温）

难溶物	溶度积	难溶物	溶度积
Ag_3AsO_4	1.0×10^{-23}	$Cd_2[Fe(CN)_6]$	3.2×10^{-17}
$AgBr$	5.0×10^{-13}	$Cd(OH)_2$（新制）	2.5×10^{-14}
Ag_2CO_3	7.9×10^{-12}	$CdC_2O_4\cdot3H_2O$	1.6×10^{-8}
$AgCl$	1.8×10^{-10}	CdS	8×10^{-27}
Ag_2CrO_4	2.0×10^{-12}	$CoCO_3$	1.4×10^{-13}
$AgCN$	1.6×10^{-14}	$Co_2[Fe(CN)_6]$	1.8×10^{-15}
$AgOH$	2.0×10^{-8}	$Co(OH)_2$（新制）	2×10^{-15}
AgI	8.9×10^{-17}	$Co(OH)_3$	2×10^{-44}
Ag_3PO_3	1.6×10^{-21}	$Co[Hg(SCN)_4]$	1.5×10^{-6}
Ag_2SO_4	6.3×10^{-5}	CoC_2O_4	4.0×10^{-6}
AgS	2×10^{-49}	α-CoS	4×10^{-21}
$AgSCN$	1.0×10^{-12}	β-CoS	2×10^{-25}
$Al(OH)_3$	1.3×10^{-33}	$Cr(OH)_3$	6×10^{-31}
$BaCO_3$	5.1×10^{-9}	H_3CrO_3	1×10^{-15}
$BaCrO_4$	2.0×10^{-10}	$CuBr$	2.0×10^{-9}
BaF_2	1.6×10^{-6}	$CuCl$	2.0×10^{-6}
$BaC_2O_4\cdot H_2O$	1.6×10^{-7}	$CuCN$	3×10^{-20}
$Ba_3(PO_4)_2$	2×10^{-23}	CuI	1.1×10^{-12}
$BaSO_4$	1.1×10^{-10}	$CuOH$	1×10^{-14}
$BaSO_3$	1.0×10^{-8}	Cu_2S	2.5×10^{-50}
BaS_2O_3	1.0×10^{-4}	$CuSCN$	4.8×10^{-15}
$BiO(OH)$	1×10^{-12}	$Cu_2Fe(CN)_6$	1.3×10^{-16}
BiI_3	8.1×10^{-19}	$Cu(IO_3)_2$	1.3×10^{-7}
$BiOCl$	6.3×10^{-10}	$Cu(OH)_2$	2.6×10^{-19}
$BiONO_3$	2.5×10^{-4}	CuS	6×10^{-36}
$BiPO_4$	1.3×10^{-20}	$FeCO_3$	3.2×10^{-11}
Bi_2S_3	1.6×10^{-92}	$FePO_4$	1.3×10^{-22}
$CaCO_3$	2.5×10^{-9}	Hg_2Br_2	4.0×10^{-22}
CaF_2	4.0×10^{-11}	Hg_2CO_3	1×10^{-16}

续表

难溶物	溶度积	难溶物	溶度积
$CaC_2O_4 \cdot H_2O$	2.5×10^{-9}	Hg_2Cl_2	1.3×10^{-19}
$Ca_3(PO_4)_2$	1.0×10^{-25}	$Hg_2(OH)_2$	2×10^{-24}
$CaSO_4$	9.1×10^{-6}	Hg_2I_2	4.5×10^{-29}
$CaSO_3$	1.0×10^{-4}	HgI_2	5×10^{-29}
$CdCO_3$	2.5×10^{-14}	$Hg_2C_2O_4$	1×10^{-15}
Hg_2SO_4	5.0×10^{-7}	PbI_2	1.3×10^{-8}
Hg_2S	1×10^{-45}	PbC_2O_4	3.2×10^{-11}
HgS	4×10^{-53}	$Pb_3(PO_4)_2$	3×10^{-44}
$MgCO_3$	1.0×10^{-5}	$PbSO_4$	1.6×10^{-8}
MgF_2	6.3×10^{-9}	PbS	1×10^{-28}
$Mg(OH)_2$	1.8×10^{-11}	$Pb(OH)_4$	3×10^{-66}
MgC_2O_4	7.9×10^{-6}	$Sb(OH)_3$	4×10^{-42}
$Mg_3(PO_4)_2$	6×10^{-28}	Sb_2S_3	2×10^{-93}
$MnCO_3$	7.9×10^{-11}	$Sn(OH)_2$	1.4×10^{-27}
$Mn(OH)_2$	4.0×10^{-14}	SnS	1×10^{-26}
$Mn(OH)_4$	1×10^{-56}	$Sn(OH)_4$	1×10^{-56}
MnC_2O_4	4.0×10^{-5}	SnS_2	3×10^{-27}
MnS(晶)	2×10^{-15}	$SrCO_3$	1.6×10^{-9}
NH_4MgPO_4	2.5×10^{-13}	$SrCrO_4$	4.0×10^{-5}
$NiCO_3$	1.3×10^{-7}	SrF_2	3.2×10^{-9}
$Ni(OH)_2$(新制)	2×10^{-15}	$SrC_2O_4 \cdot H_2O$	1.6×10^{-7}
NiC_2O_4	1×10^{-7}	$Sr_3(PO_4)_2$	4.1×10^{-28}
$Ni_3(PO_4)_2$	5×10^{-31}	$SrSO_4$	2.5×10^{-7}
α-NiS	3×10^{-19}	$SrSO_3$	4.0×10^{-8}
β-NiS	1×10^{-24}	$Ti(OH)_3$	1×10^{-40}
γ-NiS	2×10^{-26}	$TiO(OH)_2$	1×10^{-29}
$PbBr_2$	6.3×10^{-6}	$ZnCO_3$	1.4×10^{-10}
$PbCO_3$	1.6×10^{-15}	$Zn_2[Fe(CN)_6]$	4.1×10^{-16}
$PbCl_2$	2.0×10^{-4}	$Zn(OH)_2$	1.2×10^{-17}
$PbCrO_4$	2.8×10^{-13}	$H_2Zn(OH)_4$	1×10^{-20}
$Fe(OH)_2$	8.0×10^{-16}	$Zn_3(PO_4)_2$	9.1×10^{-33}
FeS	4×10^{-19}	α-ZnS	2×10^{-22}
$Fe(OH)_3$	4×10^{-38}	β-ZnS	2×10^{-24}
$Pb(OH)_2$	2.5×10^{-16}	PbF_2	4.0×10^{-8}

附录8 标准电极电势（298K）

电极反应	标准电极电势/V	电极反应	标准电极电势/V
$Li^+ + e^- = Li$	−3.03	$Tl + e^- = Tl$	−0.336
$K^+ + e^- = K$	−2.925	$Co^{2+} + 2e^- = Co$	−0.29
$Ba^{2+} + 2e^- = Ba$	−2.91	$H_3PO_4 + 2H^+ + 2e^- = H_3PO_3 + H_2O$	−0.28
$Sr^{2+} + 2e^- = Sr$	−2.89	$PbCl_2 + 2e^- = Pb + 2Cl^-$	−0.266
$Ca^{2+} + 2e^- = Ca$	−2.87	$V^{3+} + e^- = V^{2+}$	−0.255
$Na^+ + e^- = Na$	−2.713	$Ni^{2+} + 2e^- = Ni$	−0.25
$Mg^{2+} + 2e^- = Mg$	−2.37	$AgI(s) + e^- = Ag + I^-$	−0.152
$Ce^{3+} + 3e^- = Ce$	−2.33	$Sn^{2+} + 2e^- = Sn$	−0.14
$Al^{3+} + 3e^- = Al$	−1.66	$Pb^{2+} + 2e^- = Pb$	−0.126
$Zn(OH)_4^{2-} + 2e^- = Zn + 4OH^-$	−1.216	$Cu(NH_3)_2^+ + e^- = Cu + 2NH_3$	−0.12
$Mn^{2+} + 2e^- = Mn$	−1.17	$CrO_4^{2-} + 4H_2O + 3e^- = Cr(OH)_4^- + 4OH^-$	−0.12
$BF_4{}^- + 3e^- = B + 4F^-$	−1.04	$O_2(g) + H_2O + 2e^- = HO^{2-} + OH^-$	−0.067
$Sn(OH)_6^{2-} + 2e^- = Sn(OH)_3^- + 3OH^-$	−0.93	$Cu(NH_3)_4^{2+} + e^- = Cu(NH_3)_2^+ + 2NH_3$	−0.01
$Se + 2e^- = Se^{2-}$	−0.92	$2H^+ + 2e^- = H_2(g)$	0
$Sn(OH)_3^- + 2e^- = Sn + 3OH^-$	−0.91	$P(白) + 3H^+ + 3e^- = PH_3(g)$	0.06
$H_3BO_3 + 3H^+ + 3e^- = B + 3H_2O$	−0.87	$AgBr(s) + e^- = Ag + Br^-$	0.071
$Cr^{2+} + 2e^- = Cr$	−0.86	$S_4O_6^{2-} + 2e^- = 2S_2O_3^{2-}$	0.09
$SiO_2 + 4H^+ + 4e^- = Si + H_2O$	−0.85	$Hg_2Br(s) + 2e^- = 2Hg + 2Br^-$	0.1392
$2H_2O + 2e^- = H_2(g) + H_2O$	−0.828	$S + 2H^+ + 2e^- = H_2S$	0.14
$Zn^{2+} + 2e^- = Zn$	−0.7628	$Sn^{4+} + 2e^- = Sn^{2+}$	0.14
$Ag_2S(s) + 2e^- = 2Ag + S^{2-}$	−0.71	$Cu^{2+} + e^- = Cu^+$	0.16
$AsO_4^{3-} + 2H_2O + 2e^- = AsO_2^- + 4OH^-$	−0.67	$Co(OH)_3 + e^- = Co(OH)_2 + OH^-$	0.17
$SO_3^{2-} + 3H_2O + 4e^- = S + 6OH^-$	−0.66	$SO_4^{2-} + 4H^+ + 2e^- = H_2SO_3 + H_2O$	0.17
$As + 3H^+ + 3e^- = AsH_3$	−0.61	$SbO^+ + 2H^+ + 3e^- = Sb + H_2O$	0.21
$TeO_3^{2-} + 3H_2O + 4e^- = Te^- + 6OH^-$	−0.57	$AgCl(s) + e^- = Ag + Cl^-$	0.2223
$Ga^{3+} + 3e^- = Ga$	−0.56	$HAsO_2 + 3H^+ + 2e^- = As + 2H_2O$	0.248
$Fe(OH)_3 + e^- = Fe(OH)_2 + OH^-$	−0.56	$Hg_2Cl(s) + 2e^- = 2Hg + 2Cl^-$	0.2676
$HPbO_2{}^- + H_2O + 2e^- = Pb + 3OH^-$	−0.54	$Bi^{3+} + 3e^- = Bi$	0.293
$Sb + 3H^+ + 3e^- = SbH_3$	−0.51	$BiO^+ + 2H^+ + 3e^- = Bi + H_2O$	0.32
$H_3PO_3 + 2H^+ + 2e^- = H_3PO_2 + H_2O$	−0.50	$VO_2{}^+ + 4H^+ + e^- = V^{3+} + 2H_2O$	0.34
$2CO_2 + 2H^+ + 2e^- = H_2C_2O_4$	−0.49	$Cu^{2+} + 2e^- = Cu$	0.34
$S + 2e^- = S^{2-}$	−0.48	$Fe(CN)_6^{3-} + e^- = Fe(CN)_6^{4-}$	0.355
$Fe^{2+} + 2e^- = Fe$	−0.44	$2SO_2(aq) + 2H^+ + 4e^- = S_2O_3^{2-} + H_2O$	0.40
$Cu(CN)_2^- + e^- = Cu + 2CN^-$	−0.43	$O_2 + 2H_2O + 4e^- = 4OH^-$	0.401
$Cr^{3+} + e^- = Cr^+$	−0.41	$H_2SO_3 + 4H^+ + 4e^- = S + 3H_2O$	0.45
$Cd^{2+} + 2e^- = Cd$	−0.403	$ReO_4^- + 4H^+ + 3e^- = ReO_2 + 2H_2O$	0.51
$Se^- + 2H^+ + 2e^- = H_2Se$	−0.40	$Cu^+ + e^- = Cu$	0.52
$SeO_3^{2-} + 3H_2O + 4e^- = Se^- + 6OH^-$	−0.366	$I_2 + 2e^- = 2I^-$	0.535
$PbSO_4(s) + 2e^- = Pb + SO_4^{2-}$	−0.356	$H_3AsO_4 + 2H^+ + 2e^- = HAsO_2 + 2H_2O$	0.56
$In^{3+} + 3e^- = In$	−0.34	$MnO_4^- + e^- = MnO_4^{2-}$	0.56

续表

电极反应	标准电极电势/V	电极反应	标准电极电势/V
$Sb_2O_5+6H^++4e^-=2SbO^++3H_2O$	0.58	$MnO_2(s)+4H^++2e^-=Mn^{2+}+2H_2O$	1.23
$MnO_4^-+2H_2O+3e^-=MnO_2+4OH^-$	0.588	$Fe_3O_4+8H^++2e^-=3Fe^{2+}+4H_2O$	1.23
$2HgCl+2e^-=Hg_2Cl_2(s)+2Cl^-$	0.63	$Cr_2O_7^{2-}+14H^++6e^-=2Cr^{3+}+7H_2O$	1.33
$AsO_2^-+2H_2O+3e^-=As+4OH^-$	0.68	$Cl_2(g)+2e^-=2Cl^-$	1.3595
$O_2(g)+2H^++2e^-=H_2O_2$	0.682	Au(Ⅲ)$+e^-=$Au(Ⅰ)	1.41
$BrO^-+H_2O+2e^-=Br^-+2OH^-$	0.76	$BrO_3^-+6H^++6e^-=Br^-+3H_2O$	1.44
$Fe^{3+}+e^-=Fe^{2+}$	0.771	$ClO_3^-+6H^++6e^-=Cl^-+3H_2O$	1.45
$Hg_2^{2+}+2e^-=2Hg$	0.789	$HIO+H^++e^-=1/2I_2+H_2O$	1.45
$Ag^++e^-=Ag$	0.7994	$PbO_2(s)+4H^++2e^-=Pb^{2+}+2H_2O$	1.455
$NO_3^-+2H^++e^-=NO_2(g)+H_2O$	0.80	$ClO_3^-+6H^++5e^-=1/2Cl_2(g)+3H_2O$	1.47
$Hg^{2+}+2e^-=Hg$	0.845	$HClO+H^++2e^-=Cl^-+H_2O$	1.49
$Cu^{2+}+I^-+e^-=CuI$	0.86	Au(Ⅲ)$+3e^-=Au$	1.50
$HO_2^-+H_2O+2e^-=3OH^-$	0.88	$HBrO+H^++e^-=1/2Br_2+H_2O$	1.5
$ClO^-+H_2O+2e^-=Cl^-+2OH^-$	0.89	$MnO_4^-+8H^++5e^-=Mn^{2+}+4H_2O$	1.51
$2Hg^{2+}+2e^-=Hg_2^{2+}$	0.920	$BrO_3^-+6H^++5e^-=1/2Br_2+3H_2O$	1.51
$NO_3^-+3H^++2e^-=HNO_2+H_2O$	0.94	$Ce^{4+}+e^-=Ce^{3+}$	1.61
$HNO_2+H^++e^-=NO(g)+H_2O$	0.98	$HClO+H^++e^-=1/2Cl_2(g)+H_2O$	1.63
$HIO+H^++2e^-=I^-+H_2O$	0.99	$MnO_4^-+4H^++3e^-=MnO^2+2H_2O$	1.68
$VO_2^++2H^++e^-=VO^{2+}+H_2O$	0.999	$PbO_2+SO_4^{2-}+4H^++2e^-=PbSO_4+2H_2O$	1.69
$H_6TeO_6+2H^++2e^-=Te^-O_2+4H_2O$	1.06	$H_5IO_6+2H^++2e^-=HIO_3+3H_2O$	1.70
$NO_2+H^++e^-=HNO_2$	1.07	$BrO_4^-+2H^++2e^-=BrO_3^-+H_2O$	1.76
$Br_2(aq)+2e^-=2Br^-$	1.08	$H_2O_2+2H^++2e^-=2H_2O$	1.77
$SeO_4^{2-}+4H^++2e^-=H_2SeO_3+H_2O$	1.15	$Co^{3+}+e^-=Co^{2+}$	1.80
$ClO_4^-+2H^++2e^-=ClO_3^-+H_2O$	1.19	$S_2O_8^{2-}+2e^-=2SO_4^{2-}$	2.00
$IO_3^-+6H^++5e^-=1/2I_2+3H_2O$	1.20	$O_3(g)+2H^++2e^-=O_2(g)+H_2O$	2.07
$HCrO_4^-+7H^++3e^-=Cr^{3+}+4H_2O$	1.20	$F_2(g)+2e^-=2F^-$	2.87
$O_2(g)+4H^++4e^-=2H_2O$	1.229		

附录9 配（络）离子稳定常数（室温）

络离子	稳定常数	络离子	稳定常数
$Ag(CN)_4^-$	$\beta_2=1.25\times10^{21}$	$Fe(C_2O_4)_3^{3-}$	$K_1=1\times10^8$
	$\beta_4=5.0\times10^{20}$		$K_2=2.0\times10^6$
$Ag(NH_3)_2^+$	$\beta_2=1.1\times10^7$		$K_3=1.6\times10^4$
$Ag(SCN)_{2-}$	$\beta_2=1.3\times10^9$		$\beta_3=3.2\times10^{18}$
$Ag(S_2O_3)_3^{3-}$	$\beta_2=4\times10^{13}$	$Fe(NCS)_3$	$K_1=2\times10^2$
$Al(C_2O_4)_3^{3-}$	$\beta_3=6.2\times10^{16}$		$K_2=87$
$Al(F)_6^{3-}$	$\beta_6=7.0\times10^{19}$		$K_3=25$
$Ba(OH)^+$	$\beta=4.3$		$\beta_3=4.4\times10^5$
$BiCl_4^-$	$\beta_4=2\times10^7$	$FeHPO_4^+$	$\beta_1=2.5\times10^9$
BiI_6^{3-}	$\beta_6=6.3\times10^{18}$	FeF_3	$K_1=1.92\times10_5$
$Bi(SCN)_6^{3-}$	$\beta_6=1.6\times10^4$		$K_2=1.05\times10^4$
$CdCl_2$	$\beta_2=3.2\times10^2$		$K_3=5.75\times10^2$
$Cd(CN)_4^{2-}$	$\beta_4=8\times10^{18}$		$\beta_3=1.15\times10^{12}$
$Cd(NH_3)_4^{2+}$	$\beta_4=1.3\times10^7$	$HgBr_4^{2-}$	$\beta_4=1.0\times10^{21}$
$Cd(S_2O_3)_3^{4-}$	$\beta_3=2.13\times10^6$	$HgCl_4^{2-}$	$\beta_4=1.2\times10^{15}$
$Co(CN)_6^{4-}$	$\beta_6=1.25\times10^{19}$	$Hg(CN)_4^{2-}$	$\beta_4=3.2\times10^{41}$
$Co(NH_3)_6^{2+}$	$\beta_6=1.29\times10^5$	$Hg(NH_3)_4^{2+}$	$\beta_4=1.9\times10^{19}$
$Co(NH_3)_6^{3+}$	$\beta_6=3.2\times10^{32}$	HgI_4^{2-}	$\beta_4=6.75\times10^{29}$
$CuCl_4^{2-}$	$\beta_3=2.0\times10^5$	$Ni(CN)_4^{2-}$	$\beta_4=2.0\times10^{31}$
	$\beta_4=1.1\times10^5$	$Ni(NH_3)_6^{2+}$	$\beta_6=3.1\times10^8$
$Cu(CN)_4^{3-}$	$\beta_4=2\times10^{30}$	$Pb(Ac)_3^-$	$\beta_3=2.95\times10^3$
$Cu(en)_2^{2+}$	$\beta_1=3.6\times10^{10}$	$Pb(CN)_4^{2-}$	$\beta_4=1.0\times10^{11}$
	$\beta_2=4.0\times10^{19}$	$Pb(OH)_3^-$	$\beta_3=2\times10^{13}$
$Cu(NH_3)_2^+$	$\beta_2=6.3\times10^{10}$	$Zn(CN)_4^{2-}$	$\beta_4=5\times10^{16}$
$Cu(NH_3)_4^{2+}$	$\beta_4=4.68\times10^{12}$	$Zn(C_2O_4)_2^{2-}$	$\beta_2=4\times10^7$
$Cu(P_2O_7)_3{}^{5-}$	$\beta_3=6.95\times10^{13}$	$Zn(NH_3)_4^{2+}$	$\beta_4=2.9\times10^9$
$FeCl_3$	$\beta_3=13.5$	$Zn(OH)_4^{2-}$	$\beta_4=2.9\times10^{15}$
$Fe(CN)_6^{4-}$	$\beta_6=1\times10^{35}$	$Zn(P_2O_7)_2^{6-}$	$\beta_2=2.9\times10^6$
$Fe(CN)_6^{3-}$	$\beta_6=1\times10^{42}$	$Zn(SCN)_3^-$	$\beta_3=1\times10^{18}$

附录 10 常见化学键的键长和键能

键	键能/kJ·mol^{-1}	键长/pm	键	键能/kJ·mol^{-1}	键长/pm
H—H	432.0	74.2	N—O	201	140
H—F	535.1	91.8	N═O	607	121
H—Cl	404.5	127.4	P—P(P_4)	201	221
H—Br	339.1	140.8	P≡P	481	189.3
H—I	272.2	160.8	P—F(PF_3)	490	154
H—O	458.8	96	P—Cl(PCl_3)	326	203
H—S	363	134	P—Br(PBr_3)	264	
H—N	386	101	P—O	335	160
H—P	322	144	P═O	约 544	186
H—C	411	109	P═S	约 335	
H—CN	531	106.6	As—As(As_4)	146	243
H—Si	318	148	As═As	380	
H—Ge	289	153	As—F(AsF_3)	484	171.2
H—Sn	251	170	As—Cl($AsCl_3$)	321.7	216.2
H—B	389	119	As—O	301	178
B—B	293		As═O	约 389	
B—F	613.1	130	Sb—Sb(Sb_4)	121	
B—Cl	456	175	Sb≡Sb	295.4	
B—Br	377	195	Sb—F(SbF_3)	约 440	
C—C	345.6	154	Sb—Cl($SbCl_3$)	314.6	232
C═C	602	134	Bi—Bi	105	
C≡C	835.1	120	Bi≡Bi	192	
C—F	485.0	135	Bi—F(BiF_3)	约 393	
C—Cl	327.2	177	Bi—Cl($BiCl_3$)	274.5	248
C—Br	285	194	HO—OH	207.1	
C—I	213	214	O═O	498	
C—N	304.6	147	O—F	189.5	142
C═N	615		S—S(S_8)	226	205
C≡N	887	116	S═S	424.7	188.7

续表

键	键能/kJ·mol^{-1}	键长/pm	键	键能/kJ·mol^{-1}	键长/pm
C—O	357.7	143	S—Cl(S_2Cl_2)	225	207
C═O	798.9	120	Se═Se	272	215.2
C≡O	1071.9	112.8	Se—F(SeF_6)	284.9	
C—S	272	183	F(SeF_4)	310	
C═S	573	160	Se—(SeF_2)	约 351	
C—Si	318	185	Se—Cl($SeCl_4$)	192	
Si—Si	222	235.2	F—F	154.8	141.8
Si—F	565	157	Cl—Cl	239.7	198.8
Si—Cl	381	202	Cl—OH	218	
Si—Br	310	216	O—ClO	243	
Si—I	234	244	Cl—F(ClF_5)	约 142	
Si—O	452	166	(ClF_3)	172.4	169.8
Sn—Sn	146.4		(ClF)	248.9	162.8
Sn—F(SnF_2)	48		Br—Br	189.1	228.4
Sn—Cl	323	233	Br—F(BrF_3)	201	
Sn—Br	272.8	246	I—I	148.95	266.6
Pb—F(SnF_2)	394.1		I—F(IF_6)	231	183
Pb—Cl($PbCl_2$)	303.8	242	(IF_5)	267.8	175.2
H_2N—NH_2	247	145	(IF_3)	约 272	
N═N	418	125	(IF)	277.8	191
N≡N	941.69	109.8	Xe—F(XeF_6)	126.2	190
N—F	283	136	(XeF_4)	130.4	195
N—Cl	313	175	(XeF_2)	130.8	200

参考文献

[1] 宋天佑等编．无机化学．北京：高等教育出版社，2004.
[2] 宋天佑编．简明无机化学．北京：高等教育出版社，2006.
[3] 唐宗熏编．中级无机化学．北京：高等教育出版社，2003.
[4] 朱文祥编．中级无机化学．北京：高等教育出版社，2004.
[5] 武汉大学，吉林大学等校编．无机化学．第三版．北京：高等教育出版社，1994.
[6] 北京师范大学等编．无机化学．第四版．北京：高等教育出版社，2002.
[7] 大连理工大学无机化学教研室编．无机化学．第三版．北京：高等教育出版社，1990.
[8] 徐家宁，史苏华，宋天佑编．无机化学例题与习题．北京：高等教育出版社，2000.
[9] 项斯芬编著．无机化学新兴领域导论．北京：北京大学出版社，1988.
[10] 宋其圣，孙思修编．无机化学教程．济南：山东大学出版社，2001.
[11] 宋其圣，杨永会，孙思修编．无机化学习题集．济南：山东大学出版社，1996.
[12] 严宣中，王长富编著．普通无机化学．第二版．北京：北京大学出版社，1999.
[13] 华彤文，陈景祖编．普通化学原理．第三版．北京：北京大学出版社，2005.
[14] 史启祯主编．无机化学与化学分析．第二版．北京：高等教育出版社，2005.
[15] 印永嘉，姚天扬等编．化学原理．北京：高等教育出版社，2006.
[16] 印永嘉等编著．物理化学简明教程．第四版．北京：高等教育出版社，2007.
[17] 傅献彩，沈文霞，姚天扬编．物理化学．第五版．北京：高等教育出版社，2005.
[18] 邢其毅等编．基础有机化学．第三版．北京：高等教育出版社，2005.
[19] 周公度，段连运编著．结构和物性．北京：高等教育出版社，2000.
[20] 武汉大学编．分析化学．第五版．北京：高等教育出版社，2005.
[21] 申潘文主编．近代化学导论．北京：高等教育出版社，2002.
[22] 陈寿椿编．重要无机化学反应．第二版．上海：上海科学技术出版社，1982.
[23] 彼得·J·柯林斯著．液晶自然界中的奇妙物相．阮丽真译．上海：上海科学教育出版社，2002.
[24] 王良御，谬松生编著．液晶化学．北京：科学出版社，1988.
[25] Cotton F A，Wilkinson G，，Murillo C A，Bochmann M. Advanced inorganic chemistry. John Wiley & Sons，Inc.，1999.
[26] Miessler G L. Inorganic chemistry. Tarr D A. Scientific Publications，1998.
[27] Sienko J，Plane R A. Chemistry. McGraw-Hill，Inc.，1976.
[28] John A，Bean. Lange's Handbook of Chemistry. Fifteenth Edition，McGraw-Hill，Inc.

元素周期表

IUPAC 2013

族 / 周期	1 ⅠA	2 ⅡA	3 ⅢB	4 ⅣB	5 ⅤB	6 ⅥB	7 ⅦB	8	9 ⅧB(Ⅷ)	10	11 ⅠB	12 ⅡB	13 ⅢA	14 ⅣA	15 ⅤA	16 ⅥA	17 ⅦA	18 ⅧA(0)	电子层
1	−1 +1 1 H 氢 $1s^1$ 1.008																	2 He 氦 $1s^2$ 4.002602(2)	K
2	+1 3 Li 锂 $2s^1$ 6.94	+2 4 Be 铍 $2s^2$ 9.0121831(5)											+3 5 B 硼 $2s^22p^1$ 10.81	−4 +2 +4 6 C 碳 $2s^22p^2$ 12.011	−3 −2 −1 +1 +2 +3 +4 +5 7 N 氮 $2s^22p^3$ 14.007	−2 −1 8 O 氧 $2s^22p^4$ 15.999	−1 9 F 氟 $2s^22p^5$ 18.998403163(6)	10 Ne 氖 $2s^22p^6$ 20.1797(6)	L K
3	−1 +1 11 Na 钠 $3s^1$ 22.98976928(2)	+2 12 Mg 镁 $3s^2$ 24.305											+3 13 Al 铝 $3s^23p^1$ 26.9815385(7)	−4 +2 +4 14 Si 硅 $3s^23p^2$ 28.085	−3 −2 +1 +3 +5 15 P 磷 $3s^23p^3$ 30.973761998(5)	−2 +2 +4 +6 16 S 硫 $3s^23p^4$ 32.06	−1 +1 +3 +5 +7 17 Cl 氯 $3s^23p^5$ 35.45	18 Ar 氩 $3s^23p^6$ 39.948(1)	M L K
4	−1 +1 19 K 钾 $4s^1$ 39.0983(1)	+2 20 Ca 钙 $4s^2$ 40.078(4)	+3 21 Sc 钪 $3d^14s^2$ 44.955908(5)	−1 0 +2 +3 +4 22 Ti 钛 $3d^24s^2$ 47.867(1)	0 ±1 +2 +3 +4 +5 23 V 钒 $3d^34s^2$ 50.9415(1)	−3 0 ±1 ±2 +3 +4 +5 +6 24 Cr 铬 $3d^54s^1$ 51.9961(6)	−2 0 ±1 +2 ±3 +4 +5 +6 +7 25 Mn 锰 $3d^54s^2$ 54.938044(3)	−2 0 ±1 +2 +3 +4 +5 +6 26 Fe 铁 $3d^64s^2$ 55.845(2)	0 ±1 +2 +3 +4 +5 27 Co 钴 $3d^74s^2$ 58.933194(4)	0 ±1 +2 +3 +4 28 Ni 镍 $3d^84s^2$ 58.6934(4)	+1 +2 +3 +4 29 Cu 铜 $3d^{10}4s^1$ 63.546(3)	+1 +2 30 Zn 锌 $3d^{10}4s^2$ 65.38(2)	+1 +3 31 Ga 镓 $4s^24p^1$ 69.723(1)	+2 +4 32 Ge 锗 $4s^24p^2$ 72.630(8)	−3 +3 +5 33 As 砷 $4s^24p^3$ 74.921595(6)	−2 +2 +4 +6 34 Se 硒 $4s^24p^4$ 78.971(8)	−1 +1 +3 +5 +7 35 Br 溴 $4s^24p^5$ 79.904	+2 +4 36 Kr 氪 $4s^24p^6$ 83.798(2)	N M L K
5	−1 +1 37 Rb 铷 $5s^1$ 85.4678(3)	+2 38 Sr 锶 $5s^2$ 87.62(1)	+3 39 Y 钇 $4d^15s^2$ 88.90584(2)	+1 +2 +3 +4 40 Zr 锆 $4d^25s^2$ 91.224(2)	0 ±1 +2 +3 +4 +5 41 Nb 铌 $4d^45s^1$ 92.90637(2)	0 ±1 ±2 +3 +4 +5 +6 42 Mo 钼 $4d^55s^1$ 95.95(1)	0 ±1 +2 +3 +4 +5 +6 +7 43 Tc 锝˄ $4d^55s^2$ 97.90721(3)✦	0 +1 ±2 +3 +4 +5 +6 +7 +8 44 Ru 钌 $4d^75s^1$ 101.07(2)	0 ±1 +2 +3 +4 +5 +6 45 Rh 铑 $4d^85s^1$ 102.90550(2)	0 +1 +2 +3 +4 46 Pd 钯 $4d^{10}$ 106.42(1)	+1 +2 +3 47 Ag 银 $4d^{10}5s^1$ 107.8682(2)	+1 +2 48 Cd 镉 $4d^{10}5s^2$ 112.414(4)	+1 +3 49 In 铟 $5s^25p^1$ 114.818(1)	+2 +4 50 Sn 锡 $5s^25p^2$ 118.710(7)	−3 +3 +5 51 Sb 锑 $5s^25p^3$ 121.760(1)	−2 +2 +4 +6 52 Te 碲 $5s^25p^4$ 127.60(3)	−1 +1 +3 +5 +7 53 I 碘 $5s^25p^5$ 126.90447(3)	+2 +4 +6 +8 54 Xe 氙 $5s^25p^6$ 131.293(6)	O N M L K
6	−1 +1 55 Cs 铯 $6s^1$ 132.90545196(6)	+2 56 Ba 钡 $6s^2$ 137.327(7)	57~71 La~Lu 镧系	+1 +2 +3 +4 72 Hf 铪 $5d^26s^2$ 178.49(2)	0 ±1 +2 +3 +4 +5 73 Ta 钽 $5d^36s^2$ 180.94788(2)	0 ±1 ±2 +3 +4 +5 +6 74 W 钨 $5d^46s^2$ 183.84(1)	0 ±1 +2 +3 +4 +5 +6 +7 75 Re 铼 $5d^56s^2$ 186.207(1)	0 +1 +2 +3 +4 +5 +6 +7 +8 76 Os 锇 $5d^66s^2$ 190.23(3)	0 ±1 +2 +3 +4 +5 +6 77 Ir 铱 $5d^76s^2$ 192.217(3)	0 +2 +3 +4 +5 +6 78 Pt 铂 $5d^96s^1$ 195.084(9)	+1 +2 +3 +5 79 Au 金 $5d^{10}6s^1$ 196.966569(5)	+1 +2 +3 80 Hg 汞 $5d^{10}6s^2$ 200.592(3)	+1 +3 81 Tl 铊 $6s^26p^1$ 204.38	+2 +4 82 Pb 铅 $6s^26p^2$ 207.2(1)	−3 +3 +5 83 Bi 铋 $6s^26p^3$ 208.98040(1)	−2 +2 +3 +4 +6 84 Po 钋 $6s^26p^4$ 208.98243(2)✦	±1 +5 +7 85 At 砹 $6s^26p^5$ 209.98715(5)✦	+2 86 Rn 氡 $6s^26p^6$ 222.01758(2)✦	P O N M L K
7	+1 87 Fr 钫˄ $7s^1$ 223.01974(2)✦	+2 88 Ra 镭 $7s^2$ 226.02541(2)✦	89~103 Ac~Lr 锕系	104 Rf 𬬻˄ $6d^27s^2$ 267.122(4)✦	105 Db 𬭊˄ $6d^37s^2$ 270.131(4)✦	106 Sg 𬭳˄ $6d^47s^2$ 269.129(3)✦	107 Bh 𬭛˄ $6d^57s^2$ 270.133(2)✦	108 Hs 𬭶˄ $6d^67s^2$ 270.134(2)✦	109 Mt 鿏˄ $6d^77s^2$ 278.156(5)✦	110 Ds 𫟼˄ 281.165(4)✦	111 Rg 𬬭˄ 281.166(6)✦	112 Cn 鿔˄ 285.177(4)✦	113 Nh 鿭˄ 286.182(5)✦	114 Fl 𫓧˄ 289.190(4)✦	115 Mc 镆˄ 289.194(6)✦	116 Lv 𫟷˄ 293.204(4)✦	117 Ts 鿬˄ 293.208(6)✦	118 Og 鿫˄ 294.214(5)✦	Q P O N M L K

氧化态(单质的氧化态为0，未列入；常见的为红色)

以 ^{12}C=12为基准的原子量(注✦的是半衰期最长同位素的原子量)

示例：+2 +3 +4 +5 +6 / 95 —原子序数 / Am —元素符号(红色的为放射性元素) / 镅˄ —元素名称(注˄的为人造元素) / $5f^77s^2$ —价层电子构型 / 243.06138(2)✦

s区元素 p区元素 d区元素 ds区元素 f区元素 稀有气体

★ 镧系	+3 57 La★ 镧 $5d^16s^2$ 138.90547(7)	+2 +3 +4 58 Ce 铈 $4f^15d^16s^2$ 140.116(1)	+3 +4 59 Pr 镨 $4f^36s^2$ 140.90766(2)	+2 +3 +4 60 Nd 钕 $4f^46s^2$ 144.242(3)	+3 61 Pm 钷˄ $4f^56s^2$ 144.91276(2)✦	+2 +3 62 Sm 钐 $4f^66s^2$ 150.36(2)	+2 +3 63 Eu 铕 $4f^76s^2$ 151.964(1)	+3 64 Gd 钆 $4f^75d^16s^2$ 157.25(3)	+3 +4 65 Tb 铽 $4f^96s^2$ 158.92535(2)	+3 +4 66 Dy 镝 $4f^{10}6s^2$ 162.500(1)	+3 67 Ho 钬 $4f^{11}6s^2$ 164.93033(2)	+3 68 Er 铒 $4f^{12}6s^2$ 167.259(3)	+2 +3 69 Tm 铥 $4f^{13}6s^2$ 168.93422(2)	+2 +3 70 Yb 镱 $4f^{14}6s^2$ 173.045(10)	+3 71 Lu 镥 $4f^{14}5d^16s^2$ 174.9668(1)
★ 锕系	+3 89 Ac★ 锕 $6d^17s^2$ 227.02775(2)✦	+3 +4 90 Th 钍 $6d^27s^2$ 232.0377(4)	+3 +4 +5 91 Pa 镤 $5f^26d^17s^2$ 231.03588(2)	+2 +3 +4 +5 +6 92 U 铀 $5f^36d^17s^2$ 238.02891(3)	+3 +4 +5 +6 +7 93 Np 镎 $5f^46d^17s^2$ 237.04817(2)✦	+3 +4 +5 +6 +7 94 Pu 钚 $5f^67s^2$ 244.06421(4)✦	+2 +3 +4 +5 +6 95 Am 镅˄ $5f^77s^2$ 243.06138(2)✦	+3 +4 96 Cm 锔˄ $5f^76d^17s^2$ 247.07035(3)✦	+3 +4 97 Bk 锫˄ $5f^97s^2$ 247.07031(4)✦	+2 +3 +4 98 Cf 锎˄ $5f^{10}7s^2$ 251.07959(3)✦	+2 +3 99 Es 锿˄ $5f^{11}7s^2$ 252.0830(3)✦	+2 +3 100 Fm 镄˄ $5f^{12}7s^2$ 257.09511(5)✦	+2 +3 101 Md 钔˄ $5f^{13}7s^2$ 258.09843(3)✦	+2 +3 102 No 锘˄ $5f^{14}7s^2$ 259.1010(7)✦	+3 103 Lr 铹˄ $5f^{14}6d^17s^2$ 262.110(2)✦